Sturm/Förster

Maschinen- und Anlagendiagnostik
für die zustandsbezogene Instandhaltung

Maschinen- und Anlagendiagnostik
für die zustandsbezogene Instandhaltung

Von Prof. Dr. sc. techn. Adolf Sturm
und Hon.-Doz. Dr. sc. techn. Rudolf Förster
Technische Hochschule Zittau

Mit 342 Bildern und 67 Tafeln

B. G. Teubner Stuttgart 1990

CIP-Titelaufnahme der Deutschen Bibliothek

Sturm, Adolf:
Maschinen- und Anlagendiagnostik für die zustandsbezogene Instandhaltung / Adolf Sturm; Rudolf Förster. – Stuttgart: Teubner, 1990
ISBN 978-3-519-06333-9 ISBN 978-3-322-99814-9 (eBook)
DOI 10.1007/978-3-322-99814-9

NE: Förster, Rudolf:

Vorwort

An Maschinen und Anlagen werden im Produktionsprozeß höchste Anforderungen zur Gewährleistung der Betriebssicherheit, hoher Verfügbarkeit und Wirtschaftlichkeit gestellt. Mit einer zustandsbezogenen Instandhaltung kann ein Beitrag zur Verbesserung der Materialökonomie und der Auslastung der technischen Arbeitsmittel angestrebt und erreicht werden. Dafür werden immer zuverlässigere Informationen über den technischen Zustand von Maschinen und Anlagen erforderlich. Die Technische Diagnostik kann diese Informationen liefern. Neueste Forschungsergebnisse zu den Ursachen und zum Verlauf von Schädigungen sowie neue Geschäfte auf der Basis hochleistungsfähiger Elektronik gestatten immer mehr und immer besser, die oft noch subjektive Beurteilung des Schädigungszustandes durch objektive, exakt begründete Meß- und Bewertungsverfahren zu ergänzen oder zu ersetzen.

Das vorliegende Buch strebt eine durchgehende Darstellung der Prüftechnik und Diagnostik an und schränkt sich bewußt auf die Nutzung dieser Verfahren für die Schadenserkennung und -abwehr und eine zustandsbezogene Instandhaltung ein. Einleitend werden die Aufgaben und die Entwicklungstendenzen der Prüftechnik und der Anlagendiagnostik erläutert (Abschn. 1.). Der Abschnitt 2. führt in die Theorie der Technischen Diagnostik ein. Die für die praktische Nutzung wichtigsten Prüfverfahren werden in den Abschnitten 3. bis 5. behandelt. Die Schwingungsdiagnostik (Abschn. 6.) und die Schallemission (Abschn. 7.) zeigen die typische Arbeitsmethodiken und -verfahren der Anlagendiagnostik während des Betriebes. Die Nutzung von Prozeßparametern, Partikeln und Prozeßmedien für die Diagnostik (Abschnitte 8. und 9.) vervollständigen die Darstellung von Diagnosemethoden und -verfahren. In einem abschließenden 10. Abschnitt wird gezeigt, nach welchen Prinzipien komplexe Diagnosesysteme aufgebaut werden können und welcher Entwicklungsstand erreicht ist.

Dem Ingenieur der Betriebsführung und Instandhaltung soll das vorliegende Buch helfen, die Anforderungen der zustandsbezogenen Instandhaltung an die Prüftechnik und Anlagendiagnostik zu erfüllen. Die rasche Entwicklung der Technischen Diagnostik erfordert, sich ständig auf neue Verfahren und Geräte einzustellen. Deshalb wurde für die Technische Diagnostik allgemein (Abschn. 2.) und für jede Verfahrensgruppe (Abschnitte 3.1., ..., 10.1.) in die theoretischen Grundlagen eingeführt. Diese theoretischen Grundlagen sind weitgehend unabhängig von der zukünftigen Verfahrensentwicklung. Dadurch ist dieses Buch auch gut nutzbar für die Aus- und Weiterbildung.

Die Behandlung der Verfahren der Technischen Diagnostik stützt sich auf eine breite Zusammenarbeit mit Fachkollegen [1.1]. Allen, die durch Überlassung von Unterlagen, durch Meinungsäußerungen und Diskussionen sowie durch kritische Durchsicht von Teilen des Manuskripts zum Gelingen dieser Arbeit beigetragen haben, ein ganz herzlicher Dank! Für die sorgfältige Anfertigung der Zeichnungen danken wir Frau *Heinze* genau so wie Frau *Förster* für die Schreibarbeit.

Dem VEB Verlag Technik und unserem Lektor, Herrn Dipl.-Ing. *Lißner,* gilt unser Dank für die Bemühungen zur schnellen Herausgabe des Buches und die verständnisvolle Zusammenarbeit, dem Verlag B. G. Teubner Stuttgart für die Übernahme einer Lizenzausgabe.

Die Erstauflage dieses Buches übergeben wir einem breiten Leserkreis zur Nutzung und zur kritischen Durchsicht unseren Fachkollegen. Wir fordern auf, Hinweise und Vorschläge zur Verbesserung an den Verlag zu senden und danken Ihnen schon jetzt recht herzlich dafür.

A. Sturm
R. Förster

Inhaltsverzeichnis

1. Einleitung

1.1. Aufgaben der Technischen Diagnostik

Der ständig steigende Bedarf der Volkswirtschaft an Rohstoffen, Energie, Produkten und Leistungen erfordert immer größere Produktionskapazitäten sowie größere Einzelaggregatleistungen. Die immer komplexere Verflechtung von Maschinen und Anlagen zu Produktionssystemen erhöht den Automatisierungsumfang. Diese Entwicklung erfordert eine hohe Produktionssicherheit, die effektive Auslastung der Arbeitsmittel und eine hohe Nutzungsdauer. Während der Ausfall von Anlagenkomponenten, die die Sicherheit maßgeblich beeinflussen (z. B. Kernreaktordruckbehälter), nicht zugelassen werden darf, ist auch aus ökonomischen Gründen eine Reduzierung von planmäßigen und unplanmäßigen Anlagenstillständen anzustreben. Leistungsfähige Rechentechnik führt zu einer rechnergestützten Betriebsführung, die den Betreiber von Produktionsanlagen bei Entscheidungen zur operativen Betriebsführung unterstützt und bei der Planung langfristiger Maßnahmen berät bzw. Teilprozesse der Planung und Vorbereitung übernimmt.

Für die sichere Betriebsführung und effektive Instandhaltung von Maschinen und Anlagen ist die Kenntnis des jeweiligen technischen Zustandes während der Nutzungsdauer erforderlich.

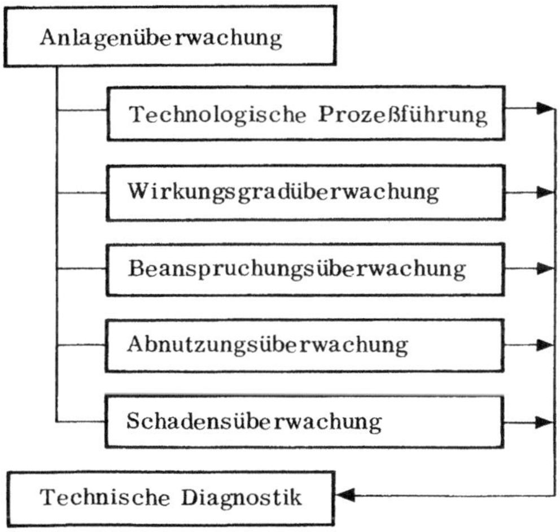

Bild 1.1. Anlagenüberwachung und Technische Diagnostik

Die Zuverlässigkeit von Entscheidungen für die Betriebsführung und Instandhaltung hängt von den verfügbaren Informationen über den Maschinen- und Anlagenzustand ab. Die oft als Maschinen- bzw. Anlagenüberwachung bezeichnete Aufgabe gewährleistet für Maschinen, Geräte oder komplette Produktionsanlagen den stationären oder instationären Betriebsablauf, die Sicherheit, Zuverlässigkeit und Verfügbarkeit sowie deren Wirtschaftlichkeit. Damit kann die Maschinen- und Anlagenüberwachung in folgende *Teilaufgaben* gegliedert werden (Bild 1.1) [1.2] [1.3] [1.4]:

1. Technologische Prozeßführung zur Einhaltung vorgeschriebener Prozeßgrößen (z. B. Druck, Temperatur, Mengenströme)
2. Wirkungsgradüberwachung zur Gewährleistung einer optimalen Fahrweise der Anlage (z. B. Brennstoffverbrauch, therm. Wirkungsgrad, spezifische Leistung)

3. Beanspruchungsüberwachung zur Ermittlung und Begrenzung von Prozeßparametern und deren Änderungsgeschwindigkeiten in Abhängigkeit von unterschiedlichen Betriebsregimen und der Betriebszeit
4. Abnutzungsüberwachung zur Ermittlung des aktuellen Abnutzungszustandes und -verhaltens der Anlagen und Festlegung von Instandhaltungsmaßnahmen (z. B. Verschleißüberwachung, Ermüdungskontrolle)
5. Schadensüberwachung mit dem Ziel der verzögerungsfreien Abschaltung von Maschinen oder Anlagen vor oder bei Auftritt eines Schadens zur Verhinderung von Schadensentwicklungen und Folgeschäden.

Für die Überwachung von Schädigungsprozessen hat die Ermittlung und Bewertung von Beanspruchung und Abnutzung sowie die Erkennung eines Primärschadens erstrangige Bedeutung.

Viele Jahrzehnte war die Maschinen- und Anlagenüberwachung geprägt von subjektiven Entscheidungen, da sich das Betreiberpersonal mit seinen Sinnesorganen auf das äußere Erscheinungsbild der Anlagentechnik bzw. auf einfach gebildete, oft stark gedämpfte Mittelwerte von Meßgrößen verlassen mußte (Bild 1.2). Das tiefere Eindringen in die Abnutzungsprozesse und Möglichkeiten, die moderne Meß- und Auswertesysteme auf der Basis hochentwickelter Elektronik und Rechentechnik bieten (Bild 1.3), erschließen bisher verborgene Informationen. Durch die Wahl geeigneter Meß- und Bewertungsverfahren kann man den aktuellen technischen Zustand ermitteln.

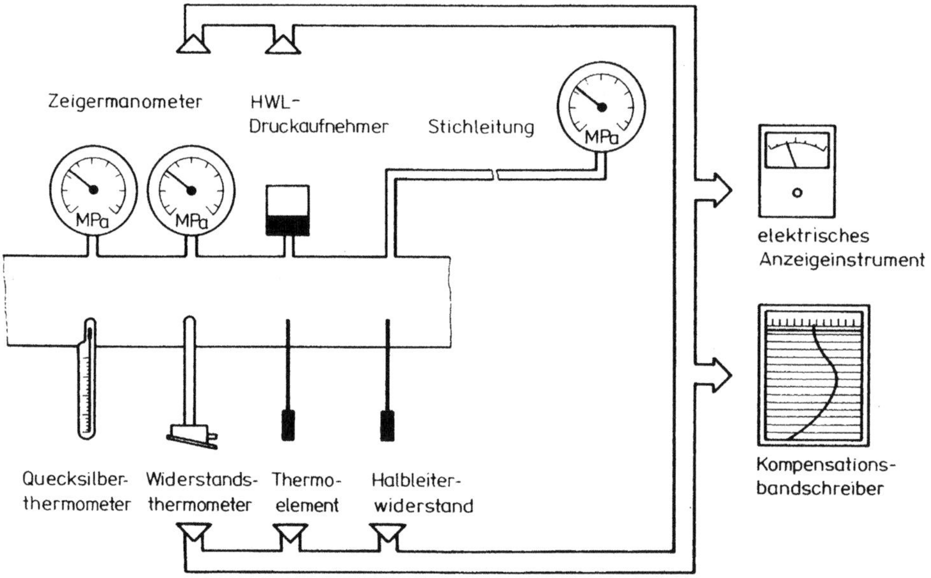

Bild 1.2. Konventionelle Betriebsmeßtechnik am Beispiel der Druck- und Temperaturmessung

Die Technische Diagnostik – als Gesamtheit aller Maßnahmen und Verfahren zur Ermittlung und Bewertung des technischen Zustandes von Maschinen und Anlagen unter Beachtung der spezifischen Einsatzbedingungen – bietet derartige Möglichkeiten [1.2] [1.5]. Bezogen auf die Wissenschaftsdisziplin kann die *Zielstellung* der Technischen Diagnostik definiert werden [1.6]:

> „Technische Diagnostik ist die Wissenschaft über die Erkennung des Zustandes technischer Systeme."

Die Technische Diagnostik ist eine junge Wissenschaftsdisziplin und verfügt deshalb noch nicht über eine geschlossene Theorie [1.2]. Auch gibt es noch Unterschiede in den Betrachtungsweisen über Methoden und Ziele der Diagnostik. Die unterschiedlichsten Fachdisziplinen, vor allem die Instandhaltung, Meßtechnik, Systemtheorie und Kybernetik, oft dem Profil der Forschungsstätten angepaßt, haben zur Förderung der Technischen Diagnostik als neues Wissenschaftsgebiet beigetragen und die Begriffsbildung geprägt [1.5] bis [1.13].

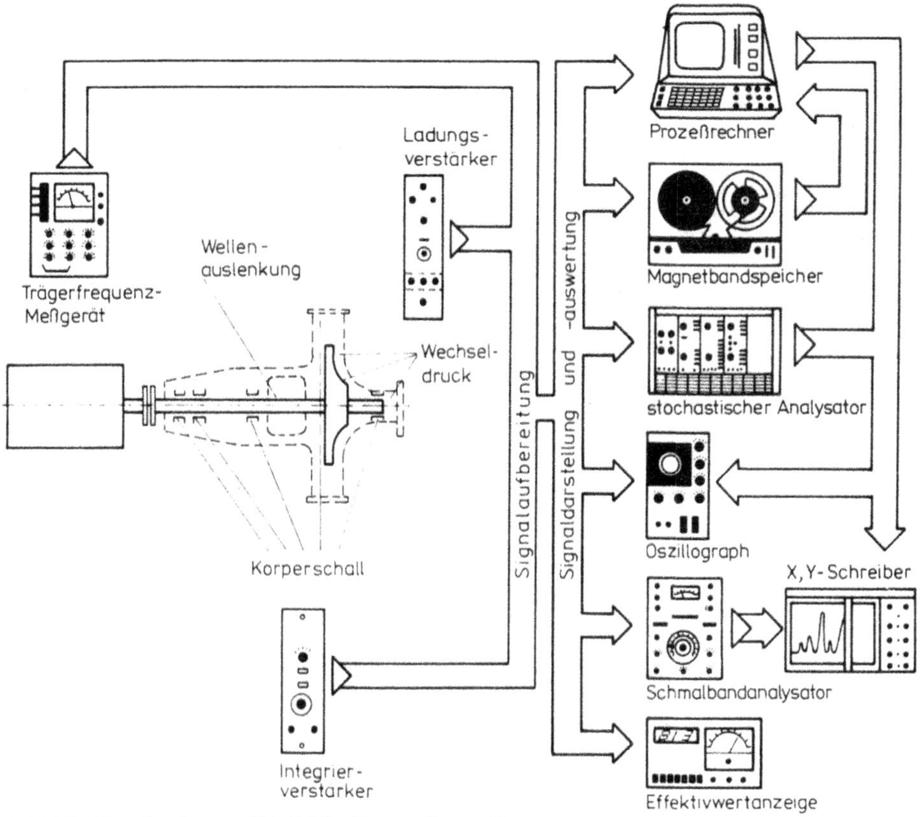

Bild 1.3. Signalanalyse am Beispiel der Pumpendiagnostik

Die industrielle Nutzung der Technischen Diagnostik kann objektbezogen auf Spezialgebieten anwendungsgerechte Ergebnisse nachweisen, z. B. [1.9] [1.12] [1.14] bis [1.18]. Die breite Anwendung der Diagnostik im Betriebsprozeß kann dazu beitragen, bedeutende volkswirtschaftliche Effekte zu erreichen. *Zielrichtungen* sind:

- Erhöhung der Betriebssicherheit, Zuverlässigkeit und Verfügbarkeit
- absolute Senkung der Instandhaltungsaufwendungen und Verbesserung der Materialökonomie durch weitgehende Ausschöpfung der Abnutzungsreserven und Reduzierung von Ausfällen und Folgeschäden
- Verbesserung der Energieökonomie durch optimale Betriebsweise und Erschließung von Leistungsreserven
- Reduzierung von Umweltbelastungen durch Verringerung der Schadstoffemission sowie der Schwingungs- und Lärmentstehung.

Auf die Instandhaltung von Maschinen und Anlagen eingegrenzt ergeben sich zwei konkrete Zielstellungen:

- Diagnose des Schädigungsverlaufes und Grenzwertsignalisation
- Diagnose eingetretener Primärschäden und Verhinderung von Folgeschäden.

Dabei ist zu beachten, daß der technische Zustand

- ohne Demontagen der Maschinen oder Anlagen und
- weitgehend während des laufenden Betriebes

zu ermitteln ist. Diagnoseergebnisse sollten neben der Beeinflussung der Effektivität von Betriebsführung und Instandhaltung Wirkungen zur Erhöhung der Zuverlässigkeit und der Lebensdauer von Erzeugnissen beim Hersteller auslösen.

1.2. Entwicklungstendenzen

Weltweit vollzieht sich bei der Instandhaltung von Maschinen und Anlagen ein Übergang zur *zustandsbezogenen Instandhaltung* (CONDITION BASED MAINTENANCE) [1.19]. Damit wird das Ziel verfolgt, die Zuverlässigkeit und Sicherheit des Betriebsprozesses zu erhöhen und durch möglichst vollständige Ausschöpfung der Abnutzungsreserven die Lebensdauer zu verlängern sowie die Effektivität zu verbessern.

Das Konzept einer zustandsbezogenen Instandhaltung erfordert eine leistungsfähige Diagnostik mit zuverlässigen Diagnosemethoden und anwenderfreundlichen Diagnosegeräten.

Die breite Anwendung der Mikroelektronik hat vielfältige neue Möglichkeiten eröffnet, die Zuverlässigkeit von Diagnoseinformationen zu erhöhen, diese Informationen mit kürzesten Zugriffszeiten zur Verfügung zu stellen und Diagnosegeräte mit komfortabler Bedienung zu entwickeln.

Hauptrichtungen der wissenschaftlich-technischen Arbeit, bei der Geräteentwicklung und bei der Anwendung der Technischen Diagnostik sind [1.19] [1.20]:

Werkstoffprüftechnik

- Anwendung industriell gefertigter Handprüfgeräte zur zerstörungsfreien Werkstoffprüfung mit rechnergestützter Prüfergebnisaufbereitung, autonomer Spannungsversorgung, geringer Gerätemasse sowie einfachster Bedienung
- Anwendung und Weiterentwicklung automatisierter Prüfgeräte für die zerstörungsfreie Werkstoffprüfung von Behältern und Rohrleitungen, die mit Manipulatoren und rechnergestützt ausgerüstet sind. Am weitesten entwickelt ist diese Technik für Kernkraftwerke, Anwendungsfälle für die Stoffwirtschaft und für Versorgungsrohrleitungen werden häufiger.
- Weiterentwicklung der akustischen, elektrischen, magnetischen Prüfverfahren mit dem Ziel der Erhöhung des Informationsgehaltes [1.21] [1.22]
- Nutzung der Fernsehtechnik zur Oberflächendiagnostik mit den Entwicklungsrichtungen
  - Miniaturisierung der Fernsehkameras
  - Automatisierung der Handhabung von Fernsehkameras mit Manipulatoren
  - Automatisierung der Bildverarbeitung und Ergebnisspeicherung
- Breite Nutzung der Endoskopie
  Zielrichtungen sind die Schaffung komplexer Überwachungssysteme an Turbinen, Pumpen, Behältern und die automatisierte Bildverarbeitung und Speicherung.
- Entwicklung von Diagnosehilfstechnik zum Übergang von der Handprüfung zur teilautomatisierten oder automatisierten Prüfung.

Maschinen- und Anlagendiagnostik

- Einordnung von Diagnoseverfahren in die Strategie der zustandsbezogenen Instandhaltung
- Durchsetzung einer systematischen Beanspruchungsanalyse für Maschinen und Anlagen, die durch Ermüdung oder Alterung beansprucht sind. Für wichtige Maschinen- oder Anlagenteile, die zuverlässigkeits- oder verfügbarkeitsrelevant sind, wird eine On-line-Lebensdauerüberwachung mit Hilfe von Prozeßdaten und durch Einsatz von Betriebsrechnern realisiert.
- Erhöhung der Zuverlässigkeit von Diagnoseformationen der Schwingungsdiagnostik und Impulsanalyse durch neue Auswertealgorithmen bekannter Meßverfahren
- Weiterentwicklung von optischen Verfahren (einschl. Lasertechniken) und Thermovisionstechniken
- Massenhafter Einsatz von Computern für die Lösung von Problemen der Technischen Diagnostik
  Personalcomputer werden zur Lösung abgegrenzter Problemstellungen, Großrechner mit großer Rechengeschwindigkeit, hoher Speicherkapazität und mit geringer Zugriffszeit zum Aufbau komplexer Diagnose-Instandhaltungssysteme eingesetzt.
- Entwicklung von Diagnosesystemen für Maschinen bzw. komplette Anlagen, die sowohl diskontinuierlich als auch kontinuierlich Diagnoseinformationen verarbeiten, Trendentwick-

lungen darstellen, Grenzwertmeldungen signalisieren und Planungsunterlagen für die Instandhaltung liefern.
- Übergang zu Expert-Systemen, die Diagnoseinformationen für Betriebsführung und Instandhaltung verarbeiten, bewerten und nutzen.

Diese Entwicklung ermöglicht immer besser, den technischen Zustand von Maschinen und Anlagen zu ermitteln und Anlagenstillstände mit umfangreichen Demontagen zu reduzieren. Das erfordert aber auch, in weit größerem Umfang und größerer Tiefe die physikalischen und mathematischen Zusammenhänge der Gewinnung, Aufbereitung, Verarbeitung und Interpretation von Diagnoseinformationen zu beherrschen und deren technische Umsetzung wirtschaftlicher zu gestalten.

2. Einführung in die Theorie der Technischen Diagnostik

2.1. Zustandsbezogene Instandhaltung

2.1.1. Schädigungsprozesse als Ursache von Instandhaltungsmaßnahmen

Maschinen und Anlagen unterliegen bei der Erfüllung ihrer technologischen Funktion unterschiedlichen physikalischen und stofflichen Einwirkungen, sog. *Beanspruchungen,* die irreversible mikrophysikalische Veränderungen der atomaren bzw. molekularen Werkstoffstruktur, sog. *Schädigungen,* hervorrufen. Konstrukteure, Projektanten und Hersteller dimensionieren und fertigen Maschinen und Anlagen so, daß die Maschinen- und Anlagenkomponenten den Beanspruchungen standhalten und eine den betrieblichen Belangen angemessene Funktionsdauer gewährleistet werden kann. Diese Eigenschaft wird als *Beanspruchbarkeit* bezeichnet. Beanspruchungen können sowohl in den von Projektant und Hersteller festgelegten Beanspruchungsgrenzen als auch außerhalb dieser Grenzen auftreten. Die Folge sind zwei in ihrem Charakter unterschiedliche Schädigungsabläufe (Bild 2.1). Während bei *Normalbeanspruchung* eine Abnutzung als Verschleiß, Korrosion, Ermüdung oder Alterung zu einer kontinuierlichen Schädigung führt, kann bei *Überbeanspruchung* eine Gewaltnutzung und dadurch eine spontane Schädigung, z. B. als plastische Deformation, Riß oder Bruch, eintreten. Im realen Betriebsablauf können sich Vorgänge der Abnutzung mit Gewaltnutzungsvorgängen überlagern [2.1].

Aus der wechselseitigen Abhängigkeit von Beanspruchung und Schädigung resultiert die Vielfalt der Schädigungserscheinungen, ihre Stochastik aus dem Wahrscheinlichkeitscharakter der

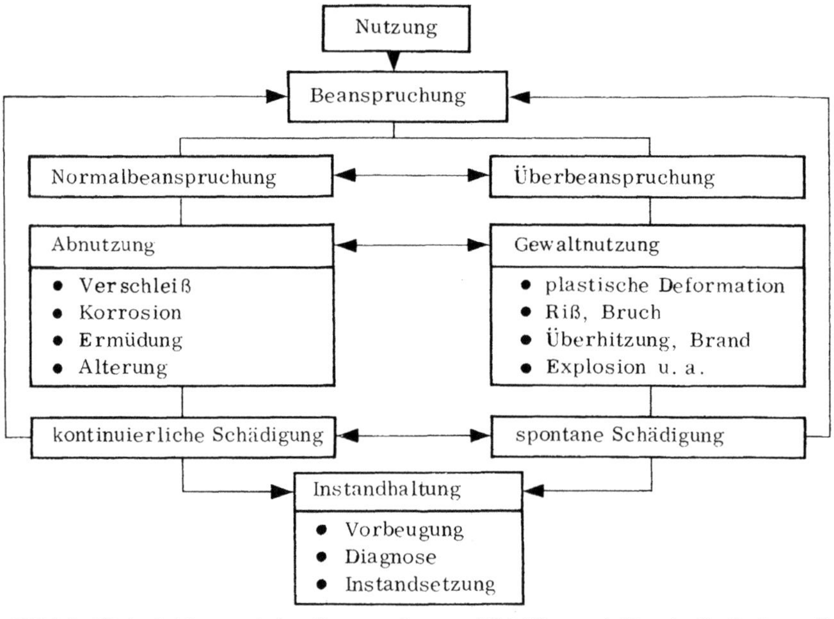

Bild 2.1. Wechselwirkung zwischen Beanspruchung und Schädigung als Ursache für die Instandhaltung

		Ursachen	Beispiele
Beanspruchungen	innere	Fertigung und Montage	Vorschädigung durch Vorspannungen, Montagefehler, Transportfehler
		stationärer Betriebsprozeß	zeitlich konstante Betriebsparameter und Stoffströme
		instationärer Betriebsprozeß	zeitlich veränderliche Betriebsparameter und Stoffströme mit kleinem Gradienten
		außergewöhnliche Betriebsfälle	zeitliche Parameterveränderungen mit großem Gradienten, z.B. Schnellabschaltungen
	äußere	Umwelt	Temperatur, Schwingungen, Schmutz
		Nachbaraggregate	Schwingungen, Betriebsparameter

Bild 2.2. Beanspruchungen bei der Nutzung von Maschinen und Anlagen

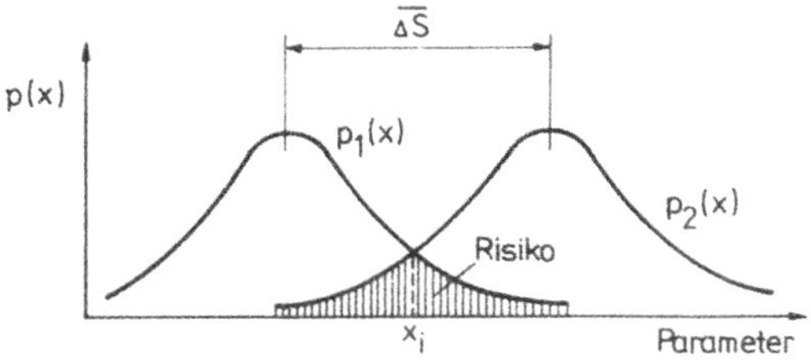

Bild 2.3. Wahrscheinlichkeitsdichten von Beanspruchungs- und Beanspruchbarkeitsparametern

$\overline{\Delta S}$ mittlerer Sicherheitsabstand; $p_1(x)$ Beanspruchungsdichte; $p_2(x)$ Beanspruchbarkeitsdichte

Beanspruchbarkeit und Beanspruchung [2.2] [2.3]. Die Streubreite der Beanspruchbarkeit resultiert aus der Genauigkeit der Auslegung und Berechnung, den Eigenschaften der Werkstoffe und der Fertigungsqualität. Die Streubreite der Beanspruchung ist neben inneren Ursachen (Vorschädigung, Betriebsprozeß) von äußeren Einflüssen (Umwelt, benachbarte Aggregate) abhängig (Bild 2.2). Das Risiko für einen Schadensfall *(Versagenswahrscheinlichkeit)* ist berechenbar, wenn die Wahrscheinlichkeitsverteilungen für beide Komponenten des Schädigungsprozesses bekannt sind (Bild 2.3). Für normalverteilte Beanspruchung

$$p_1(x) = \frac{1}{\sigma_1 \cdot \sqrt{2\pi}} \cdot e^{-\frac{(x-\mu_1)^2}{2\sigma_1^2}} \tag{2.1}$$

und normalverteilte Beanspruchbarkeit

$$p_2(x) = \frac{1}{\sigma_2 \cdot \sqrt{2\pi}} \cdot e^{-\frac{(x-\mu_2)^2}{2\sigma_2^2}} \tag{2.2}$$

ergibt sich als Versagenswahrscheinlichkeit

$$p(x) = \frac{\int\limits_{x_i}^{\infty} p_1(x)\,dx + \int\limits_{0}^{x_i} p_2(x)\,dx}{\int\limits_{0}^{\infty} p_1(x)\,dx} \tag{2.3}$$

Infolge der Schädigung sinkt die mittlere Beanspruchbarkeit mit der Betriebszeit. Damit steigt die Wahrscheinlichkeit für den Eintritt eines Schadens so lange an, bis das Verhältnis von Beanspruchung zur Beanspruchbarkeit zur Gewaltnutzung und zum Ausfall der Komponente führt.

Vergleicht man die Schädigungsabläufe unterschiedlich beanspruchter Einzelobjekte gleicher Konstruktion und Fertigung in bezug auf die erreichbare Funktionsdauer, erkennt man, daß sich die Streubreiten von Beanspruchung und Beanspruchbarkeit auf die Streuung der Lebensdauer übertragen (Bild 2.4).

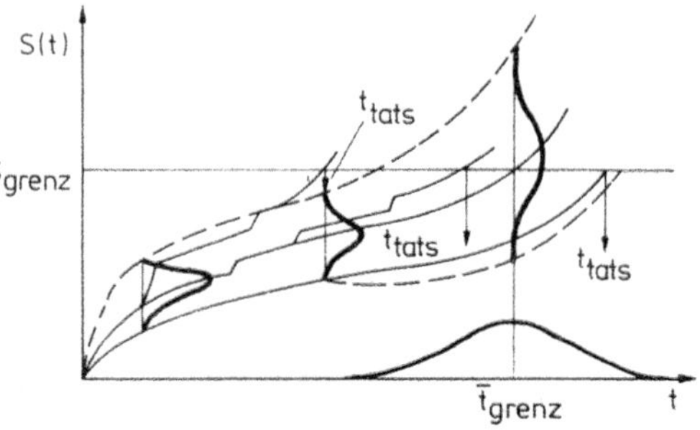

Bild 2.4.: Streuung der Funktionsdauer

$S(t)$ Betrag der Schädigung; S_{grenz} Grenzschädigungsbetrag; t_{tats} Funktionsdauer einer Realisierung; $\bar{t}_{grenz}$ mittlere Funktionsdauer; t Betriebszeit

Der Schädigungsgrenzwert S_{grenz} als Maß für einen Ausfall kann deshalb zu unterschiedlichen Zeitpunkten erreicht werden. Die Dichtefunktion der Grenzfunktionsdauer $f_{tgrenz}(t)$ errechnet sich für normalverteilte Schädigungsprozesse in Abhängigkeit einer Grenzabnutzung S_{grenz}, der mittleren Abnutzungsgeschwindigkeit v_m und der Standardabweichung σ der Abnutzungsgeschwindigkeit [2.4]

- bei linearem Verlauf $S(t) = v_m \cdot t + S_1$ zu:

$$f_{tgrenz}(t) = \frac{S_{grenz}}{\sigma \cdot t^2 \sqrt{2\pi}} \cdot e^{-\frac{1}{2}\left[\frac{\frac{S_{grenz}}{t} - v_m}{\sigma}\right]^2} \tag{2.4}$$

- bei progressiv ansteigendem Verlauf $S(t) = v_m \cdot t^\alpha$ zu:

$$f_{tgrenz}(t) = \frac{\alpha \cdot S_{grenz}}{\sigma \cdot t^{\alpha+1} \sqrt{2\pi}} \cdot e^{-\frac{\left[\frac{S_{grenz}}{t^\alpha} - v_m\right]^2}{2\sigma^2}} \tag{2.5}$$

Für das Beispiel der Axialspielvergrößerung von Rollenlagern eines Typs in gleichartigen Maschinen [2.5] wurde die Streuung der Grenzfunktionsdauer ermittelt (Bild 2.5). Mit der Annahme eines linearen Abnutzungsverlaufes, Gl. (2.4), einer mittleren Abnutzungsgeschwindig-

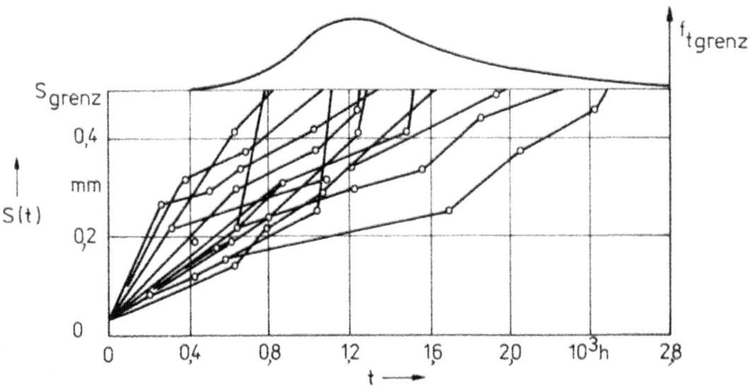

Bild 2.5. Grenzfunktionsdauer von Rollenlagern (Schädigungsverläufe (nach [2.5])

$S(t)$ Betrag der Schädigung; S_{grenz} Grenzschädigungsbetrag; t Betriebszeit; f_{tgrenz} Dichte der Grenzfunktionsdauer keit v_m = 0,000365 mm/h und der Standardabweichung der Abnutzungsgeschwindigkeit σ = 0,000134 mm/h berechnet man bei einer Grenzabnutzung S_{grenz} = 0,528 mm Grenzfunktionsdauern zwischen 800 und 2 500 Betriebsstunden. Die Abweichung von der mittleren Funktionsdauer t_{grenz} = 1 466 h beträgt 116 %. Dieses einfache Beispiel demonstriert die Notwendigkeit, für die Erstellung von Restfunktionsdauerprognosen den aktuellen, auf das einzelne Objekt bezogenen technischen Zustand zu ermitteln.

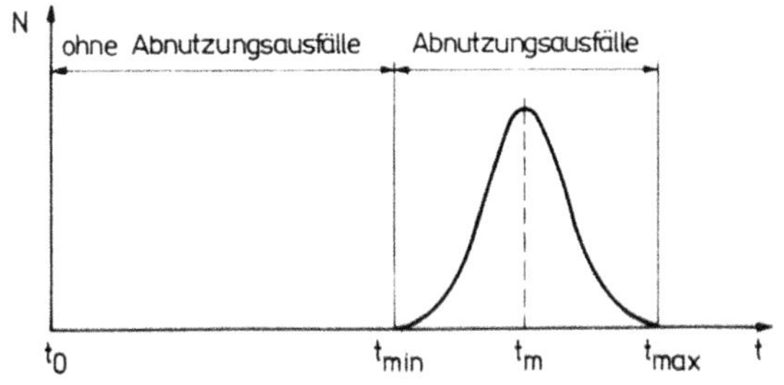

Bild 2.6. Abnutzungsausfälle in Abhängigkeit von der Betriebsdauer
N Anzahl der Abnutzungsausfälle; *t* Betriebsdauer; $t_{min, m, max}$ minimale, mittlere, maximale Betriebsdauer

Um die praktischen Konsequenzen für die Instandhaltung deutlich zu machen, kann der aufgezeigte Sachverhalt vereinfacht schematisch dargestellt werden (Bild 2.6). Im Intervall t_0 bis t_{min} der Betriebszeit sind keine Ausfälle infolge Abnutzung zu erwarten, also auch keine Instandsetzungsaktivitäten erforderlich. Zwischen t_{min} und t_{max} streut die Funktionsdauer um den mittleren Wert t_m. In diesen Zeitraum fallen die Ausfälle, wenn nicht durch Instandhaltung dafür gesorgt wird, daß die Abnutzung an den Baugruppen beseitigt wird. In Extremfällen (vgl. Bild 2.5) kann die Streubreite das Mehrfache der mittleren Lebensdauer betragen. Diesen Ausfällen durch Abnutzung können sich Ausfälle durch Gewaltnutzung infolge nichtvorhergesehener Beanspruchungen über die gesamte Betriebsdauer t_0 bis t_{max} überlagern. Es ist Aufgabe der Instandhaltungsplanung, solche Strategien und Methoden zu entwickeln und anzuwenden, die einerseits die Abnutzungsreserven möglichst vollständig ausnutzen, andererseits Ausfälle weitestgehend vermeiden.

2.1.2. Instandhaltungsstrategien

Die Instandhaltung umfaßt alle Maßnahmen und Tätigkeiten, die erforderlich sind, um den ursprünglichen Gebrauchswert der Grundmittel während ihrer Nutzungsdauer zu erhalten, wiederherzustellen und – wenn möglich – zu erhöhen [2.2]. *Teilaufgaben der Instandhaltung* sind die Überwachung (Diagnose), Verminderung der Abnutzung (Prophylaxe, Vorbeugung), Beseitigung der Abnutzungserscheinungen sowie die Behebung von Schäden (Instandsetzung), vgl. Bild 2.1.

Während Schädigungen durch Gewaltnutzung infolge Überbeanspruchung mit operativen Instandhaltungsmaßnahmen beseitigt werden müssen, besteht bei Abnutzungsvorgängen (Verschleiß, Korrosion, Ermüdung, Alterung) die Notwendigkeit, eine Vielzahl von Entscheidungen und Maßnahmen einzuleiten.

Instandhaltungsstrategien legen die jeweils günstigste Instandhaltungsmethode für Anlagen bzw. Anlagenteile in bestimmten Zeiträumen nach einer Zielfunktion fest [2.6]. Jede Instandhaltungsplanung und -organisation hat die Frage zu beantworten: „Was ist wann auf welche

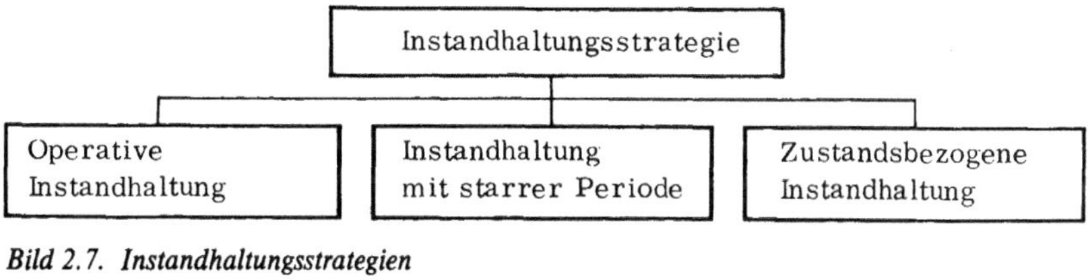

Bild 2.7. Instandhaltungsstrategien

Weise instand zu setzen?“ Für Instandhaltungsstrategie wird auch der synonyme Begriff Instandhaltungsmethode verwendet [2.2]. Von den vielfältigen Möglichkeiten zur Planung von Instandhaltungsaktivitäten und deren strategischen Kombinationen [2.2] [2.4] [2.5] [2.7] [2.8] haben sich in Abhängigkeit vom Abnutzungsverhalten und durch den Entwicklungsstand der Produktions- und Organisationsmittel drei *Grundstrategien* besonders herausgebildet (Bild 2.7) und sind zur Anwendung gelangt [2.6] [2.9] [2.10] [2.11]:

- *Operative Instandhaltung*
  (auch Ausfallmethode genannt [2.9] [2.11]; es wird im Schadensfall instand gesetzt)
- *Instandhaltung mit starrer Periode*
  (es wird in festgelegter, periodischer Reihenfolge ein vorgegebener Umfang vorbeugend instand gesetzt)
- *Zustandsbezogene Instandhaltung*
  (auch zustandsabhängige Instandhaltung [2.9] oder Instandhaltung mit periodischer Kontrolle [2.2] [2.11]; die Ermittlung des technischen Zustandes wird periodisch oder kontinuierlich durch Diagnosemethoden vorgenommen, und es wird nach Erfordernis instand gesetzt).

In Abhängigkeit von der Betriebsdauer kann man für Maschinen und Anlagen hinsichtlich der Häufungen von Ausfällen drei charakteristische Perioden unterscheiden:

1. Periode der Häufung von Ausfällen bei oder kurz nach Inbetriebnahme (Frühausfälle, Frühfehler)
2. Periode relativer Störruhe (Zufallsausfälle, Zufallsfehler)
3. Periode verstärkter Zunahme von Ausfällen mit zunehmender Einsatzdauer (Abnutzungsausfälle, Abnutzungsfehler).

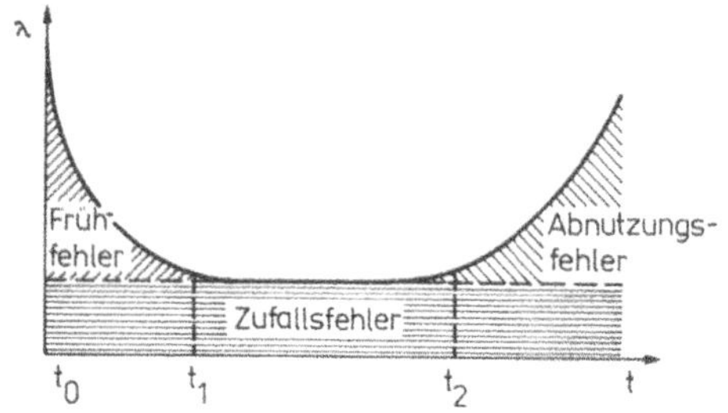

Bild 2.8. Ausfallrate von Maschinen und Anlagen
$\lambda \approx \frac{\Delta N}{N(t) \cdot \Delta t}$ Ausfallrate; t Betriebszeit; $N(t)$ Anzahl der noch in Betrieb befindlichen Anlagen; ΔN ausgefallene Anlagen; Δt Zeitintervall

Ohne auf die Theorie der Ausfallprozesse näher einzugehen [2.2] [2.11] [2.12], kann mit Hilfe der Ausfallrate $\lambda(t)$ dieses Verhalten für den Praktiker gut beschrieben werden (Bild 2.8):

Frühausfälle

$t_0 - t_1$: $\lambda(t)$ fallend
Die in diesem Zeitabschnitt auftretenden Ausfälle werden hervorgerufen durch den Einsatz ungeeigneter Ausrüstungen, Materialfehler, Projektierungsmängel, Montagefehler usw. sowie durch Zufallsfehler. Die Länge des Zeitabschnittes ist ausrüstungsabhängig; für Großanlagen ist mit Frühfehlern bis zu maximal 3 Jahren nach Erstinbetriebnahme zu rechnen [2.6]. Zusätzlich birgt jede Instandsetzung, jeder Anlagentausch sowie jede Rekonstruktion die Gefahr des erneuten Auftretens von Frühausfällen.

Die Instandhaltungsstrategie in diesem Zeitraum lautet:

- Instandhaltung durch individuelle Instandsetzung nach Auftreten eines Ausfalls (Operative Instandhaltung)
- Anwendung von Prüfverfahren und Verfahren der Anlagendiagnostik zur Verhinderung bzw. Verringerung von Folgeschäden und zur Ermittlung beginnender Abnutzungen.

Frühausfälle können wesentlich eingeschränkt und rechtzeitig erkannt werden, wenn gründliche Erprobungen von Teilanlagen und der Gesamtanlage vor der Aufnahme des Betriebes durchgeführt werden. Dabei kommt es darauf an, möglichst alle vorhersehbaren Betriebsfälle mit ihren Beanspruchungsverhältnissen zu erfassen. Für Kraftwerke [2.13] konnte gezeigt werden, daß die wesentlichen Frühausfälle nach der Inbetriebnahme durch gründliche Inbetriebsetzung erkannt und beseitigt werden konnten (Bild 2.9). Vormontageprüfungen und Revisionen, die den Ausgangszustand erfassen, sind ebenfalls gut geeignet, neben der Schaffung der Basiswerte für die zukünftige Diagnostik, Frühausfälle zu erkennen und zu vermeiden.

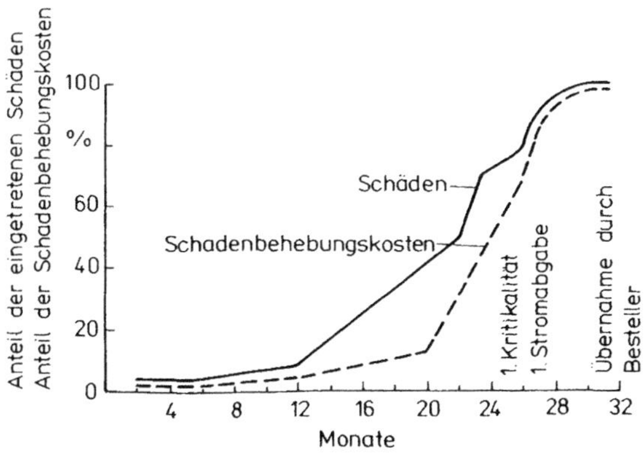

Bild 2.9. Erkennung und Beseitigung von Fehlern im Erprobungszeitraum von Kernkraftwerken (nach [2.13])

Zufallsausfälle

$t_1 - t_2$: $\lambda(t)$ konstant

Hierunter fallen alle Ausfälle, die aus Fehlhandlungen (Bedienungs- und Instandhaltungspersonal) und Überbeanspruchungen entstehen. Zufallsausfälle durch Fehlhandlungen sind subjektiv bedingt und können durch anlagentechnische, organisatorische und erzieherische Maßnahmen in ihrer absoluten Höhe verringert werden. Zufallsausfälle können in allen Betriebsabschnitten (t_0 bis t_{grenz}) auftreten.

Die Instandhaltungsstrategie für den Zeitraum der Zufallsausfälle lautet:

- Instandhaltung durch individuelle Instandsetzung nach Auftreten einer Störung (Operative Instandhaltung)
- Anwendung von Prüfverfahren und Verfahren der Anlagendiagnostik zur Verhinderung bzw. Verringerung von Folgeschäden und zur Ermittlung beginnender Abnutzung.

Die Anwendung von Methoden der Technischen Diagnostik an Anlagen besonders in diesem Zeitraum kann dazu beitragen, rechtzeitig Entscheidungen für die zukünftige Instandhaltung zu treffen und vorzubereiten. Zur Eingrenzung von Zufallsausfällen können die Einrichtung und Einhaltung eines sorgfältigen Betriebsregimes, die Qualifizierung des Personals, sorgfältige Überwachung von Parameterbegrenzungen, die Beseitigung von Mängeln, die das Auftreten von Zufallsausfällen begünstigen, beitragen.

Abnutzungsausfälle

$> t_2$: $\lambda(t)$ steigend

Abnutzungsausfälle treten in der Regel erst nach einer „Inkubationszeit" auf (vgl. Bild 2.6). Ihre Ursache liegt in den Abnutzungsvorgängen (vgl. Abschn. 2.1.1.)

Im Bereich der Abnutzungsausfälle können sowohl die operative Instandhaltung, die Instandhaltung mit starren Perioden sowie die zustandsbezogene Instandhaltung angewendet werden. Die operative Instandhaltung hat eine Anwendungsberechtigung für Baugruppen bzw. Maschinen, die Sicherheit und Verfügbarkeit der Gesamtanlage nicht oder kaum beeinflussen. Auch für kleinste Produktionseinheiten kann die operative Instandhaltung organisatorisch einfach und kostengünstig sein. Neben dem Nachteil der geringen Zuverlässigkeit und Verfügbarkeit, die sich damit erreichen läßt, hat sie den Vorteil der vollen Ausnutzung der Abnutzungsreserve von Bauteilen. Folgeschäden können nicht ausgeschlossen werden.

Bisherige Bemühungen zur Beherrschung unplanmäßiger Ausfälle von Maschinen und Anlagen durch gezielte Instandhaltungsmaßnahmen konzentrieren sich vorrangig auf die vorbeugende Instandhaltung mit starren Perioden. Die Perioden werden durch Ausfallstatistiken, Befundergebnisse, Expertenschätzungen u. ä. belegt. Diese Methode garantiert eine hohe Zuverlässigkeit, hat aber die prinzipiellen Nachteile der unvollständigen Ausnutzung der Abnutzungsreserven der Bauteile und der Möglichkeit des Auftretens von Ausfällen mit Folgeschäden. Vor allem für Baugruppen, die für die Sicherheit von Anlagen verantwortlich sind, ist diese Strategie nicht ausreichend.

Durch eine meßtechnische Erfassung und Bewertung des technischen Zustandes von Maschinen und Anlagen ist es möglich, den Anlagenzustand exakt zu bestimmen sowie Voraussagen zur Restfunktionsdauer zu machen. Diese zustandsbezogene Instandhaltung kann die Vorteile einer periodischen Instandhaltung mit allen Vorteilen der operativen Instandhaltung kombinieren. Die Gesamtstrategie einer Produktionseinheit wird immer Elemente aller drei Teilstrategien enthalten.

2.1.3. Vorzüge einer zustandsbezogenen Instandhaltung

Die optimale Gestaltung sowohl der Instandhaltung mit starren Perioden als auch der zustandsbezogenen Instandhaltung erfordert die Berechnung der anzustrebenden Zuverlässigkeit und der erreichbaren Wirtschaftlichkeit mit Hilfe von physikalisch-mathematischen Modellen unter Einbeziehung ökonomischer Aspekte [2.9]. Dazu hat sich eine umfangreiche Spezialliteratur entwickelt, z. B. [2.2] [2.7] [2.8] [2.11] [2.12] [2.14] und [2.15].

Durch die Bereitstellung einer zuverlässigen, leicht handhabbaren und immer billiger werdenden Diagnosetechnik hat sich die zustandsbezogene Instandhaltung international durchgesetzt (vgl. Abschn. 1.2.). Einen Vergleich der Vorzüge der zustandsbezogenen Instandhaltung gegenüber der Instandhaltung mit starren Perioden vermittelt Tafel 2.1. Der unübersehbare Vorteil dieser neuen Strategie liegt in der Möglichkeit, gleich hohe oder höhere Zuverlässigkeiten gegenüber der Instandhaltung mit starren Perioden zu erreichen und gleichzeitig die Abnutzungsreserven der Bauteile voll auszuschöpfen. Die Abwendung von Primär- und von Folgeschäden ist vor allem für Maschinen und Anlagen mit großen Aggregatleistungen und hohem Verflechtungsgrad eine Voraussetzung für den sicheren und wirtschaftlichen Betrieb. Die Erkennung von defekten Maschinen und Anlagen ist auch für neue Ausrüstungen, instand gesetzte Maschinen und vor Generalinstandhaltungen bedeutungsvoll. Eine Analyse über viele Industriezweige

Tafel 2.1. Vergleich der zustandsbezogenen Instandhaltung mit der Instandhaltung mit starrer Periode

Eigenschaft	Zustandsbezogene Instandhaltung	Instandhaltung mit starrer Periode
Abnutzungsverhalten	meßbar	mittlere Abnutzung abschätzbar
Primärschäden	können durch Signalisation ausgeschlossen bzw. stark eingeschränkt werden bei zyklischer Messung	sind durch Wahl der Perioden verringerbar
Folgeschäden	können weitgehend verhindert werden (s. o.)	sind nicht ausschließbar
Restfunktions-dauerprognose	mit steigender Betriebsdauer genauer	Genauigkeit unabhängig vom Zeitpunkt der Prognose
Abnutzungsreserve	vollständig ausnutzbar	Verluste entsprechen der Streuung der Abnutzung
Zuverlässigkeit/ Sicherheit	hoch durch Kenntnis des Abnutzungsverhaltens	hoch durch frühzeitige Instandhaltung
Verfügbarkeit	optimierbar	optimierbar
Planbarkeit der Instandhaltung	eingeschränkt, kurze Reaktionszeiten erforderlich	gut planbar
Diagnosetechnik	erforderlich	kaum erforderlich
Arbeitskräfte der Instandhaltung	für Diagnose zusätzliche Arbeitskräfte, für Instandhaltung geringerer Instandhaltungsbedarf	hoher Instandhaltungsbedarf
Gesamtkosten	optimierbar	optimierbar

zeigt die Möglichkeit der Erkennung solcher potentiellen Ausfälle (Tafel 2.2). Mit geringen Einschränkungen kann man auch die großen Vorteile der Instandhaltung mit starrer Periode, die in der kurzfristigen und langfristigen Planbarkeit liegen, für die zustandsbezogene Instandhaltung anwenden. Damit wird die zustandsbezogene Instandhaltung auf weiten Gebieten wirtschaftlich gegenüber allen anderen Strategien [2.9].

Tafel 2.2. Anteil geschädigter Maschinen im Ergebnis instrumenteller Diagnostik [2.10]

Maschinenart	Anteil geschädigter Maschinen im Verhältnis zum Anteil überwachter Maschinen
Neue Maschinen	3 %
Instand gesetzte Maschinen	9 %
Maschinen im Überwachungszeitraum 30 Tage	3... 4 %
Geprüfte Maschinen kurz vor einer Großinstandhaltung	20...26 %

Eines der ersten Anwendungsgebiete der zustandsbezogenen Instandhaltung war die Kernenergetik. Die hohen Forderungen nach nuklearer Sicherheit sowie die Forderung zur Reduzierung von Instandhaltungsarbeiten wegen der Strahlenbelastung des Instandhaltungspersonals waren ohne Technische Diagnostik und damit ohne Elemente einer zustandsbezogenen Instandhaltung nicht realisierbar [2.16] [2.17]. Gegenwärtig existieren für Kernkraftwerke rechnergestützte Instandhaltungssysteme auf der Basis der zustandsbezogenen Instandhaltung, die zu einer Betriebsführung mit hoher Zuverlässigkeit, hoher Sicherheit und guter Wirtschaftlichkeit beitragen [2.18]. Ein progressives Beispiel weist Verfügbarkeiten über 90 % im Verlauf mehrerer Jahre in einem Kernkraftwerk aus [2.18]. Der Umfang für korrigierende Instandhaltung konnte auf 16 % zurückgedrängt werden (Tafel 2.3). Durch Anwendung von Prüftechnik und Anlagendiagnostik wurde die Kenntnis über die Anlagen so verbessert, daß Schwachstellen und ungeeignete Ausrüstungen systematisch durch Modifikationen (33 % des Instandhaltungsumfanges) aus der Anlage entfernt werden konnten. Der Anteil an Material und Ersatzteilen konnte ebenfalls durch diese Strategie auf 18 % des Instandhaltungsaufwandes gesenkt werden (Tafel 2.4).

Tafel 2.3. Instandhaltungsaktivitäten eines Kernkraftwerkes mit einer zustandsbezogenen Instandhaltungsstrategie [2.18]
Prozentangaben bezogen auf Mannstunden

Instandhaltungsart	Anteil
Vorbeugende Instandhaltung einschließlich Diagnostik	40 %
Wiederholungsprüfungen	11 %
Korrigierende Instandhaltung	16 %
Modifikationen	33 %

Tafel 2.4. Gliederung des Instandhaltungsaufwandes eines Kernkraftwerkes mit zustandsbezogener Instandhaltungsstrategie [2.18]
Prozentangaben bezogen auf Kosten

Aufwandsart	Anteil
Eigenes Personal	27 %
Fremdes Personal	51 %
Ersatzteile	11 %
Material	7 %
Verwaltung	4 %

In Ländern mit hoch entwickelter Diagnosetechnik hat die zustandsbezogene Instandhaltung mit Methoden der Technischen Diagnostik viele Gebiete der Volkswirtschaft erreicht. Ausgewählte Beispiele können das belegen [2.10]. Für Textilmaschinen zur Produktion synthetischer Fasern (200 ähnliche Typen) mit vielen rotierenden Teilen in Antrieben, Getrieben, Wellen, Achsen und Lagern konnten sowohl die Ausfälle, die Stillstandszeiten als auch die Produktions-

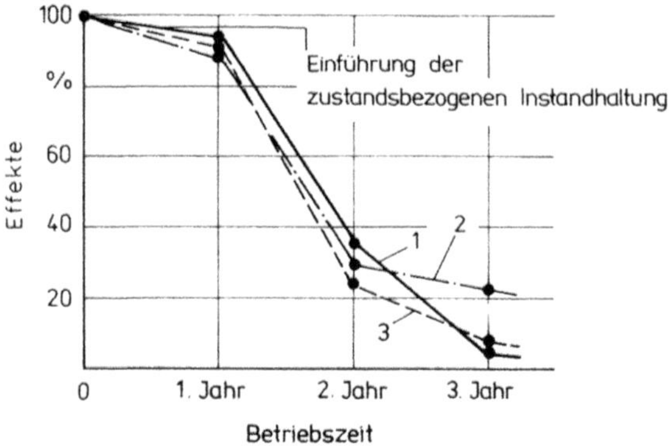

Bild 2.10. Verringerung der Ausfälle, Stillstandszeiten und Produktionsverluste durch zustandsbezogene Instandhaltung in einem Textilbetrieb (nach [2.10])

1 Ausfälle; *2* Stillstandszeit; *3* Produktionsverluste

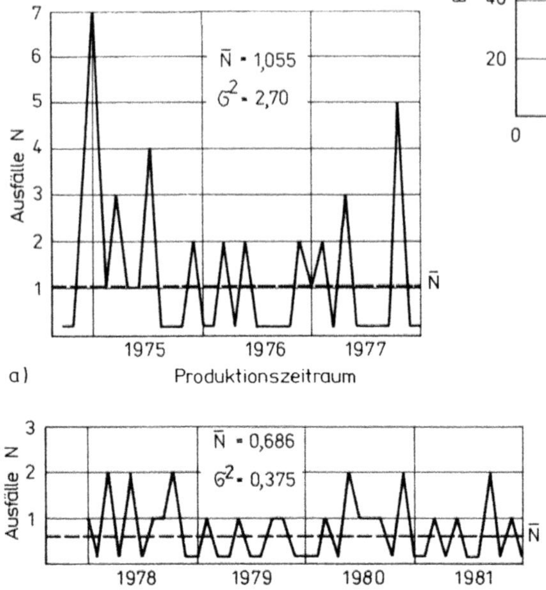

Bild 2.11. Ausfälle und Außerbetriebnahmen in einem Chemiebetrieb

a) Instandhaltung mit starrer Periode; b) Zustandsbezogene Instandhaltung

N monatliche Anzahl der Ausfälle und Stillstände; $\overline{N}$ Mittelwert der Ausfälle und Stillstände; σ^2 Streuung der Ausfälle und Stillstände

verluste drastisch reduziert werden (Bild 2.10). Die Beeinflussung von Ausfällen und Anlagenstillständen in einem chemischen Betrieb, der nach einer Betriebszeit mit einer Instandhaltung mit starrer Periode die zustandsbezogene Instandhaltung einführte [2.10], zeigt Bild 2.11. Die Anzahl der Stillstände konnte von durchschnittlich 1,055 je Monat auf 0,689 je Monat gesenkt werden. Die Streubreite der Ausfälle verringerte sich noch progressiver von $\sigma^2 = 2{,}70$ auf $\sigma^2 = 0{,}375$. Gleichzeitig konnten die Instandhaltungs- und Ausfallkosten um 35 % verringert werden (Ausfallkosten 20 %, Instandhaltungskosten 15 %).

Tafel 2.5. Preise für ausgewählte Diagnosegeräte, Preisbasis 1982

Geräteart	Preis US-$
Schwingungsanalysator	10 000
Wirbelstromdiagnostik	12 000
Schallemissionsmeßgerät	5 000
Gammastrahlen-Materialprüfung	15 000
Röntgenstrahlen-Materialprüfung	15 000
Oszillograph	8 000
Stethoskop	150
Stroboskop	1 150
SPM-Stoßimpulsmeßgerät	900
Infrarot-Diagnostik	3 000
Spektrograph für Ölanalyse	30 000
Thermovision	13 500
Vibrometer	3 000
Ultraschallprüfgerät für Materialprüfung und Dickenmessung	7 000

Diesen Gewinnen stehen nur relativ geringe zusätzliche Aufwendungen für die Diagnosetechnik gegenüber. Sie betragen für mittlere Instandhaltungsbereiche (100 bis 150 Arbeitskräfte) 2 bis 3 % der unmittelbaren Instandhaltungskosten [2.10]. Die Preise für Diagnosegeräte sind [2.10] entnommen und in Tafel 2.5 auszugsweise zusammengestellt. Gemessen am Gesamtwert der Ausrüstungen werden für die Zustandsüberwachung von Maschinen und Anlagen

- 2 % für die kontinuierliche Fertigung
- 4 % für kontinuierliche Produktionsprozesse
- 10 % für gefährliche, kontinuierliche Prozesse oder für Prozesse mit Gefährdungsmöglichkeiten für Menschen

als gerechtfertigt angesehen [2.7]. Eine Abschätzung des tatsächlich erforderlichen Umfanges an Diagnosetechnik muß für jeden speziellen Anwendungsfall erfolgen (vgl. Abschnitt 2.8.).

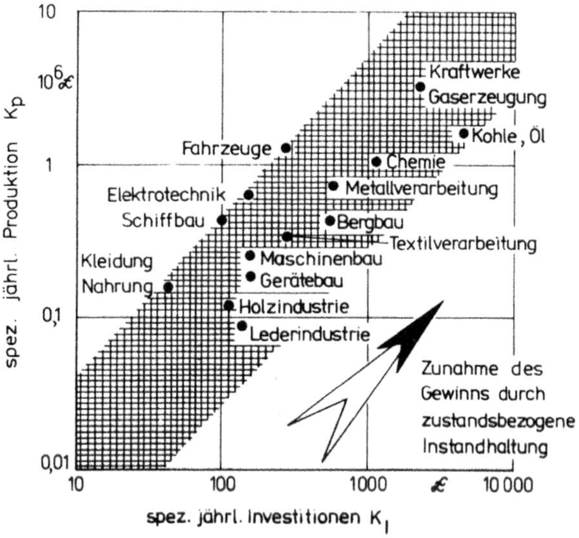

Bild 2.12. Auswahl der Produktionsbereiche für die zustandsbezogene Instandhaltung

K_p spezifische jährliche Produktion je Produktionseinheit; K_I spezifische jährliche Investkosten je Produktionsangestellte

Der Gewinn, der sich durch die Einführung der zustandsbezogenen Instandhaltung, durch Nutzung der Technischen Diagnostik erzielen läßt, ist offensichtlich abhängig von der Wichtigkeit, der Größe und den jährlichen Investitionen in den Teilbereichen der Volkswirtschaft. Mit steigendem Produktionsvolumen und zunehmenden jährlichen Investitionen steigt der Gewinn aus der Einführung der zustandsbezogenen Instandhaltung. Eine Analyse im englischen Wirtschaftsgebiet bestätigt diese Feststellung [2.19] [2.20] (Bild 2.12). Durchgängiger Schichtbetrieb, Betrieb vieler gleichartiger Maschinen, Anordnungen ohne Redundanz sowie Produktion ohne Zwischenspeicher (z. B. Elektroenergie) sind stimulierend für eine zustandsbezogene Instandhaltung.

2.1.4. Trendanalyse und Restfunktionsdauerprognose

Die Organisation einer zustandsbezogenen Instandhaltung mit Mitteln der Technischen Diagnostik erfordert Aussagen zur zeitlichen Entwicklung des Abnutzungsverlaufes; die Realisierung einer planbaren Instandhaltung die Prognose des zukünftigen Verlaufes der Abnutzung. Diese Anforderungen stellen vier wesentliche Fragen an die instrumentelle Anlagenüberwachung:

1. Welche Grenzwerte des Abnutzungsverlaufes sind festzulegen?
2. Welche Prüfperioden sind zu wählen?
3. Welcher Zeitpunkt einer Restfunktionsdauerprognose ist zu wählen?
4. Welche Prognosemethoden werden angewendet?

In vielen Fällen wird die Ermittlung des technischen Zustandes mit einem Diagnoseparameter (Diagnosemeßgröße oder Diagnosekennzahl) erfolgen können. Für diesen speziellen Fall sollen die folgenden Ausführungen gelten (Bild 2.13). Bei mehreren Parametern sind spezielle Verfahren anzuwenden (vgl. Abschn. 2.3. bis 2.6.).

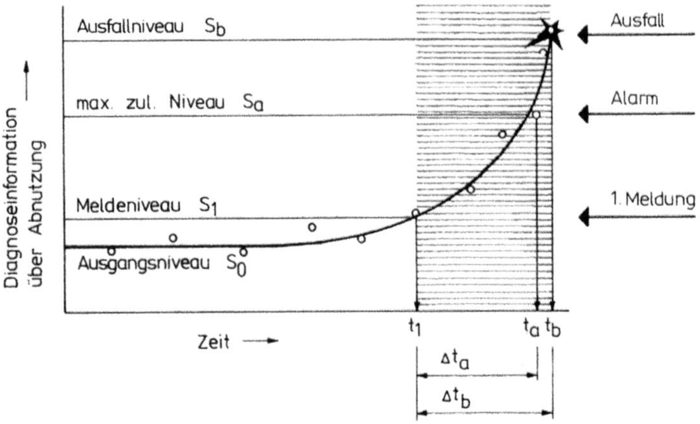

Bild 2.13. Charakteristische Niveaus zur Bewertung des Schädigungsverlaufes
$\Delta t_{a,b}$ Vorbereitungszeit für Instandhaltung; Index a: bei vorbeugender Instandhaltung; Index b: bei Instandsetzung im Schadensfall

Charakteristische Werte des Schädigungsverlaufes

Für die Bewertung des Schädigungsverlaufes infolge Abnutzung kann die Festlegung folgender Niveaus empfohlen werden (s. Bild 2.13):

- Ausgangsniveau S_0
- Meldeniveau S_1
- max. zulässiges Niveau S_a
- Ausfallniveau S_b.

Das *Ausgangsniveau* S_0 kennzeichnet die Güte der neuen Anlagen bzw. instand gesetzter Ausrüstungen. Nicht in jedem Fall kann für gleiche Maschinen und Anlagen ein gleiches konstantes Ausgangsniveau vorausgesetzt werden. Fertigungs-, Montage- und Instandhaltungsqualität können wesentlich das Ausgangsniveau und damit die Ausgangsinformationen beeinflussen. Bei einer Reihe von Diagnosemethoden ist das Ausgangsniveau Grundlage für den Bewertungsalgorithmus des Diagnoseparameters (vgl. Abschn. 2.4.).

Für die Planung von Instandhaltungsmaßnahmen ist zu einem frühest möglichen Zeitpunkt die Prognose der Restfunktionsdauer erforderlich. Deshalb ist das Niveau einer ersten Meldung (*Meldeniveau* S_1) festzulegen. Dieses Niveau signalisiert gleichzeitig dem Betriebspersonal eine erhöhte Aufmerksamkeitspflicht bzw. erhöhte Diagnoseaktivitäten. Die Festlegung dieses Niveaus ist abhängig von Maschinenart, Abnutzungsgeschwindigkeit und erforderlicher Zeit für Instandhaltungsaktivitäten. In der Regel wird es in den Bereich beginnender erhöhter Abnutzungsgeschwindigkeit gelegt. Auf keinen Fall sollte wegen der Genauigkeit der zu erstellenden Prognosen der Prognosezeitraum 50 % des Beobachtungszeitraumes überschreiten [2.21].

Am problematischsten ist die Festlegung des *maximal zulässigen Niveaus* S_a. Eine Vielzahl möglicher Einflüsse (z. B. Stochastik des Abnutzungsverlaufes, Meßgenauigkeit, Genauigkeit des Bewertungsalgorithmus) erschweren die objektive Festlegung dieses Grenzwertes. Er muß ausrüstungsbezogen in Abhängigkeit des *Ausfallniveaus* S_b für jedes Diagnoseverfahren speziell festgelegt werden (vgl. Abschnitte 3. bis 9.). In vielen praktischen Anwendungsfällen erfolgt die Festlegung dieser für die Betriebsführung und Instandhaltung wichtigen Größe subjektiv durch Auswertung früherer Ausfälle und Nutzung von Betriebserfahrungen mit ausreichender Genauigkeit. Für ausgewählte typische Diagnosemodelle wird die Berechnung solcher Kriterien im Abschnitt 2.5. behandelt.

Prüfperioden

Die Zustandsüberwachung kann generell mit zwei Methoden realisiert werden:

- Kontinuierliche Zustandsüberwachung (Continued Monitoring)
- Diskontinuierliche Zustandsüberwachung (Non-Continued Monitoring)
  - mit fest installierter Diagnosetechnik
  - mit ambulanter Diagnosetechnik.

Die im On-line-Betrieb arbeitende *kontinuierliche Überwachung* wird sich auf Grund des Geräteaufwandes sowie der Wartung der Gerätetechnik auf Maschinen und Anlagenteile beschränken, die Sicherheitsrelevanz haben oder für die Verfügbarkeit der Produktion von großer Bedeutung sind. Die Auswahl erfolgt nach geeigneten Kriterien (vgl. Abschn. 2.8.) für ausgewählte Anlagen.

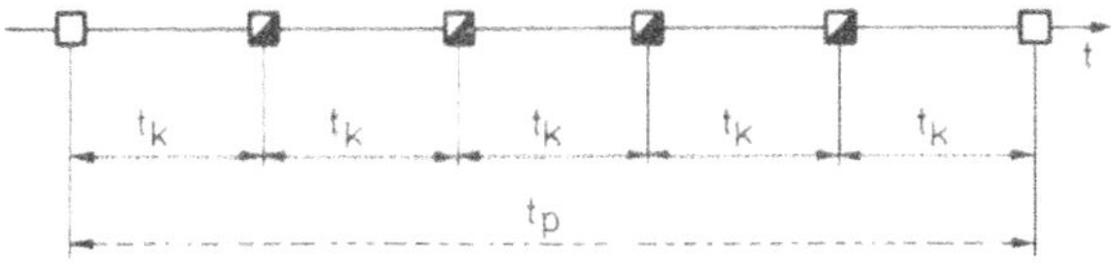

Bild 2.14. Ausgewählte Kontrollmethode (nach [2.12])

t_k Kontrollperiode; t_p Periode der vorbeugenden Instandhaltung

Für die *diskontinuierliche Überwachung* sind Prüf- bzw. Diagnoseintervalle festzulegen. Ist für die Kontrolle Anlagenstillstand und ggf. eine Demontage notwendig, kann in Abhängigkeit von der gewählten Instandhaltungsstrategie und vom prinzipiellen Abnutzungsverlauf eine optimale Zykluslänge berechnet werden. Für eine Instandhaltungsstrategiekombination vorbeugende Instandhaltung mit dazwischenliegenden Kontrollen mit befundabhängiger Instandhaltung (Bild 2.14) errechnet sich die optimale Periode der Kontrolle sowie die optimale Periode der vorbeugenden Instandhaltung zu [2.12]:

$$t_{k_{opt}} = \beta \cdot \left[\frac{G_K}{(\alpha - 1) \cdot \vartheta \cdot (G_{WM} - G_B)}\right]^{1/\alpha} \tag{2.6}$$

$$t_{p_{opt}} = \beta \cdot \left[\frac{G_V - G_K}{(\alpha - 1) \cdot [(1 - \vartheta) \cdot G_{WM} + \vartheta \cdot G_B]}\right]^{1/\alpha}; \tag{2.7}$$

α, β Weibull-Parameter
ϑ Kontrollwirkungsgrad (vgl. Abschn. 2.8.2)
G_K mittlere Gebrauchskosten für eine Kontrollmaßnahme
G_V mittlere Gebrauchskosten für eine vorbeugende Instandhaltungsmaßnahme
G_{WM} Gebrauchskosten für eine Minimalinstandsetzung
G_B mittlere Gebrauchskosten für eine befundabhängige Instandsetzung.

Für sicherheitsrelevante Maschinen und Ausrüstungen werden Prüfzyklen durch staatliche Normen und Vorschriften verbindlich festgelegt (vgl. Abschn. 3.1.).

Besteht die Möglichkeit einer Diagnose während des Betriebes ohne Anlagenstillstand, können grundsätzlich zwei Methoden der Periodendauerbestimmung angewendet werden:

1. Starre Perioden, deren Länge in Abhängigkeit von der Anlagenwertigkeit und den Zuverlässigkeitsanforderungen festgelegt wird.
2. Flexible Perioden, die in Abhängigkeit von der Schädigungsentwicklung mit zunehmend größerer Abnutzungsgeschwindigkeit kürzere Diagnoseintervalle realisieren.

In der Praxis findet man vorherrschend das Prinzip starrer Diagnoseperioden (s. Tafel 2.7), die operativ bei Überschreiten von Abnutzungsgrenzwerten in flexible Perioden oder in eine Online-Überwachung überführt werden, wenn ein Weiterbetrieb der Anlage erzwungen werden muß.

Die Festlegung der Dauer starrer Perioden kann erfolgen durch:

- Zuverlässigkeitsanalysen
- Ausfallanalysen
- Analyse des Abnutzungsverlaufes.

Restfunktionsdauerprognose

Eine Restfunktionsdauerprognose ist ohne hinreichend genaue Schädigungsmodelle nur auf der Basis der Analyse des bisherigen Zeitverlaufes der zu betrachtenden objektbezogenen Schädigung möglich. Die Verwendung von a-priori-Informationen über den prinzipiellen Charakter des Schädigungsverlaufes kann die Genauigkeit einer solchen Prognose erhöhen [2.9] [2.22] [2.23]. Diese Kenntnisse sind eine notwendige Information für die Prognose (Bild 2.15). Dennoch ist der individuelle Verlauf der objektbezogenen Schädigungskennlinie für die Prognose dominierend, weil nur sie über die Beanspruchbarkeit der Baugruppe und die bereits kumulierte Beanspruchung Auskunft geben kann.

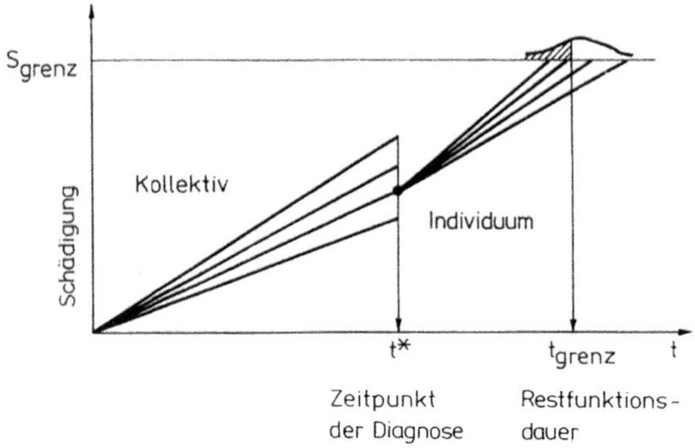

Bild 2.15. Abschätzung der Restfunktionsdauer

S_{grenz} Grenzschädigung; t Zeit

Eine Abschätzung der Restfunktionsdauer setzt eine *Trendanalyse* voraus. Einfachste Methode der Trendanalyse ist die Anpassung einer mathematischen Funktion an eine Zeitreihe oder deren Zeitabschnitte. Am häufigsten werden dazu Polynome, Exponential- und Weibullkurven verwendet. Verbreitet ist weiterhin die Methode der linearen Filterung einer Zeitreihe durch Bildung von Gleitmitteln oder exponentieller Glättung [2.21]. Prognosemethoden kann man in drei Hauptkategorien einteilen [2.21]:

- subjektive Vorhersage
- univariate Prognosemethode
- multivariate Prognosemethode.

Die *subjektive Vorhersage* erfolgt auf subjektiver Basis. In sie fließen Urteile, Intuition, Kenntnisse über das Anlagenverhalten, ökonomische Bewertungsmaßstäbe u. ä. ein. Die oft als unwissenschaftlich verpönte Methode hat dennoch ihre Anwendungsberechtigung. Immer dann, wenn Informationen für eine mathematische Abschätzung der Restfunktion nicht vollständig gegeben sind, bei Beginn der Einführung einer zustandsbezogenen Strategie oder in kleinen Betrieben ohne vorbereitete Spezialisten auf diesem Gebiet, führt eine subjektive Vorhersage, die sich auf eine langjährige Betriebspraxis stützt, zu ausreichend genauen Ergebnissen.

Univariate Methoden liefern eine Prognose einer Größe aus der Analyse ihres eigenen bisherigen Verlaufes. Wichtige univariate Methoden sind:

- Extrapolation von Trendkurven
- exponentielle Glättung
- Adaption von Wahrscheinlichkeitsmodellen (Gleitmittel-, autoregressive Modelle, dynamische lineare Modelle) [2.4] [2.5].

Univariate Vorhersagen dominieren in ihrer Anwendung. Für Restfunktionsdauerprognosen sind häufig lineare oder exponentielle Extrapolationen von Trendkurven mit ausreichender Zuverlässigkeit ermittelbar. Als Beispiel soll die Untersuchung von Wälzlagern im zeitraffenden Versuch die Anwendbarkeit der linearen Trendextrapolation belegen (Bild 2.16). Für Elektromotoren wurde das Ausfallverhalten von Wälzlagern infolge Ermüdung mit der Diagnosekennzahl $D_K(t)$ (vgl. Abschn. 6.4.) der Schwingungsdiagnostik untersucht [2.22] und für die Endphase der Schädigung bis zum Ausfall der Baugruppe durch lineare Annäherung eine ausreichende

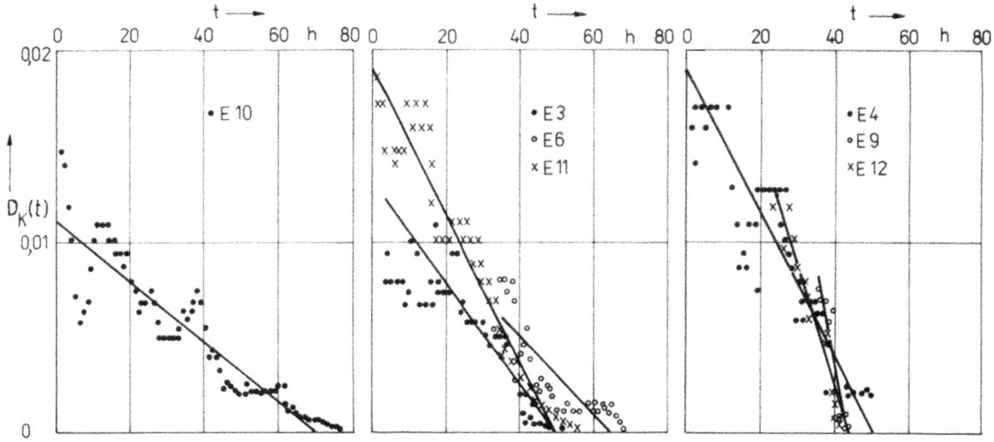

Bild 2.16. Lineare Trendextrapolation für Wälzlagerermüdung unter zeitraffenden Bedingungen

$D_K(t)$ Diagnosekennzahl; t Zeit; $E_{1 \ldots n}$ untersuchte Elektromotorenlager

Genauigkeit (rd. 5 %) erzielt. Die Bedeutung der Wahl des Zeitpunktes der Prognosestellung wird deutlich, wenn man den Gesamtverlauf der Wälzlagerschädigung infolge Ermüdung betrachtet (Bild 2.17). Verallgemeinert wird immer zwischen einer Langzeit- und Kurzzeitprognose unterschieden werden müssen.

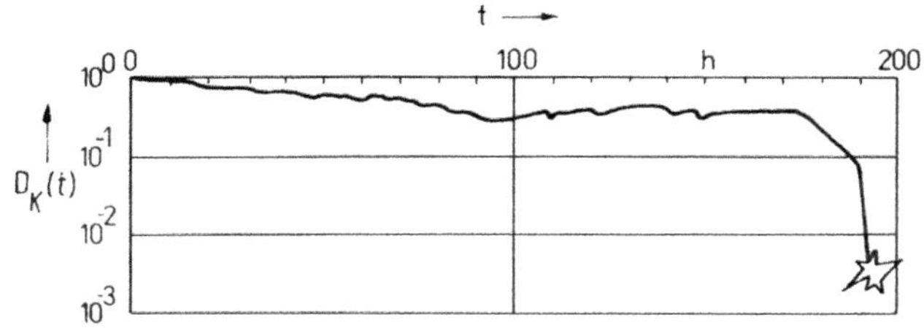

Bild 2.17. Mittlerer Verlauf der Schädigung von Wälzlagern infolge Ermüdung

Multivariate Prognosemethoden berücksichtigen neben der Analyse des eigenen Verlaufes einer Größe den Verlauf weiterer Einflußgrößen [2.21]. Multivariate Prognosemethoden, wie

- multiple lineare Regression
- ökonomische Modelle
- Übertragungsfunktionsmodelle,

sind komplizierter und in ihrer Realisierung wesentlich aufwendiger als univariate Methoden. Für längerfristige Prognosen ist die Kenntnis prinzipieller mittlerer Prozeßverläufe notwendig [2.5].

Eine Zusammenstellung von Prognosemodellen für die Abschätzung von Restfunktionsdauern ist in [2.24] enthalten, sie wurde ergänzt in Tafel 2.6 wiedergegeben. Jede Abschätzung der Restfunktionsdauer wird für das zu betrachtende Objekt in Abhängigkeit von den konkreten Beanspruchungen und Abnutzungsbedingungen vorzunehmen sein.

Tafel 2.6. Prognosemodelle

Nr.	Methode	Autor	Lit.
1.	Prognose des mittleren Abnutzungsverlaufes	BECKMANN	[2.2]
2.	Prognosegrundmodell	EICHLER	[2.11]
3.	Spezielles Modell mit/ohne Grundvermessung	SCHIROSLAWSKI	[2.25]
4.	Prognose der Lebensdauer auf tribologischer Grundlage	FLEISCHER	[2.26]
5.	Prognose durch Schadensakkumulationshypothese	GNILKE	[2.27]
6.	Prognose der mittleren statistischen Parameteränderung	MICHLIN	[2.5]
7.	Prognose und Realisierung	MICHLIN	[2.5]
8.	Analytische Prognose	MOSKALEVSKI/GASKAROV	[2.28]
9.	Wahrscheinlichkeitshypothese	MOSKALEVSKI/GASKAROV	[2.28]
10.	Prognose nach statistischer Klassifikation	MOSKALEVSKI/GASKAROV	[2.28]
11.	Prognose nach statistischer Auswertung von Verschleißmessungen	PIEPER	[2.29]
12.	Normative Prognose	TOUTENBURG	[2.30]
13.	Prognose der zufälligen Parameteränderung	CATRAISKIJ	[2.31]
14.	Methode der Restbetriebsdauerprognose mit konstanter Aussonderungsgrenze	FESTERSEN	[2.24]
15.	Lineare Trendextrapolation	CEMPEL/ROSCH	[2.47] [2.22]

2.1.5. Prioritätsregeln

Produktionssysteme bestehen aus Teilsystemen bzw. Einzelausrüstungen, die unterschiedliche Wertigkeit für die volle Funktionstüchtigkeit der Anlagen besitzen. Die Bewertung kann erfolgen hinsichtlich:

- Sicherheit von Anlagen und Menschen
- Produktionsausstoß
- Produktionsqualität
- Verfügbarkeit der Anlagen
- Wirtschaftlichkeit
- Einsatz von Instandhaltungskräften
- Betriebszustand der Anlagen.

Die Festlegung von Diagnoseverfahren, Prüfmethoden, Instandhaltungsstrategien u. a. kann erleichtert werden, wenn die Gesamtanlage in unterschiedlich gewichtete Kategorien eingeteilt wird. Für eine solche Einteilung in Anlagenkategorien können *Prioritätsregeln* (Reihung der Wertigkeit) aufgestellt werden.

Statische Einteilung in 2 Gruppen

Die einfachste, dennoch sehr wirksame Untergliederung von Anlagen kann in zwei Gruppen vorgenommen werden [2.6]:

- Wertungsgruppe 1: wichtig
- Wertungsgruppe 2: unwichtig.

Die Bezeichnung „kritische Maschinen“ und allgemein „Maschinen“ für die beiden Wertungsgruppen ist ebenso üblich [2.10]. Diese Untergliederung kann unterschiedliche Bewertungskriterien enthalten. Insbesondere hat sich ihre Anwendung bewährt, wenn Engpässe oder eingeschränkte Ressourcen aufgeteilt werden müssen, oder für die Arbeit in Betrieben mit geringem Vorbereitungspersonal für Diagnostik und zustandsbezogene Instandhaltung.

Reihenfolge der Anlagenwertigkeit

Diese Wertungsgruppen bieten die Möglichkeit, alle Ausrüstungen nach ihrem technisch-ökonomischen Verhalten so zu ordnen, daß Diagnosemaßnahmen sowie deren organisatorische Bestandteile und Instandhaltungsmaßnahmen je nach vorhandener Instandhaltungskapazität festgelegt werden können. Nach diesem Prinzip kann auch die Reihenfolge für betriebliche Festlegungen, Sammlungen von Informationen, technologische Bearbeitung u. a. vorgenommen werden. Erstmals wurde diese Einteilung für Kernkraftwerke vorgenommen [2.6], mit der Reihenfolge:

1. Anlagen oder Anlagenteile, deren Ausfall die Sicherheit der Menschen oder der Anlage vermindert
2. Anlagen oder Anlagenteile, deren Ausfall einen Totalausfall der Produktionseinheit oder des Gesamtbetriebes zur Folge hat
3. Anlagen oder Anlagenteile, deren Ausfall Leistungsminderung bewirkt
4. Anlagen oder Anlagenteile, deren Ausfall mit Wirkungsgradverschlechterung verbunden ist
5. Anlagen oder Anlagenteile, deren Ausfall keinen unmittelbaren Produktionsausfall nach sich zieht.

Diese Reihenfolge läßt sich u. a. in bezug auf die Arbeitsqualität modifizieren sowie auf weniger Gruppen einengen. (Beispiel in Tafel 2.7).

Tafel 2.7. Wertungsgruppen bei der Festlegung von Prüfperioden in einem Kernkraftwerk für die Diagnostik an rotierenden Maschinen [2.18]

Klasse	Ausrüstungsart	Prüfperiode
1	Sicherheitsrelevante Ausrüstungen I	monatlich
2	Sicherheitsrelevante Ausrüstungen II	2monatlich
3	Verfügbarkeitsrelevante Ausrüstungen	halbjährlich
4	Sonstige Ausrüstungen	jährlich

Reihenfolge der Bedienung

Soll eine Klassifizierung nach der Dringlichkeit erfolgen, ist eine Begrenzung vorhandener Kapazitäten zu beachten, da sonst diese Reihung keine Vorteile, ggf. sogar Unordnung in die Organisation bringen kann. Die Zuordnung erfolgt durch Zuverlässigkeitsuntersuchungen oder Kostenabschätzungen. Folgende Gruppenbildung wird vorgeschlagen [2.8]:

1. Bedienung durch eine freie Arbeitskraft
2. Bedienung innerhalb von 30 Minuten
3. Bedienung sobald es der Plan erlaubt
4. Bedienung innerhalb von 3 Monaten.

Für kontinuierlich arbeitende Produktionsbetriebe (z. B. Kraftwerke, Metallurgie) mit 24-h-Betrieb und begrenzten Kapazitäten in den Nachtstunden wird vorgeschlagen [2.18]:

1. sofortige Bedienung
2. Bedienung am nächsten Tag (Normalschicht)
3. Bedienung nach mehreren Tagen (z. B. nach dem Wochenende)
4. Bedienung während des nächsten Anlagenstillstandes.

Reihenfolge des Betriebszustandes von Anlagen

Für die Durchführung von Diagnosemaßnahmen und Instandhaltungsaktivitäten kann es erforderlich sein, Klassifizierungen in bezug auf den aktuellen Anlagenzustand vorzunehmen. Diese

Klassifizierung richtet sich vornehmlich auf Tätigkeiten. Die Prioritäten können in folgende Gruppen untergliedert werden [2.18]:

1. Gesamtanlage in Betrieb
2. Teilanlage außer Betrieb mit vollen Betriebsparametern
3. Teilanlage außer Betrieb mit Umgebungsparametern
4. Gesamtanlage außer Betrieb mit Umgebungsparametern (gereinigt, geöffnet u. ä.).

Dynamische Prioritätsregeln

In Abhängigkeit von sich verändernden Einflußgrößen wird die Priorität für Anlagengruppen nach ökonomischen Modellen bzw. technischen Algorithmen ständig neu festgelegt. Allgemeine Lösungen liegen nicht vor. Für Diagnostik und Instandhaltung haben sie zur Zeit keine Bedeutung und Anwendung.

2.1.6. Adressen

Die exakte technologische Vorbereitung und der Einsatz der Datenverarbeitungstechnik erfordern eine *einheitliche Verschlüsselung* der verbalen Bezeichnungen von Ausrüstungen und Begriffen. Die Gestaltung dieser Verschlüsselungen, als Adressen oder auch Nomenklaturen [2.6] bezeichnet, muß so erfolgen, daß mit wenig Adressen eine maximale Informationsaussage erreicht wird. Ihre Anwendbarkeit soll für den Hersteller, Betreiber und Instandhalter gleichermaßen gegeben sein und mindestens zur Lösung folgender Aufgaben Anwendung finden:

- technologische Vorbereitung
- Betriebsführung
- Diagnostik
- Instandhaltungsvorbereitung und -durchführung
- Schadenserfassung und -auswertung
- Kostenerfassung und -auswertung.

Die durchgängige, einheitliche Anwendung dieser Adressen ist anzustreben. Sie kann erhebliche Mehrarbeit des Ingenieurpersonals einsparen und zur Vermeidung von Anlagenausfällen beitragen.

Bei der Gestaltung von Adressen sind die Belange einer modernen Austauschreparatur zu berücksichtigen. Ein einfaches Beispiel (Bild 2.18) verdeutlicht den Wechsel der Ausrüstungen von Standort zu Standort. Es ist deshalb zweckmäßig, jede Anlage nach Einsatzort (Standortadresse) und nach Ausrüstungen (Ausrüstungsadresse) zu kennzeichnen [2.32].

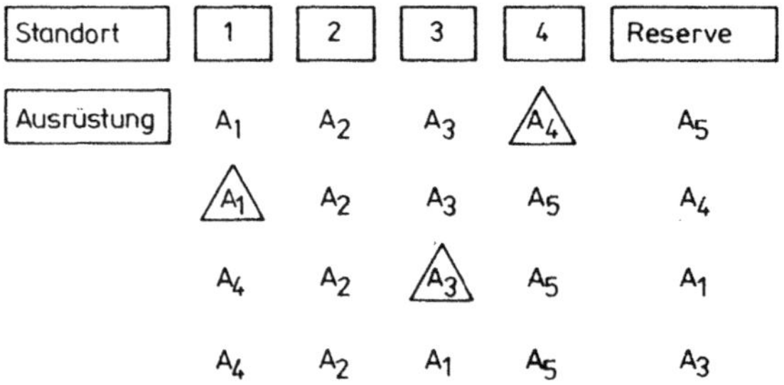

Bild 2.18. Wechsel von Ausrüstungen auf Anlagenstandorten durch Austauschreparatur

Adressen sind einheitlich, dekadisch oder alphanumerisch und maximal sechsstellig [2.32] aufzubauen. Adressen sollen die Gesamtanlage erfassen und Erweiterungen der Anlage zulassen. Eine sprachliche Übermittlung dieser Kennzeichen ist möglich. Übermittlungsfehler in Sprache und Schrift sind sehr gering, wenn der Aufbau der Adressen nach logischen Prinzipien erfolgt.

Die *Standortadresse* kennzeichnet eindeutig jeden technologischen Standort. Einen Vorschlag für den Aufbau dieser Adresse zeigt Bild 2.19. Jeder Stelle der Adresse werden Komplexe, vom Zuverlässigkeitsschaltbild der Gesamtanlage abgeleitet, zugeordnet.

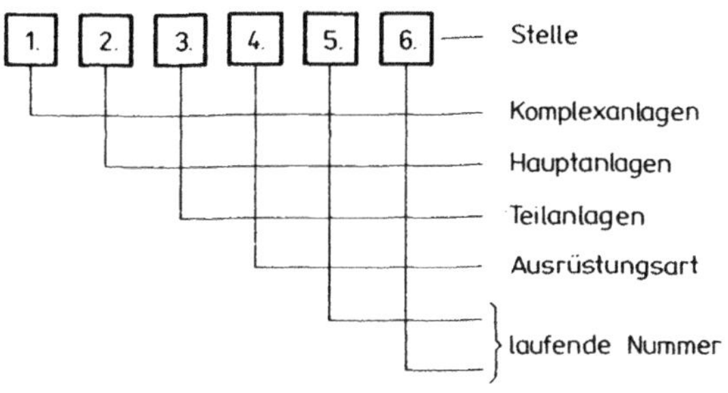

Bild 2.19. Standortadresse

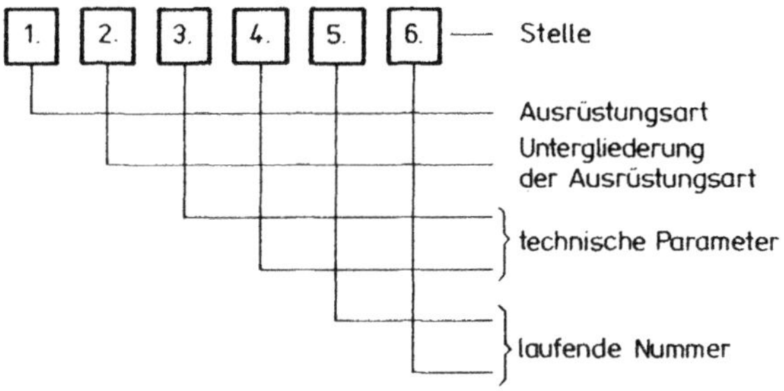

Bild 2.20. Ausrüstungsadresse

Die *Ausrüstungsadresse* gliedert und erfaßt alle Ausrüstungen. Gleiche Ausrüstungen werden bis zur Fabriknummer untergliedert. Die Ausrüstungsadresse ist unabhängig vom jeweiligen Einsatzort der Ausrüstung. Bild 2.20 gibt eine Möglichkeit der Untergliederung an.

Weitere Adressen zur Gewährleistung der Diagnosearbeit mit Hilfe der Datenverarbeitung sind u. a. erforderlich für:

- Bauteile
- Schadensart und Schadensbild
- Diagnoseart, -periode, -technik
- Kosten.

2.1.7. Organisation und Informationsfluß

Die Organisation des Zusammenspiels zwischen den Verantwortlichen für die Technische Diagnostik, den Betreibern der Anlage und den Instandhaltern ist der jeweiligen betrieblichen Organisationsstruktur angepaßt aufzubauen. Dennoch sind allgemeingültige Abhängigkeiten im Organisationsfluß und Arbeitsablauf zu berücksichtigen. Besonders folgende Aufgaben sind mit dem zu wählenden Informationsflußschema eindeutig zu regeln:

- Wahl der Instandhaltungsstrategie (vgl. Abschnitte 2.1.2. bis 2.1.4.)
- Auswahl und Adressierung der Ausrüstungen (vgl. Abschn. 2.1.5., 2.1.6.)
- Festlegung der Diagnoseart (vgl. Abschn. 2.7 und 3. bis 10.)
- Festlegung der Diagnoseperiode sowie von Ausgangs- und Grenzwerten
- Speicherung und Abruf der Diagnosedaten
- Analyse der Meßergebnisse
- Einordnung der Diagnoseergebnisse in die gewählte Instandhaltungsstrategie
- Korrekturen und Verbesserungen von Art, Umfang und Zeitpunkt der Diagnose in Abhängigkeit von Zuverlässigkeits- und Verfügbarkeitsanalysen
- Festlegung der Verantwortung für einzelne Arbeitsabschnitte
- Auswahl und Qualifizierung des Personals.

Voraussetzung für eine erfolgreiche Anwendung der Technischen Diagnostik wird immer ein gut organisiertes und vor allem ein schnell reagierendes Instandhaltungssystem sein.

Ein Beispiel für den organisierten Informationsfluß der zustandsbezogenen Instandhaltung mit Hilfe der Schwingungsdiagnostik zeigt Bild 2.21. Solche oder ähnliche Zwangsabläufe sind erforderlich, weil die Einführung der zustandsbezogenen Instandhaltung mit Hilfe der Techni-

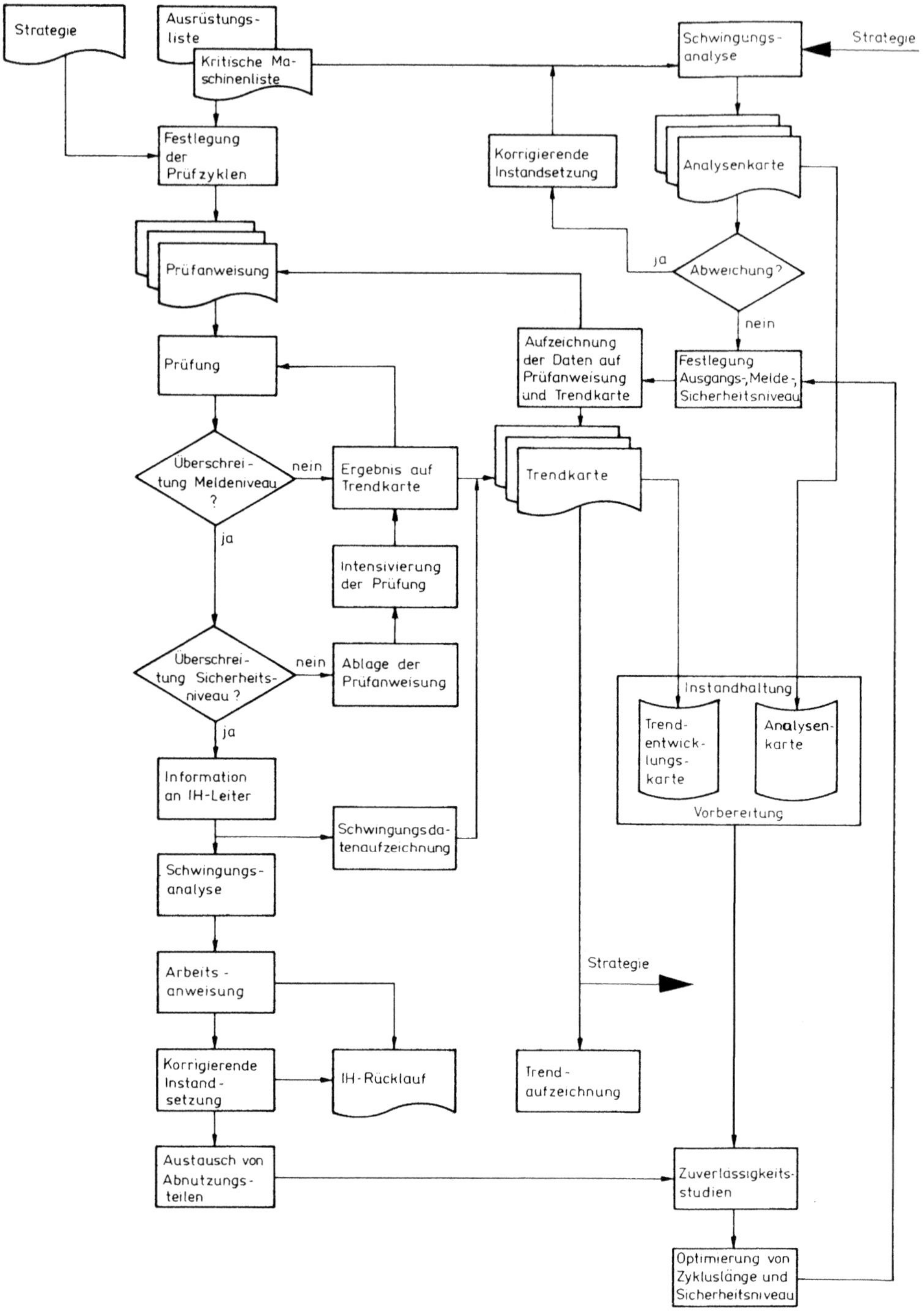

Bild 2.21. Informationsflußschema für die zustandsbezogene Instandhaltung mit Methoden der Schwingungsdiagnostik (nach [2.10])

schen Diagnostik mit einer großen Anzahl von Daten über den technischen Zustand der Anlagen oder Anlagenteile arbeiten muß und kurze Reaktionszeiten zwischen der Schadensanzeige und der Instandsetzung erreicht werden müssen.

2.2. Diagnoseinformationen

2.2.1. Diagnoseobjekt

Aus der Stochastik der Schädigungsprozesse folgt, daß der voraussichtliche Ausfallzeitpunkt eines technischen Objektes Zufallscharakter besitzt (vgl. Abschn. 2.1.1.). Die Abschätzung der unter betrieblichen und Umgebungsbedingungen auftretenden Beanspruchungen und daraus resultierenden Schädigungen ist deshalb immer objektbezogen durch Analyse der Konstruktion und Funktionsweise der Baugruppen und Montageeinheiten erfolgversprechend. Eine systematische Schadenserfassung, -auswertung und -speicherung von der Inbetriebnahme an ist ebenso

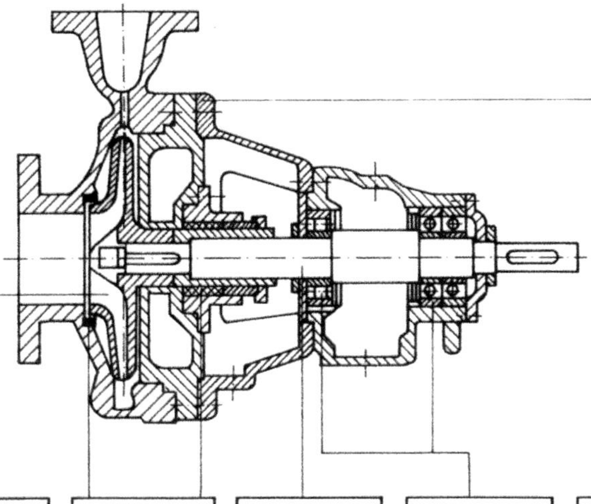

Baugruppe	Laufrad	Dichtung	Welle	Lager	Gehäuse
Herstellungs-bedingte Beanspruchungen	• Unwucht	• Verspannung des Dichtringes • Packungsdichte der Stopfbuchse	• Deformation	• Unrundheit • Welligkeit • Rauheit • Verspannung	• Verspannung • Gußfehler
Betriebs- und schädigungs-bedingte Beanspruchungen	• Parameter des Fördermediums • Unwucht	• Parameter des Fördermediums	• Parameter des Fördermediums • Fliehkraft • Schwingungen	• Axial- und Radialkräfte • Drehzahl	• Parameter des Fördermediums • Schwingungen
Umgebungs-bedingte Beanspruchungen			• Staub • Feuchtigkeit • Schwingungen	• Staub • Feuchtigkeit	• Staub • Feuchtigkeit • Schwingungen
Schädigungs-merkmale	• Materialabtrag (Verschleiß, Korrosion)	• Materialabtrag (Verschleiß)	• Materialabtrag (Verschleiß) • Deformation • Riß/Bruch	• Materialabtrag (Verschleiß, Korrosion, Ermüdung) • Heißlauf • Deformation • Riß/Bruch	• Materialabtrag (Verschleiß, Korrosion) • Riß/Bruch
Diagnose-parameter	• Schwingung	• Druck • Spaltweite	• Schwingung	• Schwingung • Schall • Temperatur	• Wanddicke • Wanddicke-schwächung

Bild 2.22. Objektanalyse einer einstufigen Kreiselpumpe

eine Voraussetzung, um Schäden und ihre physikalischen Ursachen zu erkennen sowie mögliche Gefährdungspotentiale zu ermitteln. Dafür gibt es geeignete Methoden, z. B. Schadbild-Effekt-Analysen, Fehlerbaum-Analysen und elementbezogene Schadensnetze [2.33]. Schadensuntersuchungen sind von Sachkundigen nach einheitlichen Algorithmen vorzunehmen. Lebenslaufakten, Schadens- und Ausfallstatistiken, oft rechnergestützt, sind geeignete Hilfsmittel.

Hauptanliegen einer Analyse des Diagnoseobjektes sind, durch die Charakterisierung von Beanspruchbarkeit und Beanspruchung Ursache und zeitlichen Verlauf der Schädigung abzuschätzen und geeignete Diagnosemethoden auszuwählen. Die *Objektanalyse* hat vorrangig folgende Teilaufgaben zu lösen [2.34]:

1. Analyse der Konstruktion und Gestaltung von Baugruppen und Abnutzungsteilen zur Abschätzung von Beanspruchungen
2. Analyse der möglichen und auftretenden Schädigungen
3. Festlegung der diagnosewürdigen Baugruppen
4. Untersuchung der Baugruppen auf günstige Diagnoseorte und Diagnosebedingungen
5. Analyse von möglichen Störeinflüssen benachbarter Ausrüstungen auf den Diagnosevorgang
6. Analyse der Betriebsart der Ausrüstung zur Auswahl von Diagnosemethode, Diagnosezeitpunkt und Diagnoseperiode.

Für die Baugruppen einer einstufigen Kreiselpumpe sind wichtige Informationen einer Objektanalyse bildlich zusammengefaßt (Bild 2.22). Die Objektanalyse ist oft geeignet, neben der Vorbereitung des Einsatzes von Diagnoseverfahren Hinweise zur Verringerung von Beanspruchungen und Abnutzungen und damit zur Verlängerung der Lebensdauer der Baugruppe zu geben.

2.2.2. Prüftechnik und Anlagendiagnostik

Für die ingenieurmäßige Erfassung des Schädigungszustandes einer Maschine oder Anlage sind makrotechnische Veränderungen

- der Werkstoffoberfläche
- der Werkstoffeigenschaften
- der geometrischen Form oder Position

an den Baugruppen und Einzelteilen [2.35] sowie freigesetzte Schädigungsprodukte (Verschleißabrieb, Korrosionsprodukte) maßgebend. Sie werden als *Schädigungsmerkmale* bezeichnet [2.36]. Die Begriffe Schadensparameter [2.37] oder Zustandsparameter [2.38] sind ebenfalls gebräuchlich.

Die direkte meßtechnische Erfassung von Schädigungsmerkmalen erfordert im allgemeinen die Außerbetriebnahme des Diagnoseobjektes und eine Demontage. Bei laufendem Betrieb lassen sich ebenfalls Informationen über den aktuellen Schädigungszustand gewinnen, weil die Schädigungsmerkmale den Betriebsprozeß beeinflussen. Sie bewirken:

- Veränderungen der Betriebsparameter und Betriebsmedien
- Störungen der Prozeßdynamik oder
- Unterbrechung des Funktionsablaufes.

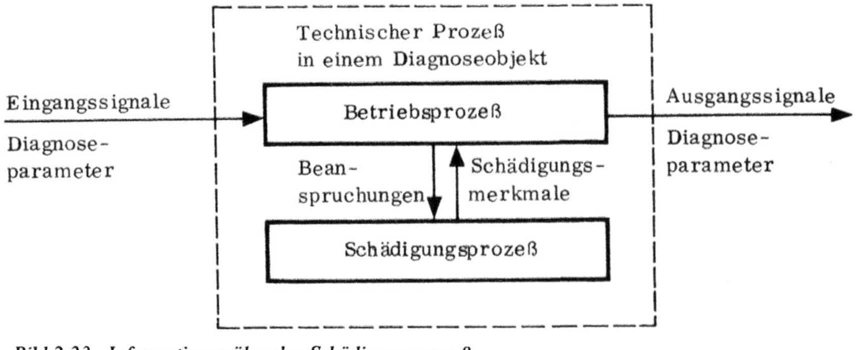

Bild 2.23. Informationen über den Schädigungsprozeß

Diese Vorgänge werden den Ausgangssignalen des Betriebsprozesses aufgeprägt. Auch Eingangssignale, z. B. Testsignale [2.37] [2.39], können für die Diagnostik verwendet werden. Die meßbaren physikalischen und chemischen Größen, die in einem Zusammenhang zum Schädigungsprozeß stehen und die Schädigung charakterisieren, werden als Diagnoseparameter bezeichnet. Die Begriffe Diagnosemeßgröße [2.40] und Diagnosesignal sind ebenfalls gebräuchlich. Eine Darstellung dieser Abhängigkeit zeigt Bild 2.23.

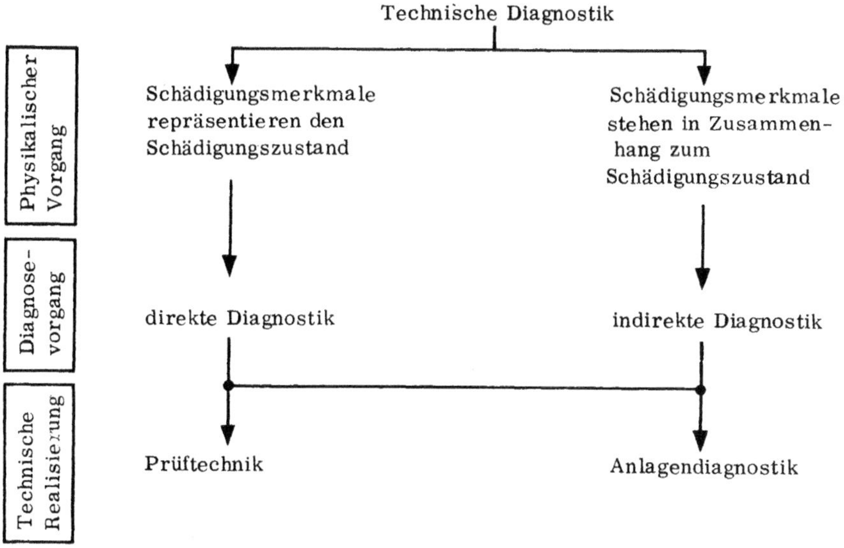

Bild 2.24. Gliederung der Technischen Diagnostik

Die Informationsgewinnung kann durch direkte Erfassung der Schädigungsmerkmale bei Betriebsstillstand ggf. mit erforderlichen Demontagen (*direkte Diagnostik*) oder indirekte Abbildung der Schädigung oder Wirkungen der Schädigung mit Diagnoseparametern während des laufenden Betriebes (*indirekte Diagnostik*) erfolgen (Bild 2.24). In der Praxis gebräuchlicher ist die Einteilung in Prüftechnik und Anlagendiagnostik mit den charakteristischen Merkmalen „Anlagenstillstand ist erforderlich“ bzw. „Diagnose ist während des laufenden Betriebes möglich“. Diese prinzipiellen Gliederungen lassen Ausnahmefälle zu. Beispielsweise ist die Prüfung des Werkstoffverhaltens mit der indirekten Methode der Schallemissionsanalyse ebenso bewährte Praxis wie die Anlagendiagnostik mit der direkten Methode der Verschleißmessung mittels Ferrographie oder Tracertechnik.
Im folgenden soll unter *Prüftechnik* all das verstanden sein, was eine *diskontinuierliche Prüfung* des technischen Zustandes bei Anlagenstillstand erfordert.

Anlagendiagnostik ist die Ermittlung des technischen Zustandes während des *laufenden* Betriebes, wobei eine periodische oder kontinuierliche Überwachung gleichermaßen möglich ist.

2.2.3. Anforderungen an Diagnosealgorithmen

Die Möglichkeit des Auftretens kontinuierlicher und spontaner Schädigungsvorgänge (vgl. Abschn. 2.1.1.) stellt der Diagnostik zwei konkrete Aufgaben:

1. Beobachtung der Schädigungsentwicklung und rechtzeitige Signalisation von Grenzzuständen zur Außerbetriebnahme von Maschinen und Anlagen sowie zur Planung und Durchführung von Instandhaltungsmaßnahmen.
2. Früherkennung eingetretener Schäden zur Verhinderung von Folgeschäden.

Effektivitätsgründe und fehlende geeignete Diagnosemethoden zwingen auch gegenwärtig noch dazu, sowohl Verfahren der Prüftechnik mit Anlagenstillstand als auch Diagnoseverfahren während des laufenden Betriebes einzusetzen. *Allgemeine Zielstellung ist die Entwicklung der Technischen Diagnostik als Anlagendiagnostik ohne Anlagenstillstand.* Diese Zielstellung ist erfüllbar, wenn folgende Anforderungen beachtet werden:

1. gute Korrelation des oder der Diagnoseparameter mit dem Schädigungsprozeß als Grundvoraussetzung für eine hohe Diagnosezuverlässigkeit
2. geringe Zeitverzögerung zum Schädigungsprozeß, vor allem bei spontanen Schädigungen, zur frühzeitigen Unterbrechung von Schadensfolgeketten
3. Hohe Zuverlässigkeit der Meßwerterfassung, -auswertung und -bewertung unter realen Betriebsbedingungen
4. Beobachtung technisch-technologischer Bedingungen, z. B. diagnosegerechte Gestaltung der Diagnoseobjekte.

2.2.4. Informationsgewinnung

Unabhängig vom Diagnoseverfahren kann der Prozeß der Informationsgewinnung bei der Technischen Diagnostik in *notwendige Arbeitsschritte* untergliedert werden (Bild 2.25):

1. Auswahl geeigneter Diagnoseparameter zur Zustandsbestimmung
2. Meßwerterfassung mit Meßwertaufnahme, ggf. Verstärkung und Übertragung der Signale
3. Meßwertaufbereitung mit dem Ziel der Gewinnung schädigungsrelevanter Kenngrößen, Kennfunktionen bzw. Verknüpfungen ggf. durch Formierung der Signale, Separation, Transformation und/oder Verknüpfung
4. Meßwertinterpretation mit dem Vergleich von Informationen des Diagnoseobjektes und der Zielstellung der Identifikation durch Lokalisation, Klassifikation u. ä. zur Entscheidungsfindung für Betriebsführung und Instandhaltung.

Diese allgemeinen Arbeitsschritte werden mit der Verfahrensbeschreibung (vgl. Abschnitte 3. bis 10.) konkretisiert.

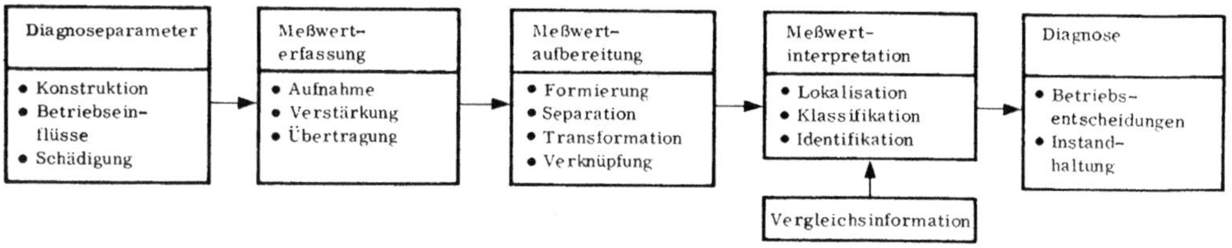

Bild 2.25. Messung und Bewertung von Informationen für die Technische Diagnostik

2.2.5. Diagnoseparameter

Als Diagnoseparameter (Diagnosesignal) sind alle für den technischen Zustand (Schädigungszustand) typischen und aussagefähigen Objekt- und Prozeßmeßgrößen anwendbar. Diagnoseparameter können auch Verknüpfungen einzelner Diagnosemeßgrößen sein (vgl. Abschn. 2.4.). Auch mehrere Diagnoseparameter können für eindeutige Beschreibungen des technischen Zustandes parallel verwendet werden (vgl. Abschnitt 2.3.).

Unabhängig von der Art der physikalischen Größe stellt sie immer eine *zeitabhängige Größe* $x(t)$ dar (Bild 2.26). Schwankungen der gemessenen Größe variieren in ihrer Zeitdauer in Abhängigkeit vom technischen Prozeß und der verwendeten Meßeinrichtung außerordentlich stark. Bei technischen Prozessen können diese Schwankungen im Bereich von Mikrosekunden bis zu Tagen auftreten. Ein derartiges Signal $x(t)$ besteht aus einem zeitlich begrenzten Konstantanteil, dem sog. *Kurzzeitmittelwert* $\bar{x}(t)$, und dem *Schwankungsanteil* $x_s(t)$

$$x(t) = \bar{x}(t) + x_s(t). \tag{2.8}$$

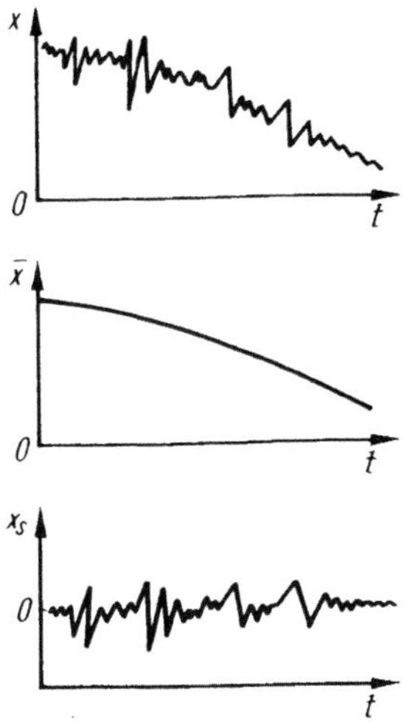

Bild 2.26. Struktur physikalischer Meßgrößen
x Gesamtmeßgröße; $\bar{x}$ Kurzzeitmittelwert; x_S Schwankungsanteil; t Zeit

Der Schwankungsanteil $x_s(t)$ wird auch als Rauschen [2.41] bezeichnet. Zur Steuerung und Überwachung des Produktionsablaufes wird der Kurzzeitmittelwert von Prozeßmeßgrößen (z. B. Drehzahl, Druck, Temperatur) verwendet. Die Ergebnisse der Forschung zeigen, daß für die Technische Diagnostik sowohl der Kurzzeitmittelwert als auch Schwankungsanteile Informationen über den technischen Zustand enthalten können. Die Messung und Bewertung des Schwankungsanteiles stellt jedoch weitaus höhere Anforderungen an die Meßeinrichtung als eine konventionelle Mittelwertbildung.

Die Messung und Bewertung des gesamten Informationsinhaltes von Prozeßgrößen erfordert die Bildung von *Signalkenngrößen* und *Signalkennfunktionen*. Am Beispiel der Schwingungsdiagnostik wird diese Verfahrensweise allgemeingültig für alle Diagnosemeßgrößen behandelt (vgl. Abschn. 6.1.). Diese auf dem Prinzip der Informationsextraktion beruhende Informationsverdichtung liefert die Merkmale der Diagnoseparameter.

2.3. Korrelation zwischen Diagnoseparameter und Schädigungsmerkmal – Diagnosemodelle

2.3.1. Struktur des Diagnoseprozesses

Die Bewertung des technischen Zustandes von Maschinen und Anlagen erfordert die Erarbeitung von Vorstellungen zur Struktur des ablaufenden Schädigungsvorganges. In den wenigsten Fällen ist man heute in der Lage, diese Struktur physikalisch und mathematisch zu beschreiben. Fortgeschrittene Forschungsergebnisse zeigen, daß die meist sehr komplex ablaufenden Vorgänge nur mit einem aufwendigen mathematischen Apparat beschrieben werden können. Diese Darstellungen sind wenig geeignet, den Zusammenhang zwischen Schädigungsmerkmalen und Diagnoseparametern einfach und verzögerungsfrei darzustellen.

In der diagnostischen Praxis wird deshalb der Schädigungsprozeß durch *schädigungsrelevante Parameter* für die einzelne Baugruppe (Diagnoseobjekt) beschrieben. Diese Parameter unterliegen, neben der Beeinflussung durch den Schädigungsvorgang selbst, Betriebs- und Umwelteinflüssen. Die Gesamtheit der Ursachen und Wirkungen dieses in sich gekoppelten Prozesses spiegelt sich in den zu messenden und zu bewertenden Parametern wider. Eine wesentliche Aufgabe der Technischen Diagnostik ist es, aus diesen Parametern die Informationen zu gewinnen, die Aussagen zum technischen Zustand des Diagnoseobjektes ermöglichen. Das erfolgt einerseits mit Methoden der Signalverarbeitung durch Informationsextraktion (vgl. Abschn. 6.1.), andererseits durch die Schaffung von Diagnosemodellvorstellungen.

Ein Vergleich der Diagnoseparameter zu einem beliebigen Betriebszeitpunkt t^* mit einem Ausgangs- bzw. Referenzzustand der Baugruppe bei $t = 0$ ermöglicht Aussagen zum Absolutwert und zum Verlauf der Schädigung. Obwohl angestrebt wird, die Diagnose möglichst mit einem charakteristischen Parameter zu stellen, ist in der Praxis die Diagnose auch mit mehreren Parametern erforderlich. Der prinzipielle Zusammenhang läßt sich durch Darstellung der relativen Häufigkeitsverteilung von Meßwerten eines Diagnoseparameters vermitteln (Bild 2.27).

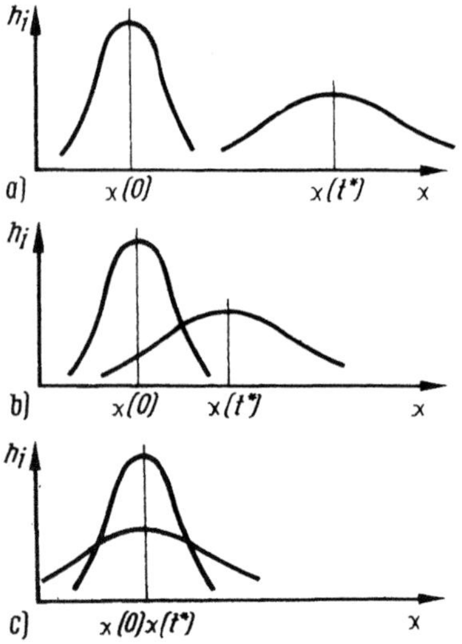

Bild 2.27. Häufigkeitsverteilung von Meßwerten eines Diagnoseparameters im Neuzustand und bei Schädigung

h_i relative Häufigkeit; x Diagnoseparameter; 0 Neuzustand; t^* Zustand bei Schädigung

Eine ***einparametrige Diagnostik*** ist möglich, wenn bei einem Diagnoseparameter im Ausgangszustand $x(0)$ und im Schädigungszustand $x(t^*)$ eindeutige Parameteränderungen auftreten (Bild 2.27a). Eine fehlerbehaftete Diagnose mit einem Parameter ist realisierbar, wenn geringe Überlappungen der Häufigkeitsverteilungen festgestellt werden (Bild 2.27b). Die Behandlung dieser Vorgänge kann mit statistischen Methoden und Mitteln der Probabilistik (Wahrscheinlichkeitsbetrachtungen), vgl. Abschn. 2.5.3., erfolgen. Eine einparametrige Diagnose führt nicht zum Ziel, wenn Parameterveränderungen nicht oder nur im Streubereich der Messungen vorliegen (Bild 2.27c) bzw. andere Einflüsse gleichzeitig Parameterveränderungen bewirken. In diesen Fällen sind Lösungen durch Bildung von Diagnosekennzahlen (vgl. Abschn. 2.4.) oder mit Methoden der Mustererkennung (vgl. Abschn. 2.3.4.) möglich.

Für die Entscheidungsfindung zur Betriebsführung und Instandhaltung ist in jedem Falle die Konkretisierung der Struktur der Zustandsveränderung erforderlich. Dazu sind Modellvorstellungen erforderlich [2.43].

2.3.2. Methoden der Modellbildung

In der Automatisierungstechnik sind Methoden der Modellbildung weit entwickelt, um das dynamische Verhalten der Automatisierungsobjekte ausreichend genau beschreiben zu können, z. B. [2.44] [2.45]. Diese Modelle berücksichtigen die Abnutzungsprozesse nicht oder nur unzureichend. Diagnosemodelle müssen diesen Prozessen Rechnung tragen, sind deshalb sehr kompliziert, für den Praxisingenieur schwer verständlich und finden bisher nur in Forschungseinrichtungen Anwendung. Eine allgemeine Theorie existiert nicht, Modelle sind bisher fast ausnahmslos objektbezogen, z. B. auf Kraftwerksausrüstungen [2.41], auf die Schwingungsdiagnostik [2.46] [2.47], auf die Elastomechanik [2.48], für Werkzeugmaschinen [2.49] und für Turbomaschinen [2.50].

Die Ableitung von Zusammenhängen zwischen Diagnose- und Schädigungsmerkmalen ist durch zwei Modellkonzepte möglich [2.37]:

- Beobachtungsmodelle
- Prozeßmodelle.

Beobachtungsmodelle vermitteln für konstante Betriebsbedingungen den Zusammenhang zwischen Diagnose- und Schädigungsmerkmal entweder funktionell als Kennlinienmodell oder durch eine Klassenzuordnung als Klassifikationsmodell.

Prozeßmodelle nutzen Schädigungsmerkmale als Modellparameter zur Beschreibung des funktionellen Zusammenhanges zwischen charakteristischen Betriebsbedingungen und Diagnosemerkmalen. Die Bezeichnung Parametermodell in der Diagnostik ist üblich. Diagnosemodelle lassen sich dadurch in drei Grundmodelle untergliedern:

- Kennlinienmodelle
- Klassifikationsmodelle
- Parametermodelle.

Die Modellbildung erfolgt durch Verknüpfung theoretischer und experimenteller Methoden, die praktische Überprüfung ausschließlich im Experiment in einer Versuchseinrichtung oder der Definitivanlage.

2.3.3. Kennlinienmodell

Die ersten Bemühungen, einen quantitativen Zusammenhang zwischen Schädigungs- und Diagnosemerkmalen auf der Grundlage physikalischer Gesetzmäßigkeiten abzuleiten, führten zur Bildung von Kennlinienmodellen. Die Modellbildung umfaßt folgende Schritte:

1. Formulierung des physikalischen Modells auf der Grundlage der Konstruktion durch Vereinbarung physikalischer Systemeingangsgrößen (Schädigungsmerkmale) und Systemausgangsgrößen (Diagnoseparameter und deren Merkmale) sowie Einflußgrößen des Betriebsprozesses und der Umgebung
2. Bildung des mathematischen Modells für das Systemverhalten durch Verknüpfung mathematischer Abhängigkeitsbeziehungen zwischen den charakteristischen physikalischen Systemgrößen. Dazu werden Bilanzgleichungen allgemeingültiger Naturgesetze angewendet, z. B.:
   - Erhaltung der Masse
   - Erhaltung der Energie
   - Impulsgesetze.

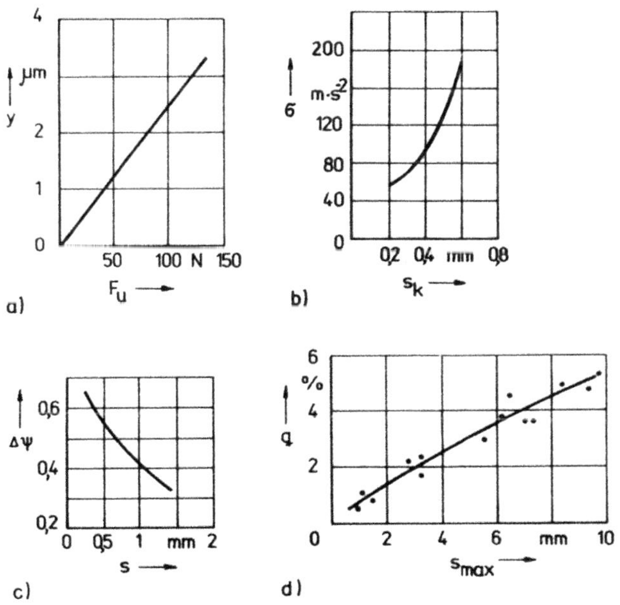

Bild 2.28. Diagnosemerkmal und Schädigungsmerkmal

a) Linearer Zusammenhang zwischen Wellenauslenkung y einer Kreiselpumpe in Abhängigkeit von der Unwuchtkraft F_u [2.55]

b) progressiver Anstieg der Standardabweichung σ der Amplitudendichteverteilung des Beschleunigungssignals in Abhängigkeit vom Verschleißspiel s_k zwischen Kolben und Zylinder eines Verbrennungsmotors [2.52]

c) degressiver Abfall des Differenzdruckes $\Delta\psi$ in Abhängigkeit vom Laufraddichtspalt s einer Kreiselpumpe [2.57]

d) logarithmischer Verlauf zwischen dem Ölverbrauch q eines Viertaktmotors und dem sogenannten Stoßspiel s_{max} [2.51]

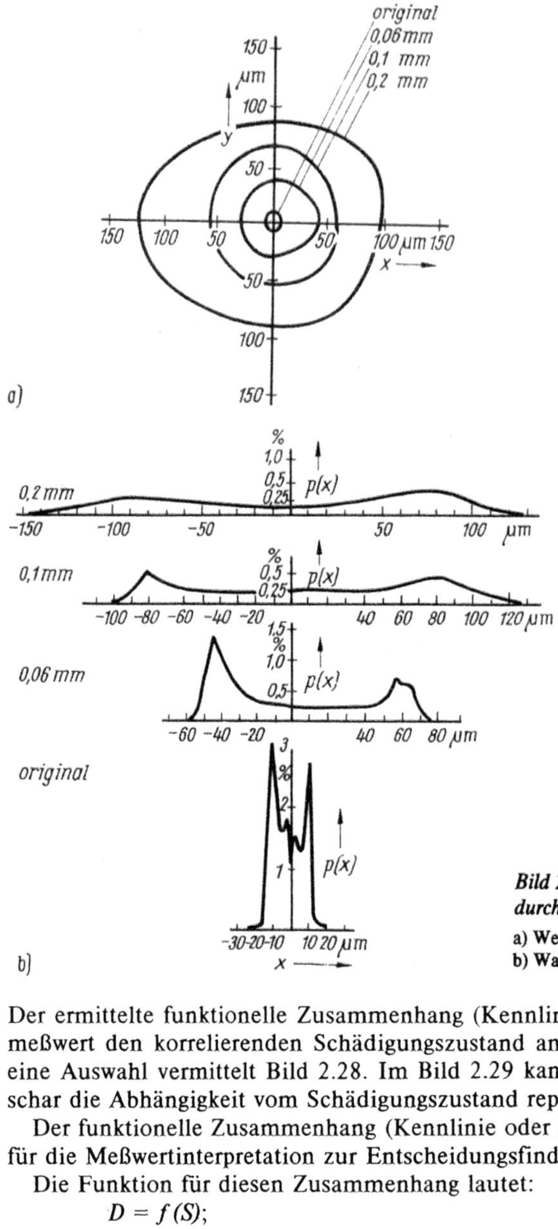

Bild 2.29. Wellenschwingung bei Radialspielerweiterung durch Verschleiß

a) Wellenmittelpunktsbahn mit den Koordinaten y, x
b) Wahrscheinlichkeitsdichte der Amplituden in x-Richtung

Der ermittelte funktionelle Zusammenhang (Kennlinie oder Kennfeld) gibt für den Diagnosemeßwert den korrelierenden Schädigungszustand an. Praktische Beispiele gibt es dafür viele, eine Auswahl vermittelt Bild 2.28. Im Bild 2.29 kann gezeigt werden, daß auch eine Kurvenschar die Abhängigkeit vom Schädigungszustand repräsentiert [2.33].

Der funktionelle Zusammenhang (Kennlinie oder Kennfeld) dient als Vergleichsinformation für die Meßwertinterpretation zur Entscheidungsfindung (Bild 2.30).

Die Funktion für diesen Zusammenhang lautet:

$$D = f(S); \tag{2.9}$$

D Diagnosemerkmal,
S Schädigungsmerkmal.

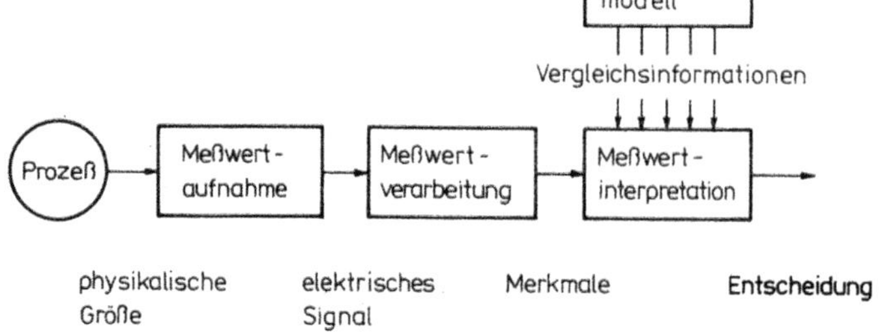

Bild 2.30. Diagnose mit einem Kennlinienmodell

Sie ist mittels Regressionsanalyse mathematisch einfach formulierbar. Liegt der Schädigungsgrenzwert S_{grenz} fest, kann der Grenzwert des Diagnosemerkmals D_{grenz} abgeschätzt werden. In Verbindung mit elektronischen Überwachungseinrichtungen sind neben der zeitgleichen Beobachtung des aktuellen Schädigungsverlaufes auch Grenzwertüberschreitungen als Fehlermeldung realisierbar.

Das Kennlinienmodell wird in der diagnostischen Praxis immer den Vorzug erhalten, wenn geeignete Diagnoseparameter oder deren Merkmale zur Verfügung stehen und eine ausreichende Genauigkeit erreicht werden kann.

2.3.4. Klassifikationsmodell

Immer dann, wenn die analytische Beschreibung des Zusammenhanges zwischen Diagnose- und Schädigungsmerkmal nicht gelingt oder erforderliche Vereinfachungen zu nicht vertretbaren Ungenauigkeiten führen, kann eine Klassenzuordnung erfolgversprechend sein. Die Lösung von Aufgaben mit mehreren Einflußgrößen und mehreren Diagnoseparametern wird in das Gebiet der *Mustererkennung* eingeordnet [2.35] [2.53] [2.54].

Als allgemeine Gleichung der Signalbildung kann man schreiben:

$$\vec{D} \cdot [\vec{S}] = \begin{vmatrix} D_1 \; [S_1, S_2, \ldots, S_i, \ldots, S_n] \\ D_2 \; [S_1, S_2, \ldots, S_i, \ldots, S_n] \\ \vdots \\ D_j \; [S_1, S_2, \ldots, S_i, \ldots, S_n] \\ \vdots \\ D_m \; [S_1, S_2, \ldots, S_i, \ldots, S_n] \end{vmatrix} \tag{2.10}$$

In der verwendeten Vektorschreibweise sind D_j verschiedene Diagnosemeßgrößen, die als Merkmale verschiedener Schädigungen S_i wirken. In der Technischen Diagnostik werden gegenwärtig Mustererkennungsverfahren mit wenigen Diagnosemerkmalen (1 bis 3) und maximal 3 bis 5

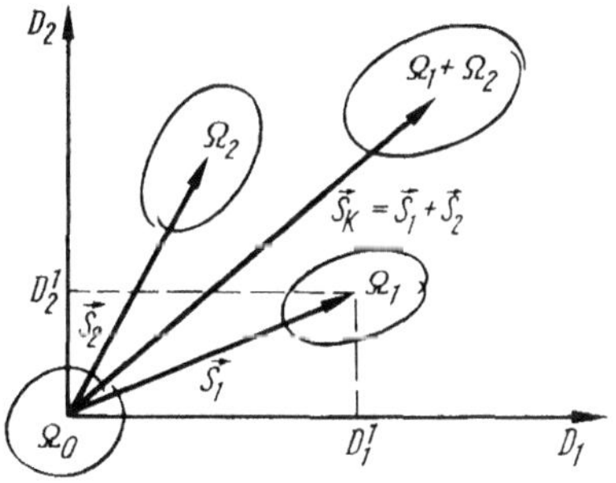

Bild 2.31. Mustererkennung mit zwei Diagnoseparametern
Ω Musterklasse; D Diagnoseparameter; $\vec{S}$ Schadensvektor

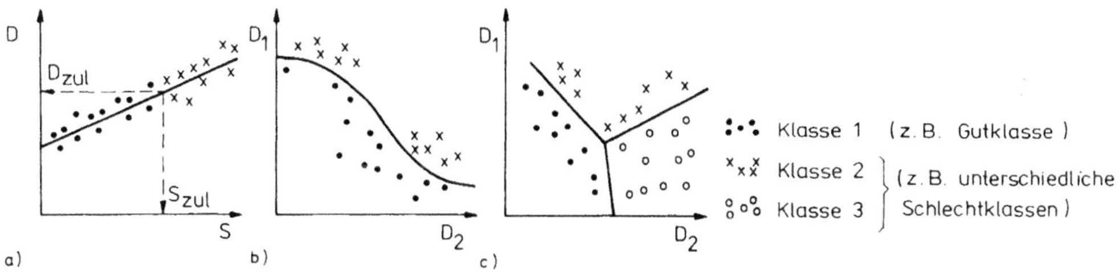

Bild 2.32. Einfache Muster für die Klassenzugehörigkeit des Zustandes [2.38]
a) Diagnosekennlinie mit determinierter Schädigungsgrenze; b) Stochastische 2-Klassenzuordnung mit zwei Merkmalen und nichtlinearer determinierter Schädigungsgrenze; c) Stochastische 3-Klassenzuordnung mit zwei Merkmalen und linearen determinierten Schädigungsgrenzen
D Diagnosemerkmal; *S* Schadensmerkmal

Musterklassen angewendet. Ein Beispiel einer Mustererkennung mit zwei Diagnoseparametern ist im Bild 2.31 gezeigt. Das Muster $\vec{D} = \begin{vmatrix} D_1 \\ D_2 \end{vmatrix}$, gebildet aus zwei Meßgrößen, ist in der Lage, die Zustände ungeschädigt (Klasse Ω_0), Schaden 1 (Klasse Ω_1), Schaden 2 (Klasse Ω_2) sowie einen Komplexschaden $\vec{S}_K = \vec{S}_1 + \vec{S}_2$ (Klasse $\Omega_1 + \Omega_2$) zu bestimmen. Weitere Beispiele für Muster zur Schadensklassifikation zeigt Bild 2.32. Mehr als eindimensionale Mustererkennungen werden als Screeningproblem bezeichnet und bedürfen spezieller Lösungsmethoden [2.38] [2.41]. Von wenigen Ausnahmen abgesehen, wird es für die Entscheidungsfindung in der Technischen Diagnostik ausreichen, zwei Klassen zu bilden; eine „Gutklasse", die das Normalverhalten des Diagnoseobjektes charakterisiert, und eine „Schlechtklasse", die einen fortgeschrittenen Schädigungsprozeß oder einen Schaden ausweist.

Die Anwendung von Klassifikationsalgorithmen muß zwei Aufgaben lösen:

1. Bereitstellung genügend geeigneter Merkmalsvektoren (Diagnoseparameter oder deren Merkmale)
2. Vergleich der Merkmalsvektoren mit Standardvektoren und Klassifizierung zur Entscheidungsfindung (Bild 2.33).

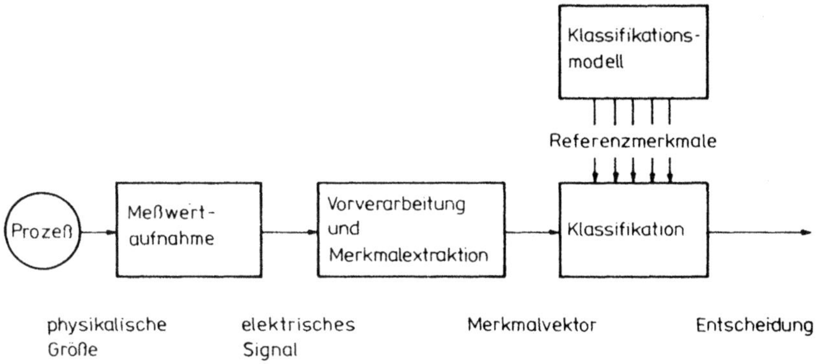

Bild 2.33. Diagnose mit einem Klassifikationsmodell

Methodisch ist diese Arbeitsweise weit entwickelt. Mit der Einführung der Mustererkennung im praktischen Betrieb ist aber eine wesentliche Weiterentwicklung der bisher eingesetzten Meß- und Automatisierungstechnik erforderlich. Eine besondere Bedeutung bei diesem Prozeß hat der Spezialist für diagnostische Entscheidungen. In der Praxis ohne fortgeschrittene Diagnostik entscheidet der Fachspezialist subjektiv auf der Grundlage seiner langjährigen Erfahrungen und des Betriebsverhaltens. Mit der Einführung automatisierter Diagnosemethoden wird das Ziel verfolgt, weitgehend unabhängig von subjektiven Entscheidungen eine objektive Bewertung des technischen Zustandes zu erhalten. Besonders im Prozeß der Inbetriebnahme automatisierter Diagnosesysteme kann auf die Kenntnis und Erfahrung des Fachspezialisten nicht verzichtet werden. Der Mustererkennungsprozeß (Bild 2.34) ist deshalb gegliedert in eine

- Lernphase und eine
- Arbeitsphase.

In der *Lernphase* erfolgt die Bildung der notwendigen Merkmale und Referenzmerkmale

- deterministisch auf der Grundlage von Simulationsrechnungen oder
- statistisch aus aufgenommenen Diagnosemeßwerten.

Durch *Simulationsrechnungen* können sog. Musterkataloge über das Abnutzungsverhalten von Prozessen und Komponenten geschaffen werden, die eine determinierte Zuordnung von Diagnosemerkmalen zu Schädigungsklassen ermöglichen. Der Diagnosevorgang besteht in der Messung und Analyse von Diagnosesignalen, die als Modellparameter in das Rechenmodell eingehen, und der Identifikation eines Schadens (Schadensmuster) im Vergleich mit dem rechnerintern gespeicherten Musterkatalog.

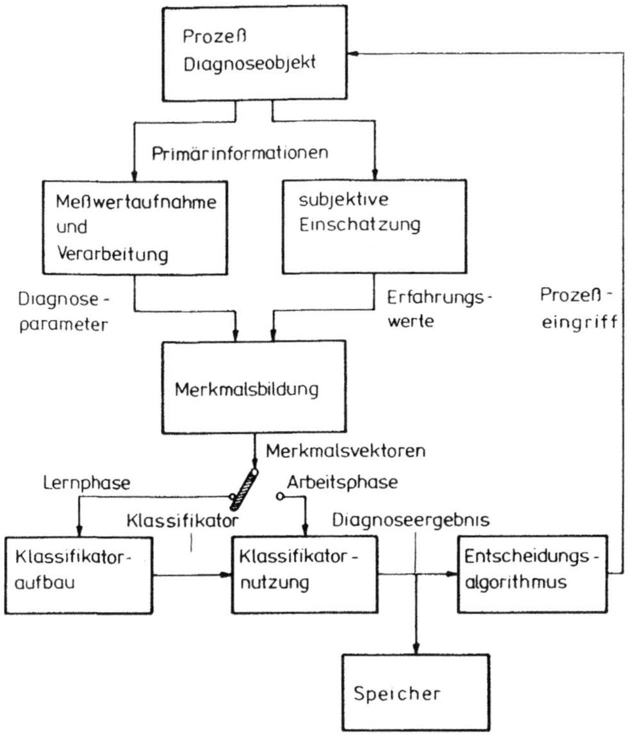

Bild 2.34. Lern- und Arbeitsphase eines Klassifikationssystems (nach [2.42])

Die Zuordnung von Diagnosemerkmalen aus statistischen Diagnosemeßwerten zu Schadensklassen läßt sich durch experimentelle Erfassung und informationstheoretische Verarbeitung diagnostisch relevanter Diagnosemeßwerte realisieren. Man unterscheidet zwei Vorgehensweisen [2.38]:

- das aktive Experiment
- das passive Experiment.

Beim *aktiven Experiment* wird eine statistisch ausreichende Anzahl gleichartiger Systeme oder Realisierungen eines Prozesses mit definierten Abweichungen vom Normal- bzw. Ausgangszustand untersucht und die Zugehörigkeit zu verschiedenen Zustandsklassen festgelegt. Die meßtechnisch erfaßten signifikanten Diagnosemerkmale kennzeichnen die Zustandsklassen. Die Festlegung der Grenzen zwischen diesen Klassen im Merkmalsraum ist damit ein statistisches Problem der Merkmalsbildung.

Beim *passiven Experiment* werden wenige Exemplare (im Grenzfall nur ein Exemplar) eines Systems oder einer Komponente untersucht, wobei die Messungen signifikanter Diagnosemerkmale in bestimmten Zeitabständen vorgenommen werden. Durch den während der Betriebszeit fortschreitenden Schädigungsprozeß ist eine immer bessere Abgrenzung der Schädigungsklassen möglich. Die Mustererkennung wird damit zu einer kybernetischen Aufgabe, die sich über mehrere Jahre erstrecken kann.

In der *Arbeitsphase* des Klassifikationsmodells erfolgt die Zuordnung der aktuellen Muster zu einer der Klassen des Referenzmusters. Damit werden Entscheidungen zur Betriebsführung bzw. Instandhaltung möglich, oder es können automatisch direkte Eingriffe in den Prozeß vorgenommen werden (s. Bild 2.34).

2.3.5. Parametermodell

Ein Parametermodell beschreibt das dynamische Verhalten eines Systems oder Prozesses durch Differentialgleichungen, Zustandsmatrizen, Übertragungs- oder Gewichtsfunktionen in einem

Rechenmodell. Man nennt diese Modelle parametrisch, weil die Dynamik des zu beobachtenden Vorganges bei Vorgabe der Ordnung der Differentialgleichungen oder Übertragungsfunktionen durch Parameter, z. B. Koeffizienten der entsprechenden Gleichung bestimmt ist, die analytisch von physikalischen Größen, z. B. Massen, Reibungen, Steifigkeiten u. ä. abhängen. Der Grundgedanke der Diagnose mit einem Parametermodell (Bild 2.35) als dynamisches Prozeßmodell besteht darin, daß Änderungen des Prozesses infolge von Schädigungseinflüssen sich widerspiegeln in Änderungen der Parameter des zugeordneten Rechenmodells, die eine Aussage über den Schädigungszustand ermöglichen [2.37] [2.49]. Bei analytischen Verfahren werden aus den gemessenen Ein- und Ausgangssignalen *x(t)* und *y(t)* dynamische Kennfunktionen der unbekannten Systemstruktur im Zeitbereich (z. B. Gewichtsfunktion, Kreuzkorrelationsfunktion) und im Frequenzbereich (z. B. Frequenzgang, Kreuzspektraldichte (vgl. Abschn. 6.1.) bestimmt. Bei adaptiven Verfahren wird das zu untersuchende System oder der Prozeß mit bekannter Struktur und das Modell mit der gleichen Erregerfunktion beaufschlagt. Übereinstimmung zwischen System und Modell bzw. Prozeß und Modell ist vorhanden, wenn die Antwortfunktionen *y(t)* bzw. *y*(t)* weitestgehend übereinstimmen.

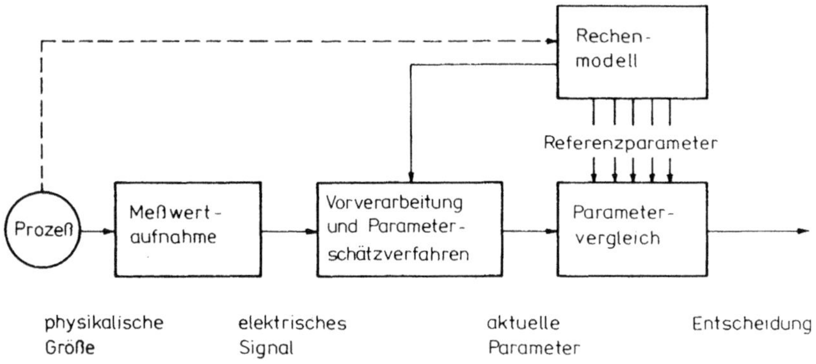

Bild 2.35. Diagnose mit einem Parametermodell

Parametermodelle erscheinen wegen der erreichbaren hohen Modellgenauigkeit aussichtsreich für die zukünftige Nutzung in der Technischen Diagnostik. Die gegenwärtig nicht ausreichenden theoretischen Modellbeschreibungen sowie hohe ökonomische und technische Aufwendungen für die Realisierung einer Diagnostik mit Parametermodellen beschränken die Anwendung auf wenige Spezialfälle mit einfachen Systemstrukturen.

2.4. Diagnosekennzahlen

2.4.1. Einführung von Diagnosekennzahlen

Für die Betriebsführung und Instandhaltung automatischer Maschinen und Produktionsanlagen sind möglichst verzögerungsfreie und zuverlässige, aber auch möglichst einfache Diagnosealgorithmen erforderlich (vgl. Abschn. 2.2.3.). Einparametrige Diagnosealgorithmen sind dafür gut geeignet, werden aber oft durch Betriebs- und Umwelteinflüsse in ihrer Diagnosegenauigkeit bei Prozeßveränderungen (z. B. Drehzahländerungen, Druck- und Temperaturänderungen, Mengenstromänderungen) beeinflußt. Deshalb ist es erforderlich, weitere Prozeßinformationen für die Diagnostik zu nutzen. Die Anwendung mehrerer Diagnoseparameter erschwert den Diagnoseprozeß, erhöht den Umfang der einzusetzenden Rechentechnik und verlängert die erforderliche Analysierzeit.

Eine potentielle Möglichkeit zur Reduzierung des Aufwandes für die Bewertung eines Diagnosevorganges mit mehreren zu berücksichtigenden Einflüssen und damit mehreren Diagnosemeßgrößen ist durch *Informationsverdichtung* gegeben. Durch die Bildung von Diagnosekennzahlen können mehrere Informationen in Form von Diagnosemeßgrößen zu einem Diagnoseparameter zusammengefaßt werden. Die Kennzahlen können wie einparametrige Diagnosegrößen weiterverarbeitet werden (z. B. Kennliniendiagnostik, Klassifikation, Stellgröße für automatisierte Systeme, Grenz- und Signalisationswerte). Dieser Vorteil ist unübersehbar. Erstmals wurden Diagnosekennzahlen von *Sturm, Förster* und *Kinsky* angewendet [2.56] bis [2.59].

Diagnosekennzahlen wurden bisher nur für objektkonkrete Anwendungsbeispiele auf der Grundlage von Objektanalysen und vorrangig experimentell orientierten Untersuchungen gewonnen [2.56] bis [2.60]. Die Bildung eines Druckverhältnisses p_i/p_0, der Bezug einer Temperatur t_i auf eine Referenztemperatur t_0 oder die Berechnung des Scheitelfaktors als Quotient von Spitzenwert $\hat{x}(t)$ und Effektivwert $\tilde{x}(t)$ einer Schwingungsmessung sind einfachste Beispiele für die Gestaltung von Diagnosekennzahlen.

Durch Anwendung der Ähnlichkeitstheorie können Diagnosekennzahlen mit der Dimensionsanalyse nach physikalischen Gesetzmäßigkeiten gebildet werden. Voraussetzung dafür ist die Kenntnis der Struktur des Prozesses und wesentlicher Einflußgrößen. Die Wahl der Verknüpfungsoperationen bei der Bildung von Diagnosekennzahlen kann durch Anwendung der Informationstheorie begründet werden. Der Informationsgehalt verknüpfter Merkmale ist größer als der von Einzelmerkmalen. Diagnosekennzahlen sind Zufallsgrößen wie die Einzelmerkmale. Damit sind Verknüpfungskombinationen möglich.

2.4.2. Empirische Bildung von Diagnosekennzahlen

Der praktisch orientierte Diagnostiker bevorzugt die empirische Arbeitsweise auf der Grundlage einer Objektanalyse und experimenteller Untersuchungen. Dabei führt sowohl das Gegenüberstellen von Unterschieden als auch das Erkennen von Ähnlichkeiten zu Erkenntnissen, die einer vorher aufgestellten Hypothese entsprechen können [2.61]. Durch systematisches Probieren und Kombinieren lassen sich geeignete Kennzahlen finden. Diese Methode ist, gemessen an den Erfolgsaussichten, sehr aufwendig und deshalb nur in solchen Fällen vertretbar, wenn über die physikalischen Zusammenhänge noch keine hinreichend ergründeten Erkenntnisse vorliegen.

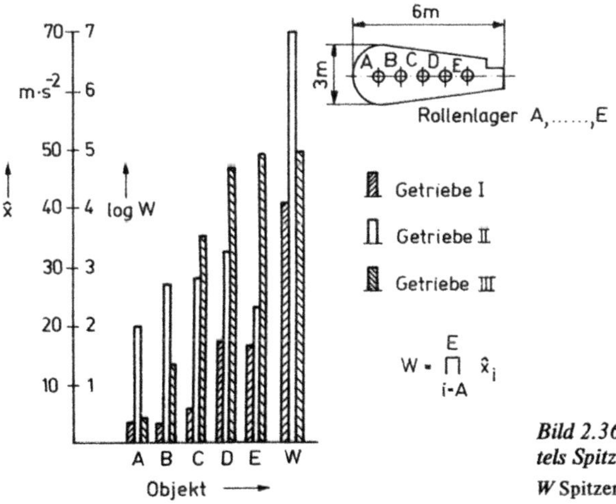

Bild 2.36. Zustandsdiagnose von Schöpfradgetrieben mittels Spitzenwertprodukt (nach [2.47])
W Spitzenwertprodukt; $\hat{x}_i$ Spitzenwerte

Die Vorteile einer multiplikativen Verknüpfung diagnostisch relevanter Einzelmerkmale für die eindeutige Separation in normale und gestörte Betriebszustände von Maschinen bei einer gleichzeitigen Reduzierung von Störeinflüssen sind bekannt [2.35] [2.47], jedoch ohne informationstheoretische Begründung. Ein Beispiel [2.47] dafür ist die Zustandsdiagnose von drei großen Schöpfradgetrieben (Abmessungen 6 m × 3 m × 2 m) eines Braunkohlebaggers (Bild 2.36). Im Vergleich zu den gemessenen Spitzenwerten $\hat{x}$ der Schwingbeschleunigung der Getriebe-Rollenlager *A* bis *E* ermöglicht das Spitzenwertprodukt

$$W = \prod_{i=A}^{E} \hat{x}_i \tag{2.11}$$

die eindeutige Differenzierung der Getriebe in bezug auf den technischen Zustand. Das logarithmische Maß wird wegen der großen Zahlenwerte bevorzugt, die sich durch die Produktbildung ergeben.

Ein Beispiel für eine empirische Kennzahlbildung ist aus Diagnoseuntersuchungen des Schwingungszustandes der Leiterstäbe in der Statorwicklung von Hydrogeneratoren bekannt [2.62]. Elektromagnetisch erregte mechanische Stabschwingungen innerhalb ihrer Befestigungsnuten sind strom- und spannungsabhängig und können durch Beschleunigungsmessungen am Generatorgehäuse erfaßt werden. Das Frequenzspektrum weist eine ausgeprägte Kammstruktur auf. Als Diagnosemerkmale bieten sich deshalb die Signalleistungen der Grundharmonischen (doppelte Netzfrequenz, 100 Hz) und der höheren Harmonischen (Vielfache von 100 Hz) an:

$$D_i = A^2 \cdot (i \cdot \Delta f)\ ; \tag{2.12}$$

$i = 1 \ldots n$
$\Delta f = 2 f_G$; doppelte Generatorfrequenz f_G

A^2 Signalleistung in einem schmalen Frequenzbereich bei der Frequenz $i \cdot \Delta f$.

Die Einzelmerkmale D_i sind wegen des komplizierten Übertragungsverhaltens der Schwingungen vom Entstehungs- zum Meßort mit statistischen Schwankungen behaftet. Durch multiplikative Verknüpfung der Signalleistungen der ersten 10 Harmonischen der doppelten Generatorfrequenz

$$K_{10} = \lg \prod_{i=1}^{10} D_i \cdot (i \cdot \Delta f) \tag{2.13}$$

verbessert sich die Diagnosezuverlässigkeit. Mit dem komplexen Kennwert K_{10} gelingt eine gute Differenzierung der Generatorstabschwingungen und damit der Lockerung der Stäbe in ihren Nuten, wie Vergleichsmessungen an fünf Generatoren zeigen (Bild 2.37). Mit dieser Methode ist

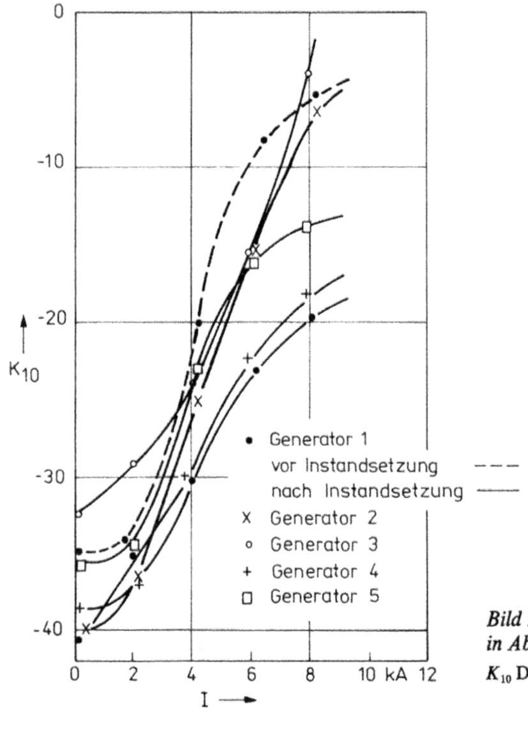

Bild 2.37. Diagnosekennwert K_{10} für Generatoren in Abhängigkeit vom Ständerstrom (nach [2.62])
K_{10} Diagnosekennwert; I Generatorständerstrom

eine Differenzierung der Wirkung von Stabschwingungen an den Generatorstabwicklungen (Generator 2, 3 > Generator 5 > Generator 4 > Generator 1) sowie die Verbesserung nach einer Instandhaltungsmaßnahme (Generator 1, Bild 2.37) nachweisbar [2.62].

Ergebnisse, die verallgemeinerungsfähig für andere Anwendungsfälle sind, wurden bei der Bildung von Diagnosekennzahlen für Fahrzeuge und mobile Maschinen erreicht [2.60] [2.63]. Für die Diagnose von Lokomotivkompressoren wurde eine Diagnosekennzahl

$$D_{c1} = \frac{M \cdot \vartheta_0}{n \cdot m \cdot \vartheta}, \tag{2.14}$$

mit M Kompressorluftmenge, m Kompressormasse, n Kompressordrehzahl, ϑ_0 Lufttemperatur, ϑ Lufttemperatur nach Kompressor, gebildet. Diese Kennzahl charakterisiert die Leistung des Kompressors und dessen Arbeitsweise. Eine weitere Kennzahl,

$$D_{c2} = \frac{p \cdot Q}{P}, \tag{2.15}$$

mit p Kompressionsdruck, Q Lieferluftmenge, P Motorantriebsleistung, gibt die Möglichkeit, das Leistungsverhalten zu charakterisieren. Auf der akustischen Charakteristik von Kompressoren basiert eine nächste Kennzahl:

$$D_{c3} = \frac{L_j \cdot f}{L_c \cdot n}, \tag{2.16}$$

mit L_j Schallniveau eines bestimmten Ortes in der Nähe des Kompressors, L_c Gesamtschallniveau des Kompressors, f charakteristische Schallfrequenz des Kompressors, n Drehzahl. Diese Kennzahl kann gleichzeitig das akustische Niveau sowohl des gesamten Kompressors als auch seiner Baugruppen kennzeichnen. Für die Klassifizierung des Zustandes wird eine optimale Kennzahl $D_{c\,opt}$ und ein Grenz- bzw. Signalisationsniveau D_{cj} festgelegt.

Für andere Baugruppen einer Lokomotive wurde die Diagnosekennzahl

$$D_{EM} = \frac{M \cdot n \cdot \Theta}{P \cdot \Theta_0}, \tag{2.17}$$

mit M Torsionsmoment, n Drehzahl, P Antriebsleistung, Θ Temperaturdifferenz zwischen Umgebung und Maschine, Θ_0 Normaltemperaturdifferenz zwischen Umgebung und Maschine, gefunden [2.60].

Der Gesamtzustand einer Lokomotive kann mit einer weiteren Diagnosekennzahl charakterisiert werden [2.60]:

$$D_L = \frac{Q \cdot w \cdot \Theta}{T \cdot \Theta_0}, \tag{2.18}$$

mit Q Brennstoffverbrauch, w Geschwindigkeit der Maschine, Θ Temperatur der Abgase, Θ_0 Umgebungstemperatur, T Zugkraft an der Kupplung der Lokomotive zum Zug.

Es ist leicht zu erkennen, daß die Kennzahlen der Gleichungen (2.14), (2.15), (2.17), (2.18) modifizierte Wirkungsgradabschätzungen darstellen. Sie sind alle dimensionsbehaftet und physikalisch unzureichend darstellbar. Alle Untersuchungen zur empirischen Formulierung von Diagnosekennzahlen zeigen, daß diese Methode zwar objektbezogen zu brauchbaren Lösungen für die Diagnostik führen kann, aber folgende grundsätzliche Mängel verbleiben:

- Empirisch aufgestellte Diagnosekennzahlen sind meist dimensionsbehaftet.
- Die physikalische Interpretation dieser Kennzahlen ist kaum möglich.
- Die Diagnosezuverlässigkeit kann nicht begründet und damit nicht systematisch erhöht werden.
- Der Aufwand zum Finden neuer Diagnosekennzahlen ist hoch.

Das alles begründet die Notwendigkeit einer Objektanalyse zur physikalisch-technischen Durchdringung der Schädigungsprozesse und ihrer diagnostisch relevanten Signalemission für die Auswahl geeigneter Diagnosemerkmale und die Erschließung der theoretischen Zusammenhänge der Bildung von Diagnosekennzahlen.

2.4.3. Anwendung der Ähnlichkeitstheorie zur Bildung von Diagnosekennzahlen

Einen Weg zur wissenschaftlichen Begründung von Diagnosekennzahlen stellt die Anwendung der Ähnlichkeitstheorie dar [2.40]. Die erstmalig von ARCHIMEDES in der Mechanik, von NEWTON in der Strömungstechnik und FOURIER in der Wärmetechnik angewendeten Ähnlichkeitsbetrachtungen [2.61] gestatten, die Struktur der physikalischen Vorgänge zu beschreiben. Ergebnisse experimenteller Untersuchungen und von Praxisbeobachtungen vermitteln Zusammenhänge zwischen Diagnose- und Schädigungsmerkmalen sowie Einfluß- und Störgrößen. Im allgemeinen existieren zahlreiche Einfluß- bzw. Störgrößen X_i, die multivariable Abhängigkeiten

$$D_i = f(S_j, X_i); \qquad (2.19)$$

D Diagnosemerkmal, *S* Schädigungsmerkmal, $i, j = 1 \ldots n$

verursachen, zwischen denen verschiedenartige, kaum überschaubare Beziehungen bestehen.

Durch Anwendung der Ähnlichkeitstheorie lassen sich z. B. für kinetische, dynamische, thermische, elektrische, also für physikalische und chemische Erscheinungen bestimmte Einzelgrößen zu Kennzahlen, d. h. *dimensionslosen Größen,* zusammenfassen [2.61]. Für einen physikalischen Vorgang ist eine solche Kennzahl unter Einhaltung der wesentlichen Einflußgrößen eine Konstante. Nach dem *Newtonschen Ähnlichkeitstheorem* besteht Ähnlichkeit zwischen zwei Vorgängen, wenn die Ähnlichkeitskennzahlen für beide Vorgänge den gleichen Wert besitzen. Diese Gesetzmäßigkeit ist auf die Technische Diagnostik übertragbar, wenn gilt:

> ***Für gleiche Schäden und ihre individuellen zeitlichen Verläufe an gleichartigen Objekten sind zumindest die physikalischen Vorgänge der Entstehung und räumlichen Ausbreitung diagnostisch relevanter Signale ähnlich.***

Folglich repräsentiert der Wert einer aus Diagnosemerkmalen gebildeten Ähnlichkeitskennzahl einen definierten Schädigungszustand. Eine solche Ähnlichkeitskennzahl wird als *Diagnosekennzahl* bezeichnet. Sie erhält, so wie auch Diagnoseparameter mit einem Merkmal, das Symbol *D*. Indizes (*A* bis *Z*) und Numerierungen (1, 2, ...) werden zur Kennzeichnung des zu beschreibenden Prozesses verwendet, z. B. D_{K1}.

Ähnlichkeitskennzahlen unterteilt man in zwei Gruppen [2.61]:

- *Ähnlichkeitssimplex* in Form eines Verhältnisses aus gleichartigen Größen mit denselben oder reziproken Einheiten

$$S = D_1/D_2 \qquad [S] = 1;\ [D_1] = [D_2] \qquad (2.20)$$

bzw.

$$S = D_1 \cdot D_2 \qquad [S] = 1;\ [D_1] = [D_2]^{-1} \qquad (2.21)$$

- *Ähnlichkeitskomplex* in Form eines Verhältnisses aus verschiedenartigen Größen mit unterschiedlichen Einheiten

$$K = \prod_{i=1}^{m} D_i^{\nu_i} \qquad [\mathrm{K}] = 1; \qquad \nu_i;\ \text{positiv, negativ, ganz oder gebrochen} \qquad (2.22)$$

Prinzipiell sind bekannte Ähnlichkeitskennzahlen für diagnostische Zwecke anwendbar, so z. B. die Reynolds-Zahl oder die Thoma-Zahl. Praktische Bedeutung für die Technische Diagnostik erlangen vor allem solche Kennzahlen, die sich aus wenigen Einzelgrößen zusammensetzen und mit vertretbarem Meßaufwand auskommen.

Die Anwendung der Ähnlichkeitstheorie zur Bildung von Kennzahlen setzt voraus [2.61] [2.64], daß

1. die wesentlichen Einflußgrößen der zu untersuchenden Vorgänge bekannt sind,
2. zwischen den Einflußgrößen funktionelle Beziehungen bestehen (ihre exakte mathematische Beschreibung ist nicht notwendig) und
3. alle vorgegebenen Größen einem kohärenten Maßsystem angehören, das die Invarianzforderung gegen einen beliebigen Wechsel der Grundeinheiten erfüllt.

Die ersten beiden Voraussetzungen sind für die Bildung von Diagnosekennzahlen wegen der zweckgebundenen Eingrenzung auf spezielle (interessierende) physikalische Vorgänge und der damit nicht geforderten vollkommenen physikalischen Ähnlichkeit immer vorhanden. Die dritte Voraussetzung bezieht sich auf die Dimensionsanalyse und kann durch Verwendung gleicher Umrechnungsfaktoren auf einfache Weise erfüllt werden.

In Anwendung der Dimensionsanalyse [2.61] läßt sich folgendes *Ablaufschema für die Bildung von Diagnosekennzahlen* angeben:

1. Ermittlung aller wesentlichen Größen D_l (Anzahl h) zur diagnostischen Beschreibung des zu untersuchenden physikalischen oder chemischen Vorganges einer Schädigung, die aus einer Objektanalyse (vgl. Abschn. 2.2.1.), der Modellbetrachtung (vgl. Abschn. 2.3.) oder dem Experiment entstammen. Diese Größen können sowohl gesuchte als auch gegebene Größen, Konstanten, abhängige oder unabhängige Veränderliche sein. Größen, die über mindestens eine Grundeinheit verfügen, die in keiner anderen aller Größen D_l vorkommt, können nicht verwendet werden. Ebenfalls nicht zu verwenden sind solche Größen, die
   - selbst aus mehreren anderen dimensionsbehafteten Größen gebildet worden sind,
   - von anderen bekannten Größen abhängen, durch die sie sich vollständig ersetzen lassen, oder die
   - eine grobe Vereinfachung eines Vorganges bedeuten.
2. Feststellung bereits vorhandener Ähnlichkeitskennzahlen (Anzahl k) unter den erfaßten Größen
3. Bildung sämtlicher Ähnlichkeitssimplexe (Anzahl s) nach Gl. (2.20) und Gl. (2.21)
4. Benennung der dimensionsbehafteten Größen D_l (Anzahl g), die der Dimensionsanalyse unterzogen werden sollen:

$$g = h - k - s. \tag{2.23}$$

   Für den Fall $g = 0$ sind bereits alle Kennzahlen für den untersuchten Vorgang bekannt.
5. Ermittlung der SI-Grundeinheiten E_i (Anzahl b). Komplexe SI-Grundeinheiten zählen als Grundeinheiten des betrachteten physikalischen Vorganges. Dabei ist die Bedingung

$$f_{\min} = \sum_{(l)} (\bar{e}_l - 2e_l) \rightarrow \text{Min} \tag{2.24}$$

   zu erfüllen, mit

$$\bar{e}_l = e_l + \sum_{i=1}^{b} |q_i|_l ; \tag{2.25}$$

   e_l Anzahl der Grundeinheiten E_i in den Einheiten der Größen D_l

   $\sum_{i=1}^{b} |q_i|_l$ Summe der Exponentenbeträge aller Grundeinheiten einer Größe D_l.
6. Ermittlung der Anzahl der zu bildenden Ähnlichkeitskomplexe

$$f = g - b \tag{2.26}$$

7. Aufstellung des Dimensionsschemas (q_{il}) der Größen D_l, deren Einheiten Potenzprodukte darstellen:

$$[D_l] = \prod_{i=1}^{b} E_i^{q_{il}} \tag{2.27}$$

   mit den Zeilen $i = 1, 2 \ldots b$
   und den Spalten $l = 1, 2 \ldots g$.

8. Umordnung des Dimensionsschemas (q_{il}) nach steigenden Werten von Gl. (2.25)
9. Bildung der Koeffizientendeterminante

$$D_q = |q_{i\bar{l}}| \neq 0 , \tag{2.28}$$

   mit $i = 1, 2, \ldots, b$ und $\bar{l} = 1, 2, \ldots, b$ unter Verwendung von Größen $D_{\bar{l}}$, die eine Teilmenge aus b Elementen $(\bar{l}) \subset (l)$ sind und der Bedingungsgleichung

$$\sum_{(\bar{l}) \subset (l)} e_l \rightarrow \text{Min} ; \quad \sum_{(\bar{l}) \subset (l)} e_{\bar{l}} \rightarrow \text{Min} \tag{2.29}$$

genügen.

10. Benennung der Leitgrößen $\bar{D}_j$ (ihre Anzahl f entspricht der Anzahl der zu bildenden Ähnlichkeitskomplexe). Sie entsprechen der Differenzmenge

$$(f) = (l) \setminus (\bar{l}) \tag{2.30}$$

11. Ermittlung der Exponenten aller Größen D_l durch formale Bildung aus den Leitgrößen $\bar{D}_j$:

$$[\bar{D}_j] \prod_{i=1}^{b} E_i^{-q_{ij}} = [K] \tag{2.31}$$

K Ähnlichkeitskomplex

12. Aufstellung der Ähnlichkeitskomplexe (Anzahl f) und evtl. Umformung in geläufige Kennzahlen.

Die Bildung von Diagnosekennzahlen mittels Dimensionsanalyse ist vorteilhaft wegen der

- möglichen Reduzierung der Einflußgrößen auf physikalisch relevante Größen, der möglichen Erkennbarkeit physikalischer Gesetze der Signalentstehung aus Schädigungsprozessen und deren Weiterleitung (wenn ein physikalischer Vorgang nur durch eine einzige Ähnlichkeitskennzahl hinreichend charakterisiert wird) sowie nicht erkannter wesentlicher Einflußgrößen und der
- universellen Darstellbarkeit diagnostischer Zusammenhänge unabhängig vom verwendeten Maßsystem.

Die Anwendung der Dimensionsanalyse vermag nicht, physikalische Gesetze zwischen den erhaltenen Ähnlichkeitskomplexen aufzudecken. Mit wahrscheinlichkeits- und informationstheoretischen Überlegungen ist es jedoch möglich, weitere diagnostisch sinnvolle Verknüpfungen zu bilden.

2.4.4. Informationstheoretische Begründung von Diagnosekennzahlen

Informationstheoretische Überlegungen setzen die Kenntnis wahrscheinlichkeitstheoretischer Zusammenhänge voraus. Information ist beseitigte Unsicherheit und an die Möglichkeit zur Entscheidung zwischen Zuständen gekoppelt [2.65].

Für m verschiedene Zustände, die mit gleicher Wahrscheinlichkeit $p_1 = p_2 = \ldots = p_r = \ldots = p_m$ auftreten können, berechnet sich die Wahrscheinlichkeit für einen beliebigen Zustand zu

$$p_r = 1/m , \tag{2.32}$$

weil die Summe aller Wahrscheinlichkeiten

$$\sum_{r=1}^{m} p_r = 1 \tag{2.33}$$

ist.

Eine Entscheidung zwischen zwei Zuständen ($m = 2$) stellt als Ja-Nein-Entscheidung den *Elementarbaustein der Information,* das sogenannte *Bit* dar. Der Entscheidungsgehalt für gleiche Wahrscheinlichkeiten der Zustände ist deshalb als binärer Logarithmus der Wahrscheinlichkeit p_r definiert:

$$H_0 = -\text{lb}\, p_r \ [\text{bit}]. \tag{2.34}$$

Mit $m = 2$ ist $p_r = 0{,}5$ und $H_0 = 1$ bit.

Für unterschiedliche Wahrscheinlichkeiten der Zustände läßt sich durch statistische Mittelwertbildung der *mittlere Informationsgehalt* [2.65] [2.66]

$$H = -\sum_{r=1}^{m} p_r \cdot \mathrm{lb}\, p_r \tag{2.35}$$

als ein Maß für die gewonnene Information angeben. In Anlehnung an eine zuerst in der Thermodynamik benutzte Abhängigkeit desselben Typs für die Entropie nennt man den mittleren Informationsgehalt auch Entropie bzw. *Informationsentropie* [2.65] [2.66].

Diese Betrachtungsweise ist für Meßsignale anwendbar, die wegen der Vielzahl wirkender Einflußgrößen und der begrenzten Meßzeit statistische Realisierungen von Zuständen (Schädigungszuständen) darstellen und damit als Zufallsgrößen behandelt werden können. Der Informationsgehalt des Meßsignals ist ein Maß für die Ungewißheit, die vor dem Signalempfang vorhanden war. Jeder vor Eintreffen des Signals exakt bestimmbare Verlauf übermittelt nichts Neues, die empfangene Information ist Null [2.65]. Der erzielbare *Informationsgewinn* ist damit vom Grad der statistischen Abhängigkeit der zu bewertenden Meßsignale abhängig.

Signalkennfunktionen und -kenngrößen, die als Merkmale im Sinne von Diagnosemerkmalen (vgl. Abschn. 6.1.) verwendet werden, können folglich (ebenso wie das Ursprungssignal) als Zufallsgrößen behandelt werden. Diagnosemerkmale korrelieren mit Schädigungsmerkmalen und werden i. allg. durch Störgrößen beeinflußt, so daß die Einzelmerkmale statistisch voneinander unabhängig oder abhängig sein können.

Die Wahrscheinlichkeit für das gleichzeitige Auftreten *statistisch unabhängiger Merkmale* x und y ist nach dem Multiplikationsgesetz der Wahrscheinlichkeitsrechnung das Produkt der a-priori-Wahrscheinlichkeiten der einzelnen Merkmale x und y [2.65] [2.66]:

$$p(x_i, y_j) = p(x_i) \cdot p(y_j)\,. \tag{2.36}$$

Der verbundene Informationsgehalt der Merkmale x und y ergibt sich nach Gl. (2.35) zu

$$H_u(x, y) = -\sum_{i=1}^{m} \sum_{j=1}^{n} p(x_i, y_j) \cdot \mathrm{lb}\, p(x_i, y_j) \tag{2.37}$$

bzw.

$$H_u(x, y) = -\sum_{i=1}^{m} \sum_{j=1}^{n} p(x_i) \cdot p(y_j) \cdot [\mathrm{lb}\, p(x_i) + \mathrm{lb}\, p(y_j)] \tag{2.38}$$

und unter Beachtung von Gl. (2.33) zu

$$\begin{aligned} H_u(x, y) &= -\sum_{i=1}^{m} p(x_i) \cdot \mathrm{lb}\, p(x_i) - \sum_{j=1}^{n} p(y_j) \cdot \mathrm{lb}\, p(y_j) \\ &= H(x) + H(y)\,. \end{aligned} \tag{2.39}$$

Der Informationsgehalt H_u statistisch unabhängiger Merkmale x und y ist damit die Summe der Informationsgehalte der Einzelmerkmale. Es gilt:

$$H_u(x,y) \geqq H(x) \quad \text{und} \quad H_u(x,y) \geqq H(y)\,. \tag{2.40}$$

Durch Erweiterung auf n Merkmale läßt sich das sog. Additionstheorem der Entropien [2.65] [2.66] allgemein formulieren:

$$H(x_1, x_2, \ldots x_n) = \sum_{r=1}^{n} H(x_r)\,. \tag{2.41}$$

Statistisch abhängige Merkmale werden als bedingte Wahrscheinlichkeit bewertet. Die bedingte Wahrscheinlichkeit bzw. a-posteriori-Wahrscheinlichkeit für das Auftreten des Merkmals x unter der Bedingung, daß das verknüpfte Merkmal y vorhanden ist (Vorbedingung), erhält man aus

$$p(x_i \setminus y_j) = \frac{p(x_i, y_j)}{p(y_j)} \tag{2.42}$$

mit der Verbundwahrscheinlichkeit $p(x_i, y_j)$.

Der ***verbundene Informationsgehalt*** der Merkmale x und y ist

$$\begin{aligned} H_a(x, y) &= -\sum_{i=1}^{m}\sum_{j=1}^{n} p(y_j)\cdot p(x_i \setminus y_j)\cdot[\mathrm{lb}\, p(y_j) + \mathrm{lb}\, p(x_i \setminus y_j)] \\ &= -\sum_{j=1}^{n} p(y_j)\cdot \mathrm{lb}\, p(y_j) - \sum_{i=1}^{m} p(y_j) \sum_{j=1}^{n} p(x_i \setminus y_j)\cdot \mathrm{lb}\, p(x_i \setminus y_j) \\ &= H(y) + H(x \setminus y)\,. \end{aligned} \tag{2.43}$$

Der Informationsgehalt statistisch abhängiger Merkmale ist damit die Summe aus dem Informationsgehalt des verknüpften Merkmals y und dem bedingten Informationsgehalt $H(x \setminus y)$, der sich ergibt, wenn unter der Voraussetzung des Merkmals y das Merkmal x auftritt.
Für $H(x \setminus y)$ gilt allgemein

$$H(x \setminus y) \leqq H(x) \tag{2.44}$$

mit den beiden Grenzfällen

$$\begin{aligned} H(x \setminus y) &= H(x) \quad \text{für völlige Unabhängigkeit} \\ H(x \setminus y) &= 0 \quad \text{für völlige Abhängigkeit.} \end{aligned} \tag{2.45}$$

Für *teilweise* voneinander abhängige Merkmale x und y liegt der verbundene Informationsgehalt im Bereich

$$H(y) \leqq H_a(x, y) \leqq H(x) + H(y)\,. \tag{2.46}$$

Die beiden Gleichheitszeichen kennzeichnen die Grenzfälle vollkommener Abhängigkeit nach Gl. (2.43) unter Beachtung von Gl. (2.45) und fehlender Abhängigkeit nach Gl. (2.39).

Ein informationstheoretisches Maß für den Grad der Abhängigkeit zwischen einer Diagnoseinformation (z. B. einer Diagnosekennzahl D) und dem zu beobachtenden Schädigungsprozeß (z. B. einem Schädigungsmerkmal S) ist die Differenz zwischen dem Informationsgehalt bei Unabhängigkeit zwischen S und D und dem Informationsgehalt bei Abhängigkeit. Mit den Gln. (2.39) und (2.43) ist

$$\Delta H = H_u(S, D) - H_a(S, D)\,. \tag{2.47}$$

Durch Bezug auf das geometrische Mittel der Informationsgehalte $H(S)$ und $H(D)$ erhält man die sog. relative Entropiedifferenz [2.68]

$$\Delta H_{S,D} = \Delta H / \sqrt{H(S)\cdot H(D_K)}\,. \tag{2.48}$$

Für die Diagnostik bedeutet $\Delta H_{S,D} = 1$, daß ein Diagnosemerkmal oder eine Diagnosekennzahl D völlige Gewißheit über ein Schädigungsmerkmal S liefert. Im Falle $\Delta H_{S,D} = 0$ ist dagegen keine Aussage möglich.

2.4.5. Bildungsalgorithmus von Diagnosekennzahlen

Für die Bildung von Diagnosekennzahlen ergeben sich bei Anwendung von wahrscheinlichkeits- und informationstheoretischen Gesetzen folgende Regeln:

1. Jede beliebige Operation der Signalanalyse kann Merkmale für die Kennzahlbildung bereitstellen.
2. Nach dem Additionstheorem der Entropien, Gl. (2.41), ist der Informationsgehalt verknüpfter Diagnosemerkmale größer als der von Einzelmerkmalen, so daß durch Bildung von Diagnosekennzahlen eine größere Entscheidungszuverlässigkeit zu erzielen ist. Für den seltenen Fall vollständiger Abhängigkeit der Einzelmerkmale ist diese Gesetzmäßigkeit nicht zutreffend.

3. Die Wahl der Verknüpfungsoperationen richtet sich danach, wie die Einzelmerkmale wahrscheinlichkeitstheoretisch in Beziehung stehen: Der größte Informationsgewinn ergibt sich für unabhängige Einzelmerkmale, die durch Produktbildung den Charakter einer Verbundwahrscheinlichkeit nach Gl. (2.36) erhalten. Voneinander abhängige Einzelmerkmale, die eine bedingte Wahrscheinlichkeit nach Gl. (2.42) darstellen, können durch Quotientenbildung verknüpft werden.
4. Diagnosekennzahlen sind (wie Einzelmerkmale) Zufallsgrößen, so daß Verknüpfungskombinationen möglich sind.
5. Die Anzahl von Verknüpfungskombinationen richtet sich nach dem Verhältnis aus Aufwand und Informationsgewinn. Der Informationsgewinn ist mit der relativen Entropiedifferenz nach Gl. (2.48) als relative Bezugsgröße quantifizierbar.

Diese Grundsätze sind für die Kennzahlbildung in der Technischen Diagnostik, einschließlich des Nachweises über den dabei erzielten Informationsgewinn, von theoretischer und praktischer Bedeutung. Die Arbeit mit Diagnosekennzahlen kann mit den Arbeitsschritten der Informationserfassung, -verarbeitung und -bewertung (vgl. Abschn. 2.2.4.) verbunden werden. Man erhält damit ein Konzept zur Gewinnung von Diagnoseinformationen mit Hilfe von Diagnosekennzahlen (Bild 2.38). Durch eine Analyse des Diagnoseobjektes sind die physikalisch-technischen Vorgänge der Signalentstehung und -übertragung aus Schädigungsprozessen zu ermitteln, um geeignete Diagnosemerkmale mit Methoden der Modellbildung und mit experimentellen Untersuchungen zu gewinnen. Mit Anwendung der Ähnlichkeitstheorie können unter Beachtung informationstheoretischer Gesetze geeignete Diagnosekennzahlen gebildet werden. Der damit erzielte Informationsgewinn ist quantifizierbar, so daß Vergleiche zwischen Einzelmerkmalen und daraus abgeleiteten Diagnosekennzahlen sowie zwischen unterschiedlichen Diagnosekennzahlen möglich sind. Die Untersuchungen werden mit der Abschätzung des Diagnosefehlers (vgl. Abschn. 2.6.) und der Bestimmung von Diagnosegrenzwerten (Grenzparameter oder Klassengrenzen) abgeschlossen (vgl. Abschn. 2.5.).

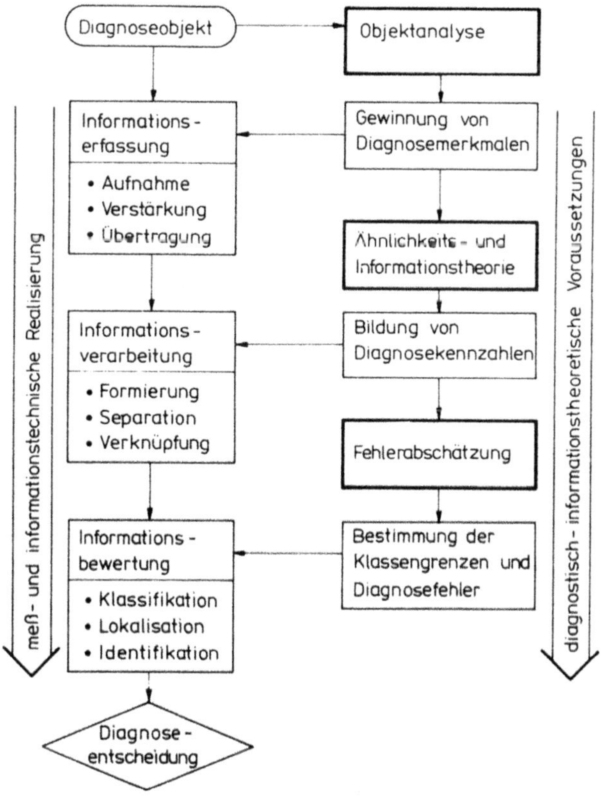

Bild 2.38. Gewinnung von Diagnoseinformationen durch Bildung von Diagnosekennzahlen

2.4.6. Beispiele für die Bildung von Diagnosekennzahlen

Die Verfahrensweise zur Bildung von Diagnosekennzahlen soll an ausgewählten Beispielen demonstriert werden. Dem Anwender kann gezeigt werden, daß zwar die Bildung von Diagnosekennzahlen und deren Auswahl nach höchster Diagnosezuverlässigkeit mit den in den vorhergehenden Abschnitten abgeleiteten Algorithmen realisiert werden kann, daß aber dennoch ingenieurtechnisches Können für die Auswahl der Diagnosemerkmale und deren Kombination erforderlich ist. Die Auswahl der praktischen Demonstrationsbeispiele erfolgte unter besonderer Berücksichtigung möglichst verschiedener physikalischer Vorgänge der Schädigung an unterschiedlichen technischen Objekten. Vorgestellt werden die Wälzlagerschädigung, die für viele Einsatzgebiete in der gesamten Volkswirtschaft Bedeutung hat, sowie die Diagnose der Abnutzung innerer Dichtungen am Beispiel einer Kreiselpumpe.

Schädigung von Wälzlagern

Physikalische Vorgänge der Wälzlagerschädigung sind mit Werkstoff- und Formveränderungen sowie Energieumwandlungsprozessen verbunden [2.35]:

- Heraustrennung von Werkstoffteilchen aus den Laufflächen durch Bildung und Ausbreitung oberflächennaher Ermüdungsrisse und Korrosionserscheinungen
- Anregung von Schwingungen und Stößen durch Überrollung der zeitlich veränderlichen Form und Feingestalt der Rollbahn sowie durch Abnutzungspartikel
- Rißbildung und Bruch von Konstruktionselementen
- Emission von Geräuschen im hörbaren und Ultraschallbereich
- Temperaturerhöhung des Lagers und des Schmiermittels durch erhöhte Reibung.

Schädigungsrelevante Diagnosemeßgrößen können deshalb sein:

- direkt meßbare Formveränderungen der Konstruktionselemente
- Menge, Größenverteilung und Zusammensetzung des Materialabtrags
- Parameter der Schwingungs- und Stoßmessung
- Parameter der Schallemission im hörbaren und Ultraschallbereich
- Lager- und Schmiermitteltemperatur.

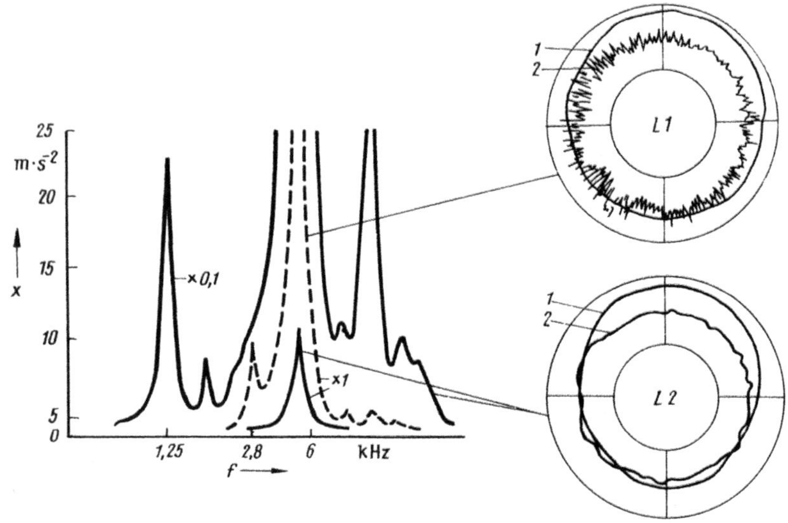

Bild 2.39. Spektrale Amplitudenverteilung der Schwingbeschleunigung zweier Schrägkugellager unterschiedlicher Fertigungsqualität

	Lager 1	Lager 2
1 Formabweichung vom Kreis	1,15 µm	1,67 µm
2 Welligkeit	1,23 µm	0,37 µm

Gerätetechnisch realisierte und bewährte Wälzlagerdiagnoseverfahren nutzen vorrangig die Parameter der Schwingungs- und Stoßmessung. Die Struktur dieser Signale ist durch Störungen beeinflußbar. Störfaktoren sind Einflüsse aus

- Fertigung und Montage sowie
- Betrieb und Umgebung.

Fertigungs- und Montageungenauigkeiten stellen zusätzliche Beanspruchungskomponenten für den Wälzvorgang dar, die den schädigungsrelevanten Informationsanteil der Schwingungen bzw. Stöße überdecken können. Die folgenden Beispiele für unterschiedliche Fertigungsqualität von Wälzlagerbauteilen (Bild 2.39) und für unsachgemäße Montage (Bild 2.40) demonstrieren die Auswirkungen solcher Erscheinungen auf die spektrale Amplitudendichte des Schwingbeschleunigungssignals. Die Betriebsdrehzahl bestimmt als Haupterregerfrequenz unmittelbar die Amplitude der Eigenresonanz des Wälzlageraußenringes. Die Auswertung von Versuchsergebnissen führte auf eine nahezu quadratische Abhängigkeit des Effektivwertes der Schwingbeschleunigung von der Drehzahl (Bild 2.41).

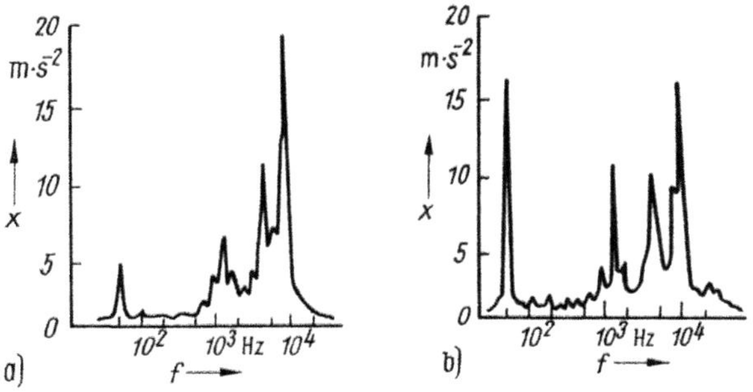

Bild 2.40. Spektrale Amplitudenverteilung der Schwingbeschleunigung eines Schrägkugellagers in einer einstufigen Kreiselpumpe mit einem Fluchtungsfehler
a) Normalzustand; b) Fluchtungsfehler

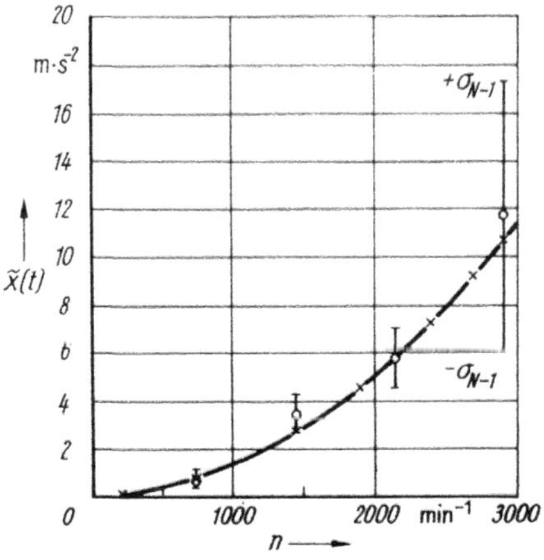

Bild 2.41. Lagerschwingung in Abhängigkeit von der Drehzahl
$\tilde{x}(t) = 1{,}945 \cdot 10^{-6} \cdot n^{1{,}945}$

Die Lagergröße, gekennzeichnet durch den Bohrungsdurchmesser *d*, ist eine weitere Einflußgröße für die Schwingungs- bzw. Stoßintensität.

Bereits diese Beispiele zeigen qualitativ, daß eine einparametrige Diagnostik mit dem Effektivwert der Schwingbeschleunigung $\tilde{x}(t)$ oder deren Spitzenwert $\hat{x}(t)$ zu einem hohen Anteil an Fehldiagnosen führen kann. Durch Bildung von Diagnosekennzahlen mit Hilfe der Dimensionsanalyse (vgl. Abschn. 2.4.3.) für die Kenngrößen Effektiv- und Spitzenwert der Schwingbeschleunigung lassen sich diese Einflußgrößen eliminieren, wenn zusätzlich berücksichtigt wird, daß unterschiedliche Ausgangsbedingungen des Schädigungsprozesses existieren. Der Ausgangszustand wird, durch praktische Erfahrungen erhärtet, nach dem sog. Einlaufvorgang fixiert und mit dem Diagnosemerkmal $D(0)$ gekennzeichnet. Der reale Zustand im Verlauf der Schädigung erhält die Kennzeichnung $D(t)$. Für eine Kennzahlbildung stehen damit folgende Diagnosemerkmale zur Verfügung: Effektivwert $\tilde{x}(0)$, $\tilde{x}(t)$; Spitzenwert $\hat{x}(0)$, $\hat{x}(t)$; Betriebsdrehzahl n und Bohrungsdurchmesser d des Wälzlagers. Die Ermittlung der Diagnosekennzahl kann nun

Tafel 2.8. Ermittlung von Diagnosekennzahlen für Wälzlager durch Anwendung der Dimensionsanalyse

1. **Liste der Einflußgrößen** $h = 6$

Nr.	Bezeichnung	X	SI-Einheit	l
1	Effektivwert	$\tilde{x}(0)$	$m \cdot s^{-2}$	1
2	Effektivwert	$\tilde{x}(t)$	$m \cdot s^{-2}$	2
3	Spitzenwert	$\hat{x}(0)$	$m \cdot s^{-2}$	3
4	Spitzenwert	$\hat{x}(t)$	$m \cdot s^{-2}$	4
5	Betriebsdrehzahl	n	s^{-1}	5
6	Bohrungsdurchmesser	d	m	6

2. **Vorhandene Diagnosekennzahlen** $k = 0$

3. **Ähnlichkeitssimplexe** $\dfrac{\tilde{x}(t)}{\tilde{x}(0)}; \dfrac{\hat{x}(t)}{\hat{x}(0)} \curvearrowright s = 2$

4. **Dimensionsbehaftete Größen** $g = h - k - s = 4$

5. **SI-Grundeinheiten** m, s $\curvearrowright b = 2$

6. **Anzahl zu bildender Kennzahlen** $f = g - b = 2$

7. **Dimensionsschema**

	i	E_i	$\tilde{x}(t)$	$\hat{x}(t)$	d	n
	1	m	1	1	1	0
$b =$	2	s	−2	−2	0	−1
	e_l		2	2	1	1
	$\sum_{i=1}^{b} \lvert q_i \rvert_l$		3	3	1	1
	$\bar{e}_l$		5	5	2	2

8. **Umordnung des Dimensionsschemas**

	d	n	$\tilde{x}(t)$	$\hat{x}(t)$
	1	0	1	1
	0	−1	−2	−2
$\bar{e}_l$	2	2	5	5
$\bar{l} =$	1	2		
$j =$			1	2

9. **Koeffizientendeterminante** $D_q \neq 0$ für $\bar{l} = 1 \quad 2$

10. **Leitgrößen** $j = 1 \quad 2$

11. **Bildung der Diagnosekennzahlen aus den Leitgrößen**

j	$[\bar{X}_j] \prod_{i=1}^{b} E_i^{-q_{ij}}$	
1	$[\tilde{x}(t)]\ m^{-1}\ s^2 = [\tilde{x}(t)\ d^{-1}\ s^2]$	$\bar{l} = 1: [d] = m$
2	$[\hat{x}(t)]\ m^{-1}\ s^2 = [\hat{x}(t)\ n^{-2}\ m^{-1}]$	$\bar{l} = 2: [n] = s^{-2}$

12. **Aufstellung der Ähnlichkeitskomplexe**

$$\frac{\tilde{x}(t)}{d \cdot n^2};\ \frac{\hat{x}(t)}{d \cdot n^2}$$

13. **Diagnosekennzahlen**

$$D_{\tilde{x},n} = \frac{\tilde{x}(t)}{d \cdot n^2};\quad D_{\hat{x},n} = \frac{\hat{x}(t)}{d \cdot n^2};$$

$$D_{\tilde{x}} = \frac{\tilde{x}(t)}{\tilde{x}(0)};\quad D_{\hat{x}} = \frac{\hat{x}(t)}{\hat{x}(0)}$$

nach dem Ablaufschema der Dimensionsanalyse vorgenommen werden (Tafel 2.8.). Die ermittelten Kennzahlen sind:

$$D_{\tilde{x},n} = \frac{\tilde{x}(t)}{d \cdot n^2} \tag{2.49}$$

$$D_{\hat{x},n} = \frac{\hat{x}(t)}{d \cdot n^2} \tag{2.50}$$

$$D_{\tilde{x}} = \frac{\tilde{x}(t)}{\tilde{x}(0)} \tag{2.51}$$

$$D_{\hat{x}} = \frac{\hat{x}(t)}{\hat{x}(0)} \tag{2.52}$$

Mit den Kennzahlen (2.49) und (2.50) kann die Wälzlagerdiagnose drehzahlgeregelter Maschinen bei beliebiger Betriebsdrehzahl durchgeführt werden. Für Trendanalysen ist auf einen Vergleichswert umzurechnen. Die quadratische Abhängigkeit entspricht der empirisch ermittelten (vgl. Bild 2.41). Diese Gesetzmäßigkeit gilt nicht, wenn starke Einflüsse, z. B. Magnetgeräusche bei vielpoligen Elektromotoren [2.22], dominieren. Die Quotientenbildung der Kennzahlen $D_{\tilde{x}}$ und $D_{\hat{x}}$ entspricht wahrscheinlichkeitstheoretisch einer Division der verbundenen Wahrscheinlichkeit für das gleichzeitige Vorhandensein schädigungs- sowie fertigungs- und montagerelevanter Einflußgrößen in $\tilde{x}(t)$ bzw. $\hat{x}(t)$ mit der Wahrscheinlichkeit für ausschließlich fertigungs- und montagetypische Einflüsse in $\tilde{x}(0)$ bzw. $\hat{x}(0)$, Gl. (2.42). Mit den bedingten Wahrscheinlichkeiten $p[\tilde{x}(t) \setminus \tilde{x}(0)]$ bzw. $p[\hat{x}(t) \setminus \hat{x}(0)]$ ergeben sich infolge statistischer Abhängigkeit zwischen Ausgangs-(0) und Zeitwert (t) die verbundenen Informationsgehalte, Gl. (2.43),

$$H_a(D_{\tilde{x}}) = H(\tilde{x}(0)) + H(\tilde{x}(t) \setminus \tilde{x}(0))$$

bzw.

$$H_a(D_{\hat{x}}) = H(\hat{x}(0)) + H(\hat{x}(t) \setminus \hat{x}(0))\,. \tag{2.53}$$

Die Stoßimpuls-Meßmethode zur Wälzlagerdiagnostik [2.69] bezieht ebenfalls die aktuellen Meßgrößen auf ihre Anfangswerte. Für die Zustandsbeurteilung gilt ein normierter Stoßimpuls-Meßwert als Differenz zweier logarithmischer Maße, was einer Quotientenbildung entspricht:

$$\mathrm{dB_N} = \mathrm{dB_{SV}} - \mathrm{dB_I}\,; \tag{2.54}$$

$\mathrm{dB_{SV}}$ logarithmisches Maß für den aktuellen Meßwert, der unter Berücksichtigung der Pegel für mittlere und maximale Stoßimpulse ermittelt wird

$\mathrm{dB_I}$ Initial- oder Anfangswert, der aus einem Vergleich der Meßwerte von Neulagern in Abhängigkeit von ihrer Größe (Bohrungsdurchmesser d) und ihrer Drehzahl n empirisch gewonnen wurde:

$$\mathrm{dB_I} = 20\,(\log n + 0{,}6 \cdot \log d - \log 2150)\,. \tag{2.55}$$

Jede Diagnosemessung setzt die Kenntnis der aktuellen Lagerdrehzahl voraus, die in die Berechnung des Anfangswertes $\mathrm{dB_I}$ nach Gl. (2.55) eingeht. Neben der Berücksichtigung eines statistisch ermittelten Ausgangszustandes erfolgt damit gleichzeitig die Eliminierung der Drehzahl als Hauptbeanspruchungskomponente des Betriebszustandes.

Die statistische Auswertung umfangreicher Schwingungsmessungen ergab [2.36], daß die multiplikative Verknüpfung der normierten Signalgrößen $D_{\tilde{x}}$ und $D_{\hat{x}}$, Gln. (2.51), (2.52), zur Diagnosekennzahl

$$D_K(t) = \frac{\tilde{x}(0) \cdot \hat{x}(0)}{\tilde{x}(t) \cdot \hat{x}(t)} \tag{2.56}$$

wahrscheinlichkeitstheoretisch sinnvoll ist. Die Produktbildung läßt sich bei Erweiterung mit $\tilde{x}$ zu

$$D_{\tilde{x},\hat{x}} = \tilde{x} \cdot \hat{x} = (\hat{x}/\tilde{x})\,\tilde{x}^2 \tag{2.57}$$

physikalisch als zeitliche Leistungsverteilung der Wälzlagerschwingung interpretieren. Der Scheitelfaktor $\hat{x}/\tilde{x}$ (vgl. Abschn. 6.1.) ist ein Maß für die Signalform, speziell der Abweichung von der reinen Sinusschwingung. Ein höherer Scheitelfaktor bedeutet für die Wälzlagerdiagnostik eine höhere Leistungskonzentration durch Stoßprozesse, was bei gleicher mittlerer Leistung $\tilde{x}^2$ des Schwingbeschleunigungssignals auf einen schlechteren Zustand hinweist. Scheitelfaktor $\hat{x}/\tilde{x}$ und mittlere Leistung $\tilde{x}^2$ sind statistisch unabhängig ($\varrho = -0{,}6$ %) und ergeben als Produkt eine Verbundwahrscheinlichkeit nach Gl. (2.36) sowie den verbundenen Informationsgehalt nach Gl. (2.39):

$$H_u(\hat{x}/\tilde{x}, \tilde{x}^2) = H(\hat{x}/\tilde{x}) + H(\tilde{x}^2)\,. \tag{2.58}$$

Tafel 2.9. Ergebnisse der Wälzlagerdiagnose

O Ausgangszustand; SP Schädigungsprozeß; S Schaden; $\overline{1\text{-}P_{ij}}$ mittlere Irrtumswahrscheinlichkeit; anlagenbezogen: Gruppe gleicher Wälzlager bilden einen Mittelwert des Ausgangszustandes; objektbezogen: Einzelobjekte liefern den Ausgangszustand

Diagnose-merkmal/ -kennzahl	Anzahl der Meßwerte in O	SP	S	Klassengrenzen C_1	C_2	Irrtumswahrscheinlichkeiten $1\text{-}P_{11}$ (O = 1)	$1\text{-}P_{21}$	$1\text{-}P_{12}$ (SP = 2)	$1\text{-}P_{22}$	$1\text{-}P_{13}$ (S = 3)	$1\text{-}P_{23}$	$\overline{1\text{-}P_{ij}}$ %
$\tilde{x}(t)$	299	91	80	14 $m \cdot s^{-2}$	50 $m \cdot s^{-2}$	11,7	0	57,5	21,3	11,4	20,0	40,6
$\hat{x}(t)$	299	91	80	60 $m \cdot s^{-2}$	100 $m \cdot s^{-2}$	7,0	2,4	89,0	11,0	5,7	7,1	51,0
$\tilde{x}(t) \cdot \hat{x}(t)$	299	91	80	1 100 $m^2 \cdot s^{-4}$	25 000 $m^2 \cdot s^{-4}$	14,0	0	74,1	1,9	0	15,4	35,1
$D_{\tilde{x}}$	299 (anlagenbezogen)	91	80	1,0	5,0	25,4	0	7,5	11,3	0	10,0	15,1
$D_{\hat{x}}$	299 (anlagenbezogen)	91	80	1,0	6,5	25,4	0	10,0	11,3	0	10,0	18,9
$D_K(t)$	299 (anlagenbezogen)	91	80	1,0	0,042	12,1	0	4,3	4,3	0	2,8	7,8
$D_{\tilde{x}}$	299 (objektbezogen)	91	80	1,0	7,4	0	0	5,0	5,0	0	4,3	4,8
$D_{\hat{x}}$	299 (objektbezogen)	91	80	1,0	7,0	0	0	7,5	3,7	0	2,8	4,7
$D_K(t)$	299 (objektbezogen)	91	80	1,0	0,02	0	0	2,5	2,5	0	2,1	2,4

Tafel 2.10. Relative Entropiedifferenz für Signalkenngrößen und Diagnosekennzahlen zur Wälzlagerdiagnostik

Kenngröße	$\Delta H_{S,D}$	Kennzahl	anlagenbezogen $\Delta H_{S,D}$	objektbezogen $\Delta H_{S,D}$
$\tilde{x}(t)$	0,31	$D_{\tilde{x}}$	0,51	0,88
$\hat{x}(t)$	0,39	$D_{\hat{x}}$	0,50	0,88
$\tilde{x}(t) \cdot \hat{x}(t)$	0,50	$D_K(t)$	0,69	0,93

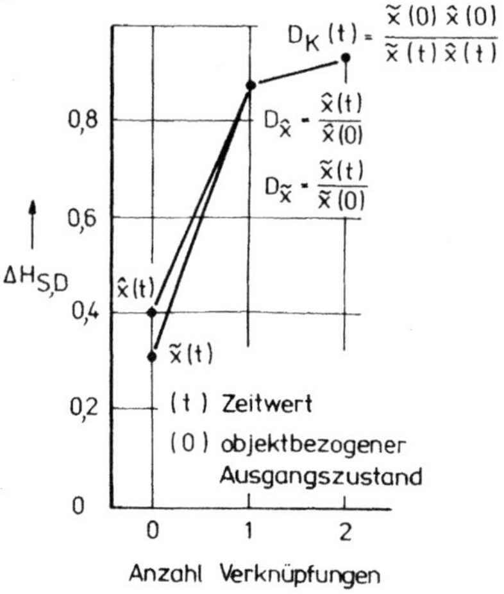

Bild 2.42. Informationsgewinn für die Wälzlagerdiagnostik durch Verknüpfung von Diagnosemerkmalen

$\Delta H_{S,D}$ relative Entropiedifferenz

Der Informationsgewinn wird gering sein, weil die miteinander multiplizierten Meßgrößen $\tilde{x}$ und $\hat{x}$ voneinander abhängig sind ($\varrho > 75$ %) [2.36]. Der durch diese Kennzahlbildung erzielte Informationsgewinn kann mit den Untersuchungsergebnissen zur Wälzlagerdiagnostik (Tafel 2.9) [2.36] durch die relative Entropiedifferenz nach Gl. (2.48) quantifiziert werden (Tafel 2.10). Sind objektbezogene Ausgangswerte vorhanden, ist die Anwendung von $D_{\tilde{x}}$ und $D_{\hat{x}}$ zu empfehlen. Liegen keine Ausgangswerte vor, kann auch mit der Produktbildung von $\tilde{x}(t) \cdot \hat{x}(t)$ ein gleich gutes Ergebnis erzielt werden. Mit der Bildung der Kennzahl $D_K(t)$ ist eine weitere Steigerung des Informationsgewinns möglich. In Analogie zum Zuverlässigkeitsgewinn bei Parallelschaltung von Einzelelementen läßt sich durch Verknüpfung von Diagnosemerkmalen zu Kennzahlen ein Informationsgewinn erzielen, der sich mit wenigen Operationen dem Grenzwert Eins annähert, wie das Beispiel der Kennzahlbildung für die Wälzlagerdiagnostik zeigt (Bild 2.42).

Die beachtlichen Vorteile von Produktbildungen aus gleichen Diagnosemeßwerten unterschiedlicher Meßorte eines technischen Objektes oder aus unterschiedlichen Diagnosemeßwerten und ihre praktische Bedeutung für eine bessere Differenzierbarkeit der Schädigungszustände bei einer drastischen Reduzierung von Störeinflüssen sind auch bei empirisch gefundenen Kennzahlen (vgl. Abschn. 2.4.2.) bemerkenswert. Die Bildung einer sog. „Spike Energy" (Pulsationsenergie) für die Wälzlagerdiagnostik [2.70] durch Verknüpfung eines frequenzbandbegrenzten Effektivwertes der Schwingbeschleunigung mit der Pulsationsfrequenz und den Beschleunigungsspitzenwerten ist ein weiteres Beispiel für diese nützliche Verfahrensweise.

Laufraddichtung einer Kreiselpumpe

Dichtungen sind ein Abnutzungsschwerpunkt bei Kreiselpumpen [2.57] [2.71]. Die Laufraddichtungen von Kreiselpumpen sind als axialer Ringspalt ausgeführt (Bild 2.43) mit Spaltweiten zwischen 0,1 und 0,4 mm je nach Baugröße, um den Spaltverluststrom $\dot{V}_{sp}$ zu minimieren, eine Berührung zwischen Gehäuse und Laufrad aber auszuschließen. Hohe Strömungsgeschwindigkeiten im Spalt sowie Partikel im Fördermedium führen zur Abnutzung und damit zur Vergrößerung der Spaltweite s. Die Spaltweitenvergrößerung Δs führt zur Erhöhung der Spaltverluste, damit zu Wirkungsgradverschlechterungen und zur Beeinflussung der Axialkraft in der Pumpe. Deshalb sind die Spalterweiterungen zu begrenzen und zu diagnostizieren. Für die Auswahl geeigneter Diagnosemerkmale in Abhängigkeit vom Schädigungsmerkmal Spaltweite s sind besonders die Strömungsvorgänge im Dichtungsspalt zu untersuchen.

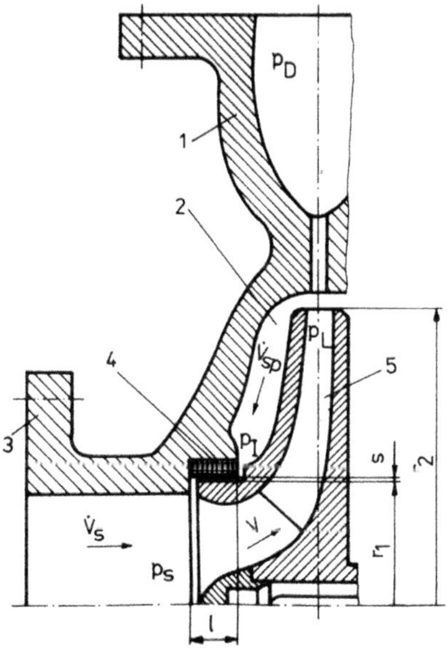

Bild 2.43. Einstufige, radiale Kreiselpumpe mit Ringspaltdichtung

1 Druckstutzen; *2* saugseitiger Radseitenraum; *3* Saugstutzen, *4* Dichtungsring; *5* Laufrad
r_1 r_2 Laufradradien; s Spaltweite; l Dichtringbreite; p_s Saugdruck; p_D Förderdruck; $\dot{V}_s$ Ansaugvolumenstrom; $\dot{V}_{sp}$ Spaltverluststrom; $\dot{V}$ Volumenstrom im Laufrad

Der Spaltverluststrom $\dot{V}_{sp}$ einer Kreiselpumpe wird von der freien Querschnittsfläche A_{sp}, der Durchflußzahl μ und der Differenz des statischen Drucks Δp_{sp} über dem axialen Ringspalt bestimmt [2.57]:

$$\dot{V}_{sp} = A_{sp} \cdot \mu \cdot \sqrt{\frac{2\Delta p_{sp}}{\varrho}} \tag{2.59}$$

mit

$$A_{sp} = \pi(d_1 + s) \cdot s, \tag{2.60}$$

$$\mu = 1 \bigg/ \sqrt{\frac{\lambda \cdot l}{2s} + \zeta_{EA}} \tag{2.61}$$

und

$$\Delta p_{sp} = \left[p_L - \varrho \cdot \omega^2 \cdot \int_{r_1}^{r_2} \left(\frac{\beta}{\omega} \right) \cdot r \, dr \right] - p_s \tag{2.62}$$

sowie

$$\omega = \frac{\pi \cdot n}{30} = \frac{u_2}{r_2} \tag{2.63}$$

Auch bei diesem Beispiel führt eine Dimensionsanalyse auf der Grundlage der Ähnlichkeitstheorie zur Bildung strömungstechnischer und diagnostisch relevanter Kennzahlen (Tafel 2.11). Diagnosekennzahlen sind:

Lieferzahl

$$D_\varphi = \frac{4\dot{V}}{\pi \cdot d_2^2 \cdot u_2} \tag{2.64}$$

Druckzahl

$$D_\psi = \frac{2w}{u_2^2}; \qquad w \approx \frac{p_L - p_s}{\varrho} \tag{2.65}$$

Differenzdruckzahl

$$D_{\Delta\psi} = \frac{2\Delta p_{sp}}{\varrho \cdot u_2^2}. \tag{2.66}$$

Die bereits bekannte Ähnlichkeitskennzahl (*Reynoldszahl* Re) kann ebenfalls als Diagnosekennzahl untersucht werden:

$$D_{Re} = \frac{2 \cdot s \cdot c_{sp}}{\nu}. \tag{2.67}$$

Auch das Verhältnis der Winkelgeschwindigkeiten β/ω (Ähnlichkeitssimplex, siehe Tafel 2.11) stellt eine mögliche Diagnosekennzahl dar:

$$D_\beta = \beta/\omega. \tag{2.68}$$

Tafel 2.11. Ermittlung von Diagnosekennzahlen für den Dichtspalt von Kreiselpumpen durch Anwendung der Dimensionsanalyse

1. **Liste der Einflußgrößen** $h = 12$

Nr.	Bezeichnung	X	SI-Einheit	l
1	Druckdifferenz	Δp_{sp}	$kg \cdot m^{-1} \cdot s^{-2}$	1
2	Förderstrom	$\dot{V}$	$m^3 \cdot s^{-1}$	2
3	Dichte des Fördermediums	ϱ	$kg \cdot m^{-3}$	3
4	Spaltweite	s	m	ϑ
5	Durchflußzahl	μ	–	ϑ
6	Reynoldszahl	Re	–	ϑ
7	Laufraddurchmesser	d_2	m	4
8	Laufradnabendurchmesser	d_1	m	ϑ
9	Umfangsgeschw. Laufrad	u_2	$m \cdot s^{-1}$	5
10	Laufradaustrittsdruck	p_L	$kg \cdot m^{-1} \cdot s^{-2}$	6
11	Saugdruck	p_s	$kg \cdot m^{-1} \cdot s^{-2}$	ϑ
12	Winkelgeschwindigkeitsverhältnis zwischen Medium und Laufrad	ω	–	ϑ

2. **Vorhandene Ähnlichkeitskennzahlen** μ; Re $\curvearrowright k = 2$
3. **Ähnlichkeitssimplexe** $\frac{s}{d_2}; \frac{d_2}{d_1}; \frac{p_L}{p_s}; \frac{\beta}{\omega} \curvearrowright s = 4$
4. **Dimensionsbehaftete Größen** $g = h - k - s = 6$
5. **SI-Grundeinheiten** kg, m, s $\curvearrowright b = 3$
6. **Anzahl zu bildender Kennzahlen** $f = g - b = 3$

Tafel 2.11 *(Fortsetzung)*

7. **Dimensionsschema**

i	E_i	Δp_{sp}	$\dot{V}$	ϱ	d_2	u_2	p_L
1	kg	1	0	1	0	0	1
2	m	−1	3	−3	1	1	−3
$b=3$	s	−2	−1	0	0	−1	−2
	e_l	3	2	2	1	2	3
	$\sum_{i=1}^{b} \lvert q_i \rvert_l$	4	4	4	1	2	4
	$\bar{e}_l$	7	6	6	2	4	7

8. **Umordnung des Dimensionsschemas**

d_2	u_2	$\dot{V}$	ϱ	Δp_{sp}	p_L
0	0	0	1	1	1
1	1	3	−3	−1	−1
0	−1	−1	0	−2	−2

9. **Koeffizientendeterminante** $D_q \neq 0$ für $\bar{l}$ = 1 (d_2), 2 (u_2), 3 (ϱ)

10. **Leitgrößen** j = 1 ($\dot{V}$), 2 (Δp_{sp}), 3 (p_L)

11. **Bildung der Diagnosekennzahlen aus den Leitgrößen**

j	$[\bar{X}_j]$	$\prod_{i=1}^{b} E_i^{-q_{ij}}$	
1	$[\dot{V}]$	$kg^0 \cdot m^{-3} \cdot s^1 = [\dot{V} u_2^{-2} u_2^{-1}]$	$\bar{l} = 1$: $[d_2] = m$
2	$[\Delta p_{sp}]$	$kg^{-1} \cdot m^1 \cdot s^2 = [\Delta p_{sp} u_2^{-2} \varrho^{-1}]$	$\bar{l} = 2$: $[u_2] = m \cdot s^{-1}$
3	$[p_L]$	$kg^{-1} \cdot m^1 \cdot s^2 = [p_L \varrho^{-1} u_2^{-2}]$	$\bar{l} = 3$: $[\varrho] = kg \cdot m^{-3}$

12. **Aufstellung der Ähnlichkeitskomplexe**

$$\frac{\dot{V}}{d_2^2 \cdot u_2}; \quad \frac{\Delta p_{sp}}{\varrho \cdot u_2^2}; \quad \frac{p_L}{\varrho \cdot u_2^2}$$

13. **Diagnosekennzahlen**

$$D_\varphi = \frac{4\dot{V}}{\pi \cdot d_2^2 \cdot u_2}; \quad D_\psi = \frac{2w}{u_2^2} \quad \left(w \approx \frac{p_L - p_s}{\varrho}\right);$$

$$D_{\Delta\psi} = \frac{2\Delta p_{sp}}{\varrho \cdot u_2^2}$$

Durch systematische experimentelle Untersuchungen an einstufigen Kreiselpumpen konnte die Eignung der ermittelten Diagnosekennzahlen überprüft werden (Bild 2.44). Lieferzahl und Druckzahl haben in Korrelation zur Spaltweite eine ungünstige Charakteristik und sind deshalb als Diagnosekennzahl nicht geeignet. Die Reynoldszahl hat zwar eine günstige Charakteristik, zu ihrer Ermittlung werden jedoch Strömungsgeschwindigkeit c_{sp} und Spaltweite s benötigt, damit ist auch diese Kennzahl für die Diagnostik ungeeignet. Auch das Winkelgeschwindigkeitsverhältnis kann für die Diagnostik nicht verwendet werden, weil dessen meßtechnische Erfassung in der Praxis nicht realisiert werden kann.

Tafel 2.12. Informationsgewinn durch Anwendung der Diagnosekennzahl $D_{\Delta\psi}$

Meßgröße/ Kennzahl	Relative Entropiedifferenz $\Delta H_{S,D}$
p_D	0,05
$D_{\Delta\psi} = \dfrac{2(p_D - p_s)}{\varrho \cdot u_2^2}$	0,58

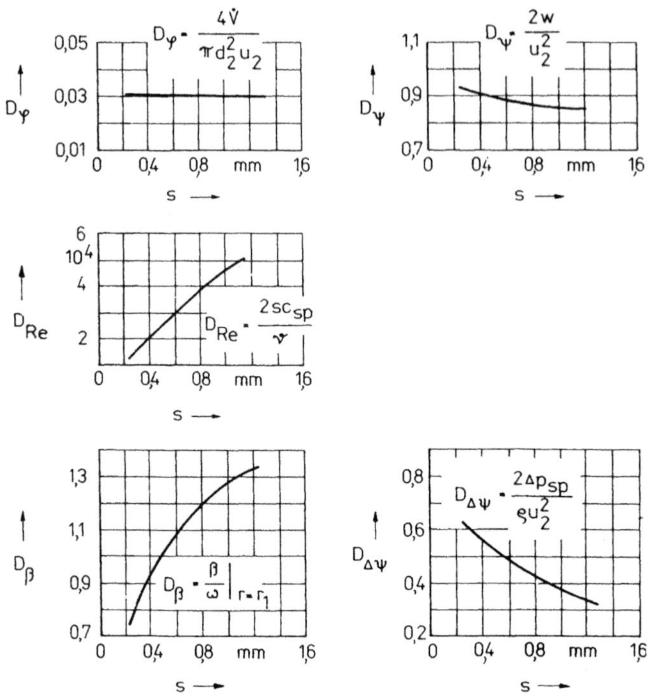

Bild 2.44. Diagnoseeignung von Kennzahlen für die Dichtspaltdiagnostik von Kreiselpumpen
Bezeichnungen siehe Tafel 2.11

Die Differenzdruckzahl $D_{\Delta\psi}$ (Gl. 2.66) ist als Diagnosekennzahl durch eine gute Charakteristik der Spaltweite sowie einfache Meßbarkeit sehr gut geeignet. Neben der Betriebsdrehzahl ist lediglich eine statische Druckdifferenz meßtechnisch zu erfassen. In Abhängigkeit von der Betriebsdrehzahl konnte im Vergleich zur Verwendung der Diagnosemeßgröße p_D im Bereich der Drehzahl $0{,}8 \leqq n/n_0 \leqq 1{,}0$ und einem Spaltweitenbereich $0{,}3 \leqq s \leqq 1{,}0$ mm ein erheblicher Informationsgewinn erzielt werden (Tafel 2.12, ermittelt als relative Entropiedifferenz $\Delta H_{S,D}$) [2.40]. Die Diagnosekennzahl $D_{\Delta\psi}$ eliminiert bei ausgeprägter Korrelation zum Schädigungsmerkmal Spaltweite s die Betriebsdrehzahl, den Laufraddurchmesser und damit unterschiedliche Konstruktionen sowie den Systemdruck der Pumpe.

Mit der gleichen Methodik konnten Diagnosekennzahlen für mehrstufige Kreiselpumpen ermittelt werden [2.40].

2.5. Bewertung diagnostischer Informationen

2.5.1. Aufgaben und Grenzen der Bewertung

Die Zuordnung gewonnener Meßwerte zu definierten technischen Zuständen, Schädigungsbeträgen bzw. Schädigungsverläufen von Baugruppen sowie die Klassifizierung von Diagnosemerkmalen ist Gegenstand intensiver Forschung [2.38] [2.41] [2.47] [2.72]. Nationale Richtlinien bzw. internationale Standards zur Festlegung von Schädigungsgrenzmaßen und Schädigungsklassen bzw. Diagnosegrenzmerkmalen sind nicht vorhanden. So war es bisher dem Betreiber von Maschinen und Anlagen in vielen Fällen selbst überlassen, Grenzwertfestlegungen oder Klassifizierungen für Diagnoseparameter vorzunehmen. Eine allgemeine Wertung der Eignung von Diagnoseparametern, Verläßlichkeit von Grenzwerten und Tauglichkeit gerätetechnischer Diagno-

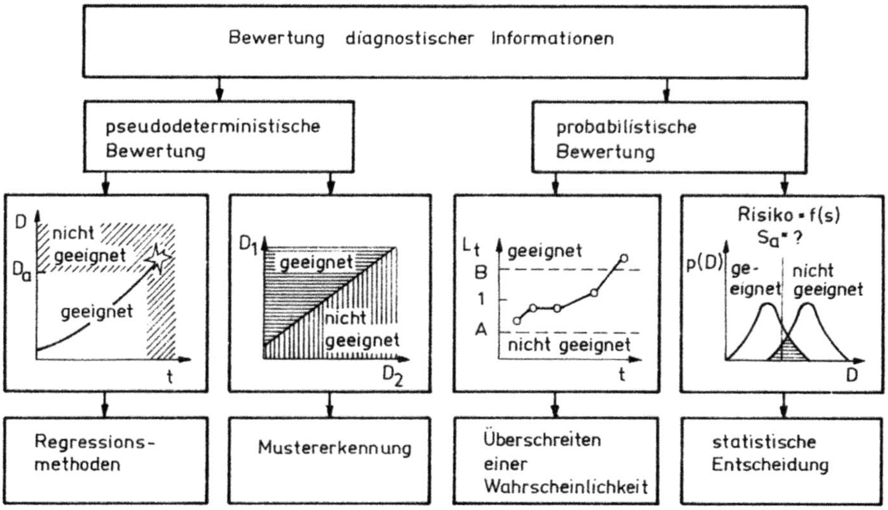

Bild 2.45. Bewertung diagnostischer Informationen

D Diagnosemerkmal (Diagnosemeßgröße, -kennzahl); L_t Wahrscheinlichkeitskenngröße; A, B Grenzen der zuverlässigen Diagnose; $p(D)$ Wahrscheinlichkeitsdichte; S_a Schwellwert

seausführungen liegt deshalb nicht vor. Auf der Grundlage der Schwingungsdiagnostik illustriert eine von *Cempel* [2.47] vorgenommene allgemeingültige Systematisierung die realen Alternativen für diagnostische Schlußfolgerungen von Maschinen und Anlagen (Bild 2.45). Sie stellt gleichzeitig eine Zusammenfassung der Abhandlungen der Abschnitte 2.2. bis 2.4. dar.

Bei geringer Beeinflussung der Diagnosemerkmale durch Betriebs- und Umwelteinflüsse kann die (pseudo-)*deterministische Arbeitsweise* angewendet werden. Bei kontinuierlich verlaufenden Diagnoseparametern eignen sich dazu die Regressionsanalyse und die Mustererkennung mit festen Klassengrenzen. Für Diagnosekennlinien sind Grenzwerte, die den zulässigen vom unzulässigen Betrieb abgrenzen, zu ermitteln (vgl. Abschn. 2.5.2.). Deterministische Bewertungen werden für einfache Maschinen oder Anlagenteile Anwendung finden.

Bei großer Beeinflussung der Diagnosemerkmale durch Betriebsbeanspruchungen oder die Umwelt wird die *probabilistische Arbeitsweise* erforderlich. Es können dann nur wahrscheinlichkeitsbehaftete Entscheidungen getroffen werden. Möglichkeiten dafür sind die Anwendung festzulegender Wahrscheinlichkeitsgrenzwerte oder die Verwendung der Methoden der statistischen Entscheidungen. Ziel dieser Methoden ist die Ermittlung von Schwellwerten in Abhängigkeit von den entstehenden Kosten durch Fehlalarm oder nicht rechtzeitig erkannte Schäden, die Sicherheit der Entscheidung oder andere Zielfunktionen. Probabilistische Bewertungen sind aufwendig und werden Anwendung finden für komplexe Maschinensysteme, oder wenn der Sicherheitsaspekt dominiert.

2.5.2. Diagnosegrenzwerte bei kontinuierlichen Schädigungsprozessen

Schädigungsprozesse, die durch *Abnutzung* hervorgerufen werden, nehmen einen mehr oder weniger kontinuierlichen Schädigungsverlauf (vgl. Bild 2.13 im Abschn. 2.1.). Diagnoseparameter $D = f(S)$ (Einzelparameter oder ausgewählte Merkmale dieser Parameter und Diagnosekennzahlen) werden diesen Schädigungsverlauf ebenfalls als kontinuierliche Größe abbilden. Es ergibt sich in Analogie zu den Schädigungsmerkmalen ein Funktionsverlauf $D = f(t)$ als zeitliche Realisierung der Abbildung des Schädigungsverlaufes (Bild 2.46). *Charakteristische Werte* dieses Verlaufes sind:

D_0 Diagnosemerkmal im Ausgangszustand (es ist zweckmäßig, diesen Wert nicht zum Zeitpunkt $t = 0$, sondern nach Beendigung des sog. Einlaufverhaltens fixieren)

D_a Grenzwert (Alarmschwelle), der für die Außerbetriebnahme oder andere geeignete Maßnahmen zur Ausfallverhütung festzulegen ist

D_b Niveau des Diagnosemerkmals bei Ausfall.

Bei der Darstellung eines solchen Merkmals im Wahrscheinlichkeitsbereich mit Hilfe der Wahrscheinlichkeitsdichte sind diese typischen schädigungsabhängigen Merkmale ebenfalls erkennbar (Bild 2.47). Zusätzliche charakteristische Größen sind

D_m Erwartungswert der Wahrscheinlichkeitsdichte

σ Standardabweichung des Diagnosemerkmals.

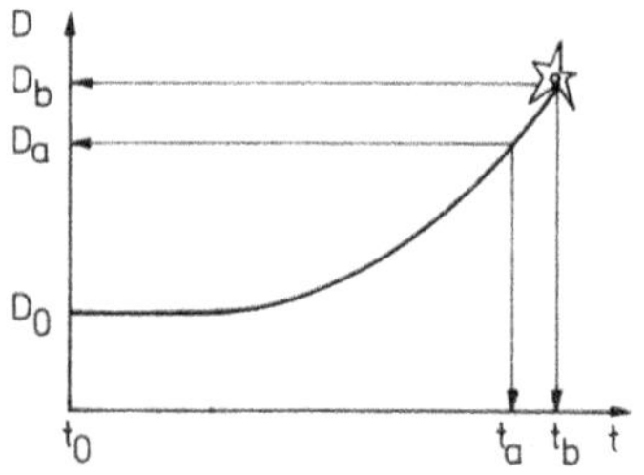

Bild 2.46. Zeitlicher Verlauf von Diagnosemerkmalen kontinuierlicher Abnutzungsvorgänge

D Diagnosemerkmal (0 Ausgangszustand, a Grenz- oder Alarmzustand, b Ausfallzustand); *t* Betriebszeit

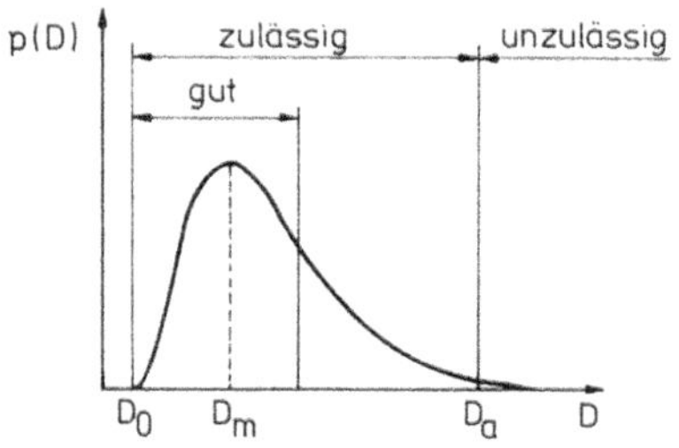

Bild 2.47. Wahrscheinlichkeitsdichte eines Diagnosemerkmals aller gemessenen Zustände bis zum Ausfall einer Baugruppe

$p(D)$ Wahrscheinlichkeitsdichte eines Diagnosemerkmals; *D* Diagnosemerkmal (0 Ausgangszustand, m mittlerer Erwartungswert, a Schwellwert)

Es gilt nun in Abhängigkeit von diesen zur Verfügung stehenden Größen die wohl *wichtigste Frage der Technischen Diagnostik* zu beantworten, zu welchem Zeitpunkt t_a bzw. bei welcher Größe von D_a ist für einen Schädigungsvorgang Alarm auszulösen, um rechtzeitig Maßnahmen für die Betriebsführung einzuleiten. In noch vielen Anwendungsfällen wird dieser Wert aus Betriebserfahrungen bzw. Kenntnis des mittleren Abnutzungsverlaufes ermittelt bzw. festgelegt. Eine Berechnung ist möglich, wenn man einer Modellvorstellung von *Cempel* [2.73] folgt. Dieses Modell kann aufgestellt werden bei folgenden Vereinbarungen:

1. Es existiert eine Kennlinie als mittlerer Verlauf $D(t)$ eines Diagnosemerkmals D als Abbildung eines stochastischen Schädigungsverlaufes über der Betriebsdauer. Es ist weiterhin bekannt, ob dieser Verlauf linear oder exponentiell ist. Zur Berechnung kann diese Charakteristik formuliert werden für

   - linearen Trend des Diagnosemerkmals

   $$D(t) = D_0 \cdot (1 + \alpha \cdot t) \qquad (2.69)$$

   - exponentiellen Trend des Diagnosemerkmals

   $$D(t) = D_0 \cdot e^{\alpha \cdot t}. \qquad (2.70)$$

   Erfahrungen zeigen, daß mit diesen beiden Gleichungen die Grenzfälle für Diagnosemerkmalverläufe erfaßt werden. D_0 ist Ausgangszustand des Diagnosemerkmals, α ein Exponent, der reziprok proportional der Zeit bei Ausfall, $t_b \sim \alpha^{-1}$, ist.

2. Die Überprüfung der Maschinen oder Ausrüstungen erfolgt zyklisch. Zwei mögliche Überprüfungsfrequenzen f_m bieten sich an:

   - konstante Frequenz

   $$f_m = f_0 = \text{konst.} \qquad (2.71)$$

- steigende Frequenz

$$f_m = f_0 \cdot \frac{D(t)}{D_0}. \qquad (2.72)$$

Die Prüfperiodenlänge T_m ergibt sich als reziproker Wert der Frequenz $f_m = 1/T_m$. Die steigende Frequenz wird ermittelt durch Bezug der Ausgangsfrequenz f_0 auf das mit der Zeit wachsende Diagnosemerkmal und führt bei Annäherung an den Ausfallzeitpunkt zur Erhöhung der Überprüfungsfrequenz.

3. Unterschiedliche Maschinen haben eine voneinander abweichende Zuverlässigkeit. Die Zuverlässigkeit kann durch einen Verfügbarkeitsindex P_a ausgedrückt werden. Die Ermittlung erfolgt aus der Anzahl der noch in Betrieb befindlichen Maschinen N im Verhältnis zur Gesamtmaschinenanzahl N_0:

$$P_a = N/N_0 \,. \qquad (2.73)$$

Ist die zu betrachtende Maschineneinheit direkt verfügbarkeitsbeeinflussend auf das Produktionssystem, läßt sich P_a berechnen aus der Zeit, in der die Maschine in Betrieb ist (verfügbare Zeit) t_V, und der Stillstandszeit für Instandhaltung t_I

$$P_a = t_V/(t_V + t_I) \,. \qquad (2.74)$$

4. Je nach Wahl der Instandhaltungsstrategie werden zur Vermeidung von Ausfällen (z. B. Instandhaltung mit starrer Periode, vgl. Abschn. 2.1.2.) mehr Instandhaltungen durchgeführt, als nach Befund erforderlich sind. Die Instandhaltungsstrategie kann charakterisiert werden, wenn diese nicht erforderlichen Maßnahmen M auf die Gesamtanzahl M_0 der Maßnahmen bezogen und als Faktor A bezeichnet werden:

$$A = M/M_0 \,. \qquad (2.75)$$

Beispielsweise ergeben 10 % nicht erforderliche Maßnahmen einen Faktor $A = 0{,}1$.

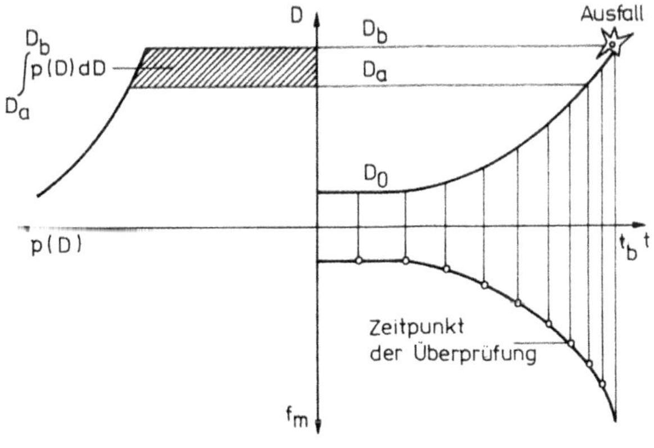

Bild 2.48. Daten für die Ermittlung eines Grenz-(Alarm-) Niveaus D_a

D Diagnosemerkmal (0 Ausgangszustand, a Grenz-(Alarm)-Niveau); t Betriebszeit; $p(D)$ Wahrscheinlichkeitsdichte des Diagnosemerkmals; f_m Frequenz der Überprüfung

Die mit den Gleichungen (2.69) bis (2.75) zusammengestellten Abhängigkeiten sind in Bild 2.48 für die Ermittlung eines Grenzwert- (Alarm-) Niveaus dargestellt. Die mittlere Lebensdauerkurve $D = f(t)$, die Überprüfungsfrequenz f_m und die Wahrscheinlichkeitsdichte $p(D)$ sind die Ausgangsfunktionen für die Ermittlung des Grenz- (Alarm-) Niveaus D_a. Der Bereich unter der Kurve $p(D)$

$$\int_{D_a}^{D_b} p(D)\,\mathrm{d}D \qquad (2.76)$$

bildet die Ausgangsgröße für die anzuwendende statistische Entscheidungstheorie. Wird dieses Integral um den Verfügbarkeitsindex P_a erweitert, kann durch Anwendung der NEYMAN-PEARSON-Technik [2.72] der Ansatz zur Ermittlung von D_a formuliert werden:

$$A = P_a \int_{D_a}^{D_b} p(D)\,\mathrm{d}D\,. \tag{2.77}$$

Aus dieser Gleichung ist das D_a zu ermitteln, das bei vorgegebener Instandhaltungsstrategie A zu einer Minimierung der Ausfallwahrscheinlichkeit führt. Die Wahrscheinlichkeitsdichte der Amplituden der Lebensdauerkurve, Gl. (2.76), ist dabei die Ausgangsfunktion der Berechnung. Deshalb ist es erforderlich, die Überprüfungsfrequenz vom Zeitbereich in den Wahrscheinlichkeitsbereich zu übertragen (transformieren). Für konstante Frequenz der Überprüfung ergibt sich das Überprüfungsmoment $p[t(D)]$ zu

$$f_m = f_0 = \text{konst.} \leftrightarrow p[t(D)] = \frac{a}{t_b} = \text{konst.} \tag{2.78}$$

Bei steigender Prüffrequenz erhält man

$$f_m = f_0 \cdot \frac{D(t)}{D_0} \leftrightarrow p[t(D)] = \frac{a \cdot D(t)}{t_b \cdot D_0}\,, \tag{2.79}$$

mit t_b Lebensdauer bei Ausfall und a einer Konstanten. Allgemein kann diese Transformation beschrieben werden mit

$$p[D(t)] = p[t(D)]\left|\frac{\mathrm{d}t}{\mathrm{d}D}\right|. \tag{2.80}$$

Damit erhält die Basisgleichung (2.77) ihre Endform

$$A = P_a \int_{D_a}^{D_b} p[t(D)]\left|\frac{\mathrm{d}t}{\mathrm{d}D}\right|\mathrm{d}D\,, \tag{2.81}$$

aus der mit der Kenntnis der Terme für die Überwachung, Gln. (2.78) und (2.79), das Grenz- (Alarm-) Niveau D_a in Abhängigkeit von der Instandhaltungsstrategie und der Verfügbarkeit ermittelt werden kann.

Für die beiden Grenzfälle der Lebensdauerkurven (linear, Gl. 2.69 und exponentiell, Gl. 2.70) erhält man folgende Lösungen [2.73]:

1. Linearer Verlauf des Diagnosemerkmals mit konstanter Frequenz der Überprüfung

$$\alpha = D_a/D_b = 1 - \frac{A}{P_a} + \frac{A/P_a}{D_b/D_0} \tag{2.82}$$

2. Linearer Verlauf des Diagnosemerkmals mit steigender Frequenz der Überprüfung

$$\alpha = 1 - \frac{2A/P_a}{D_b/D_0} + \frac{2A/P_a}{(D_b/D_0)^2} \tag{2.83}$$

3. Exponentieller Verlauf des Diagnosemerkmals mit konstanter Frequenz der Überprüfung

$$\alpha = \left(\frac{D_b}{D_0}\right)^{-A/P_a} \tag{2.84}$$

4. Exponentieller Verlauf des Diagnosemerkmals mit steigender Frequenz der Überprüfung

$$\alpha = 1 - \frac{A}{P_a} \cdot \frac{\ln (D_b/D_0)}{D_b/D_0}\,. \tag{2.85}$$

Aus der Praxis ist bekannt, daß das Verhältnis Ausfallniveau D_b zu Ausgangsniveau D_0

$$D_b/D_0 \approx 5 \ldots 20 \tag{2.86}$$

als durchschnittlicher Wert betragen kann. Für die realistische Wahl der Instandhaltungsstrategie A und der Verfügbarkeit P_a werden Werte von

$$A/P_a \approx 0{,}05 \ldots 0{,}25 \tag{2.87}$$

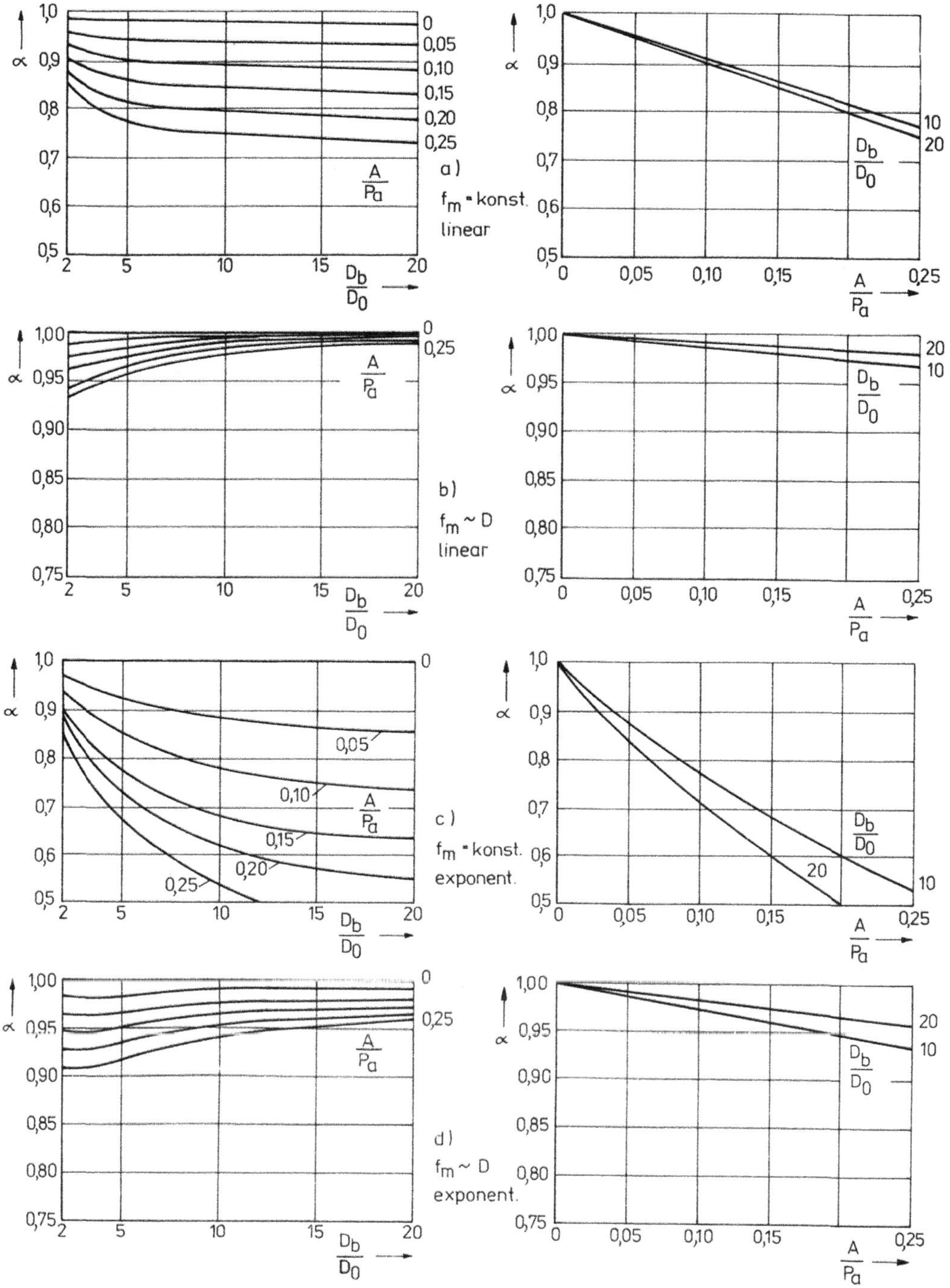

Bild 2.49. Grenz- (Alarm-) Niveau für Lebensdauerkurven [2.73]

a) linearer Verlauf des Diagnosemerkmals $D(t) = D_0\,(1 + a \cdot t)$ mit konstanter Frequenz der Überprüfung $f_m = f_0 =$ konst.
b) linearer Verlauf des Diagnosemerkmals $D(t) = D_0\,(1 + a \cdot t)$ mit steigender Frequenz der Überprüfung $f_m = f_0 \cdot D(t)/D_0$
c) exponentieller Verlauf des Diagnosemerkmals $D(t) = D_0 \cdot e^{a \cdot t}$ mit konstanter Frequenz der Überprüfung $f_m = f_0 =$ konst.
d) exponentieller Verlauf des Diagnosemerkmals $D(t) = D_0 \cdot e^{a \cdot t}$ mit steigender Frequenz der Überprüfung $f_m = f_0 \cdot D(t)/D_0$

$\alpha = D_a/D_b$ Grenz- (Alarm-) Niveau; A/P_a Charakteristik der Instandhaltungsstrategie; D_b/D_0 Wert des Diagnosemerkmals bei Ausfall angegeben [2.73]. In diesen Bereichen können die Gleichungen (2.82) bis (2.85) ausgewertet und das Verhältnis $\alpha = D_a/D_b$ ermittelt werden. Die Ergebnisse sind im Bild 2.49 dargestellt. Das Resultat der Berechnungen deckt sich mit den Erwartungen:

1. Bei mit der Abnutzung steigender Überprüfungsfrequenz können hohe Werte des Grenz- (Alarm-) Niveaus in der Nähe des Ausfallniveaus zugelassen werden. Das Grenzniveau ist nur gering abhängig von der Wahl der Instandhaltungsstrategie (A/P_a) und der Grenzabnutzung (D_a/D_0), Bild 2.49b und d.
2. Dagegen ist bei konstanter Überprüfungsfrequenz das Grenz- (Alarm-) Niveau mit großem Abstand zum Ausfallniveau zu wählen, und es zeigt große Abhängigkeit von der gewählten Instandhaltungsstrategie (A/P_a) und der Grenzabnutzung (D_a/D_0) bei einem Ausfall (Bild 2.49a und c).

Das ist um so bedeutungsvoller, da in der Praxis mit Vorliebe konstante Überprüfungsintervalle gewählt werden. Für diese Überwachungsform wurden deshalb die Ergebnisse in einem weiteren Diagramm zusammengefaßt (Bild 2.50). Mit $D_b/D_0 = 5$ und 10 und einer einfachen Instandhaltungsstrategie $A^*(A/P_a = 0{,}1 = 10\ \%)$ erhält man für dieses reale Beispiel für den linearen Verlauf des Diagnosemerkmals $\alpha = 0{,}9$ und für den exponentiellen Verlauf des Diagnosemerkmals $\alpha = 0{,}8$.

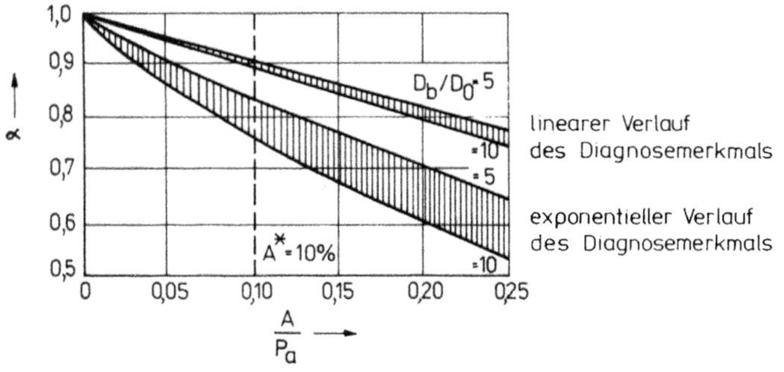

Bild 2.50. Grenz- (Alarm-) Niveau bei konstanter Prüffrequenz [2.73]

A^* Beispiel für eine Instandhaltungsstrategie ($A^* = 0{,}1 \rightarrow 10\ \%$)
α; D_b/D_0; $A\ /\ P_a$ wie Bild 2.49

Dieses Beispiel demonstriert, daß es bei der Wahl von konstanten Überwachungsperioden zu spürbaren Lebensdauerverlusten, die mit der Nichtausschöpfung der Abnutzungsreserve verbunden sind, kommen kann. Bei der Wahl von größerem α kommt es zwangsläufig zu einer Erhöhung der Wahrscheinlichkeit des nicht beabsichtigten Ausfalls.

Die Alternative liegt in der Wahl von Überprüfungsintervallen mit steigender Frequenz. Vor allem bei exponentiellen Schädigungsverläufen, die sehr häufig anzutreffen sind, wird ein Gewinn an Betriebszuverlässigkeit und Wirtschaftlichkeit durch Einsparung an Instandhaltungskapazität erreichbar sein.

2.5.3. Klassengrenzen bei probabilistischer Betrachtungsweise

Kann der funktionelle Zusammenhang zwischen Diagnosemerkmal und Schädigungsmerkmal nicht durch eine Kennlinie oder ein Kennfeld abgebildet werden (Bild 2.51a), wird durch eine strukturfreie *Klassenzuordnung* eine Lösung für die Diagnostik angestrebt. Bild 2.51b charakterisiert diese Problemstellung für ein Zwei-Klassen-Problem mit einer „Gut"-Klasse und einer „Schlecht"-Klasse. Nur in wenigen Anwendungsfällen wird eine determinierte Klassenzuordnung der Zahlenwerte von Diagnosemerkmalen möglich sein. Kommt es zu Überlappungen der Klassen, erhält die zu stellende Diagnose den Charakter einer Wahrscheinlichkeitsaussage [2.47]. Die Integration der Wahrscheinlichkeitsdichten der „Gut"- und „Schlecht"-Klasse liefert den Ansatz zur Lösung dieses Problems:

$$P(D \setminus z_g) = \int_{-\infty}^{D_{grenz}} p(D \setminus z_g)\,\mathrm{d}D \qquad (2.88)$$

$$P(D \setminus z_s) = \int_{D_{grenz}}^{\infty} p(D \setminus z_s)\,\mathrm{d}D\,, \tag{2.89}$$

wobei

$p(D \setminus z_g)$ Wahrscheinlichkeitsdichte des Diagnosemerkmals für den Gutzustand

$p(D \setminus z_s)$ Wahrscheinlichkeitsdichte des Diagnosemerkmals für den Schlechtzustand und

$$P(D \setminus z_g) + P(D \setminus z_s) = 1\,. \tag{2.90}$$

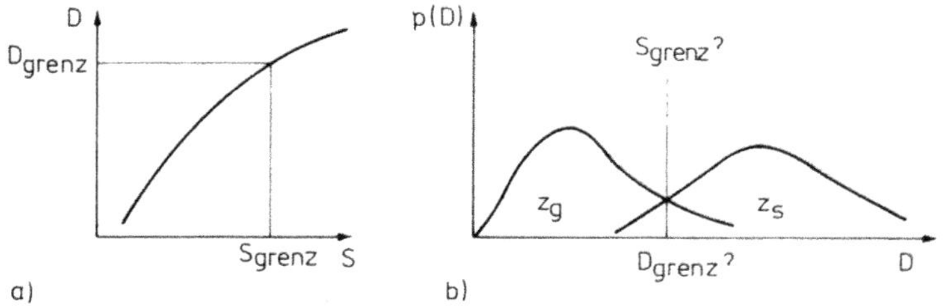

Bild 2.51. Diagnosemerkmal und Schädigungsmerkmal

a) Kennlinie; b) Klassenzuordnung

D Diagnosemerkmal; *S* Schädigungsmerkmal; *p* Wahrscheinlichkeitsdichte

Die Zuordnung zu Klassen erfordert die Optimierung von *Zielfunktionen.* Die Lösung solcher Problemstellungen gehört in das nicht alte, aber weit entwickelte Gebiet der „Theorie der statistischen Entscheidungen" [2.47] [2.72] [2.73]. Als allgemeines Entscheidungskriterium wird der *wirtschaftliche Gewinn* formuliert:

$$\sum_{i=1}^{n} C_i \cdot P_i \rightarrow \text{Min}\,!\,, \tag{2.91}$$

mit C_i kostenabhängige Gewichtsfaktoren.

Nicht immer wird der vordergründig zu erwirtschaftende ökonomische Gewinn als Zielkriterium angewendet werden können, da eine Vielzahl von Einflußgrößen das zu erstellende Modell sehr aufwendig und kompliziert gestaltet. Deshalb werden oft *Irrtumswahrscheinlichkeiten* als Zielkriterium verwendet, z. B. [2.36]:

- Die Summe der Irrtumswahrscheinlichkeiten für alle Schlechtklassen m_s ist zu minimieren

$$\sum_{j=1}^{m_s} 1 - P_j \rightarrow \text{Min}\,! \tag{2.92}$$

- Dic Irrtumswahrscheinlichkeit für die Feststellung eines Schlechtzustandes muß kleiner sein als die Irrtumswahrscheinlichkeit für die Ermittlung eines Gutzustandes

$$1 - P_s < 1 - P_g\,. \tag{2.93}$$

Für eine strukturfreie Zuordnung eincs Diagnosemerkmals zu Zustandsklassen ergeben sich Irrtumswahrscheinlichkeiten, z. B. bei zwei Klassen:

- Ein Diagnosemerkmal D der Gutklasse z_g wird der Schlechtklasse z_s zugeordnet

$$1 - P(z_s \setminus D) \qquad \{D \in z_g \rightarrow z_s\}\,. \tag{2.94}$$

- Ein Diagnosemerkmal D der Schlechtklasse z_s wird der Gutklasse z_g zugeordnet.

$$1 - P(z_g \setminus D) \qquad \{D \in z_s \rightarrow z_g\}\,. \tag{2.95}$$

Die mittlere Irrtumswahrscheinlichkeit für die Zustandsklassen z_j ergibt sich aus der Summe der möglichen Irrtumswahrscheinlichkeiten und der Klassenanzahl m zu

$$\overline{1 - P_{ij}} = \frac{1}{m} \sum_{i=1}^{m-1} \sum_{j=1}^{m} [1 - P_i(z_j \setminus D)] \cdot 100\,\% \tag{2.96}$$

unter der Voraussetzung, daß die Meßfehler für die Diagnosekennzahl vorher abgeschätzt und bei der Klassenzuordnung berücksichtigt wurden.

Die Anzahl n der Irrtumswahrscheinlichkeiten folgt aus der Klassenanzahl m:

$$n = m \cdot (m - 1)\,. \tag{2.97}$$

Die Irrtumswahrscheinlichkeit läßt sich reduzieren, wenn a-priori-Informationen über den aktuellen Zustand vorliegen. Dann gilt nach der *Bayesschen Formel* [2.74] für das Zutreffen einer Diagnose $z_j \Big|_{j=1}^{m}$ mittels Diagnosemerkmal D:

$$P(z_j \setminus D) = \frac{P(z_j) \cdot P(D \setminus z_j)}{\sum\limits_{j=1}^{m} P(z_j) \cdot P(D \setminus z_j)}\,, \tag{2.98}$$

mit $P(D \setminus z_j)$ nach Gl. (2.88) und (2.89).

Die a-priori-Wahrscheinlichkeiten $P(z_j)$ für irgendeinen Zustand z_j sind z. B. nach Erstinbetriebnahme oder Instandsetzungsmaßnahmen bekannt und können als Gewichtsfaktoren in Gl. (2.98) die Wahrscheinlichkeit für das Zutreffen einer Diagnosebewertung herauf- oder heruntersetzen [2.47]. Diese Gewichtsfaktoren können den ökonomischen Gewinn, die Instandhaltungsstrategie bzw. die Zuverlässigkeit charakterisieren.

2.5.4. Beispiele für Klassenzuordnungen

Die Breite der möglichen Schädigungsvorgänge und die Vielfalt möglicher Diagnosemerkmale und -verfahren erlaubt nicht, die vollständige Darstellung der Lösungsansätze und Ergebnisse anzustreben. Anhand von zwei ausgewählten Beispielen soll dem Anwender die prinzipielle Arbeitsweise nähergebracht werden.

Klassengrenzen für die Wälzlagerdiagnostik

In 450 Versuchen wurden 644 Schwingungsmessungen an Wälzlagern mit dem Ziel der Überprüfung der Eignung unterschiedlicher Diagnoseparameter durchgeführt [2.36]. Für die Analyse der Eignung der Diagnoseparameter wurden 3 Schädigungsklassen definiert:

- Ausgangszustand (0)
- Schädigungsprozeß (SP)
- Schaden (S)

Für die Diagnoseparameter wurden im Vergleich mit dem Schädigungszustand Häufigkeitsverteilungen ermittelt. Für den Effektivwert $\tilde{x}(t)$ der Schwingbeschleunigung, gemessen am Außenring des Lagers, ist diese Verteilung im Bild 2.52 und für die Diagnosekennzahl $D_K(t)$ (vgl. Abschn. 2.4.6.) im Bild 2.53 als Beispiel abgebildet. Eine subjektive Einschätzung beider Diagnosemerkmale liefert unterschiedliche Diagnoseerfolge. Die Überlappungen der Schädigungsklassen bei Nutzung des Effektivwertes $\tilde{x}(t)$ im Vergleich zur Diagnosekennzahl $D_K(t)$ sind größer und führen zu größeren Diagnosefehlern.

Die Häufigkeitsverteilungen der drei Klassen (0 = 1, SP = 2, S = 3) sind durch Klassengrenzen voneinander zu trennen (Bild 2.54). Durch Festlegung der Klassengrenzen C_1 und C_2 ergeben sich maximal sechs Irrtumswahrscheinlichkeiten:

1. Ein Element der Klasse 0 wird der Klasse SP zugeordnet
   $P_{11}\,\{D \in 0 \rightarrow \mathrm{SP}\}$
2. Ein Element der Klasse 0 wird der Klasse S zugeordnet
   $P_{21}\,\{D \in 0 \rightarrow \mathrm{S}\}$
3. Ein Element der Klasse SP wird der Klasse 0 zugeordnet
   $P_{12}\,\{D \in \mathrm{SP} \rightarrow 0\}$
4. Ein Element der Klasse SP wird der Klasse S zugeordnet
   $P_{22}\,\{D \in \mathrm{SP} \rightarrow \mathrm{S}\}$

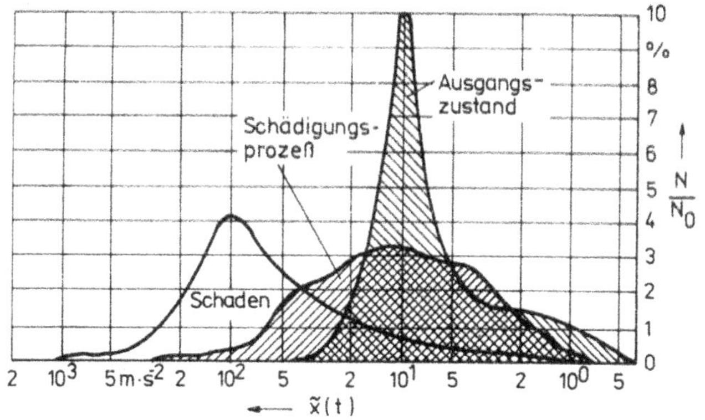

Bild 2.52. Häufigkeitsverteilung von Meßwerten der Schwingbeschleunigung von Wälzlagern für verschiedene Zustandsklassen

N Anzahl der Meßwerte bezogen auf Meßbereiche;
N_0 Gesamtanzahl der Meßwerte; $\tilde{x}(t)$ Effektivwert der Schwingbeschleunigung

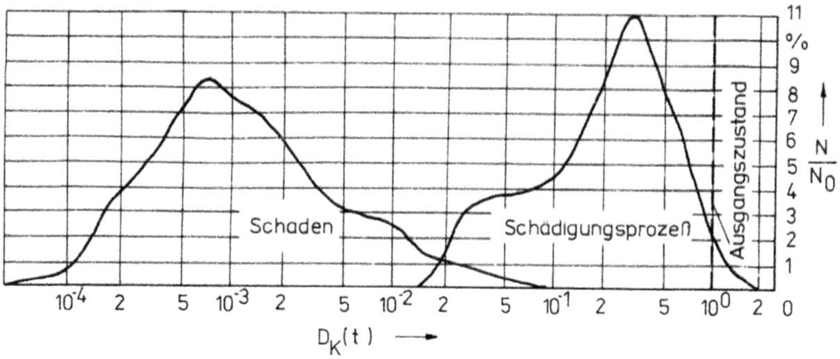

Bild 2.53. Häufigkeitsverteilung der Diagnosekennzahl D_K (t) aus Schwingbeschleunigungsmeßwerten für verschiedene Zustandsklassen

N Anzahl der Werte bezogen auf Wertebereiche; N_0 Gesamtanzahl der Werte
$D_K(t) = \tilde{x}(0) \cdot \hat{x}(0) / \tilde{x}(t) \cdot \hat{x}(t)$

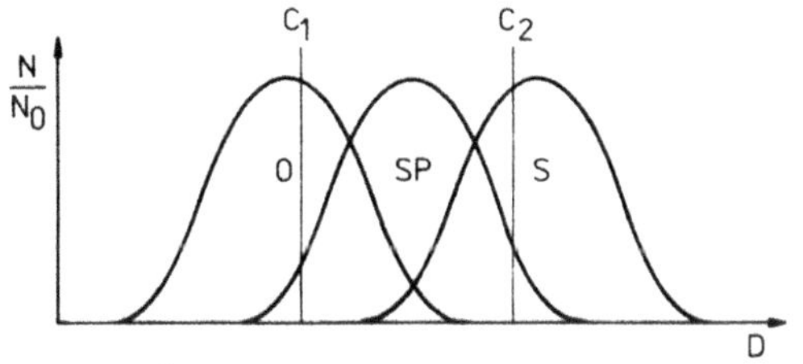

Bild 2.54. Klassengrenzen bei einem 3-Klassen-problem

0, SP, S Schädigungsklassen; C_1, C_2 Klassengrenzen; N/N_0 relative Häufigkeit der Meßwerte

5. Ein Element der Klasse S wird der Klasse 0 zugeordnet
   $P_{13}\,\{D \in \mathrm{S} \to 0\}$
6. Ein Element der Klasse S wird der Klasse SP zugeordnet
   $P_{23}\,\{D \in \mathrm{S} \to \mathrm{SP}\}$.

Tafel 2.13. Klassengrenzen des Wälzlagerzustandes bei der Schwingungsdiagnostik mit der Diagnosekennzahl $D_K(t)$

$D_K(t)$	Wälzlagerzustand
> 1	Verbesserung des technischen Zustandes, z. B. durch Einlaufvorgänge
1 … 0,5	gute Laufeigenschaften
0,5 … 0,2	Wirkung schädigungsbeschleunigender Einflußfaktoren, z. B. Schmiermittelverschmutzung, Schmiermittelmangel
0,2 … 0,02	Wirkung des Schädigungsprozesses
< 0,02	Ausbildung eines Schadens mit Risiko des Ausfalls

Die Optimierung des Problems erfolgte durch Anwendung der Kriterien Gl. (2.92) und Gl. (2.93). Die Daten und die Ergebnisse faßt Tafel 2.9 zusammen. Neben der Auswahl des Diagnosemerkmals mit der höchsten Genauigkeit (Diagnosekennzahl $D_K(t)$) konnten die Klassengrenzen für unterschiedliche Schädigungsstufen ermittelt werden. Tafel 2.13 gibt diese Klassifizierung für die Diagnosekennzahl $D_K(t)$ an. Im Vergleich mit dem auf den Ausgangszustand bezogenen Effektivwert $\tilde{x}(t)/\tilde{x}(0)$ (vgl. Abschn. 2.4.6.) wird das Ergebnis der Klassifizierung im Bild 2.55 vorgestellt. Die Meßergebnisse für unterschiedliche Schädigungsarten gestatteten zusätzlich eine Klassifizierung der Schädigungsarten Wälzlagerermüdung und Wälzlagerkorrosion [2.36]. Die erfolgreiche Überwachung von Maschinen mit Wälzlagerungen in der Praxis bestätigt die Richtigkeit der vorgenommenen Klassifizierungen [2.7] [2.22] [2.59].

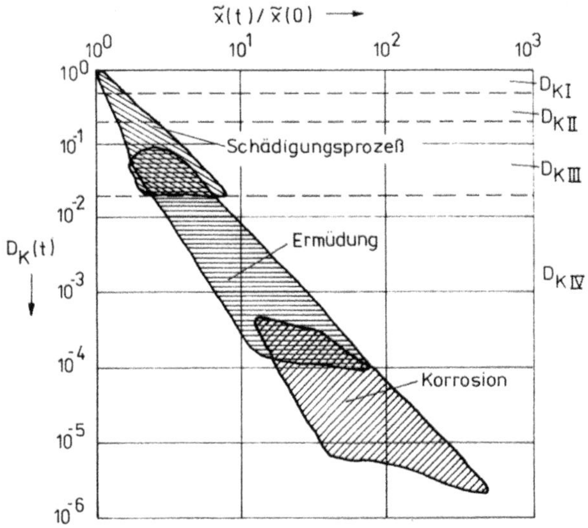

Bild 2.55. Klassifizierung von Zuständen der Wälzlagerschädigung für die Diagnosekennzahl $D_K(t)$

$\tilde{x}(t)/\tilde{x}(0)$ Effektivwert bezogen auf den Ausgangszustand

$D_{K\,I}$ – gute Laufeigenschaften des Wälzlagers; $D_{K\,II}$ – Wirkung schädigungsbeschleunigender Einflußgrößen; $D_{K\,III}$ – Schädigung im fortgeschrittenen Stadium; $D_{K\,IV}$ – Schaden

Leckdetektion in Wärmeübertragern

Die Detektion von Lecks in druckführenden Behältern und Rohrleitungen ist ein dringendes Diagnoseproblem, weil damit sowohl die Sicherheit als auch die Wirtschaftlichkeit des Betriebes solcher Anlagen erhöht werden kann. Voraussetzung für eine Leckdetektion ist ein Diagnosemerkmal, das sich bei Auftritt eines „Lecks" deutlich vom „Normalzustand" unterscheiden läßt. Akustische Signale werden für diese Aufgabe als mögliches Diagnosemerkmal angesehen.

Ein entscheidungstheoretisches Konzept für die akustische Leckdetektion von natriumbeheizten Dampferzeugern für Kernkraftwerke wurde von *Pridöhl* [2.75] entwickelt und soll als Beispiel für diese Arbeitsweise vorgestellt werden. Folgende Voraussetzungen werden getroffen:

1. Es existiert ein akustisches Signal, das sowohl ein Grundgeräusch im Normalzustand emittiert als auch bei Leck ein erhöhtes Signal abgibt. Dieses Diagnosemerkmal wird mit ϱ bezeichnet.
2. Die Anlagenzustände c werden definiert mit:
   - Anlage normal (0)
   - Leck (1)
3. Die Entscheidungen d sind
   - Leck vorhanden (1) und
   - kein Leck (0).

Tafel 2.14 faßt die Entscheidungsmöglichkeiten zusammen. Es ergeben sich zwei richtige Entscheidungen und zwei Fehler unterschiedlicher Art. Fehler der 1. Art detektieren kein Leck, obwohl die Anlage „Leck"-behaftet ist, ihre Wahrscheinlichkeit wird mit P_V bezeichnet. Fehler der 2. Art detektieren ein „Leck", obwohl die Anlage „normal" arbeitet. Es handelt sich um einen Fehlalarm mit der Wahrscheinlichkeit P_I. Abhängig sind diese Entscheidungen von der Festle-

Tafel 2.14. Bewertung von Entscheidungen in Abhängigkeit von Anlagenzuständen
d Entscheidungen; *c* Anlagenzustände

	$c = 0$	$c = 1$
$d = 0$	Entscheidung richtig	Fehler 1. Art
$d = 1$	Fehler 2. Art	Entscheidung richtig

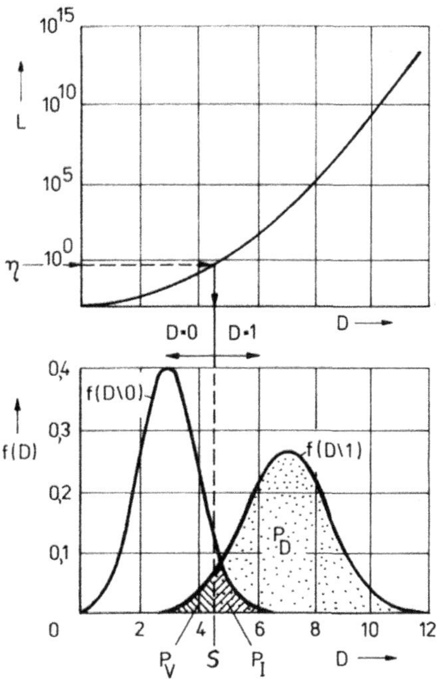

Bild 2.56. Statistische Entscheidung für die Klassengrenze [2.75] bei der Leckdetektion

P Wahrscheinlichkeit (D Detektion, I irrtümliche Detektion, V verpaßte Detektion)
D Diagnosemerkmal; *S* Klassengrenze; *f*(*D*) Wahrscheinlichkeitsdichten

$L = \dfrac{f(D \setminus 1)}{f(D \setminus 0)}$ $\quad \eta = \dfrac{C(1,0) \cdot P(0)}{[C(0,1) - C(1,1)] \cdot P(1)}$

gung der Klassengrenze *S* (entspricht Alarmschwelle D_a im Abschn. 2.5.2.), die es zu optimieren gilt. Der Zusammenhang wird im Bild 2.56 erläutert. Ein Diagnosemerkmal *D* bei normalem Anlagenzustand $f(D \setminus 0)$ und bei einem Leck $f(D \setminus 1)$ sind im Überlappungsbereich beider Kurvenverläufe der Verteilungsdichtefunktion durch die Klassengrenze *S* voneinander abzugrenzen.

Die Wahrscheinlichkeit der irrtümlichen Detektion erhält man analog Gl. (2.89) zu

$$P_I = \int_S^{\infty} f(D \setminus 0)\, dD . \tag{2.99}$$

Die verpaßte Detektion erhält die Wahrscheinlichkeit

$$P_V = \int_{-\infty}^{S} f(D \setminus 1)\, dD \tag{2.100}$$

oder durch die Detektionswahrscheinlichkeit ausgedrückt:

$$P_V = 1 - P_D \tag{2.101}$$

$$P_D = \int_S^{\infty} f(D \setminus 1)\, dD . \tag{2.102}$$

Da sowohl irrtümliche wie auch verpaßte Detektionen ökonomische Folgen haben (Ausfall durch Abschaltung oder nicht rechtzeitige Eingrenzung von Folgeschäden), ist die Alarmschwelle zu optimieren. Das kann mit Methoden der statistischen Entscheidungstheorie erfolgen (vgl. Abschn. 2.5.3.).

Durch Anwendung des Bayes-Kriteriums (vgl. Abschn. 2.5.3.) werden a-priori-Wahrscheinlichkeiten $P(c)$ für die Prozeßzustände *c* und die den möglichen Entscheidungen *d* zuzuordnenden Schäden $C(d, c)$ zur Berechnung eines Schadenerwartungswertes (als Risiko *R* bezeichnet) formuliert. Die Entscheidung ist optimal, wenn das Risiko *R* minimal ist.

Für die Leckdetektion ermittelt man die Risikofunktion zu [2.75]:

$$R = C_L + \sum_{d=0}^{1} \sum_{c=0}^{1} C(d, c) \cdot P(c) \cdot P(d \setminus c) . \tag{2.103}$$

Das Leckdetektionssystem verursacht Kosten, die als Risiko bewertet und mit C_L in die Berechnungen aufgenommen werden. Mit $P(1 \setminus 0) = P_I$, $P(1 \setminus 1) = P_D$, $P(0 \setminus 1) = 1 - P_D$ und bei Berücksichtigung, daß bei normaler Anlage ($c = 0$) und Detektion dieses Zustandes ($d = 0$) keine Kosten entstehen, d. h. $C(0, 0) = 0$, erhält die Risikofunktion aus Gl. (2.103) die Form

$$R = C_L + C(0,1) \cdot P(1) \cdot (1 - P_D) + C(1,0) \cdot P(0) \cdot P_I + C(1,1) \cdot P(1) \cdot P_D \,. \tag{2.104}$$

Mit den Gleichungen (2.99) und (2.102) erhält man aus Gl. (2.104)

$$R = C_L + C(0,1) \cdot P(1) + \int_S^\infty \{C(1,0) \cdot P(0) \cdot f(D \setminus 0) - [C(0,1) - C(1,1)] \cdot P(1) \cdot f(D \setminus 1)\} \mathrm{d}D \tag{2.105}$$

die Ausgangsgleichung zur Ermittlung der Alarmschwelle S. Die Integration erfolgt über den Entscheidungsraum $d = 1$ (rechts der Alarmschwelle im Bild 2.56). Das Risiko R wird bei Variation von S nur vom Integranden beeinflußt: es wird ein Minimum, wenn das Integral negativ wird. Es wird angenommen, daß die Kosten für ein nicht detektiertes Leck größer sind als die Kosten für ein detektiertes Leck, d. h. $C(0,1) > C(1,1)$. Für den Integranden gilt deshalb: Ist

$$C(1,0) \cdot P(0) \cdot f(D \setminus 0) < [C(0,1) - C(1,1)] \cdot P(1) \cdot f(D \setminus 1) \,, \tag{2.106}$$

wird der Integrand negativ.

Das Verhältnis

$$L = f(D \setminus 1)/f(D \setminus 0) \tag{2.107}$$

der Dichtefunktionen der Detektionskenngrößen wird als *Likelihood-Verhältnis* bezeichnet, während der Quotient

$$\eta = \frac{C(1,0) \cdot P(0)}{C(0,1) - C(1,1) \cdot P(1)} \tag{2.108}$$

eine Schwelle charakterisiert. Die Ungleichung (Gl. 2.106) ist für alle $L > \eta$ erfüllt. Die Diagnoseentscheidung „Leck" ($d = 1$) wird immer dann getroffen, wenn das mit Gl. (2.107) gebildete aktuelle Verhältnis L_a größer ist als die durch Kosten und Wahrscheinlichkeiten fest vorgegebene Schwelle η, anderenfalls wird „Anlage normal" ($d = 0$) entschieden:

$$L_a \underset{d=0}{\overset{d=1}{\gtrless}} \eta \,. \tag{2.109}$$

Ein rechentechnisch einfacheres Entscheidungskriterium erhält man, wenn die Funktion $L(D)$ berechnet und für

$$L(D = S) = \eta \tag{2.110}$$

die Alarmschwelle berechnet wird (s. Bild 2.56). Dann gilt:

$$D \underset{d=0}{\overset{d=1}{\gtrless}} S \,. \tag{2.111}$$

Damit kann die Klassengrenze (Alarmschwelle) S festgelegt werden, vorausgesetzt es sind die Kosten, die durch Fehlalarm bzw. ausbleibenden Alarm entstehen, genügend genau bestimmbar und die Verteilungsfunktionen der Diagnosemerkmale bekannt.

Damit wird auch deutlich, welche Grenzen solchen Betrachtungsweisen gestellt sind. In der Praxis sind die erforderlichen Werte nur mit großem Aufwand zu ermitteln. Deshalb hat die statistische Entscheidungstheorie mit der Vielfalt ihrer Möglichkeiten bisher nur in der Diagnostik sicherheitsrelevanter Ausrüstungen (z. B. Kernkraftwerke, Luftfahrt) Anwendung gefunden. Ziel sollte sein, zumindest mit vereinfachten Modellen die Klassengrenzenbestimmung zu objektivieren.

2.6. Diagnosefehler

2.6.1. Bestandteile des Diagnosefehlers

Die Technische Diagnostik ermittelt den technischen Zustand von Maschinen und Anlagen durch die Bewertung von Meßergebnissen. Die Genauigkeit der gewonnenen Information ist dadurch sowohl von der Genauigkeit der Meßwerterfassung und -verarbeitung als auch von der Genauigkeit der Informationsbewertung direkt abhängig. Diese Betrachtung ist unabhängig davon, ob das Diagnoseergebnis mit einem Diagnoseparameter, mit einem extrahierten Merkmal eines Diagnoseparameters, einer Diagnosekennzahl oder mehreren Parametern gewonnen wurde. Folglich setzt sich ein Diagnosefehler aus zwei Anteilen zusammen:

- Meßfehler
- Bewertungsfehler (Diagnoseirrtum).

Der maximale Gesamtfehler der Diagnose wird ermittelt aus der Summe der Einzelfehler:

$$\Delta D = \sum_{j=1}^{n} \Delta D_{\mathrm{M}j} + \sum_{i=1}^{m} \Delta D_{\mathrm{B}i}, \tag{2.112}$$

mit $\Delta D_{\mathrm{M}j}$ Einzelmeßfehler und $\Delta D_{\mathrm{B}i}$ Bewertungsfehler.

Im praktischen Anwendungsfall werden durch den stochastischen Charakter des Diagnosevorganges nicht alle auftretenden Fehler gleiches Gewicht für das Endresultat haben und auch nicht gleichzeitig auftreten. Der maximal mögliche Fehler wird deshalb sehr unwahrscheinlich auftreten. Die Fehlerfortpflanzung ist deshalb zuverlässiger mit dem wahrscheinlichen Gesamtfehler durch quadratische Mittelwertbildung zu beschreiben:

$$\Delta D = \sqrt{\Delta D_{\mathrm{M1}}^2 + \Delta D_{\mathrm{M2}}^2 + \ldots + \Delta D_{\mathrm{B1}}^2 + \Delta D_{\mathrm{B2}}^2 + \ldots} \,. \tag{2.113}$$

Meßfehler setzen sich zusammen aus den Fehlern, die bei der Messung entstehen, und den Analysefehlern, die bei der Meßwertverarbeitung auftreten. Bewertungsfehler haben ihre Ursache in der Wahl des Bewertungsmodells und in der erreichbaren Genauigkeit der Beschreibung dieses gewählten Modells. Die folgenden Ausführungen haben vorrangig das Ziel, auf Fehlerquellen aufmerksam zu machen.

2.6.2. Fehler der Messung

Die Fehler bei der Messung sind vor allem von der Art des Diagnoseverfahrens, vom gewählten Meßaufwand und nicht zuletzt von subjektiven Fehlern des Menschen abhängig. Meßfehler treten als systematische und zufällige Fehler auf. *Systematische Fehler* entstehen durch regelmäßig in gleicher Richtung wirkende Einflüsse wie Kalibrierung, Trägheit der verwendeten Meßeinrichtung, Wahl des Meßprinzips und sind durch geeignete technische Maßnahmen prinzipiell zu beseitigen bzw. zu berücksichtigen. *Zufällige Fehler* entstehen durch stochastische Schwankungen der Meßbedingungen (Stationarität des Prozesses, Umweltbedingungen) und sind prinzipiell unvermeidbar, in ihrer Wirkung aber durch Wahl geeigneter Meßanordnungen einschränkbar.

Die Abschätzung der Meßfehler muß nach den gültigen Richtlinien der Meßtechnik erfolgen [2.76] [2.77], verfahrenstypische Fehler werden mit den Diagnoseverfahren (s. Abschnitte 3. bis 9.) behandelt.

2.6.3. Analysefehler

Die Fehler im Prozeß der Meßwertanalyse (Formierung, Umformung von Signalen, Informationsextraktion, Kennzahlbildung u. ä.) haben vielfältige Ursachen vor allem in der Datenübergabe, Sampling-Fehler, Bauelementefehler und in der Digitalisierung. Die Fehler des Analysierprozesses entstehen vorrangig wegen der begrenzten Anzahl der Meßwerte bzw. der begrenzten Analysierdauer.

Für *analoge frequenzabhängige Algorithmen* sind die Bandbreite B und die Analysierzeit T_A fehlerbestimmend [2.35]. Die Standardabweichung des Effektivwertes ist

$$\epsilon = \frac{1}{2\sqrt{B \cdot T_A}} \tag{2.114}$$

mit der Gesamtanalysierzeit des gesamten Analysierprozesses für determinierte Signale

$$t = \frac{(f_2 - f_1)}{B_2} \tag{2.115}$$

und für stochastische Signale

$$t = \frac{(f_2 - f_1)}{4B^2 \cdot \epsilon^2}\,. \tag{2.116}$$

$f_2 - f_1$ ist der zu analysierende Spektralbereich.

Für *digitale Auswertealgorithmen* ist bei einer großen Anzahl von Realisierungen (Berechnungen) einer Auswertefunktion deren relativer Fehler wie folgt abzuschätzen [2.35]:

$$\epsilon = \frac{\sqrt{\sigma^2(\Phi) + b^2(\Phi)}}{\Phi} \tag{2.117}$$

mit

$$\sigma(\Phi) = \sqrt{E(\Phi^2) - E^2(\Phi)}\,, \tag{2.118}$$

der Standardabweichung der Auswertefunktion Φ (zufälliger Fehler), $E(\Phi)$, dem Erwartungswert der Funktion Φ, d. h. dem wahren Mittelwert (i. allg. mit ausreichender Genauigkeit durch den berechneten Mittelwert zu ersetzen) und

$$b(\Phi) = E(\Phi) - \Phi \tag{2.119}$$

dem systematischen Fehler.

2.6.4. Diagnosefehler einer Kennlinie

Funktionelle Zusammenhänge zwischen Diagnosemerkmal D und Schädigungsmerkmal S nach Gl. (2.9) können linear oder nichtlinear (progressiv oder degressiv) verlaufen. Sie sind aus den Ergebnissen experimenteller Untersuchungen oder aus betrieblichen Beobachtungen durch eine

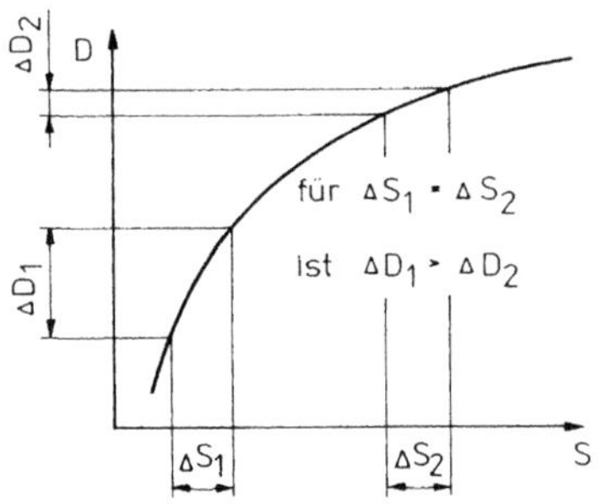

Bild 2.57. Einfluß des Anstiegs der Diagnosekennlinie auf die Empfindlichkeit der Diagnose
D Diagnosemerkmal; *S* Schädigungsmerkmal

Regressionsanalyse zu ermitteln. Eine Diagnosekennlinie ist um so besser für die Zustandsermittlung geeignet, je steiler ihr Anstieg verläuft, so daß eine kleine Änderung eines Schädigungsmerkmals eine möglichst große Änderung des Diagnosemerkmals hervorruft [2.78] (Bild 2.57). Jedes Diagnosemerkmal (Diagnoseparameter, Diagnosekennzahl) kann wie seine primären Meßwerte als Zufallsgröße behandelt werden. Die Reststreuung [2.77] normalverteilter Zahlenwerte eines Diagnosemerkmals um ihre Regressionsfunktion ist vom Meßfehler abhängig und bestimmt das *Konfidenz-* oder *Vertrauensintervall* der Diagnosekennlinie:

$$\bar{D} - z_\alpha \frac{\sigma}{\sqrt{n}} < ED < \bar{D} + z_\alpha \frac{\sigma}{\sqrt{n}}; \tag{2.120}$$

$\bar{D}$ Wert der Regressionsfunktion $D = f(S)$
ED Erwartungswert des Diagnosemerkmals
n Anzahl der Meßpunkte, aus der die Regressionsfunktion gebildet wurde
σ Standardabweichung
z_α Wert der standardisierten Normalverteilung $N(0,1)$ für eine vorgegebene Irrtumswahrscheinlichkeit (z. B. $\alpha = 0{,}05$ entspricht einer statistischen Sicherheit von $P = 1 - \alpha = 0{,}95$).

Für die Zustandsbewertung ergibt sich eine Unsicherheit, die außer vom Meßfehler auch vom Anstieg der Kennlinie abhängt (Bild 2.58). Sind weitere Einflußgrößen (z. B. Betriebseinflüsse) vorhanden, kann sich die Unsicherheit der Zustandsbewertung weiter erhöhen.

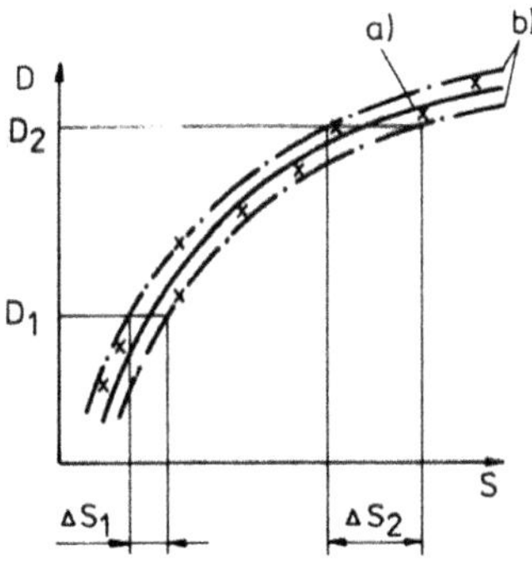

Bild 2.58. Diagnosefehler einer Kennlinie
D Diagnosemerkmal; *S* Schädigungsmerkmal
a) Verlauf des Merkmals als Regressionsfunktion; b) Begrenzung des Konfidenzintervalls

Die Empfindlichkeit eines Diagnosemerkmals in bezug auf die Zustandsbewertung läßt sich analog zu dem sogenannten Variationskoeffizienten [2.94] durch den *Kennlinienquotienten* [2.79]

$$q = \sigma / |b|, \tag{2.121}$$

σ Standardabweichung und b Anstieg der Kennlinie, ausdrücken, der für die lineare Kennlinie eine Konstante und für nichtlineare Kennlinien eine veränderliche Größe ist.

Bei der Abschätzung des Diagnosefehlers aus einer experimentell gewonnenen Diagnosekennlinie wird für bekannte Schädigungszustände S_i die Abweichung des Diagnosemerkmals

$$\pm \Delta D_i = \frac{D_{i\,\max} - D_{i\,\min}}{2} \tag{2.122}$$

ermittelt und auf den Anstieg der Diagnosekennlinie in dem entsprechendem Punkt bezogen (Bild 2.59).

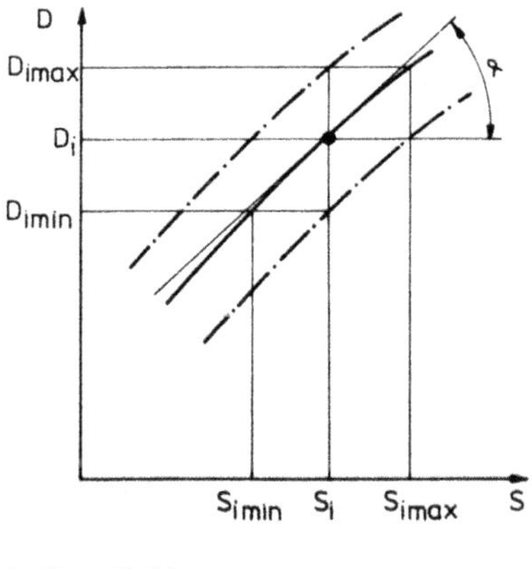

Bild 2.59. Abschätzung des Diagnosefehlers einer Kennlinie
D Diagnosemerkmal; *S* Schädigungsmerkmal; α Tangentenwinkel

Der Diagnosefehler beträgt damit

$$\pm \Delta S_i = \frac{S_{i\,\max} - S_{i\,\min}}{2} = \frac{\pm \Delta D_i}{\tan\alpha} \tag{2.123}$$

und besitzt die Einheit des Schädigungsmerkmals *S*.

2.7. Verfahren der Technischen Diagnostik

2.7.1. Sensoren für die Technische Diagnostik

Diagnoseparameter bzw. Diagnosesignale (vgl. Abschn. 2.2.5.), die Informationen über den technischen Zustand von Maschinen und Anlagen vermitteln sollen, müssen zunächst meßtechnisch erfaßt werden. Dafür erforderliche Aufnehmer bezeichnet man international als Sensoren.

Solange die technischen Meßmöglichkeiten hinter den Möglichkeiten der menschlichen Sensorik zurückblieben, bediente man sich der subjektiven Einschätzung durch die menschlichen Sinnesorgane. Beispielsweise war das Abhören von Lagerstellen mit dem Hilfsmittel Hörrohr eine oft geübte Praxis. Erfahrene Techniker können Schädigungen von Wälzlagern so separieren, daß sie Schäden (Pittings) am Innenring, am Außenring oder auf dem Wälzkörper unterscheiden können.

Biologische Sensoren basieren auf physikalischen Phänomenen in der belebten Natur. Diese Sensoren sind in der Lage, in der belebten und unbelebten Natur und in der Technik physikalische und chemische Erscheinungen zu detektieren. Biologische Sensoren können folgende Informationen aufnehmen und der Verarbeitung zuleiten [2.80]:

- akustische Informationen – Ohr: Amplitude, Frequenz
- optische Informationen – Auge: Licht, Bildverteilung
- Tastinformationen – Haut: Abmessung, Druck, Temperatur
- Geruchsinformationen – Nase: einige tausend Gerüche
- Geschmacksinformationen – Zunge: sauer, süß, salzig, bitter
- Reizinformationen – Körper: Schutz vor Reizüberschreitung.

Biologische Sensoren haben eine Reihe hervorragender Eigenschaften:

- Überschuß an Sensoren (Bild 2.60)
- Überschuß an Informationsübertragungskanälen (Nervenstränge), s. Bild 2.60
- parallele Signalverarbeitung
- gut entwickelte Lerneffekte.

Diese menschlichen Eigenschaften werden auch weiterhin für die Technische Diagnostik genutzt, wie noch gezeigt wird.

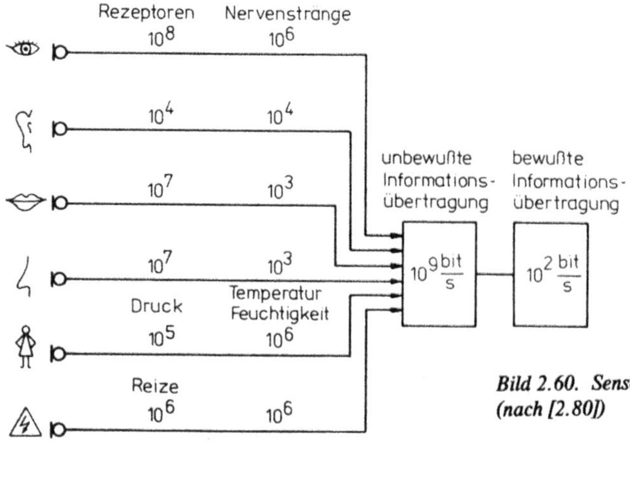

Bild 2.60. Sensorsystem des Menschen (nach [2.80])

Technische Sensoren basieren auf der unbelebten Materie und werden für die Erkennung in der unbelebten und belebten Natur eingesetzt. Durch Messung physikalischer und chemischer Größen werden technische Zustände teilweise oder vollständig abgebildet. Die Sensorenentwicklung ist gekennzeichnet durch die Erzielung der Eigenschaften:

- hohe Empfindlichkeit
- Verzögerungsfreiheit
- Langlebigkeit
- Resistenz gegen Betriebs- und Umwelteinflüsse
- Reduzierung der Masse
- elektrische Ausgänge
- direkte Kopplung mit mikroelektronischen Bauelementen.

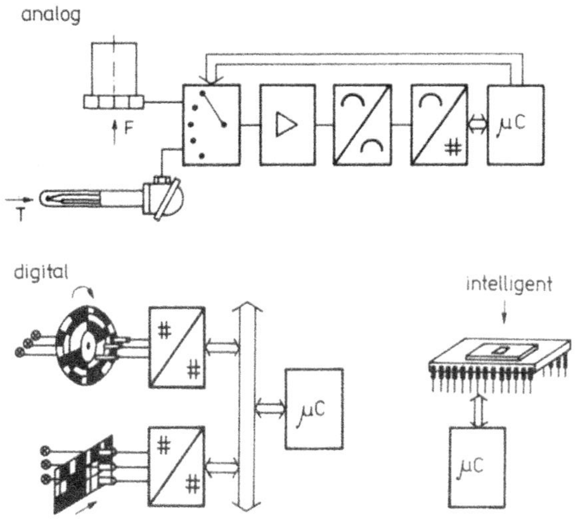

Bild 2.61. Analoge, digitale und intelligente technische Sensoren (nach [2.80])

Mit der Mikroelektronik sind die Möglichkeiten der Sensorik wesentlich beeinflußt worden. Man unterscheidet (in der Reihenfolge ihrer Entwicklung) drei Arbeitsprinzipien (Bild 2.61):

- analoge Sensorsysteme
- digitale Sensorsysteme
- intelligente Sensorsysteme.

Die Weiterentwicklung der Sensorik verfolgt offensichtlich die Zielrichtung zu intelligenten Sensoren, die Aufgaben der Meßwertaufnahme, Verarbeitung und Bewertung auf kleinstem Raum realisieren.

2.7.2. Diagnoseverfahren

Unabhängig von der gewählten Meßgröße und dem gewählten Sensorprinzip wird die Verarbeitung und Bewertung der Diagnosesignale mit Mitteln moderner Elektronik verwirklicht. Die Bearbeitungsaufgaben wurden im Abschnitt 2.2.4. erläutert, die technische Realisierung wird in den Abschnitten 3. bis 10. dargestellt.

Für die Diagnostik von Maschinen und Anlagen hat sich von der Vielzahl möglicher physikalischer und chemischer Meßgrößen eine begrenzte Anzahl von *Verfahrensgruppen* profiliert. Ursachen dafür sind die besonders zuverlässige Korrelation zu Schädigungszuständen und die Anwendbarkeit bei der realen Diagnostik im Betrieb. Besondere Bedeutung haben erlangt:

- Verfahren der Oberflächendiagnostik
- volumetrische Werkstoffprüfung
- thermische Verfahren
- Schwingungsdiagnostik

- Schallemission
- Anwendung von Betriebsmeßgrößen
- Partikeldiagnostik und Spurenanalyse
- kombinierte Verfahren der Betriebsdiagnosesysteme.

Tafel 2.15 gibt einen Überblick über diese Verfahrensgruppen, nennt die einzelnen Verfahren und gibt Anwendungsbeispiele an. In den folgenden Abschnitten wird dieser Gliederung gefolgt ohne damit auszuschließen, daß auch andere Zuordnungen, z. B. [2.10] [2.33] [2.51], ihre Berechtigung haben.

Tafel 2.15. Verfahren der Technischen Diagnostik

Methode	Verfahren	Anwendung	Buchabschn.
Volumetrische Werkstoffprüfung	Radiographie	Riß- und Ungänzenprüfung	3.3.
	Ultraschall	Riß-, Ungänzen-, Wanddickenprüfung	3.4.
	Wirbelstrom	Riß-, Wanddickenprüfung	3.5.
	Sonderverfahren	Riß-, Ungänzen-, Wanddickenprüfung, Ermüdungsüberwachung	3.6.
Oberflächendiagnostik	Sichtprüfung	bei allen Instandhaltungsarbeiten zur visuellen Fehlererkennung	4.3.
	Endoskopie	Fehlererkennung bei Oberflächen von Hohlräumen durch enge Öffnungen	4.4.
	Television	Fehlererkennung bei schwer zugänglichen Bauteilen und zur Automatisierung	4.5.
	Farbeindringprüfung	Rißprüfung	4.6.
	Magnetpulverprüfung	Rißprüfung	4.7.
	Potentialsondenverfahren	Rißprüfung	4.8.
	Rauheitsmessung	Oberflächenkontrolle bei Verschleiß und Korrosion	4.9.
	Holographische Interferometrie	Rißprüfung, Verformungsüberwachung	4.10.
	Oberflächendiagnostik mit mehreren Verfahren	Automatisierung und Kombination mehrerer Verfahren	4.11.
Thermische Diagnosemethoden	berührende Temperaturmessungen	Lagerüberwachung, Reibungskontrolle	5.2.
	berührungsfreie Temperaturmessungen	Flammendiagnostik, Überhitzungen, elektrische Kontakt- und Montagestellenüberwachung, Oberflächentemperaturverteilung	5.3.
Schwingungsdiagnostik	Wellenschwingungen	Laufverhalten großer rotierender Maschinen, Lagerkontrolle	6.4.1.
	Effektivwert	Wälzlagerkontrolle	6.4.2.
	Diagnosewert $D_K(t)$	Wälzlagerkontrolle, Armaturenüberwachung	6.4.3.

Methode	Verfahren	Anwendung	Buchabschn.
	Kurtosis	Wälzlagerkontrolle	6.4.4.
	Frequenzspektrum	Maschinen- und Anlagenüberwachung	6.4.5.
	Phasenwinkel	Maschinendiagnostik	6.4.6.
	Druckschwingungen	Systemdiagnostik hydraulischer und pneumatischer Kreisläufe	6.4.7.
	Neutronenrauschen	Reaktordiagnostik	6.4.8.
Schallemissionsanalyse	Rißdetektion	Integrale Rißprüfung an Behältern und Rohrleitungen	7.4.
	Leckortung	Leckkontrolle von Behältern und Rohrleitungen	7.5.
	Gleitlagerdiagnose	Reibungs- und Abnutzungskontrolle von Gleitlagern	7.6.2.
	Wälzlagerdiagnose	Tiefendiagnostik von Wälzlagern	7.6.3.
	Dieselmotorendiagnose	Periodische Betriebsvorgänge	7.6.4.
	Spike Energy	Wälzlagerdiagnose	7.6.5.
Prozeßparameterdiagnostik	Leistungsparameter	Verbrennungsmotoren, Pumpen	8.3.
	Übergangsprozesse	Abgasturbolader, Turbinen	8.4.
	Verbrauchsparameter	Verbrennungsmotoren	8.5.
	Wirkungsgradüberwachung	Maschinen und Anlagen	8.6.
Partikel- und Betriebsmediendiagnostik	Magnetdetektion	Abnutzungsmessung ferritischer Werkstoffe	9.2.1.
	Ferrographie	Abnutzungsmessung ferritischer Werkstoffe	9.2.2.
	Spektroskopie	Abnutzungsmessung aller Werkstoffe	9.2.3.
	Radioaktive Spurenanalyse	Abnutzungskontrolle markierter Materialien	9.2.4.
	Betriebsmediendiagnose	Überwachung von Korrosionsvorgängen, Isolationsüberwachung, Emissionsüberwachung	9.3.
	Leckdetektion	Dichtheitskontrolle von Systemen	9.4.
Diagnosesysteme	Kernkraftwerksdiagnostik	Überwachung des Primärkühlsystems	10.2.1.
	Schiffsmaschinendiagnostik	Überwachung des Schiffsantriebes	10.2.2.
	Werkzeugmaschinendiagnostik	Überwachung verketteter automatisierter Fertigungseinrichtungen	10.2.3.
	Diagnostik landtechnischer Ausrüstungen	Überwachung von Funktionsgruppen der Landtechnik	10.2.4.

Bei Berücksichtigung der betrieblichen Möglichkeiten kann eine *Reihenfolge der Auswahl von Diagnoseverfahren* angegeben werden:

1. Weitestgehende Nutzung der konventionellen Betriebsinstrumentierung für die Anlagendiagnostik. Dabei ist der Auswahl geeigneter direkter oder indirekter Diagnoseparameter besondere Beachtung zu schenken.
2. Einführung diagnostischer Verfahren, die industriell angeboten werden.
3. Anpassung oder Weiterentwicklung industriell angebotener Technik (problem- und objektorientiert).
4. Schaffung komplexer Diagnosesysteme für Maschinen oder Anlagen.
5. Kopplung der Diagnosesysteme mit den Betriebsmeß- und Automatisierungssystemen. Diese im Echtzeitsystem arbeitenden Verfahren stellen die höchste Entwicklungsstufe der betrieblichen Diagnostik dar, können direkt auf Abschalt- und Sicherheitssysteme wirken und mit Hilfe moderner Rechentechnik optimal arbeitende Betriebssysteme steuern.

Diese Reihenfolge stellt gleichzeitig zukünftige Zielrichtungen der Entwicklung der Diagnostik dar und ist gekennzeichnet durch immer höheren Betriebskomfort, höhere Diagnosegenauigkeit, aber auch steigende Investitionsaufwendungen.

Die konkrete Entscheidung über zu realisierende Diagnoseverfahren erfordert außer der Ermittlung der Aufwand-Nutzen-Relation die Berücksichtigung einer größeren Anzahl von Bewertungskriterien und wird vorteilhaft in einer Diagnosekonzeption (vgl. Abschn. 2.8.) erarbeitet. Niveauvergleiche industriell angebotener Geräte erfordern spezielle Bewertungsalgorithmen (vgl. Abschn. 2.8.6.).

2.8. Einführung von Diagnoseverfahren in die Betriebspraxis

Auswahl und Einsatz von Diagnoseverfahren und -geräten in der Betriebspraxis erfordern Überlegungen zu dieser neuen Technologie. Über die Vorteile der zustandsbezogenen Instandhaltung wurde bereits berichtet (vgl. Abschn. 2.1.). Im folgenden abschließenden Kapitel zur Theorie der Diagnostik soll dem Betriebsingenieur ein einfaches, handhabbares Instrumentarium zur Auswahl und Bewertung von Diagnoseverfahren gegeben werden. Diese bewährte, auch als *Diagnosekonzeption* bezeichnete Handlungsvorschrift wurde gekürzt einer bereits veröffentlichten Schrift [2.35] der Autoren entnommen.

2.8.1. Allgemeine Verfahrensweise

Die Entscheidung über ein zu verwendendes Diagnoseverfahren erfordert folgende Arbeitsschritte:

1. Analyse des Diagnoseobjektes (vgl. Abschn. 2.2.1.)
2. Analyse der zu wählenden Meßwertgewinnung und Signalanalyse (vgl. Abschn. 6.1.)
3. Auswahl der Bewertungsalgorithmen (vgl. Abschn. 2.3.)
4. Entscheidung über das einzusetzende Gerätesystem (vgl. Abschnitte 2.8.2. bis 2.8.6.)

Eine Konzeption zum Einsatz von Diagnoseverfahren ist für neu zu errichtende Anlagen ebenso zweckmäßig wie für in Betrieb befindliche Produktionsanlagen. Dabei können komplexe Anlagen, Einzelausrüstungen oder Baugruppen als Betrachtungseinheit gewählt werden. Eine Diagnosekonzeption soll Aussagen zum Diagnoseobjekt, zu den auszuwählenden Diagnoseverfahren und zur Ökonomie des Einsatzes der Verfahren liefern. Die konkrete Entscheidung über einzusetzende Diagnosegeräte oder -gerätesysteme sollte Aussagen machen zu

- Diagnosenotwendigkeit
- Diagnosegenauigkeit (Diagnosewirkungsgrad)
- technischen Einsatzbedingungen
- ökonomischen Effekten des Diagnoseeinsatzes und über einen
- Leistungsvergleich der industriell angebotenen Diagnosetechnik.

2.8.2. Diagnosenotwendigkeit

Besonders bei komplexen Anlagen ist die Diagnosenotwendigkeit zu begründen. Eine exakte Berechnung dieser Notwendigkeit ist nicht möglich, da viele nicht erfaßbare Einflußgrößen wirken. Eine Einschränkung auf die Hauptwirkungen gestattet zumindest die Objektivierung des Risikos der Betriebsführung. Mit der Definition der *Risikofaktoren*

c_T mittlere Zeit bis zum Eintritt eines Schadens
c_S mögliche Wirkungen des Schadens auf den Menschen
c_P mögliche Wirkungen des Schadens auf Produktion und Instandhaltung

kann ein Risikofaktor c_D als Diagnosedringlichkeit (0 ... 1) definiert werden:

$$c_D = c_T \cdot c_S \cdot c_P \tag{2.124}$$

Die Risikofaktoren c_i können quantifiziert werden, wenn Schadenswirkungen in Klassen eingeteilt werden (Tafel 2.16). Der Zeitfaktor wird als linearer Einfluß, Wirkungen auf den Menschen und die Produktion durch Erfahrungswerte festgelegt. Nicht in jedem Falle ist es gestattet, die gemittelte Diagnosedringlichkeit c_D nach Gl. (2.124) als Begründung für den Diagnoseeinsatz anzuwenden. In vielen Fällen der Praxis muß eine akute Gefährdung von Menschenleben grundsätzlich ausgeschlossen werden (z. B. bei nuklearen Anlagen). In diesen Fällen wird allein der Faktor c_S als Diagnosenotwendigkeit in Anwendung zu bringen sein.

Tafel 2.16. Bewertung der Diagnosenotwendigkeit durch Risikofaktoren c_i

c_T	mittlere Zeit bis zum Eintritt eines Schadens
1,00	< 0,1 Jahr
0,99	< 0,3 Jahre
0,95	< 1,0 Jahr
0,85	< 3,0 Jahre
0,55	< 10 Jahre
0,10	< 20 Jahre
c_S	mögliche Wirkungen des Schadens auf Menschen
1,0	akute Gefährdung von Menschenleben (z. B. Explosion)
0,9	starke Gesundheitsbeeinträchtigung, bleibende Schäden an Menschen (z. B. Verbrennungen, Verätzungen)
0,6	starke Verletzung arbeitshygienischer Normative (z. B. Lärm, Wärme)
0,3	geringe Beeinträchtigung der Arbeitshygiene (z. B. Beleuchtung)
0,1	keine Beeinträchtigung von Menschen durch den Schaden
c_P	mögliche Wirkungen auf Produktion und Instandhaltung
1,0	sofortiger Ausfall der Hauptproduktion, große Folgeschäden
0,7	kurzzeitiger Ausfall der Hauptproduktion
0,5	Leistungsminderung der Anlage; größerer Instandhaltungsaufwand
0,3	Beeinträchtigung der Effektivität der Produktion
0,1	geringe Instandhaltungsaufwendungen im Rahmen der nächsten planmäßigen Instandsetzung

Je größer c_D wird, um so dringender ist die Erkennung und vorbeugende Beseitigung der betreffenden Schädigung. Durch Festlegung eines Grenzwertes c_G (z. B. c_G = 0,5 bis 0,8) und die Bedingung

$$c_D \geqq c_G \tag{2.125}$$

kann die Anzahl der weiter zu untersuchenden geschädigten Baugruppen reduziert werden.

2.8.3. Technische Einsatzbedingungen

Dem Betreiber bleibt es vorbehalten, je nach Wertigkeit seiner Gesamtanlage bzw. seiner Baugruppe, die Tiefe der Analyse und den Aufwand für die Diagnostik festzulegen. Dabei werden wesentliche Entscheidungen sein, ob kontinuierlich oder diskontinuierlich, ob mit ambulanter Diagnosetechnik oder mit stationär installierten Geräten gearbeitet werden soll; welche Prüfintervalle, welche Geräte, welche Aufgabenzuordnung zum Personal zu wählen ist. Für jeden Einzelfall sind mindestens folgende Kriterien zu prüfen [2.83]:

- Welcher oder welche Parameter sind für die Diagnose geeignet?
- Kann das ausgewählte Verfahren den meßtechnischen Anforderungen in Qualität und Quantität gerecht werden?
- Ist die Dauer des Schädigungsprozesses ausreichend groß?
- Können überraschende Schäden (Lebensdauer wesentlich kleiner als erwartet) ebenso erkannt werden wie Normalschäden?
- Liegt ausreichende Zugänglichkeit zum Meßort vor?
- Können die Anforderungen der Diagnosegeräte bezüglich der Betriebsbedingungen erfüllt werden?
- Liegt eine ausreichende Beschaffbarkeit für die Gerätetechnik und eventuelle Hilfsstoffe vor? (Lieferzeiten, Importmittel)
- Ist eine kontinuierliche oder diskontinuierliche Überwachung erforderlich?
- Kann bei diskontinuierlich arbeitenden Geräten eine hohe Auslastung gewährleistet werden?
- Bestehen an benachbarten Anlagen Einsatzmöglichkeiten?
- Stehen qualifizierte Arbeitskräfte für die Bedienung der Diagnosegeräte zur Verfügung?
- Werden unzulässige Beeinträchtigungen der Umgebung vermieden?
- Kann die Schutzgüte bei der anzuwendenden Diagnosetechnik gewährleistet werden?

Die Auswahl der Diagnosetechnik ist nach diesen Kriterien vorzunehmen (vgl. Abschnitte 3. bis 10.).

2.8.4. Diagnosequalität – Diagnosewirkungsgrad

Wird ein geeignetes Verfahren gefunden, ist die Erfolgswahrscheinlichkeit, einen Schaden zu diagnostizieren, einzuschätzen. Dazu ist eine Kenngröße notwendig, die die Güte der Diagnose und besonders die Wirksamkeit von befundabhängigen Instandsetzungen kennzeichnet. Der *Kontrollwirkungsgrad* ϑ ($0 \leqq \vartheta \leqq 1$) [2.84] erfüllt diese Aufgabe. Der Kontrollwirkungsgrad gibt die Wahrscheinlichkeit an, eine Schädigung zum Diagnosezeitpunkt zu entdecken, der in der darauffolgenden Betriebszeit bis zur nächsten planmäßigen Instandhaltung zu einem Ausfall führen würde. $\vartheta = 0{,}9$ bedeutet z. B., daß 90 % der Schadensfälle an dem entsprechenden Bauteil durch vorbeugende Instandsetzung behoben werden können.

Die praktische Ermittlung des Kontrollwirkungsgrades erfolgt nach [2.12] zu:

$$\vartheta = P_O \cdot P_S \cdot P_R \tag{2.126}$$

P_O ($0 \leqq P_O \leqq 1$) durch Art und Meßmethode erreichte objektive Sicherheit der Diagnosen

P_S ($0 \leqq P_S \leqq 1$) durch Entscheidungen des Kontrollpersonals erreichte subjektive Sicherheit der Diagnose

P_R ($0 \leqq P_R \leqq 1$) Anteil der diagnostisch erfaßten Abnutzungsteile an der Gesamtheit aller Abnutzungsteile.

Die Ableitung von Instandhaltungsstrategien auf der Grundlage des Kontrollwirkungsgrades wird in [2.12] behandelt. Der Kontrollwirkungsgrad bestimmt wesentlich die Wirtschaftlichkeit von Diagnoseverfahren.

2.8.5. Ökonomische Bewertung

Bewertungsverfahren für den Einsatz von Diagnoseverfahren wurden erstmals in [2.85] vorgestellt und weiterentwickelt [2.33] [2.83]. Die in diesem Abschnitt entwickelten Bewertungsalgorithmen lehnen sich im wesentlichen an [2.83] an. Die ökonomische Bewertung kann mittels einer Kostenabschätzung durchgeführt werden. Ein Kostenvergleich erfordert die Ermittlung einzelner *Kostenanteile:*

Kosten bei Störungsinstandsetzung

$$K_{St} = [K_K \cdot T_{S(St)} + K_{I(St)}] \frac{1}{T_L} \cdot 10^{-3} \text{ [TM/a]} \tag{2.127}$$

K_{St} jährliche Instandhaltungskosten ohne Diagnostik [TM/a]
K_K Produktionsausfallkosten einschließlich Verlusten beim Ab- und Anfahren [M/h]
$T_{S(St)}$ Stillstandszeit der Anlage für eine Instandsetzung infolge Störung [h]
$K_{I(St)}$ Instandsetzungskosten (Material und Arbeitszeit) für eine Instandsetzung infolge Störung (einschließlich Folgeschäden) [M]
$1/T_L$ Häufigkeit der Schäden [1/a].

Kosten bei vorbeugender Instandhaltung

$$K_V = [K_K \cdot T_{S(V)} + K_{I(V)}] \frac{1}{T_L} \cdot 10^{-3} \text{ [TM/a]} \tag{2.128}$$

K_V jährliche Kosten bei vorbeugender Instandsetzung [TM/a]
K_K Produktionsausfallkosten einschließlich Verlusten beim An- und Abfahren [M/h]
$K_{I(V)}$ Instandsetzungskosten (Material und Arbeitszeit) für eine vorbeugende Instandsetzung [M]
$T_{S(V)}$ Stillstandszeit der Anlage bei vorbeugender Instandhaltung [h]
$1/T_L$ Häufigkeit der Schäden [1/a].

Diagnosekosten

Der wesentliche ökonomische Effekt beim Einsatz der Technischen Diagnostik besteht in der Überführung von Störungsinstandsetzungen und von Instandsetzungen nach Havarien in vorbeugende Instandsetzungen. Die Diagnose selbst verursacht die Kosten K_D, die durch die zu erwartenden Kosteneinsparungen abgedeckt werden müssen:

$$K_D = (K_A + K_M + K_L) \cdot 10^{-3} \text{ [TM/a]} \tag{2.129}$$

K_D Diagnosekosten [TM/a]
K_A Abschreibung für die Gerätetechnik [M/a]
K_M Kosten für Material und Hilfsstoffe [M/a]
K_L Lohnkosten [M/a].

Beim Einsatz des Diagnoseverfahrens für mehrere Einsatzorte sind die anteiligen Kosten zu verwenden. Die bei dieser Bilanzierung nicht berücksichtigten Vorteile der Technischen Diagnostik durch Vermeidung von Folgeschäden bei rechtzeitiger Schadensdiagnose sind zusätzlich als diagnosestimulierend zu betrachten.

Effektivität des Diagnoseeinsatzes

Die Effektivität des Diagnoseeinsatzes kann unter Einbeziehung des Kontrollwirkungsgrades ϑ für den vorgesehenen Einsatzfall durch das Kostenverhältnis q_D näherungsweise dargestellt werden:

$$q_D = \frac{K_V \cdot \vartheta + K_D + K_{St} \cdot (1 - \vartheta)}{K_{St}} \tag{2.130}$$

Der Einsatz eines Verfahrens ist nutzbringend, wenn

$$q_D < 1 \,. \tag{2.131}$$

Kosteneinsparung

Die zu erwartende Kosteneinsparung K_E kann berechnet werden zu:

$$K_E = K_{St} - [K_V \cdot \vartheta + K_D + K_{St} \cdot (1 - \vartheta)] \text{ [TM/a]} \,. \tag{2.132}$$

Der volkswirtschaftliche Nutzen wird sichergestellt, wenn die Bedingung

$$K_E \geqq K_D + Z \tag{2.133}$$

erfüllt wird. Z stellt einen zweckmäßig zu wählenden Zuschlag dar. Dieser Wert resultiert aus der Unsicherheit der Kostenschätzungen und dem Prinzip des rationellen Einsatzes von Material (Diagnosegerät) und Arbeitszeit (Konstruktions- und Fertigungszeit).

Die Ergebnisse einer solchen Analyse können tabellarisch zusammengefaßt werden. Ein ausgewähltes Beispiel zeigt die Verfahrensweise für Hauptschädigungen an einem Turboverdichter der chemischen Industrie (Tafel 2.17). In Abhängigkeit von der mittleren Lebensdauer und einem Grenzwert der Diagnosedringlichkeit $c_G = 0{,}5$ kann für zwei ausgewählte Diagnoseverfahren der Kontrollwirkungsgrad ermittelt und eine Kostenabschätzung vorgenommen werden.

Tafel 2.17. Bewertung der Diagnosenotwendigkeit am Beispiel eines Kreiselverdichters der chemischen Industrie

		Wellenlager	Welle	Laufräder
Schadensbilder		Ermüdung	Bruch	Erosion
Mittlere Zeit bis zum Eintritt eines Schadens		1 Jahr	10 Jahre	3 Jahre
Risikofaktoren				
c_T		0,95	0,55	0,85
c_S		0,9	0,9	0,1
c_P		1,0	1,0	0,5
c_D		0,86	0,5	0,05
Vorhandene Diagnosetechnik		–	–	–
Vorgesehene Verfahren		Lagerschwingungsmessung	Ultraschallprüfung	–
Einsatzweise		kontinuierlich	diskontinuierlich	–
Kontrollwirkungsgad ϑ		0,8	0,7	–
Kosten				
K_{St}	TM/a	42,0	38,0	–
K_V	TM/a	22,0	23,0	–
K_D	TM/a	3,0	2,0	–
Z	TM/a	5,0	5,0	–
K_E	TM/a	13,0	8,5	–
$K_E \geqq K_D + Z$?		ja	ja	–

Eine Diagnosekonzeption sollte bereits im Rahmen der Projektierung erarbeitet werden. Erforderliche Änderungen (Aufnahme von Meßsonden, Anbringung von Meßgeräten, Verlegung von Leitungen usw.) sind in der Projektdokumentation zu spezifizieren. Bei Rekonstruktion laufender Anlagen ist der Aufwand für den nachträglichen Einbau von Diagnosetechnik größer; wegen der augenfälligen Vorteile der Technischen Diagnostik ist eine Nachrüstung dennoch zu empfehlen. Kostengünstiger wird immer die *diagnosegerechte Ausführung* von Maschinen und Anlagen vor dem Ersteinsatz in der Industrie sein.

2.8.6. Leistungsvergleich von Diagnosetechnik

Nicht immer wird allein durch die Investitionsaufwendungen die Entscheidung für eine spezielle Diagnosetechnik getroffen. Werden industriell mehrere Diagnosesysteme mit ähnlichen Eigenschaften angeboten, ist ein Vergleich von Leistungsparametern zweckmäßig. In den folgenden Abschnitten (vgl. Abschnitte 3. bis 10.) werden ausgewählte Leistungsparameter von Diagnoseverfahren dargestellt. Aus diesen Eigenschaften können Qualitätsmerkmale für die Diagnoseverfahren mit hohen Genauigkeiten, guten Bedieneigenschaften sowie ausreichender Zuverlässigkeit abgeleitet werden. Für Diagnosetechnik zur Messung, Verarbeitung und Bewertung von Signalen können folgende *Qualitätsmerkmale* zum Einzelvergleich bzw. zur Gesamteinschätzung Anwendung finden:

Funktion des Diagnosegerätes

- Empfindlichkeit
- Frequenzbereich
- Meßdauer
- Kalibrierung
- Diagnosesicherheit

Abmessung des Diagnosegerätes

- lineare Abmessungen
- Volumen
- Masse

Einflußgrößen

- Arbeits-Temperatur-Bereich (getrennt für Aufnehmer und Gerät)
- Stoßempfindlichkeit
- Strahlenresistenz

Bedienkomfort

- Anzahl der Meßprogramme
- Art der Programmwahl (manuell, automatisiert, Dialogbetrieb)
- Möglichkeit der Kopplung mit Betriebsmeß- und Automatisierungstechnik
- Speichermöglichkeit von Meßdaten
- Übersteuerungseigenschaften
- Anforderungen an das Bedienpersonal

Stromversorgung

- Netzbetrieb
- Batteriebetrieb
- ladbare Batterie

Ausstattung und Formgestaltung

Zuverlässigkeit

Preis.

Ist neben der Einschätzung einzelner Leistungsparameter eine Gesamtbewertung erwünscht, sind die Leistungsparameter zu verknüpfen. Dazu ist die Wertigkeit der einzelnen Parameter für die Gesamteinschätzung festzulegen (z. B. durch Vergabe von Leistungspunkten) und eine Auswahl der zu bewertenden Parameter vorzunehmen. Ein Vergleich verschiedener Geräte kann dann nach der Beziehung

$$P = \sum_{i=1}^{n} w_i \cdot \frac{P_i}{P_{i\,\max}}, \tag{2.134}$$

mit n Anzahl der zu vergleichenden Parameter, w_i Wertigkeitsfaktor ($0 \leqq w_i \leqq 1$) und $P_i/P_{i\,\max}$ Quotient der Leistungsfähigkeit des einzelnen Parameters, erfolgen. Die Festlegung der Wertigkeitsfaktoren setzt Sachkenntnis voraus. Für Schwingungsmeßgeräte können beispielsweise die

Wertigkeitsfaktoren w_i = 0,6 für Frequenzbereich, 0,4 für Masse, 0,4 für Volumen, 0,8 für Temperaturbereich und 0,1 für Meßdauer zur Anwendung kommen.

2.8.7. Datenspeicherung

In nur wenigen Anwendungsfällen werden bei der Einführung neuer Diagnoseverfahren ausreichende betriebliche Erfahrungen anderer Nutzer zur Verfügung stehen. Die Hersteller diagnostischer Geräte und Systeme sind zwar bemüht, erforderliche Informationen (Anschlußbedingungen, Klassengrenzen u. ä.) für ihre Geräte auszuweisen, können aber die konkreten betrieblichen Bedingungen (Betriebs- und Umwelteinflüsse) nicht einschätzen. Deshalb wird eine Phase des Lernens und der Anpassung jedes neu eingeführten Verfahrens an die konkreten Bedingungen unumgänglich sein.

Besonders wichtig bei diesem Prozeß ist eine systematische und lückenlose Dokumentation der Diagnoseergebnisse vom ersten Tage an. Zeitlich können diese Informationen in drei Abschnitte untergliedert werden:

- Ausgangsinformation
- Schädigungsverlauf
- Diagnoseinformation bei Aussonderung oder Ausfall einer Baugruppe.

Die größere Schwierigkeit ist die Art der Speicherung diagnostischer Informationen. Die bisherige Betriebspraxis beschränkte sich auf die Registrierung, Speicherung bzw. Ermittlung von Kenngrößen in Form von Mittel- bzw. Effektivwerten. Es kann gezeigt werden, daß eine Diagnose durch spezielle Merkmalsverarbeitung gekennzeichnet ist. Die Langzeitspeicherung solcher Informationen (z. B. Leistungsdichtespektrum, Kennzahlen) ist mit konventionellen Methoden (Papierschreiber) aufwendig und auf lange Sicht nicht realisierbar. Die Speicherung solcher Daten ist effektiv nur mittels der elektronischen Datenverarbeitung zu sichern, wobei die digitale Signalspeicherung zukünftig diese Aufgabe lösen kann.

Die Ableitung betrieblicher Entscheidungen erfordert die immer exaktere Festlegung von Signalisier- und Klassengrenzen für den Schädigungsprozeß. Auch dabei wird neben der grundsätzlichen Untersuchung des Schädigungsprozesses mit Mitteln der Forschung die Datensammlung im Betrieb zur exakten Entscheidungsfindung im Sinne eines Lernprozesses beitragen. Die Technische Diagnostik wird deshalb zukünftig eine Ingenieuraufgabe bleiben, auch wenn es immer besser gelingen wird, weiterentwickelte bedienungsfreundliche Diagnosegeräte einzusetzen, sowie dem Betriebs- und Instandhaltungspersonal Teilaufgaben zu übertragen.

3. Volumetrische Werkstoffprüfverfahren

Werkstoffprüfverfahren diagnostizieren den Werkstoffzustand mit einer Vielzahl physikalischer Meßmethoden. Der Werkstoffzustand wird dabei durch Prüfung sowohl des Volumens als auch der Oberfläche von Bauteilen ermittelt. Oberflächenprüfungen können eingeschränkt ebenfalls Aussagen zum Werkstoffzustand im Inneren des Bauteils liefern. Der Abschnitt 3. stellt die wichtigsten Verfahren der volumetrischen Werkstoffprüfung vor, im Abschnitt 4. werden Oberflächenprüfverfahren behandelt, und im Abschnitt 5. werden thermische Diagnoseverfahren erläutert.

Für alle Verfahren sind einheitliche Prinzipien der Vorbereitung und Durchführung von Werkstoffprüfungen in der Produktionsanlage anzuwenden. Deshalb werden im Abschnitt 3.1. die Grundlagen der Prüftechnik für alle Verfahren behandelt und im Abschnitt 3.2. die Prinzipien der Automatisierung von Werkstoffprüfverfahren zusammengefaßt. Verfahrensspezifische Aussagen findet man in den Unterabschnitten der Hauptabschnitte 3. bis 5.

3.1. Grundlagen der Prüftechnik

Die Werkstoffprüfung ist eine eigenständige Wissenschaftsdisziplin. Sie hat die Technische Diagnostik mit begründet und liefert auch gegenwärtig unentbehrliche Verfahren zur Bestimmung des Werkstoffzustandes. Der Nutzer dieser Verfahren wird sich der umfangreichen Spezialliteratur bedienen, z. B. [3.1] bis [3.4]. In diesem Buchabschnitt wird angestrebt, die Prüfverfahren in ihrer Wechselwirkung zur zustandsbezogenen Instandhaltung einzuordnen, am Beispiel der Grundprinzipien der Verfahren die Arbeitsweise zu demonstrieren und ihre Leistungsfähigkeit zu charakterisieren.

3.1.1. Sicherheit durch Werkstoffprüfung

Die Produktion mit Anlagen hoher technologischer und informeller Verknüpfung, mit großen Energie- und Massenströmen sowie großen Einheitsleistungen bringt gleichzeitig die Anhäufung von Gefahrenquellen mit sich. Maschinen und Anlagen mit hohem *Gefahrenpotential* sind vor allem in solchen Zweigen der Volkswirtschaft vorhanden, wo

- hohe Drücke und Temperaturen
- große Massenströme
- giftige Substanzen
- radioaktive Medien
- hohe Beanspruchungen an großen Tragkonstruktionen
- große Geschwindigkeiten (linear und rotatorisch)

für die Produktion erforderlich sind. Für ausgewählte Volkswirtschaftszweige sind Gefahrenpotentiale, vor denen Menschen, Gesellschaft und Umwelt sicher zu schützen sind, in Tafel 3.1 zusammengestellt.

Die Beherrschung dieser Technologien erfordert, die durch Auslegungsberechnungen, Konstruktion, Projektierung, Fertigung und Montage erreichbare Basis- oder *Grundzuverlässigkeit* zu gewährleisten und der sich in Abhängigkeit von der Betriebszeit einstellenden *Betriebszuverlässigkeit* größte Aufmerksamkeit zu schenken. Eine Voraussetzung für die Einschätzung der Basiszuverlässigkeit und der Betriebszuverlässigkeit ist die möglichst eindeutige Kenntnis des Mate-

Tafel 3.1. Gefahrenpotentiale ausgewählter Technologien
T Temperatur; *p* Systemdruck; *m* Massenstrom; *V* Volumen; *n* Drehzahl

Industrie-zweig	Anlagen-komponenten	Gefährdung	Gefährdungs-potential	Lit.
Energie-technik	Dampfkessel 500 MW_{el}	Staubexplosion Dampfexplosion	$T > 500$ °C $p > 15$ MPa $\dot{m}_D > 1\,700$ t · h^{-1}	[3.5]
	Dampfturbine 500 MW_{el}	Dampfexplosion Überdrehzahl	$T > 500$ °C $p > 15$ MPa $\dot{m}_D > 1\,700$ t · h^{-1} $n = 3\,000$ min^{-1}	
	Kernreaktor 1 000 MW_{el}	Austritt radio-aktiver Stoffe	$T > 300$ °C $p > 15$ MPa $\dot{m}_W > 68\,000$ m^3 · h^{-1} Radio-aktivität $\approx 82 \cdot 10^{19}$ Bq	[3.6]
	Fernwärmesystem Heißwasser	Druckstöße mit Zerstörung des Systems	$T > 180$ °C $p > 2$ MPa $\dot{m}_W > 5\,700$ t · h^{-1} $V_W > 60\,000$ m^3	
Chemie	Kolbenverdichter Kohlenmonoxid	Vergiftung	$T \approx 100$ °C $p > 30$ MPa $\dot{m} > 250$ m^3 · h^{-1}	[3.7]
	Treibstofftanklager chem. Großbetriebe	Explosion	$V > 500\,000$ m^3	
Metallurgie	Förderschacht	Explosion Absturz	Teufe > 1 400 m	
	Förderbrücke	Bruch/Zerstörung	Länge > 200 m Förderhöhe $\leqq$ 60 m	

rialzustandes. Die Werkstoffprüftechnik ermöglicht, den Werkstoffzustand in den unterschiedlichen Etappen der Herstellung, der Montage und des Betriebes von Produktionsanlagen zu ermitteln.

3.1.2. Prüfaufgaben

Die Darstellung der Prüfaufgaben beschränkt sich auf den Umfang, der in der realen Betriebspraxis mit Mitteln der zerstörungsfreien Werkstoffprüfung beherrscht werden muß. Eine ordnungsgemäße Einschätzung des Materialzustandes beginnt für den Betriebspraktiker mit der Errichtung und Inbetriebnahme von Maschinen und Anlagen. Es können folgende allgemeine Prüfabschnitte charakterisiert werden:

Wareneingangsprüfung

Die Festigkeitseigenschaften von Markenstählen werden durch ausgereifte Technologien für die Herstellung von Walz-, Schmiede- und Gußerzeugnissen sowie umfangreiche Werkstoffprüfungen gewährleistet und durch Prüfatteste belegt. Deshalb ist bei der Wareneingangsprüfung vor allem das lückenlose Erfassen aller bei der Herstellung durchgeführten Werkstoffprüfungen und -kontrollen für den späteren Vergleich bei Messungen in Revisionsprogrammen erforderlich. Ausrüstungen können nicht immer für spezielle Anwendungsfälle hergestellt werden. Deshalb ist eine 100 %ige Materialprüfung im Fertigungsbetrieb nicht immer gewährleistet. Bei sicherheits- und verfügbarkeitsrelevanten Ausrüstungsteilen (z. B. Kernkraftwerke, Chemieausrüstungen, Transport) wird eine Werkstoffprüfung vor Ort mit den betriebseigenen, für spätere Vergleiche geeigneten Prüftechniken erfolgen. Zu ermittelnde Fehler sind vor allem:

- Ungänzen im Material
- Oberflächenfehler
- Schweißnahtfehler.

Besondere Bedeutung erlangen im Anlagenbau Fehler, die aus Schweißverbindungen entstehen [3.6]. Beim Schweißen von Verbindungsnähten können Haarrisse als Erstarrungsrisse oder als Aufschmelzrisse auftreten. Sie bilden sich senkrecht zur Beanspruchungsrichtung beim Schweißen mit einer Länge von wenigen µm bis zu einigen mm. Sie treten in Form von Rißfeldern auf.

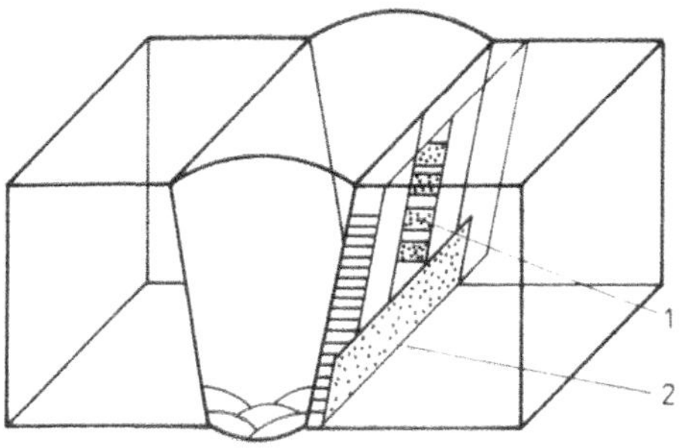

Bild 3.1. Lage von Rissen an Mehrlagenschweißnähten
1 Kaltriß (Querriß); *2* Heißriß (Erstarrungs- bzw. Aufschmelzriß)

Auch Kaltrisse können entstehen, die sich als Querrisse in der Wärmeeinflußzone und im Schweißgut bilden. Sie haben Ausdehnungen von 1 mm bis in Ausnahmefällen 10 mm (Bild 3.1). Beim Spannungsarmglühen kann es zu Nebennahtrissen aufgrund von interkristallinen Korngrenzlockerungen in der Wärmeeinflußzone des Grundwerkstoffes quer zur Schweißrichtung kommen (Bild 3.1).

Montageprüfungen

Obwohl immer mehr die Baugruppenvorfertigung im Herstellerbetrieb angestrebt wird, sind Montage- und Fügeverbindungen bei der Errichtung von Anlagen vor Ort erforderlich. Die überwiegende Fügeart bei der Montage ist die Schweißverbindung mit den gleichen potentiellen Fehlermöglichkeiten wie bei der Fertigung (vgl. Bild 3.1). Weitere Montageprüfungen erfordern den notwendigen Kontakt zwischen Ausrüstung und Bauwerk sowie die oft geforderte Hermetik bestimmter Baugruppen. Damit ergeben sich die Prüfungen für folgende Fehlergruppen:

- Identität des verwendeten und geprüften Materials
- Schweißnahtfehler
- Nachweis der Leckfreiheit
- Prüfung der Beeinträchtigung des Materials durch benachbarte Stoffe (z. B. Korrosion von Austenit durch Cl-Ionen).

Nullzustandsprüfungen

Für die vollständig errichtete und in Betrieb zu nehmende Anlage ist ihre Basis- bzw. Ausgangszuverlässigkeit nachzuweisen. Es empfiehlt sich, für diese allgemein als Nullzustandsprüfung bezeichnete Aktivität, Prüfprogramm, Prüftechnik, Prüfablauf nach gleichen oder ähnlichen Prinzipien zu vollziehen, wie sie für den zukünftigen Betrieb vorgesehen sind. Das ermöglicht über die Lebensdauer von Anlagen den exakten Vergleich der Prüfergebnisse mit dem Ausgangszustand der Anlagen. Für sicherheits- und verfügbarkeitsrelevante Ausrüstungen mit hohem Anlagenwert werden diese Prüfungen in zwei Etappen durchgeführt. In der ersten Etappe wird der Endmontagezustand ermittelt, in einer zweiten Etappe nach abgeschlossener technologischer Erprobung mit allen vorhersehbaren Belastungszuständen wird der Nullzustand der Anlage ermittelt. Prüfaktivitäten sind:

- Lagekontrolle von Bauteilen
- Nachweis bei der Fertigung entstandener oder aufgrund von Sicherheitsnachweisen belassener Ungänzen im Material

- Schweißnahtkontrollen
- Oberflächenzustandsermittlung
- Dichtheitsproben.

Die Prüfergebnisse sind so zu dokumentieren und zu speichern, daß sie reproduzierbar und abrufbar sind.

Wiederholungsprüfungen

Durch Beanspruchungen werden in den Einsatzwerkstoffen Abnutzungsvorgänge (Verschleiß, Korrosion, Ermüdung, Alterung) wirksam. Dadurch werden die Beanspruchbarkeit der Werkstoffe beeinträchtigt und die Lebensdauer der Bauteile beeinflußt. Durch Einsatz der zerstörungsfreien Werkstoffprüfung kann der Abnutzungsfortschritt und damit die Restfunktionsdauer eingeschätzt werden. Diese notwendigen Prüfungen werden als Wiederholungsprüfungen, Inspektionen oder Werkstoffkontrollen bezeichnet. Die Aufgaben für die Werkstoffprüfung, die sich aus dem Prozeß der Abnutzung ergeben, sollen am Beispiel der Dehnungswechselermüdung dargestellt werden [3.8]. Bekanntlich kann das Ermüdungsverhalten von Konstruktionsstählen mit dem sog. Wöhler-Diagramm charakterisiert werden (Bild 3.2). In Abhängigkeit von der Lastwechselzahl N ist die zulässige Beanspruchung des Materials σ dargestellt. Bei einer konstant angenommenen Wechselbeanspruchung σ^* kann mit zunehmender Lastwechselzahl N folgender innerer Ermüdungsvorgang festgestellt werden:

- Ausbildung der Ermüdungsstruktur des Werkstoffes bis zur sog. Rißlinie ($0 \leqq N \leqq N_R$)
- Beginn der Rißbildung durch Haarrisse, Anrisse u. ä. ($N = N_R$)
- Rißfortschritt bis zum Bruch ($N_R \leqq N \leqq N_B$)
- Bruch oder Durchriß an einer Baugruppe ($N = N_B$).

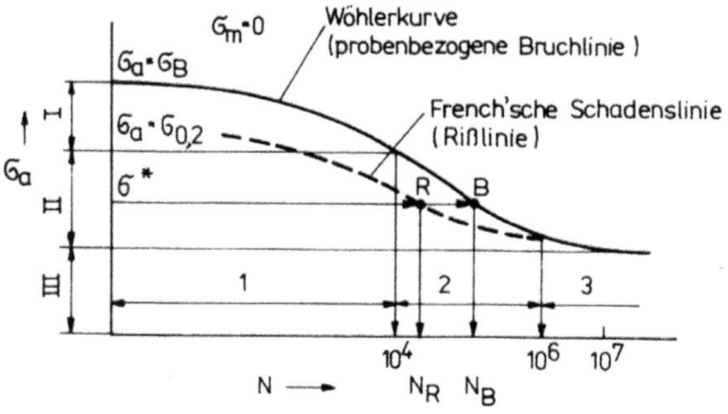

Bild 3.2. Wöhlerdiagramm für wechselbeanspruchte Werkstoffe

1 niederzyklische Ermüdung; *2* hochzyklische Ermüdung; *3* Dauerfestigkeit; *I* zyklisch plastische Verformungen; *II* zyklisch elastische Verformungen; *III* keine Verformungen

N Lastwechselzahl; N_R Rißlastwechselzahl; N_B Bruchlastwechselzahl; σ Materialbeanspruchung; σ_a Spannungsamplitude; σ_B Bruchspannung; $\sigma_{0,2}$ Streckgrenze; σ^* Beanspruchungs- und Prüfbeispiel

Rechenverfahren können diese stochastischen Prozesse nur näherungsweise abschätzen [3.9]. Eine genauere Ermittlung des Werkstoffzustandes ist durch Einsatz von Werkstoffprüftechniken möglich. Zwei Aufgaben sind zu lösen:

1. Im Bereich der Ausbildung der Ermüdungsstruktur ($0 \leqq N \leqq N_R$) mit Festigkeitsminderungen sind Prüfverfahren einzusetzen, die Strukturveränderungen und Festigkeitsminderungen nachweisen können. Gegenwärtig sind dazu nur magnetische Verfahren (vgl. Abschn. 3.6.3.) und Oberflächenverfahren (Härte, Struktur; Abschn. 3.6.2.) geeignet.
2. Für den Bereich der Rißbildung und Rißausbreitung ($N_R \leqq N \leqq N_B$) sind alle Rißprüfverfahren (voluminös und Oberfläche) geeignet (vgl. Abschnitte 3.3. bis 3.6. und Abschnitte 4.2. bis 4.11.). Während das Detektieren eines Risses recht zuverlässig und einfach ist, ist die Bestimmung der Größe und der Lage des Risses schwieriger und aufwendiger.

Wird eine Baugruppe infolge einer Temperatur- und Druckbeanspruchung (bei Temperaturen $> 0{,}4\ T_S$ des Einsatzmaterials, z. B. Heißdampfrohrleitungen) über längere Zeiträume belastet, kommt es durch Entfestigung des Werkstoffes zu einer bleibenden plastischen Verformung, dem sog. „Kriechen“ [3.10]. Dieser Vorgang ist im Dehnungs-Zeit-Diagramm erkennbar (Bild 3.3).

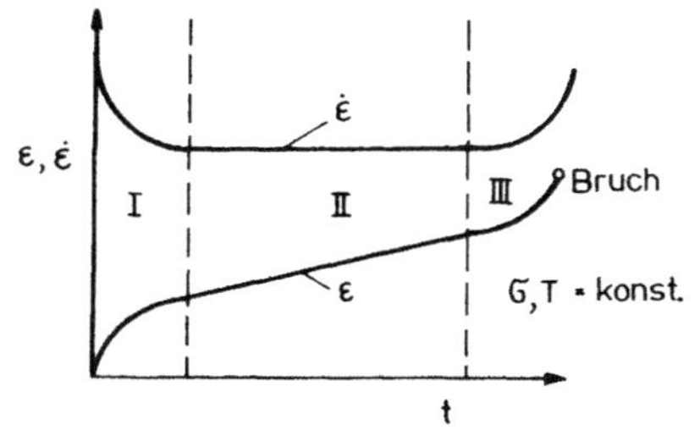

Bild 3.3. Dehnungs-Zeit-Diagramm für Kriechvorgänge

ε Kriechdehnung; $\dot{\varepsilon}$ Kriechgeschwindigkeit; t Beanspruchungszeit; σ Beanspruchung; T Temperatur
I Einlaufbereich; *II* Bereich linearer Zunahme der Kriechdehnung; *III* Bereich exponentieller Zunahme der Kriechdehnung

Die Ermittlung der Kriechdehnung kann mit einer einfachen Aufweitungsmessung (vgl. Abschn. 3.6.1.) erfolgen. Der Zeitabschnitt *I* ist gekennzeichnet durch degressiven Verlauf der Kriechdehnung ε bzw. abnehmende Kriechgeschwindigkeit $\dot{\varepsilon}$. Daran schließt sich eine nahezu lineare Zunahme der Kriechdehnung an (Kriechgeschwindigkeit ist konstant). Mit exponentiell zunehmender Kriechdehnung (Kriechgeschwindigkeit nimmt ebenfalls exponentiell zu) nähert sich das Bauteil dem Ausfall durch Bruch oder Riß im Abschnitt *III*. Die Auswertung der Aufweitungsmessung an Rohrleitungen liefert beispielsweise die Aussage, in welchem Abschnitt des Kriechvorganges sich der Werkstoff befindet, und läßt betriebliche Schlußfolgerungen zu.

Schadensprüfung

Kann durch vorbeugende Prüfmaßnahmen ein Schädigungsfortgang nicht rechtzeitig erkannt werden und entwickelt sich dieser zu einem Maschinen- oder Anlagenschaden, ist auch dann eine Prüfung des geschädigten Bauteils bzw. der geschädigten Anlage zweckmäßig, oft sogar notwendig. Ziel dieser Prüfung ist die

- lokale Eingrenzung eines Schadens (Separation von geschädigten und ungeschädigten Anteilen, z. B. Rohrleitungssektionen)
- Prüfung gleichartiger Baugruppen mit ähnlicher Beanspruchung zur Vermeidung weiterer Ausfälle

Tafel 3.2. Prüfprogramme ausgewählter Kernkraftwerksausrüstungen
S Sichtprüfung; P Penetrierverfahren; M Magnetpulververfahren; W Wirbelstromprüfung; U Ultraschallprüfung; R Radiographie; D Dichtheitsprüfung; *) nur Montageschweißnähte

Prüfobjekt	Wareneingangsprüfung	Montageprüfung*)	0-Zustands-Prüfung	Wiederholungsprüfung
Reaktordruckgefäß	S, P, M, W, U, R	S, P, M, W, U, R	S, M, W, U	S, M, W, U
Hauptumwälzleitungen	S, P	S, P, W, U, R	S, W, U	S, W, U
Hauptumwälzpumpe	S, P, U, R	S, P, U, R	–	S, P, U, R
Hauptabsperrschieber	S, P, U, R	S, P, U, R	–	S, P, U, R
Druckhalter	S, P, M	S, P, M	S, U	S, U
Dampferzeuger				
– Kollektor	S, U	–	S, U	S, U
– Nadelrohre	W	–	W, D	W, D
– Anschlußstutzen	–	S, P, U, R	S, P, U, R	S, P, U, R

- Ermittlung von Daten zur Erkennung der Beanspruchung und des Abnutzungsprozesses.

Die einzusetzende Prüftechnik ist die gleiche wie bei den vorhergehenden Prüfabschnitten.

Ein Beispiel für die Durchführung aller angeführten Prüfabschnitte ist die Werkstoffprüfung an Kernkraftwerksanlagen (Tafel 3.2). Die Forderungen zur Gewährleistung der nuklearen Sicherheit können nur durch umfangreiche und systematische Werkstoffprüfungen erfüllt werden [3.6] [3.10].

3.1.3. Prüfumfang, Prüfzyklus, Prüfzeit

Trotz höchster Sicherheitsanforderungen an Maschinen und Anlagen ist eine uneingeschränkte Werkstoffprüfung aller Komponenten einer Anlage mit großer Frequenz aufgrund eingeschränkter Ressourcen an Prüftechnik und Prüfpersonal sowie möglicher Stillstandszeiten nicht möglich. Ein Beispiel für den Prüfumfang eines Kernkraftwerksblocks vermittelt Tafel 3.3. Für konventionelle Kraftwerke, für chemische Großanlagen sowie für die Verarbeitungsindustrie ergeben sich ähnlich große Prüfumfänge. Deshalb ist eine Auswahl der zu prüfenden Anlagenteile (Prüfpflichtige Komponenten), der zu prüfenden Bereiche (Prüfstellen) sowie der Prüfintervalle (Prüfzyklen) vorzunehmen.

Tafel 3.3. Prüfumfang eines Kernkraftwerksblockes WWER 440 im Zyklus von 4 Jahren (Auswahl)

Anlage	Anzahl	Komponente	Prüfumfang
Reaktor	1	Innenoberfläche	140 m²
		Stiftschrauben M 140 × 6	60
		Flanschbohrungen M 140 × 6	60
Hauptumwälzleitungen	6	Innenoberfläche	270 m²
Dampferzeuger	6	Kollektoren (je 2)	12
		Heizrohre (10 mm ⌀)	15 000 m²
			477 600 m
		Kollektorstiftschrauben	480
		Flanschbohrungen	480

Prüfpflichtige Komponenten

Im Abschnitt 2.1.5. wurden Prioritätsregeln zur Auswahl von Anlagenteilen entsprechend ihrer Wertigkeit aufgestellt. Die Einordnung der einer Werkstoffprüfung zu unterziehenden Anlagenkomponenten kann nach diesen Kriterien erfolgen. Für Anlagen und deren Komponenten mit Sicherheitsrelevanz sind in vielen Ländern gesetzliche Vorschriften erlassen worden, die Werkstoffprüfungen zwingend festlegen.

Vorschriften wurden erlassen für:

- Kernenergieanlagen
- Dampf- und Drucktechnik
- Transportmittel
- Hebetechnik u. a.

Für Kernkraftwerke sind diese Vorschriften beispielgebend und können für andere Industriezweige herangezogen werden [3.11] [3.12].

Prüfstellen

Für Baugruppen, die einer Werkstoffprüfung unterzogen werden sollen, ist zu entscheiden, welche Prüfstellen zu wählen sind, da eine vollständige Prüfung nicht in jedem Fall realisiert werden kann. Die Auswahl hat so zu erfolgen, daß auf der Grundlage von Spannungs- und Festigkeitsanalysen, unter Berücksichtigung der möglichen Schädigungsmechanismen und Fertigungsbedingungen sowie aufgrund von experimentellen Untersuchungen, Betriebserfahrungen sowie vorangegangener Prüfergebnisse Stellen höchster Beanspruchung und potentieller Schädigung geprüft werden.

Repräsentative Prüfstellen sind:

- Schweißverbindungen und Schweißnahtrandbereiche
- spezielle Konstruktionsdetails
- Bereiche hoher Beanspruchung
- Bereiche mit zu erwartender Abnutzung.

An druckbeaufschlagten Behältern und Rohrleitungen sind die Spannungen an den Innenkonturen am höchsten, damit sind Ermüdungsrisse hier zuerst zu erwarten. Die Prüfung der Innenoberfläche ist deshalb eine vordringliche Prüfaufgabe. Bei Beachtung der aufgestellten Kriterien ergeben sich folgende Schwerpunkte für die Prüfung von Komponenten [3.6]:

- Schweißverbindungen und benachbarter Grundwerkstoff an Stellen mit Spannungskonzentrationen (Stutzen, Auflager)
- Innen- und Außenflächen von Böden und Deckeln von Druckgefäßen
- Dichtflächen
- Rohrbögen
- Rohrsammler
- Knoten von Tragkonstruktionen.

Stellen mit besonderer Gefährdung für die Anlagensicherheit oder -verfügbarkeit werden als Schwachstellen bezeichnet [3.13]. Zu ihnen kann man zählen:

- Befunde bei der Nullzustandsprüfung
- Befunde von beginnenden Ermüdungsrissen
- instand gesetzte Komponenten (z. B. Rißbeseitigung durch Ausschleifen).

Werden solche Befunde festgestellt und sind sie für den weiteren Betrieb ungefährlich, verbleiben sie als Prüfstellen für weitere Werkstoffprüfungen, um eine Weiterentwicklung der Schädigung rechtzeitig zu erkennen.

Prüfperioden

Werkstoffprüfungen erfordern in der Regel Anlagenstillstand und sehr häufig Demontagen. Deshalb ist der Abstand zwischen zwei Prüfungen (Prüfperiode, Prüfzyklus, Prüfintervall) zu optimieren. Über die prinzipiellen Möglichkeiten wurde im Abschnitt Instandhaltungsstrategien (Abschn. 2.1.2.) berichtet und weiterführende Literatur vermerkt. Da eine Vielzahl von Einflüssen die Länge von Prüfintervallen bestimmt, ist eine allgemeine Verfahrensweise nicht angebbar. Prüfperioden werden bestimmt nach:

- gesetzlichen Vorschriften
- Berechnung der Periodendauer
- Einschätzung von Befunden
- Betriebserfahrungen.

Für Kernkraftwerke werden die Prüfperioden vorgeschrieben [3.11] [3.12]. Sie untergliedern sich landesspezifisch in 3-, 4- und 10-Jahres-Perioden für unterschiedliche Komponenten.

Prüfzeit

Die ökonomischen Auswirkungen erforderlicher Stillstände von Anlagen bzw. Maschinen für Werkstoffprüfungen erzwingen eine Minimierung der Prüfzeit (Zeit für die Realisierung der Prüfung). Die Gesamtzeit gliedert sich in die Teilabschnitte:

- Vorbereitungszeit (Demontagen, Entfernung von Isolierungen, Oberflächenreinigung und -behandlung, Stellung von Rüstungen u. ä.)
- Prüfzeit (Zeit für die unmittelbare Werkstoffprüfung)
- Nachbereitungszeit (Auswertung der Prüfergebnisse, Montagen, Entfernung der Rüstungen, Isolierungen).

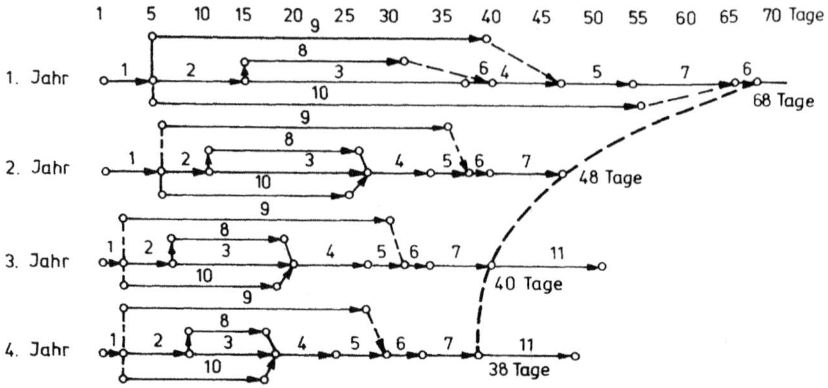

Bild 3.4. ***Montage- und Revisionszeit eines Kernkraftwerkes mit vier nacheinanderfolgenden gleichen Programmen***
1 ... 11 Montage-, Prüf- und Kontrollaktivitäten

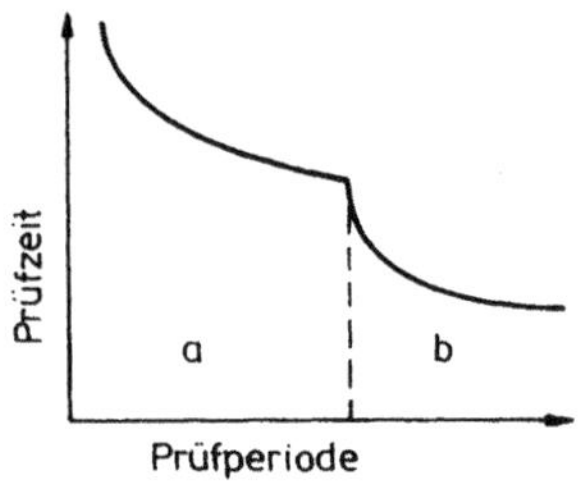

Bild 3.5. Möglichkeiten der Verkürzung von Prüf- und Montagezeiten
a alte Technologie; *b* neue Technologie

Dieser Zeitumfang bestimmt bei einer zustandsbezogenen Instandhaltung die Effektivität des Prozesses, da Stillstandszeiten der Anlagen hohe Verluste verursachen. In der Praxis hat sich gezeigt, daß Prüfzeiten nach der Einführung solcher Technologien drastisch reduziert werden können. Bild 3.4 zeigt dafür ein Beispiel (Verringerung der Prüf- und Montagezeiten bei gleichem Prüfumfang in den ersten 4 Jahren nach der Einführung einer solchen Strategie in einem Kernkraftwerk). Es ist aber auch ersichtlich, daß sich der Zeitgewinn bei gleichbleibender Technologie verringert. Erst mit der Einführung einer neuen Technologie mit prinzipiell neuen Wirkprinzipien (z. B. automatisierte Werkstoffprüfung, Verbindungselemente mit drastisch verkürzter Montagezeit) ist eine weitere Prüfzeitverkürzung erreichbar, Bild 3.5. Der Aufstellung und Einordnung von Prüfprogrammen in die Revisions- und Großinstandhaltungspläne ist besondere Aufmerksamkeit zu schenken [3.6] [3.14].

3.1.4. Prüfverfahren

Zerstörungsfreie Werkstoffprüfverfahren nehmen das Hauptanwendungsfeld bei der Beurteilung des Werkstoffverhaltens in der Betriebspraxis ein. Nur dann, wenn diese Verfahren nicht ausrei-

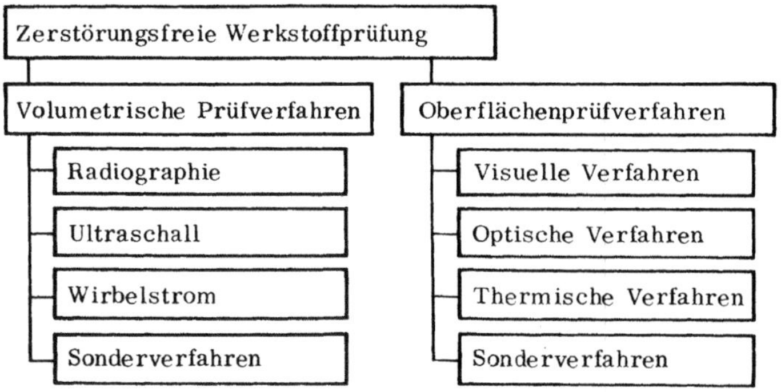

Bild 3.6. Zerstörungsfreie Werkstoffprüfverfahren

chen, eindeutige Aussagen zu machen, ist man gezwungen, auf die Werkstoffprüfung im Labor [3.1] zurückzugreifen. Dafür sind Materialprobenentnahmen erforderlich, die immer einen Eingriff in die Anlage bedeuten. Mikroprobenentnahmen werden angestrebt [3.10].

Die Verfahren der zerstörungsfreien Werkstoffprüfung sind im Bild 3.6 untergliedert. Volumetrische Werkstoffprüfverfahren ermitteln Ungänzen (Einschlüsse, Risse, Hohlräume u. ä.) im Werkstoff, Oberflächenverfahren sind in der Lage, Schäden, die sich an der Oberfläche vollziehen, von der Oberfläche ausgehen oder zur Oberfläche vordringen, abzubilden. Die Zuordnung von Verfahren ist ebenfalls Bild 3.6 zu entnehmen, wobei zu beachten ist, daß physikalische Methoden (z. B. Holographie) sowohl für volumetrische als auch Oberflächenverfahren Anwendung finden.

3.1.5. Anforderungen an Prüfverfahren

Je nach Einsatzart und Einsatzzeitpunkt müssen differenzierte Anforderungen an die zum Einsatz gelangenden Prüfverfahren und -geräte gestellt werden. Wichtige Kriterien für die Beurteilung einzelner Prüfverfahren sind:

- Fehlererkennbarkeit
- Reproduzierbarkeit
- Dokumentierbarkeit der Prüfergebnisse
- Mechanisierbarkeit und Automatisierbarkeit
- Bedien- und Handhabungsservice.

Als *Fehlererkennbarkeit* wird die Nachweisempfindlichkeit von Ungänzen (Riß, Einschluß u. ä.) für einzelne Verfahren bezeichnet. In vielen Fällen ist es nicht möglich, die Nachweisempfindlichkeit wegen unterschiedlichster Einflüsse (z. B. Einfluß der Korngröße des Gefüges, Oberflächenzustand) für einzelne Verfahren anzugeben. Gesetzgeber sprechen deshalb von Mindestanforderungen an die Fehlererkennbarkeit, die mit ausgewiesenen Prüfverfahren erreicht werden können [3.15]. Die Fehlererkennbarkeit ausgewählter Werkstoffprüfverfahren ist in Tafel 3.4 mit Angabe der Fehlerart und kleinster zu detektierender Abmessung ausgewiesen.

Tafel 3.4. Fehlererkennbarkeit ausgewählter Werkstoffprüfverfahren

Prüfverfahren	Fehlerart	Kleinste Abmessung
Optische Methoden	Oberflächenriß	25 µm breit; 2 mm lang
Fernsehtechnik	Oberflächenriß	0,1 mm breit; 5 mm lang
Farbeindringverfahren	Oberflächenriß	1 bis 2 µm breit; 0,5 mm tief
Magnetpulververfahren	Oberflächenriß	2 mm breit; 0,5 mm tief
Potentialsondenverfahren	Oberflächenriß	0,1 mm tief
Wirbelstromverfahren	Oberflächenriß	0,5 mm tief im Grundwerkstoff; 1 mm tief im Schweißgut von austenitischen CrNi-Stählen
Ultraschallverfahren	Fehlstelle	Kreisscheibenersatzfehler ∅ 10 mm für Schweißverbindungen dickwandiger Bauteile
Radiometrische Verfahren	Fehlstelle	Ausdehnung in Durchstrahlungsrichtung 1 bis 2 % der durchstrahlten Materialdicke

Die *Reproduzierbarkeit* kennzeichnet die bei beliebiger Wiederholung und zu beliebigen Zeitpunkten der Messung erreichte Genauigkeit der Prüfergebnisse. Die Reproduzierbarkeit ist abhängig von:

- Ankoppelbedingungen der Aufnehmer
- Oberflächenbeschaffenheit des Prüfobjektes
- Meßgenauigkeit des Prüfverfahrens
- Ablesegenauigkeit des Prüfers u. a.

Die Bemühungen der Gerätehersteller, die Reproduzierbarkeit der Prüfverfahren zu verbessern, sind vielfältig. Allgemeine Prinzipien sind:

- Verbesserung des Signal-Rausch-Verhältnisses durch Signalmittelung aus mehreren Messungen (500 ... 1 000 Messungen nacheinander für ein Prüfergebnis) [3.16]
- Verwendung mehrerer Prüfköpfe (s. Abschn. 3.4.)
- Verbesserung der Ankoppelbedingungen
- Verbesserung der Abbildung der Fehler (s. Abschn. 4.1.4.)
- Bildverarbeitung (s. Abschn. 4.1.6).

Spezielle Maßnahmen zur Verbesserung der Reproduzierbarkeit werden mit den Prüfverfahren (Abschnitte 2., 3., 4.) behandelt.

Prüfergebnisse sind in vielen Prüffällen gleichzeitig juristische *Dokumente.* Deshalb ist ihre Dokumentation oft über die gesamte Lebensdauer der geprüften Komponente ($t > 30$ Jahre) erforderlich. Für Prüfverfahren sind die gleichen Grundsätze wie für alle Diagnoseverfahren gültig (s. Abschn. 2.8.7.).

3.2. Automatisierung der Werkstoffprüfung

3.2.1. Zielrichtungen

Im Abschnitt 3.1. konnte gezeigt werden, daß eine Vielzahl von Einflüssen Qualität und Effektivität der zerstörungsfreien Werkstoffprüfung beeinflussen. Die stürmische Entwicklung der Mikroelektronik und der Robotertechnik eröffnete Möglichkeiten, durch Automatisierung der Prüfverfahren Einfluß auf Qualität und Effektivität der Werkstoffprüfung zu nehmen. Durch Mechanisierung und Automatisierung der Werkstoffprüfung sind bedeutende Effekte erreichbar bzw. sind Prüfvorgänge (z. B. im Kernreaktor) überhaupt erst ermöglicht worden. Folgende *Vorzüge* sind durch Automatisierung möglich:

- Prüfergebnisse werden unabhängig vom subjektiven Können und Verhalten des Werkstoffprüfers. Dadurch können die Prüfzuverlässigkeit und die Reproduzierbarkeit der Prüfergebnisse erhöht werden.
- Durch Automatisierung der Sensorführung erhöht sich die Prüfgeschwindigkeit.
- Erst durch die Automatisierung des Prüfvorganges ist die integrale Erfassung großer Bereiche des Grundwerkstoffes möglich. Die schrittweise Abtastung kann durch Programme lückenlos vorgesehen werden.
- Schweißnahtprüfungen sind nach einheitlichen Prinzipien bei der Fertigung, der Montage und bei Wiederholungsprüfungen nach gleichen Prinzipien realisierbar.

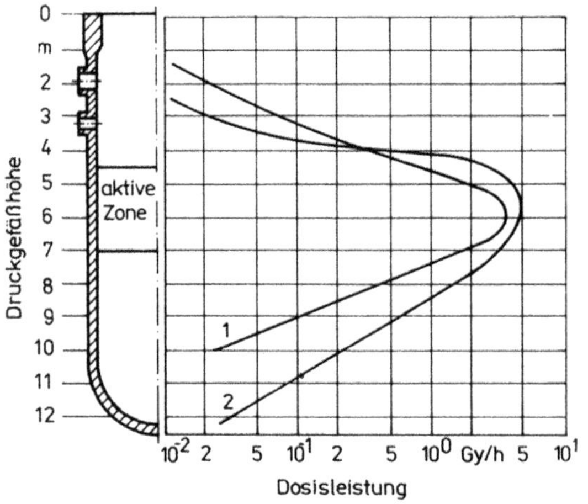

Bild 3.7. Dosisleistung im Inneren eines Reaktordruckgefäßes (Werte aus zwei verschiedenen Reaktoren WWER 440)

1 nach 3 Jahren; *2* nach 5 Jahren

- Innenprüfungen an hochgiftigen, kontaminierten oder aktivierten Behälter- und Rohrleitungsoberflächen werden ermöglicht. Bild 3.7 zeigt als Beispiel die Strahlenbelastung eines Reaktordruckgefäßes. Diese Belastung verbietet die Begehung durch Menschen, da sie um Größenordnungen höher ist, als sie ein Mensch ungeschadet ertragen kann. Nur durch automatisierte fernbediente Gerätetechnik ist eine notwendige Innenprüfung durchführbar.

Mit dieser Aufzählung wurde bereits deutlich, daß die *Zielrichtung* der Automatisierung drei Schwerpunkte umfaßt:

1. Automatisierung der Handhabung der Prüfvorgänge sowie der vor- und nachgelagerten Prozesse
2. Automatisierung der Datengewinnung, Verarbeitung, Auswertung und Speicherung der Prüfdaten
3. Kopplung der Handhabungstechnik mit der Prüfdatenverarbeitung zu komplexen Prüfsystemen.

3.2.2. Manipulatortechnik für die zerstörungsfreie Werkstoffprüfung

Bei manueller Handhabung der Sensoren für die Werkstoffprüfung ist der Mensch verantwortlich für die möglichst eindeutige Positionierung und Ankopplung an das Prüfobjekt. Beweglichkeit und Anpaßfähigkeit der menschlichen Bewegungen sind durch die Handhabetechnik nachzubilden und zu programmieren.

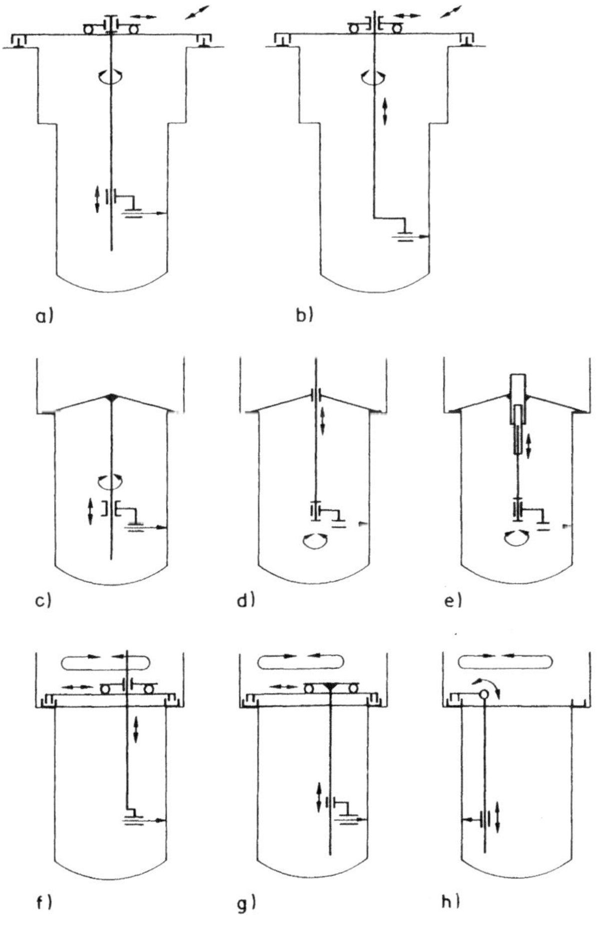

Bild 3.8. Ausführungsvarianten für Reaktordruckgefäß-Prüfmanipulatoren [3.17]

a) postamentgelagert mit Drehgelenk; b) postamentgelagert mit Dreh-/Schubgelenk zwischen Mast und Gestell; c) Stützengestell auf Flansch mit Dreh-/Schubgelenk zwischen Mast und Ausleger; d) Stützengestell auf Flansch und Schubgelenk zwischen Gestell und Mast; e) Stützengestell und teleskopartiges Schubgelenk zwischen Gestell und Mast; f) rotierendes Brückengestell auf Flansch, horizontal und über ein Schubgestell vertikal bewegbarer Mast; g) rotierendes Brückengestell auf Flansch und horizontal bewegbarem Mast; h) rotierendes Teilrahmengestell und kippbar angeordneter Mast

Anforderungen an die Handhabetechnik sind:

- Erfüllung der reproduzierbaren Positionierung der Prüfköpfe unter geometrisch schwierigen Oberflächen. Automatisierte Prüfeinrichtungen werden vor allem in Behältern und Rohrleitungen sowie an deren Außenoberfläche angewendet. Bei der Prüfung sind zu berücksichtigen: Rohrstutzen, Halterungen, Öffnungen u. ä.
- Realisierung der Ankoppelbedingungen zwischen Prüfkopf und Oberfläche. Dazu sind die Prüfköpfe im direkten Oberflächenkontakt oder in Äquidistanz über die Oberfläche zu führen. Auch Koppelmedien können erforderlich sein.
- Gewährleistung einer beschränkten, aber prinzipiell erforderlichen Umrüstbarkeit für unterschiedliche Prüf- und Bearbeitungsverfahren.
- Minimierung des Demontage- und Montageaufwandes, des Transport- und Reinigungsaufwandes.
- Gewährleistung einer hohen Stabilität des Handhabungsgerätes bei minimalem Masseeinsatz.

Tafel 3.5. Manipulatorgrundkonzeptionen für Kernreaktoren [3.17]

Ausführungsmerkmal	Ausführungsvariante	Darstellung
Auflageort des Manipulatorführungsgetriebes	– Reaktorpostament (RP) – Reaktordruckgefäßflansch (RF) – Reaktoreinbauten (RE) – ohne ortsfeste Auflage	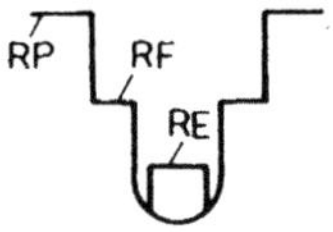
Konstruktive Gestellausführung	– Brückengestell	
	– Stützengestell	
	– Eckrahmengestell	
	– Ringgestell	
	– Teilrahmengestell	
Beweglichkeit des Gestells	– feststehend – rotierend (erfordert Kreisringführung) – horizontal verfahrbar (erfordert Geradführung) – kranbewegt – frei beweglich	
Anordnung der Trägereinheit (Mast) am Gestell	– zentral – dezentral – horizontal bewegbar (mittels Gestellwagen)	
Verbindung zwischen Gestell und Trägereinheit	– feste Verbindung	
	– Schubgelenk	
	– Drehgelenk	
	– Schub-, Drehgelenk	

Oft sind Handhabegeräte gleichzeitig auszustatten für die Oberflächenreinigung, Werkstoffprüfung und Schadensbeseitigung (Ausschleifen, Polieren u. ä.).

Werkstoffprüfungen werden vorwiegend an zylindrischen druck- und temperaturführenden Anlagenteilen, wie Behältern, Rohrleitungen, Armaturen- und Pumpengehäusen durchgeführt. Eine hochentwickelte Handhabungstechnik wurde für die Werkstoffprüfung von Kernreaktoren entwickelt. Sie soll als Beispiel zur Erläuterung der Realisierung solcher Technik dienen.

Manipulatorkonzeptionen lassen sich aus verschiedenen konstruktiven Ausführungsmerkmalen herleiten [3.17]. Die Grundkonzeption wird bereits mit der Wahl des Manipulatorgestells entschieden (Tafel 3.5). Auflageort, Gestellausführung, Anordnung der Trägereinheit sowie die zu wählende Verbindung zwischen Gestell und Trägereinheit lassen eine Vielzahl von Varianten zu. Sie wurden umfangreich beschrieben und systematisiert [3.17] [3.18]. Bild 3.8 zeigt eine Auswahl möglicher Kombinationsvarianten, die ausnahmslos auf die Grundelemente

- Abstützkonstruktion
- Prüfwagen
- Mastkonstruktion
- Drehgelenk
- Teleskopgestänge
- Prüfkopfhalterung
- Prüfkopf

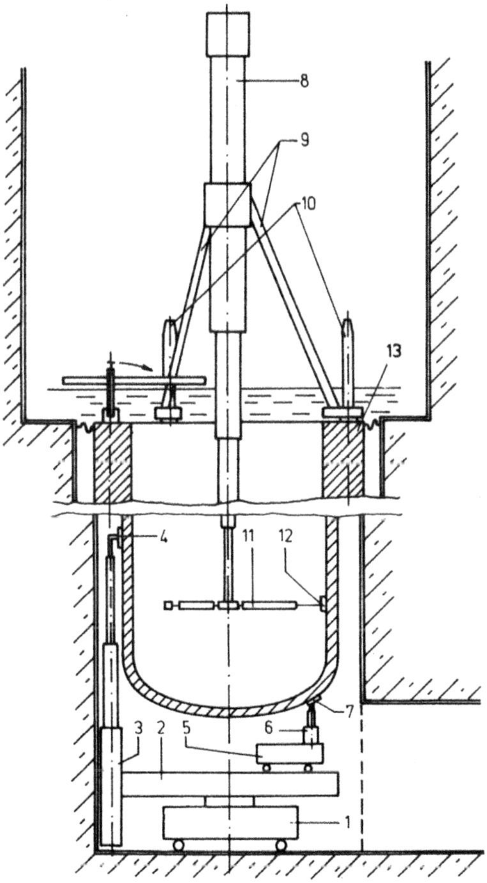

Bild 3.9. Innen- und Außenmanipulatoren für die Werkstoffprüfung an Reaktordruckgefäßen

1, 5 Prüfwagen; *2, 9, 11* Führungselemente; *3, 6, 8* Teleskopgestänge; *4, 7, 12* Prüfköpfe; *10* Stiftschrauben; *13* Flansch

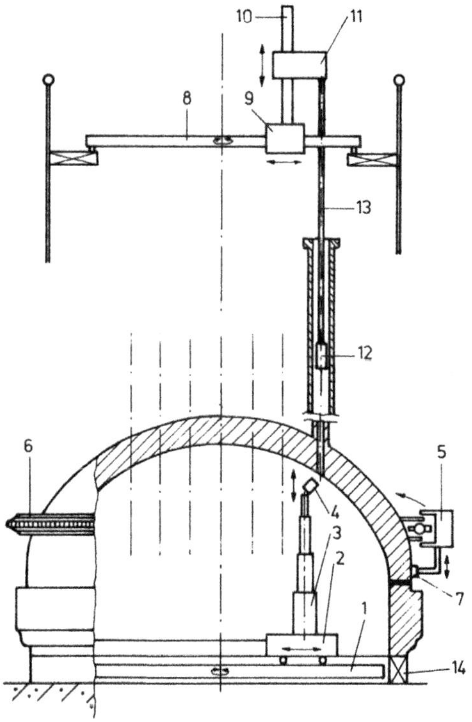

Bild 3.10. Prüfung des Reaktordeckels und der Flanschrohre

1 Drehtisch; *2, 5, 8* Prüfwagen, *3* Teleskopgestänge; *4, 7, 12* Prüfköpfe; *6* Führungszahnkranz; *8, 9, 10, 11, 12, 13* Führungsteile; *14* Deckelflansch zurückgreifen. Die Kombination dieser Elemente zu einer zweckentsprechenden automatisierungsfähigen Prüflösung erfordert spezielle Kenntnisse der Konstruktion von Manipulatoren bzw. Robotern. Die erforderliche Positioniergenauigkeit und Ankoppelanforderungen zwischen Prüfkopf und Prüfobjekt stellen höchste Anforderungen an die Genauigkeit der Fertigung und Montage sowie an die erforderliche Automatisierungslösung.

Für die Innen- und Außenprüfung an einem Reaktordruckgefäß zeigt Bild 3.9 Ausführungsvarianten. Für Deckel- und Rohrstutzenprüfungen sind ausgeführte Beispiele im Bild 3.10 ersichtlich.

3.2.3. Automatisierungslösungen für zerstörungsfreie Prüfverfahren

Automatisierungslösungen haben folgende Aufgaben zu lösen:

1. Automatisierung der Meßwerterfassung, -verarbeitung und -bewertung
2. Automatisierung der Handhabetechnik zur Positionierung des Prüfkopfes an die Prüfstelle
3. Koordinierung der Meßwertgewinnung mit der Positionierung des Prüfkopfes

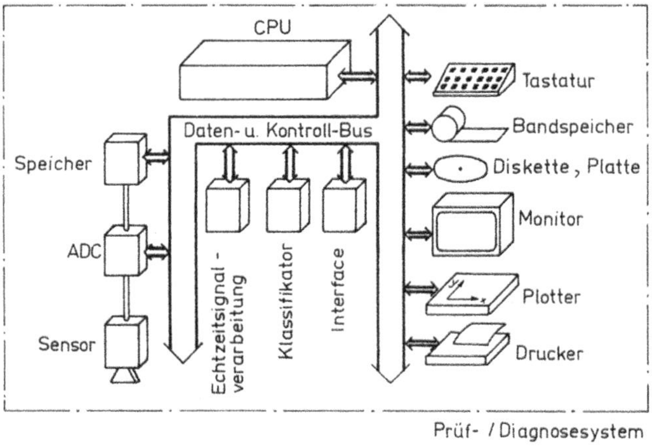

Bild 3.11. Automatisiertes Datengewinnungs-, Aufbereitungs- und Bewertungssystem für Sensoren [3.19]

Moderne Prüftechnik ist gegenwärtig ausnahmslos mit einer *rechnergestützten Meßwertgewinnung* ausgestattet. Im Bild 3.11 sind in einem Blockschaltbild die erforderlichen Funktionen und Verarbeitungselemente zusammengefaßt. Die Sensorsignale werden nach einer Signalbehandlung (direkt gekoppelt mit dem Sensor, Vorverstärkung, Signalkonditionierung) analog/digital gewandelt und können gespeichert oder weiterverarbeitet werden. Ein oder mehrere Sensorleitungssysteme bewerkstelligen die Echtzeitsignalverarbeitung, die Klassifizierung sowie die Aufbereitung für die Signalweitergabe (Interfacing). Der Dialog mit einem solchen System wird über eine Tastatur und einen Monitor geführt, die Speicherung der Daten kann über Bandspeicher, Diskette, Plattenspeicher u. ä. organisiert werden. Die Software wird in den gleichen Speichern abgerufen. Die Ausgabe der Daten erfolgt über Monitor, Drucker oder Plotter. Je nach Schwierigkeit der Prüf- oder Diagnoseaufgabe kann ein solches System mehr oder weniger vollständig aufgebaut werden. Die Einsatzkonzeption entscheidet über Komfort und Umfang der Systemkomponenten. Tragbare Prüfgeräte für den Vor-Ort-Einsatz mit autonomer Spannungsquelle realisieren nur Teilfunktionen der Maximalvariante im Bild 3.11, sind aber mit stationärer Datenverarbeitungstechnik über ein Interface koppelbar.

Sollen konventionelle Prüfgeräte oder Gerätegruppen in ihrer Leistungsfähigkeit erhöht werden, ist die Kopplung mit einem Datenverarbeitungssystem denkbar. Ein Beispiel auf dem Gebiet der Ultraschallprüfung vermittelt Bild 3.12. Mit dieser Anordnung konnte ein konventionelles Prüfgerät um die Funktion Signalmittelung zur Verbesserung des Signal-Rauschabstandes erweitert werden.

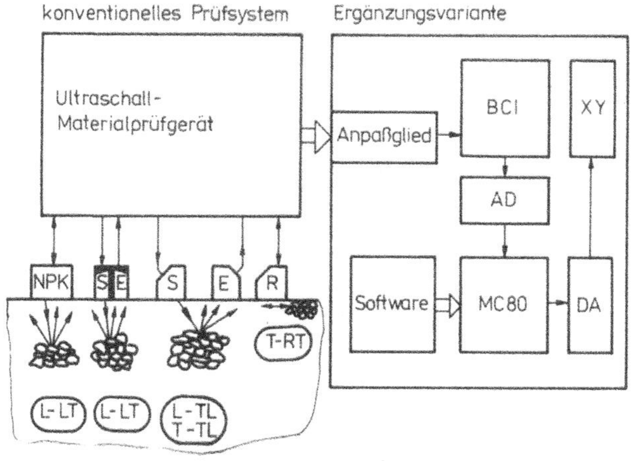

Bild 3.12. Rechnergestützte Ultraschallmeßanordnung [3.20]

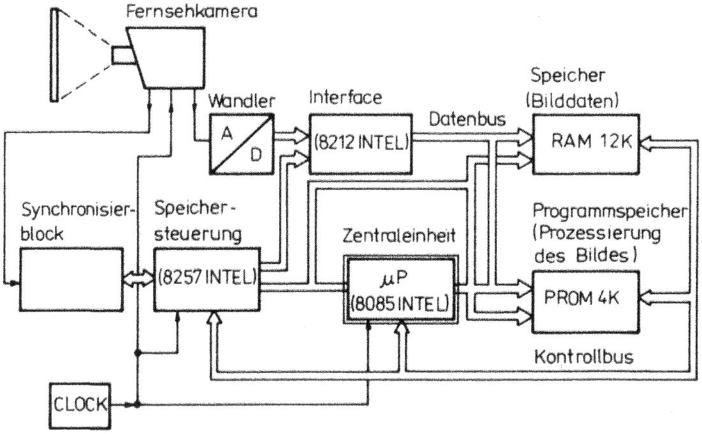

Bild 3.13. Blockschema eines Systems zur Verarbeitung von Bilddaten [3.21]

Automatisierte Prüfsysteme sind gegenwärtig der Standard der Gerätelieferungen. Besonderen Fortschritt haben die Systeme zur Bilderkennung und Bildverarbeitung erreicht [3.21]. Deshalb ist als Beispiel eines realisierten automatischen Prüfsystems ein Bildverarbeitungssystem (vgl. auch Abschn. 4.) ausgewählt worden (Bild 3.13).

Die Kopplung manipulatorgeführter Prüfsysteme mit automatisierten Meßwerterfassungs-, verarbeitungs- und -bewertungssystemen stellt gegenwärtig die höchste Form der Automatisierung der Prüftechnik dar. Man bezeichnet solche Systeme als *komplexe Werkstoffprüfsysteme* [3.10] [3.22]. Man kann sie in die Funktionseinheiten

- Manipulator mit Antrieben
- Manipulatorsteuerung
- Prüf- und Bearbeitungsmodule
- Prüfelektronik
- Computer für Meßwerterfassung, -auswertung und -bewertung

untergliedern. Zur Bewältigung der Prüfaufgabe bzw. Erhöhung der Prüfzuverlässigkeiten werden mehrere Prüfverfahren eingesetzt (z. B. Ultraschall und Wirbelstrom). Für die Reproduzierbarkeit der Ergebnisse sind Vergleiche mit sog. Testkörpern erforderlich. Testkörper bestehen aus gleichem Material wie das Prüfobjekt und enthalten simulierte Materialfehler (Spalten, Bohrungen, Einschlüsse).

Komplexe Prüfsysteme werden in Kernkraftwerken, der chemischen Industrie aber auch im Bereich der Fertigung mit großem Erfolg eingesetzt. Ein ausgeführtes Beispiel eines solchen komplexen Prüfsystems für die Prüfung von Reaktordruckgefäßen zeigt Bild 3.14 für eine kombinierte manipulatorgeführte Ultraschall- und Wirbelstromprüfung.

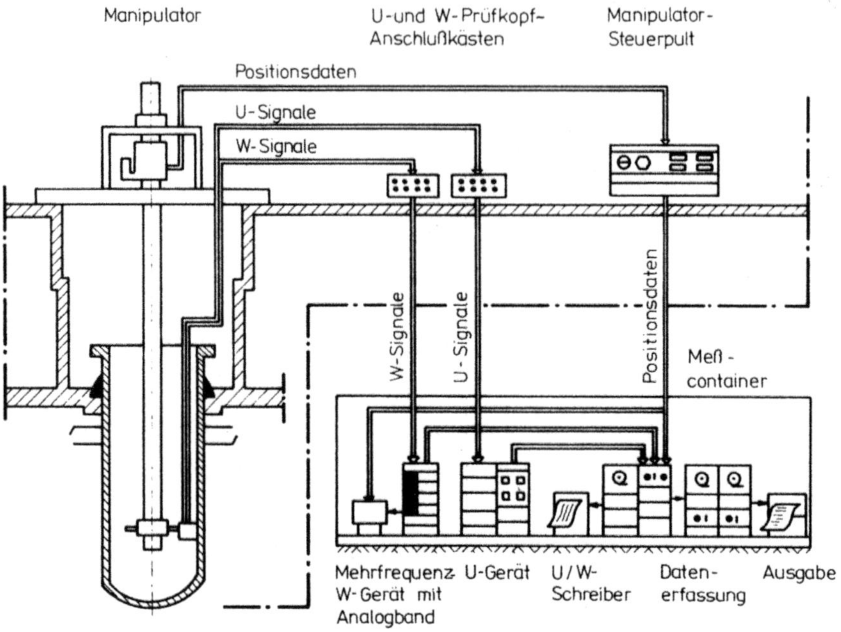

Bild 3.14. Vollständiges Reaktorprüfsystem für Ultraschall- und Wirbelstromprüfung (nach [3.22])
U Ultraschall; W Wirbelstrom

Die Anwendung komplexer Prüfsysteme wird zukünftig auch für die Prüfung von Rohrleitungen, Behältern, großen Konstruktions- und Oberflächenelementen mit hoher Beanspruchung oder Sicherheitsrelevanz Bedeutung erlangen.

3.3. Radiographische Prüfverfahren

Die örtlich unterschiedliche Schwächung der Röntgen-, Gamma- oder Neutronenstrahlen beim Durchgang durch Materie führt bei der Durchstrahlung von Werkstücken in Zentralprojektion zur Abbildung von Fehlern in Form von Schattenbildern, da die Strahlung an einer Fehlerstelle anders geschwächt wird als im fehlerfreien Material. Die nach der Durchstrahlung eines Werkstückes vorliegende Intensitätsverteilung wird durch strahlungssensitive Materialien (z. B. Röntgenfilm) aufgezeichnet. Dieses Verfahren wird angewendet zum Nachweis und zur Beurteilung von Materialfehlern in Schweißverbindungen (Poren, Schlacken, Einschlüsse, Risse, Binde- und Wurzelfehler) und zur Prüfung von Gußstücken (Lunker, Einschlüsse u. ä.). Durchstrahlungsprüfungen werden bevorzugt im Rahmen der Neufertigung, Montage bzw. Instandhaltung von Anlagen eingesetzt [3.23].

3.3.1. Physikalische Grundlagen der Röntgen- und Gammadefektoskopie

Die radiographischen Prüfverfahren haben einen hohen Informationsgehalt, da sie ein direkt auswertbares Bild der Dicken- und Dichteverteilung eines Werkstückes geben. Sie basieren vornehmlich auf der Durchstrahlung des Prüfobjektes mit Hilfe von Röntgen- und Gammastrahlen und dienen in erster Linie der Aufdeckung und Beurteilung von inneren Inhomogenitäten [3.1] [3.24] [3.25]. Folgende Teilprozesse des Abbildungsvorganges sind zu beachten:

- Auswahl der Strahlungsquellen
- Wechselwirkungen beim Materialdurchgang
- Entstehung des Durchstrahlungsbildes
- Aufzeichnung der Intensitätsverteilung.

Das Entstehen der *Röntgenstrahlen* ist an das Auftreffen energiereicher Elektronen auf Materie gebunden. Dabei werden infolge der Atomkräfte die Elektronen abgebremst, und die freiwerdende kinetische Energie wird teilweise in Strahlungsenergie umgesetzt. Diese emittierte elektromagnetische Strahlung stellt ein kontinuierliches Spektrum, Bremsspektrum, dar. Die Beschleunigungsspannung in üblichen Röntgenanlagen beträgt 100 bis 300 kV. Das entspricht Wellenlängen von etwa 10^{-3} bis 10^{-6} μm.

Im Gegensatz zur Röntgenstrahlung, die durch die Wechselwirkung von Elektronenstrahlen mit der Atomhülle entstehen, ist die *Gammastrahlung* eine Folge der Energiefreisetzung im Atomkern. Ausgangspunkt der Entstehung von Gammastrahlen ist das Bestreben von Nukleonen (Kernbausteinen), jeweils in die energetisch niedrigste Lage zu gelangen. Die dabei frei werdende Energie äußert sich in einer Emission von Gammaquanten, die entsprechend der Schalenstruktur des Kerns diskrete Energiebeträge und damit auch diskrete Wellenlängen besitzen. Die für die Durchstrahlungsprüfung wichtigen Gammastrahlungsquellen, wie ^{60}Co, ^{192}Ir und ^{170}Tm, werden durch eine Neutronenbestrahlung im Kernreaktor hergestellt. Durch Beschuß der stabilen Isotope mit langsamen Neutronen entstehen radioaktive Isotope, die bei ihrem Zerfall Gammastrahlung aussenden. Das Energiespektrum der einzelnen Gammastrahlungsquellen zeigt Tafel 3.6. Die kürzeste Wellenlänge, die bisher industriell zur Verfügung steht, gehört zum ^{60}Co und liegt bei $9 \cdot 10^{-7}$ μm.

Tafel 3.6. Energie und Halbwertszeit radioaktiver Isotope

Isotop	Halbwertszeit	Energie in MeV
^{170}Tm	127 d	0,084
^{192}Ir	74,5 d	0,3 ... 0,5
^{137}Cs	30 a	0,66
^{60}Co	5,3 a	1,77 u. 1,33

Die Grundlage der *Durchstrahlungsprüfung* sind die Wechselwirkungsvorgänge zwischen Röntgen- und Gammastrahlung beim Materiedurchgang, die im wesentlichen von den linearen Schwächungskoeffizienten unterschiedlicher Materialien bestimmt werden. In den linearen Schwächungskoeffizienten gehen die ablaufenden Wechselwirkungsvorgänge zwischen Strahlung und Materie folgendermaßen ein:

$$\mu = \mu_F + \mu_C + \mu_P \qquad \text{cm}^{-1}; \tag{3.1}$$

μ_F Fotoabsorptionskoeffizient
μ_C Comptonstreukoeffizient
μ_P Paarbildungskoeffizient.

Alle drei Koeffizienten sind von der Energie der Strahlung, von der Ordnungszahl sowie der Dichte des Materials abhängig, wobei für Röntgen- und Gammastrahlenquellen nur μ_F und μ_C von Einfluß sind. Der Paarbildungskoeffizient wirkt erst bei Energien über 10 MeV bei Verwen-

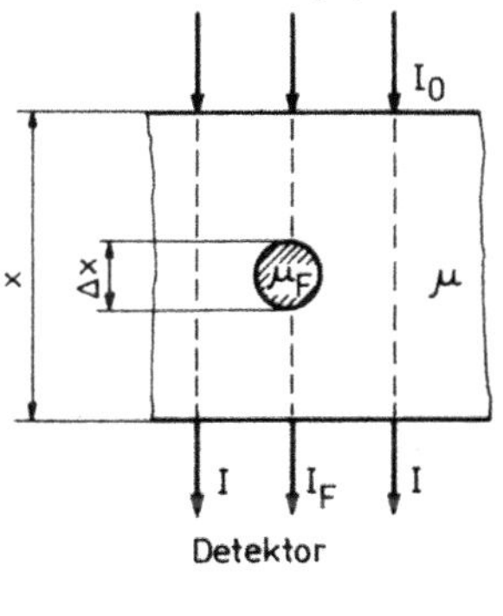

Bild 3.15. Durchstrahlung eines Prüfkörpers mit einer sphärischen Inhomogenität

I Strahlungsintensität (I_0 Einstrahlung, I Strahlung auf den Detektor, I_F Strahlung nach Inhomogenität); x Durchstrahlungsdicke; Δx Abmessung der Inhomogenität; μ Schwächungskoeffizient dung von Betatronen zur Durchstrahlungsprüfung. Für die technische Durchstrahlung von Werkstücken aus Stahl und Leichtmetallen ist die Wirkung des Comptoneffektes dominierend. Die Wechselwirkung mit Pb-Schichten dagegen vollzieht sich mit Ausnahme der ^{60}Co-Strahlung auf der Grundlage des Fotoeffektes.

Die nach dem Strahlungsdurchgang hinter einem Prüfkörper vorliegende *Intensitätsverteilung* ist von zwei Größen abhängig: von der Ausdehnung der Inhomogenitäten und von der Differenz der linearen Schwächungskoeffizienten zwischen Grundmatrix und Inhomogenität (Bild 3.15). Für Gammastrahlung gilt das Schwächungsgesetz:

$$I = \sum_{i=1}^{n} I_{0i} \cdot e^{-\mu_i x} \cdot B_i \; ; \tag{3.2}$$

i Nummer der Energielinie
I_{0i} Intensität der i-ten Linie
n Zahl der vorhandenen Energielinien
B_i sog. Aufbaufaktor, berücksichtigt seitliche Einstrahlung bei wenig gebündelten Strahlen.

Für ^{137}Cs und ^{170}Tm, sowie bei Annahme einer mittleren Strahlungsenergie für ^{60}Co (E = 1,25 MeV) und bei ^{192}Ir (E = 0,4 MeV) vereinfacht sich das Schwächungsgesetz zu:

$$I = I_0 \cdot e^{-\mu x} \cdot B \tag{3.3}$$

An der Stelle der Ungänze Δx ergibt sich bei einem Absorptionskoeffizienten μ_F an dieser Stelle die Intensität I_F zu:

$$I_F = I_0 \cdot e^{[-\mu \cdot (x - \Delta x) - \mu_F \cdot \Delta x]} \cdot B . \tag{3.4}$$

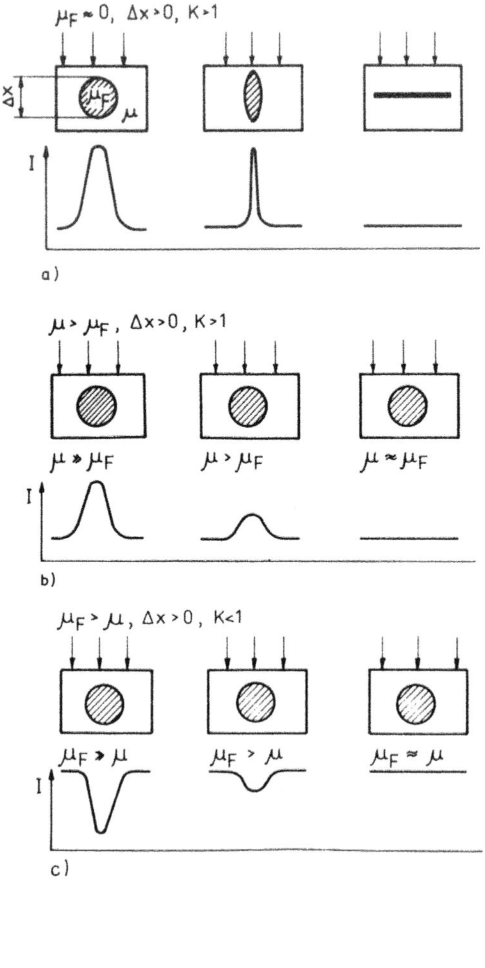

Bild 3.16. Intensitätsverteilung bei der Durchstrahlung von Modellkörpern mit Inhomogenitäten [3.1]

a) Hohlräume (Poren, Löcher, Risse); b) Einschlüsse mit $0 < \mu_F < \mu$; c) Einschlüsse mit $\mu_F > \mu$
μ Schwächungskoeffizient; μ_F Fotoabsorptionskoeffizient

Der Nachweis einer Ungänze oder Inhomogenität kann durch den Strahlenkontrast K charakterisiert werden:

$$K = I_F / I. \tag{3.5}$$

Die Division der Gln. (3.3) und (3.4) ergibt:

$$K = e^{\Delta x \cdot (\mu - \mu_F)} .$$

Überlagern sich mehrere Inhomogenitäten (Anzahl n) erhält K den Wert:

$$K^{(n)} = e^{\left[\sum_{i=1}^{n} \mu \cdot \Delta x_i - \sum_{i=1}^{n} \mu_{Fi} \cdot \Delta x_i\right]} . \tag{3.6}$$

Diese Abhängigkeiten von der Dicke der Ungänze Δx und der Differenz der linearen Schwächungskoeffizienten $\Delta\mu = \mu - \mu_F$ kann für eine Reihe praktischer Anwendungsfälle demonstriert werden (Bild 3.16).

Daraus leitet sich ab, daß sich z. B. rißartige Inhomogenitäten nur dann auf den Intensitätsverlauf auswirken, wenn sie parallel zur Strahlungsrichtung liegen. Bei nichtmetallischen Einschlüssen und Seigerungen hängt der Intensitätskontrast dagegen wesentlich von den unterschiedlichen μ-Werten ab.

Die Abbildung von Inhomogenitäten in der Intensitätsverteilung wird um so wirklichkeitsgetreuer, je mehr der Zustand eines parallelen Strahlungsbündels angenähert wird, d. h., je größer der Abstand zwischen Strahlungsquelle und Inhomogenität ist. Das ist jedoch mit einem Intensitätsverlust verbunden, so daß jeweils ein optimaler Abstand festzulegen ist. Die Aufzeichnung von Intensitätsverteilungen erfolgt üblicherweise mit Röntgenfilmen. Nach einer fotochemischen Behandlung wird der Intensitätsverlauf als Schwärzungsverlauf wiedergegeben. Der allgemeine Arbeitsbereich der Durchstrahlungsprüfung liegt im geradlinigen Teil der Gradationskurve von Röntgenfilmen im Schwärzungsbereich von $S = 1{,}0 \ldots 3{,}0$. Anstelle des Films werden besonders bei mechanisierten Prüfeinrichtungen zukünftig verstärkt Leuchtschirme, elektroradiographische Aufnahmeelemente und elektronische Abbildungsverfahren zur Anwendung kommen.

3.3.2. Durchstrahlungstechnik

Die Durchführung von Durchstrahlungsprüfungen erfolgt in folgenden Teilschritten:

- Festlegung der Durchstrahlungsenergie
- Auswahl des Röntgenfilms
- Festlegung der Durchstrahlungsanordnung
- Anbringen des Bildgütetestes
- Ermittlung der Belichtungszeit
- Festlegung der Strahlenschutzmaßnahmen
- Behandlung des Films nach Exposition.

Optimale Anwendungsbereiche verschiedener Energien bei der Durchstrahlungsprüfung von Werkstücken aus Stahl enthält Tafel 3.7.

Tafel 3.7. Abhängigkeit der Anwendungsbereiche der Durchstrahlungsprüfung von der Energie

Energie/Isotop	Anwendungsbereich (Dicke) mm
100 kV	20
200 kV	20 ... 60
300 kV	40 ... 100
^{192}Ir	30 ... 80
^{60}Co	60 ... 130

Entscheidend für die *Auswahl der Strahlungsquellen* sind die zu erreichende Detailerkennbarkeit und vertretbare Belichtungszeiten. Weiterhin kann z. B. die Größe und Transportierbarkeit von Geräten von Bedeutung sein. Die *Auswahl von Röntgenfilmen* in Verbindung mit Verstärkerfolien wird in erster Linie durch das Bildgütekriterium bestimmt. Es ist darauf zu achten, daß Film- und Folientyp aufeinander abgestimmt sind. Metallfolien (Pb, Ta, Au oder Stahl) erreichen Verstärkungsfaktoren von 1,5 bis 4,0, während bei Salzverstärkerfolien eine bis zu 200fache Verkürzung der Belichtungszeit möglich ist. Die Verschlechterung der Detailerkennbarkeit ist dabei erheblich. Die *Durchstrahlungsrichtung* soll so gewählt werden, daß die größte Ausdehnung der im Werkstück zu erwartenden Inhomogenitäten möglichst parallel dazu liegt. Der Film wird in unmittelbaren Kontakt mit dem zu prüfenden Werkstück gebracht. Die im Prüfobjekt, in der Unterlage oder in der Umgebung entstehende Streustrahlung ist durch Pb-Abdekkung abzuschirmen. Der minimale Abstand der Strahlungsquelle von der Werkstückoberfläche läßt sich für verschiedene Strahlungsanordnungen als Beziehung von Fehler–Film–Abstand, von der inneren Unschärfe, die von der verwendeten Film-Folien-Kombination abhängt, und vom Durchmesser der Strahlungsquelle ermitteln. In der industriellen Durchstrahlungspraxis wird meistens ein Abstand von 70 mm eingehalten. Anordnungen für die Prüfung von Rohrschweißverbindungen sind:

- Rundstrahlungsaufnahmen
- Teilaufnahmen
- Ellipsenaufnahmen.

Zweckmäßige Durchstrahlungsanordnungen zeigt Bild 3.17.

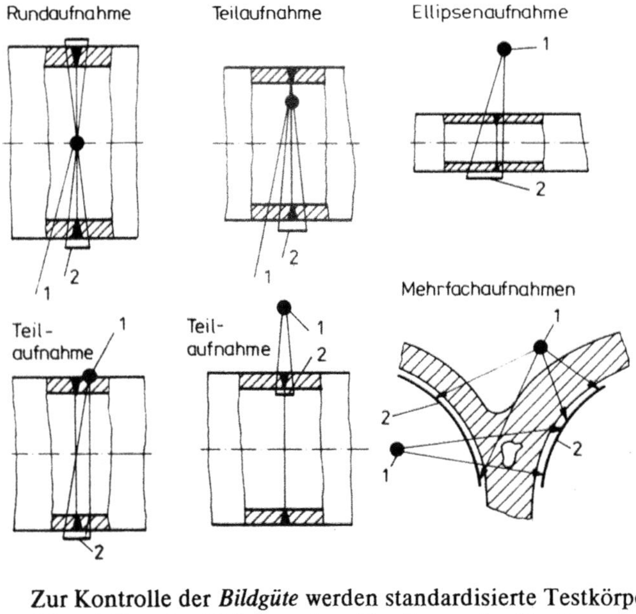

Bild 3.17. Beispiele für Durchstrahlungsprüfungen [3.1]
1 Strahlungsquelle; *2* Röntgenfilm

Zur Kontrolle der *Bildgüte* werden standardisierte Testkörper auf das Werkstück aufgelegt, die auf dem Film abgebildet werden. Sie dienen der Bestimmung minimal erkennbarer Dickenunterschiede bzw. einer Erkennbarkeitsschwelle. In erster Linie werden dazu Drahtstege verwendet.

Die *Belichtungszeiten* sind so zu wählen, daß bei Röntgenaufnahmen der auszuwertende Dikkenbereich etwa die Schwärzung 1,5 bis 2,0 erreicht. Das gilt für die heute überwiegend angewendeten Filmbetrachtungskästen. Mit Hilfe von Stufenkeilen werden für die verschiedenen Film-Folien-Kombinationen Belichtungsdiagramme aufgestellt. Daraus ist für eine jeweilige Durchstrahlungsanordnung und Wanddicke die erforderliche Belichtungsgröße (mA · min bzw Ci · h) ablesbar.

Beim Arbeiten mit ionisierender Strahlung ist es erforderlich, die gesetzlich vorgeschriebenen *Strahlenschutzmaßnahmen* einzuhalten [3.26] [3.27]. Neben den erforderlichen Zulassungen von

Durchstrahlungsgeräten, Technologien und Personen ist eine personendosimetrische Überwachung zu gewährleisten.

Nach der Belichtung des Röntgenfilms erfolgt die fotochemische Behandlung in der Dunkelkammer. Die Einhaltung der vorgeschriebenen *Entwicklungstechnologie* ist eine Bedingung für die Gewährleistung der Detailerkennbarkeit der Röntgenaufnahme. Die Auswertung der Radiogramme ist standardisiert und erfordert ein hohes Maß an Qualifikation und Erfahrung. Der Umfang an gerätetechnischen Ausrüstungen für Durchstrahlungsprüfungen ist erheblich. Neben den oftmals schweren Durchstrahlungsgeräten (Röntgengeräte und Gammagraphiegeräte) sind lange Kabel und Ausfahrseile bzw. Schläuche zur Gewährleistung des Sicherheitsabstandes erforderlich. Darüber hinaus werden Filmkassetten, spezielle Halterungen für Filme, eine komplette Dunkelkammereinrichtung und Filmbetrachtungsgeräte benötigt. Aufgrund der stark unterschiedlichen Wanddickenverhältnisse sind meist mehrere Röntgenanlagen (100 kV, 140 kV bzw 200 kV) und ^{192}Ir- bzw. ^{60}Co-Anlagen erforderlich.

Der Betrieb von Röntgen- und Gammagraphieanlagen ist durch das Staatliche Amt für Atomsicherheit und Strahlenschutz genehmigungspflichtig.

3.3.3. Anwendung und Weiterentwicklung

Die Röntgen- und Gammadefektoskopie wird bevorzugt im Rahmen von Montage- und Reparaturschweißungen angewendet. Durchstrahlungsprüfungen sind zum prophylaktischen Fehlernachweis nur bedingt geeignet. Grenzwerte für die Fehlererkennbarkeit vermittelt Bild 3.18. Ein Nachweis von rißartigen Fehlern gelingt nicht immer mit der erforderlichen Empfindlichkeit. Bei Schadensfällen und in Ergänzung zu anderen Prüfverfahren können für prophylaktische Prüfaufgaben Angaben über Fehlergrößen, -lage und -häufigkeit vervollständigt werden. Als alleiniges Diagnoseverfahren ist die Durchstrahlungsprüfung nur in Einzelfällen, z. B. bei stark ausgeprägter Narbenkorrosion an Rohrleitungen, anwendbar.

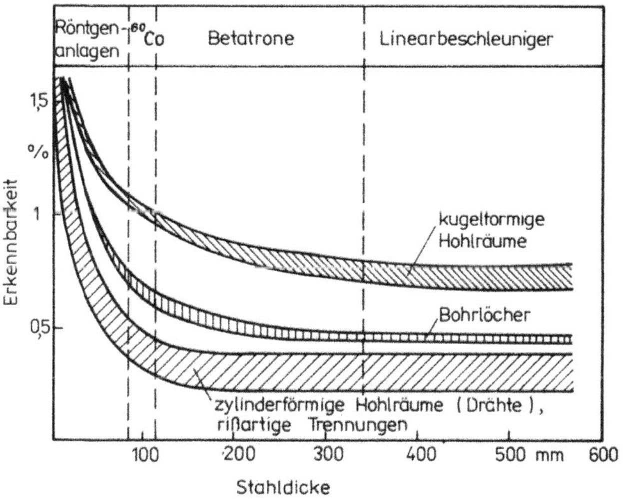

Bild 3.18. Erkennbarkeitsgrenzen bei Bohrungen und Hohlräumen in Abhängigkeit von der Materialdicke [3.1]

Der apparative Aufwand, die relative Unbeweglichkeit der Geräte und der erforderliche Personal- und Materialaufwand schränken die Anwendbarkeit für Diagnosezwecke ein.

Die technische Vervollkommnung und Weiterentwicklung der Durchstrahlungsprüfung mittels Röntgen- und Gammastrahlung vollzieht sich in folgenden Hauptrichtungen:

- Automatisierung der Bilderkennung und -verarbeitung [3.28] [3.29]
- Reduzierung der Prüfzeit [3.29]
- Ermittlung spezieller Materialeigenschaften [3.30]
- Weiterentwicklung der Gerätetechnik [3.31] [3.32].

Das Auffinden von Fehlern mit Bildverarbeitungssystemen setzt voraus, daß sich Fehleranzeigen in einem Röntgenbild durch eindeutige Kriterien erfassen lassen (vgl. auch Abschn. 4.). Kriterien sind die Fehlerlage, Fehlertypen, Fehlerkontrast sowie Strukturüberlagerungen [3.28]. Einzelne Schritte des Verfahrens sind:

- Bildaufnahme
- Bilddigitalisierung
- Bildverbesserung durch Hervorhebung charakteristischer Bildteile
- Segmentierung der Fehler durch Subtraktion des Bilduntergrundes
- Darstellung der Fehler auf dem Monitor.

Der Gesamtvorgang läuft automatisch ohne Eingriff des Prüfers ab. Ein Vergleich mit der manuellen Bewertung von Prüfaufnahmen zeigt, daß repräsentative Ergebnisse mit der automatischen Bildauswertung erreichbar sind.

3.3.4. Neutronenradiographie

Die Durchstrahlungsprüfung mit Neutronen nutzt die Wechselwirkung der Neutronen mit den Atomkernen der durchstrahlten Materie. Neutronen durchdringen schweratomige Stoffe mit äußerst geringer Schwächung, werden an C-, N-, O- und H-Kernen stark gestreut und durch Li, B, Cd und seltene Erden stark absorbiert. Als Strahlungsquelle werden z. B. radioaktive ^{252}Cf-Quellen, spezielle Neutronengeneratoren oder Kernreaktoren mit Quellenstärken von $10^4 \ldots 10^6$ n · cm^{-2} · s^{-1} für radioaktive Quellen, 10^{10} n · cm^{-2} · s^{-1} für Neutronengeneratoren und 10^{15} n · cm^{-2} · s^{-1} für Kernreaktoren verwendet [3.1]. Die gegenwärtig erfolgversprechendste Anwendung findet die Neutronenradiographie zur Detektion wasserstoffhaltiger Substanzen in metallischen Hüllen [3.33] [3.34]. Die Anwendung beschränkt sich wegen der erforderlichen Gerätetechnik und des Strahlenschutzes auf ortsfeste Anlagen. Die Bildauswertung wird mit Fernsehtechnik realisiert. Ein Beispiel einer Anlage für die Neutronenradiographie mit einer ^{252}Cf-Quelle zeigt Bild 3.19. Der Neutronenstrahl passiert das Objekt, wird detektiert durch einen Szintillationsschirm. Das Schirmbild wird über Spiegel, Linsen und Bildverstärker einer CCD-Kamera zugeleitet. Durch elektronische Bildwandlung kann das Ergebnis auf einem Monitor betrachtet oder in einem Bildspeicher abgelegt werden. Geeignet ist diese Technik für die Serienprüfung. Die Detailerkennbarkeit erreicht 4 bis 5 %.

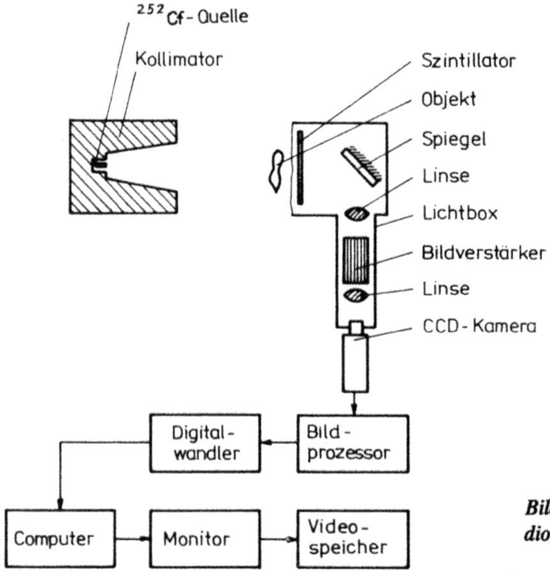

Bild 3.19. Bildauswertung einer Neutronenradiographieanlage mit ^{252}Cf-Quelle (nach [3.33])

3.4. Werkstoffprüfung mit Ultraschall

Die Werkstoffprüfung mit Ultraschall nutzt die Messung der Laufzeit von Schallimpulsen oder deren Intensität zur Bestimmung von Materialdicken bzw. -restdicken, zur Rißprüfung sowie zur Ermittlung von Ausspülungen, Abrieb und Korrosion. Besonders bei dicken Materialien ist die Fehlererkennbarkeit der Ultraschallprüfung höher als bei radiometrischen Verfahren. Die Ultraschallprüfung ist preiswert realisierbar, gut automatisierbar und erfordert keine zusätzlichen Maßnahmen des Arbeitsschutzes.

3.4.1. Physikalische Grundlagen der Ultraschallwerkstoffprüfung

Die von einer Schallquelle ausgehenden Schallwellen breiten sich in einem angrenzenden Medium geradlinig mit einer definierten Geschwindigkeit aus. Die Schallgeschwindigkeit v hängt ab von der Art der Wellen, dem Elastizitätsmodul E, der Poissonzahl μ und der Dichte des Materials ϱ, für bestimmte Wellenarten von der Frequenz f und in geringem Maße von der Temperatur. In Medien mit großen Abmessungen gegenüber der Wellenlänge entstehen Longitudinalwellen und Transversalwellen, an der Oberfläche des Mediums bilden sich Oberflächenwellen. Für alle Wellenarten gilt

$$v = \lambda \cdot f, \tag{3.7}$$

mit λ Wellenlänge, f Frequenz und v Schallgeschwindigkeit. Die Geschwindigkeiten für die einzelnen Wellenarten können ermittelt werden zu [3.35]:

$$v_L = \left(\frac{E \cdot (1-\mu)}{\varrho \cdot (1+\mu) \cdot (1-2\mu)}\right)^{1/2} \tag{3.8}$$

für Longitudinalwellen,

$$v_T = \left(\frac{E}{2\varrho \cdot (1+\mu)}\right)^{1/2} \tag{3.9}$$

für Transversalwellen und

$$v_O = \frac{0{,}87 + 1{,}12\,\mu}{1-\mu} \left(\frac{E}{\varrho}\,\frac{1}{2 \cdot (1+\mu)}\right)^{1/2} \tag{3.10}$$

für Oberflächenwellen.

Für in der Werkstoffprüfung relevante Materialien sind die Geschwindigkeiten für *Longitudinalwellen* und *Transversalwellen* in Tafel 3.8 zusammengestellt. Die Longitudinalwellenge-

Tafel 3.8. Longitudinal- und Transversalwellengeschwindigkeit sowie Schallwellenwiderstand ausgewählter Stoffe [3.1]

Stoff	Longitudinalwellengeschwindigkeit v_L $m \cdot s^{-1}$	Transversalwellengeschwindigkeit v_T $m \cdot s^{-1}$	Schallwellenwiderstand Z $10^6 N \cdot s \cdot m^{-3}$
Aluminium	6 320	3 130	17
Blei	2 160	700	24
Eisen	5 900	3 230	45
Kupfer	4 730	2 300	42
Nickel	5 894	3 219	52
Zink	4 120	2 350	29
Quarzglas	5 570	3 520	14
Piacryl	2 730	1 430	3,2
Wasser (293 K)	1 481	–	1,5
Luft	330	–	–

schwindigkeit ist etwa doppelt so groß wie die Transversalwellengeschwindigkeit. Die Wellenlänge für Longitudinalwellen in Eisen, Gl. (3.7), beträgt bei einer Frequenz von $f = 1$ MHz etwa 6 mm, bei 6 MHz etwa 1 mm. Schallwellen breiten sich in einem homogenen, isotropen Medium nach allen Richtungen gleichmäßig aus. Ihre Energie unterliegt einer nur vom Material abhängigen Schwächung:

$$I_x = I_0 \cdot e^{-\alpha \cdot x}, \tag{3.11}$$

mit x durchstrahlte Materialdicke und α Absorptionskoeffizient, einer stoffspezifischen Größe. Aus der Bestimmung des Intensitätsverhältnisses kann aus

$$\ln (I_x/I_0) = -\alpha \cdot x \tag{3.12}$$

sowohl auf Dickenänderungen x als auch Absorptionsänderungen α geschlossen werden *(Durchschallungsverfahren)*, Tafel 3.9a.

An der Grenzfläche zweier unterschiedlicher Medien wird ein Teil der Schallenergie reflektiert und nur der verbleibende Rest tritt in das angrenzende zweite Medium ein [3.36]. Der *Reflexionsgrad R* ist stark materialabhängig und errechnet sich aus dem Schallwellenwiderstand

$$Z = \varrho \cdot v \tag{3.13}$$

zu:

$$R = \left(\frac{\varrho_2 v_2 - \varrho_1 v_1}{\varrho_2 v_2 + \varrho_1 v_1} \right)^2 . \tag{3.14}$$

Tafel 3.9. Ultraschallprüfverfahren
S Sender; E Empfänger; B Prüfobjekt (Bauteil)

Verfahren		phys. Prinzip	Betriebsart	Anordnung	Anwendung
a	Durchschallung	Intensitätsmessung	kontinuierlich	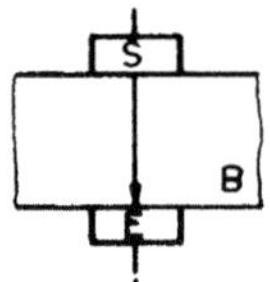	Ungänzen, Materialqualität, Eigenschaften
b		Laufzeitmessung	Impulsbetrieb	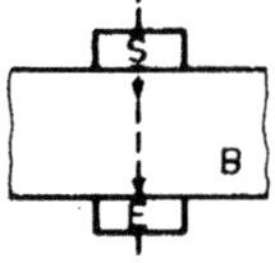	Dickenmessung, Ungänzen
c	Reflexion	Resonanz	kontinuierlich	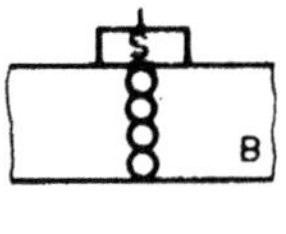	Dickenmessung, Materialqualität
d		Impulsecho	Impulsbetrieb	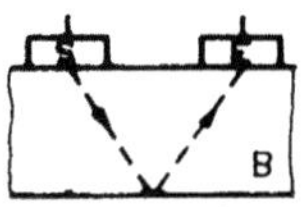	Ungänzen, Dickenmessung
e		Impulsecho	Impulsbetrieb	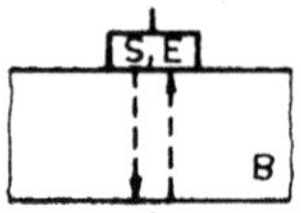	Ungänzen, Dickenmessung
f		Impulsecho Winkelprüfkopf	Impulsbetrieb	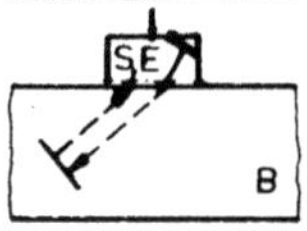	Ungänzen

Der Durchlässigkeitskoeffizient D gibt das Verhältnis von durchgehender zu einfallender Schallintensität an und ist

$$D = 1 - R\,. \tag{3.15}$$

Schallwellen hoher Frequenz in Stahl werden beim Auftreffen auf eine Grenzfläche gegen Luft zu fast 100 % reflektiert.

Aus diesen Zusammenhängen, Gl. (3.13) bis (3.15), ergeben sich weitere Möglichkeiten, Materialdicken, Materialqualitäten, Hohlräume in Stahl und anderen Werkstoffen zu diagnostizieren. *Laufzeitmessungen* mit getrenntem Sender und Empfänger gestatten die Bestimmung der Materialdicke und von Ungänzen im Durchschallungsverfahren, Tafel 3.9b. Die Unzugänglichkeit der zweiten Materialoberfläche von Wandungen führte zur Nutzung der Schallreflexion als Prüfverfahren. Beim *Resonanzverfahren* (Tafel 3.9c) wird der Effekt der Ausbildung stehender Wellen bei Erfüllung der Resonanzbedingungen zwischen Materialdicke und Frequenz ausgenutzt. Mit diesem Verfahren können auch begrenzte Rückschlüsse auf die Qualität des Materials gezogen werden.

Verwendet man den Begriff des „Echos" für den reflektierten Teil des Schalls und sendet Schallimpulse anstelle einer kontinuierlichen Schallausstrahlung, kann das sog. *Impuls-Echo-Verfahren* technisch realisiert werden. Es eignet sich sowohl für die Dickenmessung als auch für die Detektion von Ungänzen. Sender und Empfänger können getrennt an der Oberfläche angeordnet sein (Tandemanordnung), Tafel 3.9d, oder in einem Prüfkopf vereinigt werden (Tafel 3.9e). Schallimpulsfolgen lassen eine zeitlich nacheinander erfolgende Bewertung der Sendung und des Empfangs der Schallwellen zu.

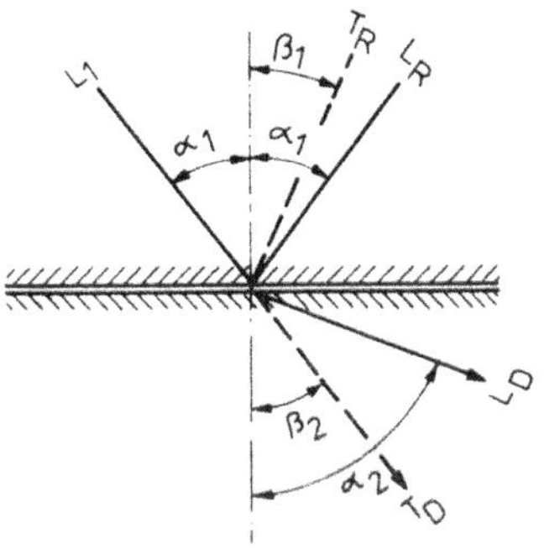

Bild 3.20. Reflexion, Brechung und Bildung von Transversalwellen aus Longitudinalwellen an der ebenen Grenzfläche zwischen zwei festen Medien

L_1 einfallende, L_R reflektierte und L_D gebrochene Longitudinalwelle; T_D, T_R Transversalwellen

Auch die *Umwandlung von Wellenarten* kann für die Ultraschallprüfung genutzt werden, Bild 3.20. Eine Longitudinalwelle L_1 an der Grenzfläche zweier fester Medien wird reflektiert (L_R) und gebrochen (L_D), außerdem bilden sich in beiden Medien M_1 und M_2 Transversalwellen (T_R, T_D). Für die im Medium *2* gebrochene Longitudinalwelle L_D gilt [3.1]:

$$\frac{\sin\alpha_1}{\sin\alpha_2} = \frac{v_{1L}}{v_{2L}}\,. \tag{3.16}$$

Für die Transversalwelle im Medium *2* erhält man:

$$\frac{\sin\alpha_2}{\sin\beta_2} = \frac{v_{2L}}{v_{2T}}\,. \tag{3.17}$$

Durch Wahl des Einfallswinkels α_1 kann erreicht werden, daß die Longitudinalwelle im Medium *2* total reflektiert wird ($\alpha_2 \geqq 90°$). Dadurch breitet sich im Medium *2* nur die gebildete Transversalwelle aus. Diese Erscheinung wird für sog. Winkelprüfköpfe genutzt (Tafel 3.9f). Die Schrägeinstellung des Senders über einen Keil aus organischem Glas ergibt z. B. für Piacryl einen Grenzwinkel $\alpha_2 = 90°$, $\alpha_1 = 27°$ und für die Transversalwelle $\beta_2 = 33°$, Gl. (3.16), (3.17). Diese Prüfkopfanordnung gestattet das Auffinden von Ungänzen, die nicht parallel zur Prüfoberfläche liegen.

3.4.2. Impuls-Echo-Verfahren

Das Impuls-Echo-Verfahren hat die häufigste Anwendung in der Werkstoffprüfung gefunden, und auch die entwickelte Ultraschallwerkstoffprüftechnik basiert am häufigsten auf diesem Prinzip [3.1] [3.10] [3.37] [3.38]. Kurze Ultraschallimpulse können auf ihrem Laufweg zur Ungänze oder zur Rückwand des Materials und zurück zum Prüfkopf verfolgt werden (Bild 3.21). Durch Laufzeitmessung kann auch die ungefähre Lage der Ungänze oder die Materialdicke ermittelt werden, die Intensität der rückkehrenden Impulse sagt im Verhältnis zum Sendeimpuls etwas über die Größe der Ungänze aus.

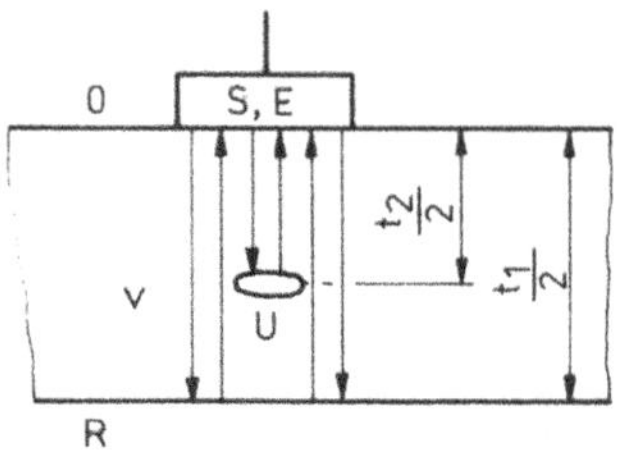

Bild 3.21. Prinzip des Impuls-Echo-Verfahrens mit Laufzeitmessung

S Sender; *E* Empfänger; *t* Laufzeit; *O* Oberfläche; *R* Rückwand; *v* Schallgeschwindigkeit; *U* Ungänze

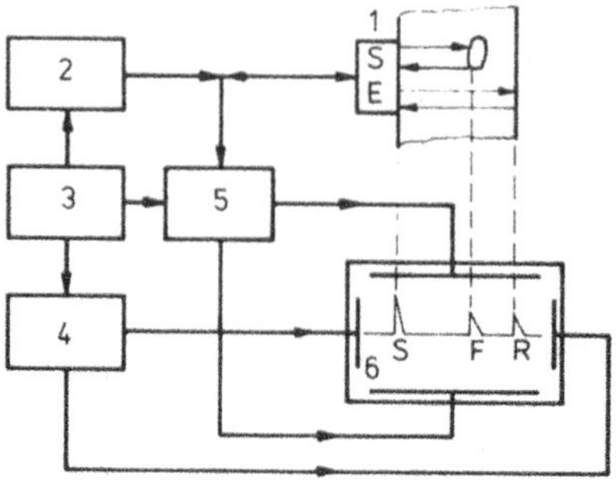

Bild 3.22. Gerätetechnik des Impuls-Echo-Verfahrens

1 Prüfkopf als Sender (*S*) und Empfänger (*E*); *2* Impulsgenerator; *3* Synchronisator; *4* Kippgenerator; *5* Verstärker; *6* Monitor
S Sendeimpuls; *F* Fehlerimpuls; *R* Rückwandimpuls

Gerätetechnisch (Bild 3.22) wird dieses Verfahren durch den Prüfkopf (den Ultraschallsender und -empfänger), den Impulsgenerator, Synchronisator, Kippgenerator, Verstärker sowie einen Monitor realisiert. Die Impulsdauer beträgt etwa 2 µs. Reflexionsechos werden durch Auslenkungen auf einem Monitor sichtbar gemacht. *Typische Impulse* sind der Sendeimpuls, der Fehlerimpuls und der Rückwandimpuls. Der Abstand zwischen den Impulsen ist das Maß für die Lage des Fehlers bzw. der Rückwand, die Amplitudenhöhe ein Maß für die Größe des Fehlers.

Alle Prüfeinrichtungen sind durch Vergleich mit Probekörpern zu kalibrieren. Damit können im Prüfprozeß auch quantitative Aussagen zur Fehlerlage und -größe gemacht werden. Bei der Prüfung von geometrisch einfachen Werkstücken wird ein Prüfkopf (Sende- und Empfangskopf) auf der blankgeschliffenen Oberfläche angekoppelt und das Werkstück nach und nach abgetastet. Ist das Werkstück fehlerfrei, werden nur Sende- und Echoimpuls von der Rückwand – entsprechend der Dicke des Werkstücks auf dem Bildschirm verschoben – registriert. Letzterer ist aufgrund der Intensitätseinbußen kleiner als der Sendeimpuls. Befindet sich dagegen eine fehlerhafte Stelle im Werkstück, so wird an dieser Stelle ein Teil des Sendeimpulses reflektiert. Die *Ankopplung des Prüfkopfes* an das Werkstück wird durch Vaseline, Öl, Wasser o. ä. erreicht. Das Verfahren kann kontinuierlich oder diskret bezüglich Ort und Zeit eingesetzt werden. Es liefert eine nahezu momentane Anzeige des Meßwerts in einem Punkt. Der Einsatz erfordert einseitigen bzw. zweiseitigen Zugang hinreichender Größe, geschliffene Oberflächen des Werkstücks, Temperaturen nicht höher als 60 °C bei Verwendung normaler Prüfköpfe sowie die Gewährleistung der Sicherheit des Meßpersonals. Es können Werkstücke mit einer Dicke größer 3 mm bis

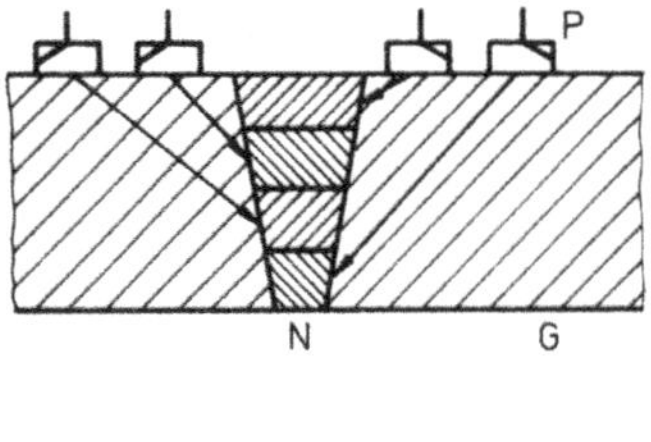

Bild 3.23. Prüfung dickwandiger Bauteile mit mehreren Sende-Empfangsprüfköpfen

P Winkelprüfköpfe; *N* Schweißnaht; *G* Grundwerkstoff

zu einigen Metern geprüft werden. Dickwandige Prüfkörper können genauer durch Verwendung mehrerer Sende-Empfangsprüfköpfe geprüft werden (Bild 3.23). Dazu sind Winkelprüfköpfe besonderer Winkeleinstellung und Justierung erforderlich.

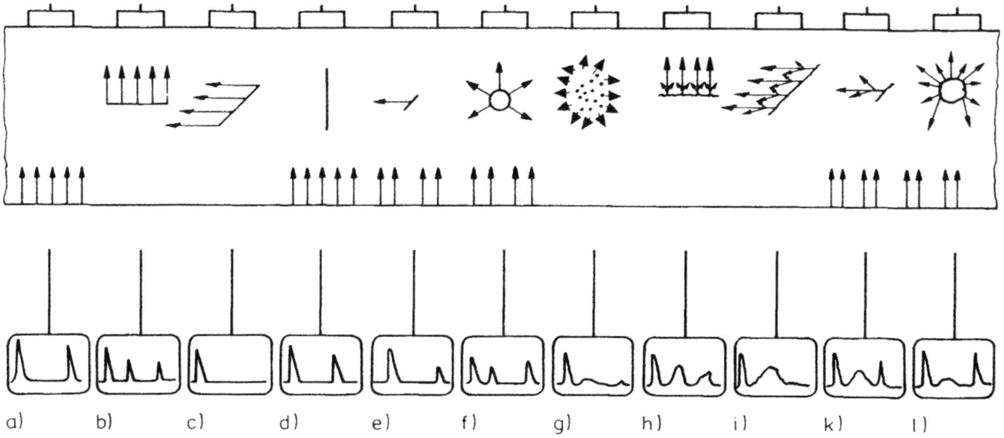

Bild 3.24. Prüfbilder für ausgewählte Fehlerformen (nach [3.1])

a) Rückwandecho; b) Fehler parallel zur Prüfoberfläche; c) Schräglage eines großen Fehlers; d) Fehler senkrecht zur Schallausbreitung; e) Schräglage eines kleinen Fehlers; f) Kugelpore; g) Gefügeauflockerung, Grobkornzone; h) bis l) durch Streuung und Reflexion verbreiterte Echos

Fehlerart und Fehlerlage verursachen vielfältige *Prüfbilder* auf dem Monitor. Ein allgemein gültiger Fehlerkatalog ist kaum erstellbar, Grundsätze für die Fehlererkennbarkeit kann man dem Bild 3.24 entnehmen. Da der Einsatz der Impuls-Echo-Verfahren Spezialkenntnisse erfordert, sollte auf langjährige Tätigkeit der Ultraschallprüfer Wert gelegt werden. Informationen über spezielle Anwendungsfälle sind der Spezialliteratur zu entnehmen, z. B. [3.10] [3.35] [3.37] [3.38].

3.4.3. Entwicklungstendenzen

Die weitere Entwicklung der Ultraschallprüfverfahren ist gekennzeichnet durch

- Anwendung für eine breite Skala von Werkstoffen
- Erhöhung des Auflösungsvermögens und der Fehlererkennbarkeit sowie
- automatisierte Prüfung dickwandiger Bauteile und deren bildliche Darstellung.

Besondere Bedeutung erhält die Prüfung austenitischer Werkstoffe, die in der Kernenergetik, der chemischen und Lebensmittelindustrie verstärkt eingesetzt werden. Durch das grobkörnige Gefüge tritt ein höherer Streuuntergrund auf als bei ferritischen Stählen. Damit wird die Fehlererkennbarkeit beeinträchtigt. Lösungen zur *Verbesserung der Fehlererkennbarkeit* sieht man in der Optimierung der Prüftechnik und Prüftechnologie [3.10], z. B. durch Frequenzabsenkung, Schwingergrößenoptimierung, Einschränkung des streuenden Volumens, hoch bedämpfte Prüfköpfe, Wellenartoptimierung sowie durch Spezialgeräte mit Schmalbandsendertechnik, Mehrfrequenzverfahren, Impulsmittelung u. ä.

Die *Automatisierung* der Ultraschallprüfung verfolgt die im Abschnitt 3.2. erläuterten Tendenzen. Bemerkenswerte Ergebnisse wurden bei der Entwicklung der Dickenmeßtechnik erzielt [3.39] [3.40] und bestehen im Angebot computergesteuerter Prüfsysteme [3.41] bis [3.44].

Bestrebungen zur *zweidimensionalen Darstellung* des Prüfobjektes und enthaltener Ungänzen führten zur Entwicklung eines rechnergestützten Ultraschallprüfgerätes mit Richtcharakteristik [3.43]. Durch Anwendung eines Schallkopfes mit 16 einzelnen Strahlen sowie einer rechnergeführten Bildauswahl über Tiefe und Winkel des Prüfkopfes (Bild 3.25) wird mit einem Verarbei-

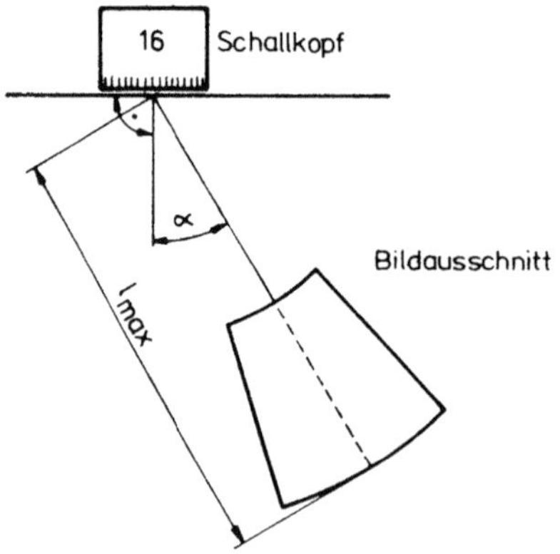

Bild 3.25. Gruppenstrahler mit Bildausschnittwahl über Tiefe und Winkel des Prüfkopfes (nach [3.43])

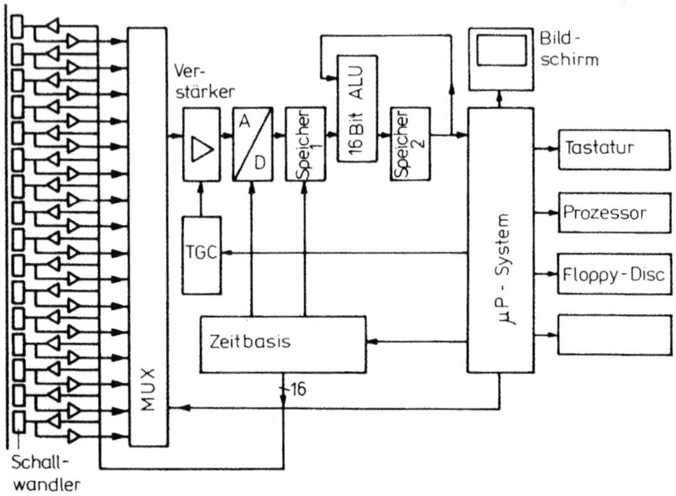

Bild 3.26. Blockschaltbild des Verarbeitungssystems „Ultraschallgerät mit Richtcharakteristik" [3.43]

tungssystem (Bild 3.26), ähnlich dem Radar-Prinzip, der Querschnitt der Probe abgetastet (Ultraschall-Scanner). Farb- und Grauwerte charakterisieren den Materialzustand auf der Bildschirmabbildung für vorgewählte Sektoren. Die Dokumentation kann mit Hilfe eines grafikfähigen Druckers erfolgen. Dieses Beispiel zeigt eine wesentliche Richtung zur weiteren Vervollkommnung der Ultraschallprüftechnik.

Prinzipiell neue Wege werden durch *Anwendung von Oberflächenwellen* zur zerstörungsfreien Werkstoffprüfung beschritten. Die Detektion von Bearbeitungskanten, Rissen u. ä. gestattet die Automatisierung kontinuierlich verlaufender Bearbeitungsprozesse [3.1] [3.20].

3.5. Wirbelstromprüfverfahren

Wirbelstromprüfverfahren nutzen die Änderung des Wechselfeldes einer wechselstromdurchflossenen Spule, wenn ein fehlerbehafteter oder fehlerfreier metallischer Körper in den Spulenwirkungsbereich gebracht wird. Dieses Verfahren ist geeignet zur Tiefenmessung von Materialtrennungen (Rissen) an Konstruktionsteilen, für Gefüge- und Legierungsprüfungen sowie zur Dicken- und Schichtdickenmessung. Das Wirbelstromprüfverfahren kann als Tastsondenverfahren vielfältig an kompliziert geformten Bauteilen angewendet werden. Als *Durchlaufspulenverfahren* ist die Anwendung des Verfahrens auf die Prüfung von Rohren, Stangen und Drähten ausgerichtet. Durchlaufspulen haben für die Innenprüfung an Wärmeübertragerrohren mit 1 bis 5 mm Wanddicke besondere Bedeutung.

3.5.1. Physikalische Grundlagen der Wirbelstromprüfung

Wird eine wechselstromdurchflossene Spule auf einen metallischen Körper aufgesetzt, so wird durch das Primärfeld der Spule in der Probe eine Wechselspannung induziert, unter deren Einfluß ein Wirbelstrom fließt, der wiederum den Aufbau eines magnetischen Wechselfeldes zur Folge hat. Dieses sekundäre Wechselfeld wirkt dem Primärfeld entgegen und verändert seine Parameter. Dieser Effekt läßt sich messen, wenn man die Sekundärspannung E bei Spulen mit Primär- und Sekundärwicklung ermittelt oder bei Spulen mit nur einer Wicklung deren Scheinwiderstand $\omega \cdot L$ mißt. Diese Funktionsprinzipe werden im Bild 3.27 links für die Zweispulenanordnung und rechts für die Einspulenanordnung schematisch dargestellt.

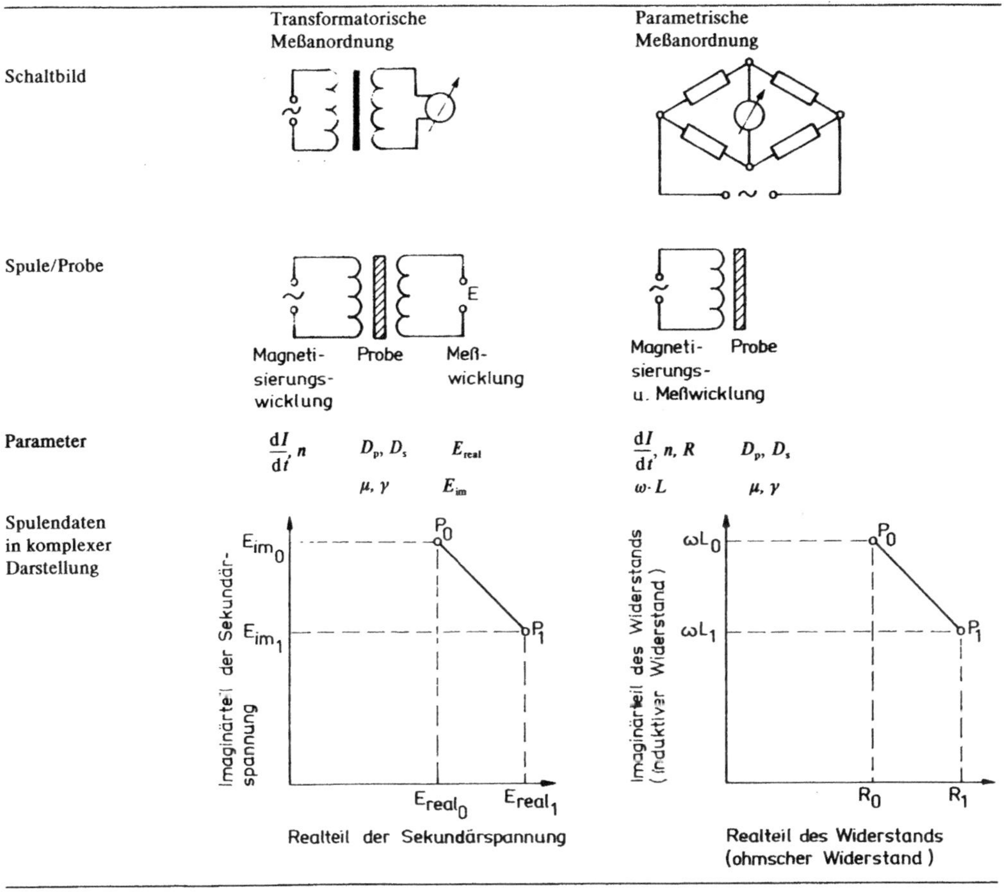

Bild 3.27. Grundlagen der Wirbelstromprüfung [3.1]

Für das Wirbelstromprüfverfahren nutzt man den Zusammenhang, daß die Veränderung des Primärfeldes von den physikalischen und geometrischen Probeneigenschaften sowie von den Geräteeigenschaften abhängt [3.1]. Geräteeigenschaften sind:

- Frequenz f
- Stromstärke I
- Spannung E
- Windungszahl n.

Probeneigenschaften sind:

- elektrische Leitfähigkeit γ
- Permeabilität μ
- Werkstoffinhomogenitäten.
- Probenform
- Probenabmessung D

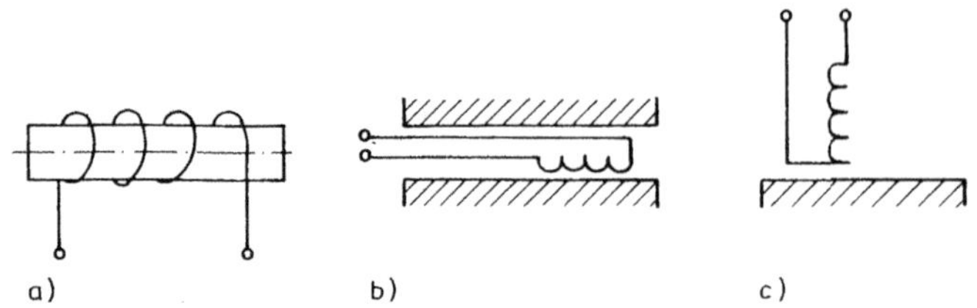

Bild 3.28. Prüfspulenarten
a) Durchlaufspule (außen); b) Durchlaufspule (innen); c) Tastspule

Die *Prüfspulenform* wird den Prüfaufgaben angepaßt, die häufigsten Spulenformen sind Durchlaufspule und Tastspule (Bild 3.28). Die Ermittlung der Probeneigenschaften kann durch Absolutverfahren oder Vergleichsverfahren erfolgen. Das einfachere Absolutverfahren hat den Nachteil, daß zu messende Abweichungen in der Probe nur als Abweichung der Meßgröße erfaßt werden können. Im Vergleichsverfahren kann eine Kompensation der sog. 0-Eigenschaften vorgenommen werden, und es werden nur Abweichungen angezeigt. Beide Verfahren finden Anwendung. Technische Realisierungen sind [3.10]:

- Absolutsonden
- Differenzsonden
- Multidifferenzsonden
- Multi-Multi-Differenzsonden.

Gemessen wird im allgemeinen die Amplitude der Meßspannung. Die Messung der Phasenverschiebung ist erforderlich, wenn sich Leitfähigkeits-, Permeabilitäts-, Durchmesser- oder Rißeffekte überlagern.

Die *Wahl der Frequenz* entscheidet über die Möglichkeit zur Unterdrückung von Störeinflüssen. Frequenzen zwischen 10 und 100 kHz sind üblich. Ist eine ausreichende Elimination der Störeinflüsse durch Frequenzwahl nicht möglich, verwendet man Mehrfrequenzverfahren. Damit können Leitfähigkeitsschwankungen, Permeabilitätsschwankungen u. ä. ausgewiesen bzw. eliminiert werden. Moderne Gerätesysteme verwenden die Impulstechnik. Sendeimpulse mit Längen zwischen 10 bis 100 µs werden vom Empfänger registriert und ausgewertet.

3.5.2. Anwendung der Wirbelstromprüfung

Mittels Wirbelstromverfahren lassen sich an bzw. dicht unter der Oberfläche liegende *Risse* nachweisen. Die Prüfempfindlichkeit und die Meßgenauigkeit hängen vom Einfluß von Rissen mit verschiedener Form, Tiefe und Lage auf den Scheinwiderstand der Spule ab. Dabei ist von entscheidender Bedeutung, daß sich der Einfluß der Rißeffekte in der Scheinwiderstandsebene in anderen Richtungen auswirkt als die Effekte von Leitfähigkeits-, Permeabilitäts- und Geometrieänderungen.

Risse, die etwa 5 % der Wanddicke unterhalb der Oberfläche liegen, werden nicht mehr angezeigt. Die kleinste nachweisbare Rißlänge ist vom Wirkungsquerschnitt des Primärfeldes abhängig und ist damit durch die Prüffrequenz vorgegeben. Es wird eine noch nachweisbare Rißtiefe von 0,5 bis 1,0 mm in Abhängigkeit vom Werkstoffzustand angegeben.

Beim Einsatz des Wirbelstromverfahrens zur Rißortung ist bei allen zur Verfügung stehenden Geräten zunächst ein elektronischer Abgleich auf den jeweiligen Konstruktionswerkstoff in einem fehlerfreien Bereich durchzuführen. Eine linien- oder rasterförmige manuelle bzw. mechanische Abtastung der Prüfstückoberfläche gestattet schnell und ohne weitere Hilfsmittel eine Fehlerlokalisierung. Die Fehleranzeige wird über Zeigerinstrumente und Monitore realisiert. Soll die Messung der Rißtiefe erfolgen, so kann diese bei einigen Gerätetypen direkt am Zeigerausschlag auf einer in mm-Rißtiefe geeichten Skale abgelesen werden. Es empfiehlt sich, für genauere Rißtiefenmessungen Testkörper aus artgleichem Werkstoff und mit möglichst ähnlichen Rissen als Eichnormale zu verwenden. Eine Registrierung der Rißanzeigen kann auf Schreibern erfolgen, wenn kommerzielle Gerätetypen damit ausgerüstet sind. Die Wanddickenbestimmung wird vor allem bei der Innenprüfung von dünnwandigen Rohren (z. B. Wärmeübertrager, Dampferzeuger) angewendet. Neben der Standardausrüstung (Prüfgerät und Prüfsonde) sind für die Wirbelstromprüfung oft spezielle Prüfsondenhalterungen, mechanische Sondenführungen und Registratureinrichtungen erforderlich.

3.5.3. Fehlererkennbarkeit und Entwicklungstendenzen

Die Bestrebungen in der Entwicklung und der Geräteherstellung richten sich vornehmlich auf die Fehlererkennbarkeit bei der Rißprüfung bzw. Verbesserung der Charakterisierung der Materialeigenschaften. Die größten Genauigkeiten werden bei Anwendung von Mehrfrequenzverfahren erreicht. Wanddickeschwächungen ab 20 %, Bohrungen ab etwa 0,3 mm Durchmesser und Risse ab 30 % der Wanddicke sind mit Innensonden in dünnwandigen Rohren erkennbar und können nach Außen- und Innenfehlern unterschieden werden [3.44] [3.45].

Entwicklungsrichtungen zur Verbesserung der Fehlererkennbarkeit lassen sich an den Zielrichtungen [3.10]

- Trennung rißartiger von lochartigen Fehlern
- Bestimmung des Fehlerortes (Innenfehler, Außenfehler, Fehlerposition)
- quantitative Fehlergröße

erkennen.

Zukünftige Erfolge erwartet man durch:

- Anwendung der Mehrfrequenzverfahren [3.44] [3.45]
- Impuls-Wirbelstromverfahren [3.45] [3.46]
- Anwendung von Korrelationsverfahren [3.47]
- komplexe Signalauswertung [3.20].

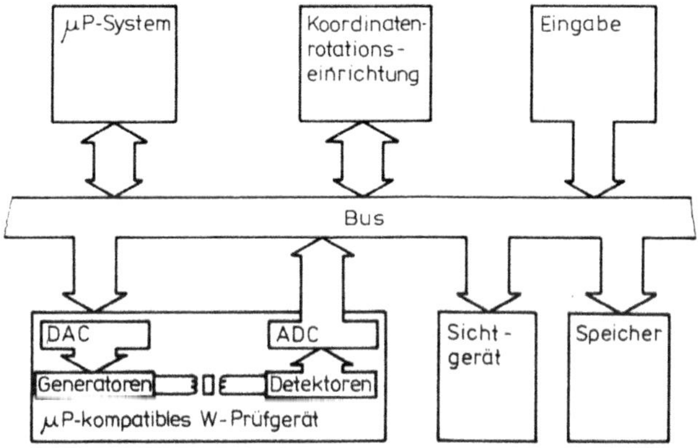

Bild 3.29. Mikroprozessorgesteuertes Rißprüfgerät [3.1]

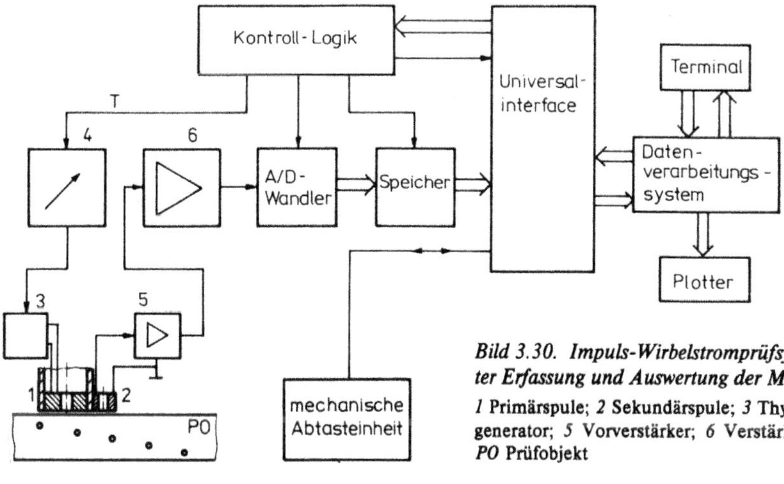

Bild 3.30. Impuls-Wirbelstromprüfsystem mit rechnergestützter Erfassung und Auswertung der Meßsignale (nach [3.46])

1 Primärspule; *2* Sekundärspule; *3* Thyristorschaltung; *4* Impulsgenerator; *5* Vorverstärker; *6* Verstärker; *T* Takt des Gerätes; *PO* Prüfobjekt

Die Anwendung der Mikrorechnertechnik hat zu weitgehend automatisierten Prüfgeräten oder Prüfsystemen geführt. Damit konnten eine einfache Geräteeinstellung, eine Überwachung der Vergleichsmerkmale, eine automatische Justierung der Geräte, eine breite und vielfältige Signalauswertung (Amplitude, Phase, Signalmerkmale, Signalverknüpfung u. ä.) sowie die Steuerung und Überwachung automatisierter Prüfkopfbewegungen erreicht werden. International sind vielfältige Geräte und Gerätesysteme im Angebot. Die Kopplung eines Wirbelstromprüfgerätes mit einem Rechnersystem zeigt Bild 3.29, ein rechnerintegriertes Prüfsystem Bild 3.30. Rechnerintegrierte Prüfsysteme digitalisieren die Prüfsignale zum frühestmöglichen Zeitpunkt, um Verarbeitungsmöglichkeiten und Prüfzeit zu optimieren.

Automatisierte Prüfsysteme mit ferngesteuertem Prüfkopf arbeiten nach den Prinzipien, die im Abschnitt 3.2. behandelt wurden.

3.6. Volumetrische Prüfverfahren für spezielle Anwendungsfälle

3.6.1. Aufweitungsmessung bei Kriechvorgängen

Warmfeste Werkstoffe verändern aufgrund einer langzeitigen Temperatur-Zeit-Beanspruchung bei Temperaturen oberhalb 400 °C (unlegierte Stähle) bzw. 450 °C (legierte Stähle) ihre Eigenschaften [3.8]. Durch Verarmung der Matrix an Legierungselementen, Bildung und Wachstum von Karbiden und Anlagerung von Ausscheidungen an den Korngrenzen nehmen die Festigkeitswerte des Werkstoffs ab, die Kennwerte für die Dehnung und Verformung in der Regel zu. Äußerlich zeigt sich das in einer Zunahme der Kriechgeschwindigkeit und damit in einer *Zunahme der bleibenden Verformung*. Dabei werden über der Zeit der Beanspruchung drei *Kriechstadien* unterschieden:

I ... Kriechgeschwindigkeit nimmt ständig ab,
II ... Kriechgeschwindigkeit ist praktisch konstant,
III ... Kriechgeschwindigkeit steigt deutlich an und führt innerhalb kurzer Zeit zum Bruch.

Dieses Verhalten wurde bereits im Abschn. 3.2.1. behandelt und mit dem „Kriechdehnungsdiagramm", Bild 3.3, charakterisiert. Ausgehend von der Vereinfachung, daß die Aufweitungsgeschwindigkeit am mehrachsig beanspruchten Bauteil proportional der Kriechgeschwindigkeit an der einachsig beanspruchten Probe ist, wird die ermittelte bleibende Aufweitung als Kriterium für den Werkstoffzustand verwendet [3.23]. Dabei gelten z. Z. Aufweitungen von 1 bzw. 2 % des Durchmessers (in Abhängigkeit vom Werkstoff) als *Grenzwerte*.

Die Aufweitungsgeschwindigkeit $\dot{\varepsilon}^*$ als proportionale Größe zur Kriechgeschwindigkeit $\dot{\varepsilon}$ dient als Bewertungsmaß für die Einordnung des Werkstoffzustandes in die Kriechstadien I bis III. Als Grenzmaß gilt eine Aufweitungs- bzw. Kriechgeschwindigkeit von $3 \cdot 10^{-5}\,\% \cdot h^{-1}$.

Zur *Lebensdauerüberwachung* langzeitbeanspruchter Bauteile erfolgt die Aufweitungsmessung bei Rohrdurchmesser < 100 mm mittels Meßschieber, Lehre oder Mikrometerschraube auf dem blanken Rohr, bei Rohrdurchmesser > 100 mm mittels Mikrometerschraube über auf dem Rohr aufgeschweißte Meßwarzen aus zunderbeständigem Stahl. Die Aufweitungsmessung erfolgt an geraden Rohrabschnitten (je 10 m gerader Rohrabschnitt 1 Meßstelle). Unter Beachtung bestimmter Randbedingungen werden Meßwarzenpaare in zwei oder mehreren Durchmesserebenen auf das Rohr aufgeschweißt. Nach erfolgter Grund- oder Nullmessung wird bei Großinstandhaltungen die bleibende Verformung des Bauteils gemessen. Zum Zeitpunkt der Messung darf die Rohrleitungs- und Umgebungstemperatur 50 °C nicht überschreiten. Die Messung erfolgt als Einzelmessung aller Durchmesserebenen. Jede Messung wird mehrmals durchgeführt. Nach Umrechnung aller Meßwerte auf 20 °C werden (in der Regel mittels Rechenprogramm) bleibende Verformung (Dehnung), Aufweitungsgeschwindigkeit und Bewertbarkeit der Ergebnisse ermittelt. Die Meßstellen müssen gegen Korrosion, Verschleiß und Beschädigung geschützt sein. Sie müssen gut zugänglich sein und ein sicheres Arbeiten ermöglichen.

Die Aufweitungsmessung hat sich in den letzten Jahren in vielen Ländern als *Überwachungsmethode* bewährt, ohne daß damit eine umfassende Werkstoff- bzw. Anlagenbeurteilung möglich ist. Komplexe Werkstoffuntersuchungen und zerstörungsfreie Werkstoffprüfungen dienen zur Ergänzung. Die Messung der Aufweitung mittels holographischer Verfahren (s. Abschn. 4.10.) ist möglich und findet zunehmend Anwendung, da sie auf eine direkte Messung am Objekt verzichtet, genügend genau ist und eine rechnergestützte Auswertung ermöglicht.

3.6.2. Härteprüfung am eingebauten Prüfobjekt

Alterung und durch thermische Überlastung bedingte Anlaßvorgänge führen zur Verringerung der Härte. Plastische Deformationen führen zur Verfestigung und damit zur Erhöhung der Härte. Ermüdung durch wechselnde Belastung führt zu materialspezifischen Änderungen der Härte, wobei sowohl Verfestigung als auch Entfestigung auftreten kann [3.8] [3.48]. Der *Nachweis von Ermüdungserscheinungen durch Härteänderungen* erfordert für jeden konkreten Werkstoff spezielle Voruntersuchungen, wenn daraus Lebensdauerabschätzungen abgeleitet werden sollen. Für den Diagnoseeinsatz vor Ort an Bauteilen beliebiger Abmessungen (z. B. Teile von Tragkonstruktionen, Behälter, Rohrleitungen, Schrauben, Muttern, Wellen, Lagerteile, Turbinenteile) ohne wesentliche Demontage – bis auf Freilegung der Prüfstelle – kommt nur ein ambulant anwendbares Verfahren in Betracht, das ein transportables Härtemeßgerät hinreichender Meßgenauigkeit verwendet. Zum Nachweis der durch Überlastungen und Ermüdung bedingten Härteänderungen im Bereich bis zu einigen Prozent des Ausgangwertes ist ein Verfahren erforderlich, das die geringe zulässige Meßunsicherheit (unter 1 %) mit langzeitiger Reproduzierbarkeit verbindet. Diesen Ansprüchen genügt nur das *Vickersverfahren.* Eine quadratische Diamantpyramide mit einem Winkel von 136° zwischen gegenüberliegenden Flächen wird senkrecht zur Oberfläche in den zu prüfenden Körper hineingedrückt. Dabei soll die Kraft stoßfrei im Verlauf von 3 bis 5 s bis auf den vorgesehenen konstanten Wert F ansteigen und bei diesem 10 s lang gehalten werden. Durch plastische Deformation des Materials während der Belastung entsteht ein bleibender Eindruck, dessen Gestalt nach der Entlastung den Eindruckkörper abbildet. Die Vikkershärte ist definiert als Quotient aus der Kraft F und der Oberfläche des bleibenden Eindrucks. Es gilt:

$$HV = 1{,}854\,\frac{F}{d^2}\,\frac{\text{kp}}{\text{mm}^2} = 0{,}1891\,\frac{F}{d^2}\,\frac{\text{N}}{\text{mm}^2}\,. \tag{3.18}$$

Für eine Kraft von $F = 2$ kp $= 19{,}612$ N erhält man

$$HV\,2 = \frac{3{,}708}{d^2}\,. \tag{3.19}$$

Zur Anwendung von Gl. (3.19) wird die Länge der beiden Eindruckdiagonalen gemessen und deren Mittelwert in mm für d eingesetzt.

Die Herstellung der Korrelation zum Materialzustand ist nicht unproblematisch und wird intensiv erforscht [3.10]. Eine grobe Einschätzung z. B. der Zugfestigkeit durch Härtebestimmung liefert Aussagen zur Veränderung der Festigkeitswerte durch Betriebseinflüsse. Die *Vickershärte* stimmt bis 300 HB mit der *Brinellhärte HB* überein. Zwischen Brinellhärte und Zugfestigkeit σ_B besteht der empirische Zusammenhang $\sigma_B \approx a \cdot HB$ [$\text{N} \cdot \text{mm}^{-2}$] mit dem werkstoffabhängigen Proportionalitätsfaktor a (Tafel 3.10).

Tafel 3.10. Proportionalitätsfaktor *a* zur Berechnung der Zugfestigkeit aus der Brinellhärte (nach [3.49])

Werkstoff	*a*
Stahl	3,43
Kupfer, Messing, kaltverformt	3,92
Kupfer, Messing, ausgeglüht	5,40
AlCuMg-Legierungen	3,43
AlMg-Legierungen	4,32
Mg-Legierungen	4,02
Al-Guß	2,55

Die Forderung nach Zerstörungsfreiheit im absoluten Sinn läßt sich durch kein Härtemeßverfahren erfüllen, da bei allen Prüfverfahren lokale plastische Eindrücke erzeugt werden. Bei Verwendung kleiner Kräfte sind die lokalen Deformationen jedoch hinreichend gering, um nicht als technisch relevante Werkstoffschädigung zu wirken. Zur Einschätzung der lokalen Schädigung wird in Tafel 3.11 der Zusammenhang zwischen *HV* 2, Diagonalenlänge *d* und Eindrucktiefe $h = d/7$ angegeben. Die Höhe von Aufwerfungen des Materials in der Umgebung der Eindrücke liegt unter 20 % der Eindrucktiefe *h*.

Tafel 3.11. Vickershärte *HV* 2, Diagonalenlänge *d* und Eindringtiefe *h*

HV 2	10	20	50	100	200	500	1 000	2 000
d mm	0,609	0,430	0,273	0,193	0,136	0,086	0,061	0,043
h µm	87,0	61,4	39,0	27,6	19,4	12,8	8,7	6,14

Die Messung der Härte an Anlagenkomponenten vor Ort kann nur mit handlichen Geräten geringer Masse und geringstem Bedienungsaufwand vorgenommen werden. Die Prüfung an Bauteilen beliebigen Materials kann erfolgen, wenn die zu prüfende Oberfläche hinreichend fein bearbeitet wurde und wenn die Oberflächentemperaturen unter 100 °C sind. Die Prüffläche sollte eine Mindestabmessung von etwa 10 mm Durchmesser haben und von Hand erreichbar sein.

Ein einfaches Gerät für diese Messung ist eine Handsonde zur ambulanten Bestimmung der Vickershärte *HV* 2 nach *Brauer* [3.50] mit einer fest eingestellten Prüfkraft von $F = 2$ kp $= 19{,}61$ N. Das Gerät wird mit der Hand auf die zu prüfende Stelle gedrückt. Eine dabei gespannte Feder dient als Kraftspeicher zur Einstellung der Prüfkraft. Auswechselbare Führungen dienen zur Senkrechtstellung auf ebene und gekrümmte Oberflächen. Vom Eindruck und seiner Umgebung wird mit einer Spezialfolie ein Matrizenabdruck abgenommen (Dauer: 5 min, zulässige Temperatur an der Prüfstelle: 140 °C). Der Abdruck wird im Labor mit einem Mikroskop vermessen. Die Folie ist mit einer spiegelnd reflektierenden Al-Folie hinterlegt, so daß ein übliches Auflichtmikroskop verwendet werden kann (Epignost, Epityp, Neophot u. a.).

Bedienungsfreundlichere Geräte sind mit Mikrorechnern ausgestattet, batteriebetrieben und ermöglichen die direkte digitale Ablesung des Härtewertes während der Prüfung [3.51] [3.52].

3.6.3. Magnetische Prüfverfahren zur Ermittlung von Ermüdung und Zeitstandschädigung

Magnetische Eigenschaften der Werkstoffe lassen sich für die Ermittlung von Materialeigenschaften nutzen. Stoffliche Zusammensetzungen erhält man aus den *magnetischen Kenngrößen* diamagnetische Suszeptibilität, Sättigungsinduktion und Curietemperatur. Gitterstörungen werden außerdem in magnetischen Größen der technischen Hysteresekurve abgebildet, z. B. ferromagnetische Permeabilität, Koerzitivfeldstärke, Remanenz (Restfeldstärke) und Hystereseverluste [3.1]. Damit ist es möglich, Aussagen über Materialeigenschaften bei Betriebsbeanspruchungen zu erhalten. Besondere Bedeutung hat die Ermittlung des Ermüdungs- und Zeitstandverhaltens von druck- und temperaturbeaufschlagten Rohrleitungen und Heizrohrsystemen, z. B. in Dampferzeugern.

Untersuchungen des Werkstoffverhaltens zeitstandbeanspruchter Bauteile der Druckkörper von Dampferzeugern waren bisher sehr arbeitskraft- und materialaufwendig, beispielsweise durch Heraustrennen von Rohrproben aus den Heizflächen, Verbindungsrohren und Hauptrohrleitungen für eine zerstörende Werkstoffprüfung. Zur Vermeidung dieses Aufwandes wurden Methoden zur zerstörungsfreien Ermittlung des Werkstoffzustandes an eingebauten Anlagenteilen auf der Basis magnetischer Eigenschaften entwickelt. Es konnte z. B. ein korrelativer Zusammenhang zwischen magnetischen Eigenschaften und mechanischen Kennwerten des Werkstoffes gefunden werden [3.53] [3.54] [3.55]. Erfolgversprechend ist die Messung der *Remanenz* (Restmagnetismus) als magnetische Kenngröße.

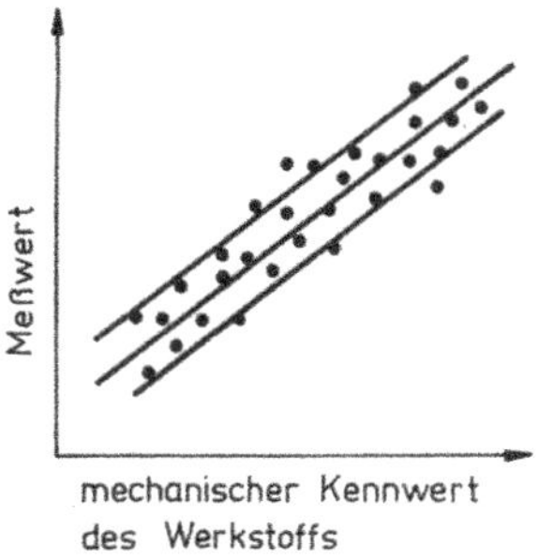

Bild 3.31. Korrelation magnetischer Eigenschaften mit mechanischen Kennwerten des Werkstoffs

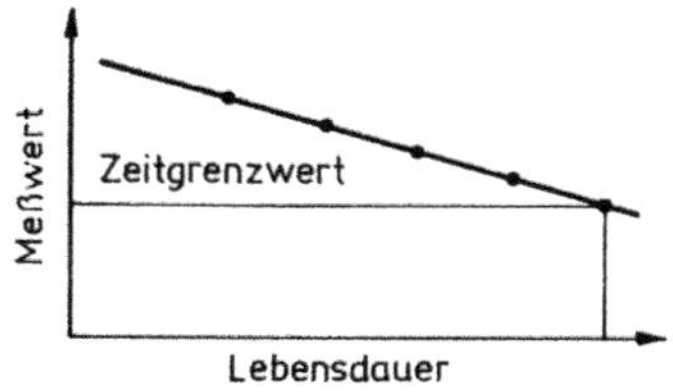

Bild 3.32. Lebensdauerermittlung aus magnetischen Eigenschaften

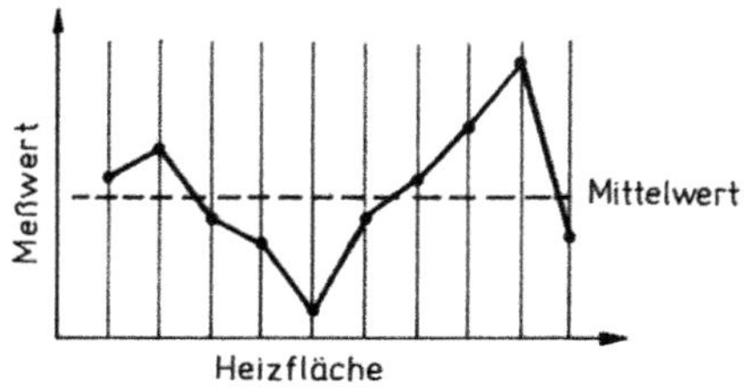

Bild 3.33. Unterschiedliche Ermüdung und Alterung von Wärmeübertragerheizflächen in Abhängigkeit von den gemessenen magnetischen Eigenschaften

Für betriebsbeanspruchte Dampferzeugerheizflächen konnten zwischen magnetischen und mechanischen Eigenschaften lineare Abhängigkeiten ermittelt werden [3.53], Bild 3.31. Sie sind werkstoffabhängig und durch weitere Untersuchungen zu bestätigen. Aus den bisherigen Erkenntnissen lassen sich zwei Einsatzvarianten ableiten. Der Auswechselzeitpunkt zeitstandbeanspruchter Bauteile ist prognostizierbar, indem durch periodische Messung der Abfall der Lebensdauerkennwerte bestimmt wird (Bild 3.32). Diese Methodik muß durch Messungen parallel zur Probenentnahme erhärtet werden. Es ist weiterhin möglich, geschädigte Baugruppen, Heizflächenteile, Einzelrohre oder Rohrlängen zu ermitteln (Bild 3.33).

3.6.4. Diagnose von Werkstoffeigenschaftsänderungen mittels Barkhausen-Rauschen

Die als Barkhausen-Effekt bezeichneten irreversiblen Verschiebungen der Blockwände ferromagnetischer Werkstoffe können durch verschiedenartige Einflüsse (z. B. magnetisch, mechanisch, thermisch) ausgelöst und durch unterschiedliche Meßverfahren (z. B. induktiv, akustisch, optisch) nachgewiesen werden. Damit besteht die generelle Möglichkeit, Ermüdungs- und Zeitstandvorgänge in Korrelation zum Barkhausen-Effekt nachzuweisen. Für technische Messungen

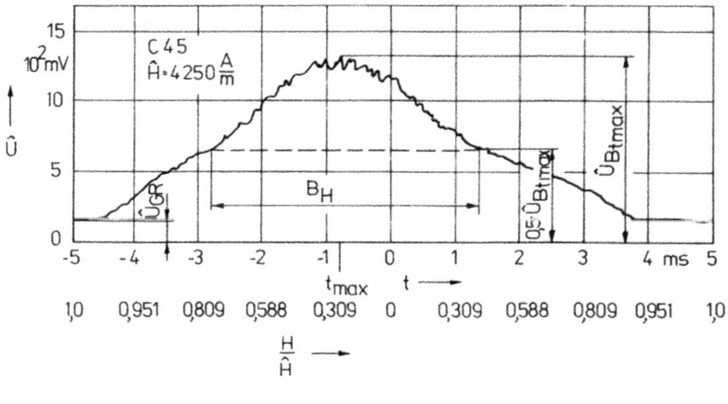

Bild 3.34. Positiver Teil einer Hüllkurve des magnetischen Barkhausen-Rauschens mit Angabe der Kenngrößen

$\hat{U}$ Spannung; $\hat{H}$ Induktivität; B Breite

wird in der Regel eine zyklische Ummagnetisierung der zu untersuchenden Werkstoffbereiche angewandt. Dadurch kommt es zum periodischen Auftreten von Barkhausen-Sprüngen, den sog. Sprunggruppen, die bei Magnetisierung mit höheren Frequenzen als Rauschgruppen bezeichnet werden. Die Analyse des Barkhausen-Rauschens erfolgt im Frequenzbereich von 5 kHz bis 100 kHz [3.56] [3.57]. Bild 3.34 zeigt den positiven Teil einer Rauschgruppe des Werkstoffes C 45 bei einer Erregerfrequenz von 50 Hz und einer Erregerfeldstärke H von 4 250 A/m. Aus der Hüllkurve dieser Rauschgruppen kann man drei Kennwerte

- Zeitpunkt des Maximums t_{max}
- Höhe des Maximums $\hat{U}_{B_{tmax}}$
- Halbwertsbreite der Rauschgruppe B_H

ermitteln [3.58].

Die Messung dieser drei Kenngrößen in Abhängigkeit von der Veränderung ausgewählter Werkstoffeigenschaften ergab charakteristische Kurvenverläufe. Eine Kombination der Erfassung von Höhe und Zeitpunkt des Maximums entsteht bei der Auswertung von Rauschspannungswerten zu solchen konstanten Zeiten, die das Maximum tangieren. Mit dieser Methode, in Verbindung mit niederzyklischen Ermüdungsuntersuchungen, wurden Meßwertänderungen über 100 % des Ausgangswertes nachgewiesen. Bild 3.35 zeigt diese Ergebnisse für drei verschiedene Werkstoffe [3.58]. Die Anwendung der Barkhausen-Rauschmeßtechnik ist zukünftig besonders bei Einsatz der Rechentechnik erweiterungsfähig, da sich damit neue Möglichkeiten für die Auswertung weiterer Kennwerte ergeben.

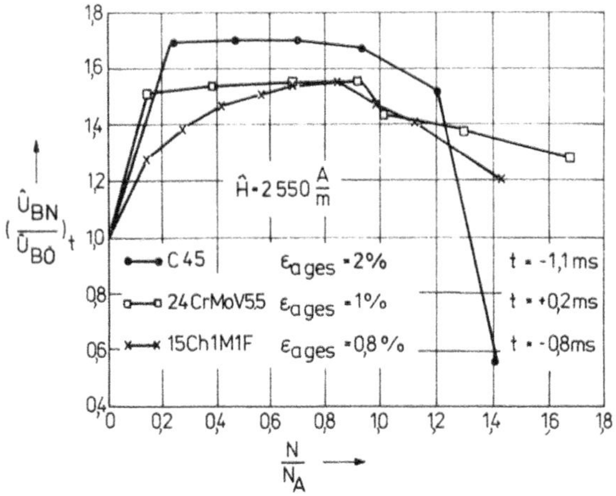

Bild 3.35. Abhängigkeit der relativen magnetischen Rauschspannung von der normierten Zyklenanzahl bei Ermüdung

N Zyklenanzahl; $\hat{U}$ Rauschspannung; ε Dehnung; $\hat{H}$ Induktivität

Während Laborprobenuntersuchungen sehr erfolgversprechende Korrelationen zum Ermüdungszustand von Werkstoffen aufweisen, sind für die industrielle Anwendung vor Ort noch keine Geräte im Angebot.

3.6.5. Ermittlung plastischer Dehnungen von Bauteilen aus der Richtungsverteilung von Gleitspuren an der Bauteiloberfläche

Volumetrische Veränderungen in Bauteilen können durch den Nachweis der Größe der plastischen Dehnung ermittelt werden. Solche Verfahren erhalten vor allem für niederzyklische Ermüdungsvorgänge mit großen Dehnungsamplituden Bedeutung.

Die Wahrscheinlichkeitsanalyse der Richtungsverteilung von Gleitspuren an der Oberfläche eines einmal oder wiederholt bis an die Fließgrenze oder darüber beanspruchten polykristallinen Metalls mit ursprünglich isotroper Kornorientierungsverteilung führte zu einer neuartigen Methode der Bestimmung der Richtung, des Vorzeichens und des Betrages einer plastischen Dehnung an hochbeanspruchten Bauteilen [3.59]. Grundlage der Wahrscheinlichkeitsanalyse ist die Wahrscheinlichkeit dafür, daß in einem herausgegriffenen Korn wenigstens für ein Gleitsystem die aus der aufgeprägten Spannung (z-Richtung) herrührende Schubspannung einen gewissen Schwellwert überschreitet. Daraus ergibt sich der für die praktische Anwendung wichtige Umstand, daß als Zähleinheit jeweils eine Schar paralleler Gleitspuren (Gleitstufen, Gleitbänder, Extrusionen und Intrusionen oder durch Ätzen daraus hervorgegangener Ätzgrubenreihen) gilt, deren Verteilung auf verschiedene Richtungen in der Proben- oder Bauteiloberfläche, beschrieben durch ihren Winkel φ_x mit der zu z senkrechten y-Richtung, licht- oder elektronenmikroskopisch (Abdrucktechnik) bestimmt wird.

Die Verteilung ist symmetrisch bezüglich der y- und z-Richtung und weist in der Umgebung der z-Richtung eine Lücke auf, deren Breite ($\approx 30°$) mit wachsender positiver Dehnung durch Texturbildung kleiner wird. Wenn die äußere Belastungsrichtung (z) nicht aus sonstigen Überlegungen bekannt ist, kann diese als Mitte der Verteilungslücke unabhängig bestimmt werden. Ein Beispiel zeigt Bild 3.36.

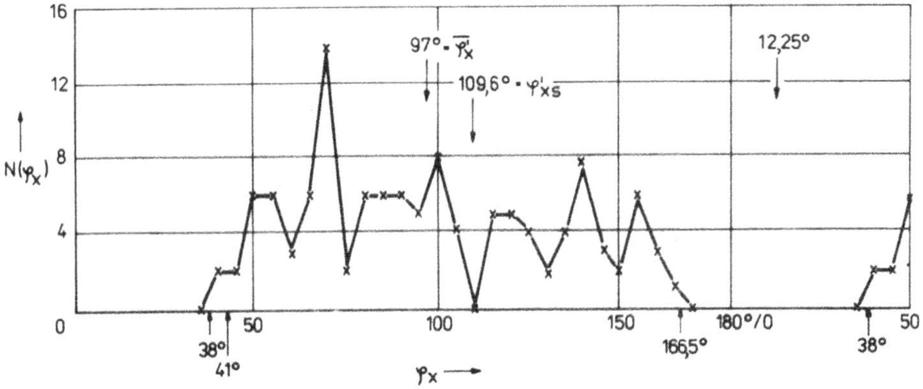

Bild 3.36. Unabhängige Bestimmung der Belastungsrichtung z als Lückenmitte (12,25°) der Richtungsverteilung von Gleitspuren

Probe: Stahl X8 CrNiTi 18.10; Biegewechselversuch σ_a = 433 MPa
N Anzahl; φ_x Gleitspurwinkel

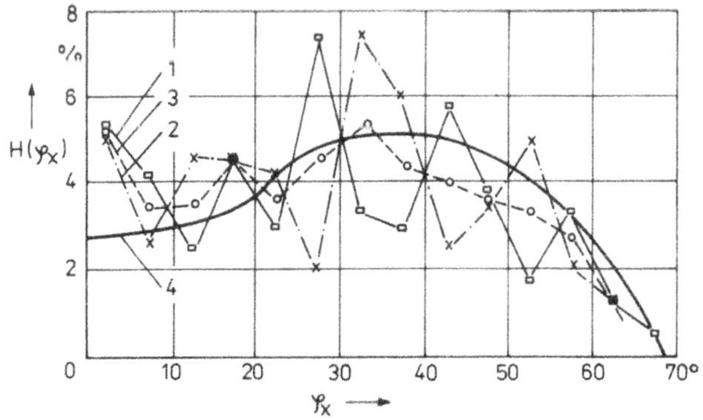

Bild 3.37. Richtungsverteilung von Gleitspuren nach Biegewechselversuch für ausgewählte Parameter im Vergleich zur theoretischen Berechnung

1 Lückenmitte; *2* Verteilungspunkte; *3* Mittelwert; *4* theoretische Verteilung

Die theoretische Analyse führt auf eine Wahrscheinlichkeit von $2{,}78 \cdot 10^{-2}$ für das Auftreten von Gleitspurenrichtungen in einem Winkelintervall der Breite $\Delta\varphi_x = 5°$ in der Umgebung der y-Achse für eben beginnende Dehnung. Wird der entsprechende Anteil $H(\varphi_x = 5°)$ aller beobachteten Gleitspurenscharen kleiner, so ist auf positive Dehnung zu schließen, wird er größer, auf negative Dehnung (Stauchung) in z-Richtung. Bild 3.37 zeigt die zur Biegewechselprobe von Bild 3.36 gehörende Häufigkeitsverteilung mit deutlichem Nachweis der Stauchung nach der Entstehung zahlreicher Mikrorisse.

Bei hinreichend großem Stichprobenumfang (mehr als 500 Gleitspurenscharen) lassen sich Aussagen über den Dehnungsbetrag aus der Beziehung zwischen der Wahrscheinlichkeit $W(\varphi_x = 5°)$ und der plastischen Dehnung ableiten, die für Dehnungen bis zu 20 % wie folgt gefunden wurde:

$$W(\varphi_x = 5°) = 2{,}78 \cdot 10^{-2} (1 - 2\, \varepsilon_{pl})\,. \tag{3.20}$$

Die Beziehung wurde an Flachproben aus austenitischem Stahl nach schrittweiser statischer Dehnung und nach Zugschwellversuchen mit hohen Maximallasten überprüft (Bild 3.38).

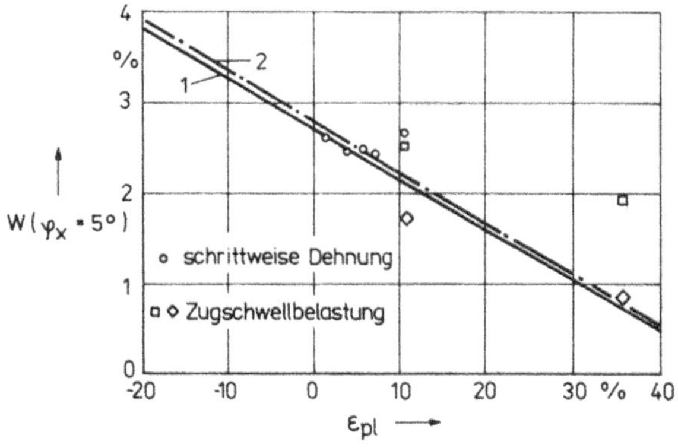

Bild 3.38. Wahrscheinlichkeit $W(\varphi_x = 5°)$ als Funktion der plastischen Dehnung ε_{pl}
1 Mittel für $-5° < \varphi_x < 5°$;
2 Mittel für $-15° < \varphi_x < 15°$

Die Abbildung der Gleitspuren des Prüfobjektes kann durch

- Polymerfolienabdrücke
- Lackmatrizenverfahren
- Metallfolienprägeverfahren

erfolgen.

Das vorgestellte Verfahren der Gleitspurenanalyse erscheint aussichtsreich, muß aber seine Praxiswirksamkeit erst noch nachweisen.

3.6.6. Nachweis von Versprödungen

In vielen Fällen ist der Nachweis von den in den technischen Dokumentationen geforderten Zähigkeitskennwerten nach dem Herstellungsprozeß ausreichend für die Gewährleistung der Sprödbruchsicherheit der Anlagen (z. B. Brückenbau, Schiffskörper u. a.). In einigen Fällen ist jedoch eine Verminderung der Zähigkeitseigenschaften aufgrund der Betriebsbelastungen (Wasserstoffversprödung, Kernstrahlung, Ermüdung u. ä.) zu verzeichnen. Für derartige Anlagen (z. B. Druckbehälter in Chemie- und Kernanlagen) ist eine kontinuierliche Kontrolle des Sprödbruchzustandes auf der Grundlage von diskontinuierlichen Messungen eine notwendige Voraussetzung zur Gewährleistung der Sicherheit dieser Anlagen. Die Mehrheit der Versprödungseffekte läßt sich auf die Einschränkung der Gleitbewegung der Versetzungen im Werkstoff durch Wechselwirkung mit während des Herstellungsprozesses oder während des Betriebes entstehenden Hindernissen erklären. Damit erhöht sich der Widerstand gegenüber der plastischen Deformation mit den Folgeerscheinungen:

1. Ansteigen der Inhomogenität der plastischen Verformung im Kristall (Bildung von großen Versetzungsaufstauungen und von Versetzungsrissen).
2. In defekt- besonders riß-behafteten Werkstoffen sinkt der Anteil der plastischen Deformation an der Energiebilanz bei der stabilen und instabilen Rißausbreitung auf ein Minimum, hohe örtliche Spannungspitzen werden nicht durch plastische Verformung abgebaut.

Neben der direkten Wechselwirkung von Hindernissen und Versetzungen zählt zu den Versprödungsprozessen die Zunahme der Korngrenzeninstabilität durch Korngrenzenausscheidungen und die damit entstehende Gefahr des interkristallinen Sprödbruches sowie die Entstehung von spröden (z. B. perlitischen) Phasen mit unzulässiger Menge oder Anordnung in der Struktur des Werkstoffs, entlang denen ein energiearmer, spröder Bruch erfolgen kann. Es existiert ein direkter Zusammenhang zwischen der Korngröße der Stähle und der Sprödigkeit: grobkörnige Strukturen sind spröder, während feinkörnige Gefüge zäher reagieren.

Die Sprödbruchanfälligkeit der Werkstoffe ist außer von inneren, strukturellen Werkstoffeigenschaften von äußeren Belastungsgrößen abhängig. Die Temperaturabhängigkeit der Sprödigkeit der Stähle ist durch einen ausgeprägten Übergang von sprödem Verhalten bei niedrigen Temperaturen zum zähen Verhalten bei hohen Temperaturen besonders bei dynamischer Belastung des Werkstoffs gekennzeichnet. Es existieren eine sog. Sprödbruchübergangstemperatur sowie eine sog. Rißstopptemperatur. Diese Temperaturen werden als Grundlage für die Ableitung zulässiger Betriebsparameter verwendet [3.6]. Hypothetisch angenommene Risse bzw. tatsächlich nachgewiesene Defekte im Bauteil werden hinsichtlich ihrer Stabilität bei bekannter äußerer Belastung und bekannten bruchmechanischen Werkstoffkennwerten bewertet [3.9].

Der Sprödbruchwiderstand kann z. Z. fast ausschließlich nur mit Hilfe zerstörender Werkstoffuntersuchungen bestimmt werden. Dieser Umstand erschwert insbesondere die Verfolgung der Veränderung des Versprödungszustandes der Werkstoffe während der Beanspruchung der Anlagenkomponenten. Ein Ausweg besteht im Verfahren der „Begleit- oder Voreilproben". Hierbei werden Werkstoffproben aus dem gleichen Material wie die interessierenden Bauteilkomponenten gleichen bzw. verschärften (Voreilproben-) Betriebsbedingungen innerhalb der Anlage ausgesetzt. Ein Teil der Proben wird in vorher festgelegten zeitlichen Abständen (meist in Verbindung mit planmäßigen Stillständen der Anlage) entnommen und mit Hilfe der üblichen zerstörenden Verfahren mit der Zielstellung der Ermittlung des Sprödbruchzustandes und auch anderer Kennwerte (z. B. Korrosionszustand) untersucht. Ein Beispiel eines Voreilprobenverfahrens sind die Bestrahlungsproben in Reaktoranlagen. In Einzelfällen ist es möglich, zerstörungsfreie Meßmethoden zur Bestimmung des Versprödungszustandes der Werkstoffe sowohl nach der Herstellung als auch im Betriebszustand zu verwenden:

- Nutzung der Ultraschallschwächung an Werkstoffen mit unterschiedlichen Korngrößen und demzufolge auch unterschiedlichen Sprödbruchübergangstemperaturen (vgl. Abschn. 3.4.)
- Nutzung magnetischer Eigenschaften ferritischer Werkstoffe (vgl. Abschn. 3.6.3.)
- Nutzung des Barkhausen-Rauschens (vgl. Abschn. 3.6.4.)
- Nutzung der Ermittlung von Versetzungsspuren (vgl. Abschn. 3.6.5.).

Die o. g. Verfahren zum Nachweis von Versprödungen sind mit noch zum Teil erheblichen Unzulänglichkeiten verbunden. Eine Weiterentwicklung der Verfahren in folgenden Richtungen ist notwendig:

- Entwicklung einheitlicher Sprödbruchkriterien, deren Gültigkeit an Hand von Bauteilversuchen nachgewiesen wurde
- Durchsetzung einheitlicher, standardisierter zerstörender Verfahren zur Ermittlung der Sprödbruchparameter
- Entwicklung einfacher und breit anwendbarer Verfahren zum zerstörungsfreien Ermitteln von Sprödbruchkennwerten an Bauteilkomponenten, die direkt Eingang in die Sprödbruchkriterien finden.

4. Oberflächendiagnostik

4.1. Grundlagen der Bilderkennung und -verarbeitung

4.1.1. Oberflächenzustände

Der Oberflächenzustand von Bauteilen und Baugruppen ist für Neuanlagen durch die Qualität der Fertigung und Montage vorgegeben. Beanspruchungen beim Transport der Ausrüstungen und vor allem Betriebsbeanspruchungen verursachen Schädigungen, die sich in Veränderungen der Oberflächenstruktur abbilden können. Solche Veränderungen sind als Farb-, Form- und Lageveränderungen charakterisiert. Sie können als Diagnosemerkmale für Beanspruchungen und Schädigungen genutzt werden (Bild 4.1).

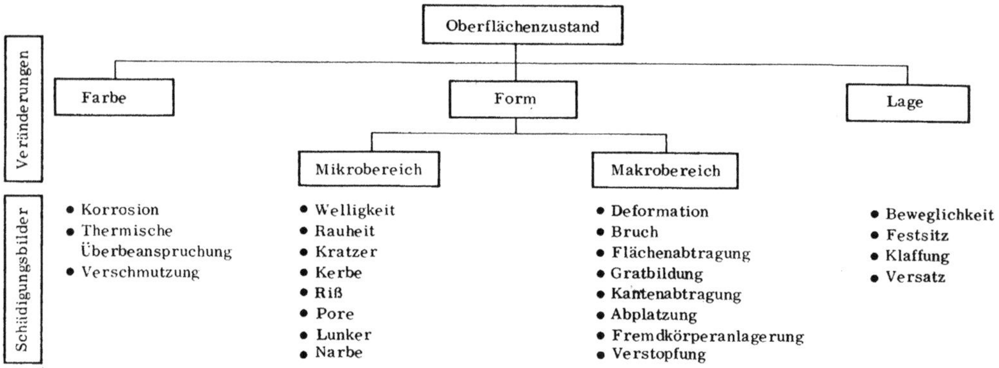

Bild 4.1. Klassifikation von Oberflächenzuständen für die Diagnostik

Farbänderungen sind Folgen von Abrieb, Korrosion, Überhitzung oder Verunreinigung. Formänderungen sind die Folge von Abnutzung und Überlastung. Sie können sich im Mikrobereich der Oberfläche ausbilden oder von einer vorgegebenen Sollhöhe abweichen [4.1]. Eine Lageänderung ist fast immer auf Überlastung zurückzuführen. Die praktischen Möglichkeiten, aus dem Oberflächenzustand auf wirkende Beanspruchungen und Schädigungen zu schließen, reichen von der visuellen Wahrnehmung über die Anwendung spezieller Prüfverfahren bis zur rechnergestützten Bilderfassung und -verarbeitung.

4.1.2. Visuelle Wahrnehmung

Oberflächenzustände wurden und werden auch gegenwärtig noch durch die visuelle Wahrnehmung des Menschen eingeschätzt. Technische Mittel erreichen noch nicht die selektive Auswertefähigkeit und Kombinationsfähigkeit des menschlichen Betrachters [4.2]. Das Auge (Bild 4.2) ist der Sensor für die visuelle Wahrnehmung des Menschen [4.3].

Die *Sehschärfe* [4.4] beschreibt die Fähigkeit des Auges, Details von Objekten wahrzunehmen. Für die Sehschärfebestimmung sind die Fähigkeiten der Detektion, Erkennung, Auflösung und Lokalisation entscheidend (Bild 4.3). Das Maß für die Sehschärfe v (Visus) ist der Kehrwert des Winkels α (in Bogenminuten), unter dem das kleinste gerade noch wahrnehmbare Detail erscheint [4.3]:

$$v = 1 / \alpha. \tag{4.1}$$

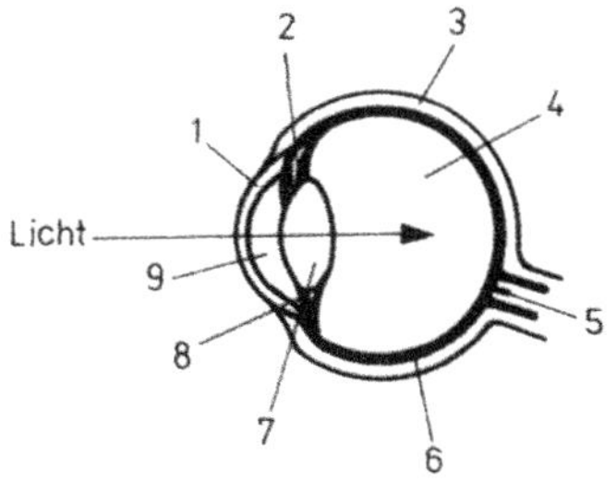

Bild 4.2. *Aufbau des Auges*
1 Hornhaut; *2* Ziliarmuskel; *3* Lederhaut;
4 Glaskörper; *5* Sehnerv;
6 Netzhaut; *7* Linse;
8 Iris; *9* Kammerwasser

Bild 4.3. Testzeichen für die Sehschärfebestimmung

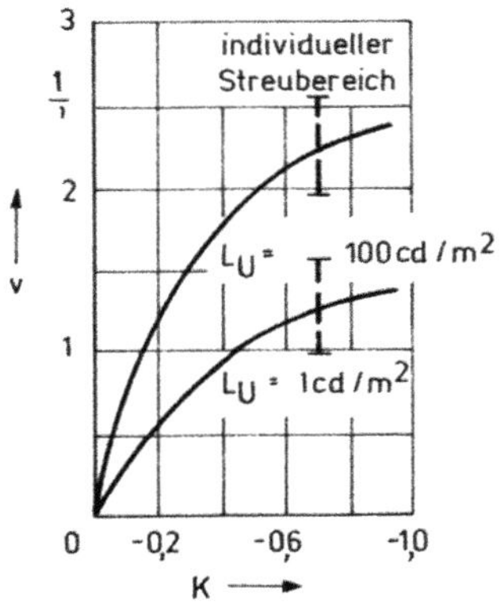

Bild 4.4. Sehschärfe in Abhängigkeit vom Kontrast
$K = (L_O - L_U)/L_O$
L_O, L_U Leuchtdichten von Objekt und Umfeld

Die durchschnittliche Sehschärfe beträgt $v = 1$ ($\alpha = 1'$). Bei optimaler Korrektur des Auges kann der Visus 2 ($\alpha = 0{,}5'$) erreicht und in Einzelfällen überschritten werden. Haupteinflußgröße für die Sehschärfe ist der Leuchtdichtekontrast zwischen Objekt und Umfeld (Bild 4.4). Der große Streubereich, der für voll sehtüchtige Beobachter gilt, ist zu beachten. Die Sehschärfe nimmt mit dem Lebensalter ab. Im Alter von 60 Jahren ist im Mittel eine Reduzierung der Sehschärfe um 25 % im Vergleich zum Alter von 20 Jahren zu erwarten [4.4].

Weitere subjektiv abhängige Größen des Sehvorganges sind Helligkeitswahrnehmung und Adaption, Akkommodation und zeitliches Auflösungsvermögen sowie räumliches und Farbensehen.

Die *Helligkeitswahrnehmung* umfaßt den Leuchtdichtebereich von 10^{-6} bis 10^{5} cd/m². Im unteren Bereich sind ausschließlich Stäbchen, im oberen die Zäpfchen wirksam. Das gemischte Sehen durch Stäbchen und Zäpfchen umfaßt den Bereich von 10^{-2} bis 10^{0} cd/m².

Die Fähigkeit der Anpassung an diesen weiten Leuchtdichtebereich, um die Sehleistung möglichst konstant zu halten, wird Adaption genannt. Die *Adaption* umfaßt vier Vorgänge:

- Motorische Veränderung der Pupillenweite durch die Iris
- Übergang von der Wirksamkeit der Zäpfchen beim Tagessehen zur Aktivierung der Stäbchen beim Nachtsehen und umgekehrt
- Empfindlichkeitsänderung der Zäpfchen und Stäbchen
- Zusammenschaltung von Rezeptoren zu Einheiten größerer Empfindlichkeit.

Akkommodation kennzeichnet den Vorgang der Anpassung der Brechkraft des Auges an die Entfernung eines wahrzunehmenden Objekts. Die Akkommodation wird hauptsächlich durch gleichzeitige Verformung der Augenlinsen mit Hilfe der Ziliarmuskeln bewirkt [4.3]. Maximal- und Minimalabstand für ein scharf erkennbares Objekt gibt die Akkommodationsbreite des Auges mit der Maßeinheit Dioptrie (Kurzzeichen dpt) an; 1 dpt entspricht der Akkommodationsentfernung von 1 m. Die Akkommodationsbreite ist stark altersabhängig (Bild 4.5) [4.3].

Das *zeitliche Auflösungsvermögen* des Auges kennzeichnet die Fähigkeit, zeitlich schwankende Lichtreize wahrzunehmen. Es besitzt näherungsweise das Verhalten eines Tiefpaßfilters [4.3]. Bei geringen Frequenzen sind die einzelnen Lichtpulse getrennt erkennbar. Sie gehen bei steigender Frequenz in ein Flackern und mit Erreichen der Flimmerverschmelzungsfrequenz in einen als zeitlich konstant erscheinenden Reiz über. Die Flimmerverschmelzungsfrequenz liegt zwischen 20 und 80 Hz und ist von der Größe, der Leuchtdichte und dem zeitlichen Verlauf des Lichtreizes abhängig.

Das beidäugige Sehen ist Voraussetzung für *räumliches Sehen*. Ein Gegenstand wird von je-

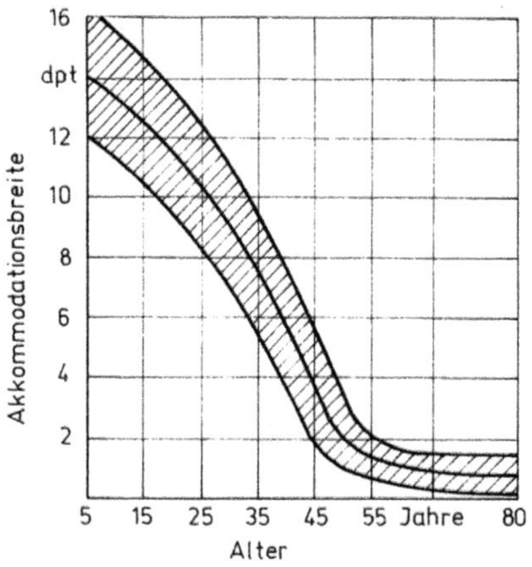

Bild 4.5. Abhängigkeit der Akkommodationsbreite vom Lebensalter [4.3]

Tafel 4.1. Teilprozesse der visuellen Wahrnehmung

Nr.	Teilprozeß	Zeitbedarf s
1	Reaktionszeit	0,2
2	Änderung der Sehrichtung	
	• Bewegung des Körpers	1,0
	• Bewegung des Kopfes	0,5
	• Bewegung der Augen	< 0,1
3	Anpassung an die Entfernung (Akkommodation)	0,5
4	Anpassung an die Leuchtdichte (Adaption)	$0{,}1 \ldots 2 \cdot 10^3$

dem Auge aus einer anderen Richtung wahrgenommen und erzeugt gering voneinander abweichende Netzhautbilder.

Farbensehen ist die Fähigkeit, Lichtreize gleicher Leuchtdichte, aber unterschiedlicher Wellenlänge im Bereich von 400 bis 760 nm zu unterscheiden [4.3]. Man schätzt, daß unter günstigen Beobachtungsbedingungen etwa 10^6 Farben selektiert werden können. Es gibt drei verschiedene Arten von Zäpfchen, die je ein unterschiedliches Fotopigment für die Spektralbereiche rot, grün und blau enthalten. Alle Farben des Spektrums entstehen durch Mischung aus diesen drei Grundfarben. Farbsehschwäche tritt auf, wenn die Fotopigmente mangelhaft oder nicht ausgebildet sind.

Die Funktionsweise des Auges erfordert mehrere Teilprozesse der visuellen Wahrnehmung (Tafel 4.1) [4.3]. Der Zeitbedarf für die teilweise zeitlich parallel verlaufenden Vorgänge liegt in der Größenordnung von 1 s.

Ungeachtet der großen Leistungsfähigkeit des Sehorgans sind Sichtprüfungen mit *Nachteilen* verbunden [4.5] [4.6]:

- Die individuelle Sehleistung ist von Lebensalter und Gesundheitszustand abhängig und unterliegt einer großen Schwankungsbreite.
- Absolute Messungen, z. B. der Helligkeit oder von Längen sind nicht möglich.
- Eine gleichbleibende objektive Beurteilung ist nicht garantiert, weil Konzentrationsmängel auftreten können und der Maßstab der menschlichen Beurteilung schwankt.
- Das Auge ist in der Geschwindigkeit des Wahrnehmungsvermögens begrenzt.
- Funktions- und umgebungsbedingte Einflüsse können zu Überlastungen führen.

Mit der Einführung neuer Technologien ist deshalb eine zunehmende Technisierung und Automatisierung von Sichtprüfungen zu verzeichnen. Technisch-ökonomische *Zielrichtungen* sind:

- Einhaltung von Sicherheitsforderungen für den Schutz des Prüfpersonals
- Beherrschung des Prüfumfanges komplexer und hochbeanspruchter Ausrüstungen bei hohen Prüfgeschwindigkeiten
- Objektivierung des Prüfablaufes zur Qualitätssicherung auf gleichbleibend hohem Niveau

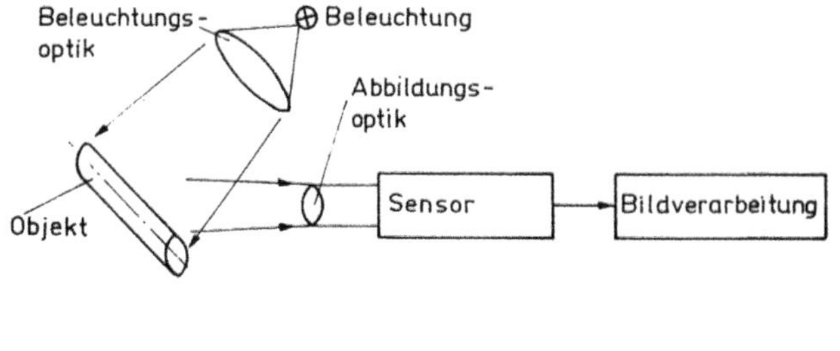

Bild 4.6. Bestandteile automatischer Sichtprüfverfahren

- Optimierung multidisziplinärer Prüfabläufe
- Dokumentierbarkeit von Prüfergebnissen zur Trendverfolgung
- Schließen von Automatisierungslücken
- Entlastung des Prüfpersonals von monotoner und anstrengender Arbeit.

Bestandteile automatischer Sichtprüfverfahren sind (Bild 4.6) [4.7]:

- Beleuchtung des Objekts
- Optik zur Abbildung des Objekts auf dem Sensor
- Sensorik zur Umsetzung des Bildes in elektrische Signale
- Rechnergestützte Bildverarbeitung zur quantitativen Erfassung der Prüfgrößen und Ergebnisdarstellung.

Die visuelle Erfassung von Längen, Flächeninhalten, Oberflächeneigenschaften und Formmerkmalen von Objekten mit optoelektronischen Wandlern hat einen hohen technischen Stand erreicht [4.8]. In Ausnahmefällen werden die Fähigkeiten des menschlichen Auges übertroffen [4.9]. Die Fähigkeit des Menschen bei der Informationsverarbeitung visueller Informationen ist durch Rechner schwieriger zu lösen. Um zumindest Teilprozesse des visuellen Wahrnehmungsvermögens des Menschen durch technische Systeme abzulösen, sind Methoden der Bildverarbeitung erforderlich. Mit einer problemspezifischen Datenreduktion der Wandlersignale durch optische und elektronische Verfahren sind Lösungen für spezielle Prozesse gefunden worden.

4.1.3. Beleuchtung

Die Bildverarbeitung kann Farbbilder, Grauwertbilder oder Binärbilder erzeugen [4.10]. Industrielle Bedeutung haben Grauwert- und Binärbilddarstellungen erlangt, die mit vertretbarem Aufwand z. Z. realisierbar sind. Grauwertbilder können bis einige Hundert Grauwerte aufweisen. Wesentlich einfacher gestalten sich Binärbilder, die aus den Helligkeitsstufen „weiß" und „schwarz" bestehen.

Die Beleuchtung des Objekts bestimmt maßgebend die erreichbare Bildqualität. Hierzu bieten sich zwei Möglichkeiten an (Bild 4.7):

- Durchlichtbeleuchtung und
- Auflichtbeleuchtung.

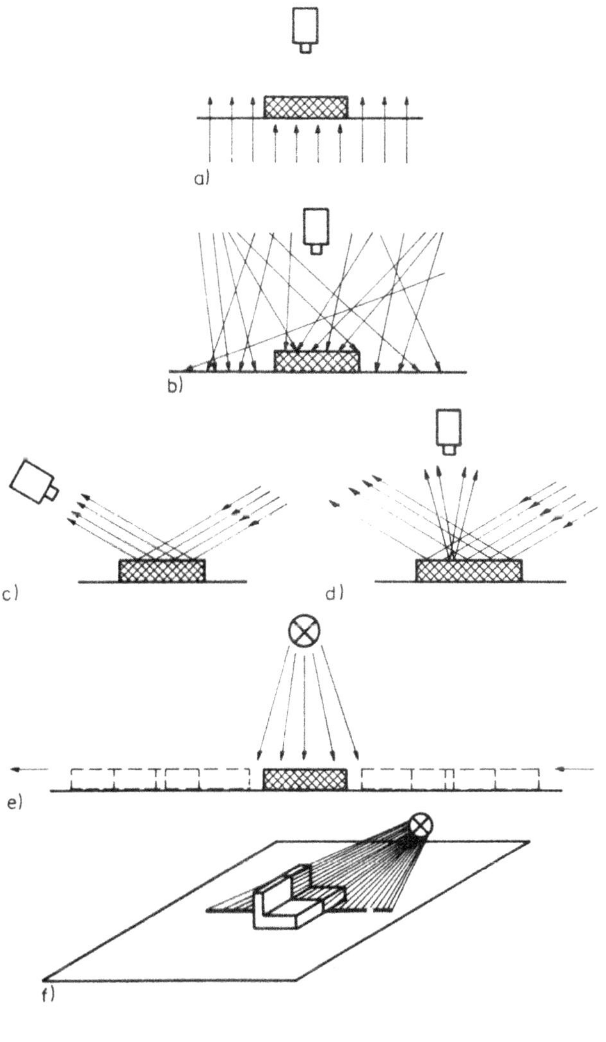

Bild 4.7. Objektbeleuchtung [4.10]

a) Durchlicht; b) Auflicht diffus; c) Auflicht gerichtet, Hellfeldbeobachtung; d) Auflicht gerichtet, Dunkelfeldbeobachtung; e) Blitzlicht; f) Lichtschnitt

Durchlichtbeleuchtung gestattet das Erkennen von Konturen nicht oder schlecht lichtdurchlässiger Objekte. Sie ist die einfachste und wirkungsvollste Beleuchtungsart; sie ist gegenüber Störeffekten, wie Verschmutzung oder Fremdlicht, relativ unempfindlich [4.11].

Die *Auflichtbeleuchtung* nutzt das unterschiedliche Reflexionsverhalten von Oberflächenfehlern. Man unterscheidet diffuses und gerichtetes Auflicht. Verschmutzungen, Fremdlicht und Alterserscheinungen der Beleuchtungseinrichtung beeinflussen die Bilderkennung [4.11]. Mit gerichtetem Auflicht sind Hell- oder Dunkelfeldbeobachtungen möglich.

Blitzlichtbeleuchtung dient zur Prüfung von Objekten, die sich in Bewegung befinden.

Beim Lichtschnittverfahren werden unter einem bestimmten Winkel ein oder mehrere Lichtbänder auf dem Objekt erzeugt. Das zurückgestreute Licht dient zur Höhen-, Dicken- und Abstandsmessung [4.9].

Als Lichtquelle können je nach Aufgabe Halogenlampen, Laser oder Lumineszenzdioden eingesetzt werden. Für die Lichtleitung stehen flexible Lichtleiterfaseroptiken und Scan-Einrichtungen zur Verfügung.

4.1.4. Methoden der Abbildung

Für die Abbildung technischer Objekte auf elektronischen Bildwandlern sind physikalisch-optische Erscheinungen geeignet. Dimensionelle Prüfungen beruhen auf Verfahren der

- Triangulation, dem
- Schattenwurf oder der
- Beugung.

Aufgaben der Defekt- und Merkmalserkennung stützen sich auf Prinzipien der

- Reflexion und
- Interferenz.

Beim *Triangulationsverfahren* wird mittels Lichtquelle, Laser und Optik auf der Objektoberfläche ein Lichtpunkt erzeugt (Bild 4.8). Die Oberfläche streut das Licht mit einer bestimmten Winkelverteilung durch ein Linsensystem auf den Sensor. Jede Abstandsänderung des Objekts relativ zur Prüfeinrichtung bewirkt eine Positionsänderung der Abbildung des Lichtpunktes auf dem Sensor. Eine Positionierung des Objekts senkrecht zur Einfallsrichtung des Strahls ist nicht erforderlich. Mit einer speziellen Sensorik im Strahlengang läßt sich die reflektierte Lichtintensität so steuern, daß auch bei unterschiedlicher Oberflächenbeschaffenheit die Lagekoordinaten ungleichförmig geformter Körper bestimmt werden können [4.12].

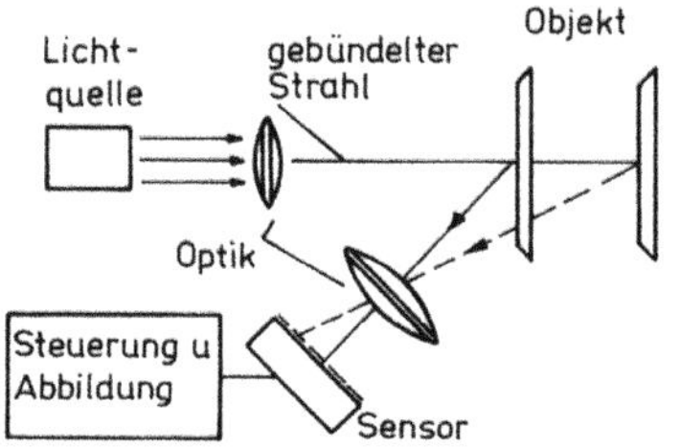

Bild 4.8. Triangulationsverfahren [4.12]

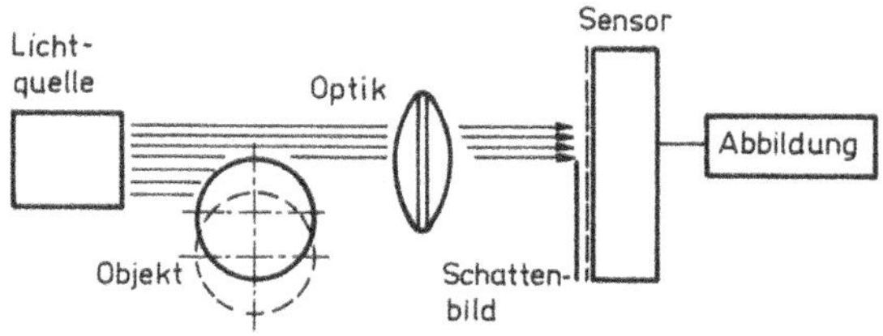

Bild 4.9. Schattenwurf-Verfahren [4.12]

Das *Schattenwurf-Verfahren* projiziert mit Hilfe des Lichtes einer Halogenlampe eine Referenzkante des Objektes auf den Sensor (Bild 4.9). Jede Maßänderung des Objektes bewirkt eine Verschiebung der Abbildung [4.12].

Das physikalische Prinzip der *Lichtbeugung* läßt eine im Vergleich zu Triangulation und Schattenwurf höhere Auflösung zu. Die Ausbildung des Beugungsmusters hinter einem mit kohärentem Licht beleuchteten Spalt (Bild 4.10) ist eine Funktion der Lichtwellenlänge des Abstands Spalt – Betrachtungsebene und der Spaltbreite, die durch Bewegung des Objekts variiert wird [4.12].

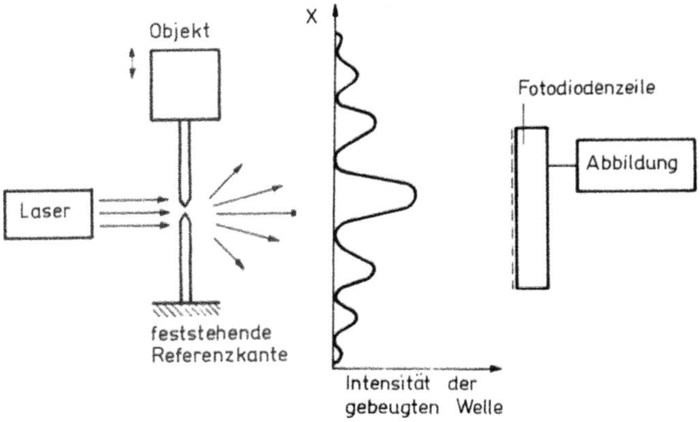

Bild 4.10. Beugungsverfahren [4.12]

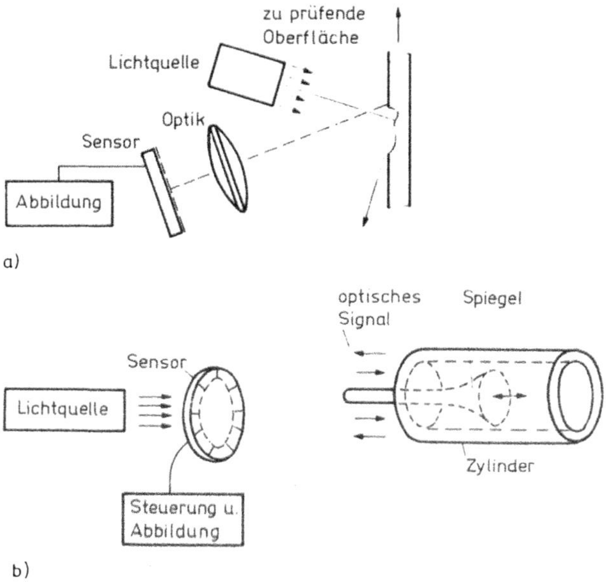

Bild 4.11. Reflexionsverfahren [4.12]
a) Außenprüfung; b) Innenprüfung

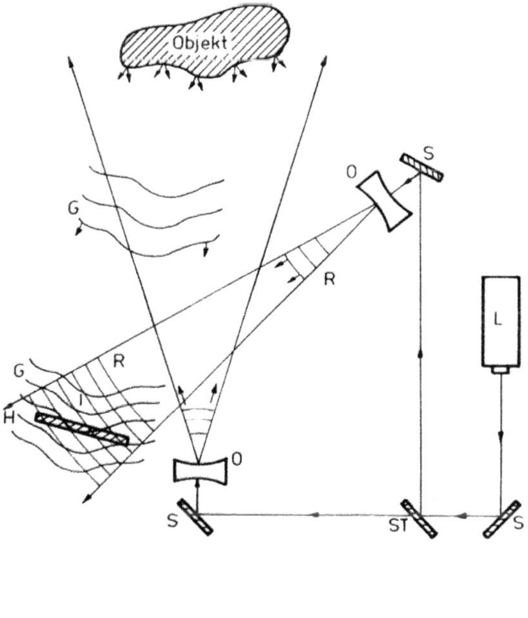

Bild 4.12. Holographische Interferometrie [4.13]
G Gegenstandswelle; *H* Hologrammplatte; *I* Interferenzen; *L* Laser, *O* Objektiv zur Strahlaufweitung; *R* Referenzwelle; *U* Umlenkspiegel; *ST* Strahlenverteiler; *S* Spiegel

Das *Reflexionsverhalten* einer Oberfläche verändert sich bei Unregelmäßigkeiten, z. B. einem Riß oder einer Narbe. Das Prinzip der Defekt- und Merkmalserkennung beruht auf dem Vergleich der reflektierten Lichtintensitäten von Oberflächendefekt und dessen Umgebung (Bild 4.11a). Zur Prüfung von Innenoberflächen projiziert ein Parabolspiegel, der in Achsrichtung verschiebbar ist, ein kreisförmiges Lichtband auf die Oberfläche (Bild 4.11b). Die Abbildung übernimmt ein ringförmiger Sensor.

Durch *Interferenz* eines vom Objekt reflektierten dreidimensionalen Wellenfeldes, das Informationen über die räumliche Gestalt des Objektes enthält, mit einer bekannten Referenzwelle (Bild 4.12), läßt sich ein sog. *Hologramm* erzeugen. Dieser optische Speicher wirkt bei Beleuchtung mit dem Referenzstrahl als Beugungsgitter und reproduziert am ursprünglichen Standort des Objektes das entsprechende Wellenfeld. Eine erneute Belichtung des Hologramms nach geringfügiger Veränderung der Objektoberfläche führt zu einer Interferenzstreifenstruktur, die Informationen über diese Veränderungen enthält [4.13]. Auswahl und Anwendung der Methoden richten sich nach der Diagnoseaufgabe und der geforderten Fehlererkennbarkeit. Die Grenzen einer objektgetreuen Abbildung sind physikalisch und technologisch bedingt [4.14]. Auflösungs- und Kontrastverluste, Maßstabsverzerrungen, Farbverfälschungen und Randabfälle der Beleuchtungsstärke können die Abbildungsqualität beeinträchtigen und durch Optimierung der Parameter des optoelektronischen Systems sowie mittels spezieller Optikelemente minimiert werden [4.7].

4.1.5. Optische Sensoren

Die Wandlung optischer Informationen in elektrische Signale kann punktförmig, ein- oder zweidimensional erfolgen (Tafel 4.2).

Tafel 4.2. Sensoren für die Bilderfassung (nach [4.15])
Anm.: Von links nach rechts steigende Auflösung: von oben nach unten steigender Aufwand

Art des Sensors		Schwellwertlogik	Auswerteverfahren	
			analog	digital
	Fotodiode Fototransistor	Lichtschranke	Fotometer	Fotometer
	spezielle Anordnung von Dioden	0-Punkt-Detektor (1 D)	Differentialverfahren	inkrementelle Meßsysteme
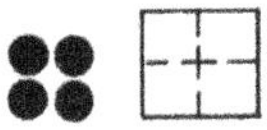	Vierquadranten-Vollflächendiode	0-Punkt-Detektor (2 D), Koinzidenz und Richtung	Position (x, y) eines Punktes	Rechnereinsatz
	CCD-Zeile	inkrementelles Meßsystem (CCD-Zeile als Maßstab)	Videotechnik	Grauwertverarbeitung Interpolation
	CCD-Zeile mit Relativbewegung	–	Videotechnik	Bildverarbeitung
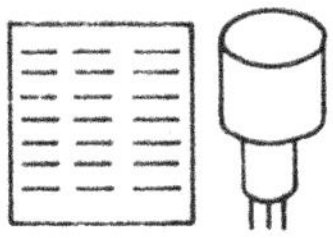	CCD-Matrix Vidikon	–	Videotechnik	Bildverarbeitung

Fotodioden und -transistoren sind Festkörperdetektoren, die Lichtquanten absorbieren, deren Energiegehalt die Leitfähigkeit des Materials ändert. Bei Lichteinfall auf das Halbleiterelement fließt ein Fotostrom, der als Helligkeitsinformation verarbeitet werden kann [4.11]. Als Anwendungsbeispiel für die Oberflächendiagnostik zeigt Bild 4.13 ein Prinzip der Gewindeprüfung.

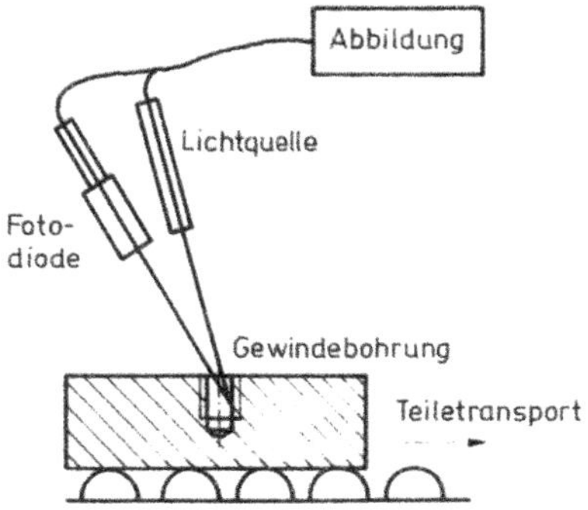

Bild 4.13. Gewindeprüfung mit Fotodiode [4.12]

Die Gewindegänge erzeugen auf dem Detektor beim Passieren des Objekts ein Hell-Dunkel-Muster, das Aufschluß über Oberflächenfehler und die Anzahl der Gewindegänge gibt [4.12].

Positionsempfindliche Fotodioden geben bei punktförmiger Bestrahlung je nach Position des auftreffenden Strahls eine zugeordnete Stromdifferenz ab. Es gibt linien- und flächenhafte Fotodioden, die Ortsauflösungen bis auf wenige µm zulassen [4.11].

Vierquadranten- und Vollflächendioden erlauben neben der Nullpunktdetektion zusätzlich die Lagebestimmung einer bekannten optischen Struktur [4.15].

Fotodiodenzeilen sind ladungsgekoppelte Halbleiteranordnungen (Charge Coupled Devices – CCD), bestehend aus einer größeren Anzahl (bis zu mehreren Tausend) Fotodioden in geometrisch exakten Abständen von wenigen µm auf einem Chip [4.10] [4.11]. Sie besitzen eine hohe Linearität und Ortsauflösung und eignen sich zur Erfassung von Helligkeitsinformationen entlang einer Geraden. Bei Relativbewegung zwischen Diodenzeile und Objekt lassen sich Ortskoordinaten in der Bildebene erfassen (Bild 4.14). Die Abtastfrequenz von Diodenzeilen kann einige MHz betragen.

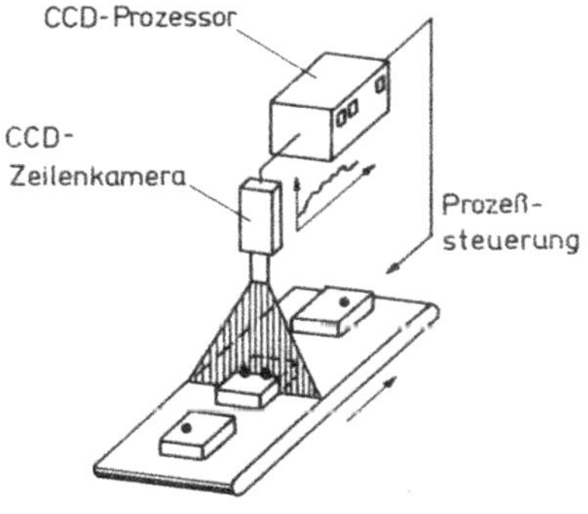

Bild 4.14. Oberflächenprüfung mit CCD-Zeilenkamera [4.16]

Eine flächenhafte Anordnung von Diodenzeilen auf einem Chip (CCD-Matrix bzw. -Array) ermöglicht die zweidimensionale Abbildung auf einem Monitor. *CCD-Kameras* sind gegenüber konventionellen Fernsehkameras vorteilhaft. Sie besitzen [4.11]

- geringe Geometriefehler
- hohe Abtastfrequenzen
- geringe Drift
- geringe mechanische Empfindlichkeit
- hohe Lebensdauer
- geringe Abmessungen
- kleine Masse.

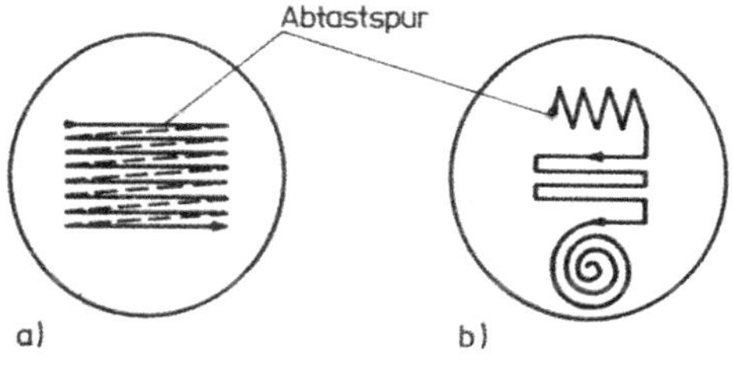

Bild 4.15. Bildabtastung [4.9]

a) zeilenförmig (Fernsehkamera); b) beliebig (Dissektor-Kamera)

Fernsehkameras sind ebenso wie Halbleiterbildwandler zeilenweise organisiert. Die Bildabtastung erfolgt nach einem festgelegten Raster (Bild 4.15a). Eine Analogie zur visuellen Wahrnehmung des Menschen, bei der beliebige Punkte in beliebiger Reihenfolge betrachtet werden können, stellt die sog. *Dissektor-Kamera* [4.7] [4.9] dar. Objektspezifische und ergebnisorientierte Abtastgeometrien werden mit Hilfe von Ablenkungsspannungen vorgegeben (Bild 4.15b). Das Prinzip zeigt Bild 4.16 für die Prüfung einer Scheibe auf Kantenausbrüche. Wenige Abtastspuren genügen für die Lagebestimmung, aus der in Verbindung mit dem Radius der Verlauf der Prüfspur entlang des Scheibenrandes berechnet wird. Bei defektfreier Kante besteht das Spannungssignal aus einer periodischen Folge von Hell-Dunkel- und Dunkel-Hell-Übergängen. Kantenausbrüche stören diese Periodizität. Mit der Realisierung von Teilfunktionen der Bildverarbeitung stellt die Dissektor-Kamera im Vergleich zur konventionellen Fernsehkamera eine Weiterentwicklung dar.

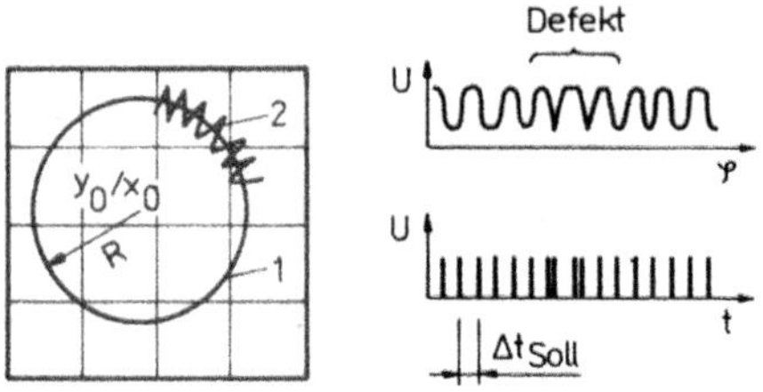

Bild 4.16. Prüfung einer Kreisscheibe auf Kantenausbrüche mittels Dissektor-Kamera [4.9]
1 Abtastspur für Lageerkennung; *2* Abtastspur für Defekterkennung

4.1.6. Rechnergestützte Bildverarbeitung

Die rechnergestützte Verarbeitung optischer Informationen erfordert mehrere *Teilschritte* (Bild 4.17):

1. Digitalisierung
   Das Nutzsignal des optoelektronischen Sensors wird rechnergerecht in digitale Grauwertinformationen je Bildpunkt umgewandelt (Grauwertbild) oder mit Hilfe einer Schwellwertvorgabe in Hell-Dunkel-Signale getrennt (Binärbild).
2. Vorverarbeitung
   Es erfolgt eine Signaloptimierung (Beseitigung von Störungen, Anhebung von Kontrasten) und Datenreduktion auf wesentliche Informationen (Trennung von Objekt- und Hintergrundmerkmalen, Einschränkung der Anzahl von Grauwerten, Ausfilterung nicht interessanter Grob- oder Feinstrukturen im Bild) [4.7].
3. Speicherung
   Bei der Vor- und Nachverarbeitung müssen ständig mehrere sequentielle Operationen ausgeführt, Zwischenergebnisse weiterverarbeitet oder Vergleiche vorgenommen werden. Mit

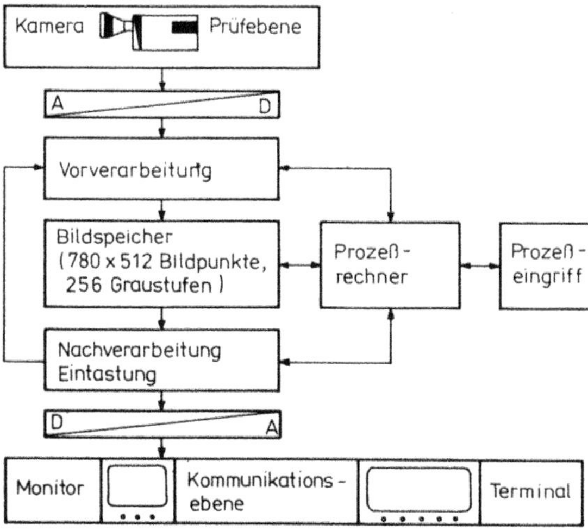

Bild 4.17. Informationsfluß einer rechnergestützten Bildverarbeitung [4.11]

zunehmender Auflösung bei digitaler Erfassung und Darstellung von Bildern steigen die Datenmengen. Eine CCD-Kamera liefert Datenströme von 10 MByte/s. Speicheraufwand und Schnelligkeit des Zugriffs zu den gespeicherten Daten sind deshalb Charakteristika eines Bildverarbeitungssystems [4.7].

4. Nachverarbeitung
Oberflächenmerkmale, z. B. Kanten, Ecken, Grate, Texturen, Kratzer, Risse oder Verschmutzungen, treten mit vergleichbarer Auffälligkeit oder Intensität auf. Je nach der Erkennungsaufgabe sind Merkmale mit Verarbeitungsalgorithmen zu identifizieren, die der

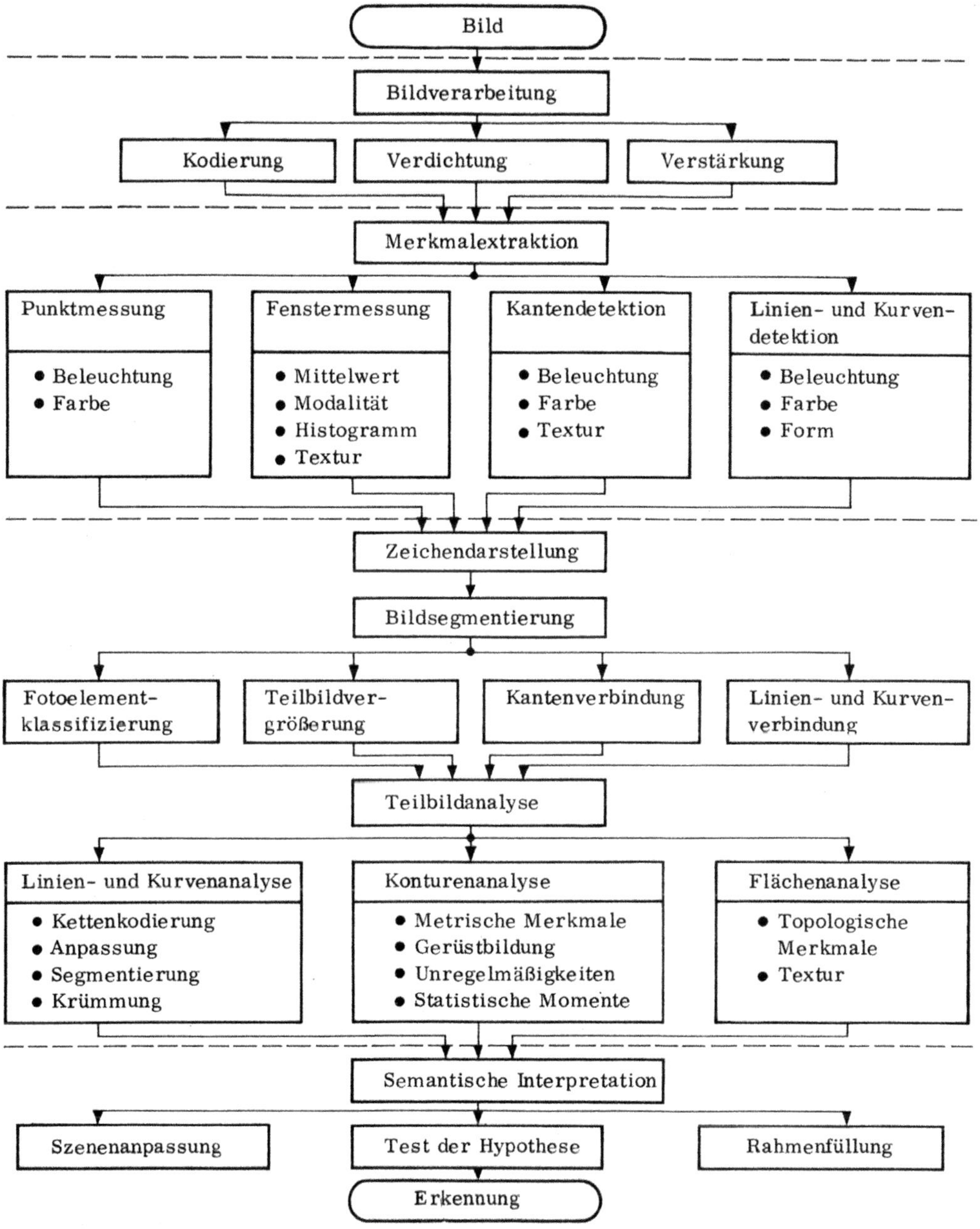

Bild 4.18. Algorithmen zur Bildverarbeitung [4.18]

menschlichen Bildverarbeitung ähnlich sind [4.17]. Bild 4.18 gibt einen Überblick über gebräuchliche Analyseverfahren und über notwendige Bildverarbeitungsteilprozesse [4.18].

Durch Aufteilung eines Bildes in Teilbilder mit gleichen Einzelmerkmalen (Segmentierung) sind charakteristische Abweichungen der Oberflächentextur erkennbar. Merkmale für eine Segmentierung können sein [4.18]:

- Grauwertstufen
- Farbunterschiede
- Kanten oder Konturen
- statistische Momente
- Bewegungsanzeigen.

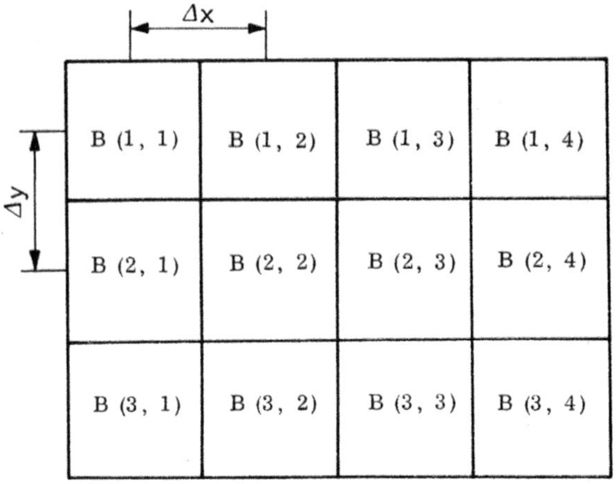

Bild 4.19. Gerastertes Bildfeld einer CCD-Kamera
Δx Rastergröße innerhalb der Zeile; Δy Rastergröße innerhalb der Spalte

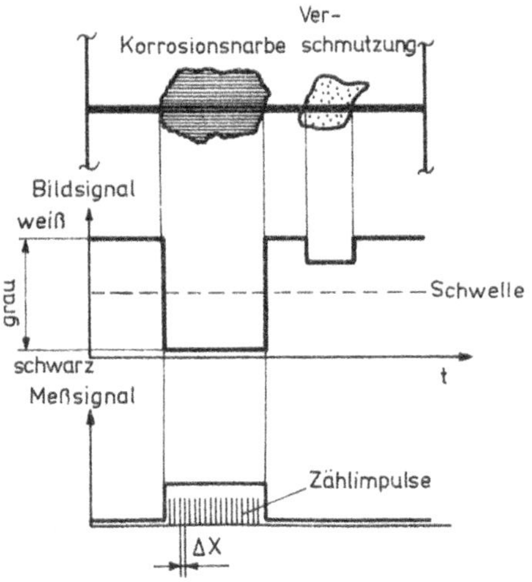

Bild 4.20. Erzeugung eines Binärbildes

Das gerasterte Bildfeld einer Fernseh- oder CCD-Kamera (Bild 4.19) setzt sich aus N Zeilen mit je M Bildpunkten zusammen. Für die Vermessung eignen sich *Binärbilder*, deren schwarze und weiße Bereiche mittels Schwellwertoperation unterschieden und zeilen- bzw. spaltenweise ausgezählt werden (Bild 4.20). Das erzeugte Binärbild B einer Korrosionsnarbe läßt sich wie folgt beschreiben (Bild 4.21):

$$B\ (x, y) = \begin{cases} 1, \text{ falls } (x, y) \text{ innerhalb der Silhouette} \\ 0, \text{ falls } (x, y) \text{ außerhalb der Silhouette.} \end{cases} \tag{4.2}$$

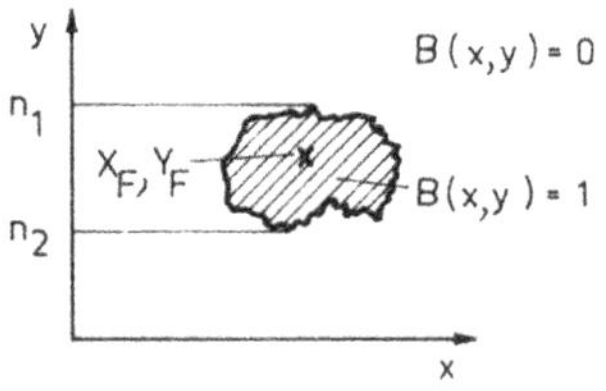

Bild 4.21. Beschreibung eines Binärbildes [4.10]
n_1, n_2 erste und letzte Abtastzeile des Objekts

Die Anzahl der Bildpunkte N innerhalb der Silhouette ist

$$N = \sum_{x=1}^{m} \sum_{y=1}^{n} B(x, y)\,. \tag{4.3}$$

Häufig benutzte *Merkmale* sind [4.10]:

- Flächeninhalt
$$A = \sum_{x=1}^{m} \sum_{y=1}^{n} B(x, y) \cdot \Delta x\, \Delta y \tag{4.4}$$

- Flächen-schwerpunkt
$$x_A = \frac{1}{A} \sum_{x=1}^{m} \sum_{y=1}^{n} x \cdot B(x, y) \tag{4.5}$$
$$y_A = \frac{1}{A} \sum_{x=1}^{m} \sum_{y=1}^{n} y \cdot B(x, y) \tag{4.6}$$

- Hauptträgheits-momente
$$I_x = \frac{1}{A} \sum_{x=1}^{m} \sum_{y=1}^{n} (x - x_A)^2 \cdot B(x, y) \tag{4.7}$$
$$I_y = \frac{1}{A} \sum_{x=1}^{m} \sum_{y=1}^{n} (y - y_1)^2 \cdot B(x, y) \tag{4.8}$$

- Zentrifugal-moment
$$I_{xy} = \frac{1}{A} \sum_{x=1}^{m} \sum_{y=1}^{n} (x - x_A) \cdot (y - y_A) \cdot B(x, y) \tag{4.9}$$

- Maximale Abmessung des Objektbildes in x- und y-Richtung
  Breite $b = \max\,\{\Delta x\}$ (4.10)
  Höhe $h = \max\,\{\Delta y\} = |n_2 - n_1|$ (4.11)
  Δx, Δy sind die Differenzen der Koordinaten aller Schnittpunkte (x_n, y_n) der n Abtastzeilen $n_1 < n < n_2$ mit der Außenkontur.

- Maximale Sehne in x- und y-Richtung
$$s_x = \max\,\{\Delta x\}_{y = \text{konst.}} \tag{4.12}$$
$$s_y = \max\,\{\Delta y\}_{x = \text{konst.}} \tag{4.13}$$

- Längste Sehne
$$l = \max\left\{\sqrt{x_n - x_{n'})^2 + (y_n - y_{n'})^2}\,\right\}, \quad \text{mit } n_1 < (n, n') < n_2 \tag{4.14}$$

- Durchmesser eines Kreises mit derselben Fläche wie das Binärbild
$$d = 2\sqrt{A/\pi} \tag{4.15}$$

- Umfang der Außenkontur
$$U = \sum_{n} \sqrt{(x_{n+1} - x_n)^2 + (y_{n+1} - y_n)^2} \tag{4.16}$$

Die Abstände zwischen zwei benachbarten, abgetasteten Konturschnittpunkten sind entlang der Außenkontur zu addieren.

- Ausdehnungsmaß
$$a = \frac{l^2}{A} \tag{4.17}$$

- Kompaktheitsmaß

$$k = \frac{A}{b \cdot h}. \tag{4.18}$$

Eine Möglichkeit zur Beschreibung von Konturen besteht in der Verbindung der Rasterpunkte, die dem Umriß am nächsten liegen, durch gerade Linien (Bild 4.22). Diese Linien entsprechen acht verschiedenen Grundzeichen (richtungsorientierte Pfeile) mit Ziffern zwischen 0 und 7. Mit diesen vereinbarten Grundzeichen läßt sich jede beliebige Kontur als kodierte Reihe darstellen. Mit Verkleinerung des Rasters erhöht sich die Auflösung [4.18] [4.19].

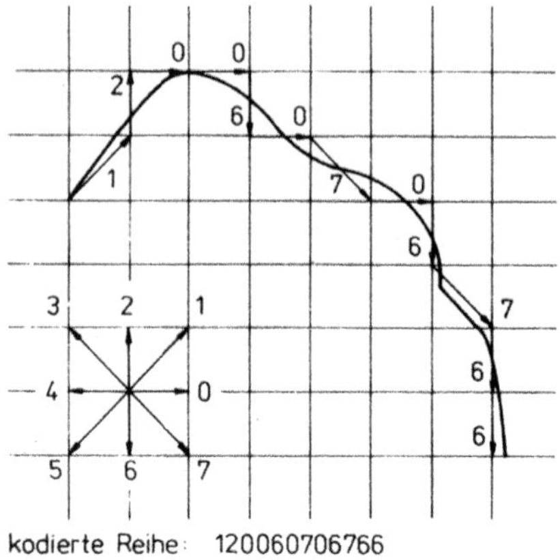

Bild 4.22. Skelettierung eines Umrisses [4.19]

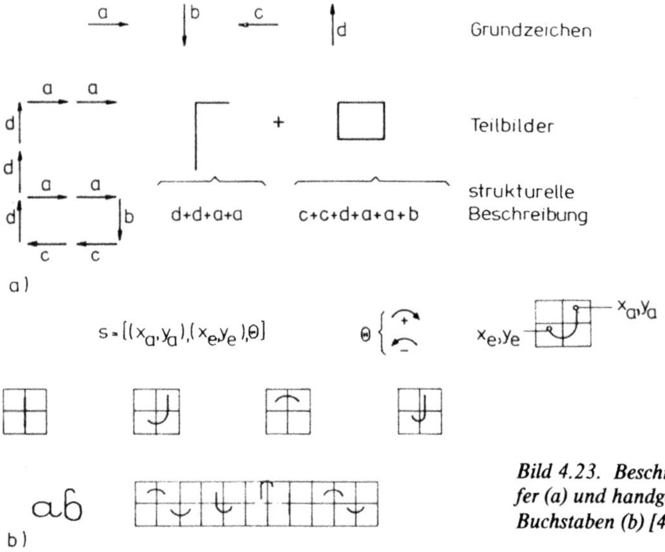

Bild 4.23. Beschreibung einer Ziffer (a) und handgeschriebener Buchstaben (b) [4.19]

Die Auswahl der Grundzeichen am Beispiel linguistischer Verfahren demonstriert Bild 4.23. Mit den vier Grundzeichen a, b, c und d lassen sich alle Ziffern von 0 bis 9 darstellen. Das Gesamtbild wird aus Einzelbildern durch Addition zusammengesetzt. Buchstaben können ebenfalls mit einem einzigen Algorithmus aus vier Grundzeichen und der Angabe ihrer Drehrichtung dargestellt werden.

Unabhängig vom Algorithmus sollte das Ergebnis von der Form und nur unbedeutend von der Lage der Gegenstände abhängen. Diese Forderung läßt sich mit der *Methode der Momente* realisieren. Sind x und y die Koordinaten eines Bildes, z. B. einer Ziffer (Bild 4.24), erhält man für jede Ziffer die Mittelwerte

$$\mu_x = \frac{1}{N} \sum_{x=1}^{m} x \cdot B(x, y) \tag{4.19}$$

$$\mu_y = \frac{1}{N} \sum_{y=1}^{n} y \cdot B(x, y)\,, \tag{4.20}$$

mit N nach Gl. (4.3), und die Potenzmomente

$$m_{ij} = \frac{1}{N} \sum_{x=1}^{m} \sum_{y=1}^{n} (x - \mu_x)^i \cdot (y - \mu_y)^j \cdot B(x, y)\,. \tag{4.21}$$

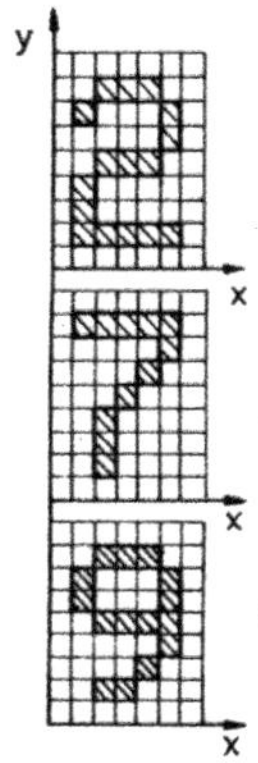

μ_x	μ_y	m_{20}	m_{11}	m_{02}	m_{30}	m_{03}
3,875	4,75	2,1093	0,468	5,3125	0,2929	1,125
4	6,0909	1,6363	1	4,6281	0,5454	-6,626
4,2666	5,4	1,9288	-0,1733	3,84	-0,4954	-2,272

Bild 4.24. Darstellung der Zahlenform durch Potenzmomente [4.19]

Die Momentreihe m_{ij} ist invariant bezüglich der Lage des betrachteten Objekts. Die relativen Werte der Potenzmomente geben Hinweise zur Form, z. B. ist das Objekt im Falle $m_{20} > m_{02}$ länglich, dagegen bei $m_{30} = m_{03} = 0$ symmetrisch [4.19].

Verfahren der *zweidimensionalen Filterung* können markante Abweichungen von der Untergrundtextur, z. B. Linien einer Vorzugsrichtung oder Flecken, verdeutlichen. Es gibt Filter, die auf Linien bestimmter Richtung abgestimmt sind oder Linien unterschiedlicher Richtung gegenüber punktförmigen Anteilen hervorheben. Mittels Schwellwertoperation lassen sich die restlichen Störungen abtrennen. Auf diese Weise erhält man z. B. eindeutige Abbildungen von Oberflächenrissen [4.20].

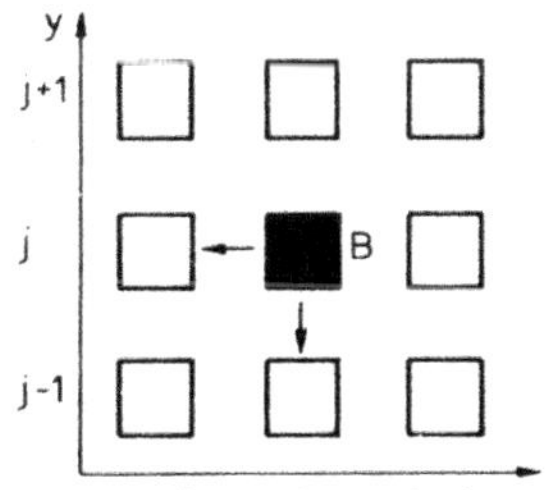

Bild 4.25. Ermittlung von Grauwertänderungen

Eine weitere Möglichkeit der Detektion von Konturen oder Rissen ist die Berechnung des *Gradienten der Grauwertänderung* durch Differentiation des Grauwertmusters $B(x, y)$. Die Ableitungen des Bildpunktes $B(i, j)$ in x- und y-Richtung (Bild 4.25) sind:

$$\frac{\partial B}{\partial x} = B(i - 1, j) - B(i, j) \tag{4.22}$$

$$\frac{\partial B}{\partial y} = B(i, j - 1) - B(i, j) \tag{4.23}$$

Für eine Linie in x-Richtung durch den Bildpunkt $B(i, j)$ gilt z. B.:

$$g = B(i-1, j) + B(i, j) + B(i+1, j) - [B(i-1, j+1) + B(i, j+1) + B(i+1, j+1)]\,. \tag{4.24}$$

Zur Liniendetektion erhalten Punkte mit Helligkeitsänderungen oberhalb einer Schwelle S den Wert 1 und unterhalb dieser Schwelle den Wert 0:

$$B(i, j) = \begin{cases} 1, \text{ falls } |g| > S \\ 0, \text{ falls } |g| < S\,. \end{cases} \tag{4.25}$$

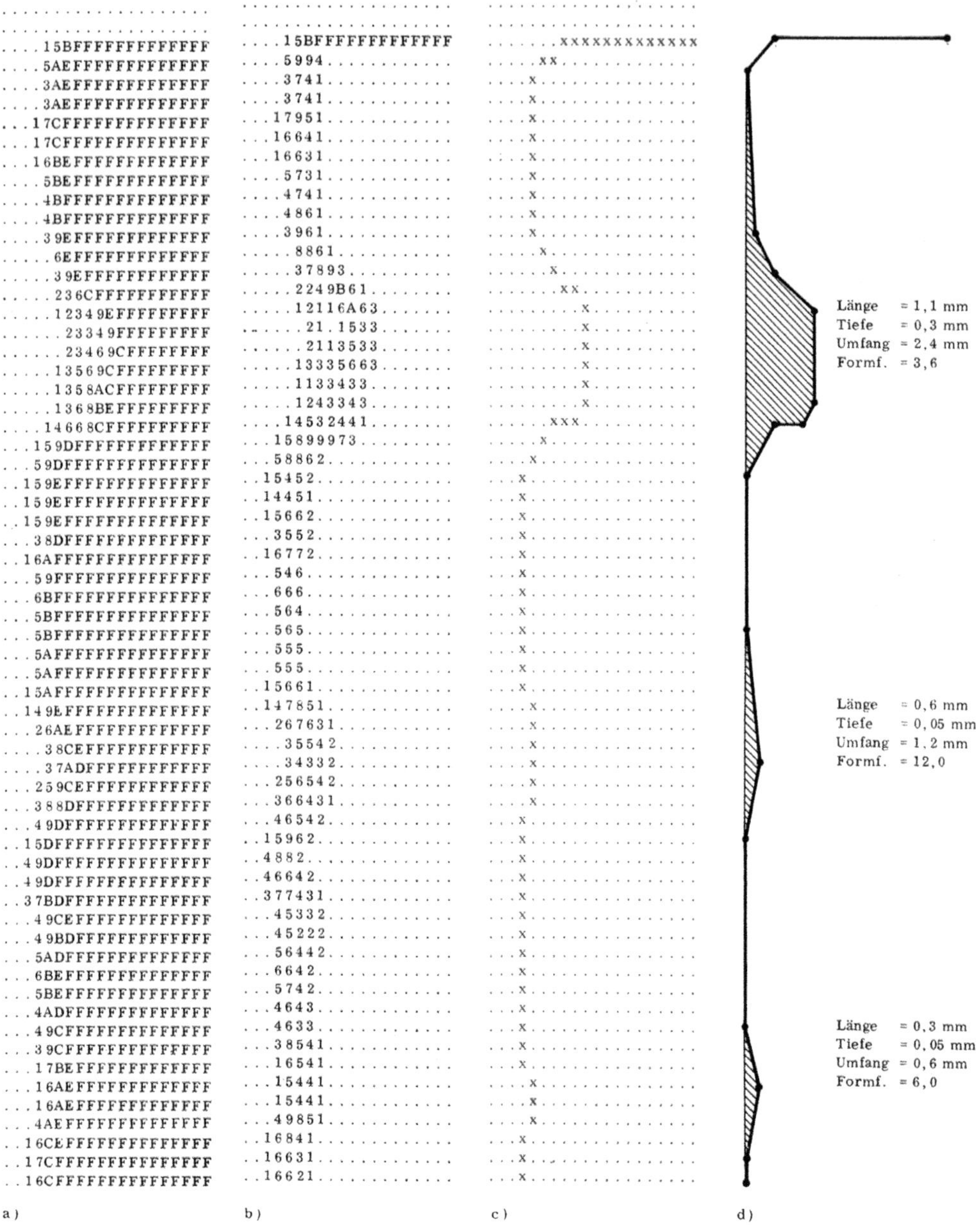

Bild 4.26. Detektion von Ausbrüchen an Schneidwerkzeugen [4.19]

a) digitalisiertes und gerastertes Grauwertbild der Schneidkante; b) mediangeglättetes und kantendetektiertes Grauwertbild; c) restauriertes und selektiertes Kantenbild; d) polygonapproximierte Schneidkante und Merkmalswerte der Ausbrüche

Als Beispiel demonstriert Bild 4.26 die Teilschritte der Bildverarbeitung zur Detektion von Schneidkantenausbrüchen [4.19]. Das Grauwertbild einer CCD-Kamera ist in Hexadezimalzahlen dargestellt und wird zur Hervorhebung der Oberflächenkonturen und -strukturen einer Bildglättung, -restaurierung und -kantendetektion unterzogen. Die berechneten und ausgegebenen Merkmalwerte ermöglichen quantitative Aussagen über die Ausbrüche.

Weitere mathematische Verfahren zur Auswertung von Teilbildern sind z. B. Transformationen, Korrelations- und Entscheidungsalgorithmen, die als Unterprogramme in Kombination mit der Fernsehtechnik angewendet werden.

4.2. Verfahren der Oberflächendiagnostik

Diagnoseverfahren, die den technischen Zustand von Maschinen oder Ausrüstungen durch Prüfung der Oberfläche des Prüfobjekts ermitteln, werden (charakterisiert durch den Prüfort) als Oberflächenprüfverfahren zusammengefaßt. Die Oberfläche des Prüfobjekts ist dabei der Informationsträger von Schädigungsvorgängen an der Oberfläche, aber auch im Grundwerkstoff. Eine Übersicht über die Vielzahl entwickelter und zum großen Teil bewährter Verfahren gibt Bild 4.27.

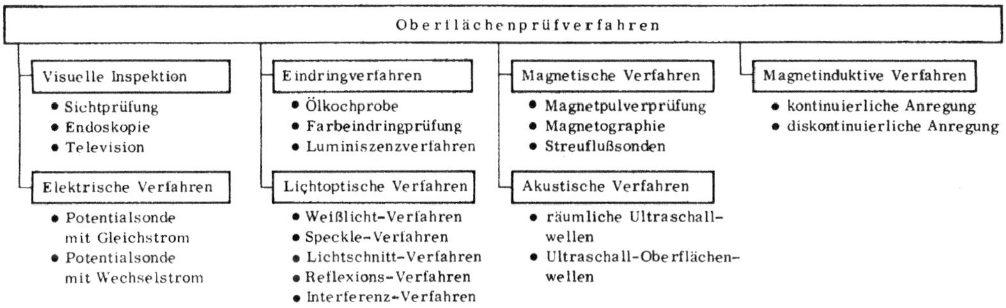

Bild 4.27. Systematisierung der Oberflächenprüfverfahren (nach [4.21])

Noch immer ist die direkte *Sichtprüfung* der Oberfläche des Prüfobjekts eine bewährte Diagnosepraxis. Sind funktionsbedingte Umschließungen von Maschinen oder Anlagen (z. B. Gehäuse, Hohlräume, Rohrleitungen) für den Menschen nicht zugänglich, kann mit Hilfe der *Endoskopie* eine Innenoberflächenbeurteilung erfolgen, aber auch Demontagen für Inspektionen können durch Anwendung der Endoskopie eingespart werden. Die relative Unzugänglichkeit von Prüfobjekten (z. B. Behälter, Dampferzeuger, Kernreaktoren) kann durch Anwendung der *Fernsehtechnik* mittels Manipulatoren aufgehoben werden. Bildspeicherung für Trendvergleiche ist durch den industriellen Einsatz der Fotografie, Fernseh- und CCD-Technik realisierbar. Zur Erhöhung der Nachweisempfindlichkeit werden Eindringverfahren, magnetische, magnetinduktive und elektrische Verfahren, z. B. Magnetpulver- und Potentialsondenverfahren, eingesetzt [4.22] bis [4.25]. Optische Verfahren lösen konventionelle Meßsysteme, vor allem berührende (z. B. Tastschnittsysteme für die Rauheitsmessung), ab. Kohärente Lichtquellen, vor allem Laser, ermöglichen die praktische Nutzung der Holographie, die durch Kombination mit anderen physikalischen Prinzipien ständig neue diagnostische Anwendungsgebiete erschließt. In Verbindung mit automatischer Bilderfassung und -verarbeitung entwickelt sich die Oberflächendiagnostik zu einer genauen und zuverlässigen Prüftechnik.

4.3. Sichtprüfung

Das einfachste Oberflächenprüfverfahren ist die Sichtprüfung zugänglicher Bauteiloberflächen. Sichtprüfungen erfordern im allgemeinen Demontagen der Maschinen, zumindest die Entfernung von Isolierungen an Rohrleitungen, Gehäusen oder Behälteroberflächen. Das menschliche Sehvermögen erlaubt die subjektive Beurteilung von Oberflächen auf Risse, Abtragungen (flächig, narbenartig, Riefen, Aufrauhungen), Ablagerungen (prozeßbedingt oder Verschmutzungen) sowie die Einschätzung von Bruchbildern. Aus den Prüfergebnissen können direkte Entscheidungen für den weiteren Betrieb und die Instandhaltung aber auch Vorschläge für die Anwendung spezieller Oberflächen- oder volumetrischer Prüfungen abgeleitet werden.

4.3.1. Verfahrensbeschreibung

Bei der Sichtprüfung sucht man Bauteiloberflächen nach Veränderungen ab, erkennt und bewertet sie. Für Vergleiche mit vorangegangenen Prüfergebnissen sind Prüfprotokolle und Dokumentationsmittel (Foto, Abdruck) zu verwenden. Lupen (max. 15fache Vergrößerung, Gesichtsfelddurchmesser 60 mm) erhöhen die Wahrnehmungswahrscheinlichkeit. Die Beleuchtung kann mit Hand- oder Stativlampen erfolgen. Bewährt haben sich Halogen-Lichtwurflampen mit regelbarer Spannungsquelle. Beleuchtungsstärke, Beleuchtungswinkel und Blickwinkel sind so zu wählen, daß ein optimaler Bildkontrast entsteht.

Ein Anwendungsgebiet der Sichtprüfung ist die Schadbilddiagnostik. Bruchbilder informieren über die Art der mechanischen Betriebsbeanspruchungen (Tafel 4.3).

Tafel 4.3. Bruchbilder für unterschiedliche Beanspruchungen [4.22]

Art der Beanspruchung	hohe Nennspannung		geringe Nennspannung	
	glatte Form	gekerbt	glatte Form	gekerbt
Zug	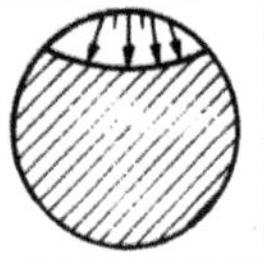			
Einseitige Biegung	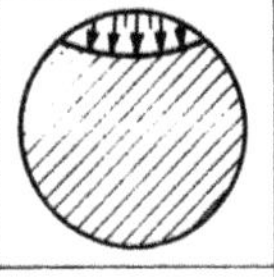		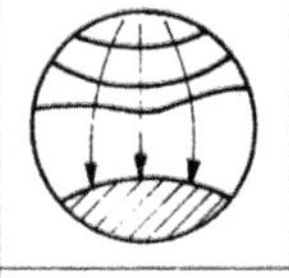	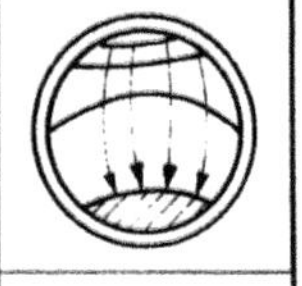
Zweiseitige Biegung	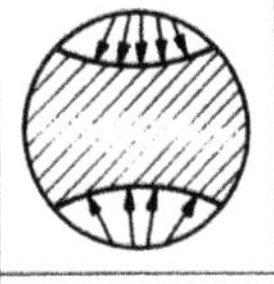		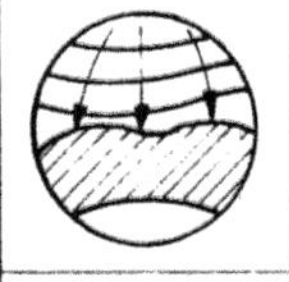	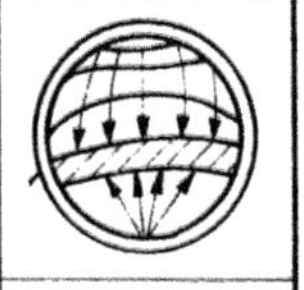
Allseitige Biegung	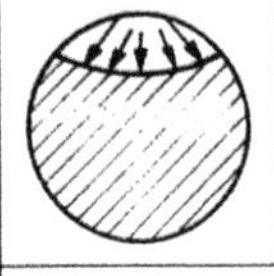	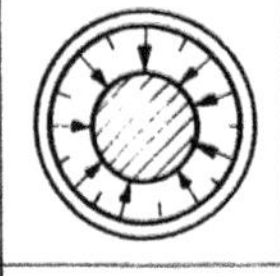	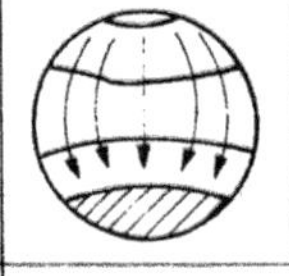	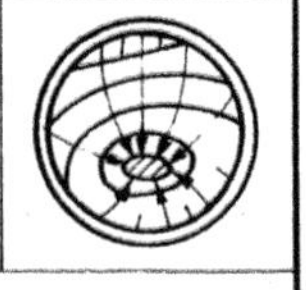
Verdrehung	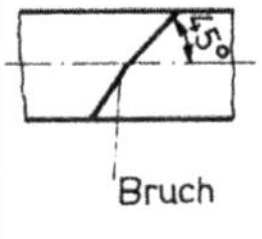	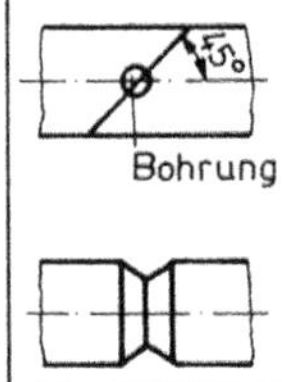	wie bei hoher Nennspannung	

4.3.2. Anforderungen an das Sehvermögen

Die Zuverlässigkeit der Prüfergebnisse hängt sowohl von den Kenntnissen und Erfahrungen des Prüfpersonals als auch von dessen Sehvermögen ab. Für Sichtprüfungen sind besondere Anforderungen an das Sehvermögen [4.26] zu stellen:

- Als Sehschärfe muß ein Nahvisus von 1,0 und ein Fernvisus von 0,8 auf einem Auge garantiert sein.
- Die Adaptions- und Akkommodationsgeschwindigkeit sollte möglichst groß, die Blendempfindlichkeit klein sein.
- Ein normales Blick- und Gesichtsfeld ist für die Prüfung großer Flächen von Bedeutung.
- Räumliches Sehvermögen wird bei der Betrachtung komplizierter Objektkonturen vorausgesetzt.
- Das Farbunterscheidungsvermögen ist eine Hauptvoraussetzung für die Fehlererkennbarkeit, besonders bei der Farbeindring- und Magnetpulverprüfung (vgl. Abschnitte 4.6. und 4.7.)

4.3.3. Fehlererkennbarkeit

Flächenhafte Veränderungen einer Bauteiloberfläche sind gut erkennbar (Tafel 4.4). Für den Nachweis von Rissen ist die Methode der Sichtprüfung nur in solchen Fällen anwendbar, wo die zulässige Fehlergröße oberhalb der Nachweisgrenze liegt oder andere Verfahren der Oberflächendiagnostik nicht einsetzbar sind. Oberflächenbeläge und -rauheiten können die Fehlererkennbarkeit verringern. Um subjektive Fehler zu vermeiden, ist es zweckmäßig, Sichtprüfungen parallel von zwei Personen durchführen zu lassen. Ein quantitativer Fehlernachweis ist nur bedingt und in Verbindung mit Meßmitteln möglich.

Tafel 4.4. Fehlererkennbarkeit der Sichtprüfung ohne optische Hilfsmittel

Oberflächenzustand	Erkennbarkeit
Verschleiß	gut
Korrosion (außer Risse)	gut
Erosion	genügend bis gut
Beläge	gut
Deformationen	gut
Risse	gering
• Länge	3 mm
• Breite	0,1 mm
• Tiefe	nicht vorhanden

4.4. Endoskopie

Endoskope sind optische Systeme zur Untersuchung von Prüfobjektinnenräumen. Die Endoskopie erweitert die Möglichkeiten der Sichtprüfung in schwer zugänglichen, dem menschlichen Auge verschlossenen Räumen in Maschinen und Anlagen, um Kanten- und Flächenabtragungen, Erosions- und Korrosionserscheinungen, Streifspuren, Risse, Verschmutzungen, Ablagerungen, Verfärbungen, aber auch Verschiebungen und Bewegungsabläufe zu erkennen. Der Umfang von Demontagearbeiten für Revisionen kann von Endoskopiebefunden abhängig gemacht werden. Der erzielbare hohe ökonomische Nutzen infolge Reduzierung von Stillstandszeit und von Montageaufwand hat die Endoskopie zur industriellen Breitenanwendung geführt.

4.4.1. Verfahrensbeschreibung

Endoskope werden durch Öffnungen, z. B. Meßstutzen, Entwässerungsleitungen, in den technischen Hohlraum eingeführt und auf die zu prüfende Innenoberfläche gerichtet. Eine Beleuch-

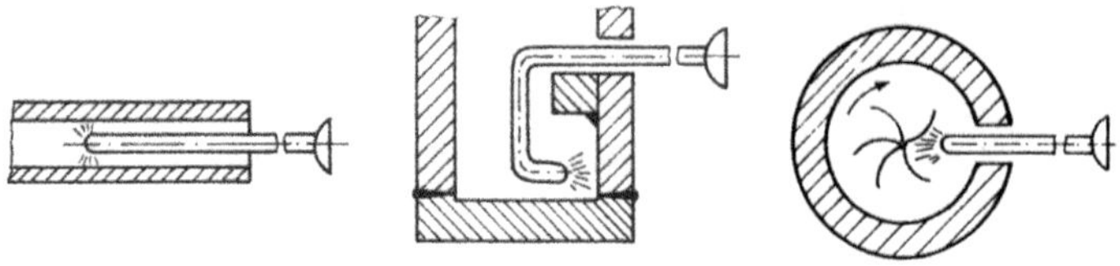

Bild 4.28. Bedingungen für die Sichtprüfung von außen

a) Prüfobjekt ortsfest, direkt erreichbar; b) Prüfobjekt ortsfest, indirekt erreichbar; c) Prüfobjekt beweglich, direkt oder indirekt erreichbar

tungseinrichtung sorgt für eine gute Bildqualität. Die Übertragung des Bildes nach außen erfolgt mittels optischer Linsen oder Lichtleitkabel. Neben der subjektiven Beurteilung sind Dokumentationsmittel (Foto, Film, Videotechnik) anwendbar. Aus der Vielfalt der geometrischen Gestalt technischer Hohlräume ergeben sich drei unterschiedliche Bedingungen für die Sichtprüfung von außen (Bild 4.28):

a) Das Prüfobjekt ist ortsfest und auf geradem, direktem Weg erreichbar,
Beispiel: Zylinderförmige Räume großer Länge (Rohrbündelwärmeübertrager)
b) Das Prüfobjekt ist ortsfest und auf geradem, direktem Weg nicht erreichbar.
Beispiele: große Räume, mehrfach unterteilte Räume, komplizierte Konturen (Behälter, Innengehäuse)
c) Das Prüfobjekt ist beweglich und auf direktem oder indirektem Weg erreichbar.
Beispiele: mehrfach unterteilte kleinere Räume mit komplizierten Innenkonturen und beweglichen Teilen (Strömungsmaschinen, Motoren, Getriebe, Armaturen).

4.4.2. Aufbau und Funktionsweise technischer Endoskope

Im Einsatz befinden sich starre und flexible Ausführungen. *Starre Endoskope* (Bild 4.29) bestehen aus:

- Okular mit Einsichtöffnung und Anschluß für Beleuchtung
- Tubus (starres Rohr mit Linsensystem und elektrischer Verbindungsleitung zur Beleuchtungseinrichtung)
- Objektiv mit auswechselbaren Einsätzen für verschiedene Blickwinkel, z. B. Geradeausblick 180°, Seitenblick 90°, Schräg-Vorausblick 135°, Rückblick 60°
- Beleuchtung mit Lichtaustritt von einer Halogen-Niedervolt-Lampe oder einem Lichtleiter (Kaltlichtzuführung).

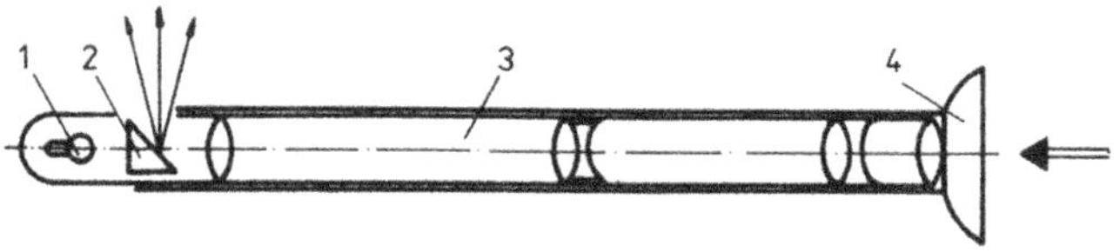

Bild 4.29. Aufbau eines starren Endoskops

1 Beleuchtung; *2* Objektiv; *3* Tubus; *4* Okular

Die Nutzlänge starrer Endoskope ist vom Durchmesser des Tubus-, Objektiv- und Beleuchtungsteils abhängig, weil Durchbiegungen das optische System verändern und das Blickfeld verkleinern. Endoskoplängen variieren zwischen 180 mm (2,3 mm Durchmesser) und etwa 20 000 mm (35 mm Durchmesser) [4.27]. Die Abmessungen von handelsüblichen Standardausführungen berücksichtigen die Einsatzbedingungen.

Flexible Endoskope dienen zur Kontrolle schwer zugänglicher, auf geradem Wege nicht erreichbarer Oberflächen. Hauptbestandteile flexibler Ausführungen sind Glasfasern mit einem Durchmesser von 30 μm für Lichtleiter und 8 bis 10 μm für Bildleiter. Jede Faser besteht aus zwei Glassorten, dem Kern (Brechungsindex z. B. 1,62) und dem Mantel (Index etwa 1,55) [4.28]. Die Grenzfläche zwischen Mantel und Kern wirkt als Reflektor für die Lichtfortleitung.

Etwa 60 000 Einzelfasern bilden ein Lichtleitbündel und 120 000 ein Bildleitbündel. Die Anordnung der Fasern sichert im Bildleitbündel am Okular ein seitenrichtiges, aufrechtes und farbechtes Rasterbild. Das Auflösungsvermögen flexibler Endoskope erreicht die Qualität guter Farbfernsehbilder. Die Lichtübertragung erfolgt im sichtbaren Wellenbereich. Während der Wellenbereich des Infrarotlichts vollständig absorbiert wird, lassen sich ultraviolette Strahlen noch übertragen [4.29].

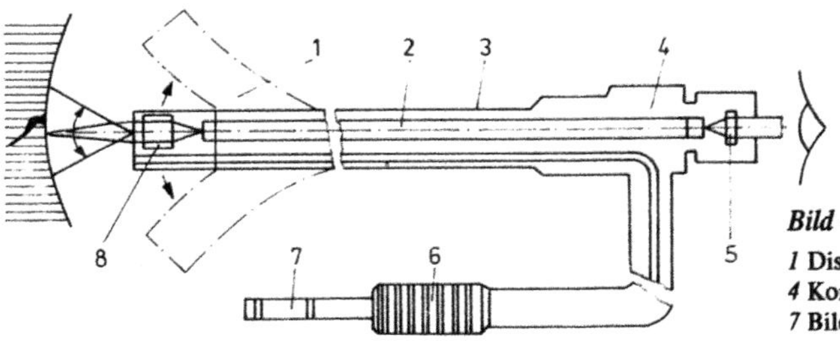

Bild 4.30. Aufbau eines flexiblen Endoskops
1 Distalende; *2* Bildleitbündel; *3* flexible Sektion; *4* Kontrollsektion; *5* Okular; *6* Connector; *7* Bildleitbündel; *8* Objektiv

Je ein Bildleit- und Lichtleitbündel übertragen Bild und Licht parallel innerhalb des Endoskops, umschlossen von einem rostfreien flexiblen Stahlspiral-Mantel (Bild 4.30). Die zweite Ummantelung zum Schutz der Glasfaserbündel besteht aus einem dünnen, rostfreien Stahlflechtmantel, der gleichzeitig eine für den Kontrollvorgang notwendige Einschränkung der Biegsamkeit bewirkt. Die dritte Verkleidung bildet ein widerstandsfähiger, stoßabsorbierender und wasserdichter Spezial-Kunststoffschlauch, der als äußerste Abschirmung von einem V2A-Flecht-Mantel oder einem weiteren biegsamen Kunststoffmantel umgeben ist [4.29].

Das dem Beobachter abgewandte Ende (Objektiv- und Beleuchtungsteil), auch Distalende genannt, ist auf das Beobachtungsobjekt gerichtet und beleuchtet das Objekt. Bei den meisten Ausführungen ist das Objekt fokussierbar von 7 mm Objektabstand bei 5facher Vergrößerung bis unendlich bei entsprechend starker Verkleinerung. Bei einem Objektabstand von 25 mm ist das Bildverhältnis 1:1. Die Fokussierung erfolgt über Bowdenzüge, die einen Linsenschlitten bewegen. Durch diese verschiebbare Linse ist es möglich, das Bild auf beliebige Entfernungen scharf einzustellen.

Standardgeräte werden in drei verschiedenen Blickrichtungen gefertigt: Seitenblick 90°, Schräg-Vorausblick 150°, Geradeausblick 180°.
Der Öffnungswinkel ist je nach Blickrichtung für 52° bis 70° ausgelegt. Das Distalende kann durch weitere Bowdenzüge gesteuert werden, die eine Abwinkelung um 120° in beiden Richtungen, also insgesamt 240°, ermöglichen. Durch Drehen des gesamten Instruments um seine Längsachse wird eine pilzförmige Fläche einer Sichtkontrolle zugängig (vgl. Bild 4.30). Der Bedienungsteil (mit Okularteil) am entgegengesetzten Ende besteht aus dem Okular, dem Abwinkelungshebel für das Distalende, einem Fokussierring für die Objektscharfeinstellung sowie meist einem Okulareinstellring zur Dioptrien-Anpassung an das Auge des Beobachters [4.29].
Über Adapter können Foto-, Film- oder Fernsehkameras angeschlossen werden.

4.4.3. Anwendung der Endoskopie

Die Endoskopie setzt eine *zielgerichtete Einsatzvorbereitung* mit folgenden Teilaktivitäten voraus:

- Abkühlung der Baugruppe
- Vorbereitung von Endoskopöffnungen
- Beleuchtung des Innenraums
- Auswahl und Handhabung starrer oder flexibler Endoskope
- Installation von Zusatzausrüstungen.

Einsatzbereiche für Endoskope in thermisch beanspruchten Baugruppen richten sich nach der Wärmebeständigkeit des Endoskops. Gebräuchliche Ausführungen sind bis 80 °C wärmebeständig, spezielle Anfertigungen bis 150 °C [4.30].

Endoskopöffnungen sollen eine gute Zugänglichkeit des Distalendes zu allen Prüfstellen ermöglichen und gleichzeitig eine normale Beobachterhaltung im Stehen oder Sitzen gewährleisten. Beschwerliche, durch die Anordnung der Öffnung bedingte Arbeitspositionen führen zu vorzeitiger Ermüdung und vermindern den Erfolg der Endoskopie [4.27]. Die lichte Weite der Öffnung sollte etwa 2 mm größer sein als der Außendurchmesser des Endoskops. Als Beispiel zeigt Bild 4.31 die Führungsbahnen für starre und flexible Endoskope zur Inspektion einer kombinierten Schnellschluß-Regelarmatur.

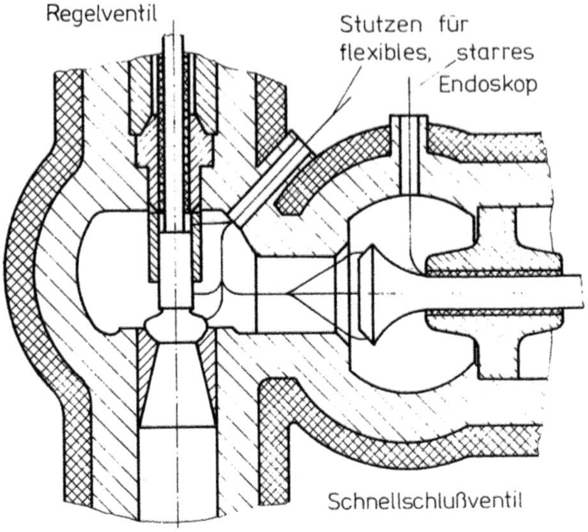

Bild 4.31. Führungsbahnen für starre und flexible Endoskope in einer kombinierten Schnellschluß-Regelarmatur zur Inspektion der Ventilsitze, Spindeln, Dampfsiebe und Innenwände [4.27]

Die *Ausleuchtung* des technischen Hohlraumes entscheidet ebenfalls über die Bildqualität. Die Objektbeleuchtung über ein mit dem Endoskop verbundenes Lichtkabel ist bei Aufnahmeabstandsänderungen des Endoskops unterschiedlich. Für fotografische Aufnahmen kann eine Zusatzbeleuchtung erforderlich sein. Endoskope mit videotechnischer Aufzeichnung sollten über eine videosignalabhängige Beleuchtungsstärkeregelung verfügen [4.30].

Starre Endoskope besitzen eine größere optische Leistungsfähigkeit als flexible Ausführungen [4.31]. Flexible Endoskope sind in ihrer Nutzlänge durch die Intensität der Lichtquelle und durch Lichtleitverluste in den Glasfasersträngen begrenzt. Die Lichtausbeute nimmt mit der Länge ab (etwa 9 % je Meter) und Farbaufnahmen werden undeutlicher. Die beste Bildwiedergabe wird für ein minimales Verhältnis von Länge zu Durchmesser des Distalendes erreicht [4.28]. Endoskope werden nach Größe der Baugruppe und Zugänglichkeit zu den Prüfstellen ausgewählt.

Die Endoskopie ermöglicht *kein stereoskopisches Sehen,* deshalb sind selbst für den geübten Endoskopiebetrachter quantitative Aussagen zur Oberflächenstruktur nur mit Einschränkungen möglich. Für die Beurteilung der Größe eines Fehlers sind optische oder mechanische Hilfsmittel erforderlich, um aus der Entfernung des Fehlers vom Objektiv und der Gesamtvergrößerung des Endoskops auf die Fehlergröße zu schließen [4.32]. Der Vergrößerungs- bzw. Verkleinerungsfaktor ist von Blickrichtung und Abstand zwischen Objekt und Objektiv abhängig. Unzureichende Beleuchtungs- und Reflexionsverhältnisse führen zu Farbunreinheiten und Schatteneffekten des zu betrachtenden Bildes. Sachkenntnis des Endoskopierenden für das zu prüfende Bauteil und für den Umgang mit dem verwendeten Endoskop ist notwendig. Ein Training an Vergleichs-Baugruppen oder an Modellen hilft, optimale Einstellwerte zu ermitteln und Vergleichsbilder zu gewinnen. Der Einsatz mehrerer Beobachter zur Beurteilung des Prüfobjekts auf einem Bildschirm hilft, subjektive Fehleinschätzungen zu verringern.

Elektronische Bilderfassungs- und Bildauswertesysteme unterstützen die Bestrebungen zur Objektivierung der Bildauswertung [4.33]. Die sog. *Endo-Television* wird durch die Fortschritte der Mikroelektronik, besonders der MOS/CCD- (Metal Oxide Semiconductor/Charge Coupled Device-) Technologie geprägt.

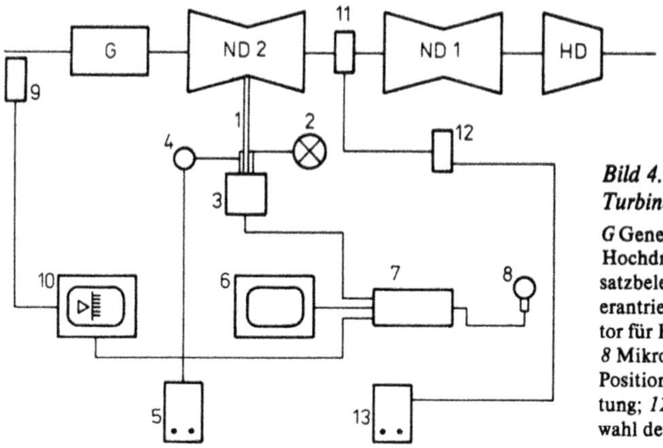

***Bild 4.32.* Endoskopie-System für ein Turbinenaggregat**

G Generator; *ND* Niederdruckteil; *HD* Hochdruckteil; *1* Endoskopsonde; *2* Zusatzbeleuchtung; *3* TV-Kamera; *4* Steuerantrieb; *5* Fernsteuerung; *6* TV-Monitor für Bildauswertung; *7* Videorecorder; *8* Mikrophon; *9* TV-Kamera; *10* Rotor-Positionsanzeige; *11* Rotor-Drehvorrichtung; *12* Thyristor-Steuerung; *13* Vorwahl der Rotordrehung

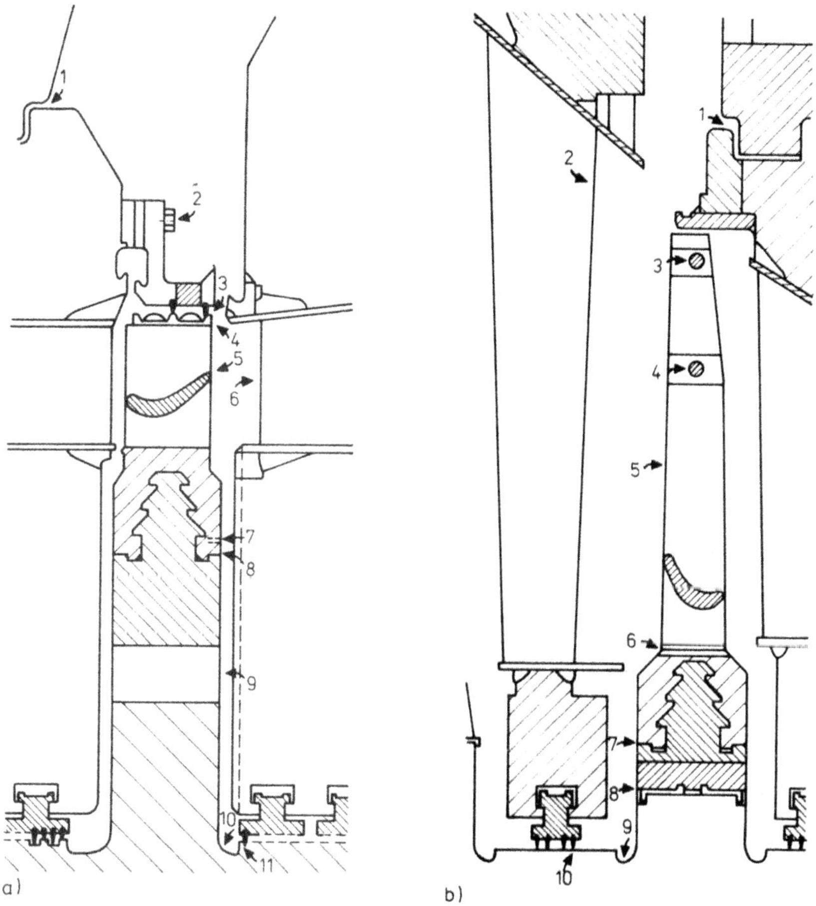

***Bild 4.33.* Prüfstellen für die Endoskopie an einem Turbinenläufer**

a) Laufschaufel einer Hochdruckstufe

1 Diaphragma; *2* Befestigungsschraube; *3* Außenlabyrinthdichtung; *4* Deckband; *5* Schaufelhinterkante; *6* Anströmkante der Leitschaufel; *7* Arretierung der Laufschaufel; *8* Schaufelfuß; *9* Spannung der Ausgleichsscheibe; *10* Freistich des Rotors; *11* Innenlabyrinthdichtung

b) Laufschaufel einer Niederdruckstufe

1 Diaphragma; *2* Anströmkante der Leitschaufel; *3* zweiter Dämpfungsring; *4* erster Dämpfungsring; *5* Schaufelhinterkante; *6* Sicherung des Schaufelfußes; *7* Schaufelfuß; *8* Arretierung der Laufschaufel; *9* Freistich des Rotors; *10* Innenlabyrinthdichtung

Kleine, leistungsfähige und wesentlich handlichere CCD-Kameras lösen die konventionellen Röhrenkameras ab und ermöglichen ein freihändiges Arbeiten mit einer solchen Endo-TV-Kombination, besonders mit Endoskopen im Durchmesserbereich von 2 bis 5 mm. Mit digitaler Bildverarbeitung können bereits endoskopische Farbbilddarstellungen, Rißerkennungs- und Bildvergleichsalgorithmen realisiert werden.

Die *Erweiterung des Anwendungsbereiches* der Endoskopie wird in Verbindung mit Meß- und Markierungssystemen wirksam [4.32] [4.34]. Eine im Instrumentierkanal des Endoskops geführte Wirbelstromsonde übernimmt die quantitative Rißdetektion. Die Markierung erfolgt elektroerosiv und ermöglicht ein schnelles Auffinden der Prüfstellen bei Wiederholungsprüfungen. Eine Mechanisierung und teilweise Automatisierung der Endoskopie ist bei komplexen Aggregaten anzustreben, wie Bild 4.32 am Beispiel eines Dampfturbinenaggregats demonstriert. Mit einer Ansteuerung der Rotordrehvorrichtung läßt sich der Turbinenläufer positionieren, um alle Prüfstellen im Strömungsteil (Bild 4.33) mittels starrer und flexibler Endoskope (Durchmesser 8 bis 11 mm) zu erreichen. Die Endoskopführung erfolgt ferngesteuert. Das Intervall für Großrevisionen konnte mit Einführung der Endoskopie von 3 auf 6 bis 8 Jahre verlängert werden. Eine Demontage erfolgt nur im Falle eines Endoskopiebefundes zur Instandsetzung. Eine elektronische Bildaufnahme und -bewertung wird vorbereitet [4.35].

4.5. Television

In schwer oder nicht zugänglichen Räumen mit Objekten zur Oberflächenprüfung kann die Fernsehtechnik eingesetzt werden. Diese Technik erlaubt vor allem die *Einschätzung des Allgemeinzustandes,* aber auch Kanten- und Flächenabtragungen, Risse, Lageveränderungen oder Lockerungen von Teilen, Ablösungen von Konservierungsmitteln, Verschmutzungen oder Ablagerungen sind mit Einschränkungen erkennbar. Fernsehbilder können von räumlich voneinander entfernten Ereignissen über große Entfernungen in zentrale Beobachtungsstationen übertragen und gespeichert werden.

4.5.1. Verfahrensbeschreibung

Kamera und Beleuchtungseinheit werden in die Nähe des Prüfobjekts gebracht. Die Positionierung zur Oberfläche kann manuell oder mittels spezieller Vorrichtungen erfolgen. Je nach Prüfaufgabe sind unterschiedliche Einsatzvarianten möglich (Bild 4.34):

a) frei hängend am Versorgungskabel
   Beispiele: Unterwasserbauwerke, Schiffswände, Reaktordruckgefäße, Hochbauten
b) manipulatorgeführt
   Beispiele: Reaktordruckgefäße, Rohrleitungen großer Dimension, Brunnen
c) fahrbar
   Beispiele: Straßen, Schienen
d) endoskopgeführt
   Beispiele: schwer zugängliche technische Hohlräume (vgl. Abschn. 4.4.).

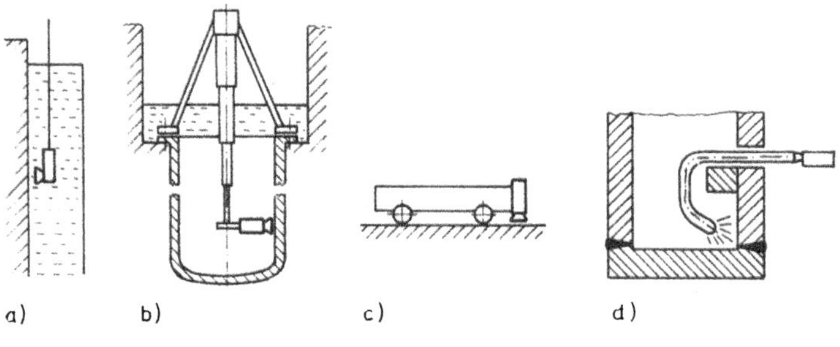

Bild 4.34. Einsatzvarianten der Television
a) frei hängend; b) manipulatorgeführt; c) fahrbar; d) endoskopgeführt

4.5.2. Aufbau und Funktionsweise der Televisionstechnik

Für Schwarzweiß-, Farb- und Infrarotaufnahmen werden Miniaturanlagen eingesetzt. Sie bestehen aus [4.36]:

- Kamera mit
  - Objektiv, entweder in starrer Ausführung, wobei Brennweite und Blendenöffnung fest vorgegeben sind (Miniaturkameras mit ∅ 50 mm und darunter), oder mit ferngesteuerter Entfernungseinstellung und Blendenöffnung
  - Bildwandler (z. B. Vidikon oder Siliziumtarget) zur Umwandlung der optischen in elektrische Signale
  - elektronische Schaltung zur Umwandlung und Verstärkung der Steuer- und Bildsignale
  - elektromechanische Baugruppe zur Realisierung der Steuerfunktionen
- Schwenk- und Neigevorrichtung zur Ansteuerung des gewünschten Bildausschnitts
- Beleuchtungseinrichtung (z. B. mit Halogenlampen)
- Kabel zur Übertragung der Bild- und Steuersignale sowie der Einspeisung
- Bediengerät zur Realisierung aller Schalt- und Steuerungsfunktionen sowie der Einspeisung
- Bildschreiber zur Umwandlung der elektrischen Signale in ein optisches Bild
- Videorecorder zur Bildspeicherung.

Zur Unterwasseranwendung sind die Kameras mit einem druckdichten Gehäuse zu versehen. Die Kabel werden in wasserdichten Schutzschläuchen nach außen geleitet. Für die Anwendung in kerntechnischen Anlagen werden Optik, Bildaufnahmeröhre und elektronische Schaltung strahlenresistent ausgeführt. Für Objekttemperaturen oberhalb 40 bis 60 °C können CO_2-gekühlte Kameras eingesetzt werden.

Die Abmessungen und die teilweise geringere optische Empfindlichkeit solcher Kameras stellen besondere Anforderungen an die Konstruktion und Leistungsfähigkeit der Beleuchtungsein-

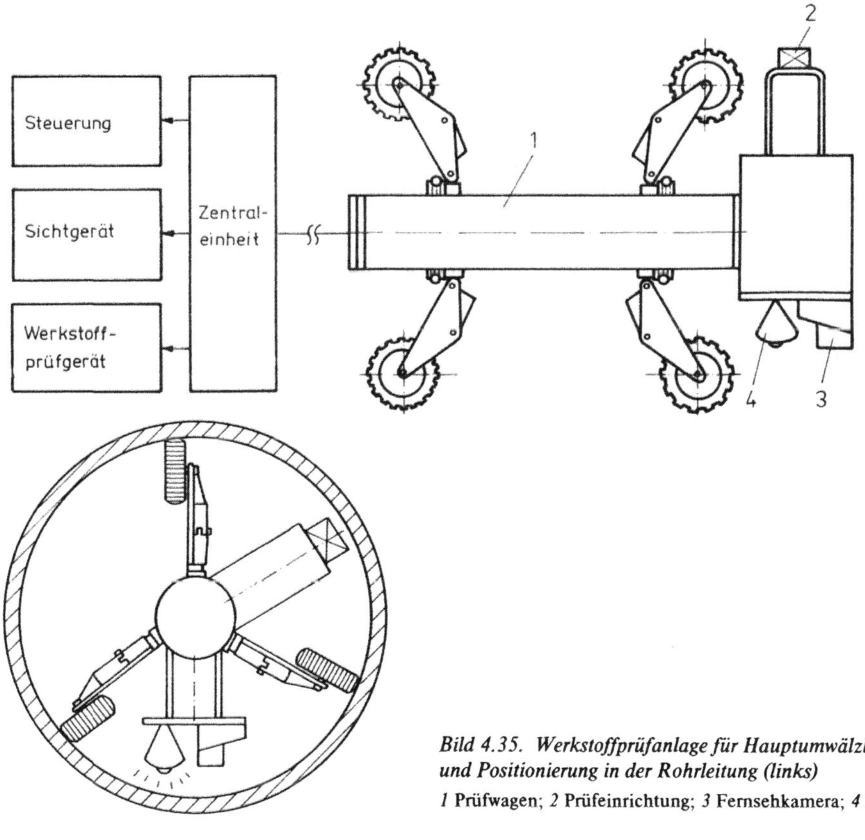

Bild 4.35. Werkstoffprüfanlage für Hauptumwälzleitungen (oben) und Positionierung in der Rohrleitung (links)

1 Prüfwagen; *2* Prüfeinrichtung; *3* Fernsehkamera; *4* Beleuchtung richtung. Ringförmige, an den Kameravorsätzen angebrachte Beleuchtungen reichen für spezielle Anforderungen häufig nicht aus und werden durch getrennt einzuführende Beleuchtungseinrichtungen ergänzt. Wesentlichen Einfluß auf die Erkennbarkeit der Oberflächenbeschaffenheit haben außerdem Bild- und Lichteinfallwinkel. Die Handhabung erfordert daher ein großes Maß an Erfahrung.

Mit Ablösung der konventionellen Fernsehtechnik durch die leistungsfähigere CCD-Technik läßt sich eine rechnergestützte Bildverarbeitung einfacher realisieren (vgl. Abschn. 4.1.6.).

4.5.3. Anwendung der Television

Die Einsatzvorbereitung der Fernsehtechnik orientiert sich auf die Entwicklung von Prüftechnologien, ihre Erprobung und die Aufnahme von Vergleichsbildern für die Bildinterpretation (vgl. Abschn. 4.4.3.). Ein Anwendungsgebiet ist die Kerntechnik. Spezialisierte Vorrichtungen und Technologien werden für die Inspektion von Komponenten des ersten Kreislaufes von Kernreaktoren eingesetzt [4.37] [4.38]. Hauptumwälzleitungen sind nicht begehbar. Prüfwagen, mit Fernsehkameras und automatisierten Prüfeinrichtungen (Bild 4.35), übernehmen die Prüfaufgaben in den Rohrleitungen. Sie befahren und kontrollieren ferngesteuert die Hauptumwälzleitungen [4.39]. Bei ausreichender Beleuchtung läßt sich die Oberflächenbeschaffenheit gut beurteilen, wie die Aufnahme einer Schweißnahtwurzel in einer Hauptumwälzleitung zeigt (Bild 4.36).

Bild 4.36. Bild einer Schweißnahtwurzel in einer Hauptumwälzleitung

Nach dem gleichen Prinzip arbeitende Brunnen- und Kanalrohrfernsehanlagen sind für die Inspektion von Ver- und Entsorgungsleitungen der Wasserwirtschaft im Nennweitenbereich von 80 bis 1 000 mm im Einsatz [4.40]. Die Auswertung und Dokumentation des Prüfbefundes erfolgt über Videotechnik oder direkt während der Untersuchung am Monitor.

Für die visuelle Inspektion von Rohrleitungen mit Längen über 1 000 m sind Manipulatoren im Einsatz, die kabellos und selbstfahrend den Rohrstrang untersuchen können. Ein spezielles Rohrinspektionsfahrzeug für ein Chemiewerk kann Rohrbögen mit einem Verhältnis Krümmungsradius zu Durchmesser = 1,5 durchfahren und eine Strecke von 5 km zurücklegen. Die eingebaute Videoanlage speichert während der Fahrt die Innenansicht auf einer Kassette [4.41].

4.6. Farbeindringprüfung

Mit der Farbeindringprüfung, auch als Penetrations-, Eindring-, Diffusions- oder Kapillarverfahren bezeichnet, wird die visuelle Erkennbarkeit von Materialtrennungen durch eindringende Flüssigkeiten und kontrastreiche Entwickler verbessert. Es lassen sich vorwiegend Risse, Poren und Überlappungen an Oberflächen von Konstruktionsteilen und Schweißnähten nachweisen.

4.6.1. Verfahrensbeschreibung

Auf die zu prüfende Oberfläche wird ein Prüfmittel geringer Oberflächenspannung und hoher Kapillarwirkung aufgetragen. Es dringt in *Mikrorisse* und *Poren* ein. Die Fehler werden besser sichtbar. Bei Verwendung eines Entwicklers entsteht ein Saugeffekt durch die Kapillarwirkung der porösen Entwicklerschicht. Das Prüfmittel wird aus den Oberflächenfehlern herausgezogen und verbreitert die Farbspuren. Der optische Kontrast zwischen Prüfmittel und Entwickler erhöht die Fehlererkennbarkeit. Die Rißlänge an der Oberfläche stimmt gut mit der Länge der Farbanzeige überein und kann direkt gemessen bzw. fotografisch dokumentiert werden.

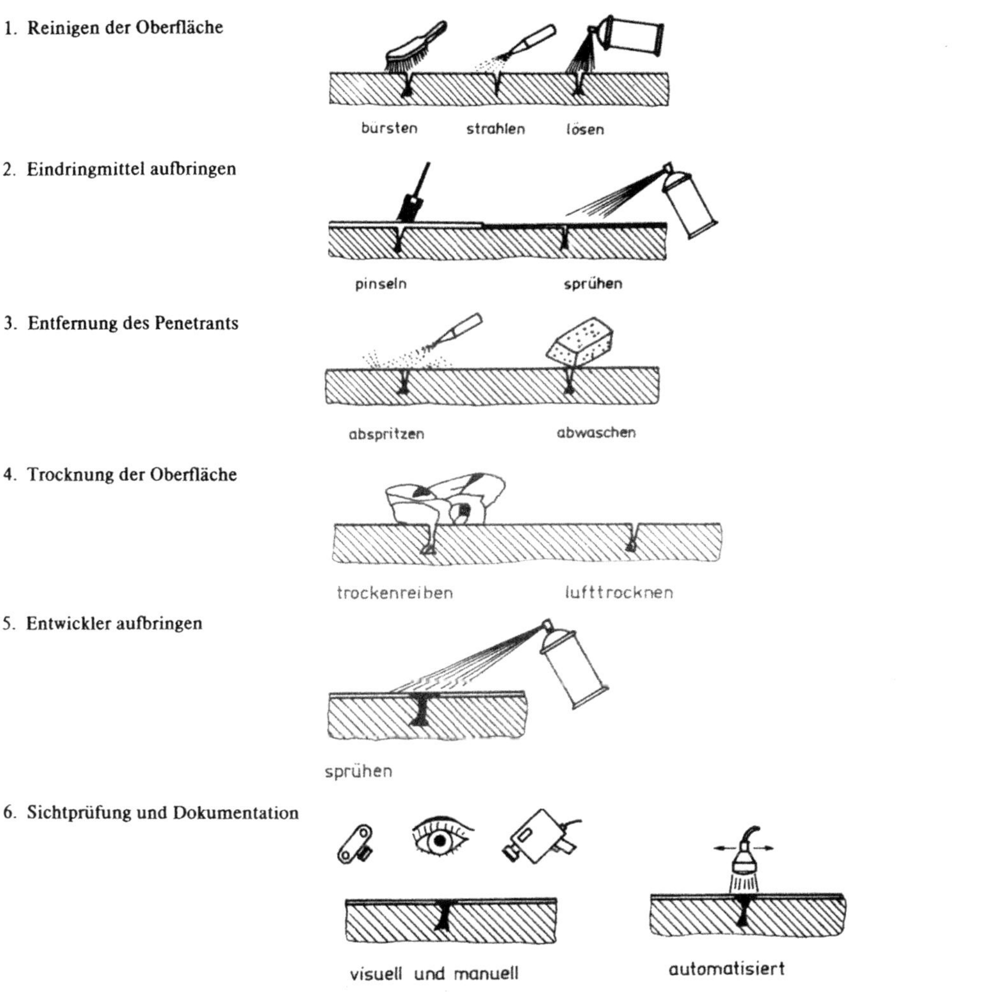

Bild 4.37. Arbeitsablauf bei der Farbeindringprüfung

Als Prüfmittel verwendet man rote Penetrieröle, die für das Auge die höchste Kontrastempfindlichkeit aufweisen, oder gelblichgrüne fluoreszierende Penetrieröle, um die größte Augenempfindlichkeit auszunutzen [4.22]. Diese Farben heben sich gut von Öl- und Schmutzflecken ab. Als Lösungsmittel dienen Benzol, Benzin oder Gemische aus Tetralin, Xylol und Alkohol.

4.6.2. Anwendung

Die zu prüfende Oberfläche soll trocken und fettfrei sein. Schutzschichten und Verunreinigungen sind zu entfernen. Das Eindringmittel wird mit Pinsel oder Sprühflasche aufgetragen und nach einer Einwirkzeit von 1 bis 30 min entfernt. Die Einwirkzeit richtet sich nach der Bauteiltemperatur, die bis 250 °C betragen darf, und nach dem verwendeten Eindringmittel [4.42]. Nach der Entfernung des Penetrants von der Oberfläche wird ein Entwickler gleichmäßig aufgetragen. Die Auswahl des Entwicklers richtet sich nach dem Temperaturbereich. Bei hoher Temperatur erscheinen die Fehleranzeigen sofort und erreichen innerhalb weniger Sekunden ihr Maximum. Die Auswertung erfolgt meist visuell. Eine Dokumentation der Prüfergebnisse kann mit Foto- oder Videokamera vorgenommen werden. Der Arbeitsablauf ist schematisch im Bild 4.37 dargestellt. Optoelektronische Rißdetektionssysteme mit rechnergestützter Bildverarbeitung werden bereits industriell erprobt [4.43].

Neben dem Rot-Weiß-Eindringverfahren sind fluoreszierende Eindringverfahren mit wasserabwaschbaren und nachemulgierbaren Prüfmitteln im Einsatz [4.42]. Die Fluoreszenz des Penetrants wird unter gerichtetem UV-Licht sichtbar.

Die Anwendbarkeit des Verfahrens erstreckt sich auf Eisen- und Nichteisenmetalle, Plaste, Glas und Keramik.

4.6.3. Fehlererkennbarkeit

Mit der Eindringprüfung sind offene Risse, Poren, Bindefehler, Falten und Überlappungen größer 1 µm Breite nachweisbar [4.22]. Angaben über die vorliegende Rißbreite oder Rißtiefe sind aus der Farbanzeige nicht ableitbar. Die Art des Fehlers, die Art des Werkstoffs und die Betrachtungsbedingungen [4.4] beeinflussen die Fehlererkennbarkeit. Fluoreszierende Prüfmittel erhöhen den Leuchtdichteunterschied zwischen Oberfläche und Fehleranzeige. Die Empfindlichkeit des Verfahrens ist bei rauhen Oberflächen (mittlere Rauhtiefen > 10 µm) herabgesetzt.

4.7. Magnetpulverprüfung

Die Magnetpulverprüfung nutzt den Nachweis magnetischer Streufelder über Oberflächenspalten (Rissen) bei ferromagnetischen Werkstoffen zur Fehlerdetektion. Unterschiedlich orientierte Risse, die von der Oberfläche ausgehen oder unmittelbar unter der Oberfläche liegen, werden durch Magnetpulverteilchen stark verbreitert sichtbar.

4.7.1. Verfahrensbeschreibung

Ein magnetischer Werkstoff bildet über einem *Oberflächenspalt* aufgrund des erhöhten magnetischen Widerstandes und der Brechung der magnetischen Kraftlinien ein Streufeld aus (Bild 4.38). Über der Fehlstelle ist die Tangentialfeldstärke H_t erhöht, weil sich die Normalkomponente der Induktion B an den Grenzflächen nur stetig ändern kann.

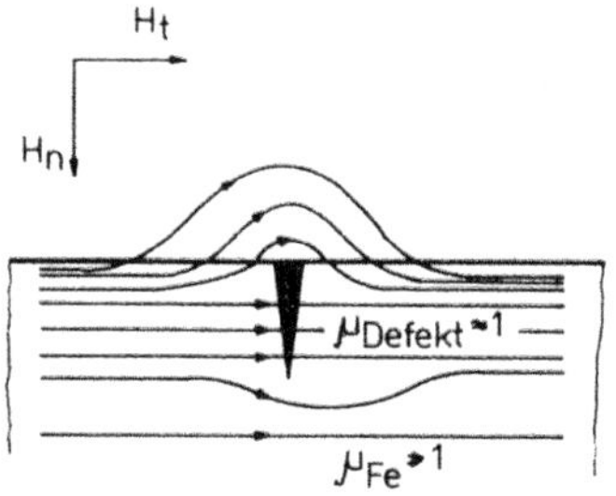

Bild 4.38. Verlauf magnetischer Feldlinien in einem Werkstoff mit Oberflächenspalt

Es gilt:

$$\vec{H} = \frac{\vec{B}}{\mu_r}; \tag{4.26}$$

μ_r relative Permeabilität (feldstärkeabhängig).

Für die Ausbildung des magnetischen Streufeldes ist der Permeabilitätsunterschied $\mu_{Fe} - \mu_{Defekt}$ maßgebend [4.22]. Lage und Geometrie einer Fehlstelle (Bild 4.39) sind zusätzliche Einflußgrößen auf das Streufeld.

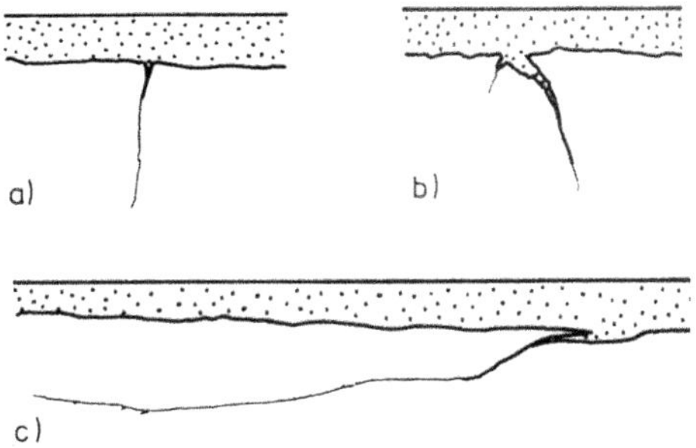

Bild 4.39. Formen von Oberflächenrissen

a) vertikal verlaufender Riß; b) schiefwinkliger Riß; c) abgebogener und parallel zur Oberfläche verlaufender Riß

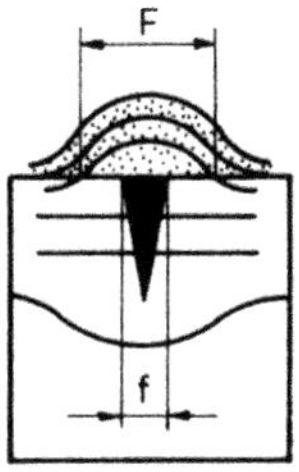

Bild 4.40. Streufeldnachweis bei der Magnetpulverprüfung

Für den Fehlernachweis wird die magnetische Kraftwirkung des Streufeldes auf ferromagnetische Pulverteilchen ausgenutzt, die auf die zu prüfende Oberfläche aufgebracht werden und eine deutlich sichtbare Pulverraupe ($F \gg f$) ausbilden (Bild 4.40). Die schwarzen, silbrig glänzenden, farbigen oder fluoreszierenden Teilchen (Durchmesser etwa 10 µm) sind an ein flüssiges oder gasförmiges Trägermedium gebunden [4.22].

Risse, die senkrecht zum magnetischen Fluß liegen, werden am deutlichsten angezeigt. Die Anzeige bei schräg verlaufenden Rissen ist schwächer, da nur die Vertikalkomponente des magnetischen Flusses einwirkt. Risse, die parallel zum Magnetfeld verlaufen, bleiben unerkannt, weil kein Streufluß entstehen kann [4.44].

4.7.2. Anwendung

Voraussetzung für die Ausbildung von Streufeldern ist eine Magnetisierung des Werkstoffs möglichst senkrecht zum vermuteten Fehler. Diese Magnetisierung kann durch ein magnetisches Längsfeld mittels Stromdurchführung oder durch geeignete Kombinationen erfolgen (Tafel 4.5). Die Lage der Oberflächenrisse im Werkstoff (vgl. Bild 4.39) ist bei der Prüfung oft unbekannt. Deshalb werden kombinierte Magnetisierungsmethoden angewendet. Eine einfache technische Lösung stellt die Kombination zweier in der Phase gegeneinander verschobener Wechselfelder gleicher Frequenz dar [4.44]. Die Vorteile dieser Verfahrensweise sind:

- gleichmäßige Magnetisierung bei Werkstücken komplizierter Geometrie
- bessere Entmagnetisierbarkeit
- Anwendbarkeit der Induktionsdurchflutung und der Hilfsmagnetisierung (vgl. Tafel 4.5).

Die Magnetisierungsfeldstärke ist so zu wählen, daß die Streufeldstärke etwa 100 $A \cdot cm^{-1}$ bzw. die magnetische Feldstärke der fehlerfreien Oberfläche mindestens 15 bis 25 $A \cdot cm^{-1}$ beträgt. Zur Erzeugung des magnetischen Feldes werden Dauermagnete sowie Gleich-, Wechsel- oder Stoßspannungsquellen verwendet. Eine spezielle Anpassung der Magnetisierungseinrichtung an die Geometrie des Prüfobjekts kann erforderlich sein. Universell einsetzbare Geräte sind kaum im Einsatz. Die Kontrolle der erreichten Magnetisierung erfolgt mit Testkörpern.

Die Magnetpulverprüfung läßt sich ebenso wie die Farbeindringprüfung automatisieren [4.43].

Tafel 4.5. Magnetisierungsmethoden zur Erzeugung eines Streufeldes bei verschieden orientierten Oberflächenrissen [4.22]

Magnetisierungsmethode		Prinzip	Stromart	nachgewiesener Fehler
Längs-magnetisierung	Jochmagnetisierung	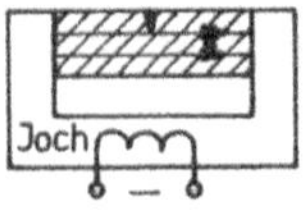	—	Querfehler
	Spulenmagnetisierung	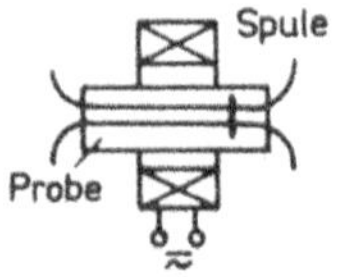	≂	Querfehler
Kreis-magnetisierung	Selbstdurchflutung		≂	Längsfehler
	Hilfsdurchflutung	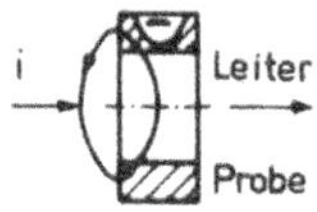	≂	Längsfehler
	Induktionsdurchflutung	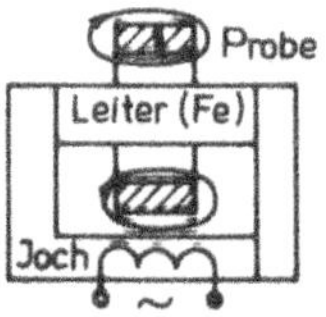	~	Querfehler
Kombinierte Methode	Jochmagnetisierung und Selbstdurchflutung	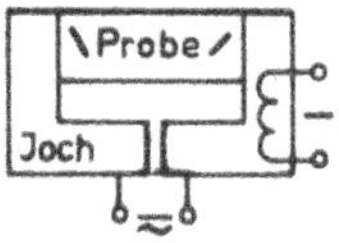	≂	Quer- und Längsfehler

4.7.3. Fehlererkennbarkeit

Die erreichbare Nachweisempfindlichkeit hängt von der erreichbaren Magnetisierung [4.45], von der Beschaffenheit der Prüfoberfläche, von der Beleuchtungs- bzw. UV-Bestrahlungsstärke [4.4], von der Rißform [4.46] [4.47] und von der qualifizierten Prüfausführung ab. Die tatsächlich vorliegende Rißlänge an der Oberfläche stimmt mit der Länge der Magnetpulverraupe überein. Die untere Nachweisgrenze liegt bei einer Länge von 3 mm und einer Tiefe von 0,5 mm. Oberflächenschichten bis zu einer Dicke von 0,05 mm beeinträchtigen die Nachweisempfindlichkeit kaum. Aussagen über die Rißtiefe und -breite sind nicht oder nur in Sonderfällen aus der Prüfanzeige abzuleiten. Die Länge der Magnetpulveranzeige ändert sich in Abhängigkeit von der Magnetisierungsfeldstärke nur unwesentlich, bei Einschlüssen jedoch erheblich [4.47]. Die Nachweisempfindlichkeit läßt sich erhöhen, wenn dem Magnetpulver ein fluoreszierender Farbstoff zugegeben und die Oberfläche in einem abgedunkelten Raum unter UV-Licht betrachtet wird [4.4].

Für den Streufeldnachweis werden außer Magnetpulver auch Magnetbänder (Magnetographie) und Ferrosonden (Sondenverfahren) verwendet [4.22].

4.8. Potentialsondenverfahren

Das Potentialsondenverfahren ermöglicht eine einfache *Rißtiefenbestimmung* in metallischen Werkstoffen. Unter der Einwirkung einer elektrischen Gleich- oder Wechselspannung bildet sich ein elektrisches Feld aus, dessen Potentialgefälle besonders von Oberflächenrissen stark beeinflußt wird.

4.8.1. Verfahrensbeschreibung

In die Oberfläche des Prüfobjekts wird durch Elektroden (*A* und *B*) ein elektrischer Strom eingeleitet (Bild 4.41). Es bilden sich Potential- und Stromlinien aus. Weitere Elektroden (*C* und *D*) erfassen den Spannungsabfall innerhalb der Stromelektroden. Wenn $\overline{AB} \gg \overline{CD}$, gilt näherungsweise nach dem Ohmschen Gesetz für den elektrischen Spannungsabfall bei gleichmäßiger Durchströmung

$$U_0 = R \cdot I = \frac{\varrho \cdot l_0}{A} \cdot I; \qquad (4.27\,a)$$

ϱ spezifischer Widerstand des Werkstoffs
l_0 kürzeste Länge einer Stromlinie zwischen den Spannungselektroden
I fließender Strom
A vom Strom durchflossener Querschnitt.

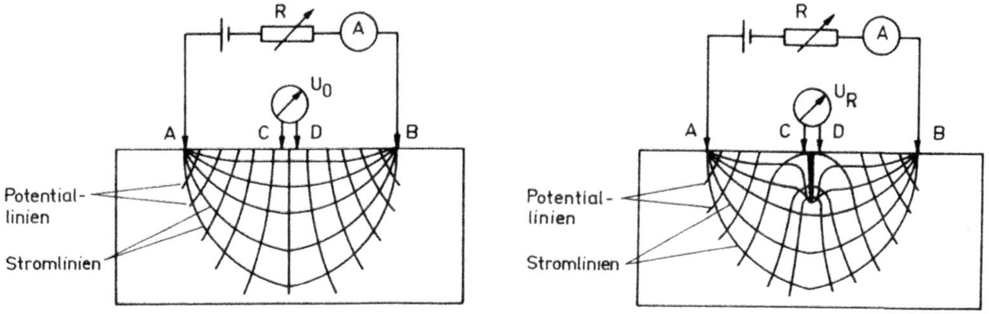

Bild 4.41. Potential- und Stromlinien in einem rißfreien (links) und einem rißbehafteten Werkstoff (rechts)
A, B Stromelektroden; *C, D* Spannungselektroden

Bei einem Riß senkrecht zur Stromrichtung verlängern sich die Stromlinien (Bild 4.41). Mit gleicher Meßanordnung und mit gleicher Stromstärke ist der Spannungsabfall

$$U_R = \frac{\varrho \cdot l_R}{A} \cdot I \qquad (4.27\,b)$$

Durch Bildung des Verhältnisses U_R / U_0 werden die werkstoffabhängige Einflußgröße ϱ und die geometrische Größe A eliminiert:

$$\frac{U_R}{U_0} = \frac{l_R}{l_0}. \qquad (4.28)$$

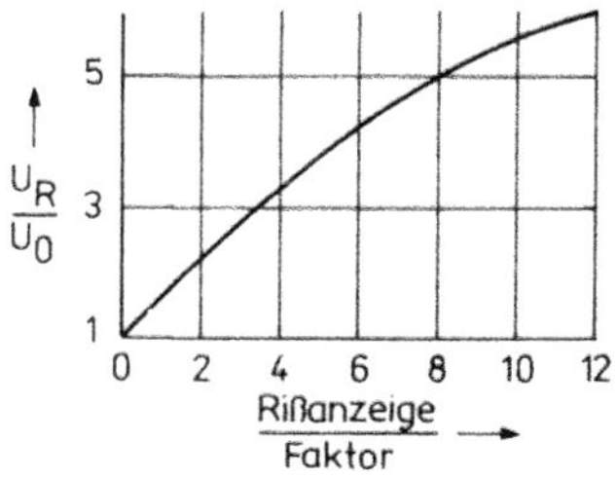

Bild 4.42 Spannungsquotient als Funktion der Rißtiefe für 4polige Gleichstromsonden [4.48]

Der Meßwert ist nur noch eine Funktion der Rißtiefe. Bild 4.42 zeigt diese Abhängigkeit für 4polige Gleichstromsonden.

4.8.2. Anwendung

Die Potentialsonde wird auf eine rißfreie metallisch saubere Obefläche des Prüfobjekts aufgesetzt und der fließende Strom so eingestellt, daß die Spannungssonden den Wert 0 der Rißtiefenskale anzeigen. Die entsprechende Stromstärke wird als „Normale“ bezeichnet [4.48]. Setzt man danach die Sonde über den zu vermessenden Riß, so wird die Spannung U_R abgegriffen. Die Rißtiefe kann bei kalibrierten Geräten als Anzeige direkt abgelesen werden.

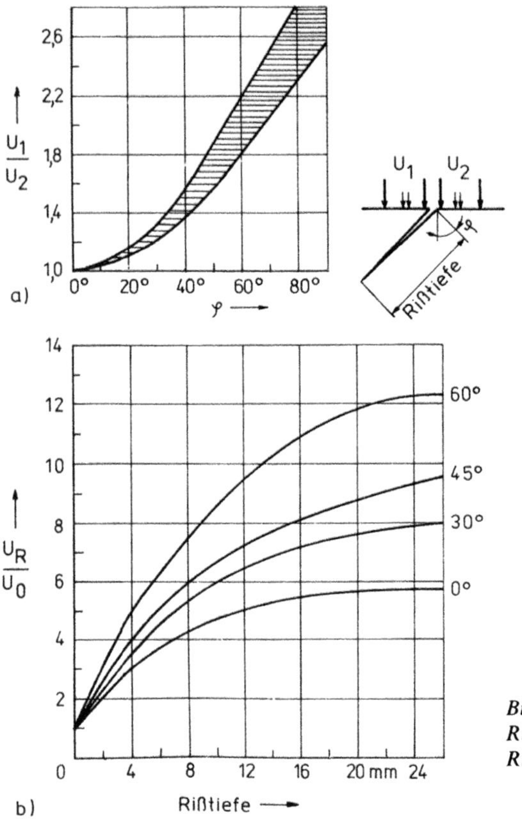

Bild 4.43. Bestimmung von Neigungswinkel (a) und Rißtiefe (b) bei schräg zur Oberfläche verlaufenden Rissen (nach [4.48])

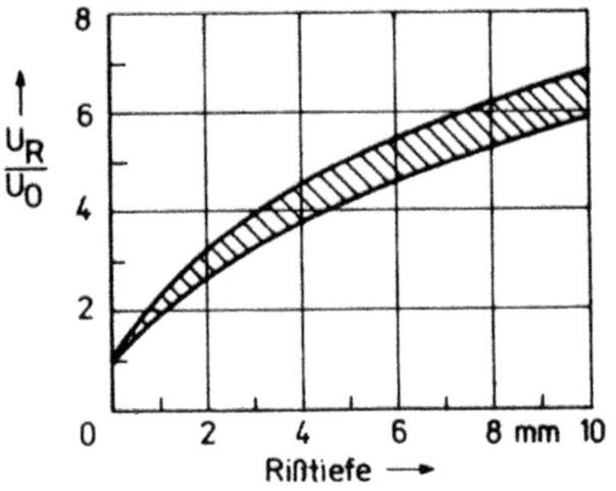

Bild 4.44. Spannungsquotient einer 30-Hz-Wechselstromsonde in Abhängigkeit von der Rißtiefe (nach [4.49])

Ein georteter Riß wird zunächst beidseitig angetastet. Ein Riß verläuft senkrecht zur Oberfläche, wenn die Spannungsausschläge gleich sind. Bei ungleichen Spannungsanzeigen neigt sich der Riß nach der Seite mit dem größeren Spannungsausschlag. Aus dem Spannungsverhältnis U_1 / U_2 kann der Neigungswinkelbereich des Risses bestimmt werden (Bild 4.43a). Die Rißtiefe nach Bild 4.42 ist dann in Abhängigkeit vom Neigungswinkel und dem Verhältnis U_R / U_0 aus einer Kalibrierkurve (Bild 4.43b) zu ermitteln [4.48]. Wechselstromsonden kommen bei hohen Frequenzen mit wesentlich geringeren Stromstärken aus, weil die Stromlinien infolge des Skineffekts dicht unter der Oberfläche verlaufen, sich dadurch enger an vorhandene Risse anschmiegen und höhere Potentialunterschiede als bei Verwendung von Gleichstrom auftreten [4.22]. Wechselspannungen lassen sich außerdem mit weniger Aufwand verstärken. Durch den Skineffekt treten jedoch starke Abhängigkeiten von Permeabilität und Frequenz auf [4.49]. Für schwach legierte Stähle liegen die Spannungsquotienten U_R / U_0 im schraffierten Bereich (Bild 4.44). Wechselstromsonden sind deshalb vorzugsweise für unlegierte Baustähle ausgelegt.

4.8.3. Meßgenauigkeit

Die Tiefe offener Oberflächenrisse ist mit einer Genauigkeit von ± 10 % erfaßbar [4.48]. Die Rißbreite hat keinen Einfluß auf das Meßergebnis. Für die Einhaltung dieser Meßgenauigkeit sind zu beachten:

- Abstand zwischen Meßstelle und Kante des Prüfobjekts (muß größer sein als äußerer Elektrodenabstand)
- Mindestabstand zwischen Elektrode und Riß (etwa 5 mm)
- Differenz zwischen Rißtiefe und Prüfobjektdicke (muß größer sein als äußerer Elektrodenabstand)

Rißtiefen unter 4 mm sind nicht erfaßbar [4.48].

4.9. Rauheitsmessung

Die Rauheit ist ein *Maß für die Oberflächengüte.* Sie bestimmt das Gleitverhalten von Führungs- und Strömungsflächen, beeinflußt Verschmutzungen von Oberflächen, das Haften von Beschichtungen und Anstrichen oder die Bildung von Mikrorissen dynamisch beanspruchter Teile. Die Ermittlung der Oberflächenrauheit ist zur Beurteilung der Bearbeitungsgüte, der Güte von Passungen, der Reibungszustände, des Verschleißes sowie der Korrosionsanfälligkeit erforderlich. Neben dem mechanischen Abtasten der Oberfläche sind berührungslos arbeitende optische Meßverfahren in Anwendung.

4.9.1. Maßliche Erfassung der Rauheit

Standardisierte Oberflächenkennwerte sind an einem Profilschnitt (x-Achse gedachtes Nullniveau) definiert (Bild 4.45) [4.50]:

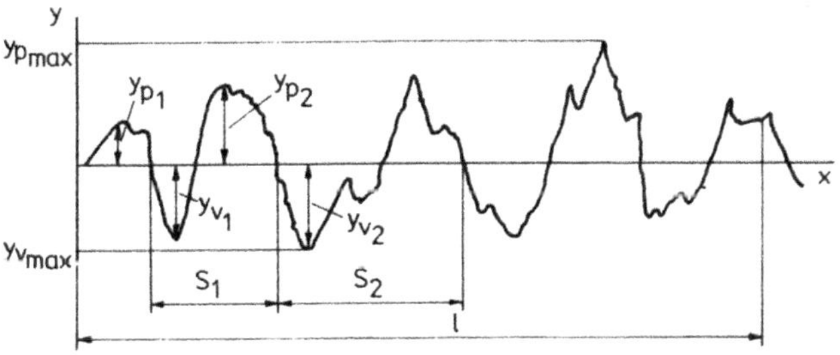

Bild 4.45 Begriffe zur maßlichen Erfassung der Rauheit

y Profilordinate; y_p Profilkamm; y_v Profiltal; x laufende Meßstrecke; l Rauheitsbezugsstrecke; S Rillenabstand

- Rauhtiefe R_m
  Abstand zwischen der Spitzenlinie und der Grundlinie innerhalb der Rauheitsbezugsstrecke

$$R_m = y_{p\,max} + y_{v\,max} \tag{4.29}$$

- Mittenrauhwert R_a
  Arithmetisches Mittel der absoluten Beträge der Profilabweichungen innerhalb der Rauheitsbezugsstrecke

$$R_a = \frac{1}{l} \int_0^l |y| \, d x \tag{4.30}$$

Bei Diskretisierung:

$$R_a = \frac{1}{n} \sum |y_i|, \tag{4.31}$$

mit n Anzahl der abgelesenen Höhenwerte

- Quadratischer Mittenrauhwert R_q
  Quadratischer Mittelwert der Rauheitsprofilabweichungen innerhalb der Rauheitsbezugsstrecke

$$R_q = \sqrt{\frac{1}{l} \int_0^l y^2 \, dx} \qquad (4.32)$$

  Bei Diskretisierung:

$$R_q = \sqrt{\frac{1}{n-1} \sum y_i^2} \qquad (4.33)$$

- Mittlere Rauheit R_z
  Arithmetisches Mittel der absoluten Beträge der jeweils fünf größten Profilkammhöhen und Profiltiefen innerhalb der Rauheitsbezugsstrecke

$$R_z = \frac{1}{5} \left(\sum_{i=1}^{5} |y_{p\,max}| + \sum_{i=1}^{5} |y_{v\,max}| \right) \qquad (4.34)$$

- Mittlerer Rillenabstand S_m
  Arithmetisches Mittel des Rillenabstandes innerhalb der Rauheitsbezugsstrecke

$$S_m = \frac{1}{n} \sum_{i=1}^{n} S_i \qquad (4.35)$$

- Profiltraganteil t_p
  Verhältnis der tragenden Länge zur Rauheitsbezugsstrecke

$$t_p = \frac{1}{l} \sum_{i=1}^{n} b_i \, . \qquad (4.36)$$

Zwischen den einzelnen Rauheitsmaßen bestehen keine allgemeingültigen Umrechnungsbeziehungen. Eine vollständige Charakterisierung der Rauheit schließt außer der Höhe auch die Form der Rauheiten ein.

4.9.2. Verfahrensbeschreibung

Oberflächenrauheiten können mechanisch (berührend) oder optisch (berührungslos) gemessen werden.

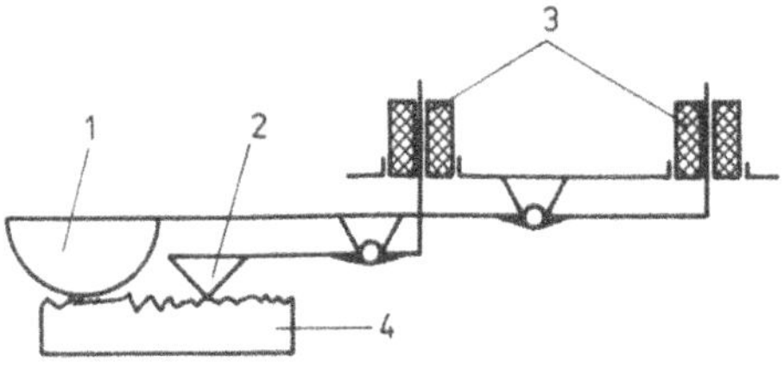

Bild 4.46. Prinzip des Tastschnittverfahrens
1 Kufe; *2* Tastspitze; *3* Aufnehmer (induktiv); *4* Werkstück

Die *mechanische Rauheitsmessung* erfolgt mit dem *Tastschnittverfahren* (Bild 4.46). Die Oberfläche wird punktweise oder kontinuierlich durch einen sich senkrecht zur idealen Oberfläche bewegenden Tastkörper abgetastet. Zur mechanischen Herausfilterung der Formabweichung und der Welligkeit wird das Einkufen-Tastsystem verwendet. Die Kufe ist an dem Vorschubgerät auswechselbar angeordnet. Es können Kufen mit verschiedenen Radien und in unterschiedlichen Stellungen zur Tastnadel eingesetzt werden. Die Vorschubbewegung erfolgt mit konstanter Geschwindigkeit, die von den Geräteherstellern bestimmt wird. Die Abtastlänge läßt sich einstellen. Die Bewegungen des Tastkörpers werden mechanisch, elektromechanisch oder optomechanisch erfaßt und angezeigt bzw. registriert. Die Mehrzahl der im Einsatz befindlichen Geräte hat zur Abtastung am Aufnehmersystem eine Saphir- oder Diamantspitze mit meistens 90° Spitzenwinkel und einem Radius von 1 µm bis 15 µm. Die Tastkraft beträgt 0,5 bis 10 mN. Mit der

Tafel 4.6. Optische Verfahren zur Bestimmung der Oberflächenrauheit (nach [4.52])

R_a arithmetischer Mittenrauhwert; λ Wellenlänge

Optische Verfahren	„Weißlichtverfahren"	Speckle-Korrelationsverfahren	Speckle-Kontrastverfahren	Lichtschnittverfahren	Reflexionsverfahren	Interferenzverfahren
Meßprinzip	Abtasten der Lichtintensität in der defokussierten Detektor-Ebene	Bestimmung der Korrelation zweier Intensitätsverläufe unterschiedlicher Wellenlänge	Bestimmung der Intensitätsverteilung zweier überlagerter Granulationsmuster (Speckle)	Lichtband unter 45° auf die Oberfläche und Ausmessen des durch die Oberflächenstruktur veränderten Lichtbandes	Messung der räumlichen Ausdehnung der Streuindikatrix	Bestimmung des Abstandes der Interferenzstreifen
Detektoren	Photomultiplier oder optoelektronischer Halbleitersensor	zwei Photomultiplier	Photomultiplier oder optoelektronischer Halbleitersensor	Flächensensoren (TV, Halbleiter)	matrix- oder zeilenförmige Anordnung lichtempfindlicher Sensoren	Flächensensoren (TV, Halbleiter)
Lichtquelle	Halogenlampe	Argon-Ionen-Laser	Halbleiterlaser	Halogenlampe	Lichtemittierende Dioden (LED)	Laser oder Halogenlampen (gefiltert)
Meßbereich	0,06 µm $\leqq R_a$ $\leqq$ 10 µm	0,4 µm $\leqq R_a$ $\leqq$ 5 µm	$0 \leqq R_a \leqq$ 10 µm		0,025 µm $\leqq R_a$ $\leqq$ 2 µm	je nach Auswerteprinzip unterschiedlich, z. B. $\frac{\lambda}{1\,000} \cdots \frac{\lambda}{4}$
Maximale Prüflingsgeschwindigkeit mm · s^{-1}	≈ 1 000	6 000	≈ 1 000	statisch	statisch und dynamisch	statisch

Elektronik in den Verstärker- und Registriergeräten lassen sich Vertikalvergrößerungen bis 200 000fach erreichen.

Die Abrundung der Tastnadelspitze im Meßsystem von Tastschnittgeräten und eine Verformung der Oberfläche durch den Meßvorgang setzen der mechanischen Rauheitsmessung eine untere Grenze von 0,5 bis 1,0 µm Rauhtiefe [4.51]. Nachteilig sind die linienhafte Abtastung und der zeitaufwendige Meßvorgang.

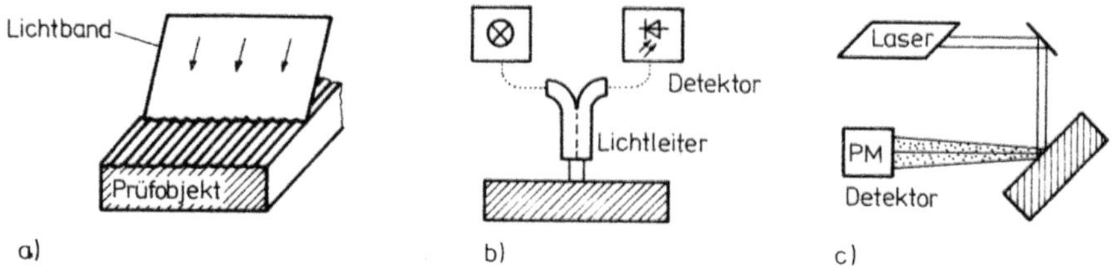

Bild 4.47. Optische Rauheitsmeßverfahren

a) Lichtschnittverfahren; b) Reflexionsverfahren; c) Speckle-Kontrastverfahren

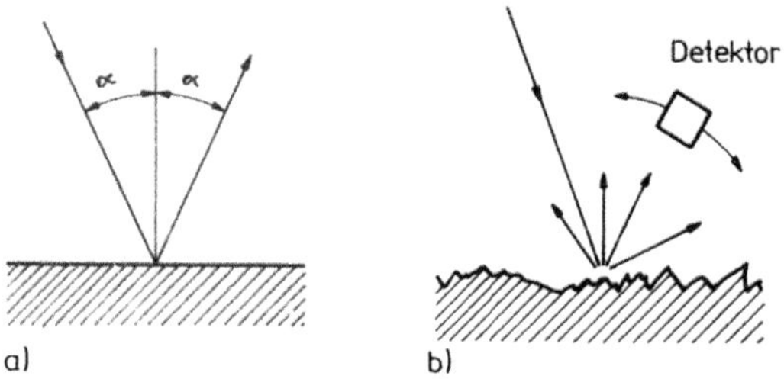

Bild 4.48. Lichtreflexion

a) an einer idealen Oberfläche; b) an einer rauhen Oberfläche

Optische Verfahren überwinden diese Nachteile (Tafel 4.6). Sie arbeiten berührungslos und schnell, messen flächenhaft, besitzen eine den praktischen Anforderungen entsprechende Auflösung und lassen sich gut in automatisierte Prüfabläufe einbeziehen. Bild 4.47 zeigt eine Auswahl dieser Verfahren. Beim Lichtschnittverfahren [4.53] wird das Prüfobjekt von einem schmalen Lichtband schräg beleuchtet, das Lichtschnittprofil mittels Fotodioden erfaßt und ausgewertet. Die Auswertung setzt umfangreiche Erfahrungen voraus. Das Reflexionsverfahren [4.54] [4.55] nutzt die Abnahme der Lichtintensität an rauhen Oberflächen infolge Streuung (Bild 4.48), aus deren räumlicher Verteilung Oberflächenkennwerte berechnet werden. Beim Speckle-Kontrastverfahren [4.56] wird das Hell-Dunkel-Muster im reflektierten Streufeld ausgewertet. Hier muß die Beleuchtungseinrichtung bestimmten Kohärenzbedingungen genügen. Für die Beurteilung der Oberflächenstruktur gilt der sog. Speckle-Kontrast C als Verhältnis aus Standardabweichung σ_I zum Mittelwert $\langle I \rangle$ der gemessenen Lichtintensität [4.52]:

$$C = \frac{\sigma_I}{\langle I \rangle}. \tag{4.37}$$

4.9.3. Anwendung

Tastschnittgeräte haben in der Rauheitsmessung eine große Verbreitung gefunden. Diese Geräte sind mit analog- und digitalverarbeitender Auswerteelektronik ausgestattet, die aus dem ertasteten Oberflächenprofil sofort die standardisierten Rauheitsmeßwerte liefert [4.57]. Zuverlässigkeit und Leistungsfähigkeit der Geräte entsprechen den hohen Anforderungen von Meßlabors. Tragbare Ausführungen stehen für die Qualitätskontrolle in der Fertigung und für diagnostische Aufgaben zur Verfügung. Die auf Digitalanzeigen dargestellten Rauheitsmeßwerte können von Spezialrechnern weiterverarbeitet werden.

Optische Rauheitsmeßgeräte befinden sich noch in Entwicklung und industrieller Einführung für Spezialanwendungen. So sind Interferenzverfahren im Einsatz, mit denen die Oberfläche in Bruchteilen der optischen Wellenlänge vermessen werden kann [4.52]. Das Reflexionsverfahren und das Speckle-Kontrastverfahren werden zukünftig die automatische Fertigungsüberwachung in der Serienproduktion ermöglichen. Breite Anwendungsmöglichkeiten sind auch in der Diagnostik zu erwarten.

4.10. Holographische Interferometrie

Die holographische Interferometrie ist ein *dreidimensionales Abbildungsverfahren* zur Speicherung und Rekonstruktion optischer Wellenfronten, die von der Oberfläche eines Gegenstandes reflektiert werden, unter Nutzung aller in den Lichtwellen vorhandenen Informationen über die Lage der Objektpunkte (Phase) und die Intensität (Amplitude). Voraussetzung dafür ist interferenzfähiges kohärentes Licht, wie es von einem Laser emittiert wird. Aus der berührungslosen Erfassung von Oberflächenverformungen kann auf Fehlstellen im Material geschlossen werden. Jede Art der Belastung führt zu Spannungen im Inneren und an der Oberfläche des Prüfobjekts. Ist das Material fehlerfrei, verlaufen die Spannungen stetig. Die Oberfläche verformt sich gleichmäßig. Risse oder andere Materialfehler bewirken eine Unstetigkeit des Spannungsverlaufes und haben eine Oberflächenverformung zur Folge.

4.10.1. Verfahrensbeschreibung

Das von einer Strahlungsquelle (Laser) kommende Licht wird durch einen Strahlungsteiler (teildurchlässiger Spiegel) in zwei Strahlenbündel, den Objektstrahl und den Referenzstrahl zerlegt (Bild 4.49a). Während die Referenzwelle (Bezugswelle) direkt zur Hologrammplatte (lichtempfindlicher Film) gelangt, läuft die Gegenstandswelle erst zum Objekt und trifft gegenüber der Referenzwelle phasenverschoben auf die Fotoplatte. Nach der Entwicklung der Fotoplatte erhält man eine Intensitätsverteilung, die sich als *Interferenzmuster* darstellt (Bild 4.50) und als *Hologramm* bezeichnet wird [4.58]. Dieser optische Speicher wirkt bei Beleuchtung mit dem Referenzstrahl als Beugungsgitter und erzeugt wieder den anderen Wellenzug, so daß man zu jedem beliebig späteren Zeitpunkt am ursprünglichen Standort des Objekts ein virtuelles räumliches Bild erhält. Dieses Bild läßt sich durch das Hologramm hindurch unter verschiedenen Blickwinkeln betrachten oder fotografieren (Bild 4.49b).

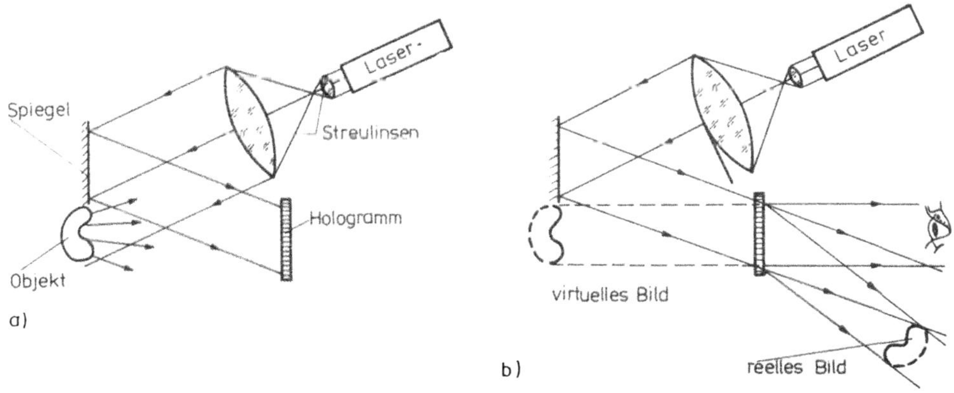

Bild 4.49. Prinzip der holographischen Aufnahme (a) und Wiedergabe (b) einer optischen Wellenfront

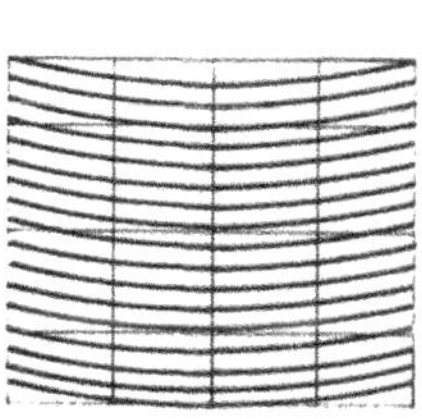

Bild 4.50. Bänderstruktur eines Hologramms

Mit der holographischen Interferometrie lassen sich die zu verschiedenen Zeiten t_1 und t_2 von einem Objekt ausgehenden Wellen vergleichen. Speichert man z. B. die zwei verschiedenen Objektzuständen entsprechenden Wellen nacheinander auf derselben Hologrammplatte, so lassen sich beide Wellen später bei der Rekonstruktion gleichzeitig freisetzen. Dabei können sie ihrerseits miteinander interferieren: Die entstehenden Interferenzen zeigen die Abweichungen der beiden Wellen voneinander an. Stammt die zur Zeit t_1 aufgenommene Welle von einem unbelasteten Objekt und die zur Zeit t_2 gespeicherte von demselben Objekt unter Belastung, so erscheint das Objekt bei der Rekonstruktion mit einem makroskopischen Interferenzmuster überzogen, das die gesamte Information über die zwischen t_1 und t_2 erfolgte Verformung enthält [4.13].

Als Meßgröße dient der Verschiebungsvektor einzelner Oberflächenelemente des zu prüfenden Bauteils. Oberflächenveränderungen ergeben Unregelmäßigkeiten im Interferenzmuster, z. B. als unterschiedliche Streifendichte. Im Vergleich zur qualitativen Auswertung eines Hologramms bereitet die quantitative Analyse größere Schwierigkeiten. Die Zahl der Interferenzstreifen ist abhängig von der Wellenlänge λ des verwendeten Laserlichtes und von der geometrischen Anordnung des holographischen Versuchsaufbaus (s. Bild 4.12).

Die Oberflächenverschiebung d infolge einer Veränderung des Objektpunktes O nach O (Bild 4.51) läßt sich wie folgt berechnen [4.59]:

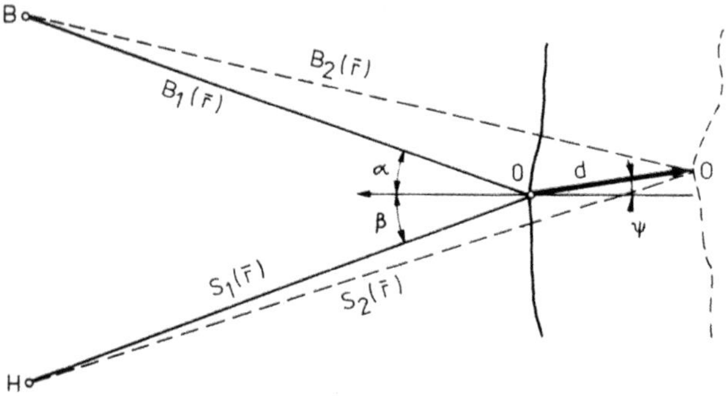

Bild 4.51. Berechnung der Wegländifferenz infolge der Verschiebung eines Objektpunktes [4.59]
B Beleuchtungsquellpunkt; $B(\vec{r})$ Beleuchtungsstrahl; $S(\vec{r})$ Beobachtungsstrahl; O Objektpunkt; H Hologrammplatte; d Oberflächenverschiebung

Der Gangunterschied zwischen den vom Beleuchtungsquellpunkt B zum Objektpunkt O bzw. O' zur Hologrammplatte gehenden Strahlen beträgt

$$\Delta a = (S_2 + B_2) - (S_1 + B_1) = d \cdot \cos \psi \cdot (\cos \alpha + \cos \beta) \,. \tag{4.38}$$

Im Fall der Auslöschung ist die Schrittdifferenz Δa zwischen den beiden Strahlen ein ganzzahliges Vielfaches der halben Wellenlänge des verwendeten Laserlichtes:

$$\Delta a = (2n + 1)\frac{\lambda}{2} = d \cdot \cos \psi \cdot (\cos \alpha + \cos \beta) \tag{4.39}$$

$$d = \frac{(2n+1)\frac{\lambda}{2}}{\cos \psi \cdot (\cos \alpha + \cos \beta)} \qquad n = 0, 1, 2, \dots \tag{4.40}$$

d. h., die Oberflächenverschiebung d ist direkt proportional der Streifenzahl n. Die anderen Parameter λ, α und β ändern sich während einer Versuchsdurchführung nicht, sie sind konstant. Aus der Anzahl der Interferenzlinien läßt sich mit dieser Anordnung nur die Komponente der Verschiebung der durch die Winkel α und β bestimmten Richtung angeben. Bei gleich großen Winkeln α und β ist das die Richtung der Winkelhalbierenden zwischen Beobachtungs- $[S(\vec{r})]$ und Beleuchtungsstrahl $[B(\vec{r})]$. Die vollständige dreidimensionale Bestimmung des Verschiebungsvektors d ist mit genügender Genauigkeit nur dann möglich, wenn drei Hologramme aus verschiedenen Richtungen gleichzeitig aufgenommen werden. Dazu sind die Daten der optischen Anordnung notwendig: z. B. die aus den Vektoren vom Objektpunkt O zum Beobachtungspunkt H gebildeten Winkelhalbierenden

$$k_i = \frac{\vec{H}_i - \vec{O}}{|\vec{H}_i - \vec{O}|} \cdot \frac{\vec{S}_i - \vec{O}}{|\vec{S}_i - \vec{O}|} \,. \tag{4.41}$$

Weiter kann aus den drei holographisch gespeicherten Interferenzlinien die Anzahl der Interferenzstreifen bestimmt werden:

$$n_i = \vec{k}_i \cdot \vec{d} . \tag{4.42}$$

Durch Bildung der reziproken Vektoren

$$\vec{k}^{\,l} = \frac{\vec{k}_m \cdot \vec{k}_n}{\vec{k}_1, \vec{k}_2, \vec{k}_3} , \tag{4.43}$$

mit *l, m, n* = 1, 2, 3
und zyklisch vertauscht läßt sich das Gleichungssystem

$$\vec{d} = \frac{1}{\lambda} \sum_{i=1}^{3} n_i \cdot \vec{k}^{l} \tag{4.44}$$

aufstellen und damit die dreidimensionale Verschiebung *d* berechnen.

4.10.2. Anwendung

Mit Hilfe des *Echtzeitverfahrens* sind Verschiebungs- und Verformungsmessungen durchführbar, die Hinweise auf Oberflächen- und Materialfehler sowie Werkstoffkennwerte geben [4.59]. Die einmal belichtete Hologrammplatte wird entwickelt und in der ursprünglichen Lage der ersten Aufnahme im nm-Bereich genau justiert. Daraufhin wird das Prüfobjekt einer definierten Belastung durch Zug, Druck, Biegung oder Erwärmung unterworfen und durch die Nullhologrammplatte betrachtet. Durch Interferenz der Objektwelle, die das virtuelle Bild erzeugt, mit der Wellenfront des verformten Objekts entsteht ein regelmäßiges Interferenzmuster, wenn das Prüfobjekt einen homogenen Aufbau besitzt. Bei Inhomogenitäten, z. B. Rissen, Lunkern, inneren Spannungen, Löt-, Schweiß- oder Klebeverbindungen entstehen örtlich unterschiedliche Verformungen, die sich im Hologramm abzeichnen. Der Zusammenhang zwischen Schadensgröße, Fehleranzeige im Hologramm und Bauteilfestigkeit ist am Beispiel glasfaserverstärkter Kunststoff-Druckrohre im Bild (4.52) dargestellt. Fehlstellen, die Verformungen von wenigen µm verursachen, lassen sich mit geringen Prüfbelastungen (< 1 ‰ der Bruchlast) sichtbar machen.

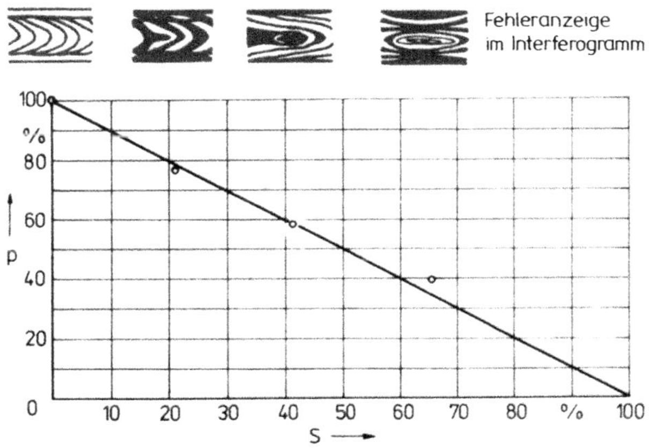

Bild 4.52. Zusammenhang zwischen Schadensgröße, Fehleranzeige im Hologramm und Bauteilfestigkeit für glasfaserverstärkte Kunststoff-Druckrohre (nach [4.13])
p Berstdruck; *S* Schadensgröße (% der Wanddicke)

Bei Anwendung des *Doppelbelichtungsverfahrens* erübrigt sich die erneute Justierung der Hologrammplatte. Im Unterschied zum Echtzeitverfahren wird auf derselben Hologrammplatte neben dem Nullhologramm der Vergleichszustand bei veränderter Belastung aufgenommen. Die zugeordneten Objektwellen beider Zustände interferieren bei der Rekonstruktion. Eine direkte Speicherung von Interferenzmustern ist möglich, wenn die Meßanordnung auf Bruchteile der Lichtwellenlänge stabil bleibt. Eine Erweiterung des Meßbereiches, der von 0 bis 100 µm begrenzt ist, läßt sich durch Kombination mit speziellen Techniken [4.60] erreichen.

Bei *Schwingungsmessungen* ist im Unterschied zu Verschiebungsmessungen zu berücksichtigen, daß sich die Phasenlage der Objektpunkte während der Belichtungszeit ständig ändert. Durch Anwendung des Zeitmittelungsverfahrens wird das Prüfobjekt über mehrere Schwingungsperioden dauerbelichtet. Das aus dem Hologramm rekonstruierte Bild ergibt sich durch Summation aller aus den Objektzuständen resultierenden Wellenfelder. Jedes Teilhologramm ist entsprechend seiner auf die Gesamtbelichtungszeit bezogenen Einwirkzeit gewichtet. Es charakterisiert die Aufenthaltswahrscheinlichkeit der Oberflächenpunkte in den Auslenkungen [4.58] und kann daher zur Untersuchung der Eigenschwingungsformen von Bauteilen eingesetzt werden.

Eine wesentliche Erweiterung des Anwendungsbereiches der holographischen Interferometrie ergibt sich mit Laserlichtimpulsen. Im Unterschied zur Dauerbelichtung, wo die Belichtungszeit den gesamten Schwingungsablauf zwischen zwei diskreten Zeitpunkten umfaßt (Bild 4.53a), wird beim *stroboskopischen Verfahren* nur in diskreten Zeitpunkten mit der Zeitdauer Δt belichtet (Bild 4.53b). Die Belichtungsdauer Δt ist um so kürzer zu wählen, je höher die Frequenz des schwingenden Objekts wird. Mit einer Phasenverschiebung des Belichtungspunktes gegenüber der Objektschwingung läßt sich der Kontrast optimieren. Die Zeitpunkte 1 und 3 bzw. 2 und 4 werden so verschoben, daß sie im Maximum der Auslenkung zusammenfallen, was sich für kleine Amplituden besonders vorteilhaft auswirkt. Schmalbandige Resonanzbereiche sind erfaßbar, wenn vom Ruhezustand bis in hohe Frequenzen durchgestimmt und dabei die Entwicklung der Interferenzlinien-Strukturen beobachtet wird [4.58].

Die Besonderheit des *Impulsverfahrens* besteht in der Zweitbelichtung, wozu nur ein einziger energiereicher Blitz von etwa 20 ns Dauer benutzt wird (Bild 4.53c). Tieffrequente Schwingungen sind in Echtzeit auswertbar [4.58].

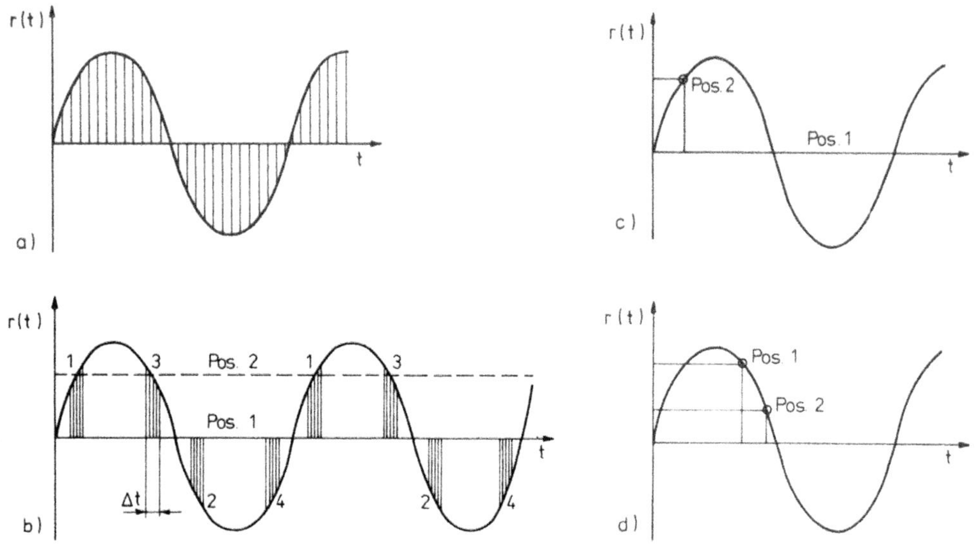

Bild 4.53. Objektschwingung (nach [4.58])

a) im Dauerbelichtungsverfahren; b) im stroboskopischen Verfahren; c) im Impulsverfahren; d) im Doppelimpuls-Verfahren

Das *Doppelimpuls-Verfahren* arbeitet mit zwei Einzelbelichtungen (Bild 4.53d), deren Abstände in weiten Bereichen wählbar sind. Eine Erstbelichtung im Ruhezustand ist nicht erforderlich. Das Verfahren ist vor allem im Betriebszustand und bei großen Schwingungsamplituden vorteilhaft anwendbar, die mit dem Zeitmittelungsverfahren nicht erfaßt sind [4.58].

Die Verfahren der *Schwingungsholographie* können auch zum Nachweis von Materialfehlern, z. B. Haftfehler, Veränderungen der Wanddicke durch Korrosion, eingesetzt werden [4.62]. Eine wesentliche Erweiterung des Anwendungsbereiches für den Nachweis kleinster Fehler auch in dickwandigen Bauteilen stellt sich in Verbindung mit der Ultraschallprüfung dar (vgl. Abschn. 4.11.)

4.10.3. Fehlererkennbarkeit

Die Verfahren der holographischen Interferometrie messen berührungslos mit einer Genauigkeit im Mikrometerbereich. Flächenhafte Informationen über das Verformungsverhalten von Oberflächen können mit ± 0,05 µm genau bereitgestellt werden [4.13]. Wegen der großen Empfindlichkeit sind auch durch tiefliegende Fehler, z. B. Lunker und Risse, bedingte Oberflächenveränderungen weitgehend unabhängig von Werkstoff und Größe des Prüfobjekts erkennbar. Nachweisbar sind Veränderungen der Wanddicke von mehr als 20 % bei Fehlerdurchmessern von etwa 4 mm [4.61]. Schädigungsbedingte Veränderungen der Oberfläche von Bauteilen werden im Frühstadium erkannt. Restfunktionsdauerprognosen können aus Trenduntersuchungen abgeleitet werden. Die holographische Interferometrie ist eine wirkungsvolle Ergänzung und Verbesserung der Oberflächendiagnostik.

4.11. Oberflächendiagnostik mit mehreren Verfahren

Spezielle Prüfaufgaben und hohe Forderungen an die Fehlererkennbarkeit können durch kombinierte Anwendung ausgewählter Verfahren erfüllt werden. Durch geeignete Kombination von Oberflächenprüfverfahren mit volumetrischen Prüfverfahren (vgl. Abschn. 3.) kann eine wirksame *Erhöhung der Empfindlichkeit* des Fehlernachweises erreicht werden.

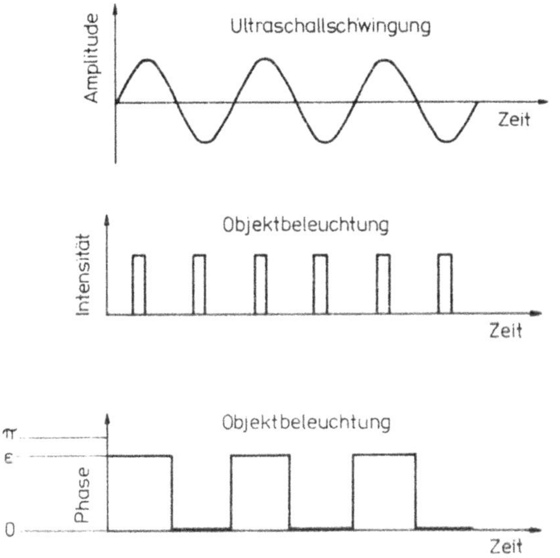

Bild 4.54. Zeitlicher Zusammenhang zwischen Ultraschallschwingung und Objektbeleuchtung [4.62]

$\pi - \varepsilon$ optischer Phasensprung zwischen zwei Lichtimpulsen

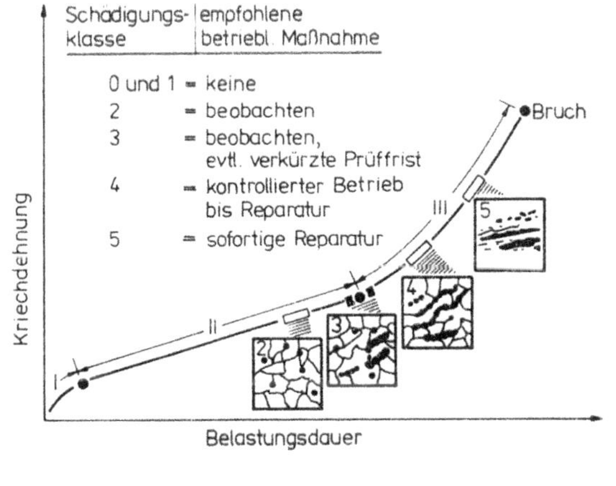

Bild 4.55. Empfohlene betriebliche Maßnahmen in Abhängigkeit von der Gefügeschädigung [4.64]

0 ohne technisch bedingte Gefügeschädigung; *1* Gefüge zeitstandbeanspruchter Bauteile ohne Mikroporen; *2* Gefüge nach fortgeschrittener Zeitstandbeanspruchung mit vereinzelten Mikroporen; *3* Gefüge mit Anzeichen beginnender Zeitstandschädigung in Form von Mikroporenketten; *4* Gefüge mit fortgeschrittener Zeitstandschädigung in Form von Mikrorissen; *5* Gefügeschädigung in Form von Makrorissen

Ein Beispiel dafür ist die Rißprüfung mit Endoskop und Wirbelstromsonde [4.32] [4.34]. Das Endoskop dient als optisch-mechanischer Manipulator für die quantitative Rißtiefenprüfung in unzugänglichen Innenräumen, die Wirbelstromtechnik ermöglicht die Quantifizierung von erkannten Ungänzen. Die Steigerung der Empfindlichkeit wird auch am Beispiel der holographischen Interferometrie zur Abbildung von Ultraschallfeldern [4.62] demonstriert. Der Nachteil der Ultraschallprüfung besteht in der linienförmigen Detektion, so daß für den Gesamtbefund eine große Zahl von Einzelprüfungen notwendig ist. Bei rauhen Oberflächen und komplexer geometrischer Gestalt des Prüfobjekts beeinträchtigt die nicht reproduzierbare Prüfkopfankopplung die Vergleichbarkeit der Meßwerte. Diese Nachteile sind vermeidbar, wenn die Schallschwingungen nicht mechanisch, sondern optisch empfangen werden. Mit Hilfe der holographischen Technik gelingt es, das Schallfeld auf einem größeren Bereich der Oberfläche des Prüfobjekts unmittelbar in ein optisches Bild zu verwandeln. Oberflächen- und Materialfehler zeichnen sich in ihrer Größe, Form und Lage infolge ihrer Auswirkungen auf das Schallfeld deutlich ab. Die Prüfoberfläche wird in einer konventionellen holographischen Anordnung mit Impulsen beleuchtet (vgl. Abschn. 4.10.2.) Ihre Dauer ist kurz gegenüber der Periode der Ultraschallschwingung, ihre Wiederholungsfrequenz beträgt das Doppelte der Ultraschallfrequenz (Bild 4.54). Durch Einführung einer gezielten Phasenveränderung gelingt es, Schwingungsfelder mit Amplituden bis zu etwa 0,2 nm abzubilden. Gegenüber herkömmlichen holographischen Verfahren bedeutet das eine Steigerung der Empfindlichkeit um etwa das 25fache [4.62]. Eine Erweiterung des Anwendungsbereiches dieses Verfahrens auf kreiszylindrische Bauteile ist mit der mehrfrequenten Kreisholographie [4.63] möglich.

Die Optimierung des Prüfablaufes kann durch geeignete Kombination ausgewählter Prüfverfahren erreicht werden. Voneinander unabhängige Verfahren können die ***Zuverlässigkeit der Prüfergebnisse*** erhöhen. Ihr Einsatz erfolgt z. B. in Abhängigkeit von der Gefügeschädigung (Bild 4.55). Kriechschädigungen der Schädigungsklasse $\leqq 3$ sind mit der herkömmlichen Ultraschallprüfung nicht nachweisbar. Werden bei der Ultraschallprüfung keine registrierpflichtigen Anzeigen gefunden, sollte der daraus abgeleitete Gutbefund zumindest partiell durch metallographische Untersuchungen [4.65] abgesichert werden. Die Prüfergebnisse des Lack- oder Folienabdruckverfahrens lassen sich eindeutig den entsprechenden Schädigungsklassen zuordnen, verlangen aber einen erheblichen Vorbereitungsaufwand. Liegen Anzeigen oberhalb der Registrierschwelle vor, wird zusätzlich die Farbeindringprüfung angewendet. Zur Überprüfung von Schweißnähten wird die Farbeindringprüfung empfohlen, die bei sorgfältiger Anwendung eine Kriechschädigung $\geqq$ Schädigungsklasse 4 reproduzierbar nachweist. Ein rißfreier Befund soll mindestens stichprobenweise mit metallographischen Untersuchungen abgesichert werden [4.64]. Die kombinierte Anwendung volumetrischer Verfahren und Oberflächenprüfverfahren ist industriezweigspezifisch in verbindlichen Richtlinien (z. B. [4.66]) gefordert, um die Prüfverfahren den Prüfzielen anzupassen und die Sicherheit und Zuverlässigkeit der Anlagentechnik zu gewährleisten. Die Weiterentwicklung der Prüftechnik durch automatisierte Steuerung der Prüfabläufe und der rechnergestützten Informationserfassung, -verarbeitung und -bewertung wird zukünftig weitere Erleichterungen bei der Durchführung der Prüfung und bei der Verbesserung der Fehlererkennbarkeit ermöglichen [4.67].

5. Thermische Diagnoseverfahren

5.1. Grundlagen

5.1.1. Thermische Größen als Diagnoseparameter

Physikalische oder chemische Prozesse in Maschinen und Anlagen sind mit Energieumwandlungen verbunden. Bei stationärem Betrieb und konstanten Umgebungsbedingungen stellt sich ein thermisches Gleichgewicht im technologischen Prozeß zwischen dem technischen Objekt und der Umgebung ein. Schädigungsprozesse können den Energiehaushalt eines Systems beeinflussen und somit Temperaturveränderungen bezogen auf einen Punkt, einen Abstand, eine Fläche oder einen Raum hervorrufen. Schädigungen können die Materialdicke und die Wärmeübertragungseigenschaften verändern. Es können lokale Veränderungen des Wärmestroms verursacht, aber auch neue Wärmequellen freigesetzt werden. Die „Thermodynamik des Defekts" [5.1] wird von einer Vielzahl physikalischer Erscheinungsformen der Schädigung geprägt; Tafel 5.1 zeigt eine Auswahl mit Beispielen. Temperaturänderungen von Bauteiloberflächen oder deren Wärmestrahlung können als Diagnosemerkmal verwendet werden. Betriebs- und Umgebungsbedingungen wirken als Einflußgrößen und sind bei der Diagnose zu beachten (vgl. Abschn. 5.2.3.).

Tafel 5.1. Erscheinungsformen der Schädigung als Ursache für Temperaturänderungen

Erscheinungsform	Praktische Beispiele
Volumetrisch	Materialschwächung durch Verschleiß und Korrosion Isolationsschäden Ablagerungen oder Verstopfungen Materialfehler (Einschlüsse, Risse)
Mechanisch	Lagerreibung Überlastung von Maschinen
Elektrisch	Übergangswiderstände an elektrischen Kontakten, Klemmverbindungen, Isolatoren Stromaufnahme elektronischer Bauelemente und elektrischer Maschinen
Chemisch	Reaktionen zwischen Bauteilwerkstoff und Prozeßmedium Leckaustritt von Prozeßmedien

5.1.2. Wärmetransportmechanismen

Die Oberflächentemperatur eines Bauteils kann in Abhängigkeit von schädigungsbedingten lokalen Veränderungen von Wärmeströmen und Wärmequellen mit der Fourierschen Differentialgleichung der *Wärmeleitung* berechnet werden:

$$\frac{\partial T}{\partial \tau} = \frac{\lambda}{\varrho \cdot c}\left(\frac{\partial^2 T}{\partial x^2} + \frac{\partial^2 T}{\partial y^2} + \frac{\partial^2 T}{\partial z^2}\right) + \frac{1}{\varrho \cdot c} \cdot \mathfrak{r}(\vec{r}, \tau), \qquad (5.1)$$

mit ϱ Dichte des Materials, λ Wärmeleitzahl, c spezifische Wärme, $\mathfrak{r}$ Verteilung der Wärmequellen.

Für eine *stoffschlüssige Verbindung* zwischen Bauteiloberfläche und Temperatursensor mit dem Querschnitt A und dem Temperaturgradienten $\Delta T/\Delta x$ beträgt der *Wärmestrom* von der Oberfläche zum Sensor

$$\dot{Q} = \lambda \cdot A \cdot \frac{\Delta T}{\Delta x}. \tag{5.2}$$

Bei metallischem Kontakt ist die Wärmeleitzahl groß und die Einstellzeit des Temperatursensors gering.

Kraft- oder *formschlüssige Verbindungen* zwischen Oberfläche und Sensor besitzen einen verminderten Wärmeübergang. Ein solcher Wärmeübergang setzt sich aus Wärmeleitung, Wärmestrahlung und Konvektion zusammen und kann nur näherungsweise mit *vereinfachten Thermometermodellen* [5.2] [5.3] berechnet werden. Aus experimentellen Untersuchungen läßt sich der Zusammenhang

$$\dot{Q} = \alpha \cdot A \cdot \Delta T, \tag{5.3}$$

mit A Kontaktfläche und α Wärmeübergangszahl, bestimmen. Die geringe Wärmeübergangszahl eines Luftspaltes zwischen Oberfläche und Meßfühler ist durch einen dünnen Ölfilm wirksam zu verbessern. Weitere Hinweise zur Verbesserung des notwendigen *Wärmekontaktes* sind der Spezialliteratur [5.2] bis [5.5] zu entnehmen.

Die Temperatur der *Wärmestrahlung* wird berührungsfrei erfaßt. Jeder Körper emittiert oberhalb des absoluten Nullpunktes der Temperatur eine temperaturabhängige elektromagnetische Strahlung. An der Oberfläche kann diese Strahlung teilweise reflektiert, absorbiert oder durchgelassen werden. Entsprechend ist

$$\varrho(\lambda, T) + \alpha(\lambda, T) + \tau(\lambda, T) = 1, \tag{5.4}$$

mit ϱ Reflexionsgrad, α Absorptionsgrad, τ Transmissionsgrad. Diese Abhängigkeit gilt für beliebige Wellenlänge λ und Temperatur T.

Ein sog. Schwarzer Körper absorbiert die gesamte Strahlung, die mit beliebiger Wellenlänge auftritt. Damit sind $\alpha = 1$ und $\varrho = \tau = 0$. Nach dem Kirchhoffschen Strahlungsgesetz strahlt der Schwarze Körper, der vollständig absorbiert, auch maximal:

$$\frac{L(\lambda, T)}{\alpha(\lambda, T)} = L_S(\lambda, T); \tag{5.5}$$

$L(\lambda, T)$ spektrale Strahlendichte eines realen Gegenstandes
$L_S(\lambda, T)$ spektrale Strahlendichte des Schwarzen Körpers.

Die Strahlung des Schwarzen Körpers ist demzufolge das maximale Quantum, das ein Körper bei der Temperatur T und der Wellenlänge λ abgeben kann.

Das Gesetz von Planck

$$L_S(\lambda, T) = \frac{C_1}{\lambda^5 \left[\exp\left(\frac{C_2}{\lambda \cdot T}\right) - 1\right]}; \tag{5.6}$$

$C_1 = 2\pi \cdot c_0^2 \cdot h = 3{,}7415 \cdot 10^{-16}\ \mathrm{W \cdot m^2}$
$C_2 = c_0 \cdot h/k = 1{,}438 \cdot 10^{-2}\ \mathrm{m \cdot K}$

c_0 Lichtgeschwindigkeit im Vakuum
h Plancksches Wirkungsquantum
k Boltzmannsche Konstante

liefert die spektrale Verteilung der Strahlung eines Schwarzen Körpers (Bild 5.1). Demzufolge steigt die abgestrahlte Intensität bei einer beliebigen Wellenlänge mit der Temperatur. Das Maximum der spektralen Intensität der Strahlung verschiebt sich nach dem Wienschen Verschiebungsgesetz

$$\lambda_{max} \cdot T = 2{,}8986 \cdot 10^3\ \mu\mathrm{m \cdot K} \tag{5.7}$$

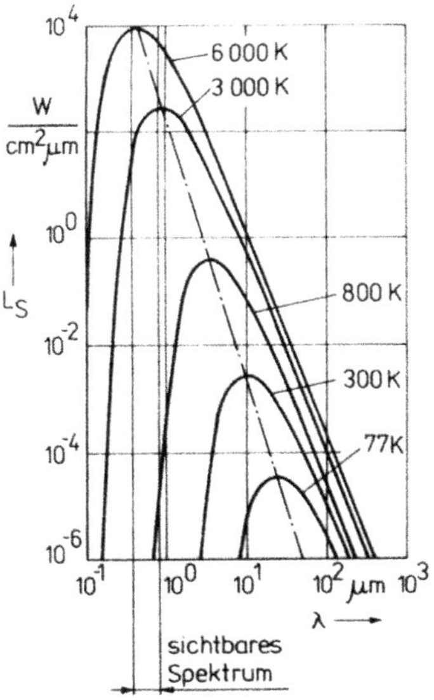

Bild 5.1. Spektrale Intensität der Strahlung des Schwarzen Körpers (nach [5.6])

$L_S(\lambda)$ spektrale Strahlendichte; λ Wellenlänge

mit steigender Temperatur zu kürzeren Wellenlängen (vgl. Bild 5.1). Oberflächen mit Raumtemperatur ($\approx$ 300 K) strahlen bei $\lambda \approx 10$ µm maximal. Die atmosphärische Absorption ist in diesem Bereich ebenfalls gering. Das sog. atmosphärische Fenster großer Wellenlänge erstreckt sich von 8 µm bis 14 µm [5.7] und ist für die berührungsfreie Messung niedriger Temperaturen geeignet. Für Temperaturen um 600 K ist das kurzwellige atmosphärische Fenster zwischen 3 µm und 5,5 µm vorzuziehen.

Der Bereich unterhalb der Kurven im Bild 5.1 stellt die gesamte Leistung dar, die in allen Wellenlängen abgestrahlt wird. Demnach werden nur 25 % der Energie im Bereich kleiner Wellenlängen $\lambda \leqq \lambda_{max}$ abgestrahlt, dagegen 75 % im Bereich großer Wellenlängen $\lambda > \lambda_{max}$, dem sog. Infrarotbereich, bei Temperaturen von $T > 2\,000$ K. Das ist ein Grund dafür, daß die Infrarotstrahlung häufig als thermische Strahlung bezeichnet wird. Sie umfaßt einen Wellenlängenbereich von 0,78 µm bis etwa 1 000 µm mit der Untergliederung in [5.7]:

nahes Infrarot 0,78 bis 1,5 µm
mittleres Infrarot 1,5 bis 6,0 µm
fernes Infrarot 6,0 bis 40 µm
ultrafernes Infrarot > 40 µm.

In Abhängigkeit von der Temperatur ändert sich somit die Farbe der Strahlung. Diese Gesetzmäßigkeit wird für die visuelle Abschätzung hoher Temperaturen genutzt.

Durch Integration von Gl. (5.6) über der Wellenlänge erhält man das Gesetz von Stephan-Boltzmann:

$$L_S(T) = \sigma \cdot T^4 \tag{5.8}$$

mit $\sigma = 5{,}6697 \cdot 10^{-8}$ W $\cdot$ m$^{-2} \cdot$ K^{-4}. Es beschreibt die Änderung der Gesamtstrahlung eines Schwarzen Körpers in Abhängigkeit von der Temperatur. Die Strahlung eines realen Objekts kann in bezug auf den idealen Schwarzen Körper durch Einführung eines von der Wellenlänge abhängigen Faktors, dem sog. spektralen Emissionsgrad $\varepsilon(\lambda, T)$, ermittelt werden (vgl. Gl. 5.5):

$$L(\lambda, T) = \varepsilon(\lambda, T) \cdot L_S(\lambda, T)\,, \tag{5.9}$$

mit $0 \leqq \varepsilon(\lambda, T) \leqq 1$. Das Emissionsverhalten unterscheidet man nach drei Charakteristiken [5.8]:

- Der Emissionsgrad nimmt mit der Wellenlänge ab (reine Metalloberflächen).
- Der Emissionsgrad vergrößert sich mit der Wellenlänge (Metalloxide und Nichtmetalle).
- Der Emissionsgrad untergliedert sich in Spektralbereiche (Glas, Quarz, Kunststoffe).

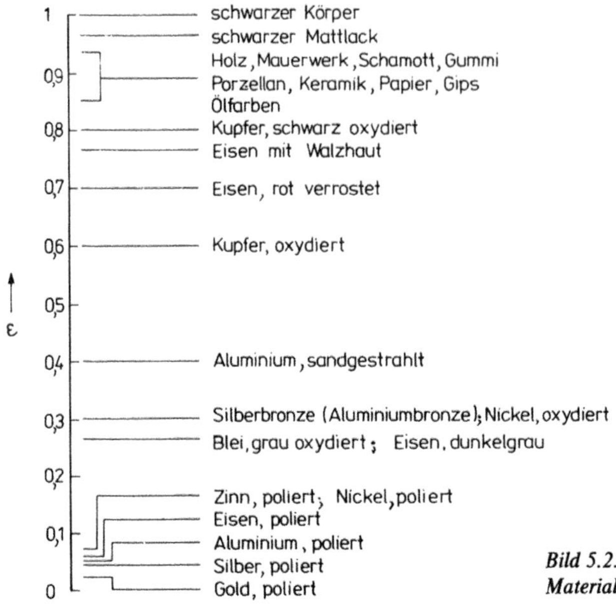

Bild 5.2. Emissionsgrad verschiedener Materialien bei 300 K [5.8]

In Bild 5.2 sind Emissionsgrade für verschiedene Materialien bei Raumtemperatur angegeben. Polierte Oberflächen besitzen ein verringertes, oxidierte oder gestrichene Gegenstände ein erhöhtes Emissionsvermögen. Diese Gesetzmäßigkeit ist bei einer berührungsfreien Temperaturmessung zu beachten (vgl. Abschn. 5.3.1.).

Gute Strahler sind auch gute Absorber und umgekehrt. Für gleiche Wellenlänge und Temperatur sind Emissions- und Absorptionsgrad gleich:

$$\varepsilon(\lambda, T) = \alpha(\lambda, T)\,. \tag{5.10}$$

5.2. Berührende Temperaturmessung

In der Maschinen- und Anlagendiagnostik dienen gegenwärtig etwa die Hälfte aller Meßstellen zur Temperaturüberwachung, wofür nahezu ausnahmslos berührende Temperatursensoren eingesetzt werden. Die mit mechanischen und elektrischen Temperatursensoren erreichbaren geringen Meßunsicherheiten von ± 1 % bis ± 0,5 % entsprechen diagnostischen Anforderungen.

5.2.1. Physikalische Grundlagen

Die berührende Temperaturmessung beruht auf wärmephysikalischen Gesetzmäßigkeiten, dem thermomechanischen, thermowiderstandselektrischen und thermospannungselektrischen Prinzip.

Dem *thermomechanischen Prinzip* liegt die Temperaturmessung durch Ausdehnung von Feststoffen, Flüssigkeiten und Gasen nach dem Gay-Lussacschen Gesetz zugrunde:

$$A_2 = A_1 \cdot [1 + \alpha \cdot (T_2 - T_1)]\,; \tag{5.11}$$

$A_{1,2}$ Ausdehnung des Stoffes bei den Temperaturen T_1 und T_2
α Ausdehnungskoeffizient.

Das *thermowiderstandselektrische Meßprinzip* nutzt die Temperaturabhängigkeit des elektrischen Widerstands von Leitern und Halbleitern (Thermistoren). Der Temperaturkoeffizient der Meßwiderstände ist als mittlere relative Zunahme des Widerstands bei der Erwärmung um 1 K im Bereich zwischen 0 und 100 °C definiert:

$$\alpha_R = \frac{1}{R_0} \frac{\Delta R}{\Delta T}, \tag{5.12}$$

mit $\Delta R = R_{100} - R_0$, R_0 Widerstand bei 0 °C, R_{100} Widerstand bei 100 °C, $\Delta T = 100$ K.

Das *thermospannungselektrische Meßprinzip* arbeitet nach dem sog. Seebeck-Effekt. Bildet man aus zwei verschiedenen metallischen Leitern einen Stromkreis und haben beide Verbindungsstellen unterschiedliche Temperaturen, so erzeugen sie im Stromkreis eine Thermospannung. Die Größe der Thermospannung hängt von der Materialkombination und der Temperaturdifferenz zwischen Meßstelle und Vergleichsstelle ab.

Für standardisierte Temperatursensoren sind Ausdehnungs- und Widerstandskoeffizienten sowie Thermospannungen in [5.5] angegeben.

5.2.2. Temperatursensoren

Berührende Temperatursensoren werden in mechanische und elektrische Sensoren unterschieden (Bild 5.3). Die Ausführungsformen, ihre technischen Parameter sowie Vor- und Nachteile sind in [5.5] beschrieben. Für diagnostische Messungen werden überwiegend elektrische Temperatursensoren wegen ihrer guten Meßwertübertragbarkeit und -verarbeitbarkeit verwendet.

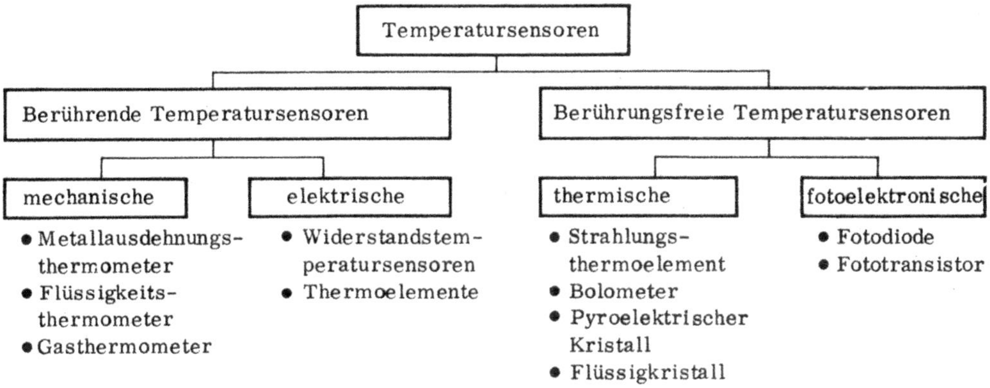

Bild 5.3. Berührende Temperatursensoren

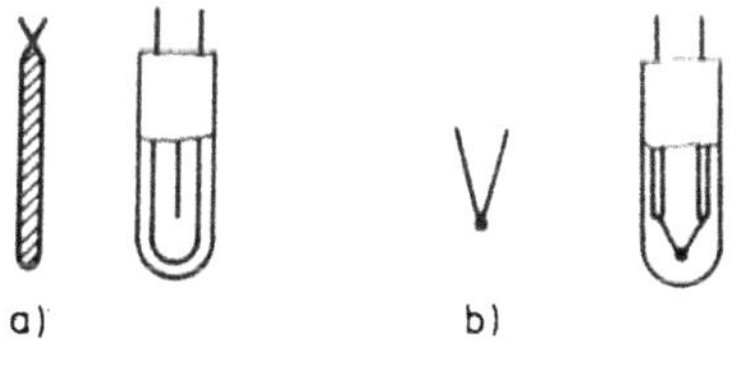

Bild 5.4. Widerstands-Temperatursensoren

a) Metall-Widerstands-Temperatursensor; b) Halbleiter-Widerstands-Temperatursensor

Widerstands-Temperatursensoren (Bild 5.4) bestehen entweder aus einem hitzebeständigen, elektrisch isolierten Träger, auf den der temperaturabhängige Meßdraht (Platin oder Nickel) gewickelt ist (Metall-Widerstands-Temperatursensoren) oder einer Halbleiterscheibe bzw. -perle (Halbleiter-Widerstands-Temperatursensoren, Thermistoren). Metall-Widerstands-Temperatursensoren besitzen eine lineare statische Kennlinie, Halbleiter-Widerstands-Sensoren eine große Empfindlichkeit. Widerstands-Temperatursensoren sind aus Meßwiderstand, Einsatzrohr, Schutzrohr und Anschlußkopf aufgebaut (Bild 5.5), auch sog. Dünnfilm- und Dickschicht-Widerstands-Temperatursensoren mit kleinen Durchmessern (0,05 bis 0,3 mm) für punktförmige Messungen sind im Einsatz [5.9]. Der prinzipielle Aufbau einer thermowiderstandselektrischen Meßanordnung ist im Bild 5.6 wiedergegeben. Mit Hilfe des Abgleichwiderstandes wird der Zuleitungswiderstand auf einem Normwert (häufig 20 Ω) kalibriert [5.10]. Meßschaltungen für Widerstands-Temperatursensoren werden als Ausschlag- und Kompensationsschaltungen ausgeführt, um den notwendigen Pegel für Digitalvoltmeter oder Datenerfassungssysteme zu erzeugen [5.10]. Halbleiter-Widerstands-Temperatursensoren besitzen meist integrierte Schaltungen, um die Nichtlinearität der Kennlinie zu berücksichtigen [5.9].

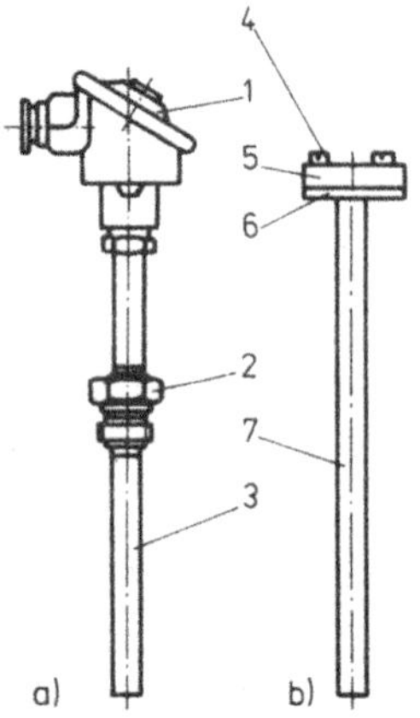

Bild 5.5. Aufbau elektrischer Temperatursensoren

a) Gehäuse; b) Meßeinsatz
1 Anschlußkopf; *2* Verschraubung; *3* Schutzrohr; *4* Anschlußklemmen; *5* keramisches Formteil; *6* Trägerplatte; 7 Einsatzrohr

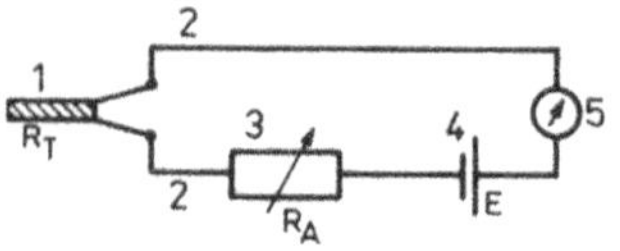

Bild 5.6. Prinzipieller Aufbau einer thermowiderstandselektrischen Meßanordnung

1 Meßwiderstand; *2* Zuleitung; *3* Abgleichwiderstand; *4* Konstantspannungsquelle; *5* Anzeigeinstrument

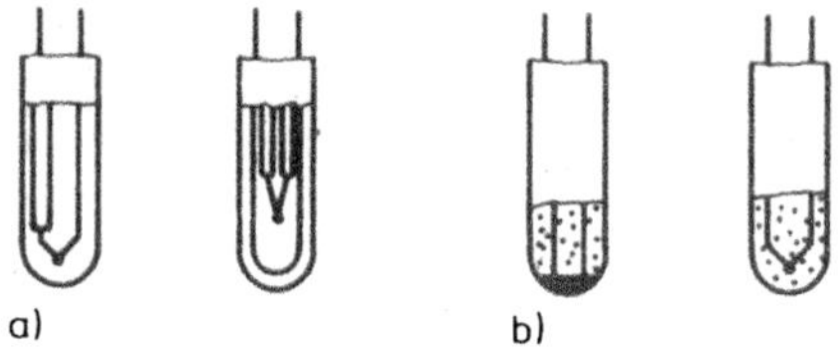

Bild 5.7. Thermoelemente

a) Standardthermoelemente; b) Mantelthermoelemente

Thermoelemente werden als Standard- oder Mantelthermoelemente ausgeführt (Bild 5.7). *Standardthermoelemente* sind ähnlich den Metall-Widerstands-Temperatursensoren aufgebaut. An Stelle des Widerstandes (vgl. Bild 5.5) erzeugt ein Thermopaar, bestehend aus Drähten unterschiedlichen Werkstoffs, eine temperaturabhängige Spannung. Das Grundschaltbild einer thermospannungselektrischen Meßanordnung zeigt Bild 5.8. Wird die Temperatur an der Vergleichsstelle konstant gehalten, dann ist die Thermospannung ein Maß für die Meßstellentemperatur. Als Vergleichsstellentemperatur sind 0 °C (Eis-Wasser-Gemisch) oder 50 °C (Thermostat) gebräuchlich. Ausgleichsleitungen ermöglichen die Verlegung der Vergleichsstelle an einen meßtechnisch günstigen Ort. Sie haben im Bereich zwischen 0 °C und 200 °C die gleichen thermoelektrischen Eigenschaften wie die entsprechenden Thermopaare. Ihre elektrischen und mechanischen Eigenschaften sind besser im Vergleich zu denen der Thermodrähte [5.9].

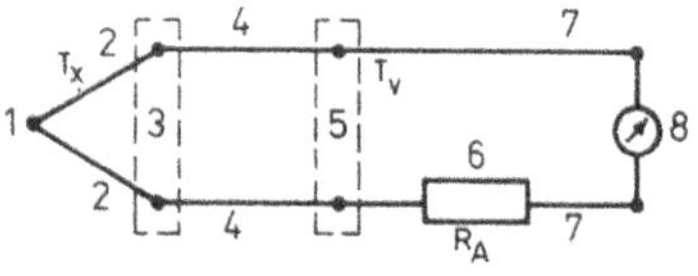

Bild 5.8. Prinzipieller Aufbau einer thermospannungselektrischen Meßanordnung

1 Meßstelle; *2* Thermoelement; *3* Anschlußstelle; *4* Ausgleichsleitung; *5* Vergleichsstelle; *6* Abgleichwiderstand; *7* Zuleitung; *8* Meßgerät; T_x Meßtemperatur; T_v Vergleichsstellentemperatur

Bei *Mantelthermoelementen* sind die Thermodrähte in pulverförmiges keramisches Material (MgO, Al_2O_3) eingebettet und von einem dünnen Stahlmantel (Durchmesser 0,15 bis 8 mm) umschlossen. Ihre geringen Einstellzeiten und gute mechanische Flexibilität wirken sich für diagnostische Messungen vorteilhaft aus (vgl. Abschn. 5.2.3.).

Zur Messung der Thermospannung von Standard- und Mantelthermoelementen dienen offene Meßschaltungen nach dem *Ausschlagverfahren* oder geschlossene Schaltungen nach dem *Kompensationsverfahren* [5.10].

5.2.3. Anwendungsbeispiele

Ein Hauptanwendungsgebiet der berührenden Temperaturmessung für die Technische Diagnostik ist die *Lagerüberwachung.* Gleitlagertemperaturen werden mit Widerstands-Temperatursensoren oder Thermoelementen gemessen. Die Temperatursensoren sind gewöhnlich im Ölabfluß des Lagers oder im Lagermetall angeordnet. Die Mischungstemperatur des Öls enthält keine Informationen über die Temperaturverteilung in der Lagerschale. Besser ist eine integrale Temperaturmessung am Lager. Sie erfordert eine große Anzahl von Temperatursensoren, die durch Bohrungen von 2 bis 3 mm Durchmesser unter die Oberfläche geführt [5.11] oder in die Lagerschale eingeschmolzen werden [5.12]. Zur Erfassung von Temperaturmaxima sind isolierte Widerstandsdrähte im Bereich des kleinsten Schmierspalts über die gesamte Lagerbreite angeordnet (Bild 5.9). Für den Meßwiderstand wird Platindraht mit einem Durchmesser von 0,1 mm eingesetzt. Öl- und Umgebungstemperatureinflüsse können durch Vergleichsmeßstellen eliminiert werden. Der Meßfehler wird mit ± 1 K angegeben [5.12].

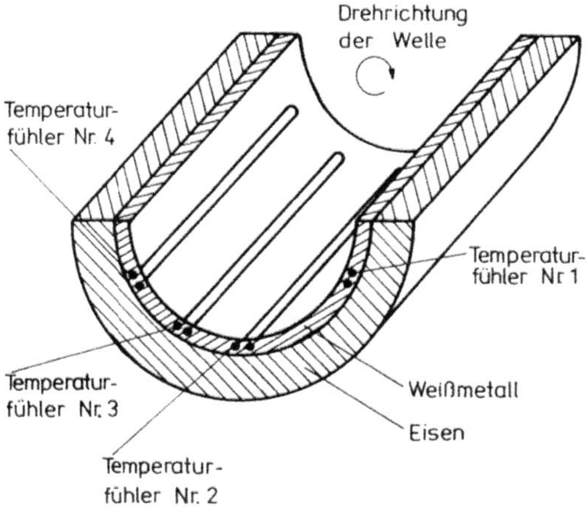

Bild 5.9. Anordnung der Widerstandsdrähte in der unteren Lagerschale eines Gleitlagers (nach [5.11])

Eine einfachere Möglichkeit der Temperaturmessung besteht in der Ausnutzung der in der Lagerschale entstehenden Thermospannung [5.13]. Gleitlager sind aus zwei Metallschichten gefertigt, einer widerstandsfähigen äußeren aus Eisenguß und der inneren Lagerschale aus einem Lagerwerkstoff, z. B. Weißmetall. Die Thermodrähte werden an die innere und äußere Lager-

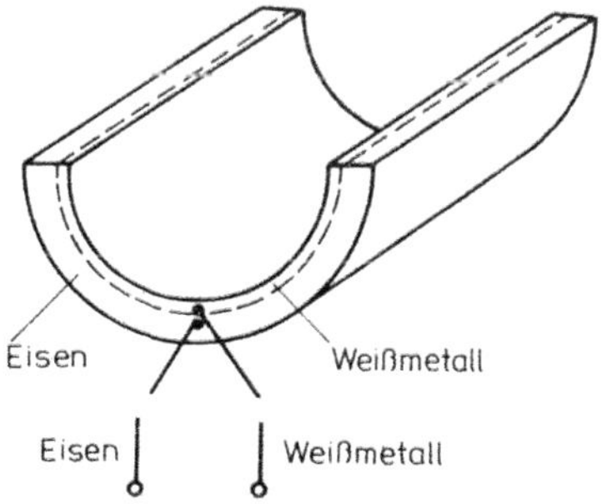

Bild 5.10. Lagerschale eines Gleitlagers als Thermoelement [5.12]

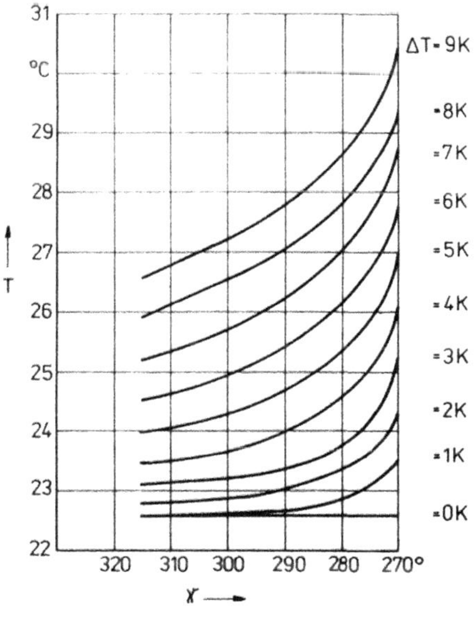

Bild 5.11. Gemessene Temperatur in Abhängigkeit vom Abstand zwischen Wärmequelle und Meßort (nach [5.12])

γ Lagerumfangskoordinate für den Ort der Wärmequelle;
ΔT Erwärmung gegenüber der Anfangstemperatur von 22,6 °C

schale angelötet (Bild 5.10). Diese Anordnung besitzt gegenüber einem herkömmlichen Thermoelement eine flächenhafte Hauptlötstelle [5.13] mit einer Abhängigkeit der Thermospannung vom Abstand zwischen Wärmequelle und Meßort (Bild 5.11). Die Thermospannung sinkt exponentiell mit der Entfernung der Wärmequelle vom Meßort (Hauptlötstelle in der Lagerschale). Der günstigste Meßort ist der Ort des Temperaturmaximums im engsten Schmierspalt. Durch zwei weitere, links und rechts von diesem Ort angebrachte Sensoren kann ein Steigen, Sinken oder Verschieben des Temperaturmaximums festgestellt werden. Für drei Meßstellen ist der zeitliche Temperaturverlauf eines Lagers beim Abfahren einer Turbine im Bild 5.12 dargestellt. Die Temperaturabhängigkeit vom Abstand zwischen dem Anschlußort (Hauptlötstelle) und Wärmequelle läßt sich zur Ortsbestimmung eines Lagerschadens, z. B. einer Verkantung der Welle gegenüber der Lagerschale, verwenden [5.15]. An den äußeren Lagerbereichen, z. B. Lagerstirnseiten, werden mehrere Hauptlötstellen angebracht und die Temperaturen der gegenüberliegenden Meßorte verglichen. Die Lokalisation eines Schadens erfolgt durch Lösung eines Ungleichungssystems.

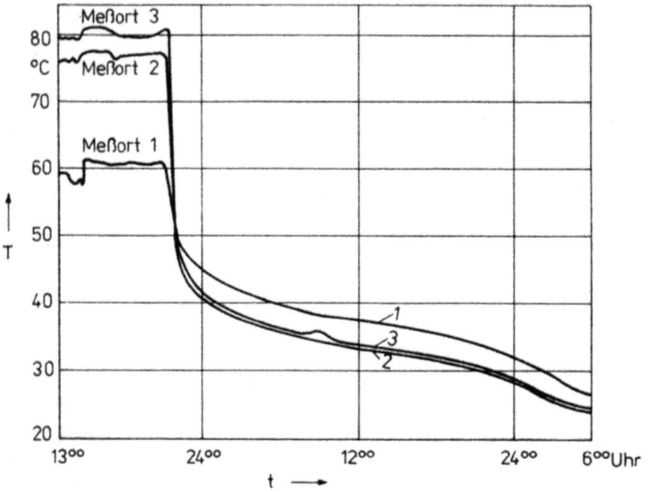

Bild 5.12. Zeitlicher Temperaturverlauf eines Lagers für drei verschiedene Meßstellen beim Abfahren einer Turbine (nach [5.13])

Im Gegensatz zu Gleitlagern sind bei Wälzlagern aufgrund der kleineren Schmiegung relativ geringe Reibungs- und Temperaturänderungen in Abhängigkeit vom Schädigungsfortschritt zu erwarten. Eine Erfassung von Temperaturdifferenzen ist deshalb erfolgversprechender als die Messung von Absolutwerten. Praktisch bewährt haben sich Differenzmessungen zwischen Lager und Umgebungsluft, Lager und Gehäuse, Lager und Frischöleintritt sowie zwischen gleichartigen Lagerungen [5.16]. Auf dieser Basis arbeiten rechnergesteuerte Überwachungseinrichtungen für die Früherkennung von Funktionsstörungen und Schäden an Radsatzrollenlagern von Schienenfahrzeugen [5.17]. Im Interesse einer rechtzeitigen Warnung sollte die Temperatur nahe an

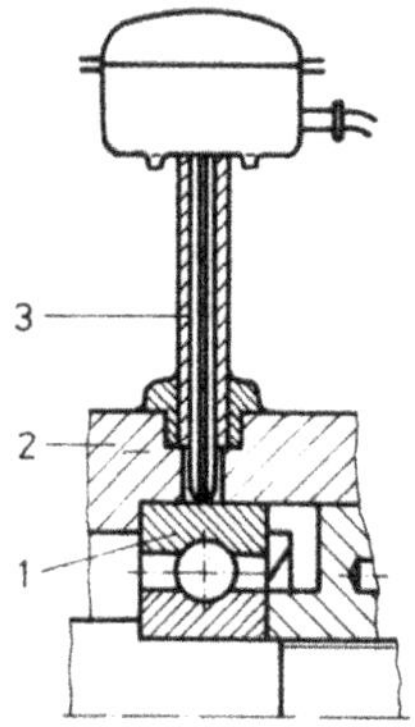

Bild 5.13. Temperaturüberwachung eines Wälzlagers
1 Wälzlageraußenring; *2* Lagergehäuse; *3* Temperatursensor

der Wärmequelle, möglichst am Wälzlageraußenring, mit Thermoelementen, Widerstands-Temperatursensoren oder Thermistoren mit kleinen Zeitkonstanten gemessen werden (Bild 5.13). Für den ambulanten Einsatz stehen digitalanzeigende Prüfgeräte mit Meßgenauigkeiten von ±1 K zur Verfügung, die mit einer vorgegebenen Anpreßkraft auf die Lagerstelle aufgesetzt werden.

Ähnlich der Gleitlagertemperaturmessung arbeitet ein ***Verschleißüberwachungssystem für spanende Werkzeuge*** [5.18]. Veränderungen der Leistungsumsetzung im Schneidenbereich und der Kontaktbedingungen zwischen Werkzeug, Werkstück und Span führen mit zunehmendem Verschleiß der Schneide zu steigendem Wärmestrom im Werkzeug. In Richtung des Temperaturgradienten werden zwei Temperatursensoren (Thermoelemente, Thermistoren) in geringem Abstand angebracht. Das Temperatursignal ist von der Verschleißbreite B der Schneidkante, der Schnittgeschwindigkeit v und der Schnittiefe a abhängig (Bild 5.14). Die Abtastperiode für die Messung der Temperaturdifferenz beträgt 200 ms. Während der Grundzeit t_G wird der Schnittvorgang hinsichtlich eines plötzlichen Temperaturabfalls infolge eines Ausbruchs der Werkzeugschneide überwacht (Bild 5.15). Bewertungskriterium ist ein Temperaturabfall von $\Delta T = 1$ K innerhalb der Abtastperiode. Ein Temperaturanstieg ist ein Anzeichen für erhöhten Werkzeugverschleiß.

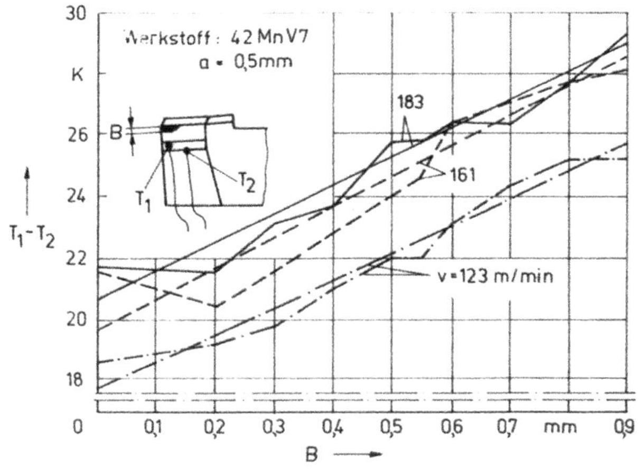

Bild 5.14. Zusammenhang zwischen Verschleiß der Schneidkante und Temperaturdifferenz (nach [5.16])

B Verschleißbreite; a Schnittiefe; v Schnittgeschwindigkeit

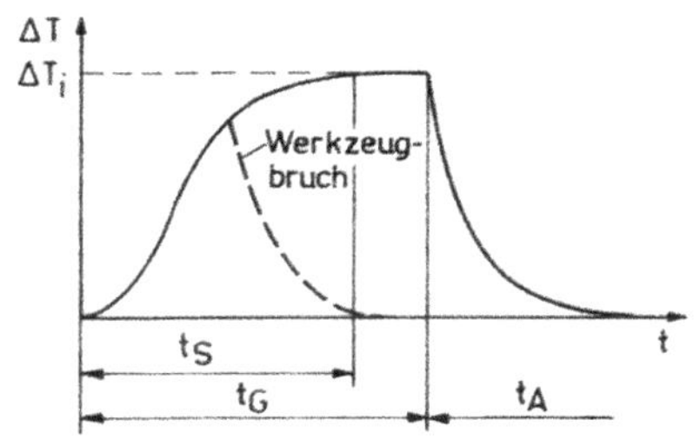

Bild 5.15. Prinzipieller Verlauf des Temperatursignals von Schneidwerkzeugen (nach [5.16])

t_G Grundzeit; t_S Schnittzeit;
t_A Abkühl- und Wartezeit

Während bisher zur Bauteilüberwachung Temperaturmessungen mit relativ kleinen Temperaturänderungsgeschwindigkeiten dominierten, wird in jüngerer Zeit auch der Schwankungsanteil von Temperatursignalen zur Schadensfrüherkennung genutzt.

5.3. Berührungsfreie Temperaturmessung

Diagnoseaufgaben für Objekte mit

- hohen Temperaturen,
- geringer Leitfähigkeit,
- geringer Wärmekapazität,
- sehr kleiner, sehr großer oder in Höhe oder Weite entfernter Meßfläche

sowie für bewegte Objekte sind mit berührender Temperaturmessung nicht lösbar. Für diese Aufgaben ist die berührungsfreie Temperaturmessung eine günstige Diagnosemethode.

Temperaturen von Bauteilen oder Baugruppen können berührungsfrei aus der Intensität der Gesamtwärmestrahlung, der Intensität der Wärmestrahlung bestimmter Wellenlängen oder der Farbe der Wärmestrahlung ermittelt werden. Meßverfahren sind die Pyrometrie zur punktförmigen Temperaturmessung und die Thermographie zur bildhaften Darstellung von Temperaturverteilungen.

5.3.1. Physikalische Grundlagen

Ein Strahlungsdetektor erfaßt die von einer Objektoberfläche *emittierte Wärmestrahlung* (Bild 5.16). Die Emissionsfläche wird durch die geometrisch-optische Anordnung des Strahlungsdetektors und vom Meßabstand bestimmt. Die empfangene Strahlungsdichte setzt sich aus der Eigenstrahlungsdichte $\varepsilon \cdot L_O$ des Objekts, der an der Objektoberfläche reflektierten Umgebungsstrahlungsdichte $\varrho \cdot L_U$ und einer das Objekt durchdringenden Umgebungsstrahlungsdichte $\tau \cdot L_U$ zusammen:

$$L = \varepsilon \cdot L_O + \varrho \cdot L_U + \tau \cdot L_U \, . \tag{5.13}$$

Mit Gl. (5.4) und Gl. (5.10) vereinfacht sich Gl. (5.12) zu

$$L = \varepsilon \cdot L_O + (1 - \varepsilon) \cdot L_U \, . \tag{5.14}$$

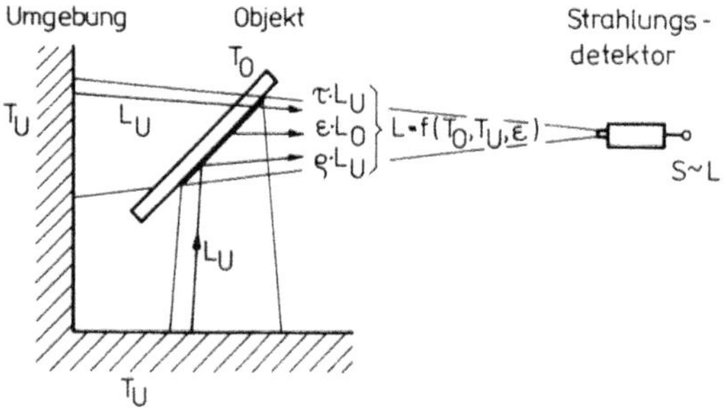

Bild 5.16. Prinzip der berührungsfreien Temperaturmessung (nach [5.8])

L empfangene Strahlungsdichte; L_U Umgebungsstrahlungsdichte; L_O Eigenstrahlungsdichte; T_U Umgebungstemperatur; T_O Objekttemperatur; S Detektorsignal; ϱ Reflexionsgrad; ε Emissionsgrad; τ Transmissionsgrad

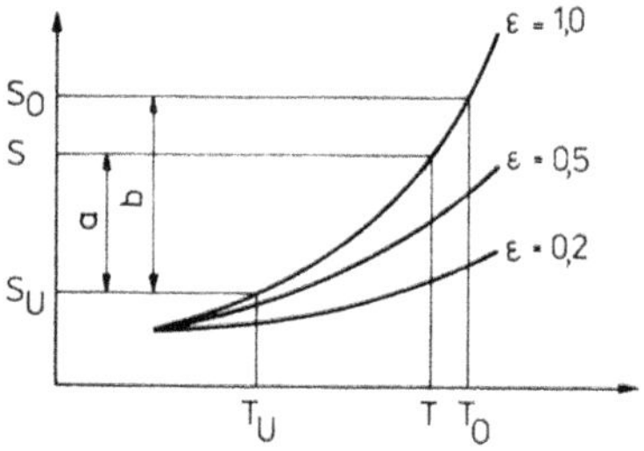

Bild 5.17. Charakteristik eines Strahlungsdetektors (nach [5.8])

S Detektorsignal; S_O Detektorsignal (Anteil der Eigenstrahlung); S_U Detektorsignal (Anteil der Umgebungsstrahlung); T Meßtemperatur; T_O Objekttemperatur; T_U Umgebungstemperatur; ε Emissionsgrad des Meßobjekts

Nach dem Planckschen Gesetz, Gl. (5.6), lassen sich den Strahlungsdichten L_O und L_U eindeutig die Temperaturen T_O bzw. T_U zuordnen, wenn die spektrale Empfindlichkeit $R(\lambda)$ des Detektors einschl. der Optik bekannt ist:

$$L = \varepsilon \int_0^\infty \frac{C_1 \cdot R(\lambda)}{\lambda^5 \cdot \left[\exp\left(\frac{C_2}{\lambda \cdot T_O}\right) - 1\right]} + (1 - \varepsilon) \int_0^\infty \frac{\hat{C}_1 \cdot R(\lambda)}{\lambda^5 \cdot \left[\exp\left(\frac{C_2}{\lambda \cdot T_U}\right) - 1\right]} \, . \tag{5.15}$$

Bei Kenntnis des Emissionsgrades ε des Meßobjekts kann die Objekttemperatur T_O durch Lösen von Gl. (5.14) oder aus einer experimentell aufgenommenen Strahlungscharakteristik (Eichkurve) nach Bild 5.17 bestimmt werden. Das Ausgangssignal S des Strahlungsdetektors ist der gemessenen Strahlungsdichte L proportional und setzt sich aus zwei Anteilen zusammen (vgl. Gl. (5.14)):

$$S = \varepsilon \cdot S_O + (1 - \varepsilon) \cdot S_U . \tag{5.16}$$

Damit ist

$$S_O = \frac{1}{\varepsilon}(S - S_U) + S_U . \tag{5.17}$$

Der Signalanteil S_U läßt sich aus einer Umgebungsmessung ermitteln. Aus der Differenz (vgl. Bild 5.17)

$$a = S - S_U \tag{5.18}$$

multipliziert mit $1/\varepsilon$ ergibt sich

$$b = \frac{a}{\varepsilon} = S_O - S_U . \tag{5.19}$$

Damit liegt der Detektoranteil S_O fest, und die Objekttemperatur T_O kann aus der Strahlungscharakteristik unter Beachtung des Emissionsgrades abgelesen werden [5.8].

Der Korrekturwert für das Detektorsignal ist um so kleiner, je steiler die Strahlungscharakteristik $S = f(T, \varepsilon)$ verläuft (vgl. Bild 5.17). Eine starke Abhängigkeit ergibt sich, wenn in dem Spektralbereich der Wärmestrahlung gemessen wird, der unterhalb der Wellenlänge liegt, die durch das Wiensche Verschiebungsgesetz, Gl. (5.7), für die Objekttemperatur berechnet wird [5.8]. Der Einfluß der Umgebungstemperatur kann vernachlässigt werden, wenn die Objekttemperatur sehr viel größer als die Umgebungstemperatur ist.

Bei größeren Meßentfernungen ist die atmosphärische Dämpfung der Wärmestrahlung zu berücksichtigen. Die vom Detektor empfangene Strahlungsdichte L (vgl. Bild 5.16) verringert sich dann um den Faktor τ_A (Transmissionsgrad der Atmosphäre) und wird von der Eigenstrahlungsdichte der Atmosphäre $\varepsilon_A \cdot L_A$ überlagert. Damit ist die vom Detektor aufgenommene Strahlungsdichte

$$L_{tot} = \tau_A \cdot L + \varepsilon_A \cdot L_A \tag{5.20}$$

und mit Gl. (5.14)

$$L_{tot} = \tau_A \cdot \varepsilon \cdot L_O + \tau_A \cdot (1 - \varepsilon) \cdot L_U + \varepsilon_A \cdot L_A . \tag{5.21}$$

Wegen

$$\varrho + \varepsilon + \tau = 1 \tag{5.22}$$

[vgl. Gl. (5.4) und Gl. (5.10)] gilt mit $\varrho = 0$

$$L_{tot} = \tau_A \cdot \varepsilon \cdot L_O + \tau_A \cdot (1 - \varepsilon) \cdot L_U + (1 - \tau_A) \cdot L_A . \tag{5.23}$$

Das Ausgangssignal des Strahlungsdetektors S_{tot} ist proportional der empfangenen Strahlungsdichte L_{tot}, und damit ist

$$S_{tot} = \tau_A \cdot \varepsilon \cdot L_O + \tau_A \cdot (1 - \varepsilon) \cdot L_U + (1 - \tau_A) \cdot L_A . \tag{5.24}$$

Für die Bestimmung des thermischen Wertes S_O des Meßobjekts aus dem Detektorsignal S_{tot} unter Berücksichtigung der unmittelbaren Umgebung des Meßobjekts und der atmosphärischen Dämpfung mit den bekannten Werten T_U, T_A, τ_A und ε wird Gl. (5.24) in eine explizite Form gebracht:

$$S_O = \frac{S_{tot}}{\tau_A \cdot \varepsilon} - \left(\frac{1}{\varepsilon} - 1\right) \cdot S_U - \left(\frac{1}{\tau_A} - 1\right) \cdot \frac{S_A}{\varepsilon} . \tag{5.25}$$

Bei praktischen Messungen entspricht die Umgebungstemperatur T_U des Meßobjekts oft der Temperatur T_A der Atmosphäre. Dann ist $S_U = S_A$ und

$$S_O = \frac{S_{tot}}{\tau_A \cdot \varepsilon} - \left(\frac{1}{\tau_A \cdot \varepsilon} - 1\right) \cdot S_A . \tag{5.26}$$

Relativmessungen sind genauer als Absolutmessungen [5.7]. Deshalb ermittelt man zunächst das Detektorsignal für das Meßobjekt, Gl. (5.24), und anschließend das Signal für einen Vergleichsgegenstand mit bekannter Temperatur T_V und bekanntem Emissions- und Übertragungsfaktor ε_V bzw. τ_V:

$$S_{V\,tot} = \tau_V \cdot \varepsilon_V \cdot S_V + \tau_V \cdot (1 - \varepsilon_V) \cdot S_U + (1 - \tau_V) \cdot S_A \,. \tag{5.27}$$

Ein aus Gl. (5.24) und (5.27) gebildetes Differenzsignal ist unabhängig von der atmosphärischen Dämpfung. Nach S_O aufgelöst, erhält man:

$$S_O = \frac{S_{tot} - S_{V\,tot}}{\tau_A \cdot \varepsilon} + \frac{\tau_V \cdot \varepsilon_V}{\tau_A \cdot \varepsilon} \cdot S_V - \left[\frac{\tau_A \cdot (1 - \varepsilon) - \tau_V \cdot (1 - \varepsilon_V)}{\tau_A \cdot \varepsilon} \right] \cdot S_U \tag{5.28}$$

Der ideale Vergleichsgegenstand besitzt die gleiche Temperatur und den gleichen Emissionsgrad wie das Meßobjekt und befindet sich in dessen Nähe [5.7]. Wenn für eine Stelle des Meßobjektes die Temperatur bekannt ist, sollte dieser Bereich für die Vergleichsmessung verwendet werden. Dann vereinfacht sich Gl. (5.28) mit $\varepsilon_V = \varepsilon$ und $\tau_V = \tau_A$ zu

$$S_O = \frac{S_{tot} - S_{V\,tot}}{\tau_A \cdot \varepsilon} + S_V \,. \tag{5.29}$$

Außer der atmosphärischen Dämpfung ist auch der Einfluß der Umgebungsstrahlen auf die Messungen aufgehoben. Unter diesen Voraussetzungen können Temperaturen mit höchster Genauigkeit über größere Entfernungen berührungsfrei gemessen werden.

5.3.2. Aufbau von Infrarotmeßgeräten

Berührungsfreie Temperaturmeßgeräte (Infrarotgeräte) bestehen aus den funktionellen Baugruppen [5.6]:

- Optik
- Modulator oder Abtasteinrichtung
- Detektor
- elektronische Signalverarbeitung
- Anzeige- und Auswerteeinheit.

Diese Baugruppen sind sowohl bei quasi punktförmig messenden Geräten (Pyrometern) als auch bei Thermobildgeräten typisch.

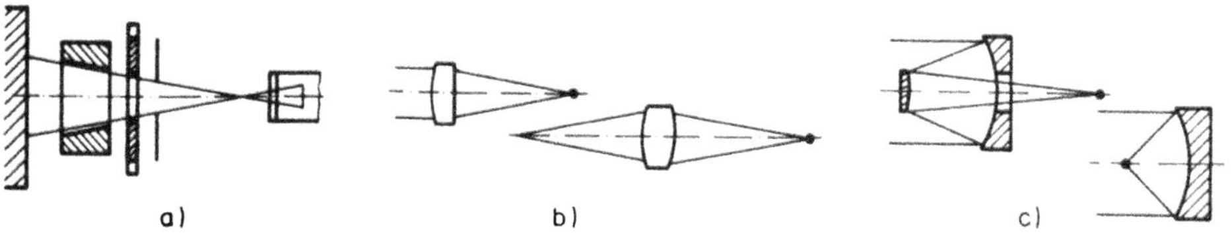

Bild 5.18. Optische Abbildungssysteme
a) Blenden; b) Linsen; c) Spiegel

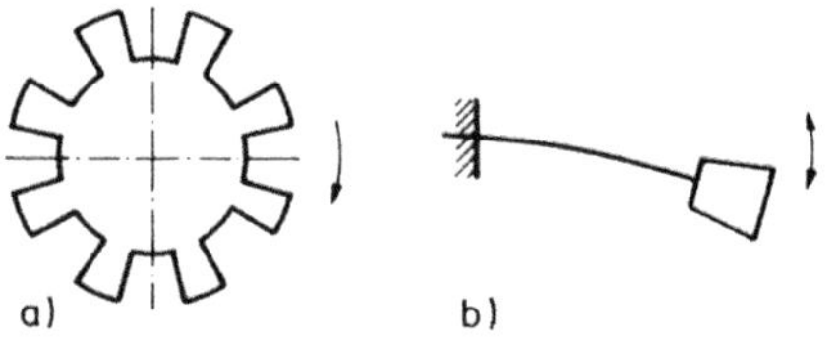

Bild 5.19. Optisch-mechanische Modulatoren
a) Sektorscheibe; b) Federpendel

Die *Optik* hat die Aufgabe, die vom Meßobjekt emittierte Strahlung mit Hilfe von Blenden, Linsen und Spiegeln (Bild 5.18) auf den Strahlungsdetektor zu fokussieren. Der Öffnungswinkel der Optik bestimmt die zugeführte Strahlungsleistung und damit das thermische Auflösungsvermögen (Meßfleckdurchmesser) auf dem Objekt.

Modulatoren sind optisch-mechanische Baugruppen (Bild 5.19) zur periodischen Unterbrechung der aufgenommenen Wärmestrahlung eines Pyrometers, um die vom Meßobjekt emittierte Gleichstrahlung in eine Wechselstrahlung umzuwandeln. Dadurch können Störfaktoren wirksam unterdrückt werden. Abtastsysteme bestehen aus Kippspiegelanordnungen oder rotierenden Spiegelpolygonen und rastern das Meßobjekt zeilenweise ab. Sie dienen zur bildlichen Darstellung von Temperaturverteilungen.

Als *Detektoren* werden thermische oder fotoelektronische Strahlungsaufnehmer eingesetzt (vgl. Bild 5.3).
Thermische Strahlungsaufnehmer (Bild 5.20) absorbieren elektromagnetische Strahlung und ändern dabei ihre Temperatur sowie temperaturabhängige Eigenschaften, die vorzugsweise elektrisch ausgewertet werden. Die Temperaturänderung des Detektorelements vollzieht sich relativ langsam, so daß die Zeitkonstanten im Millisekundenbereich liegen. Thermische Strahlungsdetektoren besitzen in einem großen Wellenlängenbereich von Infrarot bis Ultraviolett konstante Empfindlichkeit. Zur Verbesserung des Absorptionsvermögens werden die Empfängerflächen geschwärzt. Der Einbau in evakuierte oder schutzgasgefüllte Gehäuse soll die Wärmeverluste der Aufnehmer gering halten [5.10].

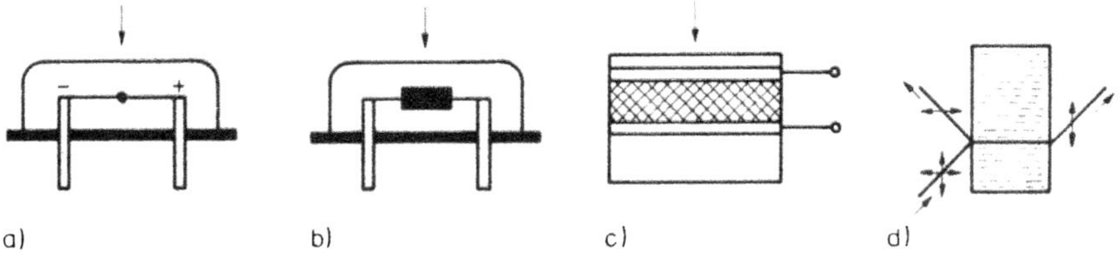

Bild 5.20. Thermische Strahlungsaufnehmer
a) Strahlungsthermoelement; b) Bolometer; c) pyroelektrischer Kristall; d) Flüssigkristall

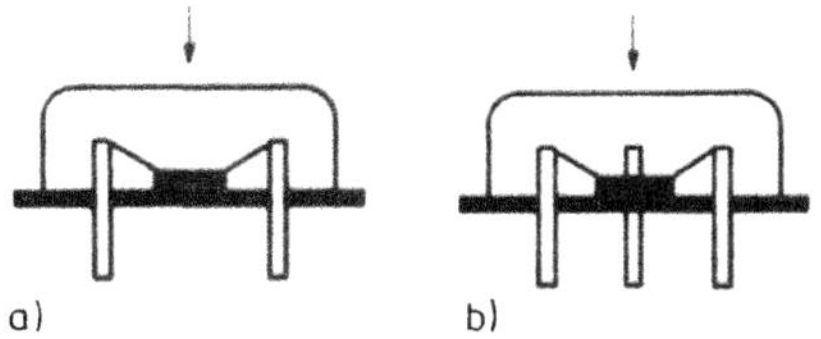

Bild 5.21. Fotoelektronische Strahlungsaufnehmer
a) Fotoelement, Fotodiode; b) Fototransistor

Fotoelektronische Strahlungsaufnehmer (Bild 5.21) zählen die je Zeiteinheit absorbierten Photonen. Sie sind wellenlängenabhängig und im sichtbaren oder nahen infraroten Spektralbereich am empfindlichsten. Ihre Zeitkonstanten liegen im Gegensatz zu thermischen Strahlungsaufnehmern im Mikrosekundenbereich. Die Umgebungstemperatur fotoelektronischer Strahlungsaufnehmer darf 50 °C nicht überschreiten, um irreversible Parameteränderungen zu vermeiden [5.10].

Die *elektronische Signalverarbeitung* hat die Aufgabe, das vom Detektor abgegebene elektrische Signal möglichst verlustlos und ohne Störungen zu verstärken, den Einfluß von Umgebungstemperaturschwankungen auszugleichen und den Emissionsgrad des Meßobjekts bei der Auswertung des Meßergebnisses zu berücksichtigen.

Die *Anzeige- und Auswerteeinheit* besteht aus einem Drehspulmeßwerk oder einem Bildschirm. Geräte mit höherem Gebrauchswert sind mit einer Digitalanzeige ausgestattet. Zur Auswertung von Thermoprofilen bzw. Thermobildern ist eine Darstellung auf einem Plotter bzw. einem Schwarzweiß- oder Farbdisplay vorteilhaft. Die Speicherung der Meßwerte ist fotografisch oder digital möglich.

5.3.3. Pyrometer

Pyrometer sind Infrarotmeßgeräte, die Wärmestrahlung punktförmig erfassen und die Temperatur der strahlungsemittierten Oberflächen von Bauteilen ermitteln. Nach dem Meßprinzip unterscheidet man [5.10]:

- Gesamtstrahlungspyrometer,
- Teilstrahlungspyrometer und
- Verteilungspyrometer.

Gesamtstrahlungspyrometer erfassen mindestens 90 % der Gesamtwärmestrahlung eines Gegenstandes. Die Temperatur eines Schwarzen Strahlers kann nach dem Stephan-Boltzmannschen Gesetz, Gl. (5.8), berechnet werden. Die Temperatur T_O eines nicht Schwarzen Strahlers ergibt sich aus der gemessenen Gesamtstrahlungstemperatur T_g unter Berücksichtigung des temperaturabhängigen Emissionsgrades $\varepsilon(T)$ zu

$$T_O = T_g / \sqrt[4]{\varepsilon(T)}\ . \tag{5.30}$$

Nachteilig wirkt sich aus, daß der Emissionsgrad bekannt sein muß und Strahlungsabsorption in der Atmosphäre sowie Verschmutzung des optischen Systems die Messung beeinflussen. Gesamtstrahlungspyrometer sind deshalb für die Messung von Temperaturdifferenzen bei gleichen Bedingungen einsetzbar. Man unterscheidet Linsen- und Hohlspiegelpyrometer (Bild 5.22).

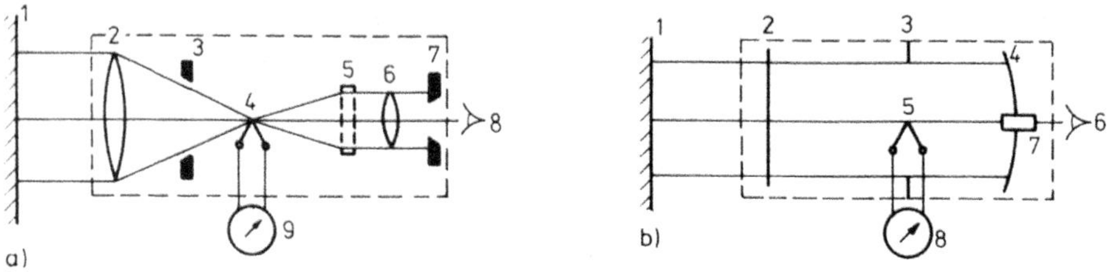

Bild 5.22. Gesamtstrahlungspyrometer nach [5.10]

a) Linsenpyrometer

1 Meßobjekt; *2* Objektiv; *3* Blende; *4* Strahlungsaufnehmer; *5* Rauchgasfilter; *6* Okular; *7* Blende; *8* Betrachter; *9* Spannungsmesser

b) Hohlspiegelpyrometer

1 Meßobjekt; *2* Polyäthylenfolie; *3* Blende; *4* Hohlspiegel; *5* Strahlungsaufnehmer; *6* Betrachter; *7* Visierrohr; *8* Spannungsmesser

Linsenpyrometer fokussieren die emittierte Wärmestrahlung eines Objekts durch Objektiv und Blende auf den thermoelektrischen Strahlungsaufnehmer (Strahlungsthermoelement). Durch Rauchgasfilter, Okular und Blende kann das Meßobjekt anvisiert werden. Die Thermospannung ist ein Maß für die Objekttemperatur und wird am Spannungsmesser abgelesen.

Bei Hohlspiegelpyrometern fokussiert ein Hohlspiegel die Wärmestrahlung auf den Strahlungsaufnehmer. Ein Visierrohr ermöglicht die genaue Ausrichtung des Pyrometers. Hohlspiegelpyrometer sind für Temperaturen bis −100 °C einsetzbar.

Teilstrahlungspyrometer arbeiten in einem Spektralbereich oder bei einer bestimmten Wellenlänge. Der Zusammenhang zwischen Objekttemperatur T_O und gemessener Teilstrahlungstemperatur T_t resultiert aus dem Planckschen Strahlungsgesetz, Gl. (5.6), für kleine Werte von $\lambda \cdot T$ (vgl. Abschn. 5.3.1.):

$$T_O = \left[\frac{1}{T_t} + \frac{\lambda}{C_2} \cdot \ln \varepsilon(\lambda, T)\right]^{-1}. \tag{5.31}$$

Teilstrahlungspyrometer werden als Glühfaden- und Graukeilpyrometer (Bild 5.23) für Temperaturen über 700 °C angeboten.

Glühfadenpyrometer können durch Okular, Blende und Filter auf das Meßobjekt gerichtet werden. Das Filter erzeugt monochromatisches Licht (λ = 0,65 µm). Mit einem Widerstand wird die Stromstärke im Lampenkreis verändert, bis die Leuchtdichten des Meßobjekts und des Glühfadens übereinstimmen und das Glühfadenbild verschwindet. Der Strommesser kann in Temperatureinheiten kalibriert werden.

Graukeilpyrometer sind Modifikationen der Glühfadenpyrometer. Der Leuchtdichteabgleich

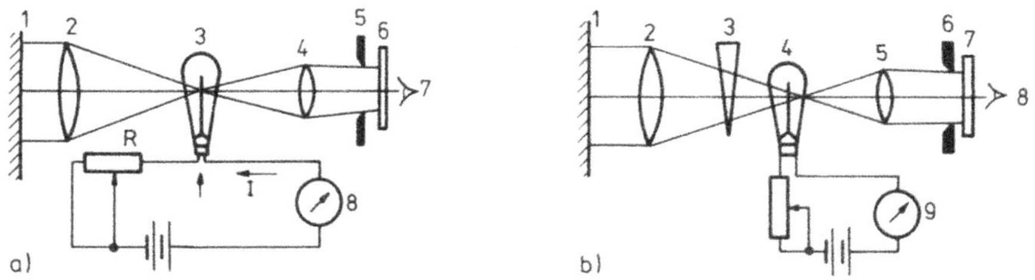

Bild 5.23. Teilstrahlungspyrometer (nach [5.10])

a) Glühfadenpyrometer

1 Meßobjekt; *2* Objektiv; *3* Lampe; *4* Okular; *5* Blende; *6* Filter; *7* Betrachter; *8* Strommesser

b) Graukeilpyrometer

1 Meßobjekt; *2* Objektiv; *3* Graukeil; *4* Lampe; *5* Okular; *6* Blende; *7* Filter; *8* Betrachter; *9* Strommesser

erfolgt mit Hilfe eines Schwächungsfilters (Graukeil), dessen Transmissionsgrad stetig veränderbar ist. Die Stellung des Graukeils ist ein Maß für die Objekttemperatur.

Verteilungspyrometer nutzen die Eigenschaft, daß jede Temperatur einer bestimmten Farbe zugeordnet ist. Das Wiensche Verschiebungsgesetz, Gl. (5.7), gibt die Lage des Intensitätsmaximums der Wärmestrahlung in Abhängigkeit von der absoluten Temperatur eines Gegenstandes an. Zwischen der gemessenen Farbtemperatur T_f und der Objekttemperatur T_O gilt der Zusammenhang

$$T_O = \left[\frac{1}{T_f} + \frac{\lambda_1 \cdot \lambda_2}{C_2 \cdot (\lambda_2 - \lambda_1)} \cdot \ln \frac{\varepsilon_{\lambda 1}}{\varepsilon_{\lambda 2}}\right]^{-1}; \qquad (5.32)$$

C_2 Konstante; λ_1, λ_2 Wellenlängen; $\varepsilon_{\lambda 1}$, $\varepsilon_{\lambda 2}$ Emissionsgrade.

Verteilungspyrometer (Bild 5.24) besitzen den Vorteil, daß sie vom Strahlungsvermögen (Emissionsgrad) des Meßobjekts und von Verschmutzungen unabhängig sind. Ihr Einsatz beschränkt sich auf hohe Temperaturen (> 800 °C).

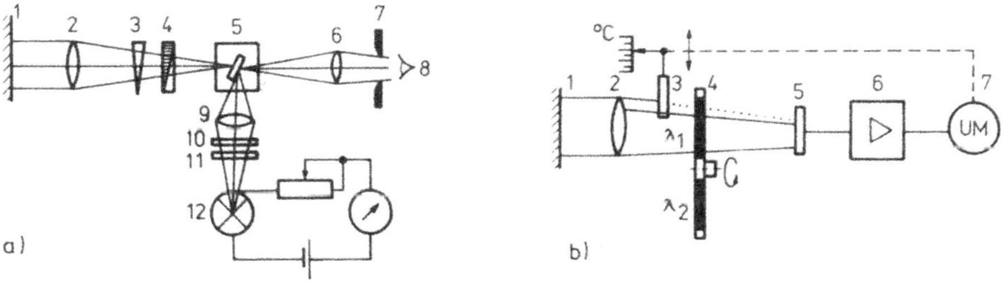

Bild 5.24. Verteilungspyrometer (nach [5.10])

a) subjektives Zweifarbenpyrometer

1 Meßobjekt; *2* Objektiv; *3* Graukeil; *4* bichromatisches Farbfilter; *5* Fotometerwürfel; *6* Okular; *7* Blende; *8* Betrachter; *9* Hilfslinse; *10* Farbfilter; *11* Mattscheibe; *12* Vergleichslampe

b) objektives Zweifarbenpyrometer

1 Meßobjekt; *2* Objektiv; *3* Ausgleichsfilter; *4* Wechselfilter; *5* Fotoelement; *6* Verstärker; *7* Umkehrmotor

Bei subjektiven Zweifarbenpyrometern wird das Leuchtdichteverhältnis zwischen Meßobjekt und Vergleichslampe subjektiv durch den Farbeindruck bestimmt, den die Mischung beider monochromatischer Strahlen hervorruft. Daß Meßobjekt wird durch Objektiv, Graukeil und bichromatisches Farbfilter auf dem Fotometerwürfel abgebildet. Mit dem bichromatischen Farbfilter lassen sich zwei Farben (rot und grün) aus der emittierten Objektstrahlung herausfiltern. Hilfslinse, Farbfilter und Mattscheibe erzeugen die gleichen Spektralfarben der Vergleichslampe. Die Beobachtung erfolgt durch Okular und Blende. Durch Verstellen des Graukeils wird die Mischfarbe des Meßobjekts auf die Mischfarbe der mit konstanter Temperatur leuchtenden Vergleichslampe abgeglichen. Für den subjektiven Farbvergleich übernimmt ein Graukeil den Angleich der Leuchtdichten. Die Stellung des Graukeils ist ein Maß für die Schwarze Temperatur und die Stellung des Farbkeils ein Maß für die Farbtemperatur. Da in den meisten Fällen die Strahlungsintensitäten als Funktion der Wellenlängen für Schwarze und für nicht Schwarze (reale) Strahler annähernd gleich sind, kann die gemessene Farbtemperatur der Objekttemperatur gleichgesetzt werden.

Objektive Zweifarbenpyrometer arbeiten nach der Wechsellichtmethode und sind von der Farbtüchtigkeit der Meßperson unabhängig. Aus der emittierten Wärmestrahlung des Meßobjekts werden mit einem rotierenden Wechselfilter Strahlen verschiedener Wellenlängen λ_1 und λ_2 ausgefiltert und einem Fotoelement zugeführt. Die Wechselspannungskomponente des Fotoelements wird verstärkt und einem Umkehrmotor zugeschaltet. Der Motor verstellt über ein Getriebe das Ausgleichsfilter, bis die Strahlendichten beider Farben gleich sind. Im abgeglichenen Zustand ist die Stellung des Ausgleichsfilters ein Maß für die Objekttemperatur.

Moderne leistungsfähige Pyrometer arbeiten auf der Basis der Gesamtstrahlungsmessung, sind mit einem Mikroprozessor ausgerüstet und berücksichtigen Umgebungstemperatur und Emissionsgrad. Diese Werte können über die Tastatur des Gerätes eingegeben werden [5.19]. Die Objekttemperatur wird je Sekunde viermal gemessen und 0,1 K genau digital angezeigt (Meßbereich −30 °C bis 1 370 °C). Zusätzlich zur Objekttemperatur werden folgende statistische Werte ermittelt und im Datenspeicher für 10 000 Meßwerte abgelegt:

- arithmetischer Mittelwert aller im Verlaufe einer Meßreihe auftretenden Einzelmeßwerte der absoluten Temperatur
- größter Temperaturwert einer Meßreihe
- kleinster Temperaturwert einer Meßreihe
- Differenzbetrag zwischen größtem und kleinstem Temperaturwert einer Meßreihe.

5.3.4. Thermobildgeräte

Thermobildgeräte, auch als Thermographiegeräte, Infrarotkameras oder Wärmebildkameras bezeichnet, geben Aufschluß über die *örtliche Temperaturverteilung* eines Gegenstandes, über Wär-

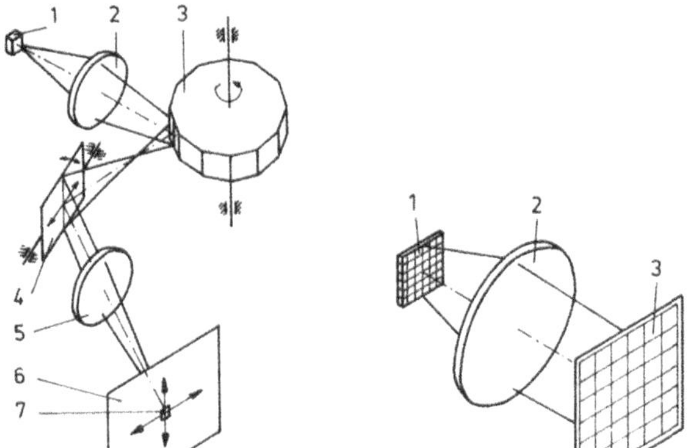

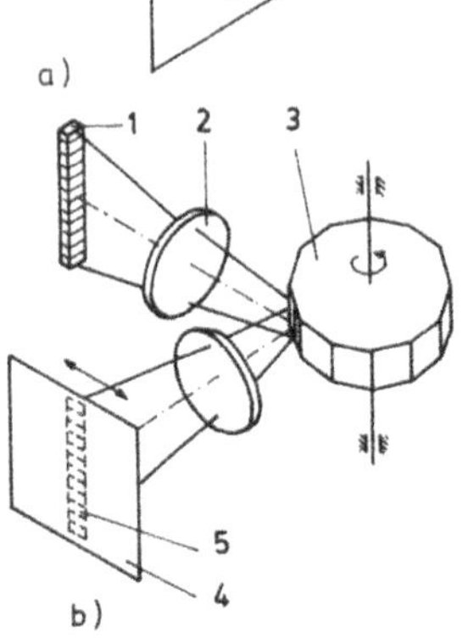

Bild 5.25. Abtastprinzip eines Thermobildgerätes [5.6]

a) mit Einzelelementdetektor

1 Detektor; *2* Linse; *3* Spiegelpolygon (realisiert die Abtastzeilen); *4* Kippspiegel (verschiebt die Abtastzeile über das Meßobjekt); *5* Objektiv; *6* Meßobjekt; *7* Meßfleck

b) mit einer Detektorzeile

1 Detektorzeile; *2* Linse; *3* Spiegelpolygon; *4* Meßobjekt; *5* Meßfleckzeile

c) mit einer Detektormatrix

1 Detektormatrix; *2* Linse; *3* Meßobjekt mit Meßfleckmatrix

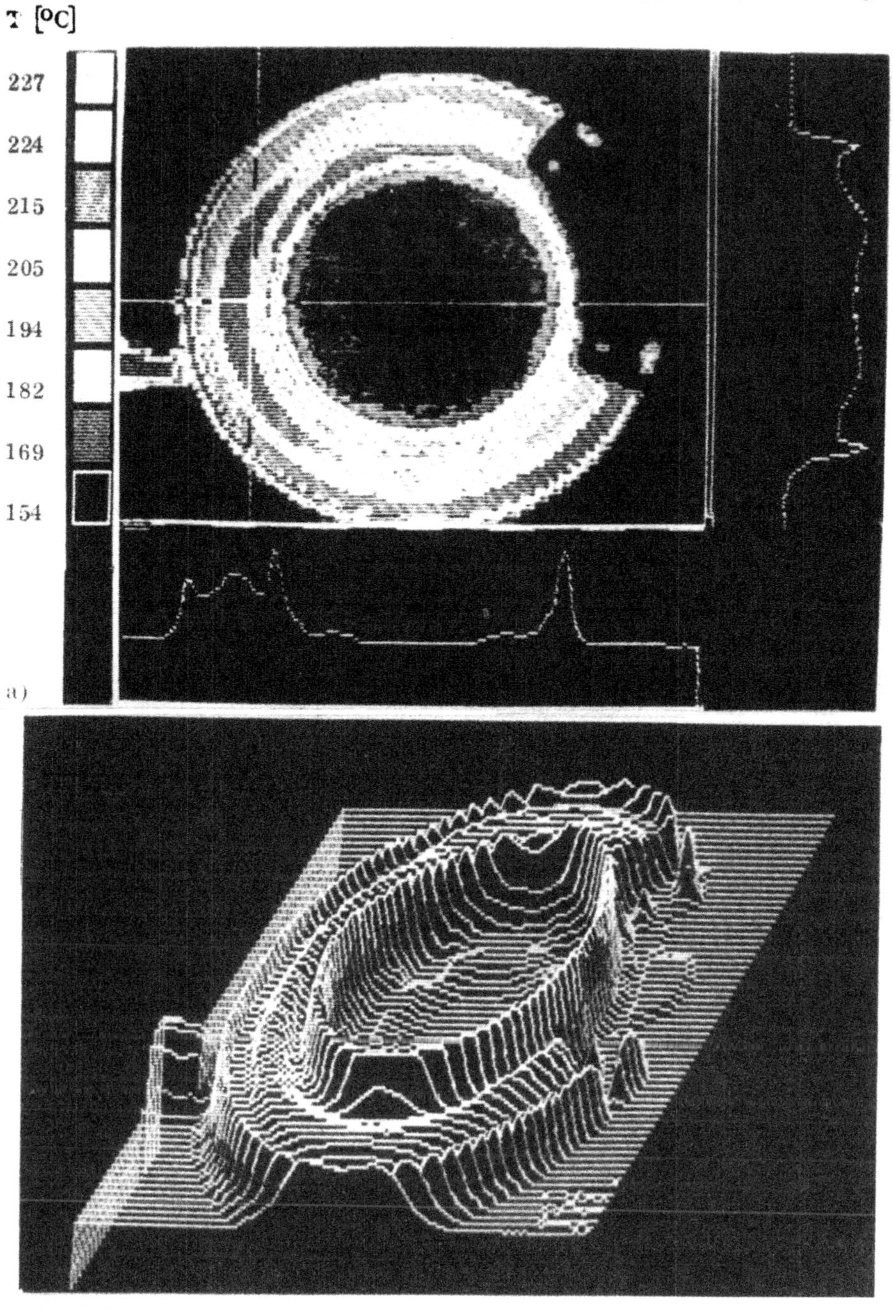

a)

b)

Bild 5.26. Thermogramme (nach [5.20])

a) Grauwertbild mit horizontalem und vertikalem Temperaturprofil; b) Reliefdarstellung

mequellen, Wärmesenken und Wärmeleitungsprozesse. Nach Art des Detektors, der die auftreffende Wärmestrahlung in ein elektrisches Signal wandelt, unterscheidet man Thermobildgeräte in Kameras mit [5.6]

- Einelementdetektor
- Mehrelementdetektor
- Bildaufnahmeröhre.

Industrielle *Thermobildgeräte* arbeiten vorwiegend mit einem *Einelementdetektor.* Ein optisches System, bestehend aus Kippspiegeln, rotierenden Spiegelpolygonen oder rotierenden Prismen, tastet das Meßobjekt zeilenweise ab und fokussiert den Strahlenfluß jedes einzelnen Meßpunktes der Objektoberfläche auf den Detektor (Bild 5.25a). Die erzeugten elektrischen Signale werden verstärkt und dienen zur Helligkeitssteuerung eines Elektronenstrahls, der synchron zur Bewegung des mechanisch-optischen Abtastsystems in einer Kathodenstrahlröhre abgelenkt wird. Auf dem Bildschirm entsteht ein Grauwertbild, das sog. Thermogramm, dessen Helligkeit der Temperatur proportional ist. Die Auswertung aller Meßpunkte durch einen einzigen Detektor erreicht eine Temperaturauflösung von etwa 0,1 K. Für die Aufzeichnung dynamischer Vorgänge werden gekühlte Photonendetektoren mit Zeitkonstanten im Mikrosekundenbereich eingesetzt (vgl. Abschn. 5.3.2.). Damit sind Bildfrequenzen von 10 bis 50 Hz möglich. Industrielle Geräte, z. B. AGA-Thermovision 782 [5.20], arbeiten im Temperaturbereich von −20 °C bis 850 °C (mit Filter bis 1 600 °C). Sie sind in den Spektralbereichen 3,5 ... 5,6 µm und 8 ... 12 µm empfindlich und erreichen eine Temperaturauflösung von 0,1 K (bei 30 °C). Das Basis-Grauwert-Bild des Monitors (Bild 5.26a) enthält alle Informationen, die im Signal enthalten sind. Ein integriertes Hardware- und Software-System ermöglicht die anwendungsgerechte Auswertung von Thermogrammen mit großem Leistungsumfang [5.7] [5.20]:

- Vergrößerung jedes Teils der Abbildung
- Ausdehnung der thermischen Skale
- Bestimmung der minimalen, maximalen und durchschnittlichen Temperatur für jeden ausgewählten Bereich des Thermogramms
- Isothermendarstellung
- horizontale und vertikale Temperaturprofile (Bild 5.26a)
- Pseudo-3-D-Profil (Reliefdarstellung, Bild 5.26b)
- Graustufen-Mode (Quantisierung in wenige diskrete Graustufen)
- Umwandlung des Grauwert-Bildes in ein zehnfarbiges Fernsehbild
- digitale Bildverarbeitung mit räumlichen Filterfunktionen (Glätten, Konturenverstärkung), Gradienten- und Histogrammdarstellung von Temperaturverteilungen.

Alle Bildpunkte werden unter Berücksichtigung der wesentlichen Rand- und Störparameter, z. B. Emissionsgrad, Umgebungstemperatur, Meßabstand, bewertet. Bis zu 38 Infrarotbilder können auf einer Diskette abgespeichert und als Bildfolge ausgedruckt werden. Alle wichtigen Temperaturmeßdaten, einschließlich Datum und Uhrzeit, werden automatisch mit abgespeichert. Ein Videorecorder übernimmt die Aufzeichnung der Infrarotbilder in Echtzeit.

Thermobildgeräte mit Mehrelementdetektoren besitzen anstelle eines mechanisch-optischen Abtastsystems eine elektronische Abtastung einer Detektorzeile (Bild 5.25b) oder einer Detektormatrix (Bild 5.25c), um die Bildfrequenz zu erhöhen oder die räumliche bzw. thermische Auflösung zu verbessern [5.6].

Mit *Bildaufnahmeröhren* (Fernsehkameras) ist es ebenfalls möglich, Thermobilder zu reproduzieren. Die spektrale Empfindlichkeit der Aufnahmeröhre begrenzt den unteren Temperaturbereich.

5.3.5. Anwendungsbeispiele

Mit der berührungsfreien Messung erweitert sich der Anwendungsbereich des Diagnoseparameters Temperatur für die Technische Diagnostik. Während die Pyrometrie nur eine quasi punktförmige Temperaturmessung an kleinen Objekten oder eng begrenzten Oberflächenabschnitten ermöglicht, können mit Hilfe thermographischer Verfahren örtliche Temperaturverteilungen über beliebig große Flächen und außerdem dynamische

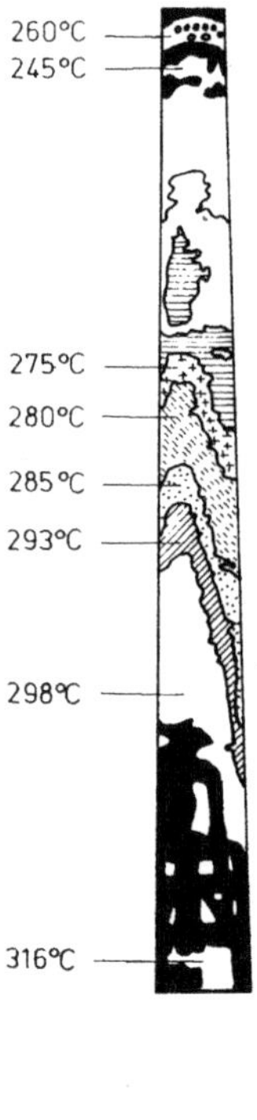

Bild 5.27. Thermogramm eines Schornsteins mit Isolationsschäden [5.7]

Wärmestrahlungsvorgänge erfaßt werden. Das Meßprinzip arbeitet rückwirkungsfrei. Absoluttemperaturen und Temperaturverteilungen können über technisch reale Entfernungen gemessen werden. Für die Zustandsbeurteilung sind Vergleiche mit Meßergebnissen des Ausgangs- bzw. Normalzustandes vorteilhaft. Als Diagnoseaufgaben haben sich bisher als besonders produktiv erwiesen (vgl. Tafel 5.1):

Nachweis volumetrischer Erscheinungsformen der Schädigung

- Beurteilung des Verschleißzustandes von Kohlestaubkanälen und Trockenascheleitungen [5.21]
- Bestimmung von Isolationsschäden an Rohrleitungen, Behältern, Maschinen, Anlagen, Bauwerken (Bild 5.27) [5.7] [5.21] [5.22] [5.23]
- Detektion von Verschlackungen der Rauchgasrücksaugung von Dampferzeugern, Ablagerungen in Behältern und Rohrleitungen [5.21]
- Lokalisation von Materialfehlern (Risse, Poren, Ablösung geklebter Schichten) [5.8] [5.24]

Nachweis mechanischer Erscheinungsformen der Schädigung

- Detektion von Lager- und Getriebeheißläufern [5.7] [5.21]
- Beurteilung von Überlastungen von Maschinen, Antrieben und Bremsen (vgl. Bild 5.26) [5.7]

Nachweis elektrischer Erscheinungsformen der Schädigung

- Überwachung der Klemm- und Kontaktstellen und Isolierungen der Erzeugungs-, Übertragungs- sowie Verteilungsanlagen von Elektroenergie [5.7] [5.22]
- Prüfung elektrischer und elektronischer Schaltkreise und Leiterplatten auf Kaltlötstellen, Unterbrechungen, Überlastungen [5.6] [5.25] [5.26] [5.27]

Nachweis chemischer Erscheinungsformen der Schädigung

- Überwachung von Reaktoren in der Verfahrenstechnik (Bild 5.28) und der chemischen Industrie [5.22]
- Detektion von Lecks an Maschinen und Anlagen, Rohrleitungen, Behältern [5.8] [5.21].

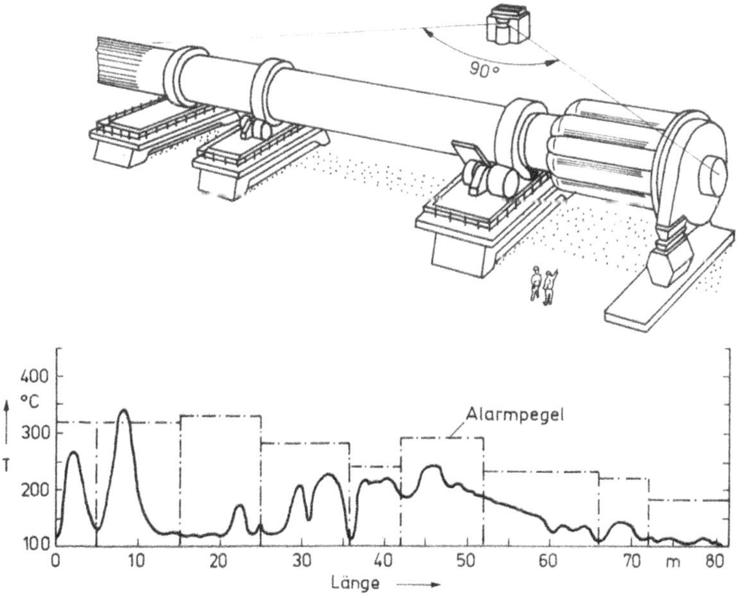

Bild 5.28. Thermogramm eines Zementdrehofens (nach [5.20])

Neue Entwicklungsrichtungen verfolgen das Ziel, die Nachweisempfindlichkeit durch Einsatz von Flüssigkristallen weiter zu erhöhen, um punktförmige Defektstellen mit geringster Wärmeableitung in CMOS-Schaltungen lokalisieren zu können. Die theoretisch erreichbare thermische Auflösung liegt bei 10 µK, was einer Wärmeabstrahlung von 20 nW entspricht [5.28].

6. Schwingungsdiagnostik – Rauschdiagnostik

6.1. Grundlagen der Signalanalyse

Diagnosesignale $x(t)$ sind zeitabhängige Größen mit einem Konstantanteil und einem dynamischen Anteil (Rauschen), vgl. Abschn. 2.2.5. Informationen über Schädigungsprozesse sind in diesen Signalen enthalten, aber für den Menschen nicht in jedem Falle aus dem Zeitverlauf ohne weitere Aufbereitung erkennbar und nutzbar.

Die Signalanalyse kann mit Hilfe ihrer Verfahren wichtige Informationsanteile hervorheben und damit dem menschlichen Aufnahmevermögen erfaßbar gestalten. Diese *Informationsextraktion* hat aber mit jedem Verarbeitungsschritt einen Informationsverlust zur Folge [6.1]. Dieser Informationsverlust kann jedoch so ausgewählt werden, daß er immer nur nicht interessierende Informationen beinhaltet.

Als *Signalanalyseverfahren* haben sich für die Anwendung in der Technischen Diagnostik bewährt [6.2] bis [6.4]:

1. Bildung von Signalkenngrößen
2. Kennfunktionen zur Beschreibung des Einzelsignals
3. Kennfunktionen zur Beschreibung der Signalverwandtschaft zweier Signale
4. Kennfunktionen zur Beschreibung des Systemübertragungsverhaltens
5. problemorientierte Kennfunktionen.

Je nach Verzicht auf Informationsanteile ist eine Beschreibung möglich im

1. Zeitbereich
2. Frequenzbereich
3. Wahrscheinlichkeitsbereich.

Die im folgenden gewählte Darstellung verzichtet auf die mathematische Ableitung der Verarbeitungsalgorithmen; vielmehr soll sie dem Praktiker die erforderlichen Zusammenhänge erklären sowie die Anwendung der Algorithmen ermöglichen. Kenngrößen und Kennfunktionen können auf alle fluktuierenden Größen (z. B. mechanische Schwingungen, Schallschwingungen, Temperaturschwankungen, Druckschwingungen, elektrische Signale, Neutronenrauschen) angewendet werden. Sie werden am Beispiel mechanischer Schwingungen dargestellt. Mathematische Ableitungen können der Spezialliteratur entnommen werden [6.3] bis [6.7]. Gleichungen werden in der kontinuierlichen und der diskreten Schreibweise angegeben. Damit ist ihre Anwendung auch für die digitale Signalverarbeitung in Rechnern vorbereitet.

6.1.1. Diagnosesignale

Ein gemessenes Signal setzt sich aus einer Summe der auf dem Meßwertaufnehmer einfallenden Signale zusammen (Bild 6.1). Gestalt und Intensität des Signals werden von der Signalquelle und dem Übertragungsweg zwischen Quelle und Aufnehmer bestimmt:

$$x(t) = \sum_{i=1}^{n} c_i \cdot x_i(t) \,. \tag{6.1}$$

Zu beachten sind zwei Gruppen von Signalen, die, wie später gezeigt wird, unterschiedliche Einflüsse auf das Aufnehmersignal bewirken:

- mehrere Signale aus einer Signalquelle (z. B. durch oszillierende Anregung einer Drehbewegung)

- Signale aus unterschiedlichen Signalquellen.

Reale Schwingungsgrößen können sich aus etwa 10 bis etwa 100 Grundschwingungen zusammensetzen. Bei Beachtung dieser Tatsache ist die große Informationsfülle dynamischer Meßgrößen abzuleiten.

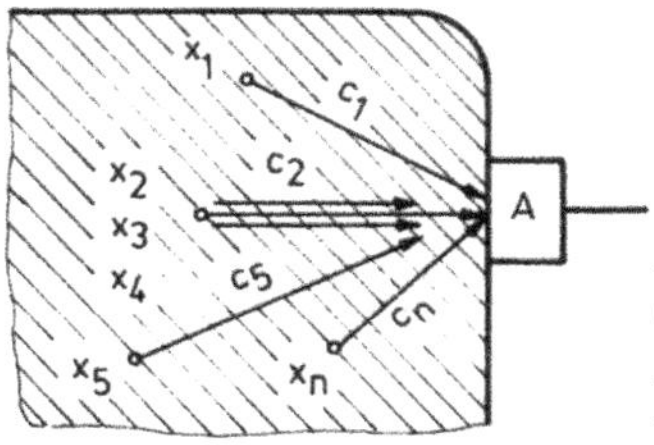

Bild 6.1. Bildung des Aufnehmersignals aus einzelnen, vom Objekt emittierten Signalen
A Aufnehmer; c_i Übertragungsfaktoren;
x_i Einzelsignale

Die weitaus größte Anzahl der in der technischen Praxis vorkommenden Signalverläufe ist, zumindest zeitlich begrenzt, periodischer Natur und mit hinreichender Genauigkeit durch das Fourier-Integral [6.8] als Summe einzelner Schwingungen unterschiedlicher Frequenz darstellbar:

$$x(t) = \int_{-\infty}^{\infty} [a(f) \cdot \cos 2\pi f t + b(f) \cdot \sin 2\pi f t] \, dt, \quad (6.2)$$

mit

$$a(f) = \frac{1}{\pi} \cdot \int_{-\infty}^{\infty} x(t) \cdot \cos 2\pi f t \, dt \quad (6.3)$$

$$b(f) = \frac{1}{\pi} \cdot \int_{-\infty}^{\infty} x(t) \cdot \sin 2\pi f t \, dt. \quad (6.4)$$

Folglich können die meisten dynamischen Signale auf eine Überlagerung (Superposition) einzelner harmonischer Schwingungen zurückgeführt werden: Die Aufnahme von Signalen wird praktisch in einem endlichen Zeitintervall $0 \leqq t \leqq T$ realisiert. Die Integrationsgrenzen der Gleichungen (6.2) bis (6.4) werden deshalb den endlichen Wert $\langle 0, T \rangle$ annehmen. Bei stationären Signalen mit hinreichend großem T können daraus entstehende Fehler klein gehalten werden. In den folgenden Abschnitten wird die Beschreibung der Signale in den Integrationsgrenzen $\langle 0, T \rangle$ vorgenommen.

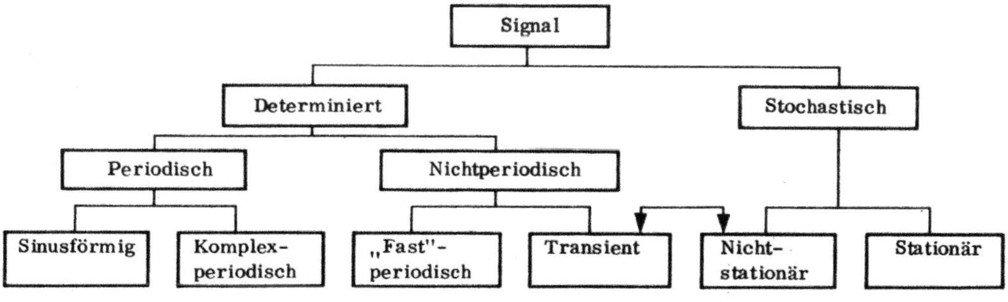

Bild 6.2. Klassifikation von Signalen

Neben den periodischen Signalen treten weitere Signale in der diagnostischen Praxis auf, so z. B. stochastische Signale, transiente Signale. Eine Klassifikation aller für die Diagnostik relevanten Signale ist nützlich. Es hat sich, anlehnend an die möglichen Verarbeitungsmethoden, eine Untergliederung in determinierte und stochastische Signale als zweckmäßig erwiesen. Bild 6.2 gibt eine Übersicht über Signalklassen, die für die Diagnostik von Bedeutung sind.

6.1.2. Beschreibung diagnostischer Signale

Determinierte Signale sind dadurch charakterisiert, daß sie in ihrem Funktionsverlauf durch eine mathematische Beschreibung (Funktion) darstellbar sind und daß ihr Momentanwert berechenbar ist. Determinierte Signale können somit vorausgesagt werden. Man kann sie in periodische Signale und nichtperiodische Signale einteilen (vgl. Bild 6.2).

Periodische Signale haben einen sich ständig wiederholenden Zeitverlauf:

$$f(t) = f(t + n \cdot T) \qquad n = 0, 1, 2, \ldots, \tag{6.5}$$

mit T als Periode der Wiederholung. Ursache eines periodischen Signals ist eine oszillierende Quelle (z. B. Drehbewegung mit Unwucht).

Sinusförmige Signale sind ungestörte harmonische Signale, die in einem kontinuierlichen, linearen Übertragungsmedium zum Aufnehmer übertragen werden. Die harmonische (sinusförmige) Schwingung

$$x(t) = \hat{x} \cdot \sin(2\pi f t + \varphi) \tag{6.6}$$

kann gleichzeitig als Grundelement der Signale betrachtet werden (Bild 6.3).

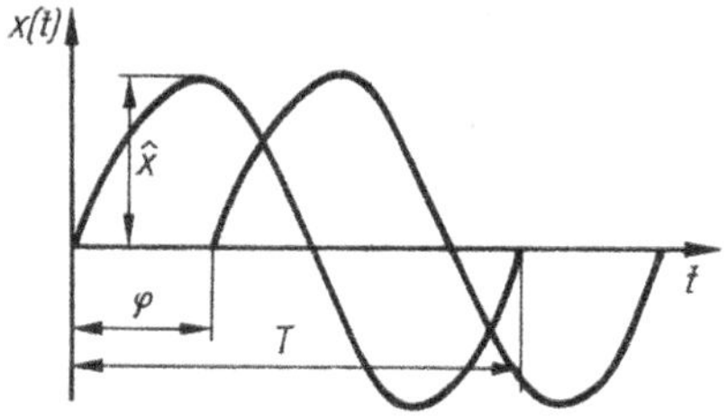

Bild 6.3. Harmonische Schwingung

$\hat{x}$ Spitzenwert (maximale Amplitude); T Schwingungsdauer; φ Phase

Die Parameter der harmonischen Schwingung sind:

$\hat{x}$ Amplitude als Maß der Schwingungsbreite der physikalischen Größe (für alle übrigen Schwingungen wird Amplitude a für den Augenblickswert der Schwingung und Spitzenwert $\hat{x}$ für die maximal auftretende Amplitude verwendet)

T Schwingungsdauer als Maß der Schwinggeschwindigkeit

f Frequenz ($s^{-1} = 1$ Hz)

$$f = 1/T \tag{6.7}$$

ω Winkelfrequenz

$$\omega = 2\pi f, \qquad f = \frac{\omega}{2\pi} \tag{6.8}$$

φ Phase als Maß der Lage einer Schwingung zu einer Referenzschwingung oder dem Nullpunkt.

Komplexperiodische Signale. Reale Signale sind, durch die Struktur der Signalquelle oder das Übertragungsverhalten bedingt, fast immer Überlagerungen mehrerer Schwingungen unterschiedlicher Frequenz, Amplitude und Phase. Sind die Frequenzen dieser Schwingungen ganzzahlige Vielfache einer gemessenen Grundschwingung, so ist die Gesamtfunktion wieder periodisch. Diese Gruppe von Schwingungen wird als komplexperiodische Schwingung bezeichnet. Ihre Zeitverläufe können mathematisch in der komplexen Zahlenebene beschrieben werden. Komplexperiodische Schwingungen lassen sich, da ihre Teilkomponenten Vielfache einer Grundkomponente sind, in ihre Teilkomponenten nach Gl. (6.2) bis (6.4) zerlegen. Das Fourier-Integral kann in diesem Falle als Summation geschrieben werden:

$$x(t) = \frac{a_0}{2} + \sum_{n=1}^{\infty} (a_n \cdot \cos 2\pi\, n f_1\, t + b_n \cdot \sin 2\pi\, n f_1\, t) \tag{6.9}$$

$$a_0 = \frac{2}{T} \cdot \int_0^T x(t)\,\mathrm{d}t \qquad n = 0 \tag{6.10}$$

$$a_n = \frac{2}{T} \cdot \int_0^T x(t) \cdot \cos 2\pi\, n f_1\, t\,\mathrm{d}t \qquad n = 1, 2, \ldots \tag{6.11}$$

$$b_n = \frac{2}{T} \cdot \int_0^T x(t) \cdot \sin 2\pi\, n f_1\, t\,\mathrm{d}t \qquad n = 1, 2, \ldots \tag{6.12}$$

Die Schwingung mit der Frequenz f_1 bzw. ω_1 nennt man Grundschwingung oder 1. Harmonische, die Schwingung mit der Frequenz $n \cdot f_1$ bzw. $n \cdot \omega_1$ nennt man (n-1)-te Oberschwingung oder n-te Harmonische:

$$n \cdot \omega_1 = 2\pi\, n f_1 \qquad n = 1, 2, \ldots \tag{6.13}$$

Verwendet man die Darstellung in der komplexen Zahlenebene, erhält man die Gleichungen:

$$x(t) = \sum_{n=1}^{\infty} X_n \cdot \mathrm{e}^{j2\pi\, n f_1\, t} \tag{6.14}$$

$$X_n = \frac{1}{T} \cdot \int_0^T x(t) \cdot \mathrm{e}^{-j2\pi\, n f_1\, t}\,\mathrm{d}t \qquad n = 0, 1, 2, \ldots, \tag{6.15}$$

mit j imaginäre Einheit, $\omega = 2\pi n f_1$ Kreisfrequenz, t Zeit, T Analysierzeit. Das Signal $x(t)$ erfaßt den zeitlichen Verlauf des Signals. X_n ist das in den Frequenzbereich transformierte Signal.

Bei der numerischen Berechnung ist es nicht möglich, ein unendlich langes Zeitintervall zu betrachten. Beschränkt man sich auf die endliche Zeitspanne T und tastet im Zeitintervall Δt je einen Meßwert x_i ab (Bild 6.4), dann gilt

$$N = T/\Delta t, \tag{6.16}$$

mit N der Anzahl der Stützpunkte (Anzahl der Abtastungen). Wird die Integration mit der Rechteckregel (Euler-Regel)

$$\int_{t_i}^{t_i} x(t)\,\mathrm{d}t \approx x_i \cdot \Delta t, \tag{6.17}$$

durchgeführt, erhält man die Gleichung für die sog. *diskrete Fourier-Transformation (DFT)* [6.8]:

$$x_k = \frac{1}{T} \cdot \sum_{k=1}^{N-1} X_n \cdot \mathrm{e}^{j2\pi\left(\frac{n \cdot k}{N}\right)} \qquad k = 0, 1, 2, \ldots (N-1) \tag{6.18}$$

$$X_n = \frac{T}{N} \cdot \sum_{k=1}^{N-1} x_k \cdot \mathrm{e}^{-j2\pi\left(\frac{n \cdot k}{N}\right)} \qquad n = 0, 1, 2, \ldots (N-1)\,. \tag{6.19}$$

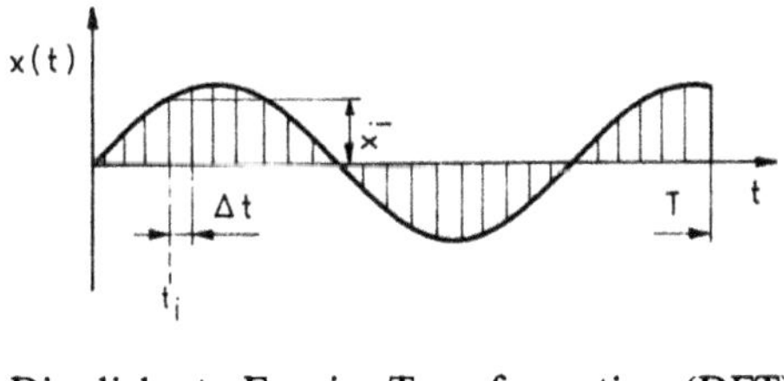

Bild 6.4. Diskretisierung von Zeitsignalen
T Analysierzeit; Δt Zeitintervall zwischen zwei aufeinanderfolgenden Abtastvorgängen;
x_i zum Zeitpunkt t_i (i = 1,2, ...) zugeordneter Wert von $x(t)$

Die diskrete Fourier-Transformation (DFT) erfordert aufgrund ihrer Entwicklung der Zeitreihe in eine harmonische Reihe bzw ein Integral die Berechnung einer großen Zahl von Winkelfunktionen. Signalanalyserechner auf Basis der Mikroprozessortechnik können diese nur durch Approximation (meist durch ein Polynom) mit großem Rechenaufwand oder Tabellierung im internen Speicher mit großem Speicherplatzbedarf realisieren. Durch die sog. *schnelle (fast) Fourier-*

Transformation (FFT) wird diese umfangreiche Berechnung auf eine Rekursionsformel zurückgeführt, d. h., Fourierkoeffizienten der nachfolgenden Frequenzen berechnen sich aus additiven und subtraktiven Verknüpfungen vorangegangener Koeffizienten [6.9]. Die Einsparung von Mehrfachberechnungen und vor allem die Tatsache, daß Addition und Subtraktion Elementaroperationen eines Prozessors mit geringer Zykluszeit sind, läßt eine Rechenzeiteinsparung auf ein Tausendstel zu. Für die praktische Realisierung der FFT stehen ausgereifte Programme in unterschiedlichen Versionen zur Verfügung [6.3] [6.5] [6.8].

Dieser grundsätzliche Zusammenhang gestattet, periodische Schwingungen in zwei unterschiedlichen Betrachtungsweisen darzustellen:

- Beschreibung in der Zeitdarstellung
- Beschreibung in der Frequenzdarstellung.

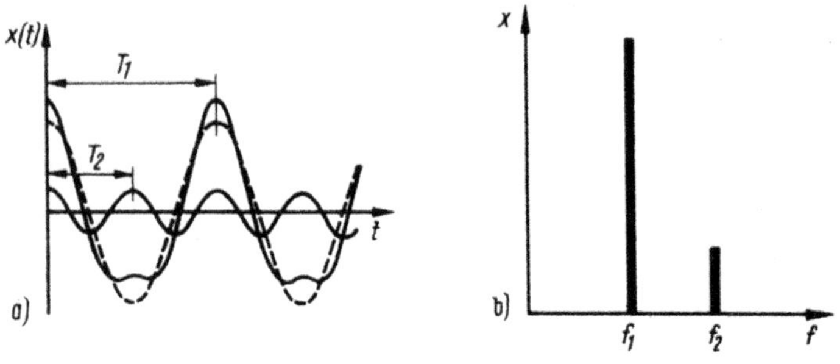

Bild 6.5. Überlagerung harmonischer Schwingungen

a) Beschreibung in der Zeitdarstellung; b) Beschreibung in der Frequenzdarstellung
x Amplitude; *t* Zeit; *f* Frequenz; *T* Periodendauer
$f_1 = 1/T_1$; $f_2 = 1/T_2$

Bild 6.5 zeigt diesen Zusammenhang am Beispiel der Überlagerung von zwei Sinusschwingungen unterschiedlicher Schwingungsdauer ($T_1 = 2\ T_2$) und unterschiedlicher Amplitude ($x_1 = 4\ x_2$). Die Beschreibung in der Zeitdarstellung läßt Schwingungsform, Amplitude und Schwingungsdauer erkennen (Bild 6.5a), die Beschreibung in der Frequenzdarstellung extrahiert die Aussagen zur Frequenz und zur Amplitude (Bild 6.5b).

Nichtperiodische Signale. Signale, die aus unterschiedlichen Signalquellen stammen (vgl. Abschn. 6.1.1., Bild 6.1), haben Frequenzkomponenten, die nicht ganzzahlige Vielfache einer gemeinsamen Grundfrequenz sind. Sie sind streng mathematisch betrachtet nicht periodisch:

$$f_1 \neq f_2 \neq \ldots \neq n \cdot f_1 \tag{6.20}$$

$$\omega_1 \neq \omega_2 \neq \ldots \neq n \cdot \omega_1 \,. \tag{6.21}$$

„Fast"-periodische Signale. Signale aus unterschiedlichen Signalquellen können periodischen Signalen so ähnlich sein, daß sie mit den gleichen Verarbeitungsalgorithmen behandelt werden können wie periodische. Man faßt diese Gruppe von Signalen unter der Bezeichnung „fast"-periodische Signale zusammen.

Für die Technische Diagnostik sind aus dieser Gruppe periodischer Signale besonders die sog. amplitudenmodulierten Signale wichtig. Sie sind oft bei der Lösung von Aufgaben zur Erkennung des technischen Zustandes anzutreffen. Ihre Schwingungsform und ihre Entstehung sollen deshalb als Beispiel für „fast"-periodische Signale ausgewählt werden. Amplitudenmodulierte Signale entstehen, wenn eine hochfrequente, sog. Trägerschwingung multiplikativ mit einer niederfrequenten, einer sog. Modulationsschwingung verknüpft wird:

$$x(t) = (x_0 + x_m \cdot \cos \omega_m t) \cdot \sin \omega_0 t \,. \tag{6.22}$$

x_0, ω_0 sind die Parameter der Grund- oder Trägerschwingung, x_m, ω_m die Parameter der Modulationsschwingung. Bild 6.6 zeigt zwei für die Diagnostik typische Modulationen, Bild 6.6a bei der Modulation sinusförmiger Schwingungen, Bild 6.6b bei der Modulation von Stößen mit Ausschwingvorgang.

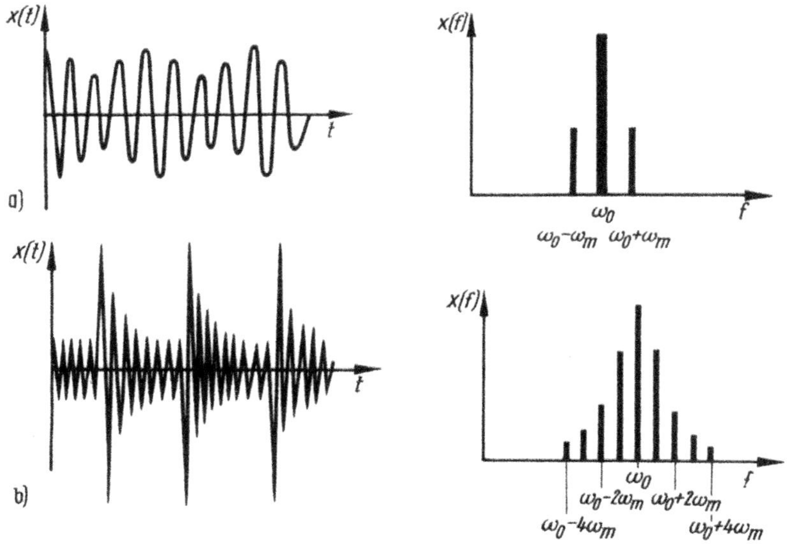

Bild 6.6. Modulation periodischer Schwingungen

a) Modulation sinusförmiger Schwingungen; b) Modulation mit Stoß und Ausschwingvorgang
x Amplitude; t Zeit; ω Winkelfrequenz; Index 0 Trägerschwingung; Index m Modulationsschwingung

Mit Hilfe des Additionstheorems der Winkelfunktionen [6.4] kann Gleichung (6.22) umgeformt werden:

$$x(t) = x_0 \cdot \sin \omega_0 t + \frac{x_m}{2} \sin(\omega_0 - \omega_m) t + \frac{x_m}{2} \cdot \sin(\omega_0 + \omega_m) t. \tag{6.23}$$

Diese Gleichung weist die Grundfrequenz ω_0 sowie die Frequenzen $(\omega_0 + \omega_m)$ und $(\omega_0 - \omega_m)$ aus. Die Frequenzen $(\omega_0 + \omega_m)$ und $(\omega_0 - \omega_m)$ werden als sog. Seitenbänder rechts und links der Trägerfrequenz ω_0 im Abstand der Modulationsfrequenz ω_m bezeichnet. Sie kennzeichnen im Frequenzspektrum das typische Aussehen modulierter Signale (Bild 6.6a, rechte Seite). Weitere Seitenbänder können als Vielfache der Modulationsfrequenz, je nach Anregung, auftreten. Für einen ausschwingenden Stoßvorgang wird dieses Verhalten im Bild 6.6b, rechte Seite, gezeigt.

Transiente Signale sind nur während eines bestimmten Zeitabschnitts ungleich Null. Die Gestalt der Signale in diesem Zeitabschnitt kann sehr unterschiedlich sein (Bild 6.7). Der Übergang zu stochastischen Signalen ist leicht erkennbar. Determinierte transiente Signale entstehen durch Stöße oder Ein- und Ausschaltvorgänge. Stochastische transiente Signale entstehen durch Schallemissionen oder sind Sekundärstöße bei Stoßanregung. Transiente Signale erfordern eine spezielle Signalverarbeitung, sie wird in den Abschnitten 7.1. und 7.2. behandelt.

Stochastische Signale sind zufällige Signale, sie können nicht explizit durch eine mathematische Beziehung beschrieben werden. Ihr Augenblickswert ist nicht berechenbar oder ergibt auch bei der meßtechnischen Ermittlung keine verallgemeinerbare Aussage. Stochastische Signale unterliegen dennoch Gesetzmäßigkeiten, sie sind aber nur durch Wahrscheinlichkeitsaussagen aus der mathematischen Statistik charakterisierbar. Eine Unterteilung dieser in der technischen Praxis als Komponenten realer Schwingungsvorgänge auftretenden Signale in stationäre und instationäre Signale ist sinnvoll (vgl. Bild 6.2). Die Stationarität ist ein wichtiges Kriterium bei der Beurteilung diagnostischer Signale und hat für alle Signalformen Bedeutung. Bei stationärem Signalverlauf ist der Kurzzeitmittelwert des Signals über die gesamte Anzahl gemittelter Zeitintervalle konstant, Bild 6.8:

$$\frac{1}{t_1 - t_0} \cdot \int_{t_0}^{t_1} x(t)\, \mathrm{d}t = \frac{1}{t_3 - t_2} \cdot \int_{t_2}^{t_3} x(t)\, \mathrm{d}t = \ldots = \frac{1}{t_n - t_{n-1}} \cdot \int_{t_{n-1}}^{t_n} x(t)\, \mathrm{d}t. \tag{6.24}$$

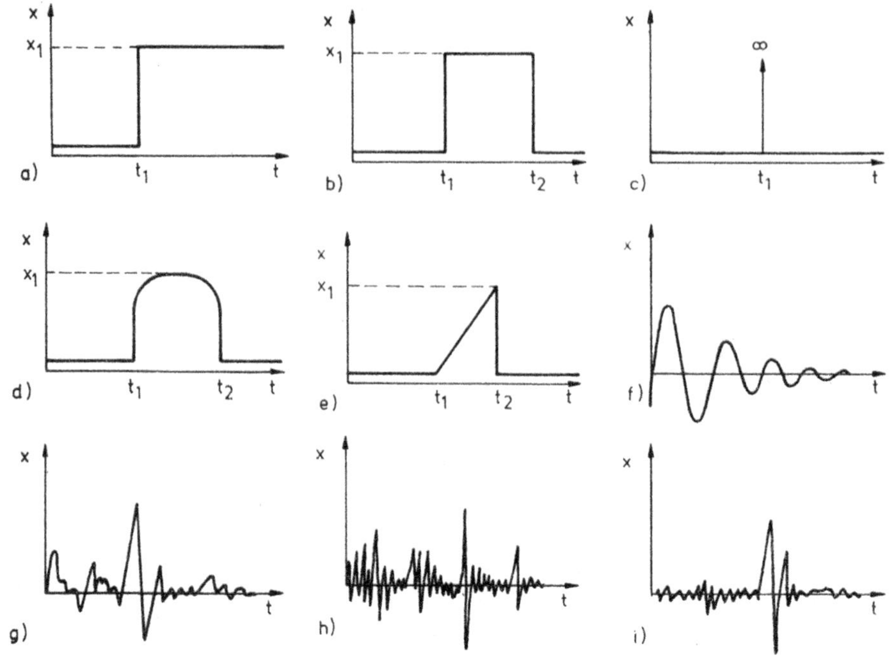

Bild 6.7. Transiente Signale

a) Sprung; b) Rechteckimpuls; c) Nadelimpuls; d) Halbsinusstoß; e) Sägezahnstoß; f) Ausschwingkurve; g) stochastischer Sekundärstoß; h) Impulsgruppe einer Schallemission; i) Burstimpulse des Ultraschalls bei Werkstoffbeanspruchung

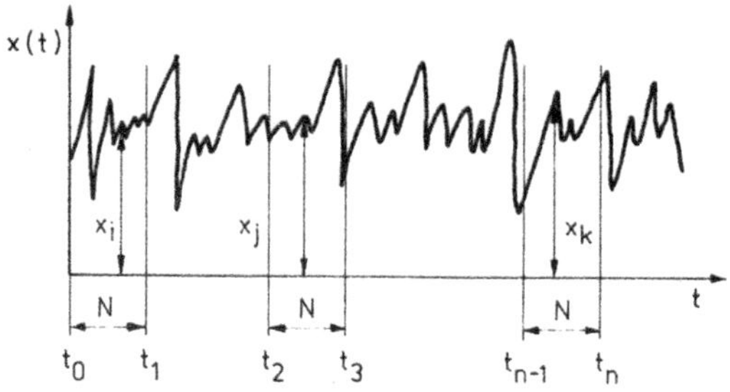

Bild 6.8. Stationarität von Signalen

$t_0, t_1 \ldots t_n$ beliebig gewählte Zeitabschnitte; $x_{i,j,k}$ diskrete Funktionswerte; N Anzahl der Abtastungen; x Funktionswert; t Zeit

In diskreter Schreibweise lautet diese Beziehung

$$\frac{1}{N} \cdot \sum_{i=1}^{N} x_i = \frac{1}{N} \cdot \sum_{j=1}^{N} x_j = \frac{1}{N} \cdot \sum_{k=1}^{N} x_k . \tag{6.25}$$

Typische stochastische Signale sind das Schmalbandrauschen (Bild 6.9) und das Breitbandrauschen (Bild 6.10).

Schmalbandrauschen kann als Modulation einer stochastischen Schwingung auf einen weitgehend determinierten Träger gedeutet werden, Breitbandrauschen ist ein regelloser Vorgang.

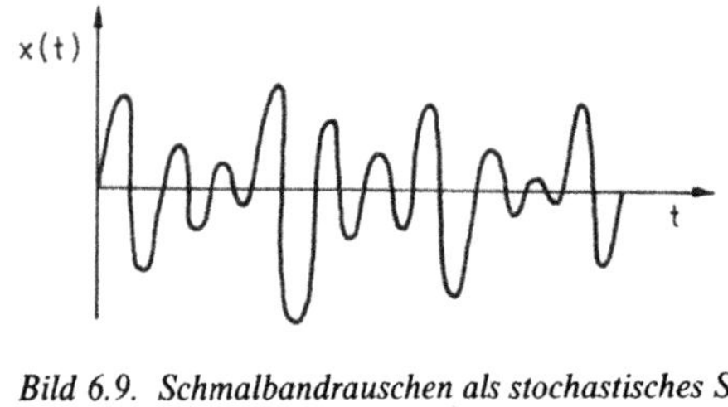

Bild 6.9. Schmalbandrauschen als stochastisches Signal

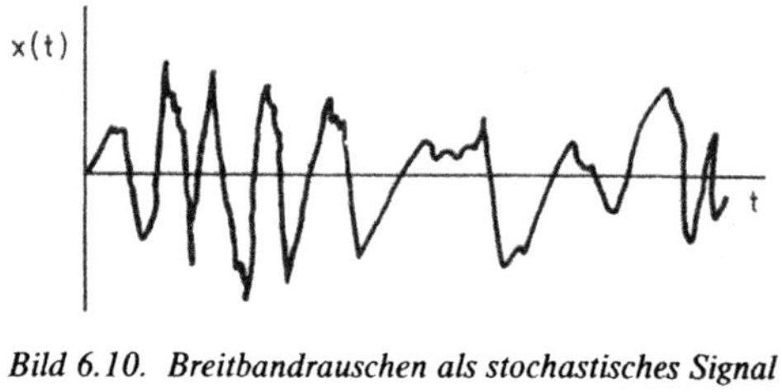

Bild 6.10. Breitbandrauschen als stochastisches Signal

Nichtstationäre stochastische Signale sind zeitlich fluktuierende regellose Vorgänge (Bild 6.11) mit veränderlichem Mittelwert und schwankendem dynamischem Anteil. Auch transiente Signale können nichtstationäre stochastische Signale sein (vgl. Bild 6.7g, h, i).

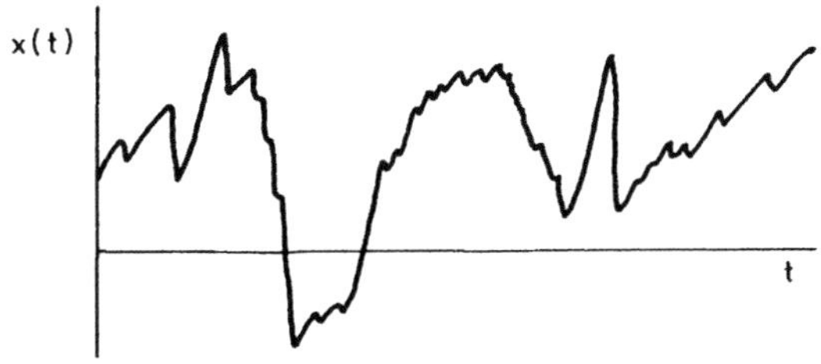

Bild 6.11. Stochastisches Signal mit zeitveränderlichem Mittelwert

In der praktischen Diagnostik wird nicht immer eine der beschriebenen Signalformen „lupenrein" aufzufinden sein. Durch Betriebseinflüsse werden Überlagerungen einzelner Signaltypen auftreten. Die Separation der Grundformen bzw. die Erkennung der kombinierten Signale erfordert spezielle Methoden der Signalanalyse.

6.1.3. Signalkenngrößen

Diagnosesignale sind am einfachsten durch Kenngrößen zu charakterisieren. Signalkenngrößen sind Skalare, d. h. physikalische Größen ohne Richtungssinn. Sie werden aus dem Zeitverlauf der Meßgröße gebildet (Bild 6.12).

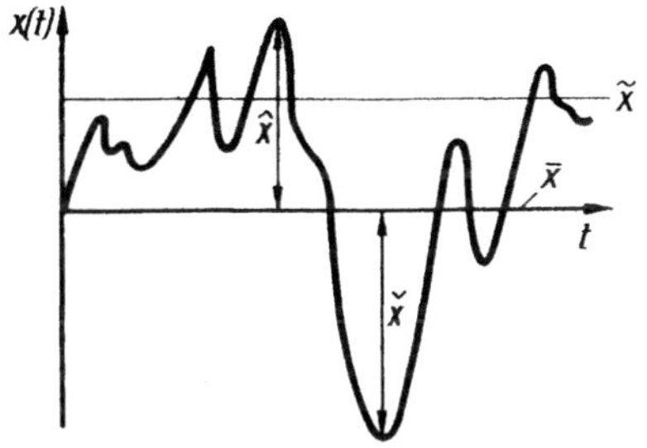

Bild 6.12. Kenngrößen eines dynamischen Signals

Arithmetisches Mittel oder Zeitmittelwert

$$\bar{x} = \frac{1}{T} \int_0^T x(t)\, \mathrm{d}t \tag{6.26}$$

$$\bar{x} = \frac{1}{N} \sum_{i=1}^{N} x_i \,, \tag{6.27}$$

mit x_i diskreter Funktionswert zum Zeitpunkt t_i und N Anzahl der Meßwerte im Intervall T. Der Zeitmittelwert $\bar{x}$ weist lediglich den statischen Anteil einer dynamischen Größe aus. Er ist für zentrierte Signale Null.

Effektivwert oder RMS

$$\tilde{x} = \sqrt{\frac{1}{T} \int_0^T x^2(t)\, \mathrm{d}t} \tag{6.28}$$

$$\tilde{x} = \sqrt{\frac{1}{N} \sum_{i=1}^{N} x_i^2} \tag{6.29}$$

Der Effektivwert oder RMS (Root Mean Square Value) erfaßt statische und Schwankungsanteile. In einigen Anwendungsfällen wird auch mit dem quadratischen Mittelwert gearbeitet:

$$\tilde{x}^2 = \frac{1}{T}\int_0^T x^2(t)\,\mathrm{d}t \tag{6.30}$$

$$\tilde{x}^2 = \frac{1}{N}\sum_{i=1}^{N} x_i^2 . \tag{6.31}$$

Spitzenwert

positiv

$$\hat{x} = \max.\, x(t) \tag{6.32}$$

negativ

$$\check{x} = \min.\, x(t) \tag{6.33}$$

In der Diagnostik wird meist der positive Spitzenwert verwendet. Der Spitzenwert weist die extremen Amplituden aus ohne Berücksichtigung des Energieinhalts des Signals. Er kann den Hinweis auf extreme Beanspruchungen durch Stöße u. ä. geben und wird als Diagnosemerkmal verwendet.

Varianz oder Streuung oder Dispersion

$$\sigma^2 = \lim_{T\to\infty} \frac{1}{T}\int_0^T (x(t) - \bar{x})^2\,\mathrm{d}t \tag{6.34}$$

$$\sigma^2 = \frac{1}{N}\sum_{i=1}^{N} (x_i - \bar{x})^2 \tag{6.35}$$

σ wird als Standardabweichung bezeichnet und ist für $x(t) = \sin \omega t$: $\sigma = \tilde{x}$, da $\bar{x} = 0$. Die Varianz gibt die durchschnittliche (gemittelte) Abweichung des Signals vom Mittelwert an.

Signalkenngrößen ermöglichen keine Aussagen zum Frequenzverhalten eines Signals. Dennoch werden Effektiv- und Spitzenwert als Diagnosemerkmale verwendet. Sie sind einfach aus Meßwerten berechenbar und haben eine große Aussagekraft zur Bewertung der Schwingungsamplitude. Auch Aussagen zum Energieinhalt des Signals (proportional $\tilde{x}^2$) sind möglich. Schwingungsspitzen, die den durchschnittlichen Schwingungspegel überschreiten, sind bewertbar. Kombinationen von Kenngrößen können den Informationsgehalt vergrößern (vgl. Abschn. 6.1.7.).

6.1.4. Signalkennfunktionen zur Beschreibung eines Einzelsignals

Skalare Kenngrößen können zwar wesentliche Signaleigenschaften (Konstantanteil, Energieinhalt oder Extremwerte) erfassen, eine vollständige Information über die Signaleigenschaften (z. B. Frequenzen, Phasenlage) liefern sie jedoch nicht. Signalkennfunktionen können diese Eigenschaften beschreiben.

Autokorrelationsfunktion

Die Autokorrelationsfunktion (AKF) ist eine Kennfunktion im Zeitbereich und stellt eine Erweiterung des quadratischen Mittelwertes dar. Sie betrachtet den Verlauf des Signals nach Ablauf der Zeitdauer τ bei Mittelung aller auftretenden Zeitpunke t. Die Autokorrelationsfunktion gibt damit die Verwandtschaft eines Signals zu sich selbst in Abhängigkeit von der verstrichenen Zeitdauer τ an (Bild 6.13) [6.2]. Die Definitionsgleichung der Autokorrelationsfunktion lautet

$$C_x(\tau) = \frac{1}{T}\cdot\int_0^T x(t)\cdot x(t+\tau)\,\mathrm{d}t \tag{6.36}$$

$$C_x(\tau) = \frac{1}{N}\cdot\sum_{i=1}^{N} x(i\cdot\Delta t)\cdot x(i\cdot\Delta t + \tau) . \tag{6.37}$$

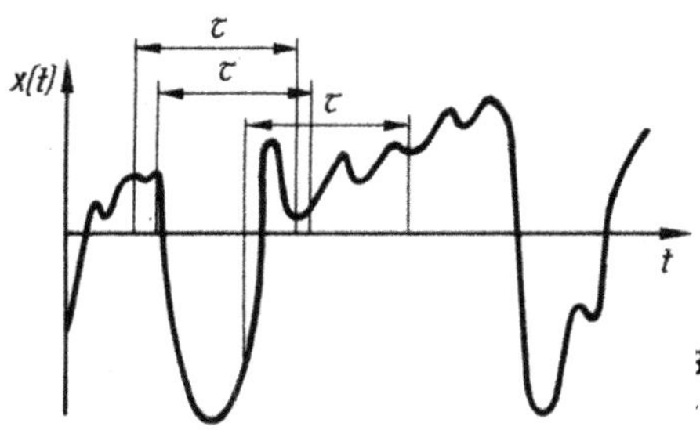

Bild 6.13. Bildung der Autokorrelationsfunktion
τ Zeitdauer zwischen zwei Funktionsvergleichen

Dabei ist N die Gesamtzahl der in gleich großen Zeitabschnitten Δt nacheinander gemessenen Werte der Zeitfunktion $x(t)$.

Die Signalverwandtschaft zu sich selbst ist für $\tau = 0$ am größten; die Autokorrelationsfunktion hat damit zu diesem Zeitpunkt ihren maximalen Wert. Normiert man die Autokorrelation mit dem Wert $C_x(0)$, so erhält man

$$R_x(\tau) = \frac{1}{C_x(0)} \cdot C_x(\tau)\,. \tag{6.38}$$

Der Wert $C_x(0)$ stellt für ein Zeitsignal mit dem Zeitmittel $\bar{x} = 0$ das quadratische Mittel dar. Die sog. normierte Autokorrelationsfunktion $R_x(\tau)$ hat damit für $\tau = 0$ ihren maximalen Wert $R_x(0) = 1$. Der Funktionsverlauf schwankt zwischen $+1$ (für vollständig korreliert) und -1 (für vollständig, aber gegenläufig korreliert) und beträgt 0 für nicht korreliert.

Tafel 6.1, Spalte 4 zeigt Autokorrelationsfunktionen ausgewählter Signale. Die Autokorrelationsfunktion eines harmonischen Signals ist eine Kosinusfunktion gleicher Periode, die Phaseninformation geht verloren. Komplexperiodische Signale haben ebenfalls wieder einen periodischen Verlauf. Eine Einschätzung der Signalcharakteristik ist nicht ohne weiteres möglich. Stochastische Signale unterschiedlicher Bandbreite weisen deutlich unterschiedliche Autokorrelationsfunktionen aus. Weißes Rauschen und der Nadelimpuls haben außer bei $R_x(0)$ den Wert 0. Die Autokorrelationsfunktion ermöglicht die Unterscheidung verschiedener Signaltypen.

Spektrale Leistungsdichte oder Autospektraldichte oder Frequenzspektrum

Die spektrale Leistungsdichte bildet die Leistungsanteile des Signals bezogen auf seine Frequenzkomponenten ab [6.2]. Sie kann definiert werden als die mittlere Leistung eines Signals $x(t)$ bei der Frequenz f, bezogen auf ein Frequenzintervall von 1 Hz [6.3]. Somit sind aus ihr sowohl die auftretenden Signalkomponenten, ihre Frequenz und Amplituden, als auch Signalkomponentenleistungen ersichtlich.

Das Leistungsdichtespektrum kann auf unterschiedliche Weise berechnet werden:

- aus der Autokorrelationsfunktion, d. h. durch eine Zeitmittelung mit anschließender Transformation in den Frequenzbereich
- aus der Frequenztransformation mit anschließender Meßwertmittelung.

Die Transformation in den Frequenzbereich wird durch die Fourier-Transformation realisiert (vgl. Gln. (6.2) bis (6.4) und (6.9) bis (6.19)). Die Gleichungen für die unterschiedlichen Berechnungswege lauten:

$$S_x(f) = \text{Four}\,\{R_x(\tau)\} \tag{6.39}$$

$$S_x(f) = \frac{2}{T}\int_0^T R_x(\tau)\cdot \mathrm{e}^{-j2\pi f\tau}\,\mathrm{d}\tau \tag{6.40}$$

oder

$$S_x(f) = \langle\,|\,x(f)\,|^2\,\rangle \tag{6.41}$$

$$S_x(f) = \left\langle \left| \frac{2}{T}\int_0^T x(t)\cdot \mathrm{e}^{-j2\pi f t}\,\mathrm{d}t \right|^2 \right\rangle \tag{6.42}$$

in komplexer Schreibweise und $\langle\ \rangle$ als Mittelung.

In der Praxis werden die Zeitfunktionen häufig mit einem Rechner abgetastet. Zur Ermittlung des Spektrums wird dann die diskrete Fouriertransformation DFT angewandt. Sie liefert nach Gln. (6.18) und (6.19) zu den einzelnen Abtastwerten einer Zeitfunktion die entsprechenden Werte der Fouriertransformierten im Frequenzbereich. Zur schnellen Berechnung wird die schnelle Fouriertransformation FFT (vgl. Abschn. 6.1.2.) eingesetzt.

Die Gesamtleistung P eines Signals ergibt durch Integration der Leistungsanteile der Spektralkomponenten den Effektivwert $\tilde{x}$:

$$P = \tilde{x}^2 = \int_0^\infty S_x(f)\,\mathrm{d}f \tag{6.43}$$

Tafel 6.1. Statistische Kennfunktionen ausgewählter Signale

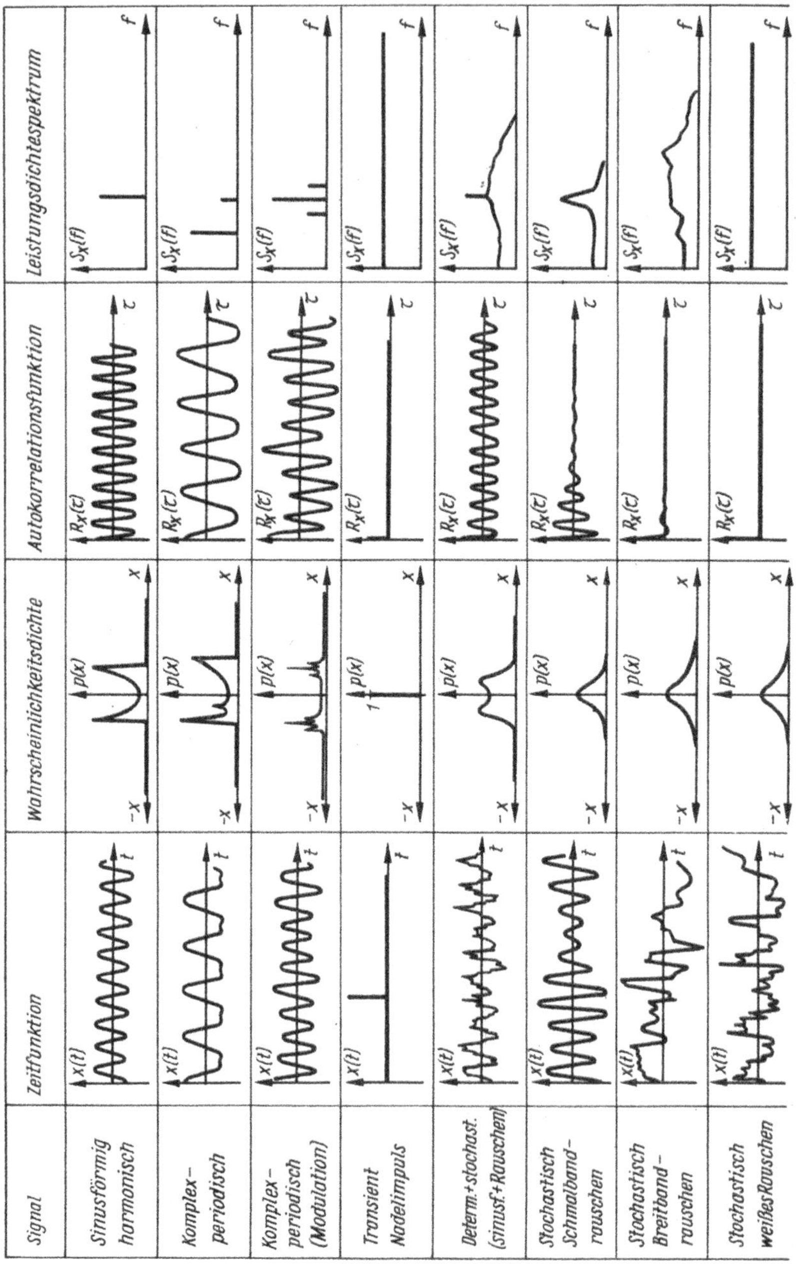

Das Amplitudenspektrum berechnet man aus

$$\hat{x}(f) = \sqrt{S_x(f)} \tag{6.44}$$

Zur Beschreibung eines Schwingungsvorganges eignet sich in vielen Fällen die spektrale Leistungsdichte mit dem Ausweis dominierender Frequenzanteile. Tafel 6.1, Spalte 5, zeigt eine Auswahl von Leistungsdichtespektren. Die harmonische Funktion weist eine Frequenzlinie (f_1) aus, die komplexperiodische Funktion mehrere Frequenzlinien, nämlich die 1. Harmonische (f_1) sowie die Harmonischen ($n \cdot f_1$). Auch stochastische Funktionsverläufe werden gut charakterisiert. Da nur die Signalleistung beschrieben wird, ist auch bei der spektralen Leistungsdichte der Verzicht auf Phaseninformation gegeben. In der Praxis wird sehr gern mit der spektralen Leistungsdichte oder dem Amplitudenspektrum gearbeitet.

Wahrscheinlichkeitsverteilung und Wahrscheinlichkeitsdichte

Mit der Methode der statistischen Analyse kann die Häufigkeit des Auftretens verschiedener Amplituden im Zeitverlauf eines Signals ermittelt werden. Dabei gehen die zeitlichen Eigenschaften des Signals verloren. Man gewinnt Wahrscheinlichkeitsverteilungen, wie sie auch für die Beschreibung von Meßfehlern oder des Ausfallverhaltens verwendet werden. Es soll jedoch hier bereits darauf hingewiesen werden, daß eine Wahrscheinlichkeitsverteilung der Amplituden eines Meßsignals nicht mit dem Meßfehler einer Messung verwechselt werden darf. Eine Wahrscheinlichkeit oder eine Wahrscheinlichkeitsdichte gibt an, wieviel Meßwerte, bezogen auf die Gesamtmeßwertanzahl eines Signals, sich in einem bestimmten Amplitudenintervall befinden. Zu ihrer Bestimmung wird der gesamte Amplitudenbereich des Signals vom negativen bis zum positiven Spitzenwert in eine beliebige Anzahl gleich großer Intervalle, sog. Klassen, geteilt. Das Signal wird in gleichmäßigen Zeitabständen abgetastet und der erhaltene Momentanwert der entsprechenden Klasse zugeordnet. Für die Ermittlung der Wahrscheinlichkeitsverteilung und der Wahrscheinlichkeitsdichteverteilung sind unterschiedliche Vorgehensweisen zu beachten. Für die Verteilungsfunktion $P(x)$ sind die Amplituden im Intervall $-\infty \leqq x$ und für die Verteilungsdichtefunktion $p(x)$ im Intervall

$$x - \frac{\Delta x}{2} \leqq x \leqq x + \frac{\Delta x}{2}$$

zu erfassen.

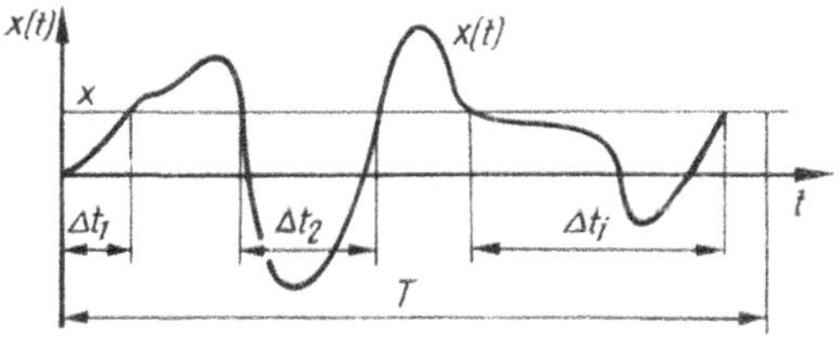

Bild 6.14. Berechnung der Wahrscheinlichkeitsverteilung zeitabhängiger Signale

Die Berechnung der Wahrscheinlichkeitsverteilung $P(x)$ der Amplituden erfordert die Arbeitsschritte (Bild 6.14):

- Festlegung des Betrachtungszeitraumes T
- Ermittlung der Verweilzeit Δt_i der Funktion $x(t)$ im Intervall $x(t) = x$
- Summierung der Verweilzeiten für ein vorgegebenes x
- Variierung von x und Wiederholung der Arbeitsschritte.

Die Berechnungsgleichung für die Wahrscheinlichkeitsverteilung lautet:

$$P(x) = \lim_{T \to \infty} \frac{\sum_{i=1}^{n} \Delta t_i}{T}. \tag{6.45}$$

Da der Grenzübergang $T \to \infty$ bei realen Messungen nicht vorgenommen werden kann, haben die gewonnenen Werte den Charakter von Erwartungswerten. $P(x)$ ist eine monoton steigende Funktion, die für $x \to \infty$ den Grenzwert 1 anstrebt.

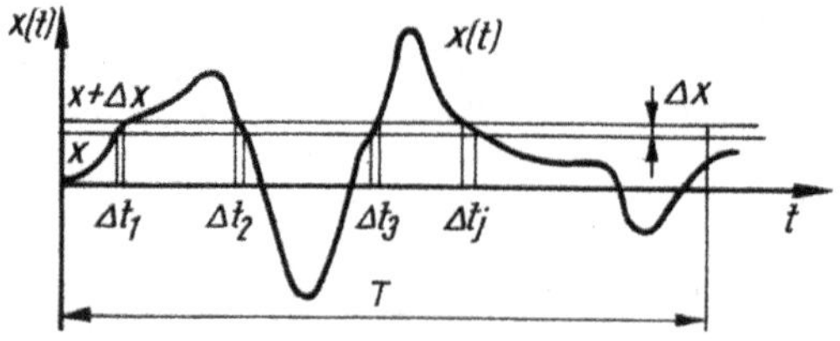

Bild 6.15. Berechnung der Wahrscheinlichkeitsdichteverteilung zeitabhängiger Signale

In der diagnostischen Praxis wird kaum die Wahrscheinlichkeitsverteilung $P(x)$, vielmehr die Wahrscheinlichkeitsdichteverteilung $p(x)$ verwendet. Sie ist die Wahrscheinlichkeit dafür, daß die Funktionswerte eines zeitabhängigen Signals $x(t)$ in einen Bereich Δx der Amplitude x fallen (Bild 6.15). Notwendige Arbeitsschritte sind:

- Festlegung des Betrachtungszeitraums T
- Festlegung des Funktionswertes x der Zeitfunktion $x(t)$
- Ermittlung der Verweilzeiten Δt_j im Intervall Δx bei $x(t) = x$
- Summierung der Verweilzeiten für ein vorgegebenes x
- Variierung von x und Wiederholung der Arbeitsschritte.

Für einen hinreichend langen Betrachtungszeitraum T sowie bei der Vereinfachung, daß $x(t)$ für hinreichend kleines Δx linear verläuft, erhält man die Wahrscheinlichkeitsdichteverteilung

$$p(x) = \lim_{\Delta x \to 0} \lim_{T \to \infty} \frac{1}{\Delta x} \cdot \frac{\sum_{j=1}^{m} \Delta t_j}{T}. \tag{6.46}$$

Auch hierbei gilt wieder, da die Messungen endliche Werte annehmen und der Grenzübergang nur angenähert wird, daß die Wahrscheinlichkeitsdichte den Charakter von Erwartungswerten hat.

Zwischen Wahrscheinlichkeitsverteilung und Wahrscheinlichkeitsdichteverteilung kann ein Zusammenhang formuliert werden:

$$p(x) = \lim_{\Delta x \to 0} \frac{P(x) - P(x + \Delta x)}{\Delta x} \tag{6.47}$$

bzw.

$$p(x) = \frac{\mathrm{d}P(x)}{\mathrm{d}x} \tag{6.48}$$

und

$$P(x) = \int_{-\infty}^{x} p(x)\,\mathrm{d}x \tag{6.49}$$

Die Bildung von Wahrscheinlichkeitsverteilung und Wahrscheinlichkeitsdichteverteilung läßt sich anschaulich für eine Sinusschwingung darstellen (Bild 6.16). Zwischen den Amplitudenwerten $-\infty$ und $-\check{x}$ treten keine Werte auf, folglich ist die Wahrscheinlichkeit ihres Auftretens gleich 0. Im Bereich um den Spitzenwert $\check{x}$ ist die Auftretenswahrscheinlichkeit hoch, da der Schwingungsvorgang am Spitzenwert einen Umkehrpunkt hat, bei dem die Schwinggeschwindigkeit Null und die Aufenthaltszeit dementsprechend groß ist. Mit Annäherung der Amplitude an den Nulldurchgang sinkt die Auftretenswahrscheinlichkeit, da die Geschwindigkeit zunimmt, ist aber größer Null. Da die Sinusfunktion symmetrisch zur t-Achse verläuft, ergeben sich im positiven Bereich äquivalente Werte.

Wahrscheinlichkeitsdichten typischer determinierter und stochastischer Signale sind in Tafel 6.1, Spalte 3, im Vergleich zum Zeitsignal, zur Autokorrelationsfunktion und zum Spektrum dargestellt. Wahrscheinlichkeitsdichteverläufe sind gut geeignet, determinierte von stochasti-

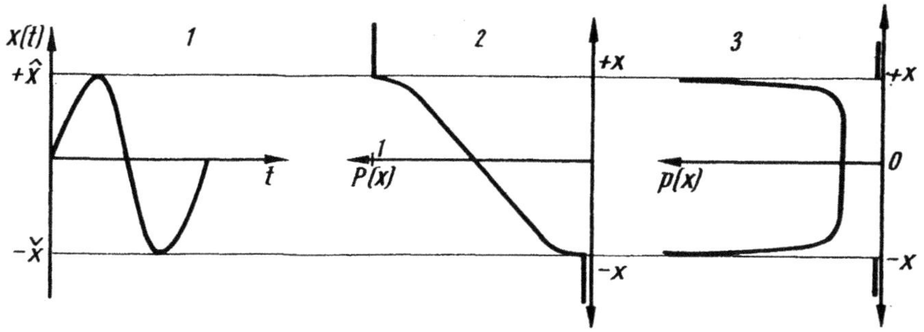

Bild 6.16. Bildung der Wahrscheinlichkeitsverteilung und der Wahrscheinlichkeitsdichteverteilung der Amplituden einer Sinusfunktion

1 Zeitsignal; *2* Wahrscheinlichkeitsverteilung $P(x)$; *3* Wahrscheinlichkeitsdichteverteilung $p(x)$

schen Signalen zu unterscheiden. Eine Einschätzung der Schwingungsform determinierter Signale ist nur eingeschränkt möglich, eine Unterscheidung der Signalformen stochastischer Signale ist nicht möglich.

Die statistischen Kenngrößen $\bar{x}$, $\tilde{x}$, σ^2 (vgl. Abschn. 6.1.3.) können aus der Wahrscheinlichkeitsdichte $p(x)$ ermittelt werden. Alle Kennwerte sind als sog. *Momente der Wahrscheinlichkeitsdichte* darstellbar [6.3] [6.4] [6.10]:

$$m_\nu = \int_{-\infty}^{\infty} x^\nu \cdot p(x)\,\mathrm{d}x\,. \tag{6.50}$$

ν kennzeichnet die Ordnung des Moments. Momente sind Erwartungswerte eines Funktionsverlaufes.

Das *Moment 1. Ordnung* ist der Mittelwert $\bar{x}$ eines Signals, und zwar

$$m_1 = \int_{-\infty}^{\infty} x \cdot p(x)\,\mathrm{d}x \tag{6.51}$$

für x als stetig verlaufend und

$$m_1 = \sum_{i=1}^{N} x_i \cdot p_i \tag{6.52}$$

für x als diskreter Wert.

Das *Moment 2. Ordnung* ist der quadratische Mittelwert $\tilde{x}^2$ eines Signals, und zwar

$$m_2 = \int_{-\infty}^{\infty} x^2 \cdot p(x)\,\mathrm{d}x \tag{6.53}$$

für x als stetig verlaufend und

$$m_2 = \sum_{i=1}^{N} x_i^2 \cdot p_i \tag{6.54}$$

für x als diskreter Wert.

Momente, die zusätzlich vom Moment 1. Ordnung m_1 abhängen, werden als *zentrale Momente* μ bezeichnet. Das zentrale Moment berechnet man aus

$$\mu_\nu = \int_{-\infty}^{\infty} (x - m_1)^\nu \cdot p(x)\,\mathrm{d}x \tag{6.55}$$

für stetige Verläufe $x(t)$ und

$$\mu_\nu = \sum_{i=1}^{N} (x_i - m_1)^\nu \cdot p_i \tag{6.56}$$

für diskrete Werte von x.

Das *zentrale Moment 2. Ordnung* hat wiederum besondere Bedeutung, es stellt die Streuung oder Dispersion σ^2 dar und wird wie folgt berechnet:

$$\mu_2 = \int_{-\infty}^{\infty} (x - m_1)^2 \cdot p(x)\,\mathrm{d}x = m_2 - m_1^2\,. \tag{6.57}$$

Damit können zentrale Momente aus einfachen Momenten ermittelt werden. Für den Verarbeitungsprozeß hat das Bedeutung, wenn sowohl Mittelwerte ($\bar{x}$, $\tilde{x}$) als auch die Streuung (σ^2) oder Momente höherer Ordnung gleichzeitig benötigt werden. Die Beziehungen für zentrale Momente höherer Ordnung lauten:

$$\mu_3 = m_3 - 3\,m_2\,m_1 + 2\,m_1^3 \tag{6.58}$$

$$\mu_4 = m_4 - 4\,m_3\,m_1 + 6\,m_2\,m_1^2 - 3\,m_1^4\,. \tag{6.59}$$

Ein weiteres Kennzeichen für die Wahrscheinlichkeitsverteilungen ist die *Schiefe der Verteilung*

$$\gamma_1 = \frac{\mu_3}{\sigma^3} \tag{6.60}$$

als Maß der Asymmetrie einer Verteilung (mit μ_3 zentrales Moment 3. Ordnung). Dabei gilt:

$\gamma_1 = 0$ bei symmetrischen Verteilungen
$\gamma_1 > 0$ Verteilung ist „rechtssteil"
$\gamma_1 < 0$ Verteilung ist „linkssteil".

Die Asymmetrie einer Verteilung kann auf ausgeprägte Abnutzungserscheinungen des Diagnoseobjekts hinweisen (vgl. Abschn. 2.5.).

Der *Exzeß* oder die *Wölbung einer Verteilung*

$$\gamma_2 = \frac{\mu_4}{\sigma^4} - 3 \tag{6.61}$$

wird als Maß für die Abweichung einer Verteilung von der Normalverteilung gebildet, mit μ_4 zentrales Moment 4. Ordnung und

$\gamma_2 = 0$ für Normalverteilung
$\gamma_2 > 0$ „hochgipflig"
$\gamma_2 < 0$ „flachgipflig".

Höhere Momente werden in der Diagnostik selten verwendet. Ein Beispiel ist der sog. *Kurtosis-Algorithmus* β_2 für die Wälzlagerdiagnostik (vgl. Abschn. 6.4.4.) [6.11]:

$$\beta_2 = \frac{1}{\sigma^4} \int_{-\infty}^{\infty} (x - \bar{x})^4 \cdot p(x)\,\mathrm{d}x\,. \tag{6.62}$$

Der Kurtosisfaktor β_2 ist ein Moment 4. Ordnung, er kennzeichnet die Wölbung einer Verteilung. Für eine Gaußsche Normalverteilung hat er den Wert $\beta_2 = 3$, vgl. Gl. (6.61). Abweichungen von der Gaußschen Normalverteilung werden als Schädigungen interpretiert.

6.1.5. Signalkennfunktionen zur Beschreibung der Signalverwandtschaft

In der Technischen Diagnostik werden in vielen Fällen mehrere Signale zur eindeutigen Bestimmung des technischen Zustandes gemessen. Damit wird die Frage nach der Korrelation bzw. der Verwandtschaft zwischen den Signalen aufgeworfen. Gegenwärtig beschränkt sich die Untersuchung der Verwandtschaft von Signalen auf zwei, da Abhängigkeiten mehrerer Signale physikalisch kaum überschaubar sind und eine sehr leistungsfähige Analysier- und Rechentechnik erforderlich ist [6.2] [6.3] [6.5]. Signalkennfunktionen zur Beschreibung der Signalverwandtschaft können wiederum im Zeitbereich, Frequenzbereich oder im Wahrscheinlichkeitsbereich angesiedelt sein. Die Bildung solcher Funktionen erfolgt als logische Erweiterung der Kennfunktionen zur Beschreibung von Einzelsignalen.

Kreuzkorrelationsfunktion

Im Zeitbereich gibt die Kreuzkorrelationsfunktion $C_{xy}(\tau)$ die Verwandtschaft zweier Signale $x(t)$ und $y(t)$ in Abhängigkeit von der zwischen ihrem Auftreten liegenden Zeit an. In Erweiterung von Gl. (6.36) für die Autokorrelationsfunktion erhält man

$$C_{xy}(\tau) = \frac{1}{T} \cdot \int_0^T x(t) \cdot y(t+\tau)\,\mathrm{d}t \tag{6.63}$$

und für die diskrete Ermittlung

$$C_{xy}(\tau) = \frac{1}{N} \cdot \sum_{i=1}^{N} x_i(i \cdot \Delta t) \cdot y_i(i \cdot \Delta t + \tau)\,. \tag{6.64}$$

Eine Normierung kann vorgenommen werden, wenn $C_x(0)$ und $C_y(0)$ nach Gl. (6.36) oder Gl. (6.37) berechnet werden:

$$R_{xy}(\tau) = \frac{1}{\sqrt{C_x(0) \cdot C_y(0)}} \cdot \frac{1}{T} \cdot \int_0^T x(t) \cdot y(t+\tau)\,\mathrm{d}t\,. \tag{6.65}$$

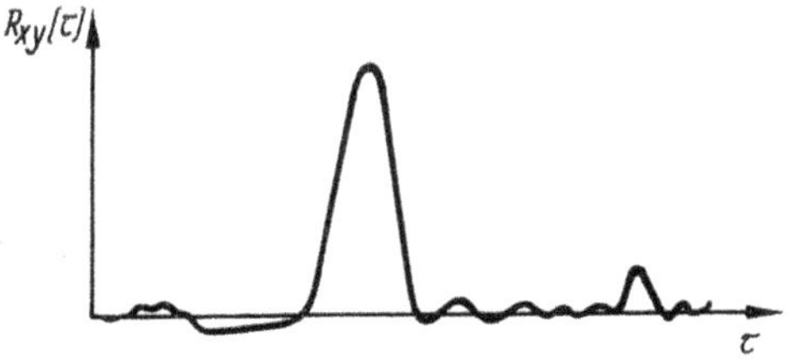

Bild 6.17. Kreuzkorrelogramm zwischen Systemeingangs- und Systemausgangsgrößen

Der Wert −1 bzw. +1 bedeutet vollständige Korrelation, der Wert 0 weist die völlige Unkorreliertheit aus. Bild 6.17 gibt als ausgewähltes Beispiel die Korrelation zweier Signale (z. B. Signaleingang und Signalausgang für ein System) mit einer Zeitverzögerung und damit einer höchsten Signalverwandtschaft zu diesem Zeitpunkt an.

Kreuzspektraldichte und Kohärenzfunktion

Im Frequenzbereich kann in Erweiterung der spektralen Leistungsdichte eines Signals $x(t)$ (vgl. Gl. (6.39) bis (6.42)) ebenfalls die Signalverwandtschaft zu einem Signal $y(t)$ durch eine Verbundfunktion, die Kreuzspektraldichte S_{xy}, angegeben werden:

$$S_{xy}(f) = \frac{2}{T} \cdot \int_0^T R_{xy}(\tau) \cdot \mathrm{e}^{-j 2\pi f \tau}\,\mathrm{d}\tau \tag{6.66}$$

$$S_{xy}(f) = \langle\, | x(f) \cdot y^*(f) | \,\rangle\,, \tag{6.67}$$

wobei $y^*(f)$ die konjugiert komplexe Funktion von $y(f)$ ist.

Die normierte Funktion wird als Kohärenzfunktion $\gamma_{xy}(f)$ definiert:

$$\gamma_{xy}(f) = \frac{|S_{xy}(f)|}{\sqrt{S_x(f) \cdot S_y(f)}}\,. \tag{6.68}$$

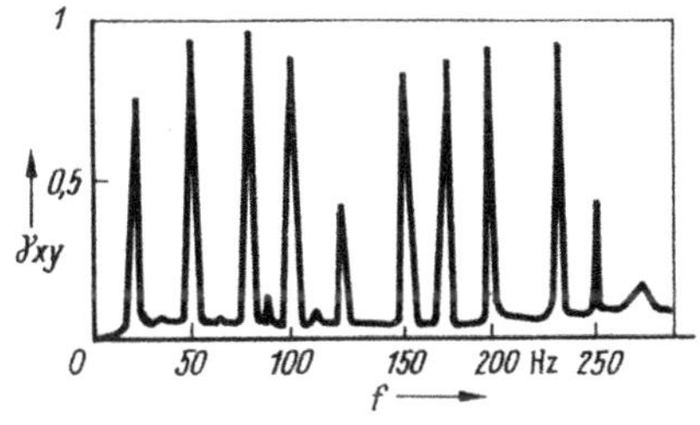

Bild 6.18. Kohärenz einer horizontalen und einer vertikalen Wellenschwingung

γ_{xy} Kohärenz; f Frequenz; Betriebsdrehzahl n = 1 500 min^{-1}

Die Kohärenzfunktion weist mit $\gamma_{xy}(f) = 1$ eine hohe Signalverwandtschaft und mit $\gamma_{xy}(f) = 0$ keine Signalverwandtschaft aus. Ein typisches Beispiel für eine Kohärenzfunktion zeigt Bild 6.18 im Vergleich einer horizontalen und einer vertikalen Wellenschwingungsmessung an einer Rotationsmaschine.

Verbundwahrscheinlichkeitsdichte

Die Verbundwahrscheinlichkeitsdichte $p(x,y)$ gibt die Wahrscheinlichkeit an, mit der sich zwei Größen $x(t)$ und $y(t)$ im Amplitudenbereich Δx, Δy aufhalten. Die Verbundwahrscheinlichkeitsdichte wird praktisch kaum genutzt, weil ihre Messung und mehrdimensionale Darstellung aufwendig ist [6.3].

6.1.6. Kennfunktionen zur Beschreibung des Systemübertragungsverhaltens

Signale können von unterschiedlichen Orten des Diagnoseobjekts emittiert werden. Damit ist das Signalübertragungsverhalten von Bedeutung (vgl. Abschn. 6.1.1., Bild 6.1). Auch für die Charakterisierung von Analysiertechnik kann das Signalübertragungsverhalten wichtig sein. Mit der Voraussetzung, daß es sich um Systeme mit konstanten Parametern handelt, kann das Übertragungsverhalten mit Zeit-, Frequenz- und Wahrscheinlichkeitsbereich eingeschätzt werden.

Gewichtsfunktion. Im Zeitbereich wird die Übertragung eines Eingangssignals zum Systemausgang durch die Gewichtsfunktion beschrieben:

$$y(t) = \int_0^T g(\tau) \cdot x(t - \tau)\, \mathrm{d}\tau . \tag{6.69}$$

$g(\tau)$ kann experimentell ermittelt werden.

Frequenzgang. Im Frequenzbereich wird das Übertragungsverhalten durch den Frequenzgang beschrieben:

$$H(f) = \frac{S_{xy}(f)}{S_x(f)} . \tag{6.70}$$

Die Ermittlung von $S_x(f)$ erfolgt nach Gl. (6.41) oder Gl. (6.42), die Berechnung von $S_{xy}(f)$ nach Gl. (6.66) oder (6.67). Der Frequenzgang kann auch experimentell ermittelt werden. Da der Frequenzgang anschaulicher ist als die Gewichtsfunktion, findet er häufiger Anwendung.

Übergangswahrscheinlichkeit. Die Übergangs- oder bedingte Wahrscheinlichkeit $p(y \setminus x)$ gibt an, mit welcher Wahrscheinlichkeit ein Ausgangssignal $y(t)$ den Wert y bei Vorhandensein des Wertes x eines Eingangssignals $x(t)$ annimmt:

$$p(y \setminus x) = \frac{p(x, y)}{p(x)} . \tag{6.71}$$

Die Übergangswahrscheinlichkeit findet gegenwärtig in der Diagnostik keine Anwendung.

6.1.7. Problemorientierte Auswerteverfahren

Die Vielfalt auftretender Signalformen und Signalkombinationen zwingt oft dazu, neben den bisher behandelten Signalanalysemethoden weitere, dem Diagnoseproblem angepaßte Signalanalysemethoden zu verwenden. Eine große Gruppe dieser Vorgänge sind stoßangeregte oder impulsartige Signale. Da diese Gruppe spezielle Verarbeitungsalgorithmen erfordert, wird sie im Abschnitt 7.1. im Zusammenhang mit der häufigen Nutzung zur Schallemissionsanalyse behandelt.

Eine Auswahl weiterer problemorientierter, aber in der Diagnosepraxis häufig angewendeter Methoden wird in diesem Abschnitt vorgestellt.

Mittelung, Averaging

Sind determinierten Prozessen starke Rauschanteile überlagert, so ist es möglich, durch Mittelung (Averaging) einer großen Anzahl von Grundperioden Rausch- und Konstantanteil zu trennen. Das Signal wird in Zeitabschnitte der Grundperiode eingeteilt und eine punktweise Mittelung über mehrere solche Grundperioden durchgeführt (Bild 6.19). Da die meisten Maschinenabläufe mit einer Rotationsbewegung gekoppelt sind, kann man die Mittelwertbildung mit der Drehbewegung synchronisieren [6.12]. Im Rotationsteil der Maschine wird dazu eine Marke gesetzt, die abgetastet wird und jeweils die Mittelwertbildung einleitet. Die synchronisierte Mittelung einer Zeitfunktion läßt sich gut mittels Digitalrechner verwirklichen. Durch Markierung eines Synchronimpulses S (Bild 6.20) wird ein Abtastintervall für einen Umlauf festgelegt. Zur Mittelung werden die Amplituden x_{ij} zu äquidistanten Zeiten t_{ij} abgetastet, addiert und durch die Anzahl der betrachteten Umläufe dividiert. Für 3 Umläufe ergibt sich nach Bild 6.20 beispielsweise ein Mittelwert:

$$\bar{x}_1 = \frac{1}{3}\left[x(t_{11}) + x(t_{21}) + x(t_{31})\right]. \tag{6.72}$$

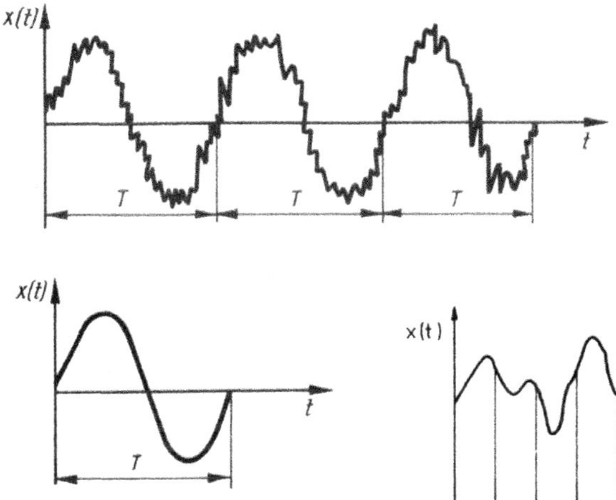

Bild 6.19. Averaging

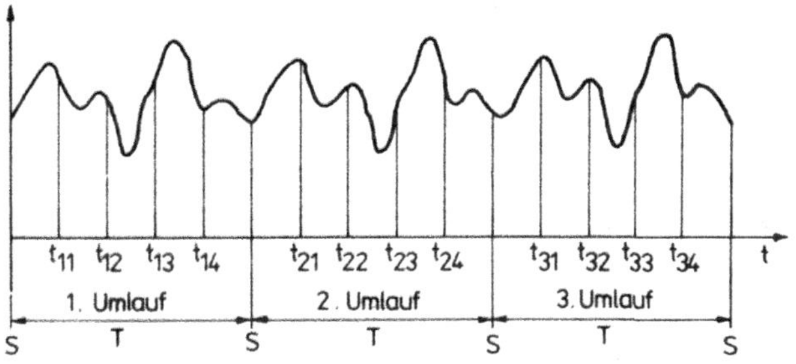

Bild 6.20. Meßablauf bei der synchronisierten Mittelung
t_{ij} Abtastzeitpunkt; S Synchronisationspunkt

Für N Abtastwerte x_j im Mittelungsintervall und M gemittelte Zyklen erhält man für die synchrone Mittelung:

$$\bar{x}_j = \frac{1}{M}\sum_{i=1}^{M} x_{ij} \qquad j = 1, 2, \ldots, N. \tag{6.73}$$

Durch die rotationssynchrone Mittelung werden Rauschanteile eines Signals um den Faktor $\sqrt{M}$ verringert [6.12]. Neben diesem Vorteil kann weiterhin eine Unabhängigkeit eines Signals von Umlaufschwankungen, bedingt durch Drehzahlschwankungen oder Frequenzschwankungen, erreicht werden.

Hüllkurvenextraktion

Für modulierte Signale ist die Extraktion der Informationen einer Hüllkurve des Zeitsignals durch eine Demodulation mittels Gleichrichtung und Tiefpaßfilterung vorteilhaft (Bild 6.21). Die Hüllkurve ist die Verbindende der Amplituden des Signals. Mit dieser Methode kann das Frequenzspektrum der Modulation direkt (nicht als Seitenbänder, s. S. 197, Bild 6.6) abgebildet werden.

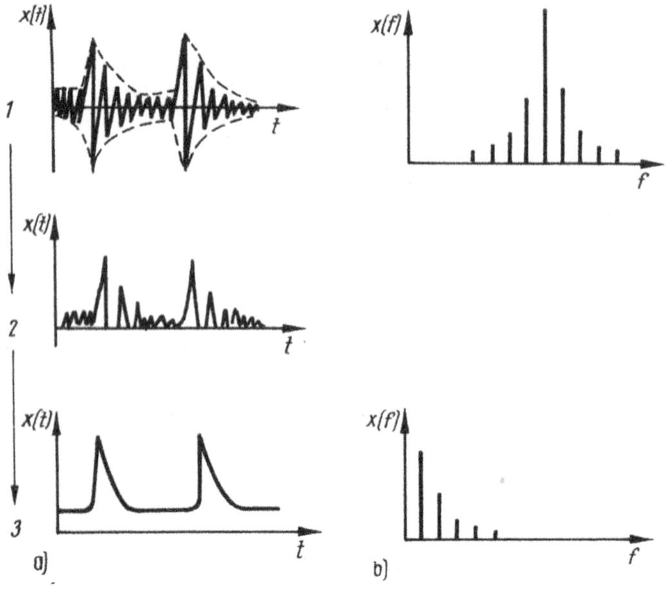

Bild 6.21. Hüllkurvenextraktion

a) Zeitsignal; b) Spektrum
1 moduliertes Signal; *2* Gleichrichtung; *3* Tiefpaßfilterung

Aus der Hüllkurve lassen sich folgende Merkmale erkennen:

- Periodizitäten im Zeitverlauf (Bild 6.21a)
- Modulationsmaß im Amplitudenumfang (Amplitudenänderungen der Hüllkurve, Bild 6.21a)
- Spektrallinien der Modulationsfrequenz im Frequenzbereich (Bild 6.21b).

Cepstrum-Funktion

Die Cepstrum-Funktion wurde entwickelt, um multiplikativ verknüpfte Frequenz- und Amplitudenanteile additiv trennen zu können [6.13]. Die Definitionsgleichung der Cepstrum-Funktion lautet:

$$C_x(q) = |\,\mathrm{Four}^{-1}\{\lg[S_x(f)]\}\,|^2 \qquad (6.74)$$

Die Cepstrum-Funktion eines komplexperiodischen Signals (Bild 6.22) weist mit der Variablen q (sog. Quefrenzy) mit der Dimension einer Zeit dominierende Grundfrequenzen deutlich aus.

Normierung auf den Ausgangszustand

Im Abschnitt 2.4. konnte gezeigt werden, daß durch Bildung von Diagnosekennzahlen eine Verbesserung der Diagnosezuverlässigkeit erreicht werden kann. Einflüsse von Fertigung und Montage sowie Beanspruchungen aus dem Betrieb und der Umwelt haben auf das Diagnoseergebnis großen Einfluß. Der Bezug von Signalkenngrößen auf ihren Ausgangszustand (Neuzustand der Baugruppe nach dem Einlaufverhalten) hat offensichtlich allgemeingültigen Charakter Die Bildung der Kennzahlen

normierter Effektivwert $\quad D_{\tilde{x}} = \tilde{x}(t)/\tilde{x}(0) \quad (6.75)$

normierter Spitzenwert $\quad D_{\hat{x}} = \hat{x}(t)/\hat{x}(0) \quad (6.76)$

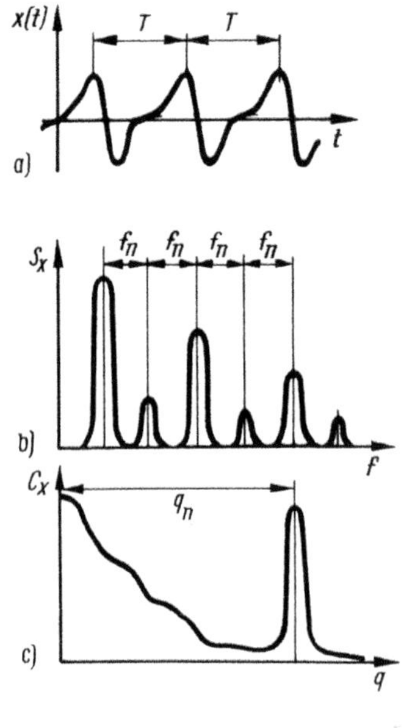

Bild 6.22. Cepstrum eines komplexperiodischen Signals

a) Zeitsignal; b) Spektrum; c) Cepstrum;
$q_n = 1/f_n$, f_n Frequenz der Harmonischen

aber auch der Vergleich von Spitzenwert und Effektivwert, als

Form- oder Scheitelfaktor $D_{\hat{x}/\tilde{x}} = \hat{x}(t)/\tilde{x}(t)$ (6.77)

gestattet die Eliminierung von Betriebs- oder Umwelteinflüssen. Diese Verfahrensweise läßt sich auch auf Kennfunktionen (z. B. Wahrscheinlichkeitsdichte) erweitern.

6.2. Praktische Signalverarbeitung

6.2.1. Aufgaben der Meßwertgewinnung und Meßwertverarbeitung

Signale der Schwingungsdiagnostik werden durch Messungen am Diagnoseobjekt gewonnen. Die Ermittlung eines Schädigungsmerkmals $S(t)$ (physikalische Größe der Abnutzung) erfolgt durch Messung des Diagnosesignals $x(t)$ (z. B. Druck, Temperatur, mechanische Schwingung). Durch eine zum Prozeß korrelierende Wandlung wird im Aufnehmer meist ein elektrisches Signal erzeugt, das durch Weiterverarbeitung die Informationen für die Diagnose liefert. Schwankungsanteile einer Meßgröße betragen im allgemeinen nur Bruchteile des Gesamtsignals. Da diese Schwankungsanteile die für die Diagnostik wichtigen Informationen beinhalten, sind an die Meßwertgewinnung und Meßwertverarbeitung höchste Anforderungen zu stellen. Der Meßtechniker wird sich für die Lösung spezieller meßtechnischer Probleme der umfangreichen Spezialliteratur bedienen, z. B. [6.4] [6.6] [6.7] [6.12] [6.14] [6.15]. Dem Diagnostiker der Praxis werden hier Anforderungen und prinzipielle Lösungsmöglichkeiten angeboten.

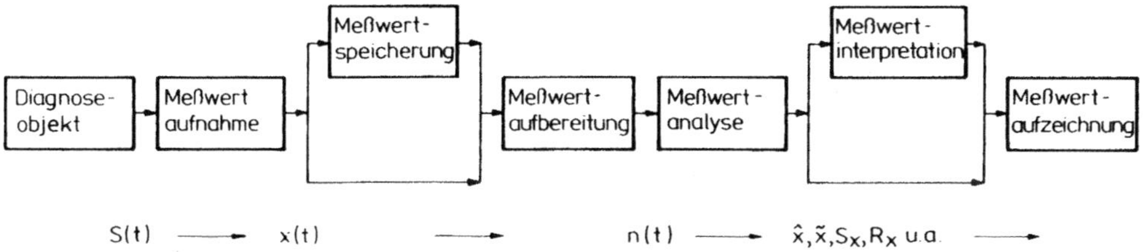

Bild 6.23. Aufgaben der Meßwertgewinnung

Die Datengewinnung erfordert mehrere in Reihe geschaltete Arbeitsschritte (Bild 6.23). Die Reihenschaltung stellt an jeden einzelnen Schritt höchste Anforderungen hinsichtlich Genauigkeit und fordert von den Geräten höchste Zuverlässigkeit (Kettenregel). In den nacheinander folgenden Arbeitsschritten sind folgende Aufgaben zu erfüllen:

Meßwertaufnahme

Bei der Meßwertaufnahme ist die Bildung eines auswertbaren, meist elektrischen Signals aus der zu messenden physikalischen Größe vorzunehmen. Teilaufgaben sind:

- Übertragung der physikalischen Größe in den Aufnehmer
- Umwandlung der physikalischen Größe in ein elektrisches Signal
- Verstärkung des elektrischen Signals
- Weiterleitung des elektrischen Signals.

Meßwertspeicherung

Bild 6.23 zeigt, daß sowohl eine direkte Signalverarbeitung erfolgen kann, als auch eine Zwischenspeicherung möglich ist, wenn örtliche oder zeitliche Unterbrechungen der Arbeitsfolge erforderlich sind. Für diese Zwischenspeicherung ist eine maschinenlesbare Speicherung erforderlich. Hierbei sind die Teilaufgaben

- Aufzeichnung des elektrischen Signals auf einen maschinenlesbaren Datenträger
- Wiedergabe des Signals bei Abruf

zu lösen.

Meßwertaufbereitung

Für die weitere Signalverarbeitung ist es erforderlich, das gemessene Signal in eine den sich anschließenden Prozessen bzw. Geräten angepaßte Form zu überführen. Dazu sind erforderlich:

- Vorbewertung des Signals in bezug auf Meßfehler
- Kalibrierung der Meßwerte
- Analog-digital-Wandlung
- Anschluß an Analyseeinheiten (Interface).

Meßwertanalyse

Durch Bildung geeigneter Kenngrößen und Kennfunktionen werden Diagnosemerkmale extrahiert, durch Verknüpfung mehrerer Signale Kennzahlen oder Kennfunktionen gebildet bzw. Klassen eingeteilt, um der Meßwertinterpretation geeignete Informationen zuzuführen. Teilaufgaben sind:

- Bildung von Kenngrößen und Kennfunktionen des Einzelsignals
- Verknüpfung mehrerer Signale
- Weitergabe der Daten an Geräte zur Dateninterpretation oder zur Meßwertaufzeichnung.

Meßwertaufzeichnung

Für die Diagnose bzw. für die Ablage diagnostischer Informationen ist die Aufzeichnung der Resultate des Meßwertprozesses in durch den Menschen lesbarer Form mit den Teilaufgaben

- Umwandlung des elektrischen Signals in ein mechanisches Signal der Aufzeichnungseinrichtung
- Sichtbarmachung des Signals
- Konservierung des Signals

nötig.

6.2.2. Anforderungen an die Signalverarbeitung

Die Systemeigenschaften der Teilsysteme der Signalverarbeitung können durch spezielle Bewertungskriterien eingeschätzt werden. Für den spezialisierten Meßtechniker sind diese Kriterien geläufiges Arbeitsinstrumentarium. Für den Ingenieur im Betrieb ist ihre Kenntnis erforderlich, um Fehldiagnosen weitestgehend auszuschließen und Gerätequalitäten richtig zu bewerten. Für die Beurteilung der Teilsysteme wichtige Systemeigenschaften sind:

Empfindlichkeit und Dynamikumfang

Die Empfindlichkeit (bzw. der Verstärkungsfaktor) ist das Verhältnis der Größe des Ausgangssignals zum Eingangssignal:

$$x_2(t) = k \cdot x_1(t) \tag{6.78}$$

Die Empfindlichkeit k kann auch für Aufnehmer angewendet werden. In diesem Fall beinhaltet die Empfindlichkeit den Zusammenhang zwischen der zu messenden physikalischen Größe (z. B. Schwingung) und dem elektrischen Ausgangssignal (z. B. Ladung). Für zwei unterschiedliche Empfindlichkeiten ($k_1 > k_2$) ist im Bild 6.24a am Beispiel der Schwingungsaufnahme dieser Zusammenhang dargestellt. Jedes System geht bei großen Beträgen der Eingangsgröße in den Bereich der Sättigung über, so daß trotz Steigerung des Betrages der Eingangsgröße keine Vergrößerung des Ausgangssignals erreicht wird. Ein Signalverarbeitungsglied, z. B. Aufnehmer oder Verstärker, ist nur dann geeignet, wenn eine definierte, möglichst lineare Abhängigkeit zwischen Eingangsgröße und Ausgangsgröße besteht. Der Bereich mit proportionaler Charakteristik zwischen $x_1(t)$ und $x_2(t)$ wird als Dynamikumfang bezeichnet. Empfindlichkeit und Dynamikumfang sind umgekehrt proportional zueinander (je größer die Empfindlichkeit, um so kleiner der Dynamikumfang).

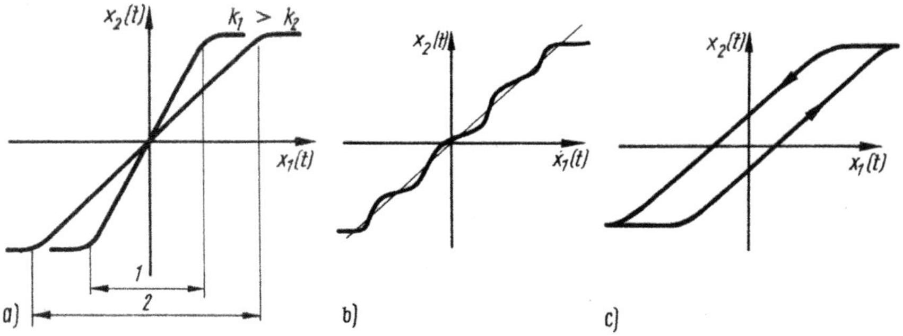

Bild 6.24. Empfindlichkeit und Dynamikumfang

a) lineares Übertragungsverhalten; b) Nichtlinearitäten im Übertragungsverhalten; c) Hystereseverhalten
$x_1(t)$ z. B. Schwingung in µm; $x_2(t)$ z. B. Ladung in pC
1 Dynamikumfang mit k_1; *2* Dynamikumfang mit k_2

Linearität

Linearität stellt den anzustrebenden Idealfall des Übertragungsverhaltens dar (vgl. Bild 6.24a). In der Praxis werden auch logarithmische oder andere Abhängigkeiten angewendet. Welligkeiten (Bild 6.24b) können auftreten.

Hysterese

Treten am Ausgangswert unterschiedliche Werte beim Einstellen des Eingangswertes aus unterschiedlicher Richtung auf, spricht man vom Hystereseverhalten. Diese Eigenschaft wird von der Trägheit des Meßsystems hervorgerufen. Sie darf nur schwach ausgeprägt sein, um Fehlmessungen auszuschließen (Bild 6.24c).

Frequenzbereich

Die Komponenten der Meßwertgewinnung sind im allgemeinen schwingfähige Systeme (Schwingkreise, Filter) und haben deren typisches Verhalten beim Signaldurchgang. Eine wichtige Eigenschaft dieser Komponenten ist die Abhängigkeit der Frequenz vom Eingangs- und Ausgangssignal, der sog. Frequenzgang (Bild 6.25). Der Frequenzgang kennzeichnet das Systemverhalten durch drei typische Bereiche:

- linearer Frequenzbereich
- Resonanzüberhöhung
- Bereich mit großer Durchlaßdämpfung.

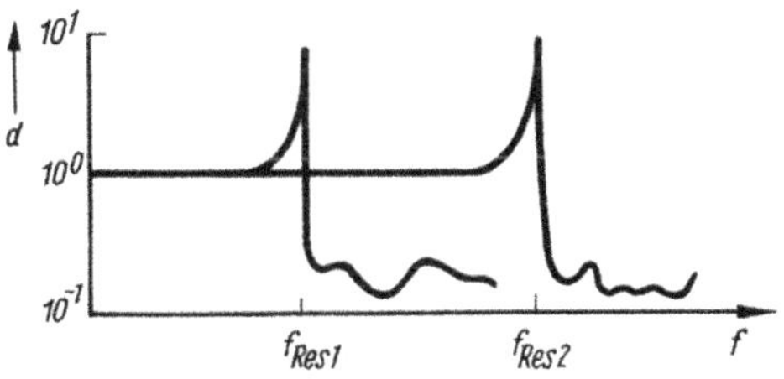

Bild 6.25. Frequenzgang
f Frequenz; *d* Durchgang

Eine fehlerfreie Meßwertaufnahme bzw. Weiterleitung ist im linearen Bereich möglich $f \ll f_{Res}$. Der Bereich der Resonanzüberhöhung f_{Res} ist im allgemeinen für die Signalerfassung und -analyse nicht geeignet. In speziellen Anwendungsfällen, z. B. bei der Messung von Ultraschallsignalen, kann die Resonanzüberhöhung genutzt werden und wird dabei als Verstärkung des Signals wirksam. Absolutwerte sind damit kaum meßbar, relative Meßgrößenverschiebung und speziell Impulszählungen (vgl. Abschn. 7.1.) sind mit ausreichender Genauigkeit realisierbar. Die Messung im Resonanzbereich bewirkt eine Phasenverschiebung um 90°, sie ist zu beachten, wenn die Phasenlage für die Interpretation der Meßergebnisse von Bedeutung ist. Der Bereich $f > f_{Res}$

hat im allgemeinen eine so große Durchlaßdämpfung, daß er für praktische Messungen nicht verwendet wird (vgl. Bild 6.25).

Reproduzierbarkeit

Komponenten eines Meßsystems sind für den Routinebetrieb nur dann geeignet, wenn sich ihre Eigenschaften während der Dauer vieler Messungen nicht verändern. Die Reproduzierbarkeit kennzeichnet diese Eigenschaft. Sie wird durch Alterungserscheinungen der Gerätetechnik sowie durch Betriebs- und Umwelteinflüsse beeinträchtigt.

6.2.3. Meßwerterfassung

Zur Meßwerterfassung gehören die Meßwertaufnahme, die Meßwertverstärkung und die Signalweiterleitung (vgl. Abschn. 6.2.1.).

Schwingungsaufnehmer

Meßwertaufnehmer wandeln die zu messende physikalische Größe in ein elektrisches Signal. Aufnehmer für mechanische Schwingungen, die für den Praxiseinsatz geeignet sind, zeigt Tafel

Tafel 6.2. Aufnehmer für mechanische Schwingungen

Physikalischer Effekt	Erläuterung	Gleichung	Meßbare Größen
Piezoeffekt, aktiv	Beim Auflasten einer Kraft auf einen piezoelektrisch aktiven Kristall (Quarz, Turmalin, PZM) konzentrieren sich elektrisch positive und negative Ionen an den gegenüberliegenden Seiten und führen zu einer der Kraft entsprechenden Ladung.	$Q(t) = \delta \cdot F(t)$ δ Piezomodul	Kraft Druck Beschleunigung (berührend)
Elektrodynamisch, aktiv	Beim Bewegen einer mit dem schwingenden Objekt gekoppelten Spule in einem Magnetfeld wird in dieser eine Spannung induziert (elektromagnetische Induktion).	$U(t) = B \cdot l \cdot v(t)$ B Induktion l Länge des el. Leiters	Geschwindigkeit (berührend)
Elektromagnetisch, aktiv	Das schwingende (ferromagnetische) Objekt wirkt als Teil des Kerns einer Spule, in der in Abhängigkeit von der Schwinggeschwindigkeit dieses Kerns eine Spannung induziert wird.		(berührungslos)
Dehnung (Dehnungsmeßstreifen), passiv	Ein mit dem schwingenden Objekt fest verbundener elektrischer Leiter ändert auf Grund der erfolgten Dehnung seinen elektrischen Widerstand.	$\frac{\Delta R}{R} = \frac{R(\varepsilon) - R}{R}$	Weg (berührend)
Induktiv, passiv	In einer wechselstromdurchflossenen Spule ändert sich in Abhängigkeit von der Eintauchtiefe bzw. dem Abstand des mit dem schwingenden Objekt verbundenen Kerns der induktive Widerstand.	$R_L(t) = j \cdot \omega \cdot L(t)$	Weg (berührend und berührungslos)
Wirbelstrom, passiv	Ein hochfrequentes elektromagnetisches Feld induziert in einem schwingenden ferromagnetischen Körper ein Gegenfeld, das auf das Feld proportional zum Abstand zum Objekt rückwirkt.		Weg (berührungslos)

6.2. Mit dieser Übersicht werden die Funktionsprinzipe, der Zusammenhang zwischen zu messender und gemessener Größe, die meßbaren Größen sowie Empfindlichkeit und Frequenzbereich angegeben. Genauere Informationen zur auszuwählenden Aufnehmertechnik sind Katalogen, z. B. [6.16], und den Firmenschriften der Herstellerbetriebe zu entnehmen.

Für die Realisierung der Schwingungsdiagnostik in der Betriebspraxis sind neben der Auswahl der Aufnehmer die Einsatzbedingungen und Montageprinzipien zu beachten. Einige Grundregeln, bei deren Verletzung zwangsläufig Fehlmessungen auftreten, sind:

1. Die Masse berührender Aufnehmer darf nicht größer als ein Zehntel der Objektmasse sein, um eine Beeinflussung der Objektschwingung auszuschließen.
2. Die Aufnehmerankopplung an das Meßobjekt soll möglichst starr ausgeführt sein, da das Übertragungsverhalten besonders bei hohen Frequenzen stark davon abhängt. Schraubverbindungen sind besonders gut geeignet. Die Einschätzung üblicher Kopplungsbedingungen erlauben Tafel 6.3 und Bild 6.26.
3. Alle Glieder einer Meßkette müssen ein gemeinsames elektrisches Potential haben, um die Einstreuung der Netzfrequenz in das Meßsignal auszuschließen. Erdschleifen werden durch gemeinsame Erdung aller Glieder einer Meßkette und elektrische Verbindung mit dem Ma-

Prinzip	Frequenzbereich Empfindlichkeit	Einsatzcharakteristik
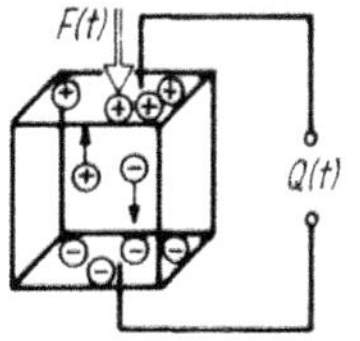	0,1 ... 16 kHz (50 kHz) Sonderanwendungen bis 1 MHz 0,00002 ... 50 000 m · s^{-2} (10^{6} m · s^{-2})	kontinuierliche und diskontinuierliche Überwachung des Schwingungszustandes
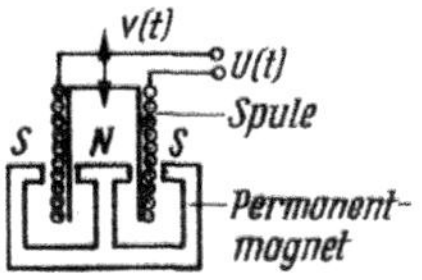	10 Hz bis 3 kHz 10^{-4} ... 100 mm · s^{-1}	berührende Messung von Schwinggeschwindigkeiten
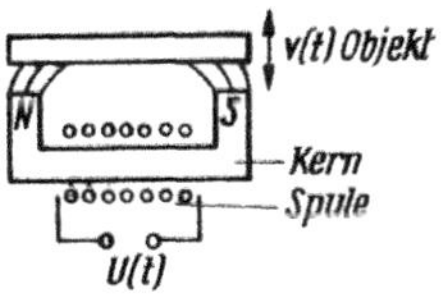	10 Hz bis 3 kHz 10^{-4} ... 100 mm · s^{-1}	berührungslose Messung von Schwinggeschwindigkeiten
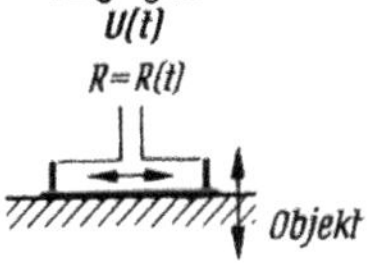	0 Hz bis mehrere kHz rel. Dehnung $\Delta l/l$: max. 10^{-3}	Messung von relativen Dehnungen; Erfassung von statischen u. quasistatischen Anteilen; mechanische Ankopplung am Meßobjekt
	0 ... 20 % f_T (f_T = 5 ... 10 kHz) 10^{-4} ... 1 mm	berührende und berührungslose Messung des Schwingweges an mechanischen Bauteilen
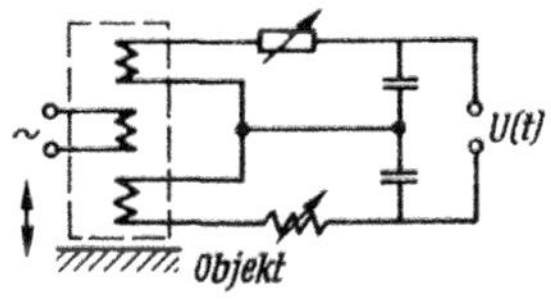	0 ... 4 kHz 10^{-4} ... 3 mm	berührungslose Schwingungsmessungen auch unter schwierigen Umgebungsbedingungen

Tafel 6.3. Ankopplungen mechanischer Schwingungsaufnehmer

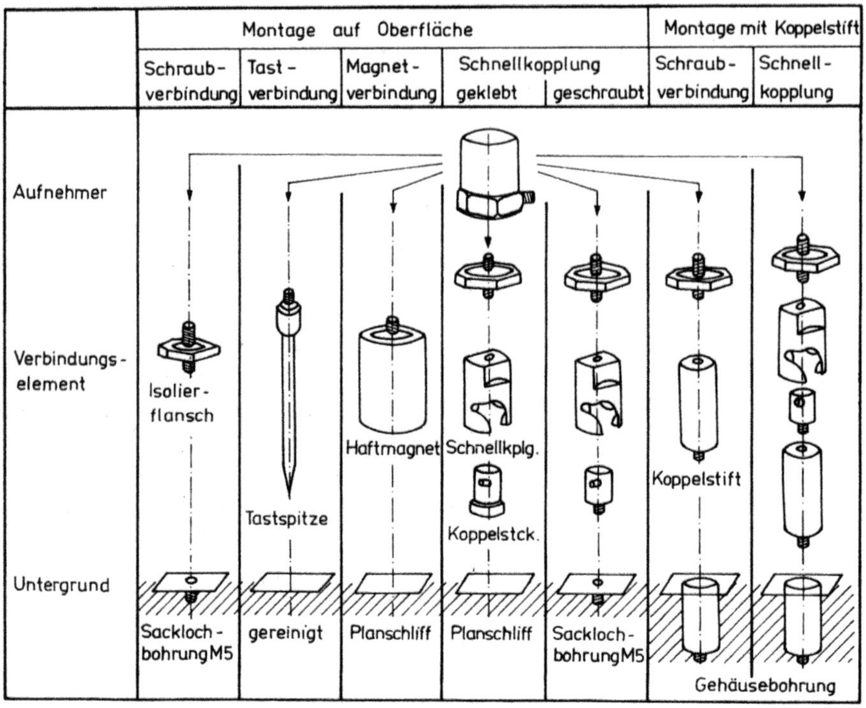

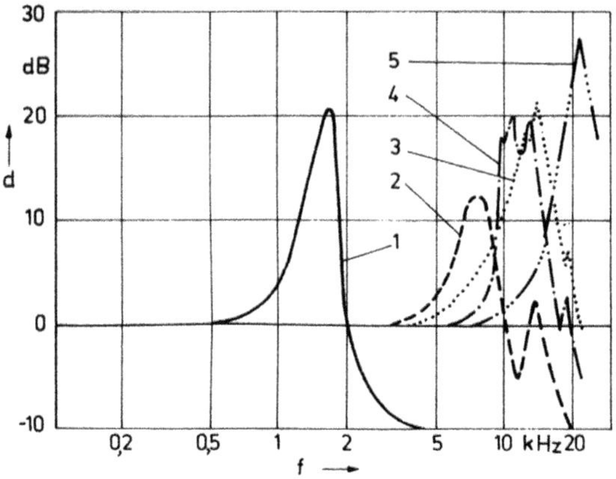

Bild 6.26. Ankoppelcharakteristik mechanischer Schwingungsaufnehmer

1 Tastspitze; *2* Haftmagnet auf geschliffener Oberfläche; *3* Isolierflansch; *4* Schnellkopplung mit Isolierflansch; *5* Stiftschraube

schinenkörper des Meßobjekts oder durch Isolation des Aufnehmers vom Erdpotential des Objekts beseitigt.

4. Aufnehmer (besonders piezoelektrische) haben einen Betriebstemperaturbereich, der für spezielle Anwendungsfälle (Kraftwerke, chemische Anlagen, Industrieöfen, Hüttenindustrie) gegebenenfalls nicht ausreichen kann. Für solche Anwendungsfälle ist eine Kühlung der Aufnehmer (z. B. Durchflußwasserkühlung) vorzusehen.
5. Die Kalibrierung eines Aufnehmers sichert die Beachtung der Einsatzbedingungen und sorgt für eine quantitative Aussage der Schwingungsmessung.

Verstärkertechnik

Aufnehmer liefern elektrische Signale in Form von Spannung (Thermoelement), Ladung (piezoelektrischer Aufnehmer), Widerstand (Dehnmeßstreifen), Kapazität, Induktivität (Wegaufnehmer) oder Strom (Ionisationskammer). Meßverstärker verstärken die vom Aufnehmer kommenden Signale geringer Intensität (meist pC, μA, μW), ohne den Informationsgehalt der Signale zu reduzieren. Für die Signalparameter der unterschiedlichen Aufnehmerarten sind folgende Verstärker in Anwendung:

- Spannungsverstärker
- Stromverstärker
- Ladungsverstärker
- Trägerfrequenzverstärker.

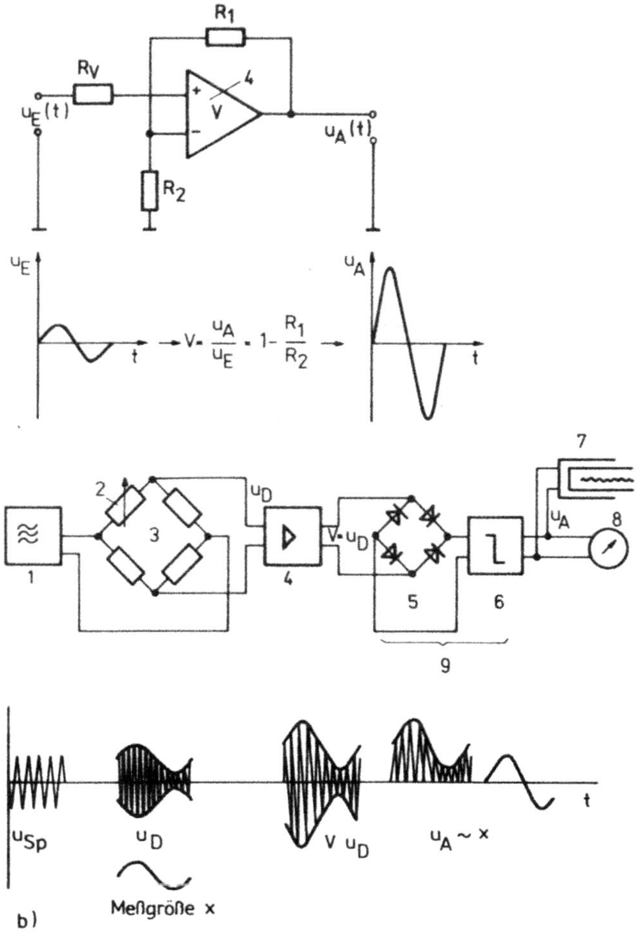

Bild 6.27. Aktive und passive Meßverstärker

a) aktiv; b) passiv (Trägerfrequenzmeßverstärker)
1 Trägerspannungsquelle; *2* Wandler; *3* Meßbrücke; *4* Verstärker; *5* Gleichrichter; *6* kapazitiv gekoppelter Tiefpaß; *7, 8* Registriergeräte; *9* Demodulator

Verstärker haben die Anforderungen aktiver und passiver Aufnehmer zu erfüllen. In Abhängigkeit vom Übertragungsweg der Signale werden auch sog. Vorverstärker eingesetzt, die auch mit dem Aufnehmer direkt gekoppelt sein können. Die Grundprinzipe für Signalverstärker aktiver und passiver Aufnehmer sind im Bild 6.27 als Beispiel dargestellt.

Signalübertragung

Meßsignale müssen vom Aufnehmer zum 1. Verstärker, danach zur Signalanalyseeinheit weitergeleitet werden. Die Übertragung vom Aufnehmer zum Verstärker kann über kurze Entfernungen (bis zu 10 m) unverstärkt erfolgen. Diese Übertragung hat zu gewährleisten, daß die extrem niederenergetischen Signale durch Störungen oder Übertragungsverluste nicht unzulässig verfälscht werden. Im praktischen Betrieb wird die Signalaufnahme vor Ort unter rauhen Bedingungen vorgenommen, die Signalanalysetechnik jedoch vom Meßort entfernt (bis zu mehreren hundert Metern) in speziellen Diagnosewarten oder Betriebsleitzentren untergebracht. Zur Überwindung extrem großer Entfernungen zwischen Aufnehmerort und Auswerteeinheit sind Vorverstärker der Signale in die Meßkette in Aufnehmernähe einzuordnen, so daß die Meßkette die Komponenten Aufnehmer – Vorverstärker – Hauptverstärker mit Signalkonditionierung – Analysatoren umfaßt.

Signalpegel von etwa 1 V und einer Leistung von mehreren mW können vom Verstärker zur Analysiereinrichtung in abgeschirmten, niederohmigen Koaxial- oder Diodenkabeln über mehrere hundert bis tausend Meter übertragen werden, ohne daß ein unzulässiger Spannungsabfall auftritt. Der Einsatz von Lichtwellenleitern wird zukünftig die ungestörte Übertragung von Signalen gewährleisten.

6.2.4. Meßwertaufbereitung und Meßwertanalyse – Analogtechnik

Aufgabe der Meßwertanalyse ist die Berechnung der in den Abschnitten 6.1.3. bis 6.1.7. hergeleiteten Signalkenngrößen und Signalkennfunktionen sowie die Bereitstellung von bewerteten Diagnosemerkmalen für die Diagnose (Abschnitte 2.2. bis 2.6.). Für diese Rechenoperationen, die sowohl mit analoger Signalanalysetechnik, aber immer eleganter und differenzierter mit digitaler Rechentechnik durchgeführt werden können, ist eine Meßwertaufbereitung, auch als Meßwertkonditionierung bezeichnet, vorzunehmen.

Meßwertaufbereitung

Die Meßwertaufbereitung formiert das verstärkte Meßsignal für die darauffolgende Meßwertverarbeitung. Man zählt dazu die Arbeitsschritte

- Formierung eines Einheitssignals
- Kalibrierung der Beziehungen zwischen physikalischer Meßgröße und elektrischem Signal
- Separation des Signals von überlagerten Störungen (Filterung u. ä.)
- Digitalisierung des Meßsignals.

In modernen rechnergestützten Geräten ist die Meßwertaufbereitung kaum von der Meßwertanalyse getrennt anzutreffen.

Analoge Meßwertanalyse

Die analoge Meßwertverarbeitung zeichnet sich durch eine im Vergleich zur digitalen Technik relative Einfachheit aus, erreicht aber bei weitem nicht deren Vielfältigkeit und Genauigkeit. Grundlage für die analoge Instrumentierung sind die Berechnungsgleichungen für Kenngrößen und Kennfunktionen in kontinuierlicher Schreibweise, z. B. die Gleichungen (6.26), (6.28), (6.34), (6.36), (6.40).

Die Realisierung der Berechnungsgleichungen wird durch geeignete elektronische Schaltungen verwirklicht. Bild 6.28 gibt einen Überblick über die erforderlichen Arbeitsschritte in Form von Blockschaltbildern für ausgewählte Verarbeitungsalgorithmen. Der quadratische Mittelwert läßt sich durch ein Quadrier- und ein Integrierglied sowie die Division in einem Zeitraum T darstellen (Bild 6.28a). Zur Bildung der Korrelationsfunktionen (Bild 6.28b) ist zusätzlich ein Verzögerungsglied für die Zeitverschiebung τ vorzusehen. Bei der meßtechnischen Ermittlung der Leistungsdichtespektren wird das Signal $x(t)$ während einer Zeitdauer T mittels eines Bandpasses der Bandbreite B und der Mittenfrequenz f_0 (Bild 6.29) gefiltert, das Ergebnis quadriert, hierüber der Mittelwert gebildet und durch die Zeitdauer T und die Bandbreite B dividiert. Die Frequenzselektion erfolgt durch Filter. Man unterscheidet Tiefpaßfilter (Durchlaßbereich bei tiefen Frequenzen), Hochpaßfilter (Durchlaßbereich bei hohen Frequenzen), Bandpaßfilter (Durchlaßbereich in einem nach hohen und tiefen Frequenzen begrenzten Frequenzintervall) und Bandsperren (Sperrbereich in einem Frequenzband). Für die Frequenzanalyse hat der Bandpaßfilter die größte Bedeutung (vgl. Bild 6.29). Je nach Wahl des Frequenzauflösungsvermögens (Bandbreite) werden unterschieden:

- Oktavfilter ($B = 0{,}701 \cdot f_0$)
- Terzfilter ($B = 0{,}231 \cdot f_0$)
- Schmalbandfilter ($B \leqq 0{,}1 \cdot f_0$)

Mit Verminderung der Bandbreite erhöht sich das Auflösungsvermögen. Das erfordert aber eine Erhöhung der Mittelungszeit. Sie ergibt sich aus dem *Sampling-Theorem:*

$$T \geqq \frac{1}{f_0 \cdot b} \tag{6.79}$$

mit b als relative Bandbreite und T als kleinste Mittelungszeit.

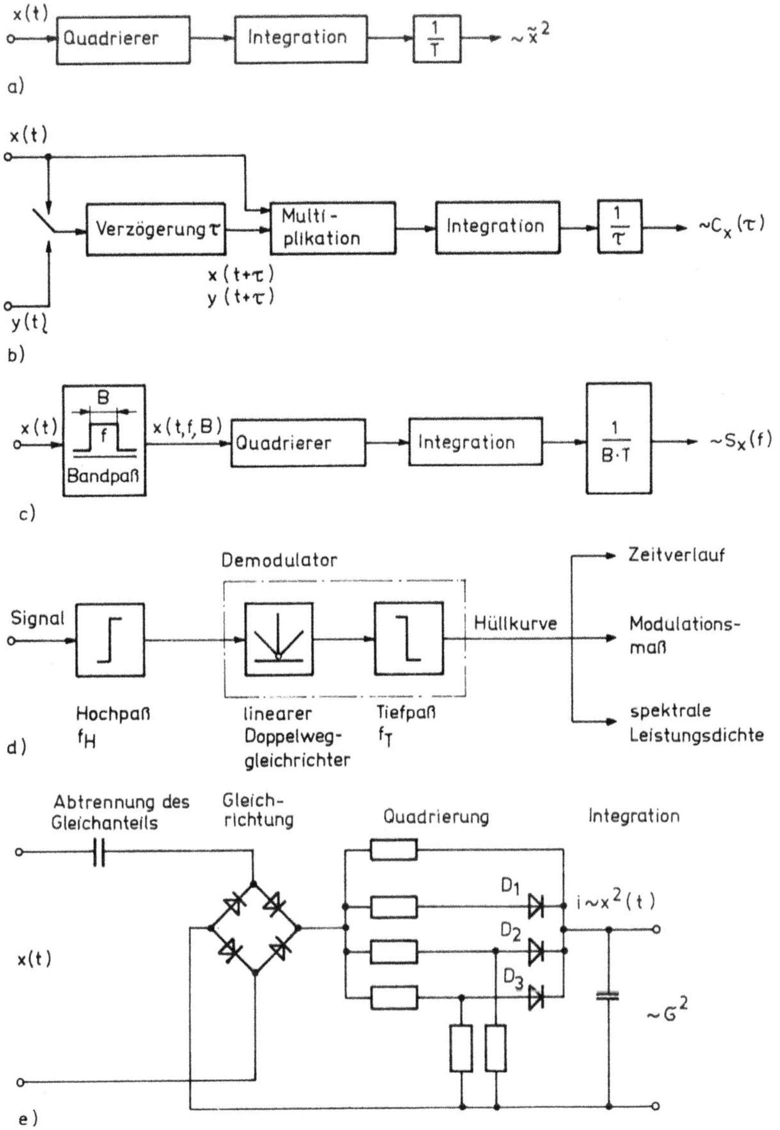

Bild 6.28. ***Ausgewählte Blockschaltbilder zur Berechnung von Signalkenngrößen und -kennfunktionen (nach [6.12])***

a) Quadratischer Mittelwert nach Gl. (6.30); b) Auto- und Kreuzkorrelationsfunktion nach Gl. (6.36) und Gl. (6.63); c) Spektrale Leistungsdichte nach Gl. (6.39) bis (6.42); d) Hüllkurvenextraktion nach Bild 6.21; e) Ausführungsbeispiel einer Schaltung zur Ermittlung der Varianz nach Gl. (6.34)

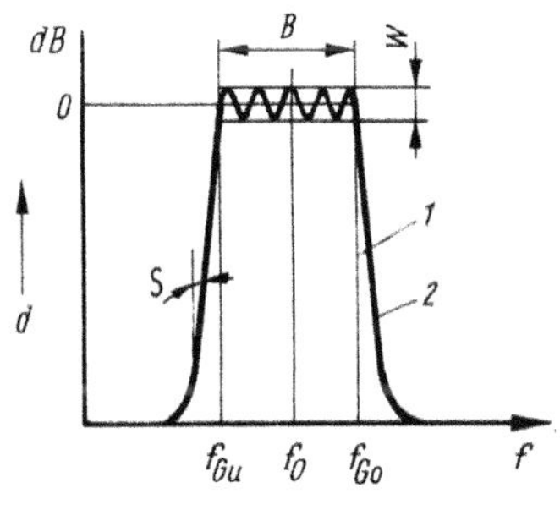

Bild 6.29. Filtercharakteristik eines Bandpasses

1 ideales Filter; *2* reales Filter; f_0 Mittenfrequenz; f_{Gu}, f_{Go} untere, obere Grenzfrequenz; *B* Bandbreite; *W* Welligkeit; *S* Flankensteilheit

Die Realisierung einer Demodulation ist im Bild 6.28d dargestellt. Nach einer Hochpaßfilterung und der Demodulation durch lineare Gleichrichtung erhält man die Hüllkurve durch anschließende Tiefpaßfilterung. Je nach Anforderung können Verarbeitungsstufen für die Ermittlung des Zeitverlaufes, für die Ermittlung des Modulationsmaßes oder die spektrale Leistungsdichte angeschlossen werden (s. Beispiel, Bild 6.21).

Bild 6.28e verdeutlicht am Beispiel der Ermittlung der Varianz die Realisierung eines Blockschaltbildes durch elektronische Schaltelemente.

6.2.5. Digitale Meßwertaufbereitung und Meßwertanalyse

Die Digitaltechnik bietet weit größere Variabilität und Genauigkeit bei der Signalverarbeitung als die Analogtechnik. Die Arbeitsschritte der digitalen Meßwertaufbereitung und Meßwertverarbeitung sind:

- Digitalisierung des Meßsignals $x(t)$
- parallele Verarbeitung mehrerer analoger Signale
- Übertragung digitalisierter Meßsignale von einer Funktionseinheit zu einer anderen (Interfacing)
- Berechnung von Signalkenngrößen und Signalkennfunktionen
- Ausgabe der Ergebnisse.

Digitalisierung

Die Verarbeitung elektrischer Signale mit digitaler Rechentechnik erfordert, die Augenblickswerte des elektrischen Signals in vom Digitalrechner verarbeitbare Ziffernfolgen, sog. Digitalwerte, umzuwandeln. Dabei ist sowohl eine Digitalisierung der Amplituden als auch der Zeit erforderlich.

Zur Digitalisierung des Amplitudenmaßstabs (Quantisierung) wird der Meßbereich in eine große Anzahl gleich breiter Amplitudenintervalle geteilt (Bild 6.30). Alle Meßwerte x, die in einem Intervall

$$z - \frac{\Delta z}{2} \leqq x \leqq z + \frac{\Delta z}{2}$$

liegen, werden der Ziffer z zugeordnet. Δz ist das Auflösungsvermögen. Aus rechentechnischen Gründen wird für die Anzahl der Intervalle eine Zweierpotenz (bit) verwendet. Eine Quantisierung von 10 bit bedeutet somit die Anzahl von $2^{10} = 1\,024$ Intervallen mit einem Auflösungsvermögen und folglich einem Digitalisierungsfehler von etwa 1 ‰.

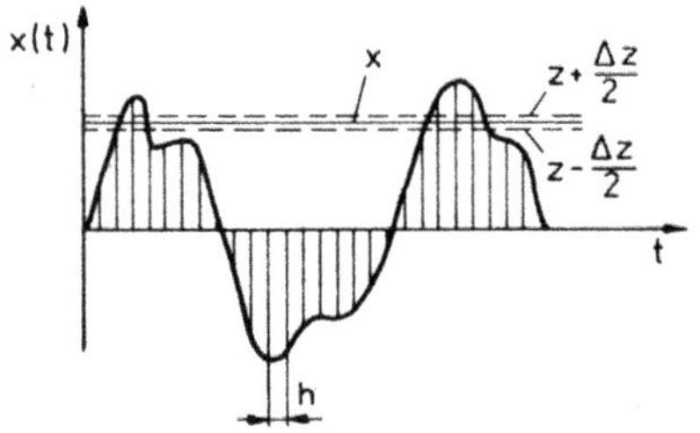

Bild 6.30. Digitalisierung des Amplituden- und Zeitmaßstabes
x Meßgröße; z Ziffernfolge; h Sampling-Intervall

Die Digitalisierung des Zeitmaßstabes (Sampling) [6.17] erfolgt durch Abtasten des Signalkurvenverlaufs periodisch mit einem konstanten, sog. *Sampling-Intervall h*, das in Abhängigkeit von der Signalperiodizität hinreichend klein gewählt werden muß, um auch die hochfrequenten Signalanteile noch zu erfassen (vgl. Bild 6.30). Die Periode eines Signals kann erkannt werden, wenn mindestens zwei Abtastwerte je Periode aufgenommen werden. Damit kann eine Beziehung zwischen oberer Grenzfrequenz f_{Go} eines Signals (Signalanteil mit höchsten Frequenzen) und der Abtastfrequenz

$$f_A = 1/h \tag{6.80}$$

hergeleitet werden:

$$f_A \geqq 2 f_{Go} \,. \tag{6.81}$$

Diese Beziehung wird als das *Abtasttheorem* von *Shannon* oder *Nyquist* [6.17] bezeichnet. Ist die Abtastfrequenz zu gering, kommt es zu Abbildungsfehlern.

Parallele Verarbeitung mehrerer Signale

Sind mehrere analoge Signale einem Rechner zuzuführen, können verschiedene Varianten zum Abtasten der Signale angewendet werden (Bild 6.31) [6.18]. Die kostengünstigste Lösung ist das Multiplexen (nacheinander anwählen) der Eingangsspannungen (Bild 6.31a). Nachteilig ist der Verzicht auf das gleichzeitige Abtasten und die mit der Anzahl der Meßkanäle abfallende maximale Abtastfrequenz je Kanal bei vorgegebener Umsetzzeit eines Analog-Digital-Wandlers:

$$f_A = \frac{1}{n \cdot (t_{AS} + t_{ADC})} \,; \tag{6.82}$$

n Anzahl der Kanäle
t_{AS} Zeit für das Einschwingen der Abtasthalteschaltung
t_{ADC} Zeit für die Analog-Digital-Wandlung.

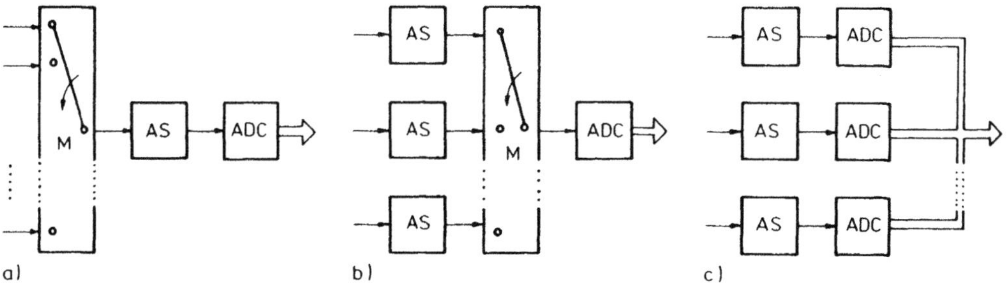

Bild 6.31. Varianten von Meßwerterfassungssystemen (nach [6.18])

a) nacheinander und b) gleichzeitiges Abtasten der Meßkanäle mit einer Analog-Digital-Wandlung; c) Meßkanäle mit voneinander unabhängiger Analog-Digital-Wandlung
M Multiplexer; *AS* Abtasthalteschaltung; *ADC* Analog-Digital-Umsetzer

Unberücksichtigt bleibt die Rechenzeit zum Einlesen der Digitalwerte in den Speicher.

Bei gleichzeitigem Abtasten aller n Meßkanäle erhöht sich die maximal mögliche Abtastfrequenz (Bild 6.31b):

$$f_A = \frac{1}{t_{AS} + n \cdot t_{ADC}} \,. \tag{6.83}$$

Diese höhere Abtastfrequenz wird mit einem höheren Aufwand der Schaltung erkauft.

Wird für jeden Meßkanal eine selbständige unabhängige Analog-Digital-Wandlung organisiert (Bild 6.31c), erhält man die höchste Abtastfrequenz:

$$f_A = \frac{1}{t_{AS} + t_{ADC}} \,. \tag{6.84}$$

Diese Schaltung erfordert den größten Schaltungsaufwand. Für schnelle Wandlersysteme ist zusätzlich die Einlesezeit des Rechners zu berücksichtigen.

Eine generell andere Variante ist die Anwendung von mehreren Rechnern. Mehr- oder Multiprozessorsysteme werden für spezielle Auswertemethodiken oder zur weiteren Erhöhung der Auswertegeschwindigkeit eingesetzt [6.18].

Interfacing

Die Übertragung von Meßdaten von einer Funktionseinheit zu einer anderen wird als Interfacing bezeichnet. Wie bereits ausgeführt, erfordern einzelne Operationsschritte Zeit zur Abarbeitung ihrer Aufgabe. In dieser Zeit ist die Ein-, Aus- und Weitergabe von Signalen unterbrochen. Neben dieser Steuerung des Datenübertragungsablaufs sind Anschlußbedingungen, wie Signalleistung, Anschlußwiderstand und Signalübergabe, einheitlich zu reglementieren, um Funktionseinheiten unterschiedlicher Art und unterschiedlicher Herstellung koppeln zu können. Je nach Hierarchie der einzelnen Funktionseinheiten werden Standard-Interfaces (SI) als Ketten-, Stern- oder Linien-Interface ausgelegt. Die gebräuchlichsten Interface-Typen sind gegenwärtig

- Centronik (parallel, Standard IEEE)
- V 24 (seriell, Spannung 24 V)
- IFSS (seriell, mit Stromschleifen).

Digitale Meßwertverarbeitung

Die Ermittlung von Kenngrößen und Kennfunktionen auf digitalem Wege erfolgt durch Auswertung der Gleichungen in diskreter Schreibweise. Es werden immer Summen diskreter Augenblickswerte verarbeitet, vgl. z. B. Gln. (6.19), (6.29), (6.35), (6.37).

Die Realisierung der Auswerteoperationen kann durch speziell vorbereitete Analysatoren (Hardware), vor allem aber durch frei programmierbare Rechner auf Software-Basis erfolgen. Grundlage solcher Programmsysteme bilden Programme der schnellen Fourier-Transformation (vgl. Abschn. 6.1.2.), auf deren Basis auch Korrelationsfunktionen ermittelt werden können. In vielen Fällen ist spezielle Software für das konkrete Diagnoseproblem erforderlich. Deren Erarbeitung wird man Systemprogrammierern übertragen. Besondere Beachtung muß den möglichen Analysefehlern geschenkt werden (vgl. Abschn. 2.6.3.). Fehlerbetrachtungen für die Ermittlung von Signalkennfunktionen findet man in [6.3], [6.19] und [6.20].

Das Blockschaltbild eines typischen Rechnersystems für die digitale Signalverarbeitung zeigt Bild 6.32.

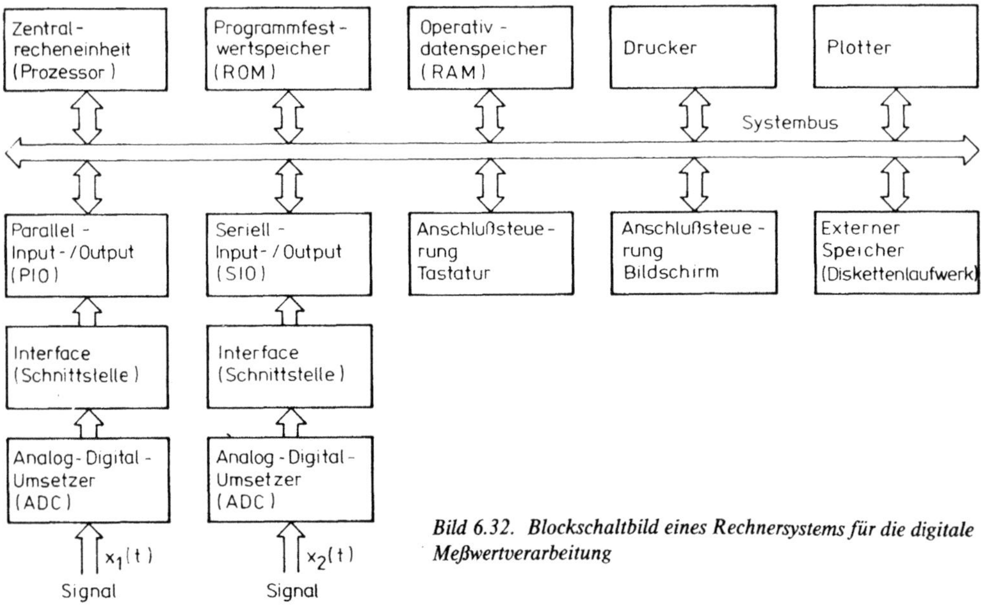

Bild 6.32. Blockschaltbild eines Rechnersystems für die digitale Meßwertverarbeitung

Meßwertspeicherung

Meßwerte können mit zwei unterschiedlichen Methoden gespeichert werden:

1. Speicherung von Meßdaten in vom Menschen erfaßbarer Form als Zwischen- und Endresultate.

2. Speicherung von Meßdaten in maschinenlesbarer Form als Zwischenspeicherung bei räumlicher und zeitlicher Trennung von Meßwertaufnahme und Meßwertanalyse und zur abrufbaren Ablage von Diagnoseergebnissen.

Der Mensch erfaßt Meßwerte fast ausschließlich optisch durch Anzeige- und Registriergeräte, seltener akustisch durch Lautsprecher.

Anzeigegeräte

Anzeigegeräte machen Meßwerte visuell sichtbar. Sie sind nicht in der Lage, Meßwerte zu speichern. Zum Einsatz gelangen:

- analoge Anzeigeinstrumente auf der Basis von Spannungs-, Strom- und Leistungsmessung
- digitale Anzeigeinstrumente (Ziffernanzeigeröhren, LED-Lumineszenz- oder Leuchtdioden, LCD-Flüssigkristallanzeiger)
- Sichtgeräte (Display) zur Ausgabe von alphanumerischen Informationen und grafischen Funktionsverläufen.

Registriergeräte

Registriergeräte erfassen die Meßergebnisse für den Menschen lesbar auf einem Sichtträger (Hardcopy). Zum Einsatz gelangen:

- analoge Schreiber (elektromechanische Schnellschreiber, Pegel- und Kompensationsbandschreiber, x, y- oder 2-Komponentenschreiber) zur Wiedergabe fluktuierender Funktionsverläufe
- digitale Drucker (Serien- und Paralleldrucker, Schreibmaschinen der EDV-Peripherie, Bürocomputer) zum alphanumerischen Meßwertausdruck
- Sichtgeräte auf analoger Basis mit digitaler Ansteuerung (z. B. Terminal, x, y-Plotter).

Registriergeräte sind in der Meßkette die Geräte mit der geringsten Datenverarbeitungsgeschwindigkeit.

Maschinenlesbare Speicherung

Speicherung und Abruf der Informationen bei der maschinenlesbaren Speicherung erfolgt ohne Zwischenschaltung der menschlichen Sinnesorgane. In der Diagnostik haben sich im Einsatz bewährt:

- Speicherung auf magnetischen Datenträgern (Magnetband, Magnetplatte, Magnetkarte) für analoge und digitale Speicherung mit dem Vorteil langer Speicherzeiten auch im spannungslosen Zustand der Verarbeitungseinheit
  Hochfrequente Signale können auf dem Magnetband bis zu Frequenzen von einigen MHz gespeichert werden.
- Lochkarten- und Lochbandspeicherung für niederfrequente Meßdaten
- Speicherung in hochintegrierten mikroelektronischen Speicherschaltkreisen (RAM – random access memory, beliebig zugreifbare Speicher) in digitaler Form.

In der Betriebspraxis ist gegenwärtig der Magnetbandspeicher für die Vor-Ort-Diagnostik am besten geeignet. Der Trend führt aber auch zu Diagnosegeräten mit internen Speichern, die Meßwerte für die Übertragung in zentrale Meßwertverarbeitungszentren zwischenspeichern. Mit der Einführung komplexer Prozeß- bzw. Diagnoserechner kann die dem Rechner zugeordnete Speicherkapazität immer mehr für die Datenspeicherung genutzt werden.

6.3. Mechanische Schwingungen als Diagnosemerkmale

6.3.1. Maschinendiagnose durch Messung mechanischer Schwingungen

Die Messung mechanischer Schwingungen wird seit Jahrzehnten erfolgreich für die Einschätzung des Verhaltens von Maschinen und Anlagen angewendet. Zielrichtungen dieser Messungen waren vor allem die Lärmbekämpfung sowie die Sicherung der Maschinen und ihrer Umgebung vor unzulässig hohen Beanspruchungen infolge hoher Schwingungsamplituden. Aufgaben der Schwingungsmessung waren deshalb [6.14]:

- Messung mechanischer Schwingungen zum Vergleich mit Normativen
- Messung der Erregungsgrößen für mechanische Systeme
- Bestimmung des dynamischen Verhaltens mechanischer Elemente und Systeme
- Parameteranalyse.

Für diese Gebiete hat sich eine ausgereifte Meßtechnik entwickelt, und eine umfangreiche Fachliteratur ist vorhanden, z. B. [6.7] [6.8] [6.10] [6.14].

Die entwickelten Methoden (vgl. Abschn. 6.1.) und die vorhandene Gerätetechnik (Abschn. 6.2.) sind aber auch geeignet, Aussagen über das Abnutzungsverhalten und über Schädigungen von Maschinenteilen und Anlagenkomponenten ohne Demontagen während des laufenden Betriebes zu erhalten. Die Messungen mechanischer Schwingungen an feststehenden und rotierenden Teilen von Maschinen und Anlagen, vor allem an Wellen, Lagerböcken, Gehäusen von Maschinen, Trägerkonstruktionen und Rohrleitungen, haben sich gegenwärtig als technisch mögliche und praktisch anwendbare Diagnoseverfahren durchgesetzt. Sie vereinen die Vorteile eines hohen Aussagegehalts der Signale mit denen der relativ einfachen Durchführung der Messung.

6.3.2. Meßgrößen und Maßeinheiten

Die Wechselwirkungen zwischen Kräften und Bewegungsgrößen sind Ursachen für die Nutzung von mechanischen Schwingungsgrößen als Diagnosemerkmal. Bei mechanischen Schwingungssystemen sind für die Diagnose translatorische (geradlinige) und rotatorische (umlaufende) Bewegungen der Massen von Bedeutung. Die Größen für Bewegung und Kraft bei Translation sind denen bei Rotation analog. Eine Übertragung von Gesetzmäßigkeiten translatorischer Schwingungsvorgänge auf rotatorische ist in einfacher Weise möglich. Tafel 6.4 stellt die üblichen Meß- und Berechnungsgrößen mechanischer Schwingungen zusammen und vermittelt die *Analogie zwischen Translation und Rotation*.

Tafel 6.4. Beschreibung translatorischer und rotatorischer Schwingungsgrößen

	Translation	Rotation
Bewegungs- und Kraftgrößen	Weg, Auslenkung s	Drehwinkel φ
	Geschwindigkeit $v = \frac{ds}{dt} = \dot{s}$	Winkelgeschwindigkeit $\omega = \frac{d\varphi}{dt} = \dot{\varphi}$
	Beschleunigung $a = \frac{dv}{dt} = \frac{d^2s}{dt^2} = \ddot{s}$	Winkelbeschleunigung $\alpha = \frac{d\omega}{dt} = \frac{d^2\varphi}{dt^2} = \ddot{\varphi}$
	Kraft F	Drehmoment M
Elemente des ungedämpften Schwingungssystems	Masse m	Massenträgheitsmoment I
	Federkonstante $c = \frac{F}{s}$	Drehfederkonstante $c = \frac{M}{\varphi}$
Bewegungsgesetz	für m = konstant: $F = \frac{d}{dt}(m \cdot \dot{s}) = m \cdot \ddot{s}$	für I = konstant: $M = \frac{d}{dt}(I \cdot \dot{\varphi}) = I \cdot \ddot{\varphi}$

Schwingungsvorgänge können durch die Auslenkung s, die Schwinggeschwindigkeit v oder durch die Beschleunigung a charakterisiert werden. Diese Parameter stehen in definiertem Zusammenhang:

$$a = \frac{dv}{dt} = \frac{d^2s}{dt^2} \tag{6.85}$$

$$s = \int v \, dt = \iint a \, dt^2 . \tag{6.86}$$

Für harmonische Schwingungen gilt:

$$s = \frac{v}{\omega} = \frac{v}{2\pi f} \tag{6.87}$$

$$s = \frac{a}{\omega^2} = \frac{a}{(2\pi f)^2} . \tag{6.88}$$

Bei jeder Integration des Signals wird durch $\omega = 2\,\pi f$ dividiert. Für die praktische Meßtechnik bedeutet das, daß bei höheren Frequenzen das Beschleunigungssignal am größten ist. Bei höheren Frequenzen ist deshalb der Messung der Geschwindigkeit und der Beschleunigung der Vorzug zu geben. Bei Frequenzen größer 1 kHz ist die Messung der Beschleunigung a die zweckmäßigste Methode. Die Frequenzabhängigkeit von Auslenkungs-, Geschwindigkeits- und Beschleunigungsamplitude eines gemessenen Signals zeigt Bild 6.33.

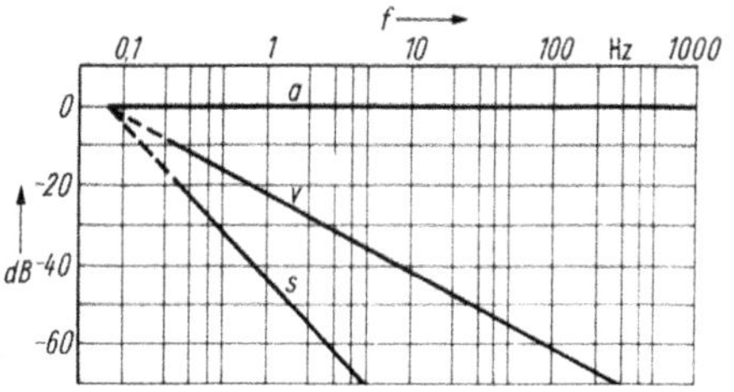

Bild 6.33. Frequenzabhängigkeit der Intensität von Weg, Geschwindigkeit und Beschleunigung
a Beschleunigung; *v* Geschwindigkeit; *s* Auslenkung, Weg

Die Maßeinheiten der Schwingungsmeßgrößen beruhen auf den Grundeinheiten Meter, Kilogramm und Sekunde des Internationalen Einheitensystems. Schwingungsintensitäten werden ausgewiesen für die Auslenkung s in μm und mm, für die Geschwindigkeit v in $\mu m \cdot s^{-1}$ und $mm \cdot s^{-1}$ sowie für die Beschleunigung a in $mm \cdot s^{-2}$.

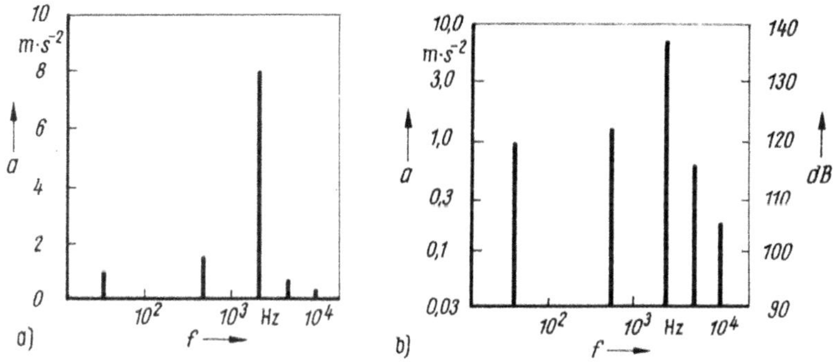

Bild 6.34. Vergleich zweier Amplitudenspektren mit linearer und Dezibel-Skale
a) lineare Skale; b) Dezibel- (dB-) Skale
$a_{Bezug} = 1\ \mu m \cdot s^{-2}$

Für spektrale Darstellungen von Schwingungsmessungen ist die lineare Intensitätsangabe nicht immer vorteilhaft. So können beispielsweise kritische Schwingungskomponenten ein viel höheres Intensitätsniveau haben als die Drehfrequenz. Durch eine logarithmische Skale kann die Anschaulichkeit verbessert werden, ohne die Genauigkeit einzuschränken (Bild 6.34). Als Maß für eine logarithmische Darstellung wird das Dezibel verwendet, und zwar

$$dB = 20 \cdot \lg \frac{a}{a_0} \tag{6.89}$$

für Beschleunigung, Spannung u. ä. sowie

$$dB = 10 \cdot \lg \frac{P}{P_0} \tag{6.90}$$

für Leistung und für Energie.

Bezugswerte sind in einigen Ländern genormt. Eine Zusammenstellung nach ISO vermittelt Tafel 6.5. Auch für die Einschätzung von Leistungs- und Qualitätsparametern der Signalverarbeitungstechnik wird die dB-Skale verwendet. Es empfiehlt sich eine kritische Betrachtung der verwendeten Bezugswerte.

Tafel 6.5. Bezugswerte zur Ermittlung von dB-Werten (nach [6.21])

Signal		Gleichung	Bezugsniveau
Geschwindigkeit	v	$20 \lg v/v_0$	$v_0 = 10^{-9}\,m \cdot s^{-1}$
Beschleunigung	a	$20 \lg a/a_0$	$a_0 = 10^{-6}\,m \cdot s^{-2}$
Kraft	F	$20 \lg F/F_0$	$F_0 = 10^{-6}\,N$
Druck	p	$20 \lg p/p_0$	$p_0 = 20 \cdot 10^{-6}$ Pa für Luft
			$p_0 = 10 \cdot 10^{-6}$ Pa für übrige Medien
Leistung	P	$10 \lg P/P_0$	$P_0 = 10^{-12}\,W$
Energie	E	$10 \lg E/E_0$	$E_0 = 10^{-12}\,J$

Tafel 6.6. Umrechnung von dB-Werten auf Beschleunigungs- bzw. Spannungs- und Leistungswerte

dB	a/a_{Bez}	P/P_{Bez}
100	100 000	10^{10}
80	10 000	10^{8}
60	1 000	10^{6}
40	100	10^{4}
20	10	100
10	3,2	10
1	1,12	1,26
0	1	1
– 20	0,1	0,01
– 40	0,01	0,0001
– 60	0,001	0,000 001

In Tafel 6.6 sind die Umrechnungen von Beschleunigungswerten sowie Leistungswerten in dB-Werte tabelliert.

6.3.3. Diskrete Frequenzen als Diagnosemerkmale

Schädigungen sind immer die Folge von Beanspruchungen. Treten zyklische Beanspruchungen auf, können sie durch die Erregerfrequenzen und ihre Intensität charakterisiert werden. In der bekannten Bewegungsgleichung

$$m\ddot{x} + b\dot{x} + cx = F_0 \cdot \sin \Omega t \tag{6.91}$$

kennzeichnet Ω die Erregerfrequenz, mit der die Beanspruchung in Form einer Kraft F_0 eingeleitet wird.

Schädigungen treten aber auch immer an einzelnen konkreten Baugruppen oder Bauteilen auf. Ihre Diagnose ist deshalb an Eigenschaften dieser Baugruppen oder Bauteile gebunden. Geeignet für die Schwingungsdiagnostik sind die Eigenfrequenzen von Bauteilen, da sie deren Steifigkeits- und Massenverhältnisse charakterisieren. Eigenfrequenzen können durch Lösung von Gleichung (6.91) ermittelt werden.

Werden Bauteile im Bereich ihrer Eigenfrequenzen angeregt, kommt es zu Resonanzerscheinungen mit erhöhtem Schwingungspegel in Abhängigkeit von der wirkenden Dämpfung (Bild 6.35). Sowohl Änderungen der Frequenzen als auch Änderungen der Intensität können als Diagnosemerkmale verwendet werden.

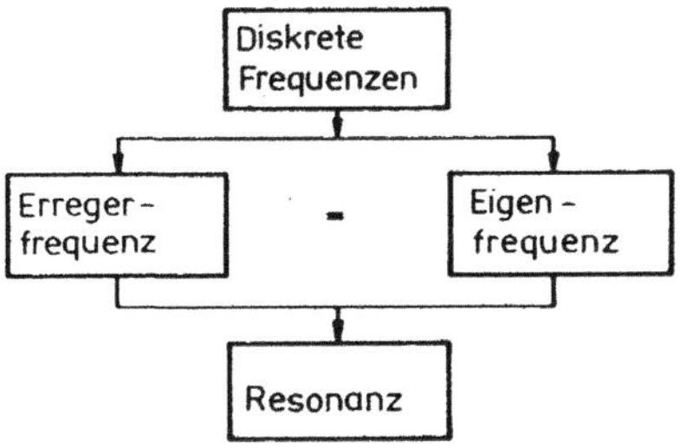

Bild 6.35. Diskrete Frequenzen

Durch diese Vorgänge bedingt sind folgende Diagnosemerkmale gewinnbar:

1. globale Bewertung des Gesamtschwingungsniveaus durch geeignete Kenngrößen oder Kennzahlen als Maß erhöhter Beanspruchung oder zunehmender Schädigung
2. Messung und Bewertung der Erregerfrequenzen als Maß der Beanspruchung und der durch Schädigungsprozesse zusätzlich erzeugten Beanspruchung (z. B. Überrollung von Pittings bei der Wälzlagerschädigung)
3. Messung und Bewertung der Resonanz zwischen Erregerfrequenz und Eigenfrequenz als Maß der Beanspruchung und der Schädigung. Eine begrenzte Ortung von Bauteilen ist möglich.

Erreger- und Eigenfrequenzen werden als „diskrete" oder „natürliche" Frequenzen bezeichnet und sind von besonderer Bedeutung. Die mathematische Beschreibung der konkreten Schwingungsvorgänge bei Beachtung der wirkenden Randbedingungen ist theoretisch anspruchsvoll und sollte durch Spezialisten erfolgen. Der Einfluß der Schädigung auf Schwingungsvorgänge ist theoretisch nur für ausgewählte Einzelprobleme erforscht. Erregerfrequenzen und Eigenfrequenzen können für konkrete Objekte und konkrete Bewegungsformen errechnet werden [6.22] [6.23]. Für komplizierte Strukturen sind spezielle Berechnungsmodelle zu entwickeln. Eine experimentelle Ermittlung ist durch künstliche Schwingungsanregung möglich. Auch durch Korrelationsuntersuchungen von Meßsignalen sind diskrete Frequenzen ermittelbar. Für einfache, häufig auftretende Baugruppen werden die Berechnungsgleichungen im folgenden zusammengestellt.

Feder-Masse-Schwinger

Für die Bewegung der freien ungedämpften Feder-Masse-Schwinger läßt sich die Eigenfrequenz einfach ermitteln zu

$$f = \frac{1}{2\pi} \sqrt{\frac{c}{m}}\,, \tag{6.92}$$

mit c der Federkonstanten und m der als Punktmasse angenommenen Masse. In vielen praktischen Anwendungsfällen kann die Bewegung eines schwingenden Bauteils auf diese Schwingungsform zurückgeführt werden. Dann muß allerdings die reale Masse der Feder oder des schwingenden Stabes berücksichtigt werden. Es kann nachgewiesen werden [6.10], daß sich die Ersatzmasse m für Stäbe konstanten Querschnitts bildet aus

$$m = m_p + \frac{1}{3} m_s\,, \tag{6.93}$$

mit m_p schwingende Masse und m_s Masse des Stabes.

Ein Beispiel soll die Verfahrensweise demonstrieren. Für die Diagnose der Schädigung von Regelventilspindeln ist die Ermittlung der Eigenfrequenz dieser Spindeln erforderlich. Schwingungen von Spindeln treten als Längs-(Dehnungs-) und Biegeschwingungen auf. Mit guter Näherung kann für die Berechnung der Eigenfrequenzen ein Einmassensystem, bestehend aus einem fest eingespannten Stab (Ventilspindel) und einer Punktmasse (Ventilkorb) aus dem konstruktiven Aufbau (Bild 6.36) abgeleitet werden (Tafel 6.7.) [6.24] [6.25]. Die Vergleichsmasse m erhält man nach Gl. (6.93) aus der Masse des Korbes und der Masse der Spindel. Die Federkonstante c ist abhängig von den Einspannverhältnissen und der Belastungsrichtung (vgl. Tafel 6.7).

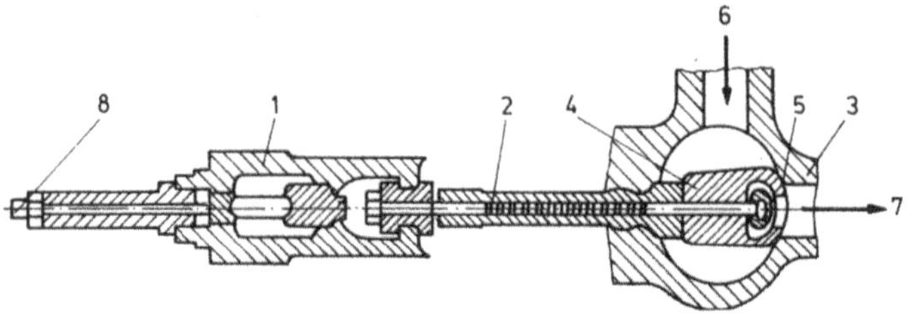

Bild 6.36. Regelventil einer Dampfturbine

1 Ventilbetätigung; *2* Ventilspindel; *3* Gehäuse; *4* Ventilkorb; *5* Ventilsitz; *6* Dampfeintritt; *7* Dampfaustritt; *8* Schwingungsaufnehmer

Tafel 6.7. Modell der Ventilspindelschwingung

Schwingungsform	Schwingungsmodell	Federkonstante
Längsschwingung		$c = \frac{E \cdot A}{l}$ mit $A = \frac{\pi}{4} \cdot d^2$
Biegeschwingung	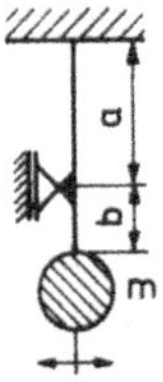	$c = \frac{3\,E \cdot I}{(a+b) \cdot b^2}$ mit $I = \frac{\pi}{64} \cdot d^4$

Eine weitere Abhängigkeit ergibt sich aus der Lage der Stützstelle für die Biegeschwingung. Die Eigenfrequenzen für Längs- und Biegeschwingung können dann nach Gl. (6.92) berechnet werden.

Eigenfrequenzen und Schwingungsformen des geraden Balkens

Für den geraden Balken können vier Verformungsmöglichkeiten definiert werden:

1. Biegung um die Hauptachse I
2. Biegung um die Hauptachse II
3. Dehnung in Längsrichtung
4. Torsion um die Längsachse

Die Eigenfrequenzgleichungen für diese Verformungen lauten:

Biegung:

$$f_{\mathrm{B},k} = \frac{C_k}{2\pi \cdot L^2} \cdot \sqrt{\frac{E \cdot I_{\mathrm{I,II}}}{\varrho \cdot A}} \qquad k = 1, 2, \ldots \tag{6.94}$$

Dehnung:

$$f_{\mathrm{D},k} = \frac{C_k}{2\pi \cdot L} \cdot \sqrt{\frac{E}{\varrho}} \qquad k = 1, 2, \ldots \tag{6.95}$$

Torsion:

$$f_{\mathrm{T},k} = \frac{C_k}{2\pi \cdot L} \cdot \sqrt{\frac{G \cdot I_{\mathrm{T}}}{\varrho \cdot I_{\mathrm{p}}}} \qquad \mathrm{k} = 1, 2, \ldots \tag{6.96}$$

In Abhängigkeit von der Ordnung der Schwingung ($k = 1, 2 \ldots$) sind die Werte C_k der Tafel 6.8 zu entnehmen. In den Gleichungen (6.94 bis 6.96) bedeuten weiterhin: L Länge des Balkens,

Tafel 6.8. Korrekturfaktoren für die Berechnung von Eigenfrequenzen höherer Ordnung des geraden Balkens (nach [6.22])

Lagerung	Biegung C_1	C_2	$C_{k>2}$	Dehnung C_k	Torsion C_k
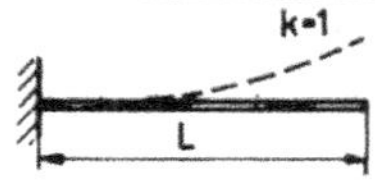	1,875	4,694	$\frac{2k-1}{2}\pi$	$\frac{2k-1}{2}\pi$	$\frac{2k-1}{2}\pi$
	4,730	7,853	$\frac{2k+1}{2}\pi$	$k \cdot \pi$	$k \cdot \pi$
	4,730	7,853	$\frac{2k+1}{2}\pi$	$k \cdot \pi$	$k \cdot \pi$
	3,927	7,069	$\frac{4k+1}{4}\pi$	–	–
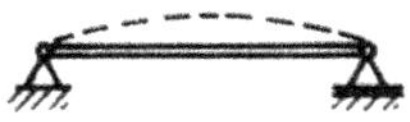	π	2π	$k \cdot \pi$	–	–
	3,927	7,069	$\frac{4k+1}{4}\pi$	–	–

A Querschnitt des Balkens, I Trägheitsmoment des Balkens (I Hauptachse I, II Hauptachse II, T Torsionssteifigkeit, p polar), G Schubmodul, ϱ Dichte des Materials.

Drehbewegung einer Welle

Charakteristische Frequenzen der Drehbewegung einer Welle sind die Drehfrequenz und ihre Oberschwingungen

$$f_{nk} = k \cdot n, (k = 1, 2 \ldots) \tag{6.97}$$

mit n Drehzahl und k Faktor zur Berechnung der Grundschwingung ($k = 1$) und der Oberschwingungen ($k > 1$).

Der Rotor wird aufgrund seiner elastischen Eigenschaften durch drehzahlsynchrone Kraftkomponenten, wie Restunwucht, Montageversatz u. ä., zu einer erzwungenen, harmonischen Biegeschwingung angeregt. Eine ideal sinusförmige Schwingung wird durch Nichtlinearitäten im Spannungs-Dehnungsverlauf der Welle, Nichtlinearitäten der Federsteifigkeiten der Stütz stellen, Schwankungen des Antriebsmoments und besonders durch eine große Anzahl unzulässiger Beanspruchungen gestört [6.26]. Dadurch treten Oberwellen der Drehfrequenz auf. Die erste *Oberwelle* f_{n2} der Drehfrequenz entsteht i. allg. infolge Kraftwirkung des Antriebsaggregats; höhere Harmonische f_{nk} der Drehfrequenz ($k = 3, 4, 5$) entstehen bei symmetrischer Deformation als ungeradzahlige, bei asymmetrischer Deformation als geradzahlige Vielfache der Grundfrequenz.

Eigenfrequenzen von Rotoren sind abhängig von der Masseverteilung auf den Rotoren durch unterschiedlich gestaltete Räder, Scheiben u. ä., die Art der Kupplung unterschiedlicher Rotoren und weiteren Einflußfaktoren. Berechnungsgleichungen findet man in [6.10] und [6.23].

Wälzlagerkinematik

Die Bewegung der Wälzkörper im Käfig und auf den Laufflächen, die die Art und Höhe der Beanspruchung, ihren Zyklus und die Dauer charakterisieren, erzeugen auf den Wälzbahnen periodische Druckkräfte. Diese Wälzkörperdruckkräfte rufen Deformationen hervor, in deren Folge periodische Schwingungen entstehen. Schädigungen an überrollten Oberflächen können diese Schwingungen verstärken. Damit sind sie als Diagnosemerkmale anwendbar. Für Kugellager mit radialer und axialer Belastung (Rillenkugellager, Schrägkugellager u. ä.) ergeben sich mit den Abmessungen nach Bild 6.37 folgende charakteristische Frequenzen für den Fall des idealen Rollens [6.2]:

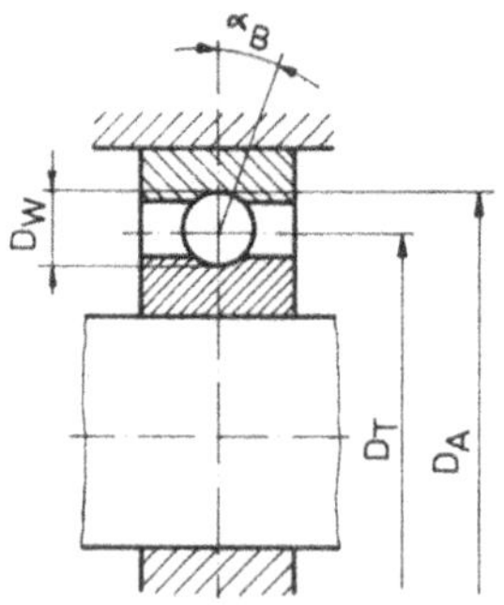

Bild 6.37. Wälzlagerabmessungen

α_B Betriebsdruckwinkel; D_W Wälzkörperdurchmesser; D_T Teilkreisdurchmesser; D_A Durchmesser der Wälzbahn des Außenringes

Rotationsfrequenz des Käfigs:

$$f_{KÄ} = \frac{1}{2} f_n \cdot \left(1 - \frac{D_W}{D_T} \cdot \cos \alpha_B\right) \tag{6.98}$$

Überrollfrequenz des Außenringes:

$$f_A = \frac{1}{2} f_n \cdot z \cdot \left(1 - \frac{D_W}{D_T} \cdot \cos \alpha_B\right) \tag{6.99}$$

Überrollfrequenz des Innenringes:

$$f_I = \frac{1}{2} f_n \cdot z \cdot \left(1 + \frac{D_W}{D_T} \cdot \cos \alpha_B\right) \tag{6.100}$$

Wälzkörperrotationsfrequenz:

$$f_{WA} = \frac{1}{2} f_n \cdot \frac{D_T}{D_W} \cdot \left[1 - \left(\frac{D_W}{D_T} \cdot \cos \alpha_B\right)^2\right] \tag{6.101}$$

Überrollfrequenz einer Kugelunregelmäßigkeit auf beiden Wälzbahnen:

$$f_W = 2 f_{WA} = f_n \cdot \frac{D_T}{D_W} \cdot \left[1 - \left(\frac{D_W}{D_T} \cdot \cos \alpha_B\right)^2\right]. \tag{6.102}$$

Es kann nachgewiesen werden, daß der Einfluß der Axialkraft auf den Druckwinkel und auf die Überrollfrequenzen klein ist. Bei einer Vergrößerung der Axialkraft um das Hundertfache ergeben sich für Schrägkugellager mittlerer Abmessungen Frequenzabweichungen von maximal 2 % [6.2]. Solche Abweichungen sind mit der zur Verfügung stehenden Diagnosetechnik kaum meßbar.

Für Wälzlager ohne Axialbelastung können die Gleichungen (6.98) bis (6.102) mit $\cos \alpha_B = 1$ ebenfalls angewendet werden.

Für Axiallager mit $\alpha_B = 90°$ gilt:

$$f_I = f_A \tag{6.103}$$

$$f_{KÄ} = 0{,}5 \cdot f_n \,. \tag{6.104}$$

Für Wälzlager mit einseitiger Wälzkörperführung (z. B. Schrägkugellager mit hoher Belastung) ist die Bohr- und Gleitbewegung der Wälzkörper auf den Wälzbahnen zu beachten. Die Überrollfrequenzen ermittelt man mit speziellen Gleichungen, vgl. z.B. [6.2]. Bleibt dieser Vorgang unberücksichtigt, können Fehler bis zu 7 % bei der Ermittlung der Überrollfrequenzen entstehen [6.27]. Schwingungen an Wälzlagern werden aus praktischen Gründen am Gehäuse oder am feststehenden Außenring gemessen. Von den Bauteileigenfrequenzen des Wälzlagers ist deshalb die Eigenfrequenz des Außenringes von besonderem Interesse. Die dominierende Schwingungsform ist die Biegeeigenschwingung in der Ebene des Außenringes. Sie kann als die Schwingung eines kreisförmigen Ringes mit symmetrischem Umfang angenähert werden [6.28]:

$$f_{AR,k-1} = \frac{k(k^2-1)}{\sqrt{(k^2+1)}} \cdot \frac{1}{D_A^2} \cdot \sqrt{\frac{E \cdot I_z}{\varrho \cdot F}} \tag{6.105}$$

mit I_z Trägheitsmoment des Außenringes, ϱ Materialdichte, $k = 2, 3$ zur Berechnung der Grundschwingung und der 1. Oberschwingung. Nähert man zur Berechnung des Trägheitsmoments den Außenring mit der Breite B und einem äquivalenten Durchmesser H an, wird Gleichung (6.105) nach [6.29] zu:

$$f_{AR,k-1} = 0{,}41 \cdot 10^{-3} \cdot \frac{k(k^2-1)}{\sqrt{(k^2+1)}} \cdot \frac{1}{D_A^2} \sqrt{B \cdot D_A \cdot \left(1 - \frac{H}{D_A}\right)}, \tag{6.106}$$

mit $k = 2, 3$.

Die Eigenfrequenz einer Kugel kann nach [6.23] aus

$$f_{KR} = \frac{0{,}848}{D_W} \cdot \frac{E}{2\varrho} \tag{6.107}$$

berechnet werden. Bei für Wälzlager verwendeten Stahlkugeln (E, ϱ von Stahl) wird mit dem Kugeldurchmesser D_W (in mm)

$$f_{KR} = \frac{3076}{D_W} \text{ kHz}. \tag{6.108}$$

Getriebekinematik

Für Untersuchungen von Getrieben interessieren die Frequenzen beim Eingriff der Zähne und die Erregerfrequenzen exponierter Stellen der Getrieberäder. Für ein- und zweistufige Getriebe (Bild 6.38) berechnet man die typischen Frequenzen zu:

Überrollfrequenz Rad 1

$$f_{n,1} = n_1 \tag{6.109}$$

Überrollfrequenz Rad 2

$$f_{n,2} = n_2 = \frac{z_1}{z_2} \cdot n_1 \tag{6.110}$$

Überrollfrequenz Rad 3

$$f_{n,3} = n_3 = \frac{z_2}{z_3} \cdot n_2 = \frac{z_1}{z_2} \cdot \frac{z_2}{z_3} \cdot n_1 \tag{6.111}$$

Zahneingriffsfrequenz

$$f_Z = z_1 \cdot n_1 = z_2 \cdot n_2 = z_3 \cdot n_3 . \tag{6.112}$$

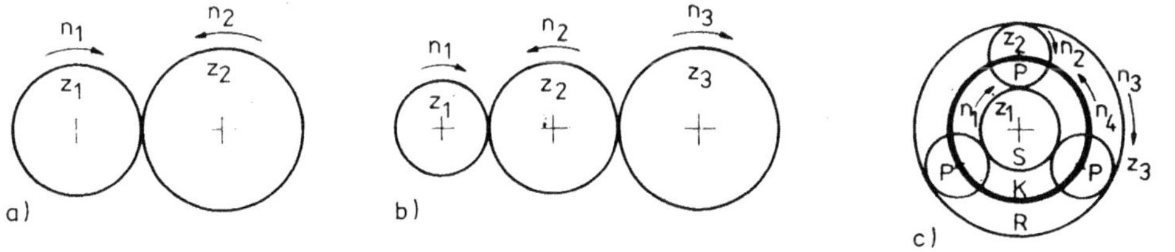

Bild 6.38. Kinematische Parameter an Getrieben

a) einstufiges Stirnradgetriebe; b) zweistufiges Stirnradgetriebe; c) Planetengetriebe

n_1, n_2, n_3, n_4 Getrieberäderdrehzahl; z_1, z_2, z_3 Zähnezahl der Getrieberäder; S Sonnenritzel; K Käfig; R Außenring; P Planetenrad

Für Planetengetriebe (Bild 6.38c) sind die verschiedenen kinematischen Einsatzfälle zu beachten. Für feststehendes Sonnenritzel (S), feststehenden Käfig (K) oder feststehenden Außenring (R) ergeben sich unterschiedliche kinematische Frequenzen [6.23].

Planetengetriebe mit feststehendem Käfig
Übersetzungsverhältnis

$$\frac{n_2}{n_1} = -\frac{z_2}{z_1}; \qquad \frac{n_3}{n_1} = -\frac{z_1}{z_3} \tag{6.113}$$

Überrollfrequenz des Sonnenritzels

$$f_{n,\mathrm{S}} = k \cdot n_1 \tag{6.114}$$

(mit k Anzahl der Planetenräder, im Bild 6.38c ist $k = 3$)
Überrollfrequenz der Planetenräder

$$f_{n,\mathrm{P}} = 2 \cdot \frac{z_1}{z_2} \cdot n_1 = 2n_2 \tag{6.115}$$

Überrollfrequenz des Außenringes

$$f_{n,\mathrm{R}} = k \cdot \frac{z_1}{z_3} \cdot n_1 = k \cdot n_3 \tag{6.116}$$

Zahneingriffsfrequenz

$$f_\mathrm{Z} = z_1 \cdot n_1 = z_2 \cdot n_2 = z_3 \cdot n_3 . \tag{6.117}$$

Planetengetriebe mit feststehendem Sonnenritzel
Übersetzungsverhältnis

$$\frac{n_2}{n_3} = \frac{z_3}{z_3 - z_1}; \qquad \frac{n_4}{n_3} = \frac{z_3}{z_1 + z_3} \tag{6.118}$$

Überrollfrequenz des Sonnenritzels

$$f_{n,\mathrm{S}} = \frac{k \cdot z_3}{z_1 + z_3} \cdot n_3 = k \cdot n_4 \tag{6.119}$$

Überrollfrequenz der Planetenräder

$$f_{n,\mathrm{P}} = \frac{2 \cdot z_1 \cdot z_3}{z_2(z_1 + z_3)} \cdot n_2 = 2\,\frac{z_1}{z_2} \cdot n_4 \tag{6.120}$$

Überrollfrequenz des Außenringes

$$f_{n,\mathrm{R}} = \frac{k \cdot z_1}{z_1 + z_3} \cdot n_3 = k \cdot \frac{z_1}{z_3} \cdot n_4 . \tag{6.121}$$

Planetengetriebe mit feststehendem Außenring
Übersetzungsverhältnis

$$\frac{n_2}{n_1} = \frac{z_1}{z_1 - z_3}; \qquad \frac{n_4}{n_1} = \frac{z_1}{z_1 + z_3} \tag{6.122}$$

Überrollfrequenz des Sonnenritzels

$$f_{n,\mathrm{S}} = \frac{k \cdot z_3}{z_1 + z_3} \cdot n_1 = k \cdot \frac{z_3}{z_1} \cdot n_4 \tag{6.123}$$

Überrollfrequenz der Planetenräder

$$f_{n,\mathrm{P}} = \frac{2 \cdot z_1 \cdot z_3}{z_2 \cdot (z_1 + z_3)} \cdot n_1 = 2 \cdot \frac{z_3}{z_2} \cdot n_4 \tag{6.124}$$

Überrollfrequenz des Außenringes

$$f_{n,\mathrm{R}} = \frac{k \cdot z_3}{z_1 + z_3} \cdot n_1 = n_4 \tag{6.125}$$

Zahneingriffsfrequenz

$$f_Z = \frac{z_1 \cdot z_3}{z_1 + z_3} \cdot n_1 = z_3 \cdot n_4 \,. \tag{6.126}$$

Die Lokalisierung von Schäden ist mit Hilfe der Auswertung dieser Frequenzen bei geeigneter Messung des Frequenzspektrums an den einzelnen Bauteilen von Getrieben möglich.

6.4. Ausgewählte Schwingungsdiagnoseverfahren

Die Schwingungsdiagnostik hat ihre breiteste Anwendung bei der Überwachung von Rotor-Lager-Systemen gefunden. Der Zustand von Rotoren wird durch sog. Wellenschwingungsmeßsysteme ermittelt, der Zustand der Gleit- und Wälzlagerungen durch Messung von Lagergehäuseschwingungen (sog. Lagerbockschwingung) (Bild 6.39). Wellenschwingungsmessungen können ebenfalls Aussagen zum Zustand des Lagers vermitteln, ebenso können durch Schwingungsübertragung auf das Lagergehäuse Veränderungen des Rotors signalisiert werden.

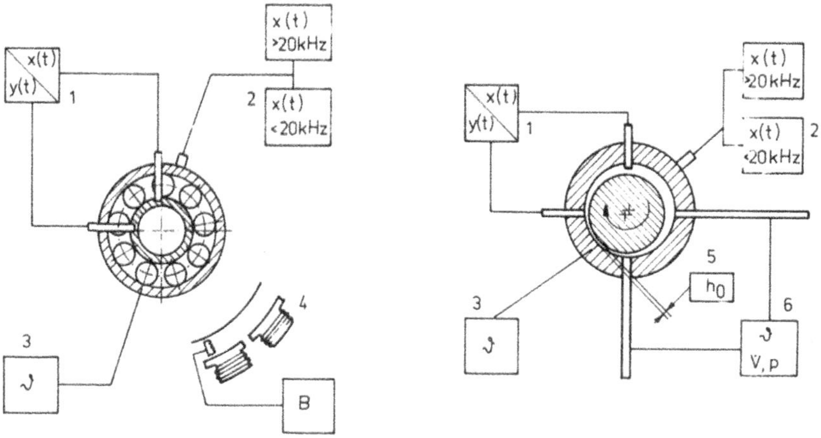

Bild 6.39. Diagnoseverfahren an Wälz- und Gleitlagern

1 Wellenschwingung; *2* Gehäuseschwingung; *3* Temperatur, *4* elektrische Größen; *5* engster Schmierspalt; *6* Schmiermittel (Menge, Druck, Temperatur, Verschmutzung)

Die Schwingungsdiagnostik wird außerdem erfolgreich für die Getriebediagnostik, für die Einschätzung von Verbrennungsmotoren, für die Beurteilung von Schädigungsprozessen an Behältereinbauten sowie für den Rißnachweis von Tragkonstruktionen eingesetzt.

Ausgewählte Beispiele sollen die Vorgehensweise und Arbeitsmethodik demonstrieren. Eine vollständige Dokumentierung aller Verfahren verbietet der Umfang dieses Buches.

6.4.1. Wellenschwingungsmessung

Rotationsmaschinen großer Leistung, wie Dampfturbinen, Gasturbinen und Verdichter, werden durch Wellenschwingungsmessungen überwacht (vgl. Bild 6.39). Die Messung erfolgt berührungslos mit dynamischen Aufnehmern (Induktivaufnehmer, s. Abschn. 6.2.3.) in horizontaler und vertikaler Anordnung je Meßstelle. Für eine Einwellenanordnung ist das Meßprinzip im Bild 6.40 dargestellt. Große Aggregate bestehen aus mehreren gekoppelten Wellen mit je 2 Meßstellen an jeder Einzelwelle. Ein Beispiel einer Meßanordnung für eine 220-MW-Dampfturbine zeigt Bild 6.41.

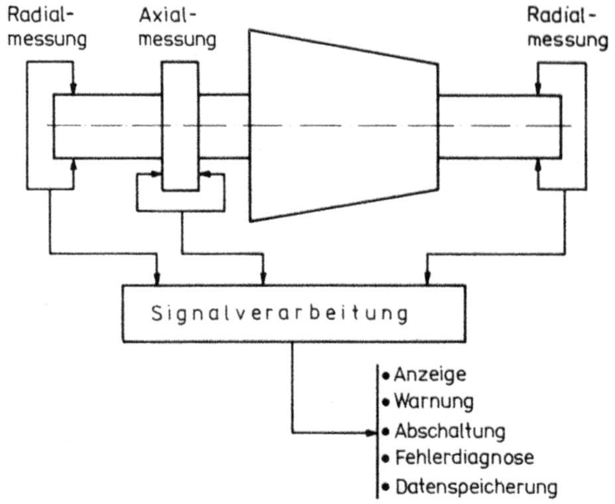

Bild 6.40. Wellenschwingungsmeßanordnung für eine Einwellenanlage

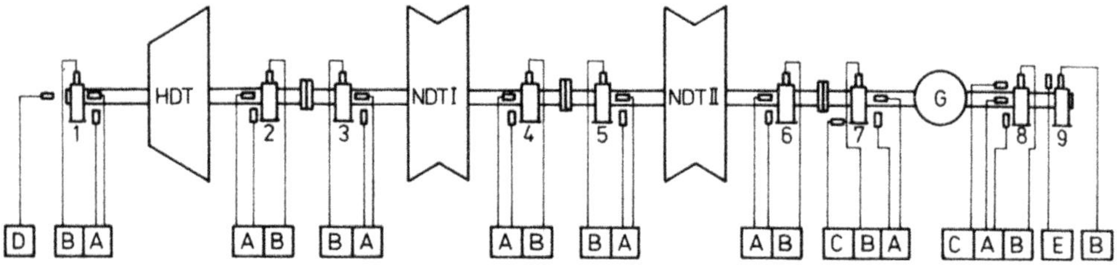

Bild 6.41. Wellenschwingungsmessung an gekoppelten Läufern einer Dampfturbine (nach [6.31])

HDT Hochdruckturbine; *NDT* I, II Niederdruckturbinen; *G* Generator; *A* Relativschwingung der Wellen zum Lager in horizontaler und vertikaler Richtung; *B* Absolutschwingung des Lagers in vertikaler Richtung; *C* Absolutschwingung des Lagers in horizontaler Richtung; *D* Absolutdehnung der Welle; *E* Tachometer oder Impulsgeber für Umdrehung

Obwohl ein allgemeines Wellenschwingungsmodell gekoppelter Wellenstränge kompliziert ist, gibt es für viele Beanspruchungs- und Schädigungsarten Diagnosealgorithmen. Folgende Schädigungen können aus Wellenschwingungsmessungen ermittelt werden [6.2] [6.16] [6.30] [6.31]:

- Unwuchten
- Materialverluste des Läufers
- thermisch oder mechanisch verkrümmte Läufer
- Anstreifen des Rotors am Gehäuse
- Lageveränderungen des Läufers
- Lagerschäden.

Als Diagnosemerkmale werden angewendet:

- Effektivwerte der Wellenschwingung
- Spitzenwerte der Wellenschwingung
- Orbitkurven der Wellenmittelpunktsbahn
- Frequenzspektren
- spezielle Kennfunktionen, z. B. Zeigerdarstellung.

Kenngrößen der Wellenschwingung

Zur Eingrenzung unzulässig hoher Unwucht infolge von Schädigung und Folgeschäden werden im niederfrequenten Bereich Grenzwerte des Gesamtschwingungsniveaus festgelegt. Für große und teure Maschinen findet man Angaben über unzulässige Wellenschwingungswerte in:

- VDI-Richtlinie 2059; Wellenschwingung von Turbosätzen (Bild 6.42a, b, c)
- VDI-Richtlinie 2060; Beurteilungsmaßstäbe für den Auswuchtzustand rotierender starrer Körper

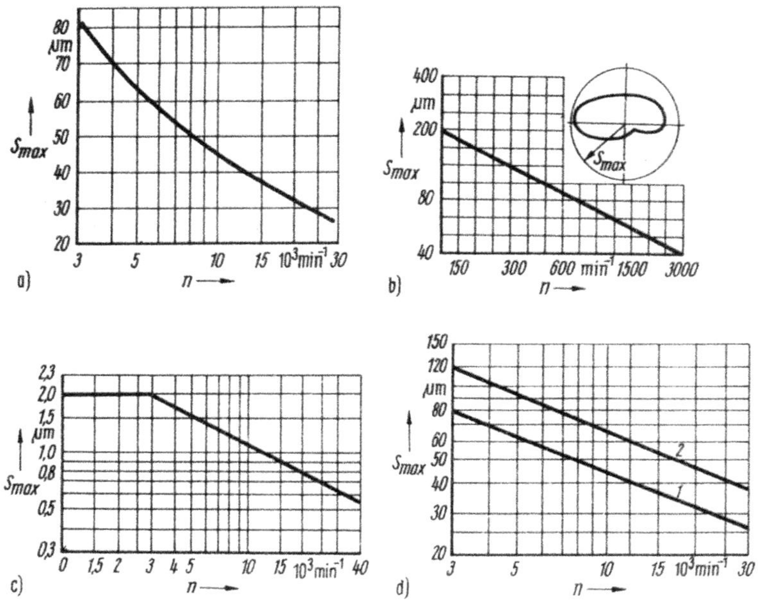

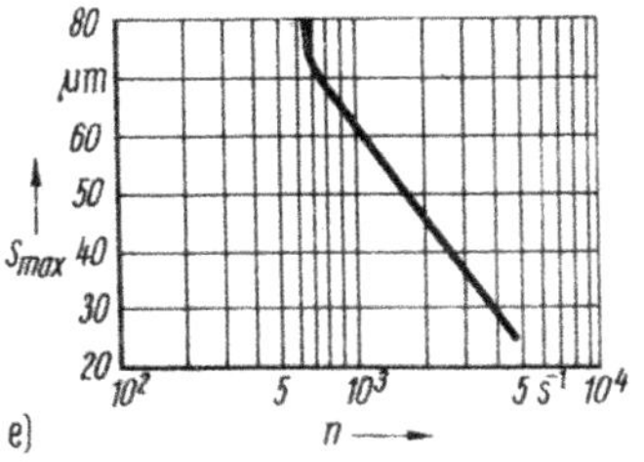

Bild 6.42. Bewertungsmaßstäbe für Wellenschwingungen

$S_{max} \triangleq \hat{x}(t)$ Spitzenwert der Auslenkung

a) Turbosätze (VDI 2059/3); b) Wasserkraftmaschinen (VDI 2059/5); c) Gasturbinen (VDI 2059/4); d) Turbosätze (API 612); *1* Alarmgabe; *2* Abschaltung; S_{max} Doppelamplitude; e) Westeuropäischer Arbeitskreis O_2-Verdichter

- Richtwerte des Westeuropäischen Arbeitskreises O_2-Turboverdichter (Bild 6.42e)
- API-Richtlinie (American Petroleum Institut, speziell für die Anwendung von Dampfturbinen in Petrolanlagen, Bild 6.46d).

Alle Angaben in den Diagrammen des Bildes 6.42 beziehen sich auf die Spitzenwerte der Wellenschwingung ($S_{max} = \hat{x}(t)$. Die Anwendung dieser Kenngrößen kann lediglich als Abschaltkriterium dienen. Für die Fehlereingrenzung sind speziellere Methoden einzusetzen.

Orbitkurve der Wellenmittelpunktsbahn

Die Messung der vertikalen und horizontalen Komponente der Wellenauslenkung erlaubt die Berechnung und Konstruktion der Wellenmittelpunktsbahn und deren Ausgabe auf einem Bildschirm. Tafel 6.9 zeigt als Beispiel die Ergebnisse von Messungen an einem ungeschädigten und einem durch Pittingbildung geschädigten Wälzlager. Die Wellenschwingungsmessung weist für einwandfreies Laufverhalten charakteristische Orbitkurven aus (für Wälzlager z. B. kreisförmige Bahnen). Störungen infolge Schädigung werden als Abweichungen von dieser Ausgangsbahn ausgewiesen.

Für große Turbomaschinen wird dieses Verfahren zur Lageüberwachung der Rotoren eingesetzt [6.30] [6.31]. Besonders bei instationären Betriebsbedingungen (z. B. An- und Abfahren) ist damit eine exakte Lageüberwachung von Rotoren möglich.

Bild 6.43 zeigt die Lageveränderung des Rotors einer Dampfturbine beim Anfahren von 0 auf 3 000 Umdrehungen je Minute. Zulässige und unzulässige Zustände, erforderliche Haltepunkte u. ä. können augenblicklich erkannt und Schlußfolgerungen für den Weiterbetrieb gezogen werden.

Tafel 6.9. Kennfunktionen einer Wellenschwingungsmessung als Diagnosemerkmal eines geschädigten Wälzlagers
n = 2 900 min^{-1}; D_T = 72,6 mm
x, y Auslenkung; $R_y(\tau)$ Autokorrelationsfunktion;
y (f) Amplitudendichte; $p(y)$ Wahrscheinlichkeitsdichte; f Frequenz

	Wälzlager einer Rotationsmaschine	
	ungeschädigt	Pittingschaden
y x	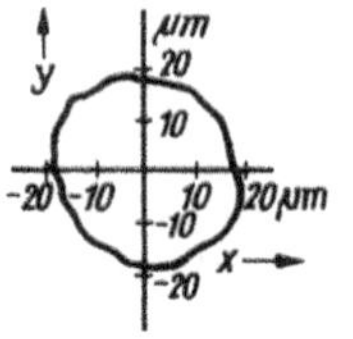	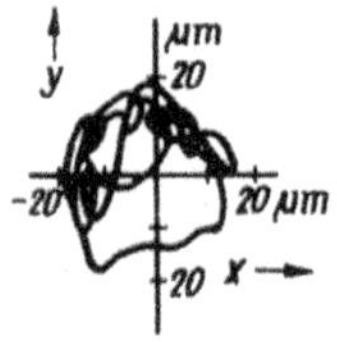
$R_y(\tau)$	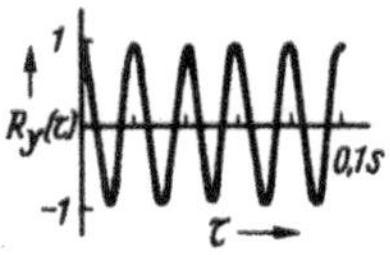	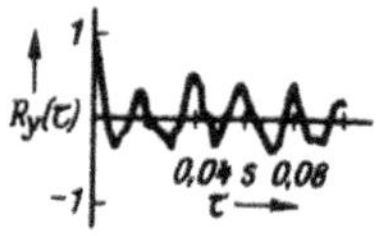
$y(f)$	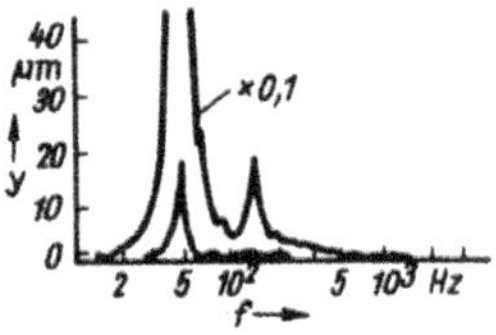	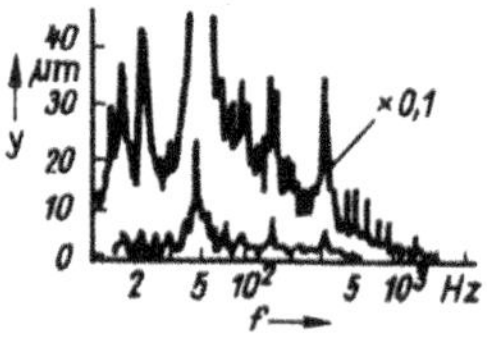
$p(y)$	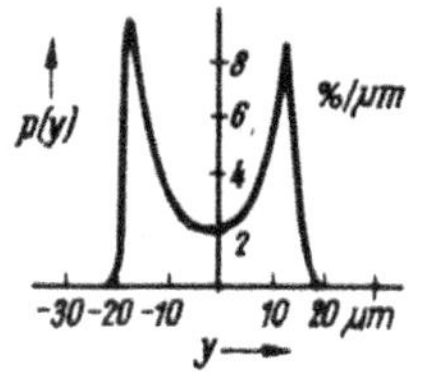	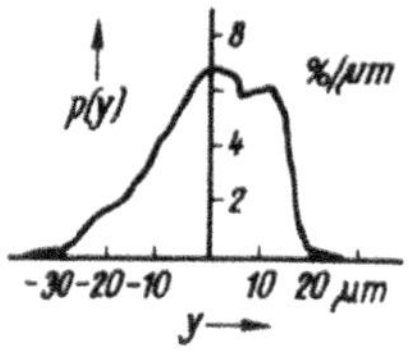

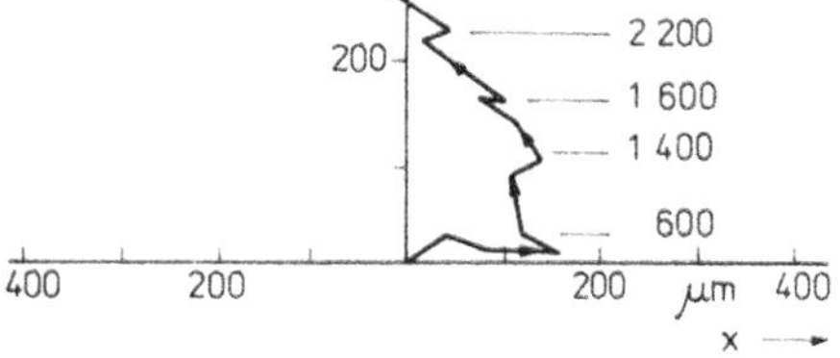

Bild 6.43. Verlagerung des Wellenzapfens einer Turbinenwelle beim Anfahrvorgang (nach [6.30])
x, y Wellenauslenkung

Signalkennfunktionen

Die Informationsextraktion durch Bildung von Signalkennfunktionen (vgl. Abschn. 6.1.4.) führt bei Wellenschwingungsmessungen zur Erkennung von Schädigungszuständen. Autokorrelationsfunktion, Spektrum und Wahrscheinlichkeitsdichte ermöglichen, geschädigte von ungeschädigten Zuständen zu unterscheiden. Die Drehfrequenz und ihre Harmonischen haben bei

Auswertungen dominierenden Charakter. Determinierte Vorgänge können von stochastischen deutlich in der Wahrscheinlichkeitsdichte unterschieden werden (vgl. Tafel 6.9).

Überwachungssysteme

Für große Turbomaschinen werden On-line-Überwachungssysteme eingesetzt. Sie ermitteln aus den Signalen der Wellenschwingung

- Kenngrößen ($\hat{x}(t)$, $\tilde{x}(t)$, $\hat{y}(t)$, $\tilde{y}(t)$)
- Orbitkurven der Wellenmittelpunktsbahn
- Spektraldarstellungen.

Die Trendbeobachtung erfolgt durch Effektivwerte und Leistungsbewertung ausgewählter Spektralkomponenten (f_{n1}, f_{n2}). Für die Tiefendiagnostik ist die spezielle Auswertung der Spektren erforderlich. Ein typisches Meßergebnis einer Wellenschwingungsmessung an einem Lager einer Dampfturbine zeigt Bild 6.44.

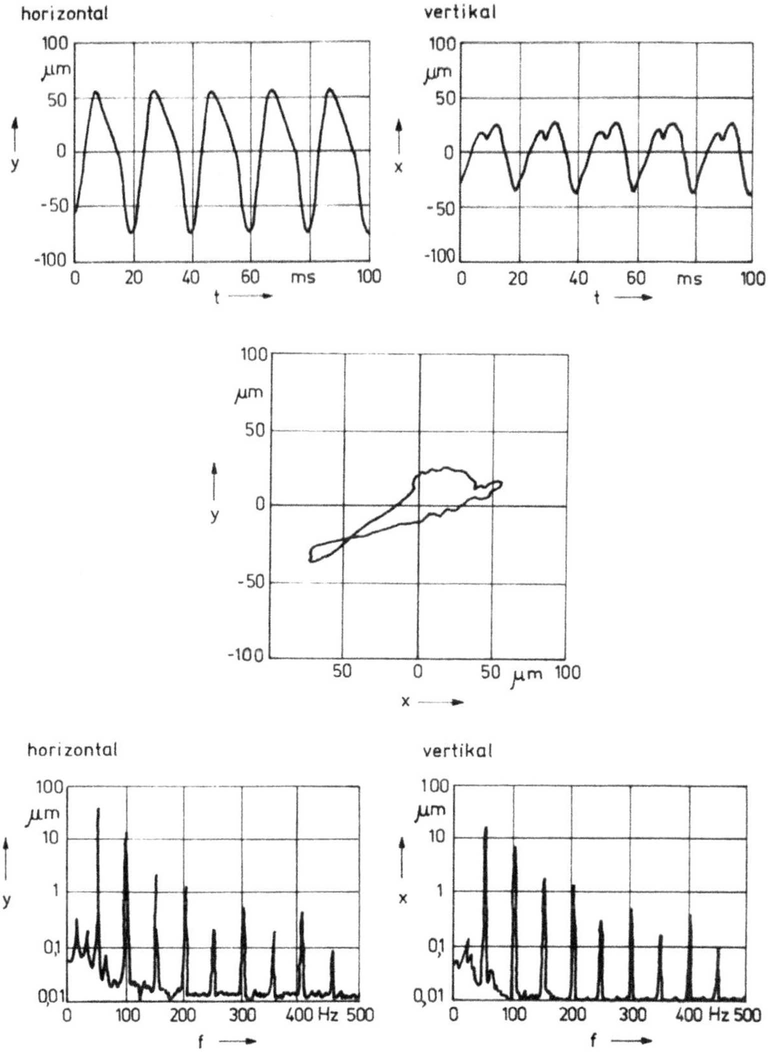

Bild 6.44. Periodische Analyse von Wellenschwingungsmessungen an einer Dampfturbine (nach [6.31])

x, *y* Wellenauslenkung; *f* Frequenz

oben: Zeitsignal; Mitte: Orbitkurve der Wellenmittelpunktsbahn; unten: Amplitudenspektrum

6.4.2. Verfahren der Schwingungsdiagnostik mit festen Klassengrenzen des Effektivwertes

Die Beurteilung des Gesamtschwingungsniveaus einer Baugruppe oder eines Bauteils kann einfach durch berührende Messung der Schwinggeschwindigkeit oder der Schwingbeschleunigung erfolgen. Bei Maschinen mit inneren rotierenden Elementen kann am Gehäuse gemessen werden. Allgemein wird mit piezosensitiven Aufnehmern (vgl. Abschn. 6.2.3.) gearbeitet. Das Schwingungsniveau wird durch Bildung des Effektivwertes $\tilde{x}(t)$ und/oder des Spitzenwertes $\hat{x}(t)$ charakterisiert.

Für Rotor-Lager-Baugruppen existieren Bewertungskriterien über zulässige Schwingungspegel. Diese Festlegungen haben zum Ziel, Schäden und Zerstörungen der Maschinen zu verhindern. Eine Differenzierung zwischen Wälz- und Gleitlagerungen wird nicht vorgenommen. Die Anwendung der aufgestellten Normative ist auf Großaggregate beschränkt. Für Gehäuseschwingungen findet man Grenzwerte in folgenden Standards:

- TGL 33 215
- VDI-Richtlinie 2056; Bewertungsmaßstäbe für mechanische Schwingungen von Maschinen
- ISO-Standard 3945; Mechanische Schwingungen großer Rotationsmaschinen mit 10 bis 200 s^{-1}, unter Angabe der Meßbedingungen und Rotordrehzahl.

Diese Schwingungsgrenzwerte sind orientierende Richtwerte, eine Differenzierung auf Lagerungs- bzw. Rotorschädigung ist nicht möglich. Bild 6.42 vermittelt die Bewertungsmaßstäbe der genannten Standards.

Für die Beurteilung von Wälzlagerschädigungen konnten durch Untersuchungen an Motoren und Pumpen differenzierte Ergebnisse erreicht werden [6.32]. Mit den Voraussetzungen Dreh-

Tafel 6.10. Abhängigkeit der Lebensdauer von der Schwingbeschleunigung der Gehäuseschwingungen von Wälzlagern

Normalbetrieb

$\tilde{x}(t)$ $m \cdot s^{-2}$	Verbrauchte Lebensdauer %
20	60...70
60	80
100	90...95
200	Restlebensdauer von wenigen Tagen
400	Ausfall kann plötzlich und mit Folgeschäden auftreten

Einlaufverhalten

$\tilde{x}(t)$ $m \cdot s^{-2}$	Zu erwartende Lebensdauer
< 20 während 1 bis 2 Tage	normal
> 20 während bis zu 7 Tage	1 Jahr
> 20 während bis zu 14 Tage	3...6 Monate

Diagnosezuverlässigkeit

$\tilde{x}(t)$ $m \cdot s^{-2}$	Diagnosezuverlässigkeit
> 20	± 10 %
> 80	± 20 %
Extreme Abweichung	± 30 %

zahlbereich 1 500 bis 3 000 $\min^{-1}$ und Ausschluß von Fremdeinflüssen wird eine Korrelation zwischen Effektivwert der Schwingbeschleunigung und Restlebensdauer angegeben:

- Für Ermüdungsschäden an Wälzlagern ist bei einem Schwellwert der Lagerschwingung von $\tilde{x}(t) = 20\ \mathrm{m \cdot s^{-2}}$ die Lebensdauer zu 60 bis 70 % verbraucht.
- Lager, die Schwingbeschleunigungswerte $\tilde{x}(t) = 60\ \mathrm{m \cdot s^{-2}}$ überschreiten, können noch mehrere Monate betrieben werden.
- Lager mit Lagergehäuse-Schwingbeschleunigungswerten $\tilde{x}(t) > 100\ \mathrm{m \cdot s^{-2}}$ können noch einige Wochen betrieben werden.
- Lager mit Werten $\tilde{x}(t) > 200\ \mathrm{m \cdot s^{-2}}$ fallen in wenigen Tagen aus.
- Während des Einlaufs neuer Lager soll die maximale Schwingbeschleunigung $\tilde{x}(t) = 20\ \mathrm{m \cdot s^{-2}}$ nicht länger als 1 bis 2 Tage auftreten, um eine normale Lebensdauer garantieren zu können. Je länger die Zeitdauer mit Schwingbeschleunigungswerten $\tilde{x}(t) > 20\ \mathrm{m \cdot s^{-2}}$, um so kürzer wird die Lebensdauer sein.

Tafel 6.10 faßt diese Ergebnisse zusammen und informiert über die erreichte Diagnosezuverlässigkeit.

6.4.3. Diagnosekennzahl $D_K(t)$

Im Abschnitt 2.4.6. konnte gezeigt werden, daß durch Kennzahlbildung die Diagnosezuverlässigkeit erhöht werden kann. Für die Lagerdiagnostik kann bei Verwendung der Effektiv- und Spitzenwerte der Schwingbeschleunigung ($\tilde{a}$, $\hat{a}$) die Diagnosekennzahl $D_K(t)$ gebildet werden:

$$D_K(t) = \frac{\tilde{a}(0) \cdot \hat{a}(0)}{\tilde{a}(t) \cdot \hat{a}(t)} . \qquad (6.127)$$

Über 1 000 Versuche an unterschiedlichsten Anlagen mit Rotor-Wälzlager-Baugruppen haben nachgewiesen, daß der $D_K(t)$-Wert von den verwendeten Kenngrößen in eindeutig bester Korrelation zum tatsächlichen Anlagenzustand steht [6.2]. Ursache dafür ist die Tatsache, daß der Ausgangszustand und der Einfluß der Beanspruchung mit diesem Verfahren eliminiert werden. Um ein praktisch handhabbares Verfahren zur Anlagenüberwachung zu erhalten, ist für den Betreiber die Zuordnung der Größe des $D_K(t)$-Wertes zu einem bestimmten Anlagenzustand notwendig. Die Bestimmung der Klassengrenzen der einzelnen Anlagenzustände erfolgte am Beispiel der Rotor-Wälzlager-Baugruppe durch Minimieren der Zuordnungsfehler. Aus Messungen an einer großen Anzahl von Wälzlagern unterschiedlichster Baugröße (Innendurchmesser 30 ... 180 mm) in verschiedenen Anlagen in einem weiten Drehzahlbereich (500 ... 5 000 $\min^{-1}$) können allgemeingültige Zustandsbereiche definiert werden (Tafel 6.11). Für eine Zustandsbestimmung ist eine Bestimmung der Ausgangsinformation bei Inbetriebnahme oder nach Instandhaltung und deren eventueller Korrektur nach Abschluß der Einlaufphase notwendig. Je nach den praktischen Gegebenheiten und den Anforderungen an die Genauigkeit der Diagnose sind drei Verfahren zur Bestimmung der Ausgangswerte möglich.

Tafel 6.11. Charakterisierung des Wälzlagerzustandes durch die Diagnosekennzahl $D_K(t)$

$D_K(t)$	Anlagenzustand
>1	Verbesserung des Wälzlagerzustandes
1 ... 0,5	Gute Eigenschaften der Baugruppe
0,5 ... 0,2	Wirkung schädigungsbeschleunigender Einflußfaktoren
0,2 ... 0,02	Wirkung des Schädigungsprozesses
$<0{,}02$	Schaden am beliebigen Bauelement

1. Die genaueste Methode ist die Vermessung von Effektivwert und Spitzenwert der untersuchten Baugruppe nach Inbetriebnahme und dem Einlaufvorgang (*individueller Ausgangswert*), die als Grundlage für die $D_K(t)$-Wert-Bestimmung der weiteren Messungen dient. Verringert sich das Schwingungsniveau dieser Messungen, so sind die Werte des niedrigsten Schwingungspegels als Ausgangswerte zu verwenden. Dieses Verfahren zeichnet sich durch höchste Genauigkeit, aber auch großen Aufwand aus, da jedes einzelne Aggregat vermessen werden muß.
2. Sind nicht so hohe Anforderungen an die Genauigkeit gestellt und existieren eine Anzahl vergleichbarer oder gleicher Anlagen, ist die Bildung eines *Ensemble-Mittelwertes* als Ausgangswert möglich. Dazu wird der Mittelwert aller oder ausgewählter Effektiv- und Spitzenwerte der einzelnen Aggregate gebildet, der dann für alle Anlagen Gültigkeit behält. Damit entfällt zukünftig die Ausgangsmessung für jede Anlage nach einer Instandhaltung. Diese Methode läßt zudem die Feststellung von Fertigungs- und Montagefehlern durch Vergleich individueller und Ensemble-Ausgangswerte zu. Der Fehler gegenüber der ersten Methode erhöht sich um rund 15 %. Für bereits in Betrieb befindliche Anlagen ist eine Bestimmung des Ausgangswertes vorzunehmen.
3. Für grobe Abschätzungen mit hohen einkalkulierten Diagnosefehlern ist die Zugrundelegung von *Normwerten* aus Modelluntersuchungen möglich. Für Wälzlager läßt sich anhand von Berechnungen aus Welligkeit und Rauheit der Wälzbahnen für eine Drehzahl von 3 000 min^{-1} ein Effektivwert $\tilde{a} = 10\ \text{m} \cdot \text{s}^{-2}$ und ein Spitzenwert $\hat{a} = 40\ \text{m} \cdot \text{s}^{-2}$ als Ausgangswert angeben. Für andere Drehzahlen läßt sich dieser Wert aufgrund einer quadratischen Abhängigkeit des Schwingungspegels von der Drehzahl bestimmen (Bild 6.45). Hauptkomponente der Schwingbeschleunigung einer Wälzlagerschwingung ist die Eigenschwingung des Wälzlageraußenringes im Frequenzbereich zwischen 2 kHz und 16 kHz (sog. Lagerlaufgeräusch). Daneben können sich im Spektrum der Wälzlagerschwingung innere und äußere Anregungen (Unwucht, Fluchtungsfehler, Überrollprozesse, elektromagnetische Kraftwirkung u. a.) im Frequenzbereich $f < 2$ kHz abbilden [6.27] [6.33].

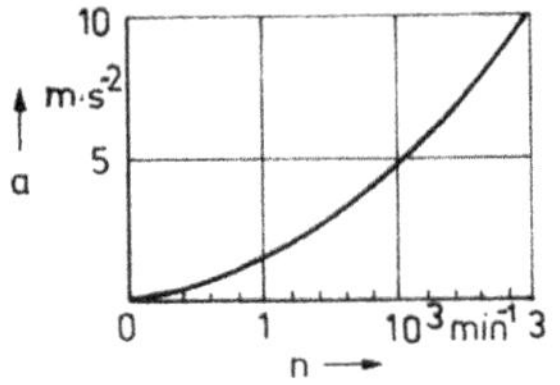

Bild 6.45. Einfluß der Drehzahl auf die Schwingung eines Wälzlagers
a Beschleunigung; *n* Drehzahl

Für die Zustandsbeurteilung mittels Diagnosekennzahl $D_K(t)$ wird der gesamtinteressierende Frequenzbereich (2 Hz ... 16 kHz) verwendet. Lediglich bei starken äußeren Anregungen ist eine Eliminierung dieser Komponenten durch Filter notwendig. So ist z. B. für die Wälzlagerdiagnose an Elektromotoren eine geeignete Filterung zum Ausschluß starker magnetischer Geräusche zu empfehlen.

Unterschiedliche Schädigungsarten (Ermüdung, Verschleiß, Korrosion) bilden sich im Lebensdauerverlauf des $D_K(t)$-Wertes mit unterschiedlichen Tendenzen ab (Bild 6.46). Bei der

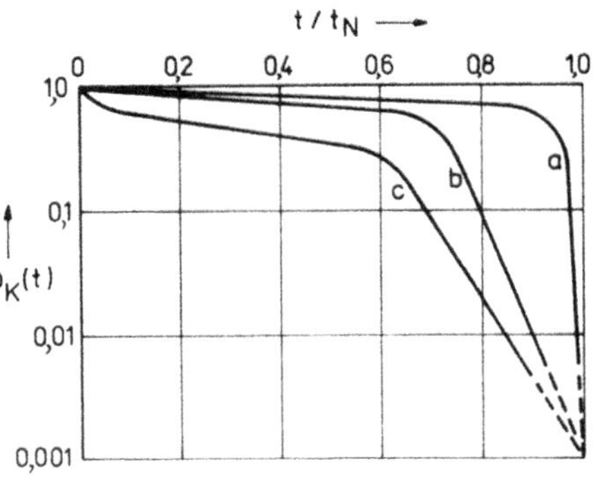

Bild 6.46. Zeitverläufe unterschiedlicher Schädigungsarten an Wälzlagern für $D_K(t)$
a Ermüdung; *b* Korrosion; *c* Verschleiß; $D_K(t)$ Diagnosekennzahl; t/t_N normierte Lebensdauer

Festlegung von Überwachungszyklen und Abschaltkriterien sind diese Tendenzen zu berücksichtigen.

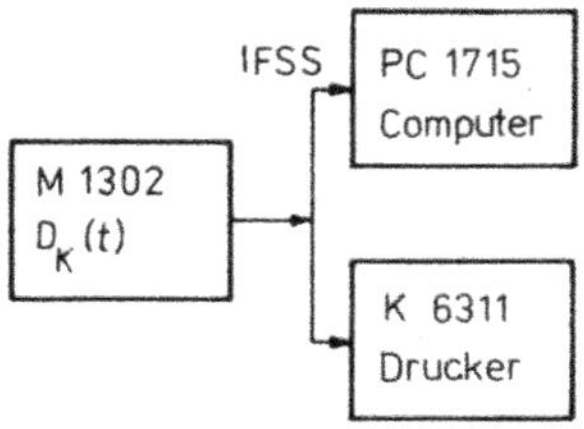

Bild 6.47. Schwingungsdiagnosegerät M 1302 mit Bürocomputer und Drucker

Ein Diagnosegerät M 1302 von ROBOTRON auf der Basis des $D_K(t)$-Wertes [6.33] arbeitet rechnergestützt, hat interne Frequenzfilter und automatische Kalibrierung, speichert 100 Messungen und gestattet die Kommunikation mit einem Rechnersystem zur Trendanalyse und zur Ableitung von betrieblichen und Instandhaltungsmaßnahmen (Bild 6.47).

6.4.4. Wahrscheinlichkeitsdichte und Kurtosis-Verfahren

Bei Verwendung der Wahrscheinlichkeitsdichte der Amplitudenverteilung zur Diagnose von Wälzlagerschädigungen wird das sog. Kurtosis-Verfahren genutzt [6.11]. Ein ungeschädigtes Wälzlager emittiert stochastische Schwingungen, die für die Wahrscheinlichkeitsdichte eine Gaußsche Normalverteilung ergeben (Bild 6.48, links). Schädigungsprozesse verursachen zusätzliche Schwingungskomponenten und verändern den ursprünglichen Signalcharakter (Bild 6.48, rechts). Folglich entstehen Abweichungen von der Gaußschen Normalverteilung der Wahrscheinlichkeitsdichte, die durch zentrale Momente höherer Ordnung (vgl. Abschn. 6.1.4.) charakterisiert werden können. Der sog. Kurtosis-Faktor β_2, Gl. (6.62), ist ein Moment 4. Ordnung und nimmt für die Gaußsche Normalverteilung den Wert $\beta_2 = 3$ an. Dieser Wert wurde für ungeschädigte Wälzlager im Frequenzbereich von 2,5 bis 80 kHz mit Abweichungen von ±8 % unabhängig von Belastung und Drehzahl ermittelt [6.34]. Mit fortschreitender Schädigung verändert sich der Kurtosis-Faktor im niederfrequenten Bereich, größere Schäden führen zum Anstieg des Kurtosis-Faktors im höheren Frequenzbereich. Die Bewertung des Schädigungsgeschehens erfolgt deshalb mit Kurtosis-Faktoren in unterschiedlichen Frequenzbändern.

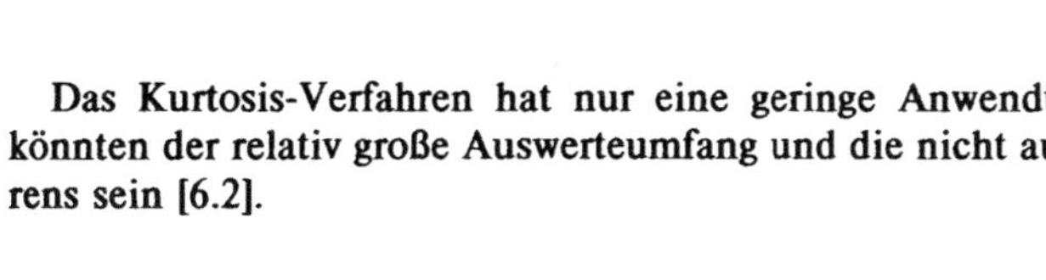

Bild 6.48. Wahrscheinlichkeitsdichte der Amplitudenverteilung der Schwingbeschleunigung eines Wälzlagers
links: ungeschädigt; rechts: geschädigt

Das Kurtosis-Verfahren hat nur eine geringe Anwendungsbreite gefunden. Gründe dafür könnten der relativ große Auswerteumfang und die nicht ausreichende Genauigkeit des Verfah rens sein [6.2].

6.4.5. Frequenzspektrum

Im Frequenzbereich können durch Bewertung diskreter Frequenzen

- Änderung der Intensität
- Änderung der Frequenzen

im Frequenzspektrum (Autospektraldichte $S_x(t)$, Amplitudenspektrum $x(f)$, vgl. Abschn. 6.1.4.)

Aussagen zum Schädigungsverhalten von Bauelementen gewonnen werden. Im Spektrum sind Erregerfrequenzen und Eigenfrequenzen zu überwachen. Damit kann die Intensität der Beanspruchung oder die geschädigte Baugruppe ermittelt werden. Ein Vergleich zum ungeschädigten Normalzustand ist erforderlich.

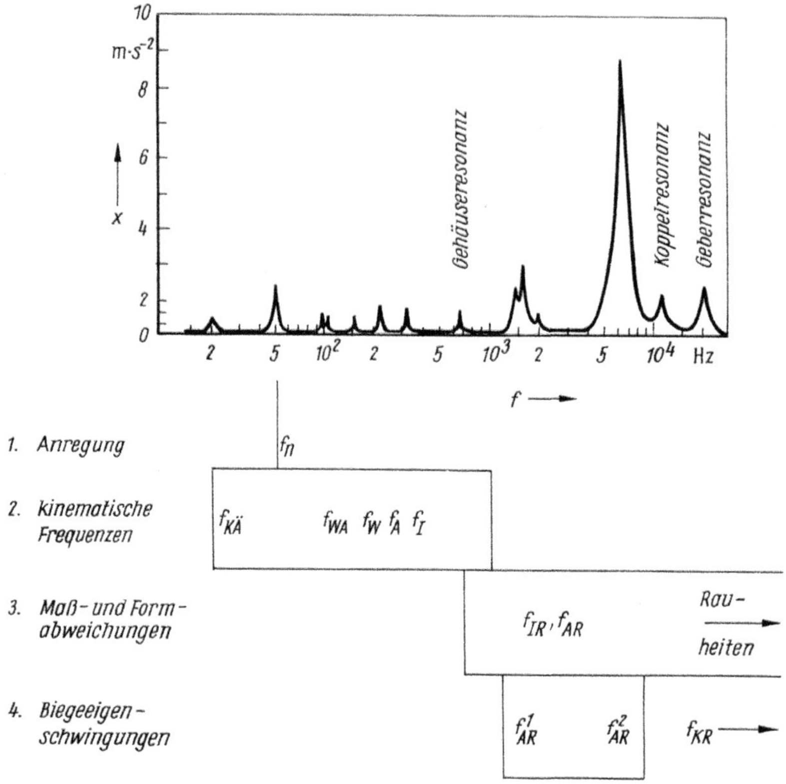

Bild 6.49. Beschleunigungsspektrum eines Schrägkugellagers (Typ 7309 B, n = 3 000 min⁻¹)

f_n Drehfrequenz; $f_{KÄ}$ Rotationsfrequenz des Käfigs; f_{WA} Frequenz der Wälzkörperrotation; f_W Überrollfrequenz einer Kugelunregelmäßigkeit auf beiden Wälzbahnen; f_A Überrollfrequenz des Außenringes; f_I Überrollfrequenz des Innenringes; f_{AR} Resonanzfrequenz des Außenringes; f_{IR} Resonanzfrequenz des Innenringes; f_{KR} Resonanzfrequenz der Kugel

Für Bauteile einfacher Geometrie und Form sind die diskreten Frequenzen berechenbar oder abschätzbar, Gl. (6.92) bis (6.126). Bild 6.49 zeigt die berechneten Erreger- und Eigenfrequenzen eines Wälzlagers als Beispiel. Die Schwingungsintensität der einzelnen diskreten Frequenzen kann als Maß der Schädigung verwendet werden. Bild 6.50 vergleicht die Frequenzspektren eines ungeschädigten mit denen eines mit Montagefehler, Unwucht oder Pittingschädigung behafteten Wälzlagers. Schädigungsgrenzen können nur durch Experimente oder intensive Betriebsbeobachtungen festgelegt werden. Die Bewertung erfordert Erfahrung und Sachkenntnis.

Grobe Fehler bei der Bewertung von Schwingungsspektren können gemacht werden, wenn die Ursachen von Schwingungsanteilen nicht oder falsch erkannt werden. Am Beispiel der Spindelschwingung von Turbinenregelventilen [6.25] kann das verdeutlicht werden. Das Gesamtschwingungsniveau setzt sich aus Anteilen der Schwingungen der Regelventilspindel und strömungsinduzierten Schwingungen zusammen (Bild 6.51). Eine globale Schwingungsbewertung ergibt keine Korrelation zur Schädigung der Ventileinbauten, weil der Anteil der strömungsinduzierten Schwingung den Anteil der Ventilspindelschwingung überdeckt. Die Modellierung und Berechnung der Eigenfrequenz der Ventilspindel (vgl. Bild 6.36 und Tafel 6.7) weist eine niederfrequente Komponente als Spindelschwingung aus (vgl. Bild 6.51). Eine getrennte Bewertung dieses Frequenzanteils gestattet die Bewertung des Schädigungsverlaufs solcher Spindeln. Bild 6.52

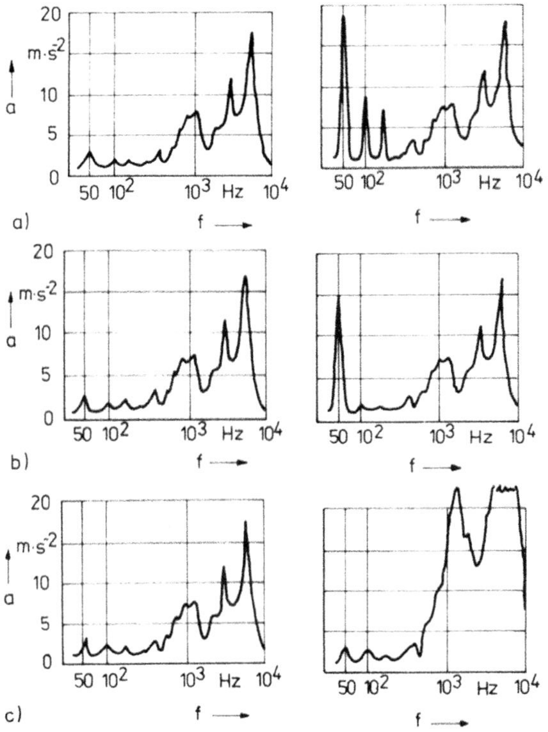

Bild 6.50. Vergleich eines ungeschädigten Wälzlagers mit geschädigten Wälzlagern des gleichen Typs (n = 3 000 min⁻¹)

a) Fluchtungsfehler; b) erhöhte Unwucht; c) Pittingschaden infolge Ermüdung

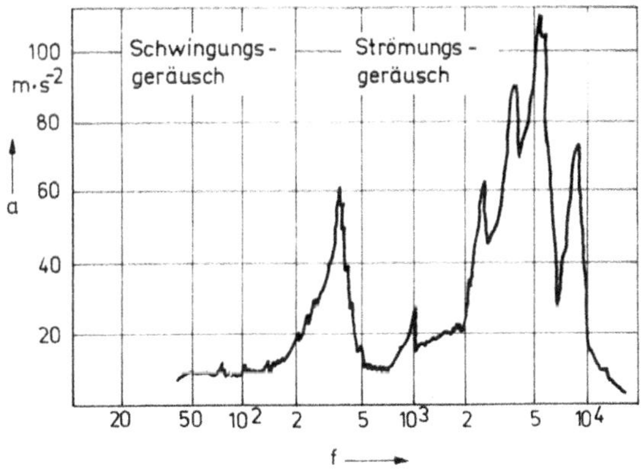

Bild 6.51. Schwingungsspektrum eines Regelventils einer Dampfturbine

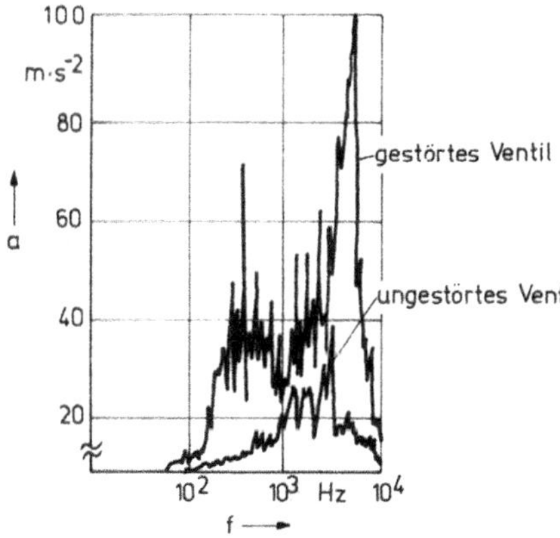

Bild 6.52. Schwingungsspektren eines gestörten und eines ungestörten Regelventils

zeigt die Frequenzspektren eines gestörten und eines ungestörten Regelventils [6.25]. Eine Weiterverarbeitung dieses tiefpaßgefilterten Signals ($f_{grenz} \approx$ 500 Hz), z. B. mit dem $D_K(t)$-Wert, liefert eindeutige Korrelationen zum Schädigungszustand.

Die Überwachung von Frequenzspektren komplexer Anlagen erfordert besondere Aufmerksamkeit und höchste Genauigkeit bei der Erfassung und Bewertung einzelner Frequenzen des Spektrums. Schwingungen in solchen Anlagen der Chemie, Energiewirtschaft u. ä. werden vor allem durch Strömungskräfte des Prozeßmittels und durch Unwuchten der Prozeßpumpen hervorgerufen. Durch diese Anregung mit charakteristischen Frequenzen entstehen Resonanzen an Bauteilen (Eigenfrequenzen) und erzwungene Schwingungen an Bauteilen und im Prozeßmedium. Mechanische Veränderungen an Bauteilen (Riß, Bruch, Deformation, lose Teilchen) können zu Veränderungen des Schwingungsverhaltens der Anlage führen und dienen als Diagnosemerkmal.

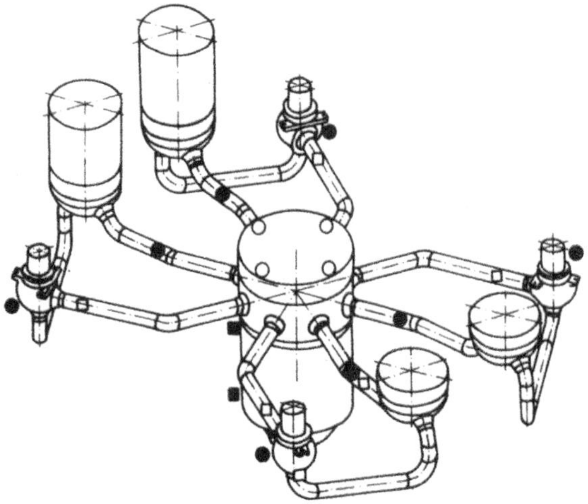

Bild 6.53. Meßorte eines Schwingungsüberwachungssystems für Kernkraftwerke mit Druckwasserreaktor [6.35]

○ Absolutwegaufnehmer; ● Relativwegaufnehmer; □ Druckfluktuationsmessung; ■ Neutronenflußsignale

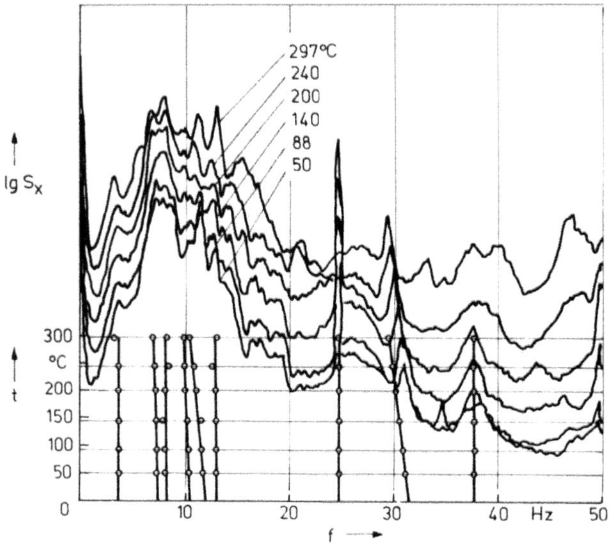

Bild 6.55. Autospektraldichte S_x eines Absolutweg-Signals am Reaktordruckbehälter in Abhängigkeit von der Temperatur t (nach [6.38])

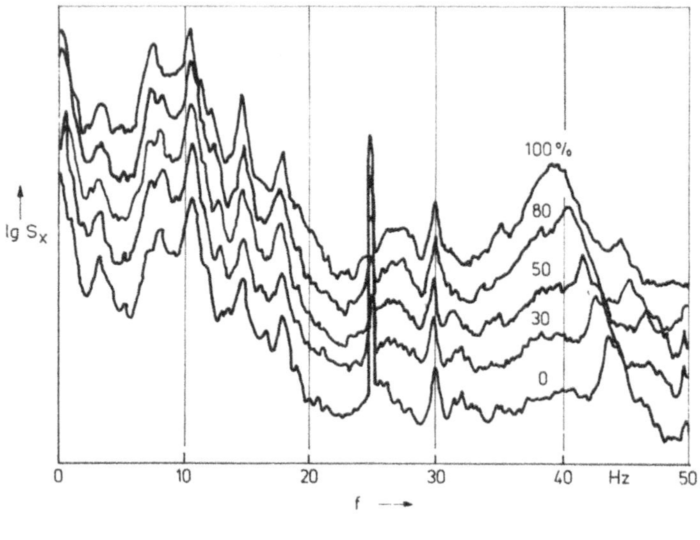

Bild 6.56. Autospektraldichte S_x eines Absolutweg-Signals am Reaktordruckbehälter in Abhängigkeit von der Reaktorleistung

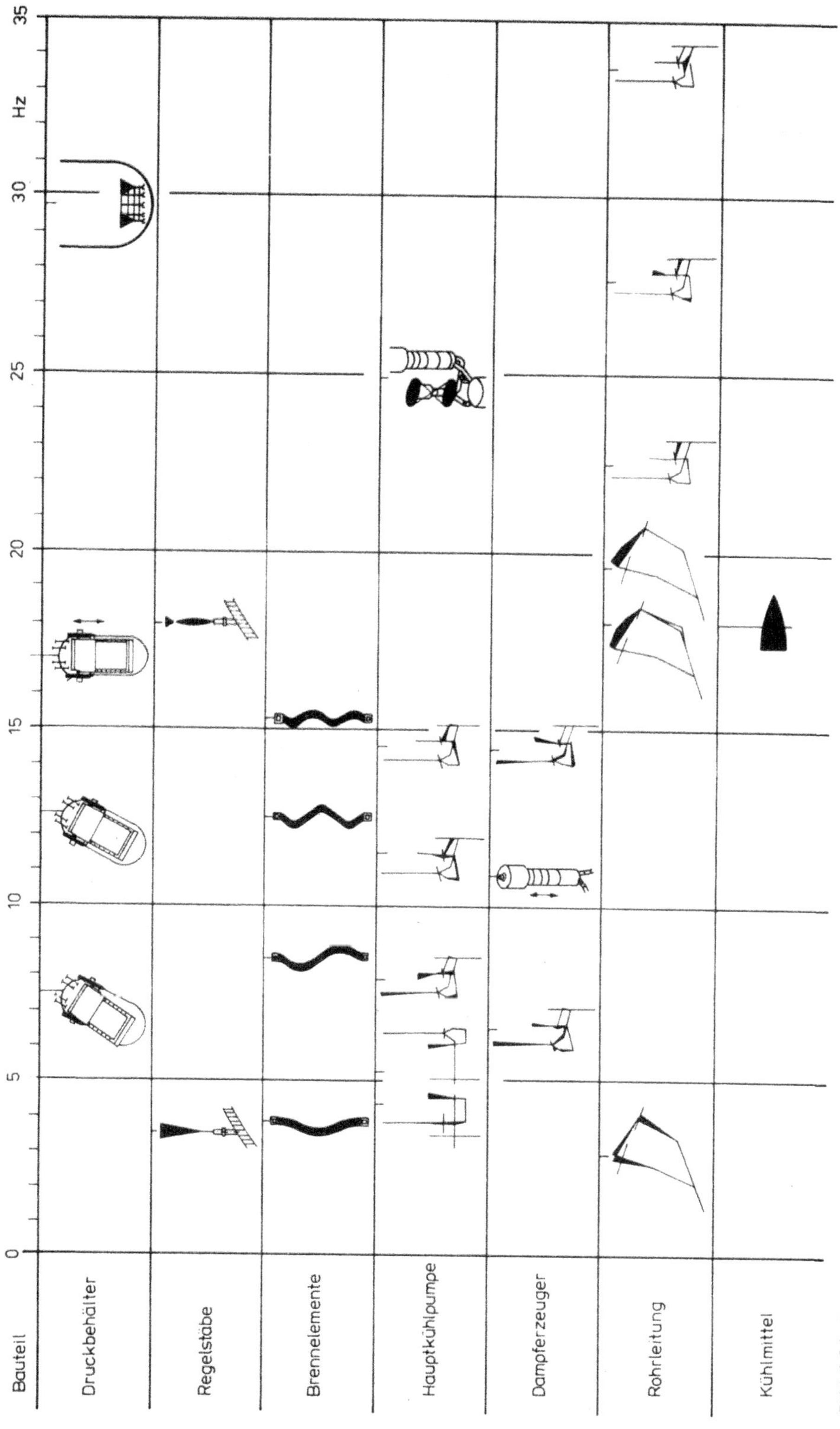

Bild 6.54. Eigenschwingungskarte für Baugruppen des 1. Kreislaufs eines Kernkraftwerkes (nach [6.36])

Die genaue Kenntnis der diskreten Frequenzen einer zu überwachenden Anlage ist Voraussetzung für eine zuverlässige Diagnose [6.35] [6.36]. In Überwachungssystemen werden deshalb *Eigenschwingungskarten* der Bauteile zusammengestellt. Sie weisen alle charakteristischen diskreten Frequenzen aus, die für die Diagnose von Interesse sind. Für Kernkraftwerke ist diese Überwachungsform am fortgeschrittensten. Die Eigenschwingungskarte für Druckwasserreaktoren (Bild 6.53) [6.35] zeigt Bild 6.54. Sie weist die Eigenfrequenzen der „kritischen" Bauteile und des Primärkreislaufwassers aus. Die Frequenzen und vor allem die Amplituden der Eigenschwingungen der Bauteile und des Prozeßmediums ändern sich aber auch durch Veränderung des Betriebszustandes. Den wesentlichen Einfluß hat eine Temperaturänderung. Ursachen sind z. B. temperaturabhängige Änderungen des E-Moduls von Stahl, der Dichte des Wassers, der Schallgeschwindigkeit im Wasser, der Einspannung der Bauteile, vgl. Gleichungen (6.92) bis (6.96). Deshalb sind Ausgangszustandsbewertungen, z. B. im Probebetrieb, in Abhängigkeit von unterschiedlichen Betriebszuständen notwendig. Ohne solche Messungen sind Fehlinterpretationen möglich. Beispielsweise könnten temperaturabhängige Veränderungen von Prozeßmedienresonanzen als Bauteilschäden oder geringe temperaturabhängige Änderungen von Bauteilresonanzen als beginnende Bauteilschädigung gedeutet werden [6.38]. Für Kernkraftwerke sind solche Untersuchungen vorgeschrieben. Bild 6.55 zeigt die Temperaturabhängigkeit sowohl der Intensitäten als auch der Frequenzen eines Spektrums einer Absolutwert-Weg-Messung an einem Reaktordruckbehälter [6.38]. Die Abhängigkeit von der Reaktorleistung weist Bild 6.56 aus.

6.4.6. Phasenwinkel

Der Phasenwinkel ist eine Vergleichsgröße, um die Phasenlage von markanten Punkten eines harmonischen Meßsignals (oder deren Veränderung) gegenüber einem Bezugssignal eindeutig zu definieren [6.39] [6.40] [6.41]. Prinzipiell besteht bei der Phasenwinkelmessung die Aufgabe, den Winkel φ zwischen dem Meßsignal (z. B. Unwuchtschwingungsanteil)

$$y(t) = \hat{y} \cdot \sin(\omega t + \varphi) \tag{6.128}$$

und einem harmonischen Bezugssignal

$$x(t) = \hat{x} \cdot \sin \omega t \tag{6.129}$$

oder einem Einzelimpuls gleicher Frequenz zu bestimmen. Der Phasenwinkel ist demzufolge eine relative Größe.

Für die Notwendigkeit einer Phasenwinkelmessung als Ergänzung zur Schwingungsmessung sprechen eine Reihe *nutzbarer Zusammenhänge* [6.16]:

Phasenwinkel harmonischer mechanischer Schwingungen von schwingfähigen Systemen sind abhängig vom Resonanzabstand und von der Dämpfung des Systems, d. h., die Winkellage zwischen erregenden Kräften und der als Schwingung meßbaren Auswirkung ist abhängig von diesen beiden Größen (Amplituden-Phasengang, Ortskurven).

Entsprechend den Gleichungen (6.128) und (6.129) ist der Phasenlage $\omega t = 0$ oder der Lage der Einzelimpulse eindeutig eine bestimmte Rotorstellung zugeordnet. In der Unwuchtmeßtechnik ist der Phasenwinkel φ des drehfrequenten Schwingungsanteils indirekt ein Maß für die Lage der Unwucht auf dem Rotor. Veränderungen des Phasenwinkels weisen auf Veränderungen im Wuchtzustand hin. Die Art der Veränderung mit der Zeit (unter Beachtung der Betriebsparameter) ermöglicht eine Eingrenzung der Unwuchtursachen.

Die Phasenwinkelmessung ermöglicht die Ermittlung der tatsächlichen Veränderungen im Spektrum der harmonischen Frequenzanteile von Maschinenschwingungen (Amplituden-Phasen-Frequenz-Differenzspektren). Bei Vernachlässigung der Phaseninformation bei einer Schwingungsmessung beträgt der Fehler in der Beurteilung der Betragsänderung von harmonischen Frequenzanteilen zwischen zwei Meßzeitpunkten (Trendmessungen) 100 % der Beträge der Bezugswerte bzw. 6 dB. Die Ermittlung der Veränderung ΔA zwischen zwei Messungen ist nicht nach arithmetischer ($\Delta A = |\vec{A}_2| - |\vec{A}_1|$), sondern nach geometrischer Differenzbildung ($\Delta A = |\vec{A}_2 - \vec{A}_1|$) zu bestimmen.

Bei der berührungslosen Wellenschwingungsmessung können meßprinzipbedingte Störgrößen (Runouts) auftreten, die die Aussagefähigkeit von Meßwerten mindern bzw. diese unbrauchbar machen. Letzteres ist der Fall, wenn die Meßsignale zum Betriebsauswuchten der Rotoren verwendet werden sollen und in ihnen größere Anteile drehfrequenter Runouts enthalten sind. Die Störgrößen können kompensiert werden, wenn phasenwinkelbezogene Kompensationsverfahren angewendet werden.

Die Phasenwinkelmessung unterscheidet zwei grundlegend verschiedene *Verfahrensgruppen* [6.16]:

1. Meßverfahren, die ein harmonisches Zeitsignal als Meßsignal erfordern. Wenn das Meßsignal nicht harmonisch ist, muß durch den Einsatz von elektronischen Filtern (vorzugsweise Bandpaßfilter) der gewünschte harmonische Anteil eliminiert werden (Filterverfahren).
2. Meßverfahren, die ein beliebiges Zeitsignal als Meßsignal verarbeiten können. Diese Verfahren sind selbst selektiv und unterdrücken alle Frequenzanteile, die von der Bezugsfrequenz abweichen (multiplikative Vergleichsverfahren oder Korrelationsverfahren).

Meßverfahren unterscheiden sich nach Aufwand und Genauigkeitsanspruch. Folgende Verfahren sind im Einsatz:

- Auswertung von Oszillogrammen, Ausmessung der Phasenverschiebung
- Auswertung inkrementaler Geber
  Inkrementale Geber, die mit der zu untersuchenden Welle gekoppelt sind, liefern die Bewertungsimpulse.
- Stroboskopische Verfahren
  Durch Stroboskop-Blitze können berührungsfrei Phasenwinkelmessungen erfolgen.
- Elektronische Phasenwinkelmessung
  Dieses Verfahren ermöglicht eine sehr genaue Messung des Phasenwinkels zwischen zwei harmonischen Signalen. Die Signale $x(t)$ und $y(t)$ werden elektronisch (analog oder digital) verarbeitet.
- Impuls-Zählverfahren
  Dieses Meßverfahren basiert auf der Zählung von Impulsen konstanter Frequenz zwischen zwei Ereignissen unter Verwendung digitaler Zähler in Verbindung mit Impulsgebern für Drehzahl und Phasenbezug.
- Korrelationsverfahren
  Bei diesen Meßverfahren wird die Gesetzmäßigkeit ausgenutzt, daß bei der Multiplikation zweier harmonischer Zeitsignale gleicher Frequenz eine Größe mit doppelter Frequenz entsteht. Der Produktmittelwert ist ein Maß für die Phasenverschiebung φ. Die Multiplikation ist mit der zur Verfügung stehenden Elektronik ohne Schwierigkeit realisierbar.

Einsatzmöglichkeiten für die Phasenwinkelmessung in Verbindung mit der Schwingungsmessung sind:

- Ist-Zustandsanalysen und Trendanalysen für die Beurteilung des Zustandes technischer Anlagen mit Hilfe von betriebsparameterabhängigen Amplituden-Phasen-Frequenzspektren und -Differenzspektren
- Diagnose von Schwingungsursachen, Wuchten von Rotoren auf stationären Wuchtanlagen und in den eigenen Lagern (Betriebsauswuchten)
- Bestimmung von Eigenfrequenzen, Eigenformen, dynamischen Steifigkeiten und Dämpfungsfaktoren als Kenngrößen für die gezielte Verbesserung der dynamischen Eigenschaften von technischen Anlagen (z. B. Bestimmung der Lage kritischer Drehzahlen von Rotoren und Rotorsystemen im Drehzahlbereich), Störwertkompensation (Runout-Kompensation) der harmonischen Anteile von Wellenschwingungen
- Bestimmung des Laufverhaltens rotierender Maschinen in Verbindung mit weiteren Schwingungsparametern.

Die Phasenwinkelmessung kann nicht als selbständiges Diagnoseverfahren angesehen werden. Sie wird erst in Verbindung mit der Schwingungsmessung ein Meßverfahren mit praktischer Bedeutung.

6.4.7. Druckschwankungen

Druckschwankungen treten in gasförmigen, flüssigen und festen Medien durch Dichteänderungen auf. Diese können *global* im gesamten Drucksystem oder auch *lokal* am Ort der Entstehung vorhanden sein. Die Frequenzen der makroskopischen Druckschwankungen liegen je nach Größe des Systems und der Art des Mediums im Bereich von 0,01 Hz bis einige kHz [6.42].

Druckschwankungen sind innerhalb der Elastizitätsgrenzen der Medien und der sie umhüllenden Systeme (Rohrleitungen, Druckbehälter) reversibel.

Die Druckschwankungen werden in den einzelnen Anlagenkomponenten durch unterschiedliche Prozesse hervorgerufen. So führen z. B. hydrodynamische Effekte an Drosselstellen oder Umlenkungen, hydrodynamisch erregte Rohrleitungsschwingungen oder Vibrationen von Einbauten, Siedeerscheinungen in Dampferzeugern, gleichmäßige und ungleichmäßige Förderung von Pumpen, Ölfilmschwingungen in Lagern zu gut detektierbaren Druckschwankungen. Diese Zusammenhänge können zur Überwachung und Anlagendiagnostik ausgenutzt werden und ermöglichen damit eine Früherkennung von Veränderungen, die möglicherweise zu Fehlern führen würden [6.43] [6.44].

Das Problem der Separation von Einzeleffekten aus dem meist komplexen Signal kann durch Anwendung von Korrelationsverfahren oftmals zufriedenstellend gelöst werden [6.45].

An geeigneten, meist experimentell oder in Modellversuchen bestimmten Orten der Anlagenkomponenten werden dynamische Druckaufnehmer (piezoelektrisches, induktives oder piezoresistives Prinzip) direkt in das Medium, an die Wandung oder über Meßleitungen installiert. Die Signale gelangen über breitbandige, rauscharme, dem Meßprinzip entsprechende Vorverstärker zu Hauptverstärkern mit Grenzwertüberwachung [6.46].

Mit Hilfe bekannter Verfahren der Signalanalyse können von Einzelsignalen verschiedener Meßstellen oder meist Signalkombinationen im Zeit- oder Frequenzbereich charakteristische, die Prozesse beschreibende Kennfunktionen bestimmt werden. Durch theoretische oder experimentelle Untersuchungen (z. B. während der Inbetriebnahme oder der Revision) oder durch Modellversuche müssen die Zusammenhänge zwischen Prozeß- und Anlagenverhalten bestimmt werden. Die Meßgrößen können unter Betriebsbedingungen prinzipiell kontinuierlich erfaßt und mit einfachen, meist analogen Geräten bezüglich bestimmter Kenngrößen überwacht werden. Korrelationsuntersuchungen und komplexere Signalanalysen und Trendüberwachung werden mit Mikroprozessoren und Prozeßrechnern durchgeführt.

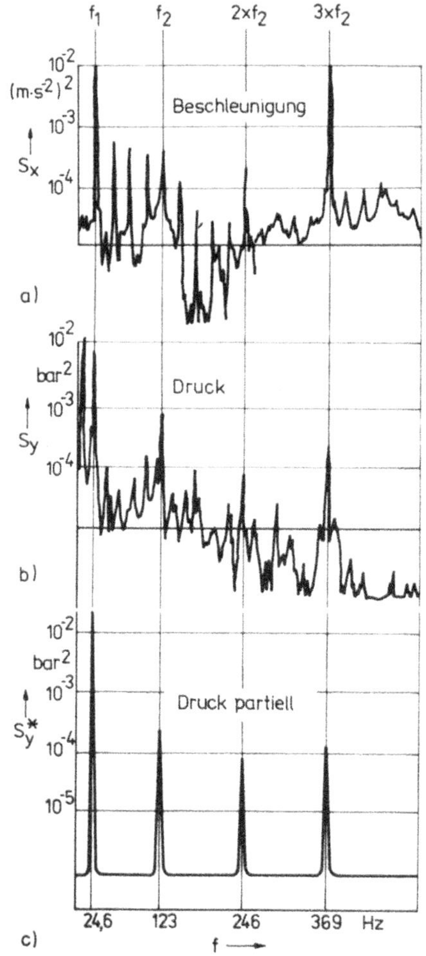

Bild 6.57. Diagnostik an Förderpumpen [6.47]

a) Autospektraldichte $S_x(f)$ des Beschleunigungssignals am Pumpengehäuse; b) Autospektraldichte $S_y(f)$ der Druckschwankungen in der Förderleitung; c) partielles Spektrum der Druckschwankungen $S_y{}^*(f)$, bezogen auf die Beschleunigung

Die überwiegende Anzahl der konventionell eingesetzten Betriebsmeßsysteme eignet sich für die Messung von *Druckschwingungen* im Sinne der Rauschdiagnostik nicht – Zusatzinstrumen-

Tafel 6.12. Schaufelschäden und ihre Korrelation zu Druckschwankungssignalen [6.48]

Veränderung		Zeitsignal	Maschinen-Typ
Schaufeldicke		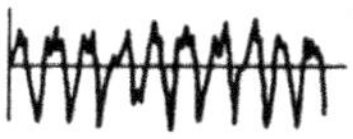	6stufiger Axialkompressor
Schaufelstellung		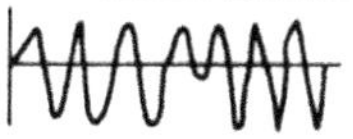	Expansionsturbine
		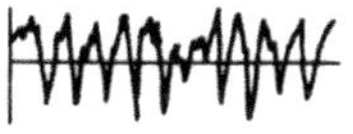	6stufiger Axialkompressor
			18stufige Dampfturbine
Schaufelverlust		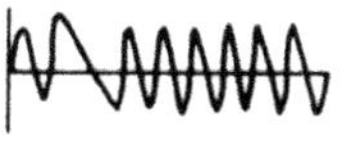	Expansionsturbine
	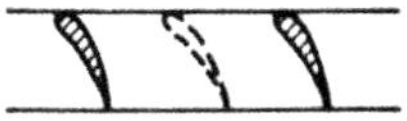	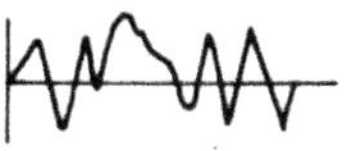	1stufige Luftturbine

tierung, vor allem zur Auswertung, ist notwendig. Die Messung von determinierten und stochastischen Druckschwingungen wurde bei der Pumpendiagnostik und in Kernkraftwerkskreisläufen eingesetzt. Einige spezielle Probleme der Diagnostik an Kraftwerksanlagen konnten mit Hilfe der Messung von Druckschwingungen gelöst werden.

Praktische *Beispiele* können die Nützlichkeit der Messung von Druckschwankungen demonstrieren:

Zur Überwachung von Pumpen mit extrem hoher Förderleistung werden die Schwingbeschleunigung am Pumpengehäuse und die Druckschwankungen in der Förderleitung gemessen [6.47]. Bild 6.57 zeigt die Spektren des Beschleunigungssignals $S_x(t)$. Im Spektrum der Beschleunigung (Bild 6.57a) sind dominierend die Frequenzen der Grundschwingung und der Oberwellen der Drehfrequenz f_n und der Schaufelpassierfrequenz f_s ($f_s = f_n \cdot n$, mit n Schaufelanzahl) zu erkennen. Ursache dafür sind eine immer verbleibende Restunwucht des Pumpenrotors und unterschiedliche Förderleistungen der einzelnen Schaufeln. Das Spektrum der Druckschwankungen des Förderstroms (Bild 6.57b) weist ebenfalls Drehfrequenz und Schaufelpassierfrequenz aus. Nicht ersichtlich ist, ob ursächlich eine Korrelation zur Pumpenfunktion besteht. Mit der Bildung der Kreuzspektraldichte S_{xy} zwischen Beschleunigungssignal $x(t)$ und Druckschwankung $y(t)$ kann man diesen Nachweis führen. Wird das Spektrum der Druckschwankung mit der normierten Kreuzspektraldichte (Kohärenzfunktion $y_{xy}(f)$) gewichtet, erhält man die partielle Druckspektraldichte $S^*_y(f) = y_{xy}(f) \cdot S_y(f)$ Bild 6.57c). Dieser Zusammenhang liefert die Aussage, daß tatsächlich Druckstöße und unterschiedliche Mengenstromförderungen durch die einzelnen Stufen auftreten.

Für die Überwachung großer Turbomaschinen gewinnt die Druckschwankungsanalyse an Bedeutung. In Experimenten konnte nachgewiesen werden, daß es für die Schädigungsdiagnostik an Turbobeschaufelungen markante Signalcharakteristiken gemessener Druckschwankungen an Turbomaschinen gibt [6.48] [6.49]. Tafel 6.12 gibt einen Überblick über die Korrelation typischer Schaufelschäden und der Zeitsignale von Druckschwankungsmessungen an Turbinen.

Durch Messung von Druckschwankungssignal des Mediums und Schwingbeschleunigungssignal des Gehäuses gelingt durch ein geeignetes Übertragungsmodell und Anwendung der Mustererkennung die Schadensseparation an Turbinenbeschaufelungen [6.49].

6.4.8. Neutronenrauschen

Kernspaltungen des Kernbrennstoffs in Reaktoren von Kernkraftwerken werden durch Neutronen verursacht. Die mittlere Neutronenflußdichte bzw. Leistungsdichte ist deshalb ein Maß der Reaktorleistung und wird zur Steuerung der Kettenreaktion gemessen. Die Messung kann außerhalb des Reaktors durch Ionisationskammern *(Out-core-Messung)* oder innerhalb des Reaktors durch Emissionsdetektoren *(In-core-Messung)* erfolgen (Bild 6.58). Auch im stationären Zustand eines Kernreaktors ist die Neutronenflußdichte nicht konstant. Es treten im Vergleich zum Mittelwert kleine zufällige Schwankungen der Leistungsdichte auf. In Analogie zur Schwingungsdiagnostik wird dieser Schwankungsanteil als Neutronenrauschen oder Reaktorrauschen bezeichnet [6.3]. Die Behandlung der Neutronensignale kann nach den gleichen Verarbeitungsalgorithmen wie bei der Schwingungsdiagnostik (vgl. Abschn. 6.1.) erfolgen.

Out-core-Ionisationskammern und In-core-Emissionsdetektoren geben einen den Neutronenflußschwankungen proportionalen Strom ab, der breitbandigen rauscharmen Strom-Spannungs-Konvertern zugeführt wird. In Hauptverstärkern erfolgt die Trennung der Signalmittelwerte vom Rauschanteil, dessen Verstärkung und Grenzwertüberwachung [6.16]. Die Amplituden- und Spektralanalyse von Einzelsignalen und Einzelsignalkombinationen führen zu charakteristischen, den Prozeß beschreibenden Kennfunktionen.

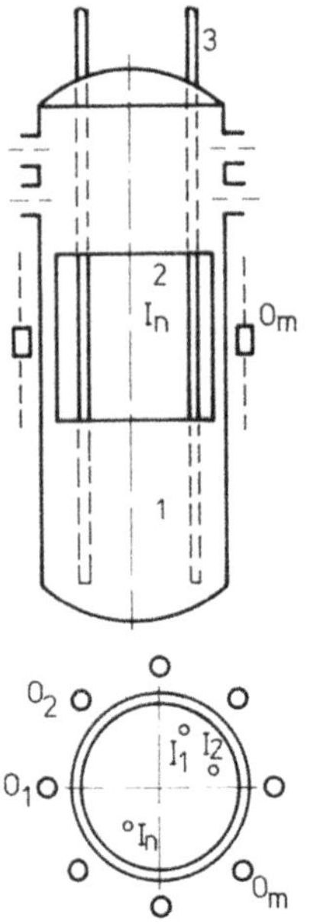

Bild 6.58. Neutronenflußdichtemessung an Kernreaktoren

1 Reaktordruckgefäß; *2* Spaltzone (Core); *3* Steuerelement; O_m Out-core-Ionisationskammern; I_n In-core-Emissionsdetektoren

Im Rauschanteil des Neutronenflusses bilden sich in komplexer Form durch verschiedene physikalische Effekte die im Reaktor ablaufenden Prozesse ab:

- Reaktivitätsstörungen z. B. hervorgerufen durch Schwingungen von Einbauten oder durch strömende Inhomogenitäten im Kühlmittelfluß
- Schwankungen der Neutronentransmission zwischen aktiver Zone und Detektorort
- Änderungen der Neutronendichteverteilung (ortsabhängige Störungen der Neutronendichte durch lokale Effekte z. B. lokales Sieden, Konzentrationsgefälle).

Die Schwankungen der Neutronenflußdichte im Reaktor werden durch hydro- und thermodynamische Prozesse hervorgerufen. In dem Neutronenrauschsignal bilden sich folgende Einzeleffekte ab:

- Schwingungen der Reaktoreinbauten
- Transport von Inhomogenitäten im Kühlmittel
- Reaktorschacht- und Druckgefäßschwingungen
- Kühlmittelsieden
- Vibration kleiner Teile der aktiven Zone
- lose Konstruktionsteilchen.

Diese Zusammenhänge werden zur Detektion und Überwachung ausgenutzt und ermöglichen damit eine Früherkennung von Veränderungen, die ggf. zu Schäden führen können. Problematisch ist meist die Separation von Einzeleffekten aus diesem komplexen Signal, wenn das genaue Abbild eines Effektes im Gesamtsignal noch nicht bekannt ist. Durch experimentelle Untersuchungen, z. B. während der Inbetriebnahme oder bei Revisionen, und durch Modelle müssen die Zusammenhänge zwischen Prozeß- und Anlagenverhalten und den Kennfunktionen bestimmt werden.,

Üblich ist die *Signalanalyse im Frequenzbereich* [6.2] [6.50]. Spektren von Neutronenfluß-

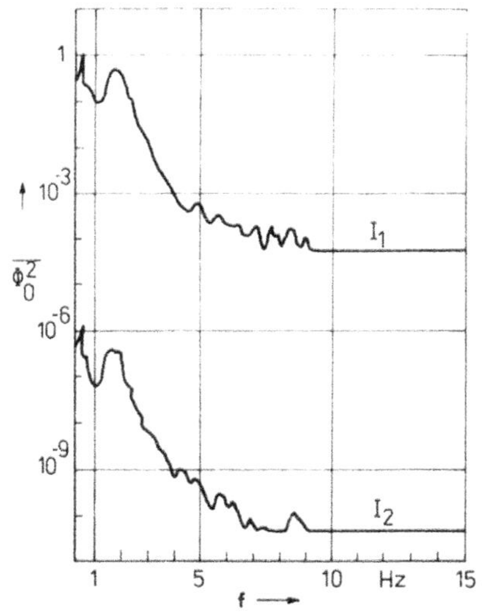

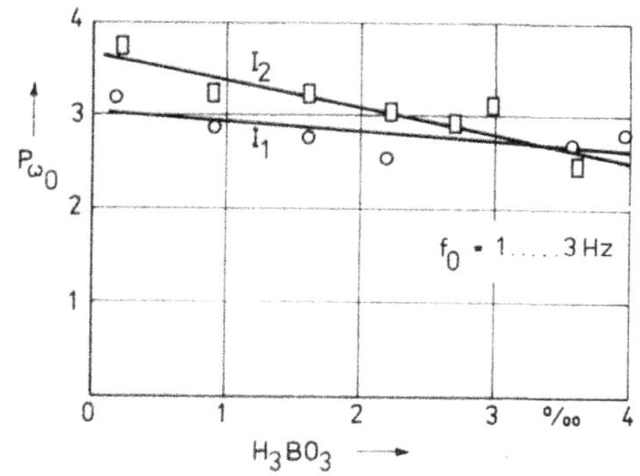

Bild 6.60. Abhängigkeit der frequenzbewerteten bezogenen Leistung $P_{\omega 0}$ der Spektraldichte bei 1 bis 3 Hz nach Bild 6.59 in Abhängigkeit vom Borsäureanteil (nach [6.51])

Bild 6.59. Spektrum von In-core-Emissionsdetektoren eines WWER-Reaktors (nach [6.51])
S_x/Φ_0^2 normierte Spektraldichte des Neutronenrauschens; I_1, I_2 ausgewählte Detektoren nach Bild 6.58

schwankungen sind tieffrequent ($0 \leqq f \leqq 15$ Hz). Bei der Bewertung der Spektren sind Betriebseinflüsse zu beachten, um Fehlinterpretationen auszuschließen.

Ein ausgewähltes *Beispiel* soll die Arbeitsweise und Zielrichtung der Arbeit mit dem Neutronenrauschen demonstrieren:

Steuerelemente von Reaktoren (vgl. Bild 6.58) werden durch das strömende Arbeitsmedium des 1. Kreislaufs zu Schwingungen angeregt. Es wurde nachgewiesen [6.51] [6.52], daß ein prinzipiell ähnlicher Verlauf der Schwingungen von Steuerorganen und der Spektraldichte der Schwankungen der Neutronenflußdichte vorhanden ist. Durch Messungen an einem WWER-Reaktor konnte dieser Sachverhalt nachgewiesen werden. Bild 6.59 zeigt die normierten Spektren von zwei In-core-Emissionsdetektoren. Man erkennt eine markante Resonanzfrequenz bei 1 bis 3 Hz. Verfolgt man die Höhe der Resonanz über einen Betriebszyklus von einem Jahr in Form der frequenzbezogenen Leistung analog zu Gl. (6.43)

$$P(\omega^*) = \frac{1}{\Phi_0^2} \int S(\omega^*)\, \mathrm{d}\omega\,, \tag{6.130}$$

mit Φ_0 durchschnittlicher Neutronenfluß im Frequenzintervall 1 bis 3 Hz, so ergibt sich in Abhängigkeit vom Borsäureanteil im Prozeßmedium (Veränderung der Übertragungsbedingungen) eine lineare Abhängigkeit (Bild 6.60). Diese Charakteristik kann als Diagnosemerkmal für Schwingungen des Arbeitsteils von Steuerorganen verwendet werden. Abweichende Pegel der ausgewiesenen Frequenz bei Beachtung der Betriebscharakteristik (vgl. Bild 6.60) informieren über veränderte Schwingungen des Steuerorgans.

Das Neutronenrauschen wird in Kombination mit anderen Rauschmeßgrößen erfolgreich zur Diagnostik während des Normalbetriebes genutzt. Mit der dargestellten Methode besteht die Möglichkeit, bereits geringe Abweichungen, die auf Veränderungen des Prozesses oder beginnende Schädigungen hindeuten, im Frühstadium ihres Entstehens festzustellen. An verschiedenen KKW-Reaktoren sind durch Neutronenflußrauschmessungen Schädigungen detektiert worden [6.45].

7. Schallemissionsanalyse

7.1. Grundeffekte der Schallemission

Werkstoffbeanspruchungen durch äußere Kräfte (z. B. mechanische Belastungen) oder innere Kräfte (z. B. Wärmespannungen) rufen mechanische Reaktionen im Werkstoffgefüge hervor. Alle mechanischen Vorgänge sind mit Verlusten, wie Reibung und Dämpfung, verbunden. Die Verlustenergie äußert sich vorwiegend als Wärme- und Schallenergie. Je nach der Struktur des Werkstoffs und der eingeleiteten Veränderung sind Frequenz und Intensität des abgestrahlten Körperschalls unterschiedlich. Diesen nachweisbaren Körperschall, der durch die Freisetzung von Energie entsteht, nennt man Schallemission (SE) oder akustische Emission (AE). Die Untersuchung dieser Vorgänge wird als Schallemissionsanalyse (SEA) bezeichnet [7.1] [7.2] [7.3].

In Abhängigkeit von den im Werkstoff ablaufenden Vorgängen ergeben sich bestimmte *Erscheinungsformen* der Schallemission in bestimmten Frequenzbereichen (Bild 7.1). In Makrobereichen sind Aufbau und plötzliches Freisetzen von Spannungen bekannt. Kennzeichnendes Merkmal hierfür sind Wellen, die von tektonischen Erdbebenzentren ausgehen. Im Gebiet des hörbaren Schalls liegen die Schwingungen, die durch die Mikroseismik (z. B. im Bergbau) erfaßt werden. Die bei der Beanspruchung von Werkstoffen auftretende Schallemission liegt im Bereich des hörbaren Schalls bis weit in das Ultraschallgebiet (bis etwa 30 MHz) hinein. Vorzugsweise wird die Schallemission im Bereich zwischen 50 kHz und 2 MHz gemessen und ausgewertet [7.3]. Die untere Grenze wird bestimmt durch die gewollte Unterdrückung von Störgrößen. Die obere Grenze ergibt sich durch die starke Dämpfung, die eine auswertbare Messung nicht ermöglicht.

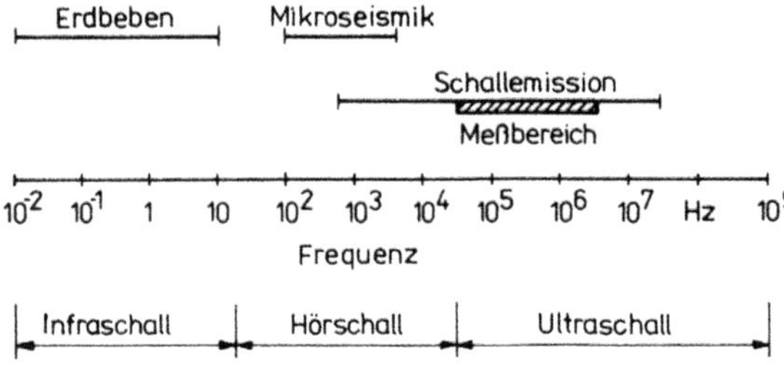

Bild 7.1. Frequenzbereiche der Schallemission [7.4]

Schallemissionen treten bei jeder Nutzung durch Beanspruchung eines Objektes auf und sind vom Prozeßverlauf abhängig. Sie könen *extern* durch Stoß, Reibung, Korrosion, Kavitation, Verschleiß, Strömung und Bewegung oder *intern* durch Versetzungen, Korngrenzengleiten, Phasenumwandlungen, Riß und Bruch verursacht werden. Daraus ergeben sich die grundsätzlichen Abhängigkeiten der Schallemission

$$SE = f\,(PV(t);\ OP;\ WK); \qquad (7.1)$$

PV(t) Prozeßverlauf, z. B. Erregungsverlauf
OP Objektparameter
WK Werkstoffkenngrößen.

Die Schallemissionsanalyse läßt damit eine Vielzahl von Diagnoserichtungen zu, wenn es gelingt, die für ein spezielles Problem nicht erforderlichen, als Störgeräusche auftretenden Ereignisse zu eliminieren und Schallereignisse bestimmten physikalischen Prozessen zuzuordnen.

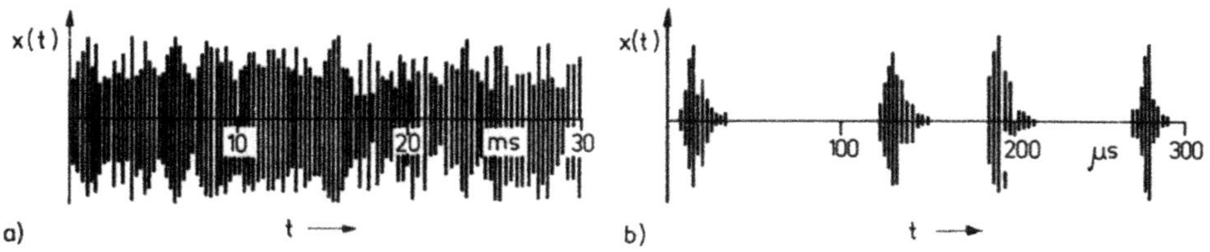

Bild 7.2. Erscheinungsformen der Schallemission (Zeitsignal)
a) Kontinuierliche Emission; b) Impulsartige Emission

Eine grobe Untergliederung der Erscheinungsformen der Schallemission kann erfolgen in

- kontinuierliche Emission
- impulsartige (Burst-) Emission

(Bild 7.2). *Kontinuierliche Emission* tritt meist als Erscheinungsform von Fließ- oder Reibvorgängen auf. Auch stetige Rißausbreitung kann von kontinuierlicher Schallemission begleitet werden. *Impulsartige Emission* tritt auf, wenn die auslösenden Ereignisse zeitlich voneinander getrennt sind. Man erhält Bursts in der Form abklingender sinusverwandter Schwingungen infolge der Anregung von Eigenschwingungen im Kontinuum und Aufnehmer [7.3]. In vielen praktischen Fällen ist eine eindeutige Trennung zwischen kontinuierlicher und impulsartiger Emission nicht möglich. Für die ausgewählten Meß- und Bewertungsmethoden (s. Abschn. 7.2) ist das allgemein ohne Bedeutung, für die Ereignisortung muß die Form der Schallemission beachtet werden (vgl. Abschn. 7.3.).

Die Schallemission wird zunehmend zur Wahrnehmung, Graduierung und Lokalisierung von Veränderungen in beanspruchten Bauteilen genutzt.

Da die Burstemission bei der Mikrorißbildung, bei Rißbeginn und beim Rißfortschritt verstärkt auftritt, ist die Beobachtung ihres zeitlichen Verlaufs eine Grundlage zur Beurteilung des Werkstoffzustandes und für die Diagnose des weiteren Werkstoffverhaltens (vgl. Abschn. 7.4.). Die Anwendung der Schallemissionsanalyse zur zerstörungsfreien Werkstoffprüfung bietet gegenüber den anderen Verfahren den Vorteil der integralen Prüfung von Bauteilen auch großer Abmessung und der Fehlerortung. Fehlerart und Fehlerform sind nicht ermittelbar.

Zunehmend wird die Schallemissionsanalyse auch für die Maschinendiagnose (vgl. Abschn. 7.6.) für die Leckortung (vgl. Abschn. 7.5.) und für spezielle Produktionskontrollen eingesetzt.

Die Messung und Bewertung von impulsartigen Vorgängen stellt besondere Anforderungen an den Diagnostiker, deshalb wird der Impulsanalyse ein spezielles Kapitel gewidmet (Abschn. 7.2.). Die Ereignisortung von Schallimpulsen wird im Abschnitt 7.3. behandelt.

7.2. Impulsanalyse

7.2.1. Kennzeichnung des Einzelimpulses

Impulsartige Emissionen sowie kontinuierliche Emissionen setzen sich aus Einzelimpulsen zusammen. Aber auch Stöße, die bei Schädigungsvorgängen auftreten (z. B. Überrollen von Pittings oder Rissen), können durch Einzelimpulse oder Impulsgruppen beschrieben werden. Einzelimpulse können durch Merkmale der *Impulsform* oder des *Impulsverhaltens im Zeitbereich* beschrieben werden. Allgemein gebräuchliche Merkmale sind (Bild 7.3a):

- Impulshöhe H als Maß der Intensität des Vorgangs
- Impulsbreite B als Maß der Dauer des Vorgangs, gebildet als mittlere Breite
- Flankenanstieg F als Verhältnis von Impulshöhe zu Impulsbreite ($F = H/B$)
- Impulsabstand A als Maß der Impulsfolge
- Impulsenergie E.

Zur Charakterisierung von Impulsen wird häufig nur ein Merkmal verwendet. Oft wird der Impulshöhe H der Vorzug gegeben.

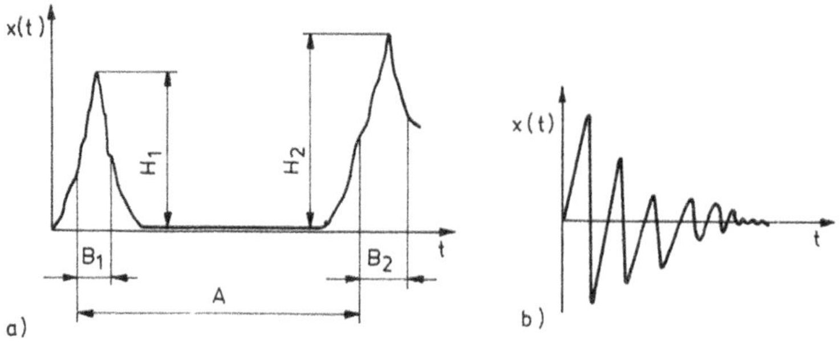

Bild 7.3. Kenngrößen des Einzelimpulses
a) Impulsparameter; b) gemessener Impulsverlauf

Einzelne Schallereignisse werden durch die hohe Auflösung von Aufnehmern und Verstärkern als gedämpfte Schwingung des Aufnehmers abgebildet (Bild 7.3b). Deshalb ist zwischen Schallereignis und gemessenem Impuls zu unterscheiden, da ein Schallereignis eine Vielzahl Schwingungsspitzen unterschiedlicher Höhe (Amplitude) hervorruft. Ist ein Ausweis der Anzahl der Schallereignisse erforderlich, muß eine *Bewertung der gemessenen Impulse* vorgenommen werden. Üblich ist dafür die Verwendung der maximalen Amplitude, einer mittleren Amplitude oder abgeleiteter Kenngrößen. Technisch läßt sich das mit der Wahl von Diskriminatorschwellen bzw. -pegeln realisieren. Für die Messung kontinuierlicher bzw. stark überlagerter Emission ist diese Unterscheidung nicht sinnvoll.

7.2.2. Kennzeichnung der Impulsfolge

Bei Übergang von der Betrachtung des Einzelimpulses zu einer Impulsfolge in einem diskreten Zeitintervall können weitere Merkmale gebildet werden. Die Beobachtung der Impulsmerkmale der in einem Zeitintervall T auftretenden Einzelimpulse (H_i, B_i, F_i, E_i) gestattet bei Verzicht auf die zeitliche Impulsverteilung die Bildung von *Verteilungsfunktionen.* Man erhält z. B. die Impulshöhenverteilung

$$p(H) = \lim_{\substack{N \to \infty \\ \Delta H \to 0}} \frac{N(H + \Delta H) - N(H)}{N \cdot \Delta H}\,; \tag{7.2}$$

N Gesamtzahl der Impulse
ΔH Höhenintervall
$N(H)$ Anzahl der Impulse mit Höhen im Intervall $(-\infty; H)$.

Nach diesem Prinzip können die

- Impulsbreitenverteilung $p(B)$
- Impulsabstandsverteilung $p(A)$
- Impulsanstiegsverteilung $p(F)$
- Impulsenergieverteilung $p(E)$

ermittelt werden. Aus diesen Kennfunktionen lassen sich Kenngrößen, wie das Zeitmittel (mittlere Impulshöhe, mittlere Impulsbreite, u. ä.) nach Gl. (6.26) bzw. (6.27) ermitteln.

Durch Verzicht auf Amplituden- und Phaseninformation (Bildung von Einheitsimpulsen und Zählung) erhält man im Zeitbereich die Ereignisanzahl N (Impulssumme).

Durch Beziehung auf die Dauer des Betrachtungszeitintervalls T ergibt sich die *Impulsrate* oder *Impulsdichte*

$$\dot{N} = \mathrm{d}N/\mathrm{d}t = N/T\,. \tag{7.3}$$

Viele Untersuchungen zur Schallemission beschränken sich auf eine *Amplitudenbewertung* durch Bildung des Effektivwertes des Schallemissionssignals nach Gl. (6.27) bzw. (6.28) mit der Kennzeichnung

$\tilde{N}$ Effektivwert der Schallemission.

Dieser Wert wird direkt in der vom Aufnehmer gelieferten Spannung

$\tilde{U}$, U_{eff} Signalspannung

ausgewiesen. Die Bildung des Quotienten

U / U_0 normierter Signalpegel

ist üblich, mit U_0 Normierungsspannung.

Auch eine *Frequenzbewertung* ist möglich, wenn die Autospektraldichte nach Gl. (6.39) bis (6.42) oder das Amplitudenspektrum nach Gl. (6.44) gebildet wird.

7.2.3. Impulsdichteschwankungsanalyse

In Anlagen entstehen durch den Betriebsprozeß und die dabei auftretenden Beanspruchungen an den Bauteilen Schallimpulsquellen, z. B. durch Reibung, Überrollung von Partikeln und Rauheiten. Dabei werden Schallimpulse (oft mit Frequenzen im Ultraschallgebiet) emittiert (Bild 7.4a). Bei der Entstehung bzw. Entwicklung eines Schadens unter den wirkenden Betriebsbeanspruchungen werden weitere hochfrequente Schallimpulse durch plastische oder elastische Deformation emittiert, z. B. im Reibkontakt, bei der Entstehung von Mikrorissen und durch das Rißwachstum (Bild 7.4b). Beide Impulsanteile überlagern sich (Bild 7.4c). In vielen praktischen Anwendungsfällen überdecken die durch den normalen Betrieb auftretenden Schallemissionen

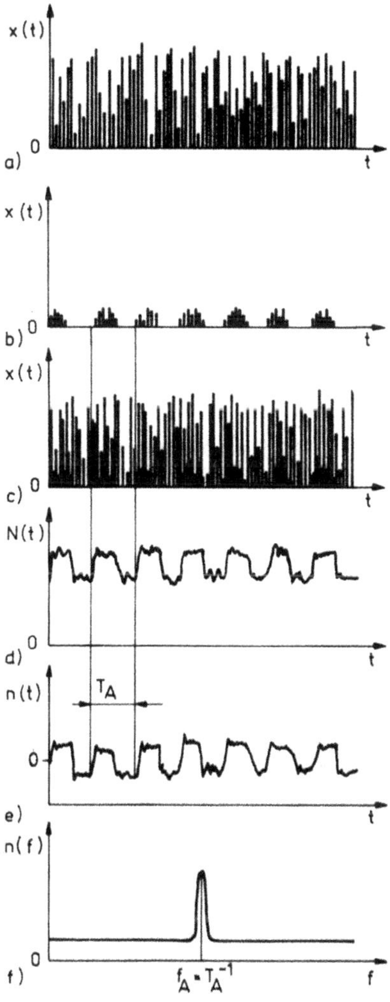

Bild 7.4. Detektion periodischer Impulsgruppen durch Impulsdichteschwankungsanalyse

a) Impulsfolge bei ungeschädigtem Betrieb; b) Impulsfolge durch Schaden; c) überlagerte Impulsfolge; d) Impulsdichte; e) Schwankungsanteil der Impulsdichte; f) Spektrum des Schwankungsanteils der Impulsdichte

$x(t)$ Zeitsignal; $\dot{N}(t)$ Impulsdichte; $n(t)$ Schwankungsanteil der Impulsdichte; $n(f)$ spektrale Amplitudenverteilung des Schwankungsanteils der Impulsdichte; t Zeit; f Frequenz; f_A diskrete Frequenz einer periodischen Schwankung den interessierenden schädigungsrelevanten Anteil des Signals. Bisher übliche Impulsanalyseverfahren, wie Energieinhalt, Höhen-, Längen- und Abstandsverteilung oder Impulsrate waren deshalb oft für die Schadensdiagnostik ungeeignet. Auch der Einsatz einer Diskriminatorschwelle führte nicht immer zu einer Verbesserung des Diagnoseergebnisses [7.5]. Oft ist der Schädigungsprozeß jedoch ein periodischer Vorgang unter periodisch wirkenden Beanspruchungen, z. B. Überrollvorgänge in Wälzlagern und Gleitlagern oder Wechselwirkungen in Zylinder-Kolbengruppen von Verdichtern oder Verbrennungskraftmaschinen. Das führt zu Emissionen von *periodischen Impulsgruppen,* die unabhängig von Stärke und Charakter der überlagerten Impulsfolge periodische Häufungen der Impulsanzahl hervorrufen. Durch Bildung der Impulsdichte $\dot{N}(t)$ nach Gl. (7.3) kann bei genügend kleinem T dieser Vorgang abgebildet werden (Bild 7.4d). Durch Abtrennung des Kurzzeitmittelwertes $\bar{\dot{N}}(t)$ vom Gesamtsignal $\dot{N}(t)$ kann der Schwankungsanteil $n(t)$ der Impulsdichte gebildet werden (Bild 7.4e)

$$\dot{N}(t) = \bar{\dot{N}}(t) + n(t). \tag{7.4}$$

Den Kurzzeitmittelwert der Impulsdichte berechnet man aus

$$\bar{\dot{N}} = \frac{1}{T} \cdot \int_0^T \dot{N}(t)\,\mathrm{d}t \tag{7.5}$$

bzw. in diskreter Schreibweise aus

$$\bar{\dot{N}} = \frac{1}{m} \cdot \sum_{i=1}^{m} \dot{N}_i, \tag{7.6}$$

mit $\dot{N}_i$ diskreter Wert der Impulsdichte im Intervall T.

Aus der Frequenz und der Amplitude der periodischen Schwankungsanteile der Impulsdichte $n(t)$ können mit Hilfe einer *Zeitanalyse*

$$C_n(\tau) = \frac{1}{T} \cdot \int_0^T n(t) \cdot n(t+\tau)\,\mathrm{d}t \tag{7.7}$$

oder *Frequenzanalyse*

$$S_n(f) = \frac{2}{T} \cdot \int_0^T R_n(\tau) \cdot \mathrm{e}^{-2\pi \mathrm{j} f \tau}\,\mathrm{d}\tau \tag{7.8}$$

Rückschlüsse auf Art, Ort und Größe einer Schädigung gezogen werden (Bild 7.4f) [7.5] bis [7.7]. Zur Realisierung dieses Verfahrens werden Piezoaufnehmer, handelsübliche Impulszähltechnik sowie analoge oder digitale Signalanalysetechnik eingesetzt.

Die verwendete Methodik kann verallgemeinert werden [7.6]. *Lingener* [7.8] interpretiert die Signalverarbeitung als Verzicht auf bestimmte Informationsanteile. Durch eine Verzichtsoperation erhält man aus einem Zeitsignal Kennfunktionen. Durch weiteren Informationsverzicht entstehen Kenngrößen. Berücksichtigt man, daß der Informationsverzicht immer an ein bestimmtes Zeitintervall gebunden ist, so erkennt man, daß die Weiterverarbeitung der Impulsdichte in einem größeren Zeitintervall (einer höheren Zeitebene) erfolgt als die Bestimmung der Impulsdichte selbst. Nach Übergang in die höhere Zeitebene wird die Impulsdichte vom Kennwert zur diskretisierten Zeitfunktion und kann als solche weiterverarbeitet werden. Durch weiteren Informationsverzicht erhält man schließlich das Spektrum oder die Leistung der Impulsdichteschwankungen.

Damit wird folgendes *allgemeines Schema* sichtbar (Bild 7.5):

- Informationsverdichtung (auf einer 1. Zeitebene) zu einem Kennwert (z. B. $\dot{N}_i$)
- Übergang zur 2. Zeitebene durch weitere Verdichtung der Informationen des zeitlichen Verlaufs des Kennwertes der 1. Zeitebene und Bildung von Kennfunktionen (z. B. $n_j(f_A)$)
- Beobachtung deren zeitlicher Entwicklung (z. B. $n(f_A)$ im Intervall ΔT_3) in einer dritten Zeitebene.

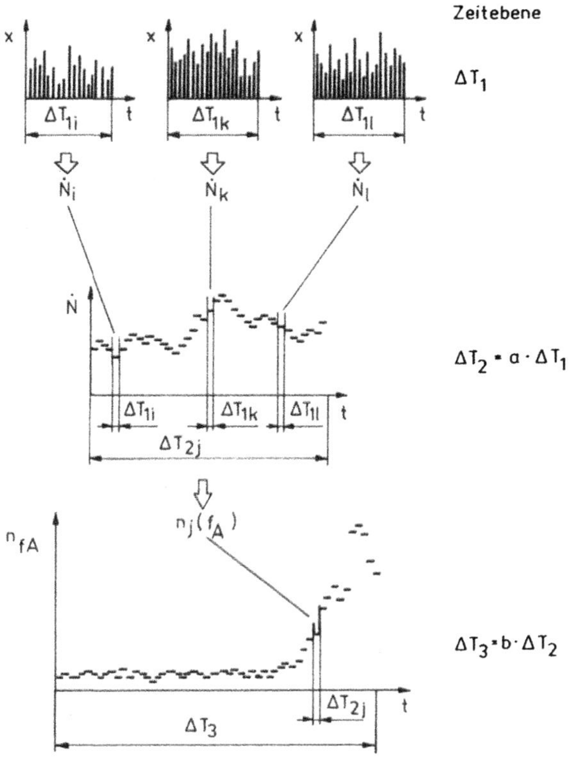

Bild 7.5. Zeitebenenübergang am Beispiel der Impulsdichteschwankungsanalyse

x Amplitude der Emission; *t* Zeit; $\dot{N}$ Impulsdichte; $n_j(f_A)$ diskrete Frequenz des Amplitudendichtespektrums; ΔT Betrachtungszeitintervall

Ein solcher Übergang ist theoretisch beliebig oft wiederholbar. Die Wahl der Dauer der Zeitintervalle, der Anzahl unterschiedlicher Zeitebenen und der jeweils verwendeten Verzichtsoperationen hängt vom zu diagnostizierenden Prozeß ab.

Die kleinste Zeitebene folgt aus dem physikalischen Charakter des Signalemissionsprozesses (z. B. Impulshöhe, kleinste Periode o. ä.). Die folgenden Ebenen werden durch die diesem Prozeß infolge Schädigung aufgeprägten Informationsanteile bestimmt. Die Einführung von Zeitebenenübergängen ermöglicht eine Vielzahl weiterer Signalanalyseverfahren. Mit einer solchen Sytematik sind weitere Impulsanalyseverfahren, wie Höhen-, Längen- oder Energieverteilungen, aber auch Hüllkurvenextraktion, Averaging u. a. einordenbar.

7.2.4. Messung von Schallemissionen

Die Messung und Analyse von Ultraschallemissionen (Bild 7.6) kann im wesentlichen nach den Prinzipen der Schwingungsdiagnostik (vgl. Abschnitte 6.1. und 6.2.) erfolgen. Besonderheiten, die zu beachten sind, werden hier kommentiert.

Die infolge der Belastung des Diagnoseobjekts erregten Primärschallquellen senden akustische Wellen durch das Objekt. Diese Schallwellen werden von einem Aufnehmer (Bild 7.6, Pos. *1*) in elektrische Signale gewandelt. Dazu dienen meist *piezoelektrische Schallwandler.* Für die Schallemission wurden spezielle Wandler entwickelt, die folgende Forderungen erfüllen sollten:

- günstiger Frequenzgang im Bereich 50 kHz bis 1 MHz
- hohe Empfindlichkeit mit konstantem Amplitudengang über dem gesamten Frequenzbereich
- Richtungscharakteristik
- Temperaturbeständigkeit (oft bis 500 °C)
- hohe Zuverlässigkeit für stationäre betriebliche Messungen.

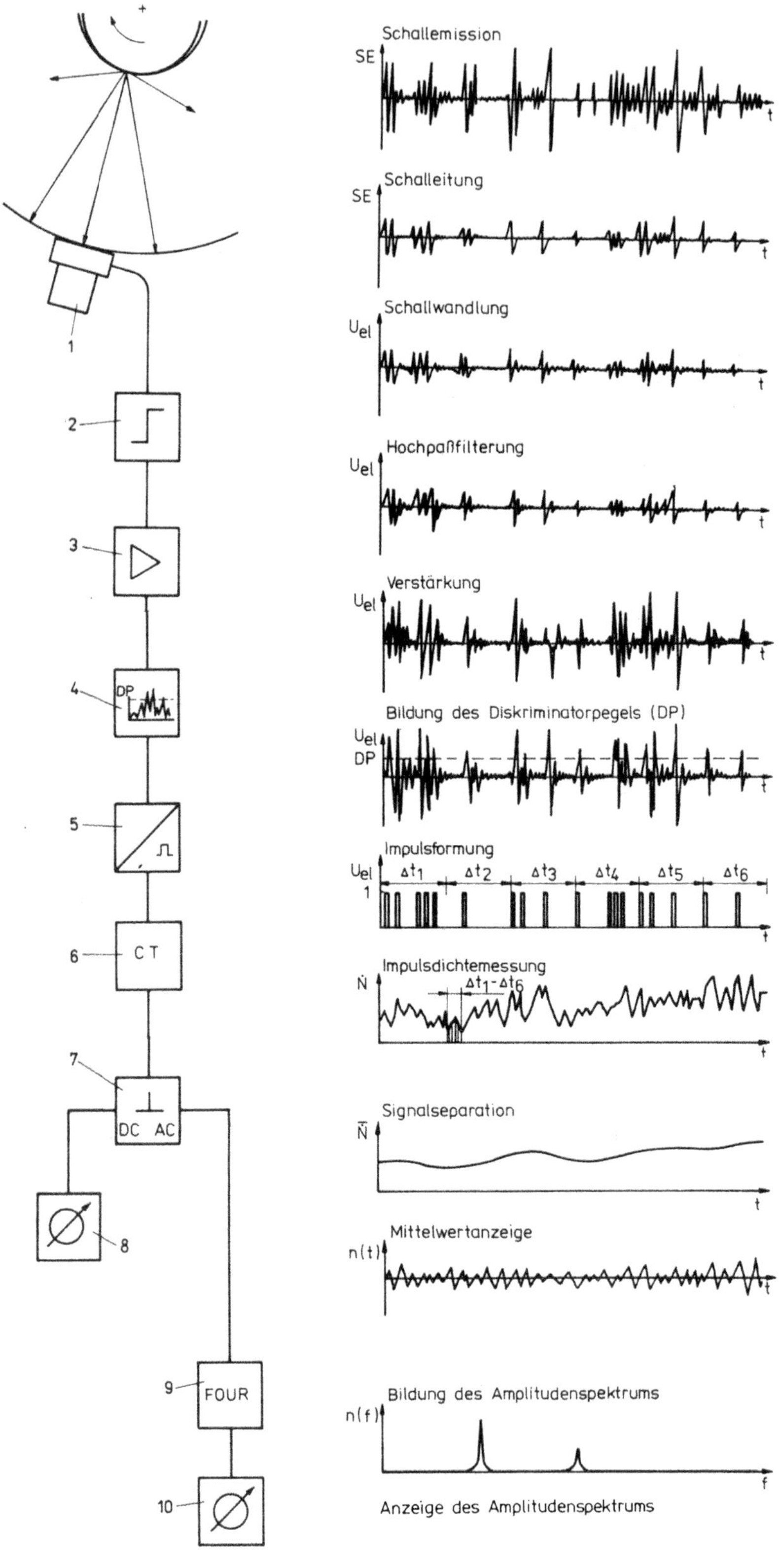
1
2
3
4
DP
5
6
CT
7
DC AC
8
9
FOUR
10
Schallemission
SE
t
Schalleitung
SE
t
Schallwandlung
U_{el}
t
Hochpaßfilterung
U_{el}
t
Verstärkung
U_{el}
t
Bildung des Diskriminatorpegels (DP)
U_{el}
DP
t
Impulsformung
U_{el}
1
Δt_1 Δt_2 Δt_3 Δt_4 Δt_5 Δt_6
t
Impulsdichtemessung
$\dot{N}$
$\Delta t_1 - \Delta t_6$
t
Signalseparation
$\bar{N}$
t
Mittelwertanzeige
n(t)
t
Bildung des Amplitudenspektrums
n(f)
f
Anzeige des Amplitudenspektrums

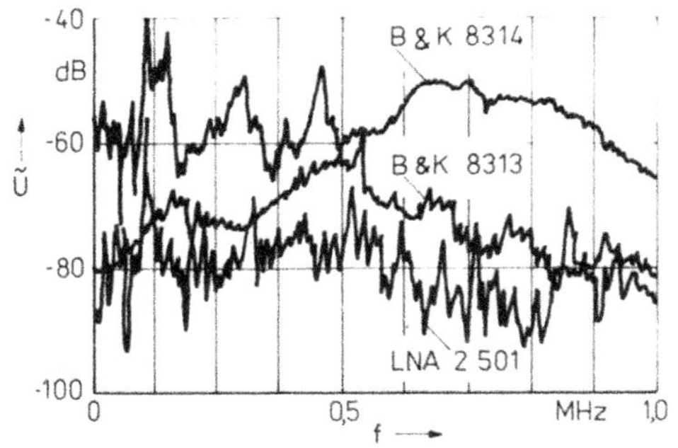

Bild 7.7. Schallemissionsaufnehmercharakteristiken unterschiedlicher Hersteller (bei gleichartiger Anregung)

B & K 8314 Fa. Brüel & Kjaer; B & K 8313 Fa. Brüel & Kjaer; LNA 2501 ZfK Rossendorf

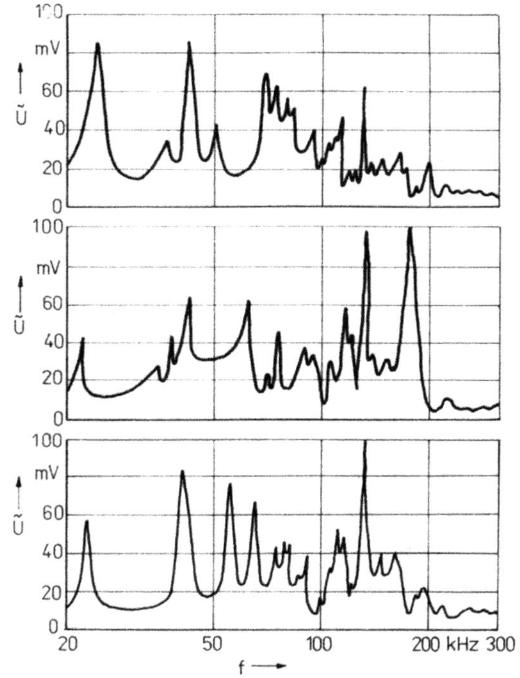

Bild 7.8. Schwingungsaufnehmercharakteristiken gleicher Typen (KD 35 bei gleichartiger Anregung im Bereich 20 bis 300 kHz)

Diese Forderungen können gegenwärtig angebotene Aufnehmer nur teilweise erfüllen. Bild 7.7 zeigt ausgewählte Charakteristiken von Resonanzsensoren, die speziell für die Ultraschallemissionsmessung entwickelt wurden. Auch Schwingungsaufnehmer können mit Einschränkungen zur Ultraschallmessung eingesetzt werden. Sie arbeiten im Resonanzbereich und zeigen ausgeprägte Resonanzen. Ihr Meßbereich ist von 20 kHz bis etwa 500 kHz eingeschränkt. Wie Untersuchungen zeigen [7.10], ist der Frequenzgang von Aufnehmern sehr verschieden, selbst Aufnehmer gleichen Typs zeigen Unterschiede in den Amplituden der Hauptresonanzen (Bild 7.8). Das ist zu beachten, wenn Spektren von Originalsignalen oder Impulsdichten unterschiedlicher Aufnehmer zu vergleichen sind.

Aufgenommene Signale sind vorzuverstärken, um sie der Auswertetechnik zuführen zu können (> 40 bis 60 dB). Nachfolgende Filter (in der Regel nur ein Hochpaßfilter) ermöglichen das Ausfiltern bekannter ständig auftretender Störgeräusche (Bild 7.6, Pos. *2*). Ein Hauptverstärker (Bild 7.6, Pos. *3*) konditioniert die Signale zur nachfolgenden Auswertung. Die eingesetzten Verstärker sind meist regelbar mit einer Signalverstärkung von 40 bis 60 dB. Nach dem Hauptverstärker können Effektivwert $\tilde{x}(t)$, Spitzenwert $\hat{x}(t)$ oder das Spektrum des Originalsignals mit den bekannten Verfahren (s. Abschnitte 6.1. und 6.2.) bestimmt werden. Die Effektivwertmessung erfolgt üblicherweise durch ein Voltmeter ($\tilde{U}$). Mit geeigneten Bandgeräten ist auch eine Aufzeichnung des Originalsignals möglich.

Durch geeignete Impulsformer mit Diskriminatorschwellen (Bild 7.6, Pos. *4* u. *5*) sowie elektronischer Zähltechnik kann eine Impulszählung (N), oder die Bildung der Impulsdichte ($\dot{N}$), (Bild 7.6, Pos. *6*), erfolgen. Mit diesen verarbeiteten Signalen können weitere nachfolgende Operationen vorgenommen werden (Bild 7.6, Pos. *7* bis *10*).

Nach der Hauptverstärkung des Originalsignals kann durch Analog-Digital-Wandlung der gesamte nachfolgende Auswerteprozeß durch einen Rechner erfolgen.

Sind Signale mehrerer Aufnehmer auszuwerten, sind Mehrkanalanalysatoren erforderlich. Vor allem für die Signalortung (vgl. Abschn. 7.3.) ist eine solche Technik notwendig.

◄ *Bild 7.6. Meßkette zur Messung und Analyse von Schallemissionen*

7.3. Schallemissionsortung

7.3.1. Ortungsprinzip

Schallquellen sind selbst aktiv und können dadurch geortet werden. Das in mehreren Aufnehmern empfangene Signal enthält Informationen über den Entstehungsort des Schallemissionssignals. Zwei Grundarten der Ortung lassen sich anwenden:

- Bewertung der Dämpfung der Signale an mehreren Aufnehmern
- Messung der Laufzeitdifferenzen der Signale an mehreren Aufnehmern und Berechnung des Ortes der Schallquelle.

Die *Dämpfungsmessung* ist sehr ungenau, die Ortungsgenauigkeit liegt im Größenbereich der Aufnehmerabstände. Eine Ortung nach diesem Prinzip ist deshalb in sehr großen, geometrisch komplizierten Bauteilen nicht möglich. Praktische Anwendungsfälle sind nicht bekannt.

Die *Laufzeitdifferenzmessung* hat eine höhere Genauigkeit, je nach Aufnehmeranzahl liegt sie zwischen 10 und 15 % des Aufnehmerabstandes. Das Prinzip der Laufzeitdifferenzmessung hat deshalb bei allen bekannten Schallemissionsverfahren den Vorzug und wird in der Praxis angewandt [7.3.] [7.11] [7.12] [7.13]. Die Schallemissionsortung kann technisch verwirklicht werden, wenn folgende *Voraussetzungen* erfüllt sind bzw. durch den Geräteaufbau realisiert werden:

- Schallsignale breiten sich vom Quellort zu den Aufnehmern mit isotropen Bedingungen des Objekts aus.
- Die Schallgeschwindigkeit v ist auf dem Übertragungsweg konstant.
- Die Reihenfolge der Signalankunft an den Aufnehmern kann ermittelt werden.
- Die Laufzeitdifferenzen von k Aufnehmern ($k > n$ bei n-dimensionaler Ortung) können ermittelt werden.

Die Realisierung der Methode „Laufzeitdifferenzmessung" hängt von den charakteristischen Eigenschaften der Schallquelle ab. Burstsignale können relativ einfach in bezug auf Reihenfolge des Ansprechens der Aufnehmer und Ermittlung der Laufzeitdifferenzen detektiert werden. Wesentlich komplizierter gestaltet sich das Verfahren bei kontinuierlichen bzw. quasikontinuierlichen Emissionen. Laufzeitdifferenzmessungen bei kontinuierlichen Emissionen erfordern die Anwendung von Korrelationstechniken [7.14]. Damit wird das Verfahren aufwendiger und ungenauer. Für die Anwendung zur Leckdetektion wird diese Methode untersucht [7.14].

Welcher Algorithmus zur Quellortberechnung aus den ermittelten Laufzeitdifferenzen geeignet ist, bestimmen vor allem die Geometrie des Ausbreitungmediums, die geforderte Genauigkeit, die Anzahl der je Zeiteinheit zu verarbeitenden Ereignisse und nicht zuletzt die zur Verfügung stehende Rechentechnik [7.12] [7.13].

7.3.2. Eindimensionale Ortung

Für linienförmige Objekte (Zugstab, Rohrleitung u. a.) kann die Schallemissionsortung im einfachsten Fall auf eine Laufzeitdifferenzmessung mit Hilfe von zwei Aufnehmern zurückgeführt

Bild 7.9. Lineare Ortung
$A_{1,2}$ Aufnehmer; Q Quellort; x Abstand

werden. Befindet sich der Quellort zwischen zwei Aufnehmern, so ist sein Abstand vom zuerst angesprochenen Aufnehmer linear von der gemessenen Zeitdifferenz abhängig (Bild 7.9).

Der Abstand x des Quellortes Q vom zuerst angesprochenen Aufnehmer A_1 ergibt sich zu [7.13]

$$x = \frac{\overline{A_1A_2}}{2} - \frac{v \cdot (t_2 - t_1)}{2}\,; \tag{7.9}$$

$\overline{A_1A_2}$ Aufnehmerabstand
$t_2 - t_1$ Zeitdifferenz
v Schallgeschwindigkeit (werkstoffabhängig).

Für Quellen außerhalb des Gebietes zwischen den beiden Aufnehmern ergibt sich jeweils

$$\pm (t_2 - t_1) = \frac{\overline{A_1A_2}}{v}\,. \tag{7.10}$$

Daraus ist lediglich die Lage der Quelle, nicht der konkrete Ort ermittelbar. Bei positivem Vorzeichen befindet sich die Quelle unterhalb von A_2, bei negativem Vorzeichen oberhalb von A_1.

Die eindimensionale Ortung ist nur sehr eingegrenzt anwendbar. Anwendungsfälle werden in der laborativen Werkstoffprüfung [7.2] und bei der Überwachung von Rohrleitungen genannt [7.13] [7.15].

7.3.3. Zweidimensionale Ortung

Das Hauptanwendungsgebiet der Schallemissionsortung ist die Untersuchung zweidimensionaler (flächenhafter) Strukturen (z. B. Druckbehälter mit kleinem Verhältnis Wanddicke zu Behälterabmessungen). Die Berechnung des Quellortes aus den gemessenen Zeitdifferenzen beruht im zweidimensionalen Fall auf der *hyperbolischen Triangulation.* Wie bei der linearen Ortung müssen die Aufnehmerkoordinaten und die Schallgeschwindigkeit v bekannt sein. Mindestens drei Aufnehmer sind für die zweidimensionale Ortung erforderlich. Bild 7.10 zeigt das Prinzip des Verfahrens. Ein aktiver Vorgang (z. B. Riß, Gefügeveränderung) an der Stelle Q eines Bauteils emittiert unter äußerer Belastung Schallimpulse, die Schallwellen breiten sich in dem Bauteil nach allen Seiten gleichförmig aus und erreichen zu unterschiedlichen Zeiten nach den Laufwegen r_1, r_2 und r_3 die Schallaufnehmer A_1, A_2 und A_3. Durch Messung der Zeitdifferenzen zwischen den Aufnehmern, mit Hilfe der bekannten Schallgeschwindigkeit und bekannten Koordinaten der Aufnehmer läßt sich der Ort des Ereignisses Q als Schallquelle ermitteln [7.15].

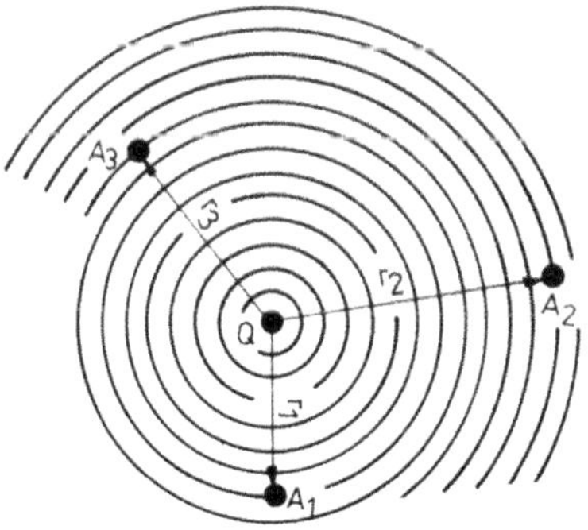

Bild 7.10. Zweidimensionale Ortung von Schallquellen
Q Schallquelle des Ereignisses; A_1, A_2, A_3 Schallaufnehmer; r_1, r_2, r_3 Schallwege

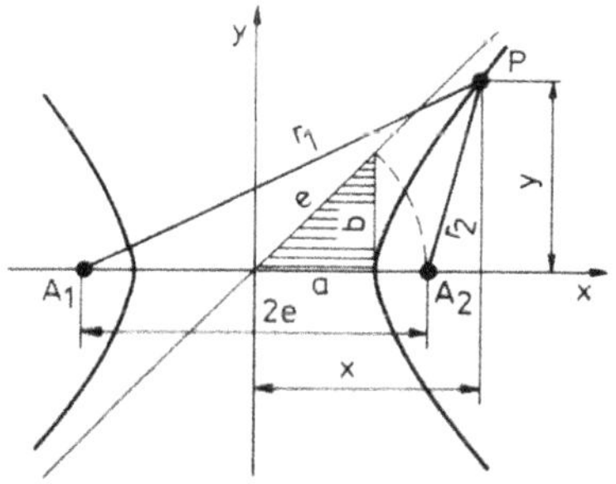

Bild 7.11. Definition der Parameter einer Hyperbel
P beliebiger Punkt; A_1, A_2 Brennpunkte; x, y Koordinaten; a, b reelle, imaginäre Halbachse; e Exzentrizität; r_1, r_2 Radiusvektoren

Für das ebene System kann der folgende Berechnungsalgorithmus abgeleitet werden; dazu sind die Beziehungen der Hyperbelberechnung anzuwenden. Die Hyperbel ist der geometrische Ort aller Punkte einer Ebene, für die die Differenz der Abstände zu zwei festen Punkten, den Brennpunkten, konstant ist (Bild 7.11). Die Mittelpunktsgleichung der Hyperbel (Normalform) lautet:

$$\frac{x^2}{a^2} - \frac{y^2}{b^2} = 1 \tag{7.11}$$

mit

$$r_1 - r_2 = 2a \tag{7.12}$$

und

$$b^2 = e^2 - a^2 . \tag{7.13}$$

e wird als Exzentrizität bezeichnet.
Der Halbparameter p ist

$$p = \frac{b^2}{a} = \frac{e^2 - a^2}{a} . \tag{7.14}$$

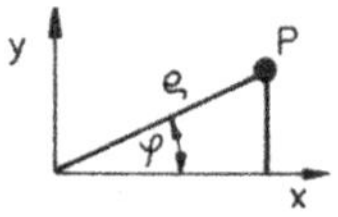

Bild 7.12. Polarkoordinaten
P beliebiger Punkt; ϱ Radius; φ Polarwinkel; x, y Koordinaten

Zur Beschreibung des Ortungsproblems in Polarkoordinaten (Bild 7.12) ergeben sich die Parameter aus den kartesischen Koordinaten zu

$$x = \varrho \cdot \cos\varphi \tag{7.15}$$

$$y = \varrho \cdot \sin\varphi \tag{7.16}$$

$$\varrho = \sqrt{x^2 + y^2} \tag{7.17}$$

$$\tan\varphi = y/x . \tag{7.18}$$

Die Hyperbelgleichung in Polar-Schreibweise erhält man zu

$$\varrho = p/(1 + \varepsilon \cdot \cos\varphi) , \tag{7.19}$$

mit ϱ Radiusvektor vom Brennpunkt zu einem beliebigen Hyperbelpunkt, dem Halbparameter p nach Gl. (7.14) und der numerischen Exentrizität

$$\varepsilon = e/a \tag{7.20}$$

sowie φ dem Azimutwinkel des Radiusvektors bezüglich seiner reellen Achse (Bild 7.13).

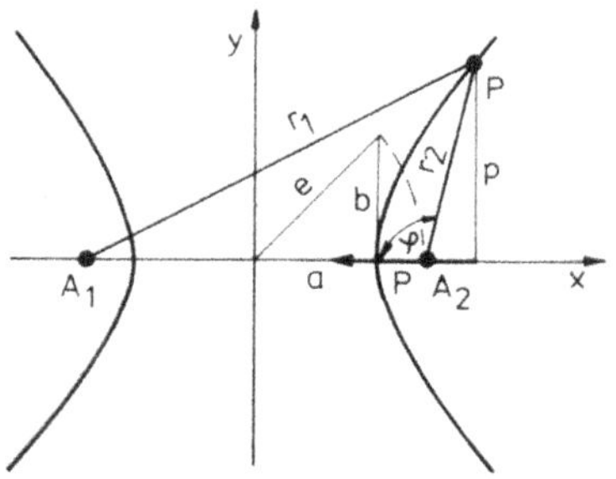

Bild 7.13. Polarkoordinaten der Hyperbel
A_1, A_2 Brennpunkte der Hyperbel; x, y kartesische Koordinaten; r_1, r_2 Radien; φ Polarwinkel; a, b reelle, imaginäre Halbachse; e Exzentrizität

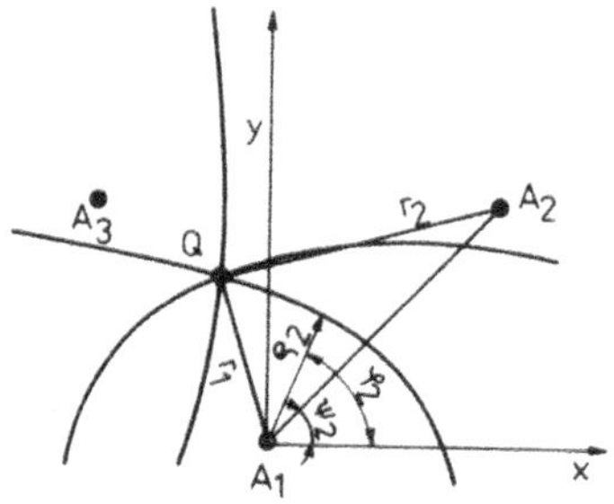

Bild 7.14. Ortung einer Schallquelle durch Anwendung der Hyperbelgesetze
A_1, A_2, A_3 Aufnehmerorte; Q Schallquelle; x, y kartesische Koordinaten; r_1, r_2 Laufwege der Schallfront; ϱ, φ Polarkoordinaten; ψ Winkel der Hyperbelachse zum x, y-System

Die zweidimensionale Ortung mit drei Aufnehmern A_1, A_2, A_3, (Bild 7.14) wird einen Aufnehmer (A_1) als nächstgelegenen zum Quellort Q ausweisen mit den Laufzeitdifferenzen

$$\Delta t_1 = 0 \tag{7.21}$$

$$\Delta t_2 = t_2 - t_1 > 0 \tag{7.22}$$

$$\Delta t_3 = t_3 - t_1 > 0\,. \tag{7.23}$$

In der Zeit Δt_i legt die Wellenfront den Weg $v \cdot \Delta t_i$ zurück. Es ist leicht zu erkennen, daß der geometrische Ort aller möglichen Quellpunkte für eine Laufzeitdifferenz Δt_i ein Ast einer Hyperbel mit den beiden Aufnehmern in den Brennpunkten ist [7.3], die Länge ihrer reellen Achse ist $v \cdot \Delta t_i$. Bei Verwendung von drei Aufnehmern erhält man den Quellort als Schnittpunkt dreier Hyperbeln (vgl. Bild 7.14).

Für die Hyperbel mit den Brennpunkten A_1 und A_2 (Aufnehmer 1 und Aufnehmer 2) erhält man aus Gl. (7.19)

$$\varrho_2 = \frac{p_2}{1 + \varepsilon \cdot \cos(\varphi_2 - \psi_2)} \tag{7.24}$$

mit dem Halbparameter p nach Gl. (7.14) und mit Gl. (7.12)

$$p_2 = \frac{\dfrac{x_2^2 + y_2^2}{4} - \left[\dfrac{v \cdot (t_2 - t_1)}{2}\right]^2}{\dfrac{v \cdot (t_2 - t_1)}{2}} = \frac{x_2^2 + y_2^2 - v^2 \cdot \Delta t_2^2}{2v \cdot \Delta t_2}\,. \tag{7.25}$$

Die numerische Exzentrizität wird nach Gl. (7.20)

$$\varepsilon_2 = \frac{\dfrac{\sqrt{x_2^2 + y_2^2}}{2}}{\dfrac{v \cdot (t_2 - t_1)}{2}} = \frac{\sqrt{x_2^2 + y_2^2}}{v \cdot \Delta t_2}\,. \tag{7.26}$$

Den Winkel ψ_2 berechnet man aus den geometrischen Beziehungen (vgl. Bild 7.14) zu

$$\cos \psi_2 = \frac{x_2}{\sqrt{x_2^2 + y_2^2}} \tag{7.27}$$

und

$$\psi_2 = \arccos \frac{x_2}{\sqrt{x_2^2 + y_2^2}}\,. \tag{7.28}$$

Es ist zweckmäßig, die imaginäre Halbachse als Parameter zu verwenden, (Gl. 7.13)

$$b_2 = \frac{1}{2} \sqrt{x_2^2 + y_2^2 - v^2 \cdot \Delta t_2^2}\,. \tag{7.29}$$

Die für einen Hyperbelast ermittelten Gleichungen sind in gleicher Weise für die Aufnehmerkombination $A_1 - A_3$ aufzustellen. Die Ermittlung des Quellpunktes ergibt sich aus dem Schnittpunkt beider Hyperbeln, aus den Bedingungen

$$r_1 = \varrho_2 = \varrho_3 \tag{7.30}$$

$$\varphi = \varphi_2 = \varphi_3\,. \tag{7.31}$$

Durch Kombination der Gleichungen (7.24) mit (7.30) und (7.31) erhält man die Lösung

$$\varphi = \arccos \frac{v \cdot \left(b_3^2 \cdot \Delta t_2 - b_2^2 \cdot \Delta t_3\right)}{\sqrt{\left(b_2^2 \cdot x_3 - b_3^2 \cdot x_2\right)^2 + \left(b_2^2 \cdot y_3 - b_3^2 \cdot y_2\right)^2}} + \arctan \frac{b_2^2 \cdot y_3 - b_3^2 \cdot y_2}{b_2^2 \cdot x_3 - b_3^2 \cdot x_2} \tag{7.32}$$

$$r_1 = \frac{p_i}{1 + \varepsilon_i \cdot \cos(\varphi - \psi_i)}\,; \qquad i - 2, 3 \tag{7.33}$$

mit p_i nach Gl. (7.25), ε nach Gl. (7.26), φ nach Gl. (7.32) sowie ψ_i nach Gl. (7.28).

Mit diesem Verfahren können Ortungsaufgaben an allen einfachen, leicht gekrümmten Oberflächen gelöst werden. Die exakte Berechnung nach dieser Methode erfordert einen hohen Rechenaufwand und damit anspruchsvolle Rechner. Für die Anwendung von Mikrorechnern mit geringerer Rechengeschwindigkeit und Speicherkapazität wurden deshalb Näherungsverfahren entwickelt, z. B. [7.16] bis [7.18].

7.3.4. Zweidimensionale Ortung gekrümmter und zusammengesetzter Oberflächen

An Bauteilen mit beliebig geformten oder mehrfach zusammengesetzten Flächen ist die Berechnung komplizierter. Die Ortung der Schallquelle erfordert einen mathematischen Mehraufwand, da erst der geometrieabhängige Laufweg der Signale von der Quelle zu den Aufnehmern bestimmt werden muß [7.11].

Ist die Oberfläche beschreibbar durch

$$z = f(x, y) \tag{7.34}$$

und liegen die Aufnehmer A_i an den Punkten $A_i(x_I, y_i, z_i)$, so ist die Quelle $Q\ (x_Q, y_Q, z_Q)$ zu finden. Das Signal soll dabei entlang der Wege

$$y = f_i(x) \tag{7.35}$$

zu den Aufnehmern A_i gelangen (Bild 7.15). Die Funktionen f_i bestimmen sich aus der Annahme, daß die Signallaufzeit entlang dieser Wege ein Minimum haben soll. Die Quellkoordinaten lassen sich durch Variationsrechnung ermitteln [7.11].

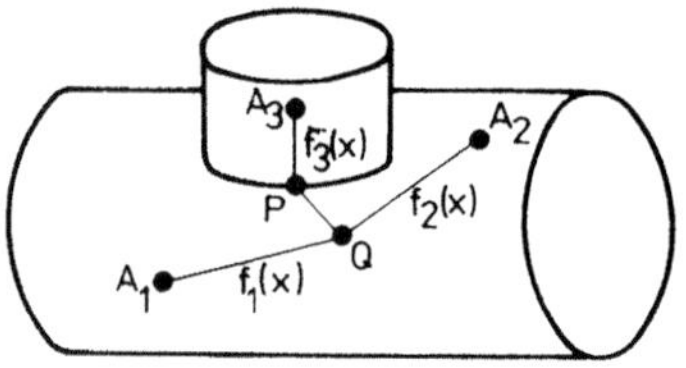

Bild 7.15. Schallemissionsortung an zusammengesetzten Oberflächen
A_1, A_2, A_3 Aufnehmer; Q Quelle; P Anschlußpunkt des Laufweges der Schallfront
$f_i(x)$ Laufwege

7.3.5. Dreidimensionale Ortung

Für Prüfobjekte mit großen Wanddicken ist eine dreidimensionale Schallemissionsortung denkbar, um die Lage eines Fehlers auch in Abhängigkeit von der Wanddicke zu ermitteln. Forschungsaufgaben in dieser Richtung sind bekannt, eine technische Anwendung ist gegenwärtig nicht nachweisbar [7.13].

7.3.6. Aufbau von Schallemissionsortungsanlagen

Schallemissionsortungsanlagen verarbeiten die von mehreren Schallemissionsaufnehmern gewandelten Schallsignale mit dem Ziel der sofortigen Angabe der Schallquelle. In den vorherigen Abschnitten konnte gezeigt werden, daß neben der Signalverarbeitung jedes einzelnen Signals aufwendige Rechenoperationen zur Ermittlung der Schallquellen erforderlich sind. Schallemissionsortungsanlagen sind deshalb *ausschließlich rechnergestützte Signalverarbeitungsanlagen,* die unmittelbar nach jeder Messung den Ort der Schallquellen ausweisen.

Zwei Grundvarianten gibt es bei der technischen Realisierung von Ortungsanlagen, das mehrkanalige Ortungsverfahren (Bild 7.16) und das einkanalige Ortungsverfahren (Bild 7.17). Schallemissionsortungsanlagen verarbeiten Signale von bis zu 32 Aufnehmern. Bild 7.16 zeigt eine typische Ortungsapparatur nach dem Laufzeitverfahren, wie sie auch in kommerziellen Anlagen angewendet wird. Die Signale jedes Aufnehmers werden über einen Verstärker je einem Auswer-

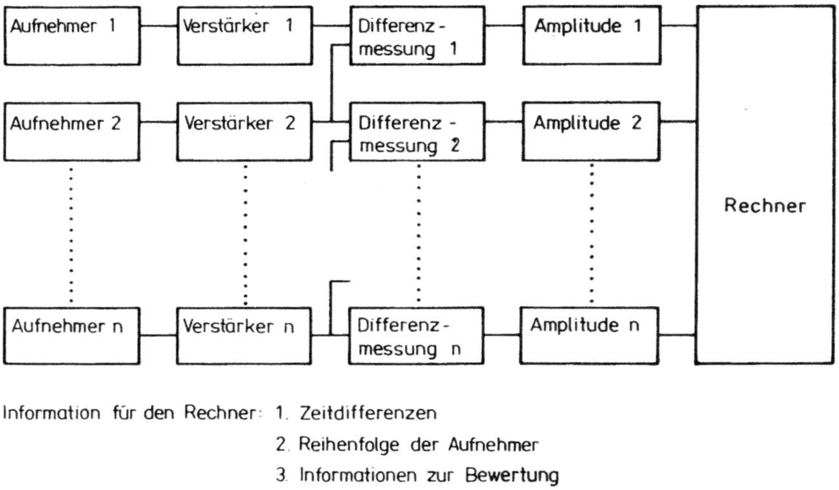

Bild 7.16. Mehrkanaliges Schallemissionsortungsverfahren [7.19]

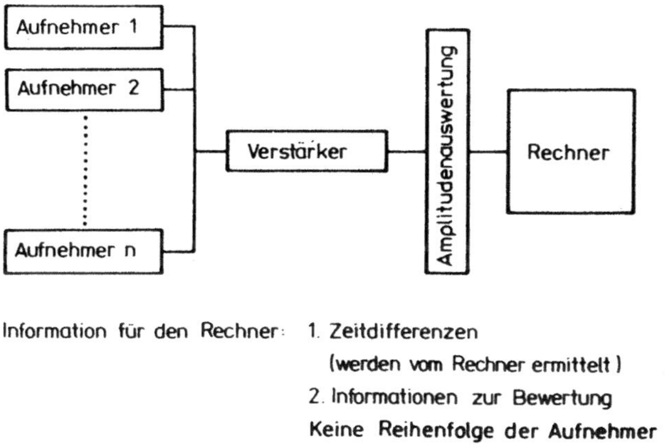

Bild 7.17. Einkanaliges Schallemissionsortungsverfahren [7.19]

tekanal zugeführt. In diesem Auswertekanal werden die Zeitdifferenzen zu Signalen anderer Kanäle gebildet und eine Bewertung des eingelaufenen Signals vorgenommen. Dem nachgeschalteten Prozeßrechner werden die Zeitdifferenzen, die Reihenfolge, in der die Aufnehmer angesprochen wurden, und Informationen zur Bewertung des Einzelsignals übermittelt. Aus diesen Informationen läßt sich der Ort der Emissionsquelle berechnen [7.19]. Verzichtet man auf die Information „Reihenfolge der angesprochenen Aufnehmer“ müssen die Signale verschiedener Aufnehmer nicht mehr getrennt behandelt werden, sondern können über eine einzige Informationsleitung dem Prozeßrechner zugeführt werden. Bild 7.17 zeigt das Blockschema eines Ortungssystems, das mit einem solchen Informationsverzicht arbeitet. Der Informationsverlust, der dadurch auftritt, daß die Reihenfolge der angesprochenen Aufnehmer nicht registriert wird, kann durch spezielle Aufnehmeranordnungen und die Messung von wenigstens vier Laufzeitdifferenzen ausgeglichen werden. Damit erhöht sich die notwendige Aufnehmerdichte geringfügig, wenn die gleiche Genauigkeit wie bei den mehrkanaligen Ortungsverfahren erreicht werden soll. Die Genauigkeit und Zuverlässigkeit der Ortung mit diesen Verfahren hängt von der günstigen Wahl der Aufnehmerorte ab [7.20].

Zur *Einschätzung der Leistungsfähigkeit* einer Schallemissionsanlage ist es notwendig, die erreichbare Genauigkeit bei der Bestimmung der Lage der Signalquelle anzugeben. Die Ortung ist um so genauer, je

- größer das Signal-Rausch-Verhältnis ist;
- geringer die Dämpfung der Signale ist;

- genauer die Schallgeschwindigkeit bekannt ist;
- genauer die Messung der Zeitdifferenzen erfolgt.

Durch die Anordnung der Aufnehmer sind Gebiete festgelegt, in denen kleine Ortungsfehler auftreten bzw. in denen auch bei kleinem Signal-Rausch-Verhältnis noch eine Ortung möglich ist. Bei einem Aufnehmerabstand von 2 m muß man bei den heutigen Verfahren mit Fehlern von ±200 mm rechnen [7.21]. Eine Verbesserung der Ortungsgenauigkeit ist durch Berücksichtigung der Ausbreitungseffekte möglich [7.21].

Die Schallemissionsortung ist in der Praxis als Verfahren der zerstörungsfreien Werkstoffprüfung eingeführt. Der Vorteil der Ortung besteht in der gleichzeitigen, integralen Untersuchung des gesamten Prüfobjekts, ohne punktförmige Abtastung wie bei anderen Prüfverfahren. „Aktive" Befunde können mit einem nachfolgenden Prüfverfahren auf Art, Umfang und genaue Lage des Schadens oder der Unregelmäßigkeit untersucht werden. Die Schallemissionsortung sollte deshalb vor einer komplexen zerstörungsfreien Werkstoffprüfung stehen. Günstig ist der Einsatz von Ortungsanlagen bei Wiederholungsprüfungen bzw Prüfungen einer Vielzahl gleicher Objekte.

7.4. Werkstoffprüfung durch Schallemissionsanalyse

Leistner [7.22] [7.23] hält eine Graduierung der Intensität von Schallemissionen als Maß für den Charakter von Schädigungserscheinungen durch Einführung von *Schallemissionsbildern* unterschiedlicher Ordnung für möglich.

Ein Schallemissionsbild 0. Ordnung charakterisiert den Zustand, daß im normalen, ungestörten Betrieb keinerlei Schallpegelerhöhung nachgewiesen werden kann. Unerwünschte Untergrundgeräusche sind durch Amplituden- bzw. Frequenzdiskriminatorschwellen zu beseitigen.

Ein Schallemissionsbild 1. Ordnung liegt vor, wenn zeitlich und örtlich sporadisch verteilte, sehr kurze Primärschallquellen in einer Anlage registriert werden. Die statistische Verteilung der Pegelamplituden wird aufgezeichnet (Bild 7.18). Im Werkstoff laufen schallenergieabführende Prozesse mit mikroskopisch kleinen Reaktionsbereichen ab, die mit anderen bereits beschriebenen zerstörungsfreien Diagnoseverfahren nicht nachweisbar sind.

Bild 7.18. Schallemissionsbild 1. Ordnung

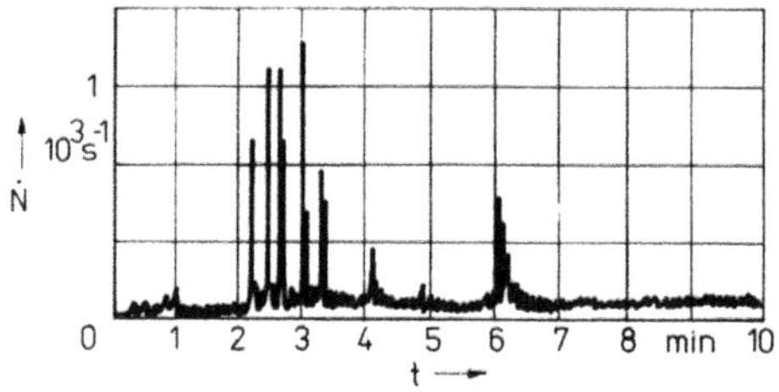

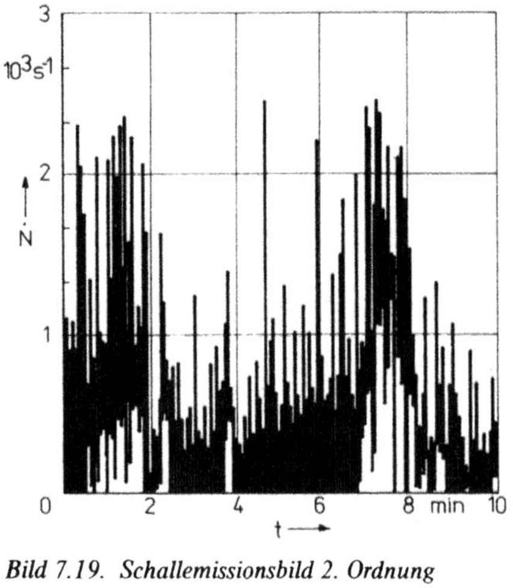

Bild 7.19. Schallemissionsbild 2. Ordnung

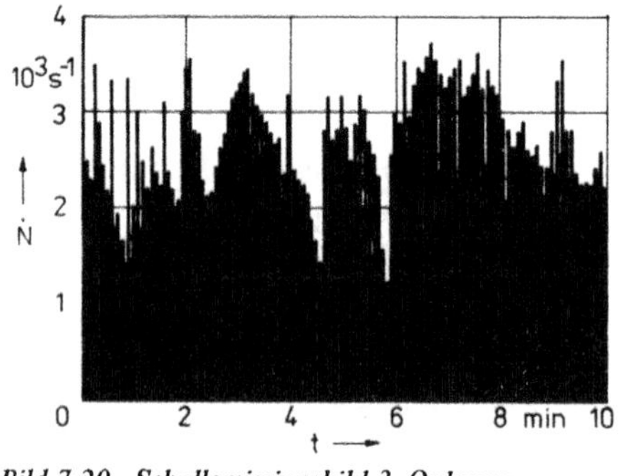

Bild 7.20. Schallemissionsbild 3. Ordnung

Ein Schallemissionsbild 2. Ordnung wird charakterisiert durch eine zeitweilige Schallpegelanhebung und durch Schallpegelamplituden nahezu gleicher Größen (Bild 7.19). Ursache für diese Schallpegelanhebung sind Schallquellen makroskopischer Reaktionsbereiche, die sich auf einem Ort konzentrieren. In diesem Fall sind durch zerstörungsfreie Prüfmethoden makroskopische Zustandsänderungen nachweisbar.

Ein Schallemissionsbild 3. Ordnung weist ein deutliches Abheben vom Nullzustand aus, es charakterisiert ständig ablaufende Prozesse, wie Rißwachstum bei zyklischer Belastung oder Leckagen bei konstanter Belastung (Bild 7.20).

Wenn auch diese groben diagnostischen Aussagen wenig über die tatsächlich ablaufenden Prozesse im Werkstoff aussagen, sind sie für die Werkstoffdiagnostik von Bedeutung, wenn weitere Untersuchungsverfahren hinzugezogen werden.

Einige ausgewählte Beispiele können die Korrelation zwischen Schallemission und Werkstoffverhalten demonstrieren.

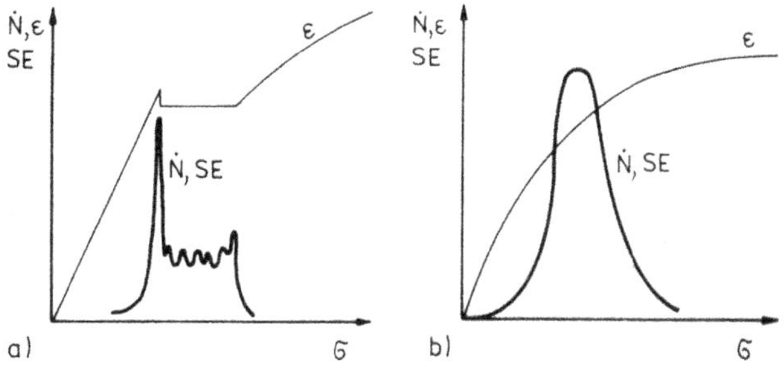

Bild 7.21. Verlauf von Dehnung und Schallemission als Funktion der Spannung beim Zugversuch

a) inhomogene Dehnung; b) homogene Dehnung

SE Schallemission; $\dot{N}$ Impulsrate; ε Dehnung; σ Spannung

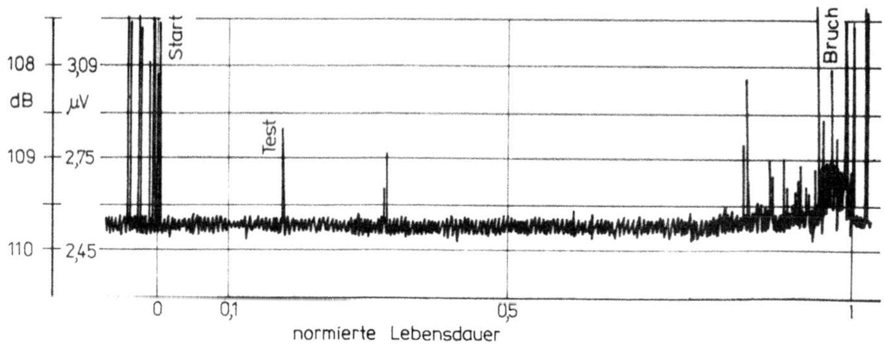

Bild 7.22. Rißerkennung bei zyklisch belasteter Probe durch Schallemissionsanalyse

Stahl C 60; $R = -1$; $F_o = 5$ kN; $F_u = -5$ kN; Aufnehmer KD 91; Pegelmesser 60 dB; Hochpaß > 200 kHz

Kaiser [7.24] untersuchte als erster die Schallemission beim *Spannungs-Dehnungsversuch* von Werkstoffproben. Bild 7.21 zeigt die Korrelation zwischen dem Spannungs-Dehnungsverhalten und der Schallemission. Bei inhomogener Verformung, wie sie z. B. bei den meisten Stählen auftritt (Bild 7.21 a), ist eine hohe Intensität der Schallemission an der Streckgrenze zu verzeichnen. Im Verfestigungsbereich verringert sich die Intensität deutlich, da die starken Gleitvorgänge im Verfestigungsbereich weitgehend zum Stillstand kommen.

Bei homogener Dehnung (Bild 7.21 b) sind keine sprunghaften Veränderungen der Schallemission zu erkennen, der starke Anstieg der Schallemission kann als Maß für die Streckgrenze genutzt werden. Viele Werkstoffe, besonders Leichtmetallegierungen, zeigen zunächst homogenes Fließverhalten und bei höheren Spannungen Rißbildung. Die Emission weist in solchen Fällen zwei Maxima auf, ein kleines entsprechend der Streckgrenze und ein größeres bei Rißbildung [7.3].

Besondere Bedeutung hat die Schallemissionsanalyse für die *Rißdetektion,* weil aufgrund des allgemeinen Verhaltens von Werkstoffen unter Belastung eine frühere Rißanzeige durch Schallemission gegenüber anderen Verfahren zu erwarten ist. Diese Untersuchungen beschränken sich gegenwärtig auf Laborversuche mit dem Ziel, Aussagen zur Rißentstehung und zum Rißwachstum zu erhalten. Eine baldige praktische Nutzung im realen Betrieb ist zu erwarten. Im Bild 7.22 ist für eine Probe mit einer Schallemissionsmeßanlage die Entwicklung der Schallemission über der normierten Lebensdauer registriert worden [7.25]. Dieser Vorgang zeigt, daß charakteristische Veränderungen einer repräsentativen Schallemissionsmessung in der Lage sind, rechtzeitig vor dem Bruch Rißentwicklungen zu diagnostizieren.

Untersuchungen zum Werkstoffverhalten mittels Schallemission erstrecken sich gegenwärtig auf die verschiedensten Werkstoffe und unterschiedlichste Anwendungsfälle. Eine Auswahl daraus kann nur ein eingeschränktes Bild vermitteln. Für die unterschiedlichsten Untersuchungen an Werkstoffen [7.26] bis [7.29] werden Ergebnisse zur Härtemessung durch Eindringkörper, Rißunterscheidungen, Spannungskorrosionsverläufe u. ä. mitgeteilt. Außer Stählen werden auch andere Werkstoffe, z. B. Kunststoffe [7.28], maschinenbautechnische Werkstoffe [7.30], beschichtete Hartmetalle [7.31], untersucht.

7.5. Leckdetektion

Für Industrieanlagen mit hohen Gefahrenpotentialen (vgl. Abschn. 2.1.) ist eine frühzeitige Erkennung von sich bildenden oder sich ausbreitenden Lecks eine sicherheitsrelevante Aufgabe. Beim Ausströmen von Flüssigkeiten oder Gasen aus Lecköffnungen entstehen Druckschwankungen, die sich als Schallwellen im Medium und in der umgebenden Atmosphäre ausbreiten sowie an die Gefäßwandungen übertragen werden. Die Körperschalleistung ist groß genug, um durch ihre Messung auch kleine Lecks sicher feststellen zu können.

Quantitative Zusammenhänge, etwa zwischen Körperschalleistung und Leckgröße, sind jedoch in allgemeingültiger Form bisher nicht angegeben worden. Dafür gibt es verschiedene Gründe. So können *unterschiedliche Ursachen der Schallentstehung* wirksam sein, besonders instationäre Strömung, Grenzschicht-, Siede-, Kavitationsgeräusche sowie Instationaritäten infolge Verdampfung oder infolge Freisetzung im Wasser gelöster Gase. Die Energieübertragung an die Gefäßwandungen, die dabei angeregten Wellenarten und die wirksamen Schallimpedanzen sind von den Eigenschaften der beteiligten Materialien und von der geometrischen Form abhängig. Die theoretischen Zusammenhänge sind nur soweit aufbereitet, daß die Gesetzmäßigkeiten qualitativ erklärt werden können. Quantitative Ergebnisse müssen durch experimentelle Untersuchungen gewonnen werden [7.14] [7.32].

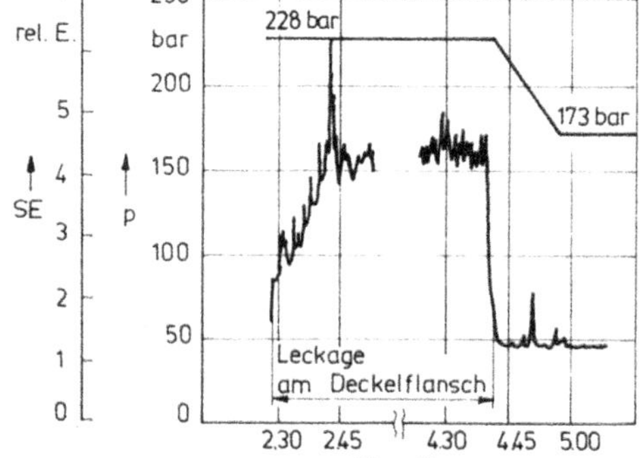

Bild 7.23. Leckanzeige durch Schallemission an einem Flansch [7.15]

SE Schallemission in relativen Einheiten der Amplitude; *p* Innendruck

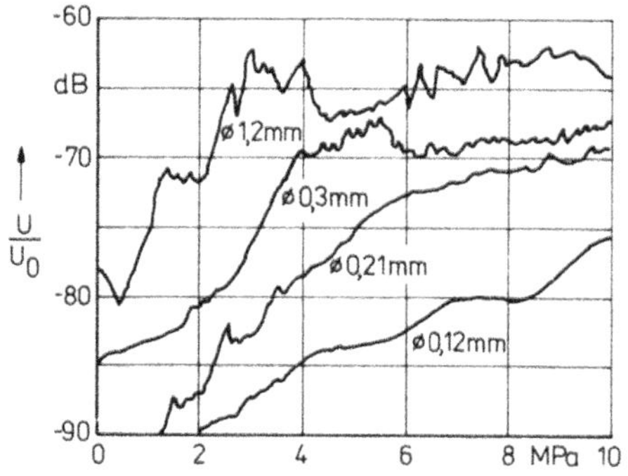

Bild 7.24. Experimentelle Ergebnisse zur Korrelation von Schallemission zu Systemdruck und Leckgröße [7.32]

U/U_0 Amplitude der Schallemission; *p* Systemdruck; Ø Leckdurchmesser in mm

Der hohe Störpegel im Betriebsprozeß hat bisher nur wenig Erfolg bei der kontinuierlichen Leckdetektion an Dampferzeugern, Rohrsystemen, Behältern u. a. gebracht. Dagegen hat die *Leckdetektion bei Druckprüfungen* eine breite Entwicklung genommen. Ein markantes Schallsignal für ein Leck (Flanschdichtung eines Reaktordruckbehälters) zeigt Bild 7.23. Typisch für ein Leck ist – gegenüber einer Schallemission bei Anriß oder Riß – die konstante Schallemission auch bei konstantem Druck. Dieser Effekt wird für die Leckanzeige technisch genutzt [7.15] [7.32] [7.33].

Leckgeräusche werden durch die Amplituden der Signale, im allgemeinen durch den Effektivwert der Schallemission beschrieben. Untersuchungen an Versuchsständen haben ergeben, daß bei hohen Systemdrücken eine ausreichende Korrelation zwischen Leck und Schallemission besteht [7.14]. Bild 7.24 zeigt die Ergebnisse der Experimente an einem Rohr mit unterschiedlicher Leckgröße für ausströmendes Wasser bei unterschiedlichen Systemdrücken. Bei Bandpaßfilterung der Ultraschallsignale auf eine ausgeprägte Resonanzfrequenz ($f \approx 106$ kHz) wird die Korrelation zwischen Systemdruck und Schallemission noch eindeutiger (Bild 7.25). Abhängigkeiten von der Geometrie der Lecks konnten nicht eindeutig nachgewiesen werden [7.14].

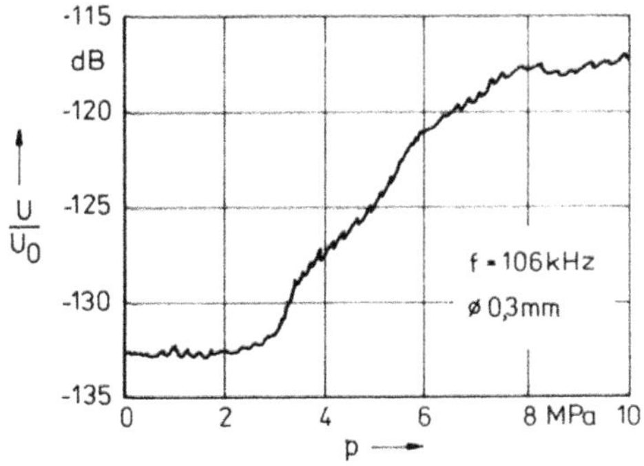

Bild 7.25. Korrelation von Schallemission zu Systemdruck bei konstantem Leck und selektierter Frequenz
Versuchsbedingungen wie im Bild 7.24.

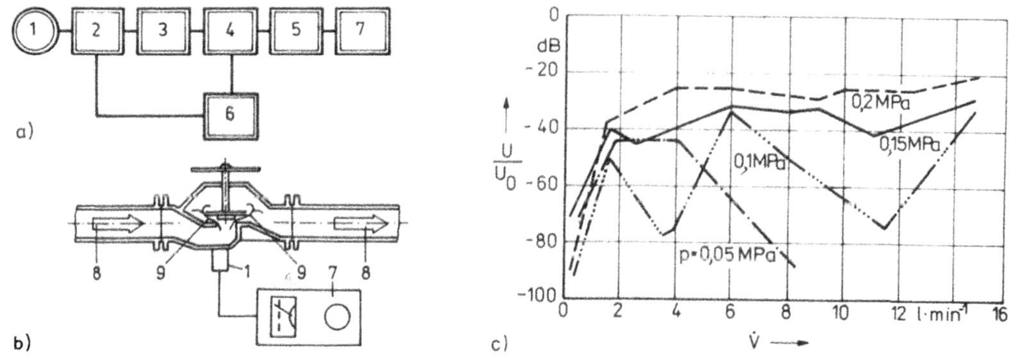

Bild 7.26. Leckdetektion an Armaturen (nach [7.14])
a) Meßkette; b) Versuchsaufbau; c) Korrelation zwischen Effektivwert der Schallemission und Leckmenge
U/U_0 Effektivwert der Schallemission; $\dot{V}$ Leckmenge
1 Aufnehmer; *2* Vorverstärker mit Impedanzwandler; *3* Frequenzfilter; *4* Hauptverstärker; *5* Gleichrichter; *6* Stromversorgung; *7* Anzeigegerät; *8* Rohrströmung; *9* Strömung am Leckpfad

Auch für geringe Systemdrücke konnte gute Korrelation zwischen Leck und Schallemission ermittelt werden. Diese Korrelation ist besonders interessant für den Nachweis von Lecks in Armaturen. Bild 7.26 informiert über Experimente an durchströmten Armaturen [7.34]. Besonders bei kleinen Leckmengen, die für die praktische Diagnostik Bedeutung haben, ist ein eindeutiger Zusammenhang nachgewiesen worden. Das Verfahren hat sich in der Praxis bewährt.

Mit Untersuchungen zur Leckdetektion an Natrium-Wasser-Dampferzeugern für Kernkraftwerke [7.32] wird darauf hingewiesen, daß der Effektivwert der Schallemission (Bild 7.27 a) durch Betriebsstörgeräusche als Diagnoseparameter eingeschränkt geeignet ist. Die normierte

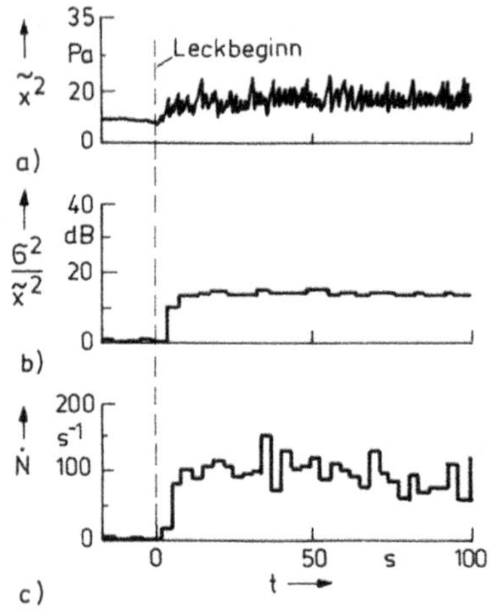

Bild 7.27. Korrelation zwischen Parametern der Schallemission und einem Leck in einem Dampferzeuger (nach [7.32])

a) Effektivwert $\tilde{x}^2$; b) normierte Varianz $\sigma^2/\tilde{x}^2$; c) Impulsdichte $\dot{N}$ der Schallemission

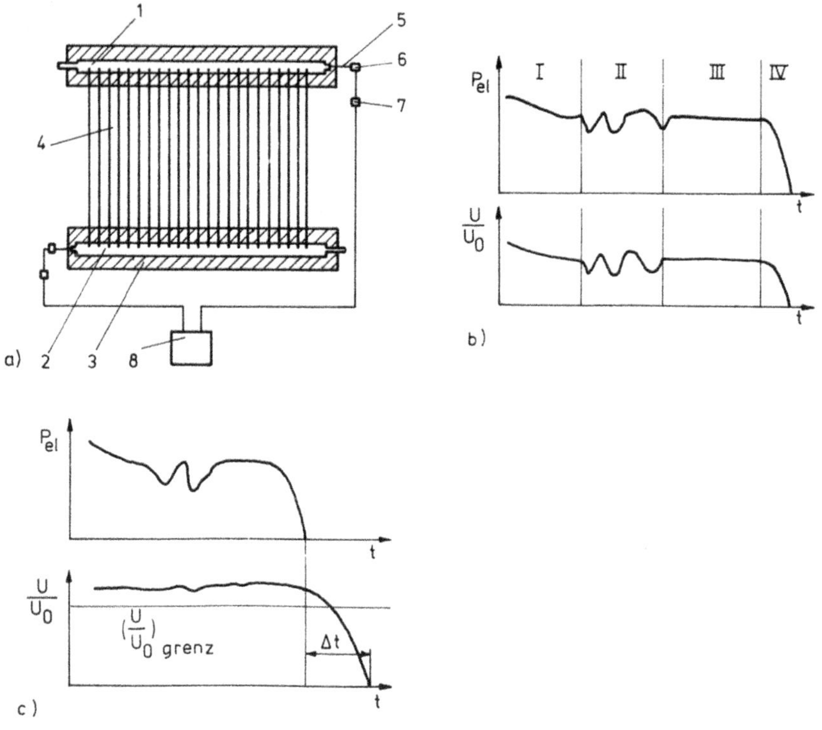

Bild 7.28. Leckdetektion an Sammlern von Dampferzeugern [7.36]

a) Schaltung der Dampferzeugersammlerüberwachung; b) Korrelation zwischen Schallemission und Blockleistung (ohne Leck); c) Korrelation zwischen Schallemission und Blockleistung (mit Leck);
1 Eintrittssammler; *2* Austrittssammler; *3* Isolierung; *4* Heizflächen; *5* Schalleiter; *6* Aufnehmer; *7* Vorverstärker; *8* Effektivwertmesser und Schreiber
I Senken der Blockleistung; *II* instationäre Fahrweise; *III* konstante Leistung; *IV* Außerbetriebnahme P_{el} Blockleistung; U/U_0 Effektivwert der Schallemission; t Zeit; Δt Zeit nach $P_{el} = 0$; $(U/U_0)_{grenz}$ Grenzwert der Schallemission ohne Leck

Streuung des Effektivwertes $\sigma^2/\tilde{x}^2$ (Bild 7.27 b) zeigt eine eindeutigere Korrelation. Die verläßlichste Abhängigkeit verspricht die Nutzung der Impulsdichte $\dot{N}$ (Bild 7.27c), da auch die kontinuierliche Schallemission der Leckströmung Impulscharakter trägt und offensichtlich die leckabhängige Veränderung der Schallemission am zuverlässigsten repräsentiert [7.32] [7.35] [7.36].

Ein einfaches *Lecküberwachungssystem für Dampferzeugerheizflächen* [7.36] soll die gegenwärtigen Möglichkeiten und Grenzen technischer Leckortung aufzeigen. An Dampferzeugerheizflächen (Bild 7.28a) treten Lecks am häufigsten an der Stutzenschweißung der Wärmeübertragungsrohre zum Sammler auf. Da sich diese Schweißnähte in der Wärmedämmung befinden, ist zur Vermeidung von Folgeschäden durch Anstrahlung benachbarter Rohre eine frühzeitige Leckortung günstig. Mit je einem Aufnehmer am Ein- und Austrittssammler der Heizfläche über einen Schalleiter kann die Schallemission gemessen werden. Bild 7.28b zeigt eine ausnutzbare Korrelation bei unterschiedlichen Betriebszuständen zwischen der Blockleistung, die proportional der Strömungsgeschwindigkeit im Sammler ist, und dem Effektivwert der Schallemission. Leckbehaftete Sammler zeigen einen erhöhten Pegel der Schallemission gegenüber dem Pegel bei maximaler Blockleistung im technisch einwandfreien Zustand des Dampferzeugers (Bild 7.28c). Dieses Kriterium kann zur Leckdetektion verwendet werden. Außerdem kann die Zeitdifferenz Δt des Auftretens der Schallemission nach Außerbetriebnahme des Blockes ($P_{el} = 0$) zur Detektion herangezogen werden. Eine Leckortung ist nicht möglich. Der Einsatz dieses Verfahrens in der Betriebspraxis hat gezeigt, daß Lecks gegenüber der subjektiven Wahrnehmung des Leckgeräusches durch das Betriebspersonal frühzeitiger angezeigt werden.

Leckortungsanlagen werden angestrebt. Ihre technisch zuverlässige Einordnung in den Betriebsprozeß ist gegenwärtig noch die Ausnahme, da die bekannten Ortungsverfahren der Werkstoffüberwachung (vgl. Abschn. 7.3.) nur eingeschränkt angewendet werden können.

7.6. Maschinendiagnose durch Schallemissionsanalyse

Die durch Reibung, Überrollung, Mikrorißbewegung, Strömungsvorgänge u. a. initiierte Schallemission kann auch für die Maschinendiagnostik zum Nachweis von Abnutzungen zwischen sich bewegenden und berührenden Oberflächen von Baugruppen oder Bauteilen genutzt werden, wenn es gelingt, die dem normalen Betriebsgeräusch überlagerten Abnutzungsgeräusche zu separieren. Da im allgemeinen die Betriebsgeräusche niederfrequenter sind als Abnutzungsgeräusche, kann durch geeignete *Hochpaßfilterung* ein Nutzsignal für die Abnutzungsdiagnostik gewonnen werden.

7.6.1. Geräuschüberwachung

Das Ansteigen des Lärmpegels von Maschinen wird in der Praxis seit jeher mit Schmierungsverlust und Lagerschädigung in Verbindung gebracht. Das *Abhören* des Laufgeräusches mit den Hilfsmitteln Schraubenzieher, Holzstab oder Stethoskop ist ein subjektives Diagnoseverfahren. Schlußfolgerungen aus dieser subjektiven Wahrnehmung führen in der Regel zum Nachschmieren der betroffenen Baugruppe und bei weiterer Pegelerhöhung zum Abschalten der Maschine. Die getroffenen Entscheidungen sind oft richtig, aber immer abhängig von der diagnostizierenden Person. Spezialisten selektieren nach langjähriger Praxiserfahrung Schädigungen an einzelnen Bauteilen z. B. des Lagers (Innenring, Außenring, Kugelpitting). Schwingungen angrenzen-

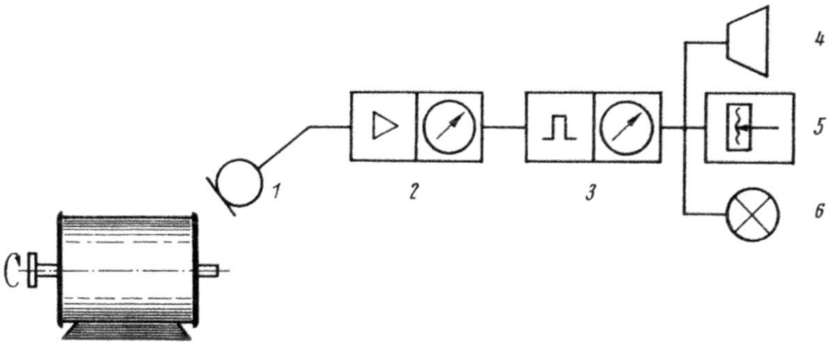

Bild 7.29. Maschinendiagnose durch Luftschallmessung
1 Kondensatormikrofon; *2* Schallpegelmeßgerät; *3* Frequenzanalysator; *4* Lautsprecher; *5* Pegelschreiber; *6* Signallampe

der Baugruppen und andere Störgeräusche können die Separation des Wälzlagergeräusches und die Lokalisierung der Geräuschursache erschweren. Reproduzierbare und vergleichbare Geräuschwerte sind durch *Messung des Körper- und Luftschalls* zu erhalten. Dafür sind außer der Erfassung des Gesamtgeräuschpegels mit Mikrofon und Schallpegelmeßgerät (Bild 7.29) Frequenzanalysen geeignet. Voraussetzung für eindeutige Zustandsdiagnosen durch Luftschallmessungen sind geringe Störpegel [7.37]. Die Praxis erfüllt diese Voraussetzung nur in wenigen Anwendungsfällen.

7.6.2. Diagnose von Reibungszustandsänderungen in ölgeschmierten Gleitpaarungen

Eine sehr häufige Ausfallursache für Gleitlager ist der Verschleiß des Lagermetalls durch Mischreibung infolge von Überlastungen (statisch und dynamisch infolge mechanischer und thermischer Einflüsse), Mangelschmierung, Viskositätsverminderung des Schmiermittels (Temperaturerhöhung, Ermüdung) sowie durch Schmiermittelverschmutzung. Da dieser Zustand im Extremfall zur völligen Zerstörung des Lagers infolge „Fressens" führen kann, ist es notwendig, für den praktischen Lagerbetrieb diesen Zustand zu vermeiden. Dafür sind Meß- und Diagnoseparameter und Systeme erforderlich, die das Auftreten von Mischreibung unverzüglich und unverzögert signalisieren.

Mit Hilfe der Messung der Schallemission ist es möglich, Veränderungen des Reibungsverhaltens gleitender Paarungen zu diagnostizieren [7.10] [7.38] [7.39]. Durch systematische Untersuchungen an (den Praxisbedingungen sehr nahekommenden) Versuchsanlagen mit Axial- und Radialgleitlagern konnte gezeigt werden, daß Kontakte zwischen den Reibpartnern bei Veränderung der Betriebsbedingungen verzögerungsfrei und mit eindeutiger Korrelation zur Schallemission nachweisbar sind. Besonders konnte der für die Betriebsführung sehr kritische *Übergang von hydrodynamischer Flüssigkeitsreibung zur Mischreibung* eindeutig diagnostiziert werden. Die Schallemission wurde mittels piezoelektrischer Beschleunigungsaufnehmer erfaßt. Durch Hochpaß-

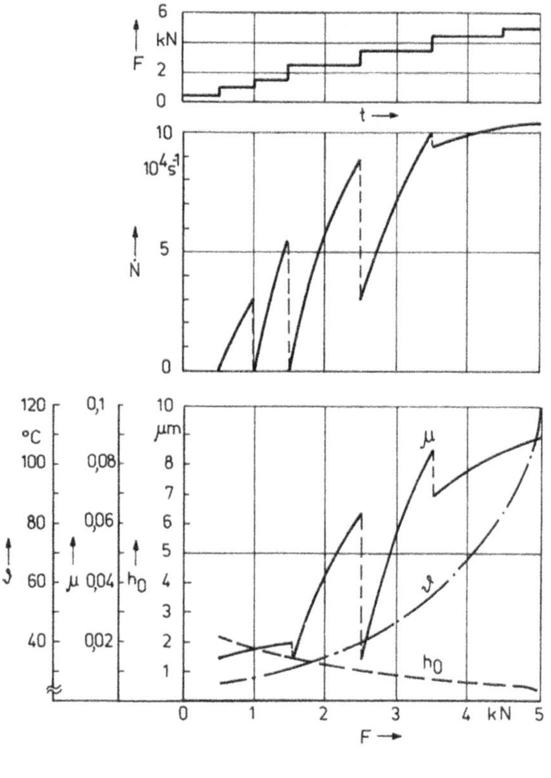

Bild 7.30. Korrelation zwischen Reibungszustand und Impulsdichte der Schallemission bei Auflastung eines Axiallagers

F Auflastung; $\dot{N}$ Impulsdichte; ϑ Lagermetalltemperatur; μ Reibungskoeffizient; h_0 Spaltweite des Lagers; t Zeit; Hochpaßfilter $f > 50$ kHz

Filterung wurden betriebliche Störeinflüsse eliminiert. In einem speziellen Analysator wurde die Schallemission durch Impulsbewertung und -zählung in Form der Impulsdichte ausgewiesen. Bild 7.30 zeigt Ergebnisse der Auflastung eines Axiallagers sowie die Abhängigkeit der untersuchten Diagnoseparameter. Die Impulsdichte ($\dot{N}$) korreliert zur Reibung (μ) im Lager. Damit sind Reibungszustandsänderungen in Lagerungen nachweisbar. Gegenüber der stark verzögerten Lagermetalltemperatur reagiert die Impulsdichte der Schallemission nahezu verzögerungsfrei auf Veränderungen der Belastung.

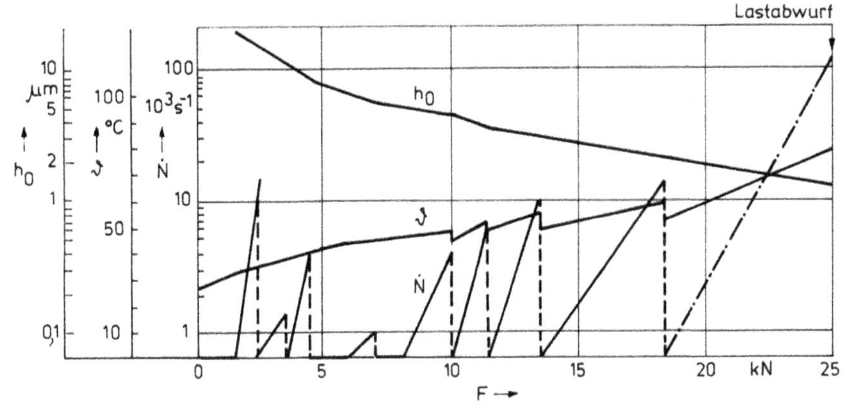

Bild 7.31. Korrelation zwischen Auflastung und Impulsdichte der Schallemission an einem Radiallager

h_0 Spaltweite; ϑ Lagermetalltemperatur; $\dot{N}$ Impulsdichte; F Lagerauflastung

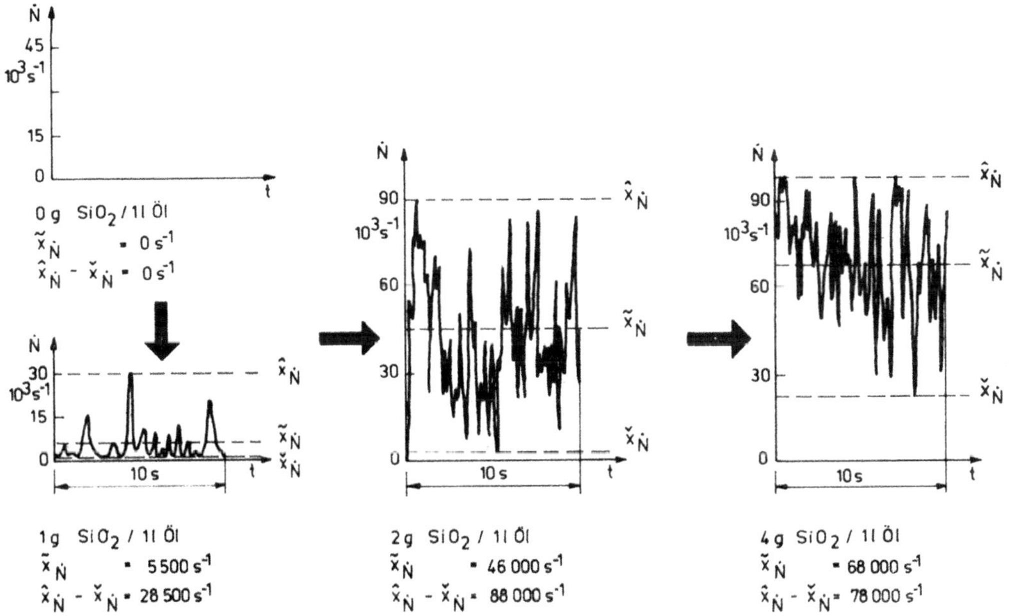

Bild 7.32. Nachweis von Schmiermittelverschmutzung (Quarzsand SiO_2) durch Messung der Impulsdichte der Schallemission [7.40]

$\dot{N}$ Impulsdichte; $\tilde{x}_{\dot{N}}$ Effektivwert der Impulsdichte; $\hat{x}_{\dot{N}}$, $\check{x}_{\dot{N}}$ positiver, negativer Spitzenwert der Impulsdichte

An Radiallagern konnten ebenfalls eindeutige Korrelationsbeziehungen zwischen Lagerbelastung und Schallemission nachgewiesen werden (Bild 7.31). Bemerkenswert sind die mit der Impulsdichte der Schallemission nachweisbaren *Ausheilprozesse* an Gleitpaarungen, die in der Praxis wiederholt festzustellen waren. Auch *Reibungsschwingungen* wurden durch die Schallemission detektiert [7.10].

Der Verschleiß des Lagermetalls infolge *Schmiermittelverschmutzung* ist häufige Ursache für den Ausfall von Gleitpaarungen. Verschmutzungen im Schmiermittel in Form von Fremdstoff- und Abriebpartikeln, die größer sind als die sich ausbildende hydrodynamische Mindestspaltweite, müssen bei Passieren des Schmierspaltes mit den Oberflächen der Gleitpartner in Kontakt treten. Kontakte der Flächen haben akustische Emissionen zur Folge. Bei Experimenten mit Zumischung von Quarzsand zum Schmiermittel zeigt sich eine qualitative und quantitative Abhängigkeit der Impulsdichte der Schallemission von der Schmiermittelverschmutzung (Bild 7.32).

Eine Separation zwischen Direktkontakten der Gleitpartner und Schmiermittelverschmutzung ist durch Verknüpfung der Parameter Impulsdichte der Schallemission und Lagermetalltemperatur möglich.

Die im Experiment gefundenen Abhängigkeiten konnten an Großanlagen (Turbinen, Pumpen) bestätigt werden [7.10].

7.6.3. Lagerdiagnostik durch Impulsdichteschwankungsanalyse

Schädigungsmerkmale an Gleit- und Wälzlagern haben periodischen Charakter, da Überrollungen, Anstreifvorgänge, Reibungen u. ä. in unmittelbarem Zusammenhang mit der Drehbewegung der Welle stehen.

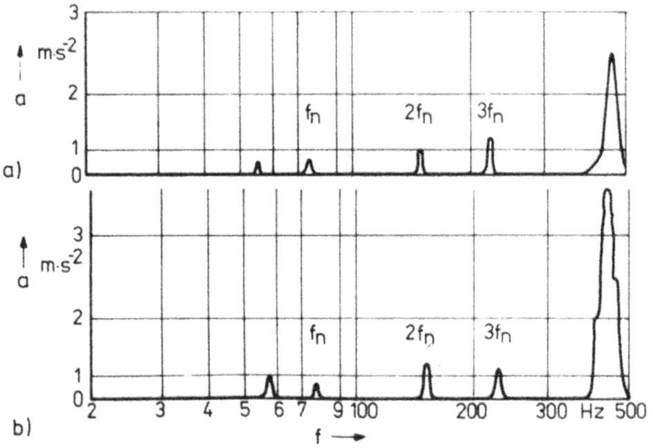

Bild 7.33. Frequenzspektrum einer Lagerschwingung
a) ungeschädigt; b) mit Pittingschädigung
a Schwingbeschleunigungsamplitude; *f* Frequenz; f_n Drehfrequenz

Frequenzanalysen der Schwingungsmessung an Lagern können nur Aussagen zur Intensität der Schädigung geben. Eine Eingrenzung auf Art und Ort der Schädigung ist eingeschränkt möglich. Bild 7.33 gibt ein Beispiel eines ungeschädigten Wälzlagers im Vergleich zu einem durch Pittingbildung geschädigten Lager der gleichen Ausführung. Überrollungen geschädigter Bereiche von Lagern senden verstärkt Schallemissionssignale durch Rißflankenreibung, Partikelausbröckelungen und Mikrostöße aus. Gelingt es, die Häufigkeit ausgesendeter Schallemissionssignale zu ermitteln, so ist eine wesentliche Eingrenzung von Art, Ort und Zeit der beginnenden Schädigung erreichbar. Dazu ist es erforderlich, schnelle periodische Schwankungen der Dichte hochfrequenter Schallimpulse zu erfassen, wobei die zeitliche Veränderung von Frequenz und Amplitude dieser Schwankungen ein Maß für den Schädigungszustand ist [7.7]. Im Abschnitt 7.2.3. wurde die Methode der Impulsdichteschwankungsanalyse entwickelt. Diese Methode ermöglicht eine *Tiefendiagnose* durch Nachweis von Art, Ort und Intensität einer Schädigung.

Die in einem Lager entstehenden hochfrequenten Schallimpulse werden in einem Aufnehmer in elektrische Signale gewandelt und in Vorverstärkern, Hochpaßfiltern und Verstärkern verstärkt, von niederfrequenten Störanteilen des Betriebsprozesses getrennt ($f > 50$ kHz) und geeigneten Zählanordnungen zugeführt (vgl. Bild 7.6 im Abschnitt 7.2.4.). Die Impulsdichte wird

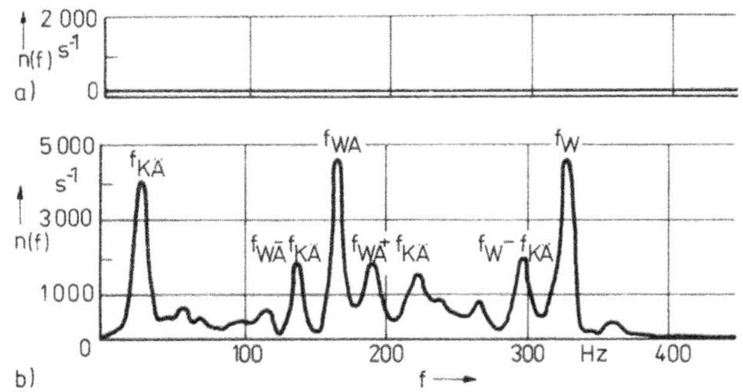

Bild 7.34. Spektrum der Impulsdichteschwankungen einer Lagerschallemissionsmessung

a) ungeschädigtes Lager; b) Ermüdungsschädigung

$n(f)$ spektrale Amplitudenverteilung des Schwankungsanteils der Impulsdichte; f Frequenz

in geeigneten Frequenzanalysatoren analysiert, und man erhält im Spektrum die Häufigkeit auftretender Impulsdichteschwankungen in Abhängigkeit von charakteristischen Frequenzen (z. B. Drehfrequenz der Welle, Überrollfrequenzen von Lagerbauteilen).

Im ungeschädigten Zustand eines Lagers fehlen örtlich begrenzte Wechselwirkungen zwischen Wälzkörper und Wälzbahn; damit sind im Spektrum keine dominierenden Häufungen von Impulsdichteschwankungen zu verzeichnen (Bild 7.34a). Ein Beispiel für eine örtlich begrenzte verstärkte Wechselwirkung zwischen Wälzkörper und Wälzbahn ist die Überrollung eines *Wälzkörperpittings* [7.6]. Charakteristische Überrollfrequenzen wurden im Abschnitt 6.3.3., Gleichungen (6.98) bis (6.108), behandelt. Bild 7.34a weist dominierende Überrollfrequenzen aus. Die Überrollfrequenz f_W eines Wälzkörpers bei Wechselwirkung mit Innen- und Außenring ist im Spektrum der Impulsdichteschwankungen eindeutig nachweisbar. Da aufgrund des kürzeren und einfacheren Übertragungsweges Schallemissionsquelle – Aufnehmer die Wechselwirkung Wälzkörperpitting – Außenring stärker erscheint als die Wechselwirkung Wälzkörperpitting – Innenring, tritt im Spektrum außerdem die Überrollfrequenz eines Wälzkörperschadens mit dem Außenring f_{WA} auf. Die Käfigrotationsfrequenz $f_{KÄ}$ sowie die Superposition und Modulation mit der Käfigrotationsfrequenz $f_{KÄ}$ weisen auf erhöhte Käfigbeanspruchung hin. Erhöhte Käfigbeanspruchungen durch Schiefstellung lassen sich in gleicher Art und Weise nachweisen. Durchgeführte Untersuchungen mit Realschadlagern ergaben eine gute Übereinstimmung von Befundaufnahme und Aussagen aus dem vorgestellten Verfahren.

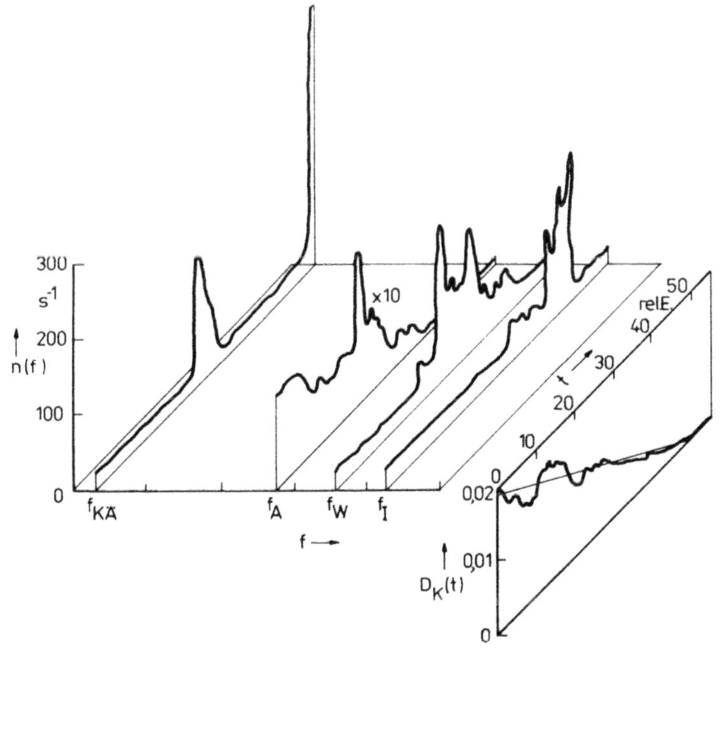

Bild 7.35. Nachweis des Schadenfortschrittes bei einem Wälzlagerschaden durch Auswertung diskreter Frequenzen des Impulsdichteschwankungsspektrums im Vergleich zur $D_K(t)$-Methode

$n(f)$ spektrale Amplitudenverteilung des Schwankungsanteils der Impulsdichte; f Frequenz; $D_K(t)$ Diagnosekennzahl nach Abschnitt 6.4.3.

Bei *Ermüdungsschäden* ist es außerdem mit Hilfe der Analyse der Zeitverläufe bestimmter Spektralkomponenten der Impulsdichteschwankungen möglich, die Schadensentwicklung zu verfolgen [7.6]. Im gewählten Beispiel (Bild 7.35) lag bei Unterschreitung der Schadensgrenze durch die Diagnosekennzahl $D_K(t)$. (gl. Abschn. 6.4.3.) ein Außenringpitting vor, nachgewiesen als Außenringüberrollfrequenz f_A im Spektrum der Impulsdichte. Zeitversetzt sind die Entstehung eines Wälzkörperschadens (f_W) und eines Innenringschadens (f_I) als Folgeschäden nachweisbar. Mit Ausweitung dieser Schäden geht deren lokaler Charakter verloren. Im Bereich $D_K(t) < 10^{-3}$ sind keine periodischen Anteile mehr nachweisbar. Unmittelbar vor Ausfall kommt es zu einer starken Käfigbeanspruchung, die durch ein markantes Ansteigen der Käfigrotationsfrequenz $f_{KÄ}$ ausgewiesen wird.

Mit der Impulsdichteschwankungsanalyse nicht nachweisbar sind nichtlokale und damit nicht-

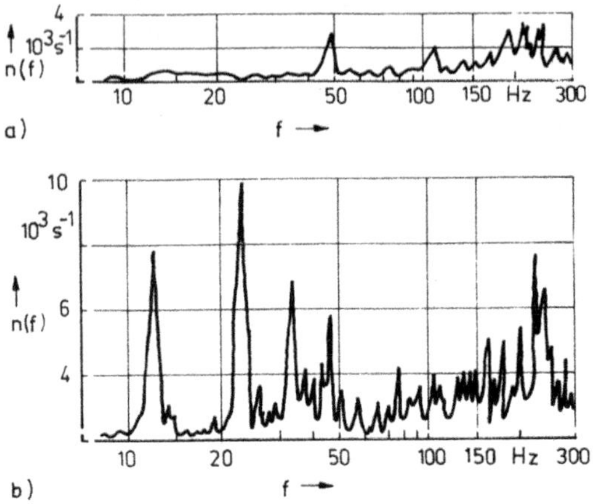

Bild 7.36. Spektrum der Impulsdichteschwankungen eines Turbinenlagers [7.39]

a) ungeschädigt; b) geschädigt
Schallemission $f > 50$ kHz; Turbinendrehzahl 3 000 min^{-1}; $n(f)$ spektrale Amplitudenverteilung des Schwankungsanteils der Impulsdichte; f Frequenz

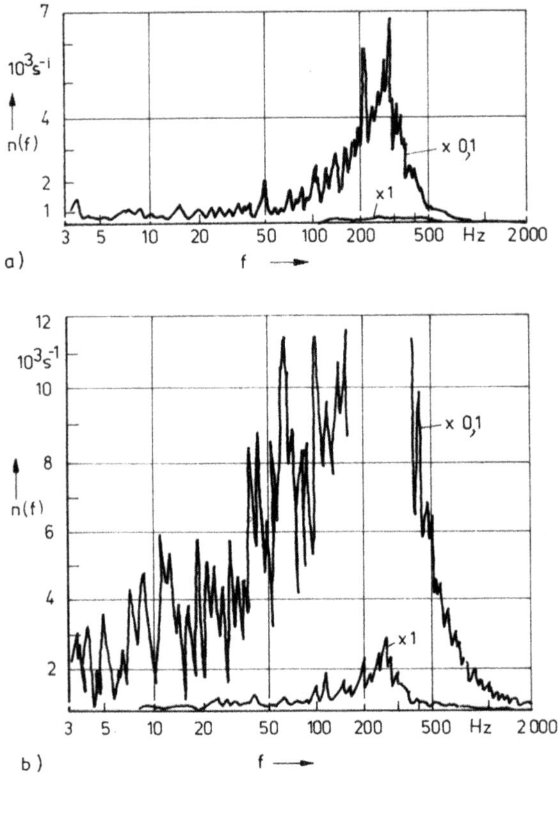

Bild 7.37. Spektrum der Impulsdichteschwankungen eines wassergeschmierten Pumpengleitlagers [7.5]

a) ungeschädigt; b) geschädigt
Schallemission $f > 50$ kHz; $n(f)$ spektrale Amplitudenverteilung des Schwankungsanteils der Impulsdichte; f Frequenz

periodische Schädigungsprozesse, wie Schmiermittelverschmutzung, Verschleiß oder gleichmäßige Oberflächenkorrosion, da diese keine Schwankungen der Impulsdichte hervorrufen. Bei Eintritt in den Schadensbereich kann ein Ermüdungsschaden von einem Verschleiß- oder Korrosionsschaden durch das Auftreten definierter Spektralanteile der Impulsdichteschwankungen separiert werden. Durch den Nachweis unzulässiger Käfigbeanspruchungen oder Anstreiferscheinungen des Rotors ist eine Außerbetriebnahme unmittelbar vor Ausfall des Lagers ohne Folgeschäden möglich.

Bei Inbetriebnahme können *Fertigungs- und Montagefehler* ebenfalls durch das Auftreten entsprechender Spektralanteile nachgewiesen werden. Durchgeführte Untersuchungen mit Realschadlagern ergaben eine gute Übereinstimmung von Befundaufnahme und Aussagen aus dem vorgestellten Verfahren.

Ein weiterer Anwendungsbereich der Impulsdichteschwankungsanalyse ist die *Diagnose an Gleitlagern* [7.5]. Bild 7.36 zeigt den Unterschied eines ungeschädigten zu einem geschädigten Gleitlager einer großen Dampfturbine. An einer gekapselten Umwälzpumpe mit wassergeschmierten Gleitlagern (Bild 7.37) konnten ebenfalls dominierende Veränderungen im Spektrum der Impulsdichteschwankungen erkannt werden.

Die Nutzung der Impulsdichteschwankungsanalyse auch für weitere zyklisch ablaufende Prozesse, wie Abnutzungsbestimmung der Zylinder-Kolben-Gruppe, Beanspruchungs- und Abnutzungsüberwachung von Roboterbaugruppen, wird weiter untersucht.

7.6.4. Schallemissionsanalyse zur Überwachung von Dieselmotoren

Die Frequenzen der Schallemissionsquellen beim Motorbetrieb liegen weit oberhalb der Frequenzen der Maschinenschwingungen. Wegen des starken Anstiegs der Dämpfung des Schalls mit steigender Frequenz ist es möglich, bei geeigneter Wahl des Frequenzbereiches der Schallemissionsanalyse, lokale Schallquellen der einzelnen Zylinderköpfe der nebeneinander angeordneten Zylinder zu erfassen und zu separieren [7.41] [7.42].

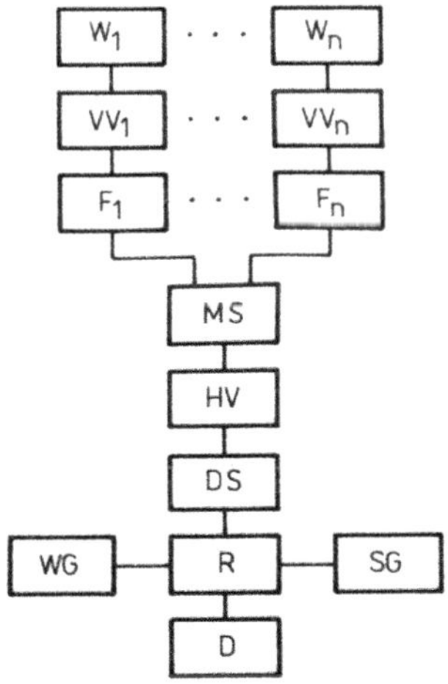

Bild 7.38. Schaltbild eines mehrkanaligen Schallemissionsanalysesystems für Dieselmotoren [7.41]

$W_{1 \dots n}$ Aufnehmer, Wandler; $VV_{1 \dots n}$ Vorverstärker; $F_{1 \dots n}$ Frequenzfilter; *MS* Meßstellenumschalter; *HV* Hauptverstärker; *DS* Diskriminator; *R* Rechner; *D* Drucker, Display; *WG* Geber für Kurbelwinkel φ; *SG* Signalgeber für Zeitregime des Rechners

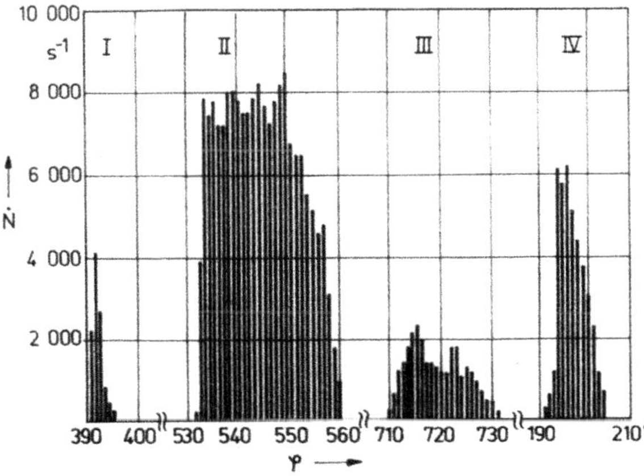

Bild 7.39. Impulsdichte-Kurbelwinkeldiagramm eines Zylinders bei funktionsgerechtem Zustand (nach [7.41])

I Einlaßventil schließt; *II* Verbrennungsvorgang; *III* Auslaßventil öffnet; *IV* Auslaßventil schließt; $\dot{N}$ Impulsdichte; φ Kurbelwinkel

Die periodischen Wiederholungen beim Motorbetrieb können durch Schallemissionen nachgewiesen werden. Wesentliche Vorgänge, die diagnostiziert werden können, sind [7.41]:

- das Einspritzgeräusch des Kraftstoffs durch die Düse
- das Verbrennungsgeräusch
- Prallgeräusche der Düsennadel
- Schließgeräusche der Ventile.

Für die Messung der Schallemission ist eine mehrkanalige Anordnung (Bild 7.38) erforderlich. Kurbelwinkelgeber und Taktgeber ermöglichen eine zeitliche Zuordnung der Schallemissionssignale zu Kurbelwellenstellung und Zylindernummer.

Bild 7.39 zeigt als Beispiel ein Schallsignal-Impulsdichte-Kurbelwinkeldiagramm eines Zylinders bei funktionsgerechtem Zustand bei Aufsummierung von 200 Arbeitsspielen. Eine eindeutige Trennung der Ursachen der Schallemission ist möglich und damit die Diagnose des technischen Zustandes. Das Verfahren hat sich bewährt [7.41] für:

- Bestimmung der absoluten und relativen Zylinderleistung
- Überwachung des Einspritzsystems
- Bestimmung des Zustandes der Auslaßventile
- Überwachung der Kolbenringe
- Überwachung der Kraftstoffeinspritzleitungen.

Eine Kopplung mit der Impulsdichteschwankungsanalyse erscheint möglich [7.5] [7.7].

7.6.5. Spike Energy

Im Grenzbereich zwischen dem hörbaren Schall und dem Ultraschall (10 kHz $\leqq f \leqq$ 50 kHz) können durch Überrollungen und Reibungen von Baugruppen Schallemissionen wahrgenommen werden. Die Amplituden dieser Schallschwingungen sind im Verhältnis zu den niederfrequenten Schwingungen (Drehfrequenz, diskrete Überrollfrequenzen) klein und im Ergebnis einer niederfrequenten Schwingungsmessung nicht wahrnehmbar (Bild 7.40). Durch Experimente an *Wälzlagern* konnte ermittelt werden, daß sich mit fortschreitender Schädigung im genannten Frequenzbereich „Pulsationen" ausbilden [7.43] [7.44].

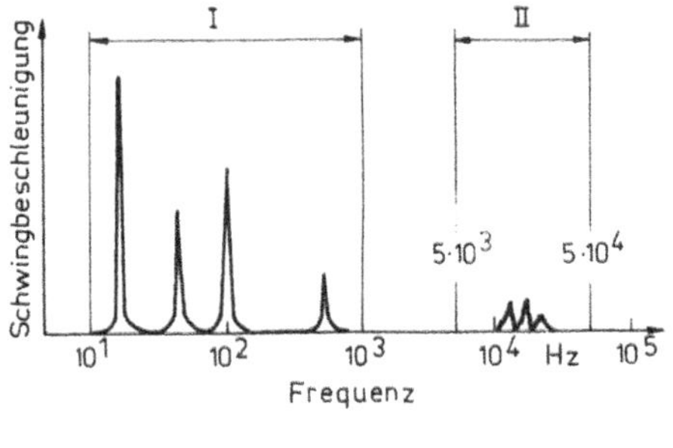

Bild 7.40. Spektrale Verteilung von Schwingungen und Emissionen an Wälzlagern
I Drehfrequenz, Überrollfrequenzen; *II* Oberflächenemissionen

Als günstige Möglichkeit, den Zustand eines Wälzlagers zu beurteilen, ergeben sich folgende *Einzelmeßgrößen* [7.43]:

1. der auf das Frequenzband 5 kHz bis 50 kHz begrenzte Beschleunigungs-Mittelwert
2. die Pulsations-Frequenz
3. die Beschleunigungs-Spitzenwerte, die bei der Amplituden-Pulsation auftreten.

Aus diesen drei Einzelmeßgrößen wird die *Gesamtmeßgröße* „Spike Energy" gebildet, die für den Zustand von Wälzlagern eine Beurteilung ermöglicht.

Durch Auswertung des praktischen Einsatzes dieses Verfahrens können folgende Beurteilungskriterien angegeben werden:

- Ein „gutes Wälzlager" ist im Drehzahlbereich 600...3 600 min^{-1} durch einen Spike-Energy-Wert unter 0,1 *g* zu erkennen.

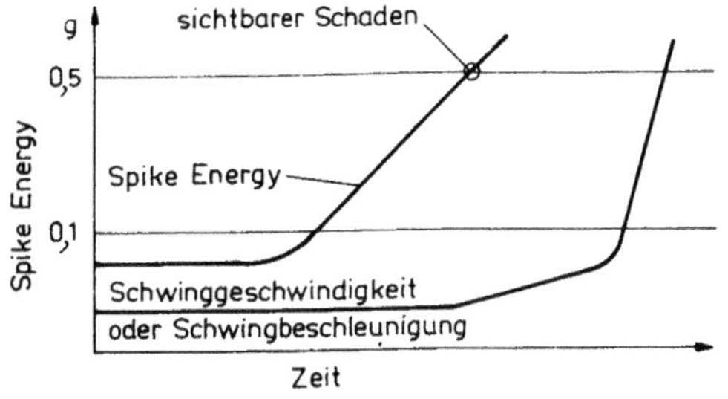

Bild 7.41. Vergleich des zeitlichen Verlaufs einer „Spike-Energy-Messung" mit einer Schwinggeschwindigkeits- oder Schwingbeschleunigungsmessung
g Wälzlagerzustandsgröße

- Ein Spike-Energy-Wert über 0,5 *g* weist im Drehzahlbereich 600 ... 3 600 min^{-1} auf ein defektes Lager hin.
- Zwischen 0,1 *g* und 0,5 *g* liegt ein „Warnungsgebiet". Hier kann der Einsatz der Trend-Methode rechtzeitig einen beginnenden Lagerschaden erkennen lassen.

Bild 7.41 vergleicht den tendenziellen Verlauf der „Spike Energy" mit Schwingungsmessungen und zeigt die Möglichkeit auf, mit diesem Verfahren früher eine Schadenswarnung auszulösen.

Nahezu die gleichen technischen Gegebenheiten, wie sie bei der Auswirkung von Ungleichförmigkeiten (Beginn der Schadensentwicklung) beim Abrollen von Wälzkörpern auf ihren Laufbahnen bestehen, treffen auch auf das Abrollen von *Zahnrädern* zu. Aus diesem Grunde kann die „Spike-Energy-Messung" auch für die Zustandsbeurteilung und die Zustandsüberwachung von Getrieben eingesetzt werden.

8. Prozeßparameterdiagnostik

8.1. Nutzung von Prozeßparametern zur Schädigungsdiagnostik

Die Realisierung eines beliebigen Produktionsprozesses mit hoher Qualität der Produkte, hoher Effektivität der Produktion und hoher Zuverlässigkeit der Betriebsführung erfordert die Einhaltung der durch das Verfahren und die Technologie vorgegebenen Prozeßparameter. Diese Prozeßparameter (Temperatur, Druck, Menge, Drehzahl, Konzentration u. a.) sind allgemein gleichzeitig die Beanspruchungsparameter, die Schädigungswirkungen hervorrufen. Da die Schädigungen auf die Beanspruchung rückwirken, ist es möglich, durch geeignete Bewertung von Parameterveränderungen Diagnosen zum Schädigungsprozeß zu stellen. In den Fällen, in denen eine Diagnose der auftretenden Abnutzung nicht möglich ist (z. B. Ausbildung der Ermüdungsstruktur von zyklisch beanspruchten Werkstoffen bis zum Anriß), ist eine über die gesamte Lebensdauer vorgenommene *Belastungs- oder Beanspruchungsüberwachung* eine nützliche Ergänzung der Betriebsüberwachung [8.1].

Eine Nutzung von Prozeßparametern zur Schädigungsdiagnostik ist auch deshalb anzustreben, weil mit höheren Leistungsparametern der Anlagen und zunehmender Einheitsleistung die Anzahl der zu überwachenden Prozeßmeßgrößen ansteigt [8.2]. Am Beispiel der Entwicklung der Kraftwerkstechnik läßt sich diese Tendenz darstellen (Bild 8.1). Sowohl die absolute Anzahl der Meßstellen als auch die kapazitätsbezogene spezifische Anzahl der Meßstellen erhöht sich (für Kraftwerke 4 bis 8 Meßstellen je MW_{el}). Die Häufigkeitsanteile der gemessenen physikalischen Größen zeigen die gleiche Tendenz und stehen in Übereinstimmung mit Prognosen aus den 60er Jahren für die Meßstellenverteilung, wie für Kraftwerke gezeigt werden kann (Tafel 8.1). Am häufigsten werden Temperaturen und Drücke gemessen. Sie sind neben anderen physikalischen Größen nicht nur für die technologische Prozeßführung und Wirkungsgradüberwachung von Bedeutung, sondern enthalten oftmals Informationen über Schädigungsprozesse.

Über die Messung der Prozeßgrößen informiert die spezifische Fachliteratur [8.3] bis [8.7]. Für die Diagnostik werden Prozeßgrößen als Belastungsparameter zur Beanspruchungsüberwa-

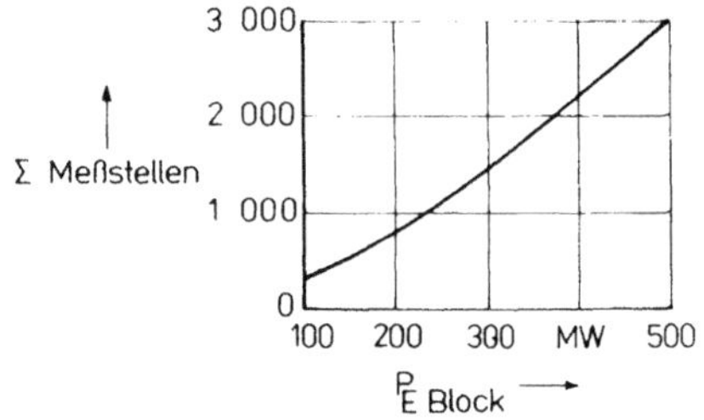

Bild 8.1. Anzahl der Meßstellen in Abhängigkeit von der Blockgröße konventioneller Kraftwerke

Tafel 8.1. Häufigkeitsanteile in % der Meßstellen in Kraftwerken
T Temperatur; *p* Druck; $\dot{V}$ Durchfluß; *L* Füllstand; *q* Stoffdaten; *X* sonstige Prozeßgrößen

	Physikalische Größe					
	T	*p*	$\dot{V}$	*L*	*q*	*X*
Prognose	46	24	13	6	5	6
500-MW-Block	49	19	9	8	3	12
KKW WWER-440	36	31	7	10	2	15

chung und in mehrparametriger Form zur Abnutzungsüberwachung genutzt. *Methoden der Prozeßparameterdiagnostik* zielen ab auf

- Lebensdauerüberwachung mechanisch und thermisch hochbelasteter Maschinen und Anlagen, z. B. Flugzeuge, Strömungsmaschinen, Rohrleitungen und Behälter der Dampf- und Drucktechnik
- Überwachung der Leistungsparameter von Kraft- und Arbeitsmaschinen zur Zustandsbestimmung
- Parameterbetrachtung bei Übergangsprozessen, z. B. bei Leistungsänderung, An- und Abfahrvorgängen
- Überwachung der Verbrauchswerte bei Energieumwandlungsprozessen
- Wirkungsgradüberwachung energieintensiver Kraft- und Arbeitsmaschinen, Energieanlagen.

Ausgewählte Verfahren sollen die Arbeitsweise bei der Nutzung von Prozeßparametern für die Diagnostik demonstrieren.

8.2. Belastungs- und Beanspruchungsüberwachung

Schädigungsmerkmale von in Betrieb befindlichen Bauteilen können einer direkten oder indirekten Messung unzugänglich sein, z. B. bei der Ausbildung von Ermüdungsstrukturen. In diesen Fällen können die wirkenden Belastungen und Beanspruchungen erfaßt werden, um eine rechnerische Abschätzung der verbrauchten Lebensdauer auf der Grundlage empirischer Zu-

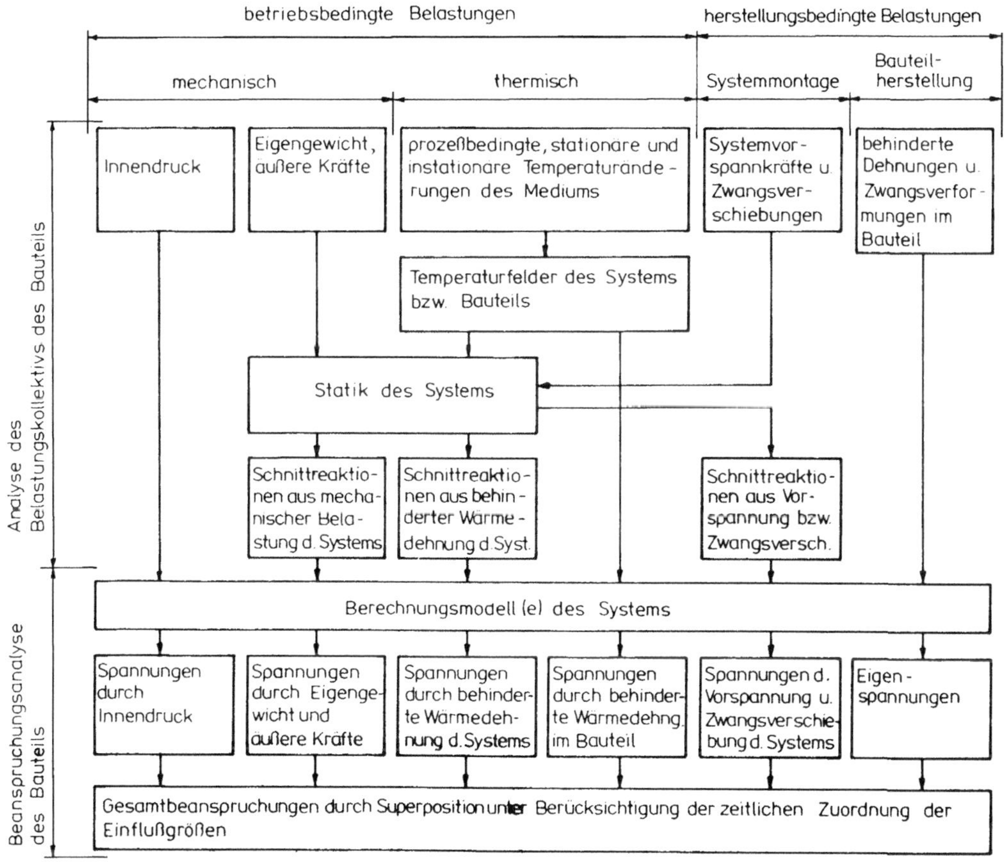

Bild 8.2. Belastungs- und Beanspruchungsanalyse [8.8]

sammenhänge zwischen Beanspruchung und Schädigung vornehmen zu können. Beanspruchungsanalysen vermitteln bei Kenntnis der herstellungs- und betriebsbedingten Belastungen die örtlichen Beanspruchungsverteilungen im Bauteil (Bild 8.2). Stellen höchster Beanspruchung sind potentielle Gefahrenstellen für Werkstoffschädigungen und damit repräsentative Prüfstellen für Wiederholungsprüfungen (vgl. Abschn. 3.1.3.). Zur Einschätzung des Verhaltens rißbehafteter Bauteile können bruchmechanische Bewertungsverfahren bei Vorgabe von Versagenskriterien angewendet werden.

Die Belastungs- und Beanspruchungsüberwachung für zyklisch und zeitstandgeschädigte Bauteile ist zumindest geeignet, den Zeitpunkt beginnender Anrisse abzuschätzen, Zyklus und Art der Werkstoffprüfung zu präzisieren und vor allem während des Betriebes durch eine schonende Fahrweise Einfluß auf die Lebensdauer zu nehmen.

8.2.1. Schädigungstrendabschätzung

Die Beanspruchbarkeit von Werkstoffen wird durch Schädigungsprozesse herabgesetzt (vgl. Abschn. 2.1.1.) Dieser Vorgang kann durch innere Vorgänge im Werkstoff, Anriß und Rißwachstum kontinuumsmechanisch beschrieben werden (Bild 8.3). Schädigungstrendabschätzungen für Bauteile sind sinnvoll bis zur Ausbildung eines technischen Anrisses. Über den weiteren Einsatz des betreffenden Bauteils muß durch zerstörungsfreie Prüfverfahren und bruchmechanische Bewertungen entschieden werden.

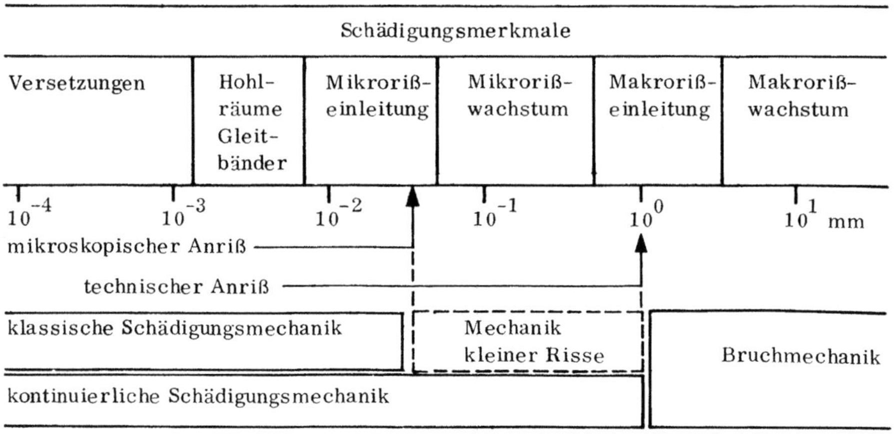

Bild 8.3. Schematische Darstellung der Anwendungsbereiche von Konzepten zur Beschreibung von Schädigungsprozessen [8.8]

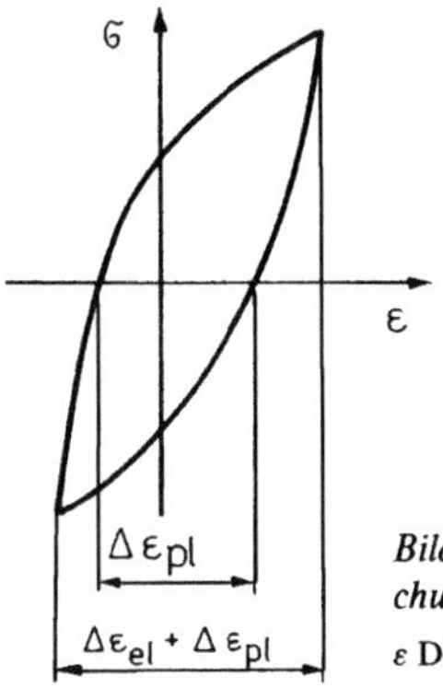

Bild 8.4. Spannungs-Dehnungs-Verlauf bei elastisch-plastischer Wechselbeanspruchung (Hystereseschleife)

ε Dehnung; σ Spannung; $\Delta\varepsilon_{el}$, $\Delta\varepsilon_{pl}$ elastische, plastische Dehnung

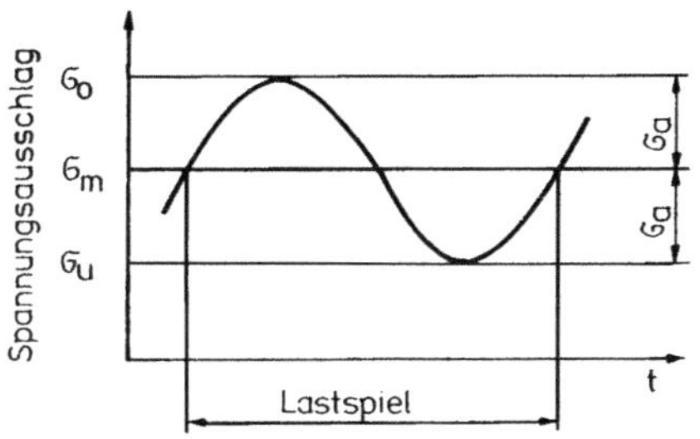

Bild 8.5. Spannungs-Zeit-Diagramm bei sinusförmigem Verlauf

t Zeit; σ_a Spannungsamplitude; σ_m Mittelspannung; σ_o Oberspannung; σ_u Unterspannung

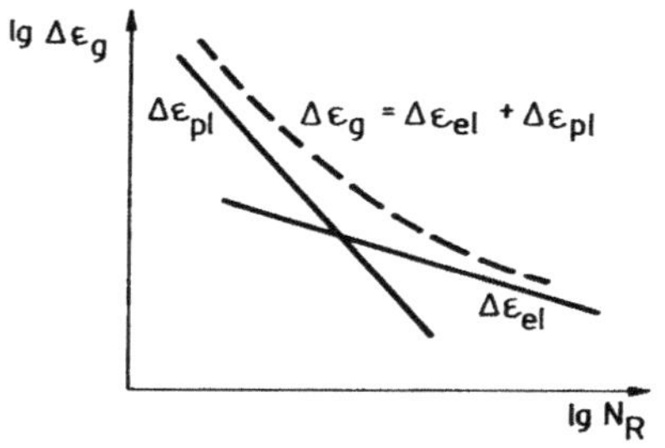

Bild 8.6. Coffin-Manson-Diagramm

N_R Anrißlastspielzahl; $\Delta\varepsilon_g$ Gesamtdehnung; $\Delta\varepsilon_{el}$, $\Delta\varepsilon_{pl}$ elastische, plastische Dehnung

Mechanisch und thermisch belastete Bauteile können einer zyklischen und/oder Zeitstandschädigung unterliegen. Die *zyklische Schädigung (Werkstoffermüdung)* entsteht durch in Größe und Richtung wechselnde Beanspruchungen (zyklische Beanspruchungen), die elastische und plastische Dehnungen hervorrufen können (Bild 8.4) und Wechselgleitungen in besonders hoch beanspruchten Gitterebenen der Kristalle verursachen, zur Verringerung der Festigkeit des Werkstoffs und zum Bauteilversagen führen.

Zyklische Beanspruchungen werden durch sog. *Lastspiele* charakterisiert (Bild 8.5). Man unterscheidet

- Zugschwellbeanspruchung $\sigma_m > 0$
- Wechselbeanspruchung $\sigma_m = 0$
- Druckschwellbeanspruchung $\sigma_m < 0$.

Das Coffin-Manson-Diagramm (Bild 8.6) vermittelt den Zusammenhang zwischen zyklischer Verformung $\Delta\varepsilon_g$ und Anrißlastspielzahl N_R. In einer doppeltlogarithmischen Darstellung läßt sich die Anrißkurve durch zwei Geraden approximieren [8.9].

Im Bereich kleiner Werte von N_R gilt

$$\lg \Delta\varepsilon_g \approx \lg \Delta\varepsilon_{pl} . \quad (8.1)$$

Für den Zusammenhang zwischen zyklischer plastischer Verformung und Anrißzyklenzahl formulierten *Coffin* [8.10] und *Manson* [8.11] die Beziehung

$$\Delta\varepsilon_{pl} \; N_R^k = C , \quad (8.2)$$

mit C Materialkonstante und k Exponent. Diese Gleichung gilt für mechanische und thermische Spannungen [8.9].

Für große Werte von N_R ist

$$\lg \Delta\varepsilon_g \approx \lg \Delta\varepsilon_{el} , \quad (8.3)$$

so daß Gl. (8.2) für den elastischen Bereich ebenfalls angewendet werden kann.

Palmgreen [8.12] hat zur Abschätzung der Lebensdauer von Kugellagern erstmalig eine *lineare Schadensakkumulation* vorausgesetzt. *Miner* [8.13] übertrug diese Methode auf Konstruktionsberechnungen und ermittelte für konstante zyklische Beanspruchung einen Ermüdungsanteil im Sinne eines Lebensdauerverbrauchs von

$$D_W = N/N_R , \quad (8.4)$$

mit N aktuelle Lastspielzahl (mit σ_a = konst.) und N_R Anrißlastspielzahl. Definitionsgemäß ist im Ausgangszustand $D_W = 0$ und für das Bauteilversagen $D_W = 1$. Jede zyklische Beanspruchung trägt einen Teil zur Werkstoffschädigung bei. Die Teilschäden akkumulieren im Bauteil in Abhängigkeit von der zyklischen Spannungsamplitude σ_{ai} (Bild 8.7) und der dabei verrichteten Arbeit

$$D_W = \sum_i (N/N_R)_i , \quad (8.5)$$

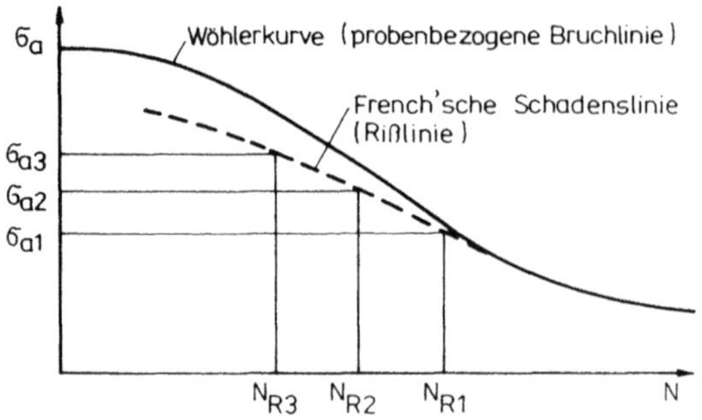

Bild 8.7. Berechnung der Ermüdungsanteile bei veränderlicher Spannungsamplitude mit Hilfe des Wöhlerdiagramms (vgl. Bild 3.2)

mit N_{Ri} Anrißlastspielzahl bei σ_{ai} und N_i tatsächliche Lastspielzahl bei σ_{ai}. Die *Palmgreen-Minersche Schadensakkumulationsgleichung* setzt voraus, daß

- die Beanspruchungszyklen sinusförmig sind,
- konstante Spannungsverhältnisse σ_u/σ_o auftreten,
- keine Verfestigungs- und Entfestigungsvorgänge vorkommen.

In der Praxis sind diese Voraussetzungen nicht erfüllt. Deshalb zeigen Vergleiche zwischen Messung und Rechnung, daß Lebensdauerabschätzungen stark streuen, wobei die Ergebnisse sowohl auf der sicheren als auch auf der unsicheren Seite liegen können. Bei logarithmischer Auftragung der ermittelten Schädigungszustände nach Gl. (8.5) ergibt sich eine annähernd glokkenförmige Verteilung mit einem Maximum bei dem zu erwartenden Wert $D_W = 1$ (Bild 8.8).

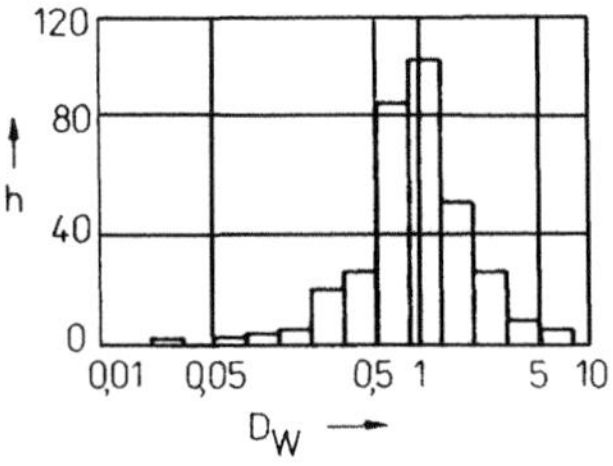

Bild 8.8. Häufigkeitsverteilung des nach Palmgreen-Miner berechneten Ermüdungsanteils (nach [8.14])
h Häufigkeit (Anzahl der berechneten Ermüdungsanteile D_W)

$D_W > 1$ bedeutet eine sichere Lebensdauerabschätzung mit verbleibender Abnutzungsreserve, während für $D_W < 1$ die experimentell ermittelte Lebensdauer kürzer als die berechnete ist. Verbesserte Hypothesen der linearen Schadensakkumulation führen experimentell zu bestimmende Konstanten ein. Sie konnten sich bisher nicht durchsetzen [8.15] [8.16]. Industriell angewendete Verfahren zur Lebensdauerabschätzung bevorzugen deshalb die relativ ungenaue aber dafür vergleichsweise einfach handhabbare Palmgreen-Miner-Regel. Eine Verbesserung der Genauigkeit erreicht man bei bekannten Beanspruchungskollektiven durch Vorgabe experimentell gestützter Werte für die zulässige relative Gesamtschädigung des Bauteils [8.17]:

$$D_{WA} = D_{WM} \cdot \frac{\left[\sum_i (N/N_R)_i\right]_A}{\left[\sum_i (N/N_R)_i\right]_M}, \tag{8.6}$$

mit Index A für Abschätzung und Index M für Messung. Dabei wird vorausgesetzt, daß das gleiche Bauteil bei einem anderen, aber ähnlichen Beanspruchungskollektiv die gleiche Lastspielzahl N_R erreicht.

Zeitstandschädigung ist eine Gefügeveränderung unter Energieaufnahme bei Temperaturen

$$T_{grenz} > 0{,}4\ T_S\ ; \tag{8.7}$$

mit T_S Schmelztemperatur des Werkstoffs. Oberhalb der für jeden Werkstoff charakteristischen Rekristallisationstemperatur kommt es unter Belastung zum Fließen des Werkstoffs. Dieser temperatur- und zeitabhängige Verformungsvorgang wird als *Kriechen* bezeichnet [8.18]. Die Kriech-

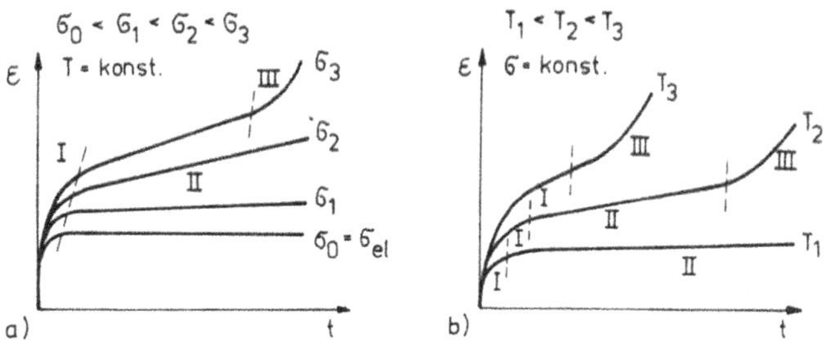

Bild 8.9. Änderung der Kriechkurve in Abhängigkeit a) von der Spannung σ und b) von der Temperatur T (nach [8.17])

I Primär-, *II* Sekundär-, *III* Tertiärbereich

geschwindigkeit ist abhängig von der Belastung und der Temperatur (Bild 8.9) und hat drei charakteristische Kriechbereiche:

- den primären, in dem durch thermische Aktivierung von Versetzungsbewegungen der Kriechvorgang mit hoher Geschwindigkeit beginnt,
- den sekundären, mit nahezu gleichbleibender Kriechgeschwindigkeit infolge der Ausbildung von Poren und Porenketten in der Größenordnung einer Korngrenze,
- den tertiären, mit stark zunehmender Kriechgeschwindigkeit durch Verbindung von Korngrenzentrennungen zum Mikroriß, Rißwachstum bis zum Makroriß und Bruch des Bauteils.

Nach *Robinson* [8.19] gilt unter der Annahme einer linearen Schadensakkumulation für die Abschätzung der Zeitstandschädigung

$$D_K = t/t_B\,, \tag{8.8}$$

mit t Beanspruchungszeit bei konstanter Spannung und Temperatur und t_B Kriechbruchzeit für eine Probe mit homogener Spannungsverteilung. Für Bauteile kann die Bruchzeit praktisch gleich der Kriechanrißzeit t_R gesetzt werden. Definitionsgemäß ist im Ausgangszustand $D_K = 0$ und im Schadensfall $D_K = 1$. Für veränderliche Zeitstandbeanspruchung eines Bauteils wendet man die Lebensdauer-Anteilregel analog Gl. (8.5) an:

$$D_K = \sum_i (t/t_R)_i\,, \tag{8.9}$$

mit t_i Beanspruchungszeit bei konstanter Spannung σ_i und Temperatur T_i sowie t_{Ri} Kriechanrißzeit.

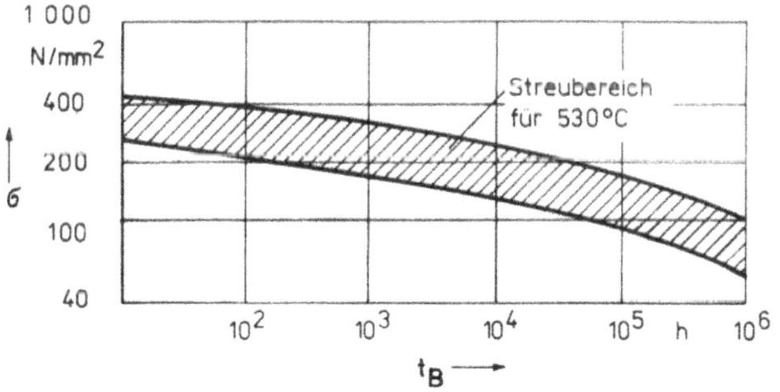

Bild 8.10. Zeitstanddiagramm für den Werkstoff GS-17CrMo V 5.11

σ Spannung; t_B Kriechbruchzeit

Die Kriechanrißzeit ist dem Zeitstanddiagramm für den betreffenden Bauteilwerkstoff zu entnehmen (Bild 8.10). Sie kann durch eine empirische Gleichung [8.18] angenähert werden:

$$t_R = A(T)\cdot\sigma^{-\bar{m}}\,, \tag{8.10}$$

mit $A(T)$ temperaturabhängige Konstante und $\bar{m}$ werkstoffabhängiger Exponent.

Den Einfluß von *zyklischer* und *Zeitstandschädigung* faßt man additiv zu einem *Lebensdauerverbrauch*

$$D = D_W + D_K = \sum_i (N/N_R)_i + \sum_i (t/t_R)_i \tag{8.11}$$

mit der Einschränkung zusammen, daß wegen vorhandener Wechselwirkungen der beiden ablaufenden Schädigungsprozesse nur eine Näherung erreicht werden kann [8.8]. Die Abweichungen gegenüber Meßergebnissen sind vor allem für extrem hohe Spannungsamplituden und Temperaturen sowie hochzyklische Beanspruchungen groß. Durch Einführung eines Sicherheitsfaktors K, der für das größte in Frage kommende Beanspruchungsregime experimentell zu ermitteln ist [8.18]

$$D_W + D_K + K \cdot D_W \cdot D_K = 1 , \tag{8.12}$$

kann die Unsicherheit gegen Versagen verringert werden.

Eine verbesserte Lebensdauerabschätzung ist mit nichtlinearen Funktionen zur Beschreibung des Schädigungsverhaltens möglich [8.20] [8.21]. Dabei ist die Veränderung des Spannungs-Dehnungs-Verhaltens in Abhängigkeit vom Beanspruchungsniveau (der Lastspielzahl bzw. der Zeit) zu berücksichtigen [8.22]. Die damit erhaltenen Ergebnisse kommen der Realität nahe, und experimentell bekannte Reihenfolge-Effekte werden erklärbar [8.8].

8.2.2. Rechnergestützte Belastungs- und Lebensdauerüberwachung

Eine Belastungs- und Lebensdauerüberwachung ist für Bauteile von Maschinen und Anlagen mit zyklischer und Zeitstandschädigung zur Gewährleistung hoher Sicherheit aus technischen und wirtschaftlichen Gründen von Bedeutung, z. B. für Fahr- und Flugzeuge, Kraft- und Arbeitsmaschinen, druck- und temperaturbelastete Rohrleitungen und Behälter. Zur Lösung dieser Aufgabe sind von der Inbetriebnahme an lückenlos die tatsächlich auftretenden Betriebsbelastungen zu erfassen und als Grundlage für die Lebensdauerabschätzung zu verwenden. Zwei *Voraussetzungen* sind zu erfüllen:

1. Bestimmen der bauteilbezogenen Werkstoffkennwerte (N_{R_i}, t_{R_i})
2. Abschätzen des Schädigungsanteils der untersuchten Werkstoffe für die während des Betriebes auftretenden Beanspruchungen durch Messung ausgewählter Parameter und Prognose der Restfunktionsdauer.

Die erste Voraussetzung wird durch experimentelle Untersuchungen am Werkstoff oder an repräsentativen Bauteilen erfüllt. Aus der Vielzahl möglicher Belastungsverläufe sind repräsentative Verläufe durch statistische Auswertung der *Belastungskollektive* zu ermitteln [8.23], um das Werkstoffverhalten unter den zu erwartenden Beanspruchungen beurteilen zu können.

Zu untersuchende Einflüsse sind [8.24]:

- Frequenz – Prüffrequenz bei zeitgerafften Untersuchungen
- Spektrum – Häufigkeitsverteilung zwischen je zwei aufeinanderfolgenden Beanspruchungs-Extremwerten
- Mittellasteffekt – Einfluß von Schwankungen der mittleren Beanspruchung in den Fällen, wo die Schwankungsamplituden der mittleren Beanspruchung größer sind als diejenigen der meisten überlagerten hochfrequenten Lastspiele
- Sequenz – Aufeinanderfolge der Beanspruchungsamplituden
- Interferenz – kausale Wechselbeziehungen zwischen Spektrum, Mittellasteffekt und Sequenz.

Vollständige *Wöhler- und Zeitstandkurven* können nicht für alle eingesetzten Bauteile ermittelt werden (z. B. bei zu großen Abmessungen). Ersatzdiagramme, die aus Modellversuchen gewonnen werden, können das Beanspruchungsverhalten annähern.

Die zweite Voraussetzung wird erfüllt durch einen *Meß- und Bewertungsalgorithmus* mit folgenden Teilaufgaben:

- Auswahl belastungsrelevanter Prozeßgrößen, z. B. Temperatur, Druck, Drehzahl, Fliehkraft
- Festlegung belastungs- und beanspruchungsexponierter Meßorte
- Installation geeigneter Meß- und Auswertetechnik zur On-line-Überwachung der Prozeßgrößen möglichst von der Inbetriebnahme an
- Erfassung der Ausgangsdaten für die Lebensdauerabschätzung aus dem Zeitverlauf der Prozeßgrößen, z. B. Extremwerte, Lastspiele

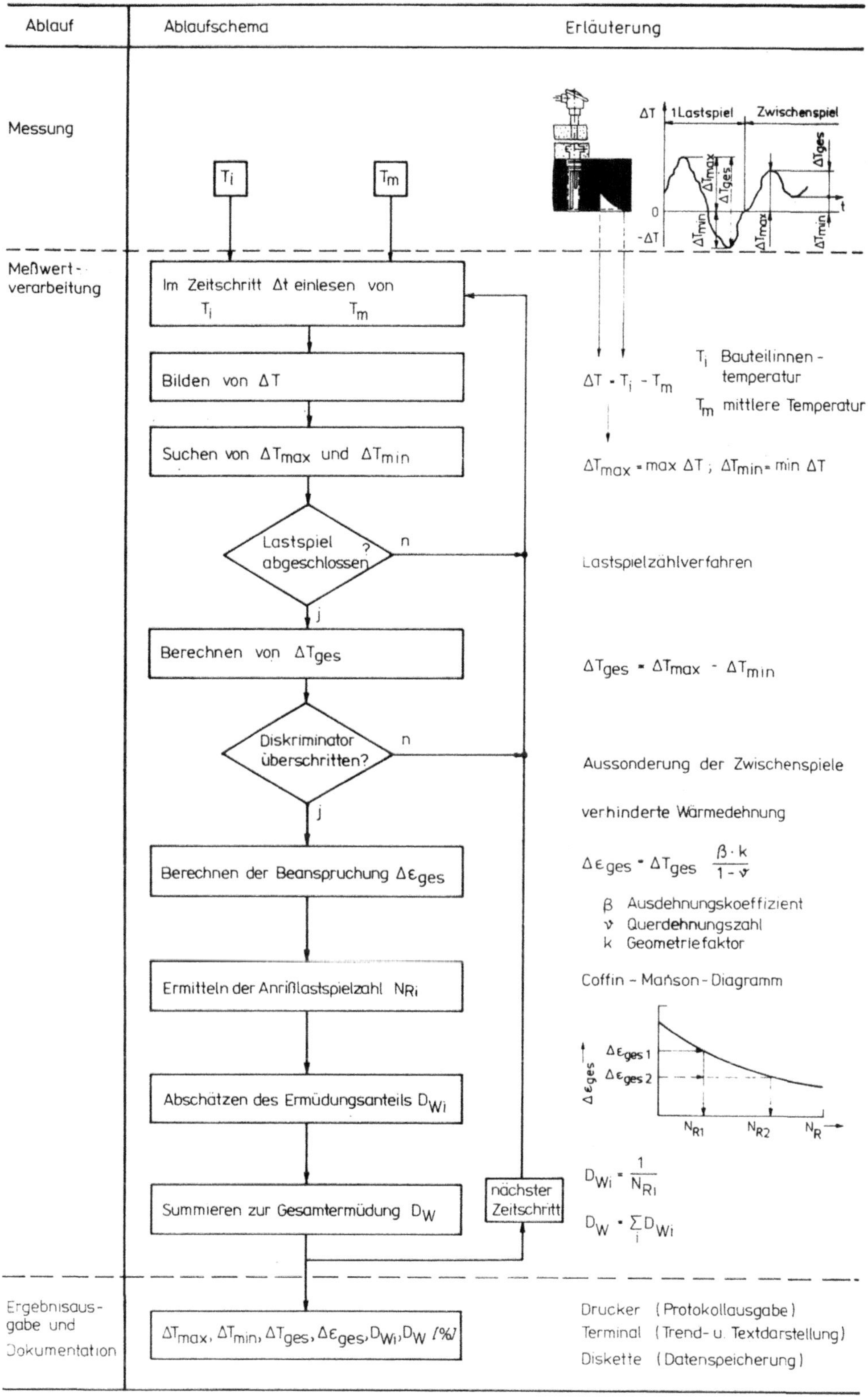

Bild 8.11. Abschätzung der zyklischen Schädigung eines Dampfturbinengehäuses

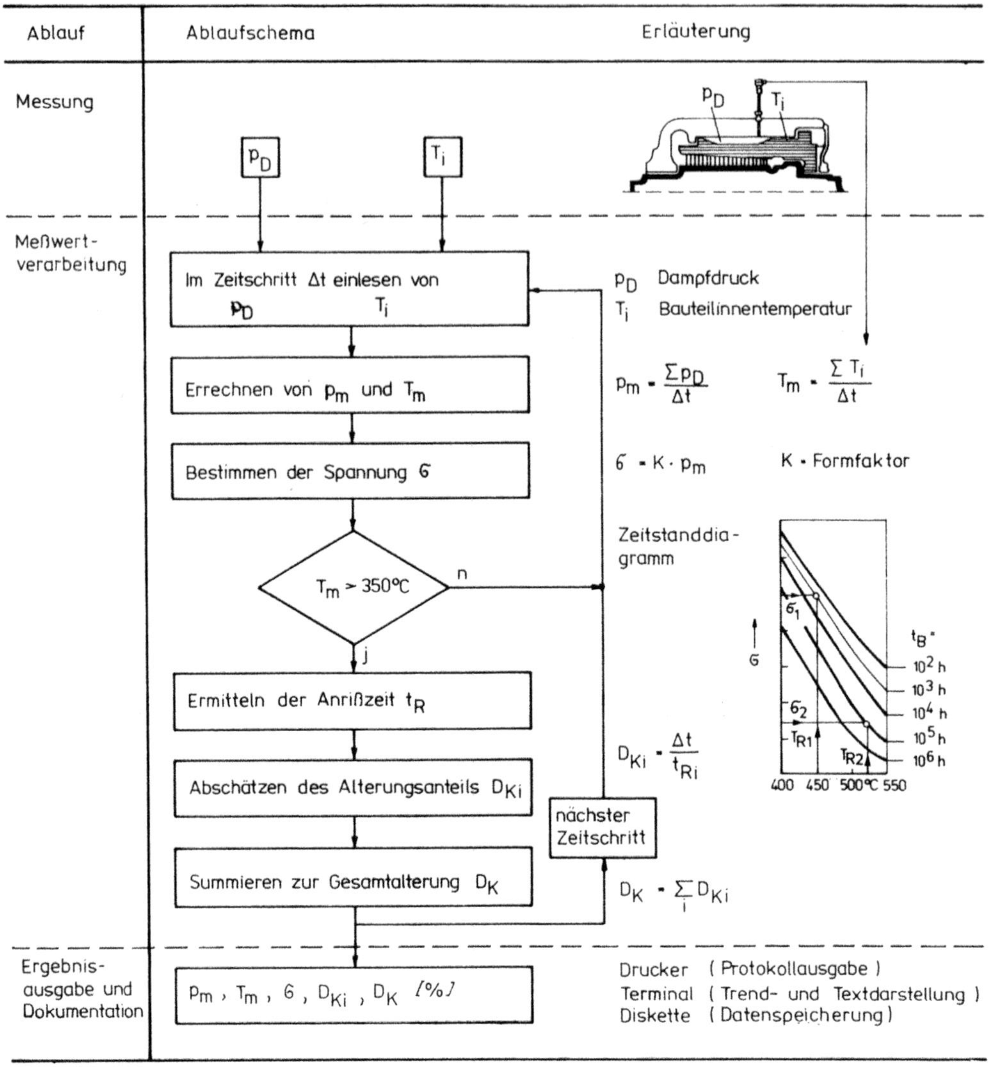

Bild 8.12. Abschätzung der Zeitstandschädigung eines Dampfturbinengehäuses

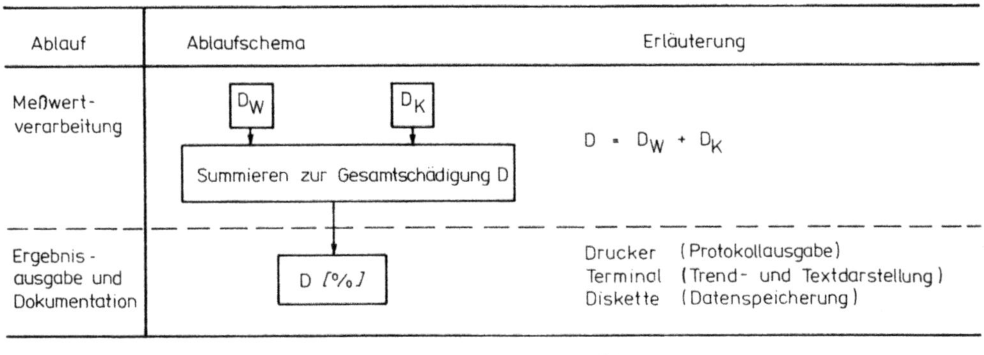

Bild 8.13. Abschätzung der Gesamtschädigung eines Dampfturbinengehäuses

- Berechnung der Werkstoffbeanspruchungen (Spannungen, Dehnungen) unter Berücksichtigung der konstruktiven Randbedingungen
- Abschätzung und Akkumulation der Schädigungsanteile
- Dokumentation der Ergebnisse, ggf. Meldung unzulässiger Prozeßänderungsgeschwindigkeiten der Belastungsbegrenzung.

Ein Ausführungsbeispiel ist in den Bildern 8.11 bis 8.13 für die Lebensdauerabschätzung eines Dampfturbinengehäuses dargestellt [8.25]. Durch Einsatz moderner Rechentechnik kann eine lückenlose automatisierte Erfassung und Bewertung der Prozeßgrößen zur Lebensdauerabschätzung vorgenommen werden. Die anfallenden großen Datenmengen von mehreren Meßstellen sind in Echtzeit verarbeitbar und bei Bedarf als Leitgrößen für die Turbinenregelung verwendbar. Diese Verfahrensweise bietet gleichzeitig die Möglichkeit einer wirksamen Belastungsüberwachung und einer anlagenschonenden Betriebsweise. Nach gleichen Prinzipen arbeiten Überwachungsverfahren für metallurgische, chemische und Kraftwerksausrüstungen, z. B. für Dampferzeuger-Bauteile [8.26]. Sind die Belastungen aufgrund einer Unzugänglichkeit der zu überwachenden Konstruktionselemente nicht direkt meßbar, kann auf die Messung an benachbarten Elementen ausgewichen werden. Durch Anwendung geeigneter Verfahren, z. B. Parameter-Identifikationsverfahren, sind dann die Belastungen an den exponierten Stellen zu ermitteln [8.27].

Für kraft- und bewegungsübertragende Elemente (Maschinenelemente) stehen spezielle Algorithmen zur Lebensdauerabschätzung zur Verfügung [8.28]. In Verbindung mit zyklischen Werkstoffprüfungen können Lebensdauerabschätzungen unter Einbeziehung weiterer Randbedingungen, z. B. Belastungshäufigkeiten, Umweltaspekte, Gefahrenpotentiale, als Grundlage für Betriebsentscheidungen und zur Vorbereitung von Instandhaltungs- oder Erneuerungsmaßnahmen dienen [8.29].

8.3. Leistungsparameter als Diagnosemerkmale

Die Leistung ist ein Qualitätsparameter von Maschinen und wird häufig zur *komplexen* Beurteilung des technischen Zustandes verwendet. Schädigungsbedingte Veränderungen des Maschinenzustandes können eine veränderte Leistungsabgabe oder veränderte Leistungsaufnahme verursachen. Eine Leistungseinschätzung erfordert die Messung von Prozeßparametern, z. B.

- für Verbrennungsmotoren

$$P = M_t \cdot \omega, \tag{8.13}$$

mit M_t Drehmoment und ω Winkelfrequenz

- für Gleichstromgeneratoren

$$P_{el} = U \cdot I, \tag{8.14}$$

mit I abgegebener elektrischer Strom und U Spannung

- für Pumpen

$$P = \dot{V} \cdot Y \cdot \varrho, \tag{8.15}$$

mit $\dot{V}$ Förderstrom, Y spezifische Förderarbeit, ϱ Dichte des Fördermediums.

Die gemessenen Prozeßparameter ermöglichen eine Komplexdiagnose, bei einer gezielten Auswahl der Meßgröße und des Meßortes auch eine Tiefendiagnose. Am Beispiel eines Verbrennungsmotors demonstriert Bild 8.14 beide Diagnosemöglichkeiten. Bei einer verminderten

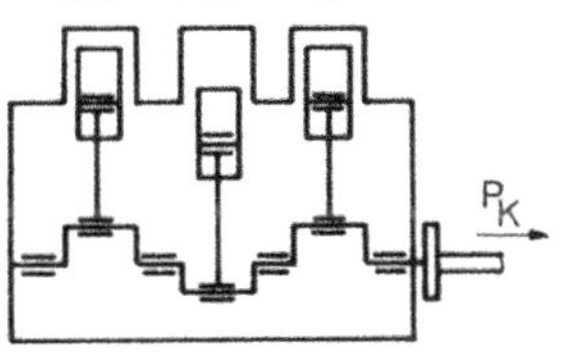

Bild 8.14. Komplex- und Tiefendiagnose eines Verbrennungsmotors

P_K Kupplungsleistung des Motors; p_i indizierte Mitteldrücke der Arbeitszylinder 1 bis 3

Kupplungsleistung (Komplexdiagnose) sind die indizierten Mitteldrücke aller Arbeitszylinder zu erfassen, um die Schädigung zu lokalisieren (Tiefendiagnose). Die Bewertung beruht auf dem Vergleich der gemessenen Prozeßparameter mit Sollwerten, die den Ausgangs- oder Normalzustand repräsentieren.

Diagnosen sind immer dann besonders aussagekräftig, wenn Wirkungen *einer* Schädigung auf Leistungsparameter dominieren. Ein typisches Beispiel dafür ist der indirekte Nachweis von ***Kavitation in Pumpen*** [8.30]. Als Kavitation bezeichnet man die Implosion von Dampf- oder Gasblasen in strömenden Flüssigkeiten, wenn der Sättigungsdruck überschritten wird. Der Lokaldruck erreicht dabei Werte bis 350 MPa und stellt eine Materialbeanspruchung dar, die zur Materialzerstörung führt. Besonders betroffen sind die Schaufelradeintrittskanten von Strömungsmaschinen. Zur Vermeidung von Kavitation muß die Haltedruckhöhe der Anlage $NPSH_{vorh}$ immer größer oder gleich der der Pumpe $NPSH_{erf}$ sein. Die Haltedruckhöhe der Anlage ist die Differenz zwischen Gesamtdruckhöhe im Eintrittsquerschnitt der Pumpe und der Dampfdruckhöhe:

$$NPSH_{vorh} = \frac{p_{at} + p_s - p_t}{\varrho \cdot g} - a + \frac{c_s^2}{2\,g}, \tag{8.16}$$

mit a Höhendifferenz zwischen Saughöhenbezugspunkt und Mitte Saugstutzen, c_s Strömungsgeschwindigkeit im Saugstutzen, g Erdbeschleunigung, p_{at} atmosphärischer Druck, p_s Druck im Saugstutzen, p_t Dampfdruck und ϱ Dichte der Förderflüssigkeit. Im kavitationsfreien Betrieb hat jede Kreiselpumpe bei konstanter Drehzahl nur eine Kennlinie (Bild 8.15). Im Arbeitspunkt

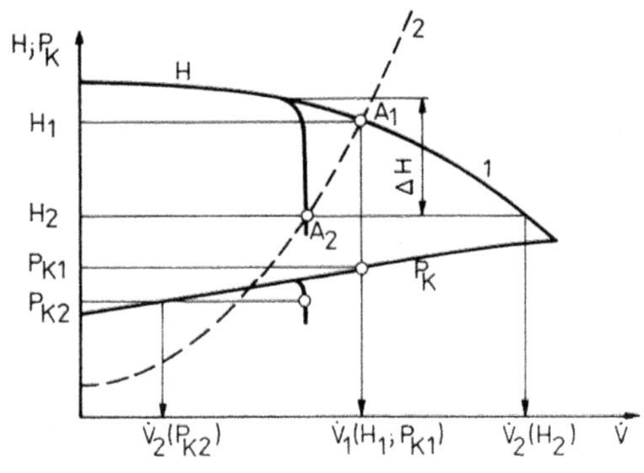

Bild 8.15. Kennlinien einer Kreiselpumpe ohne und mit Kavitation (nach [8.30])

1 Pumpenkennlinie; *2* Anlagenkennlinie
$A_{1,2}$ Arbeitspunkte, H Förderhöhe; ΔH Förderhöhenabfall durch Kavitation; $P_{K1,2}$ Kupplungsleistungen; $\dot{V}_{1,2}$ Förderströme

A_1 stimmen die zur Förderhöhe H_1 und zur Kupplungsleistung P_{K1} gehörenden Förderströme überein. Bei Kavitation fallen die Kennlinien ab (Arbeitspunkt A_2), und die zur Förderhöhe H_2 und Kupplungsleistung P_{K2} gehörenden Förderströme $\dot{V}_2$ weichen voneinander ab. Diese physikalische Erscheinung wird für den indirekten Nachweis von Kavitation genutzt [8.30]. Als Prozeßparameter sind der Druck vor und nach der Pumpe, die Drehzahl der Pumpe und die Leistungsaufnahme des Antriebs zu erfassen. Aus diesen Meßwerten und der Kennlinie des Antriebs werden Förderhöhe und Kupplungsleistung der Pumpe bestimmt. Aus der zugehörigen Kennlinie bei kavitationsfreiem Betrieb kann für die Förderhöhe der Förderstrom $\dot{V}(H)$ und aus der Kupplungsleistung ein Förderstrom $\dot{V}(P_K)$ ermittelt werden. Damit ist es möglich, den Förderhöhenabfall ΔH zu berechnen sowie die entsprechende Förderstromdifferenz

$$\Delta\dot{V} = \dot{V}(H) - \dot{V}(P_K) \tag{8.17}$$

zu bestimmen. Kavitation ist vorhanden, wenn $\Delta\dot{V}$ über der für 3 % Förderhöhenabfall ermittelten Kennlinie (TGL 6267/03) liegt. Die Diagnoseentscheidung läßt sich damit auf ein Zweiklassenproblem zurückführen (Bild 8.16).

Betriebs- und Umwelteinflüsse können Prozeßparameter beeinflussen und den Diagnosefehler unzulässig vergrößern. Durch Bildung von Diagnosekennzahlen [8.31] sind solche Einflüsse eliminierbar (vgl. Abschn. 2.4.). In Sonderfällen genügt eine Differenzbildung, wie das Beispiel der Temperaturüberwachung von Radsatzrollenlagern für Schienenfahrzeuge zeigt (vgl. Abschn.

5.2.3.). Ein Komplexüberwachungsverfahren für Abgasturbolader arbeitet mit einer Differenzdrehzahlmessung [8.32], um Wechselwirkungen zwischen Motor und Abgasturbolader zu eliminieren.

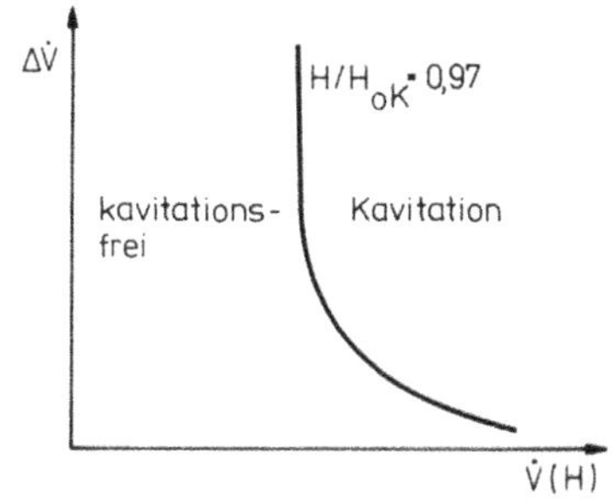

Bild 8.16. Unterscheidung des kavitationsfreien Zustandes von Kavitation

H Förderhöhe bei Kavitation; H_{oK} Förderhöhe bei kavitationsfreiem Betrieb; $\dot{V}$ Förderstrom; $\Delta\dot{V}$ Förderstromdifferenz nach Gl. (8.17)

8.4. Parameterbetrachtung bei Übergangsprozessen

Die Mehrzahl der Diagnoseverfahren setzt für den Zeitraum der Messung Stationarität voraus. Wiederholungsmessungen bei gleichen Leistungsparametern verringern den Einfluß von Betriebsveränderungen. Die bewußte Nutzung instationärer Fahrweise bietet sich bei Antriebssystemen durch Ausnutzung von Beschleunigungs- oder Verzögerungsvorgängen an.

Das *Beschleunigungsverhalten* eines Antriebsaggregats ist abhängig vom Drehmoment [8.33]:

$$M_d = M_I + M_{vi} + M_{va}\,, \tag{8.18}$$

mit M_I Drehmoment zur Beschleunigung der Massen, M_{vi} inneres Verlustdrehmoment und M_{va} abverlangtes Drehmoment. Durch Trennung der äußeren Verbraucher vom Antriebsaggregat ($M_{va} = 0$) verbleibt ein für die effektive Leistungsabgabe notwendiges Drehmoment

$$M_{d\,\mathrm{eff}} = \mathrm{M}_d - M_{vi} = J \cdot \frac{\mathrm{d}\omega}{\mathrm{d}t}\,, \tag{8.19}$$

mit J Trägheitsmoment und $\mathrm{d}\omega/\mathrm{d}t$ zeitliche Drehwinkeländerung (Drehbeschleunigung). Die effektive Leistung ist

$$P_{\mathrm{eff}} = J \cdot \omega \cdot \frac{\mathrm{d}\omega}{\mathrm{d}t}\,. \tag{8.20}$$

Der Einfluß des technischen Zustandes des Antriebssystems auf die Leistungsentwicklung bei Beschleunigung kann am Beispiel eines Zylinderausfalls und einer ermüdeten Reglerfeder des Einspritzpumpenreglers eines Dieselmotors gezeigt werden (Bild 8.17). Bei Kenntnis des vorhandenen Trägheitsmoments läßt sich der Meßaufwand für die Leistungsbeurteilung auf die Erfassung der Drehzahl als Funktion der Zeit nach Gl. (8.20) reduzieren.

Eine weitere Möglichkeit bietet die Untersuchung des *Auslaufverhaltens* von Maschinen. Das Auslaufverhalten von Dampfturbinen ist für mehrere Zustandsveränderungen charakteristisch,

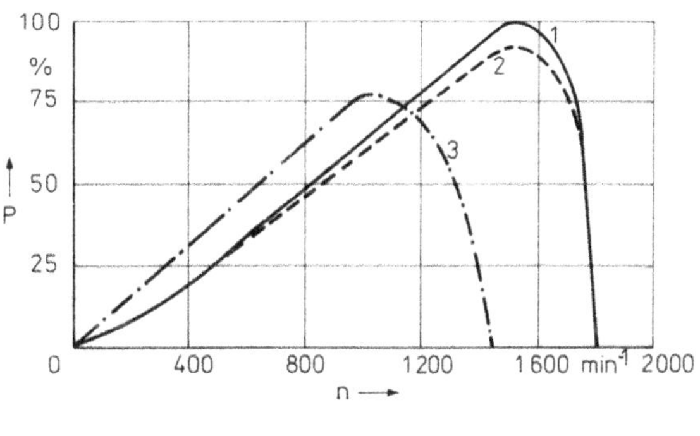

Bild 8.17. Leistungs-Drehzahlabhängigkeit eines Dieselmotors (nach [8.34])

1 Normalzustand; *2* Zylinderausfall; *3* ermüdete Regelfeder des Einspritzpumpenreglers; *n* Drehzahl; *P* Leistung

z. B. Reibung in den Lagern, Anstreifen zwischen feststehenden und rotierenden Bauteilen, Energiezufuhr über undichte Armaturen, Energieentzug durch Antrieb von Hilfsaggregaten. Die durch Messung ermittelte Auslaufkurve bietet gegenüber der Auslaufzeit den Vorteil, daß der Übergang zum Stillstand sichtbar wird (Bild 8.18). Abweichungen vom normalen Auslauf charakterisieren undichte Regel- und Schnellschlußventile bzw. Lagerschaden oder Anstreifen [8.35]. Die Bewertung des Auslaufverhaltens ist ein Vergleichsverfahren und sollte deshalb bei jeder Turbinen-Außerbetriebnahme durch Drehzahlmessung als Funktion der Zeit angewendet werden.

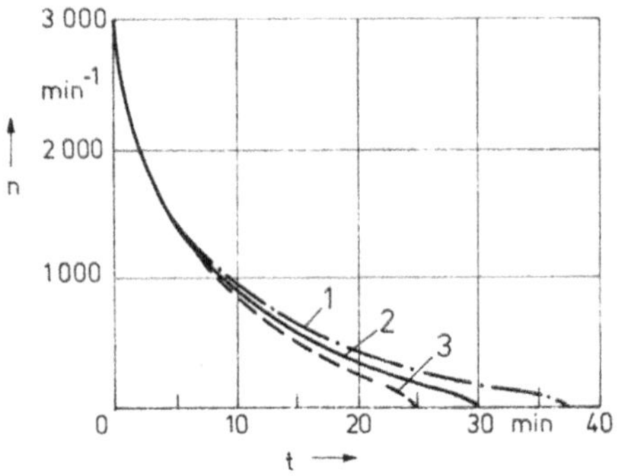

Bild 8.18. Auslaufkurven einer Dampfturbine (nach [8.35])

1 undichte Armaturen; *2* Normalzustand; *3* Lagerschaden; *n* Drehzahl; *t* Zeit

Komplexe Maschinen und Anlagen sind aus Einzelbaugruppen zusammengesetzt, die oft in funktionaler Wechselbeziehung stehen. Folglich können Zustandsänderungen einer Baugruppe Prozeßgrößen einer anderen Baugruppe verändern. Das erschwert eine zuverlässige Diagnose. Eine Lösung ergibt sich auch in solchen Fällen durch Nutzung von Übergangsprozessen. Die Betriebszustände werden durch ihr dynamisches Verhalten beschrieben. Unabhängig von der Energieform gilt der Zusammenhang [8.36]

$$\Delta E = U \cdot \frac{\mathrm{d}Z}{\mathrm{d}t}, \tag{8.21}$$

mit ΔE Energiemenge, die einem Speicher Z zu- oder abgeführt wird, t Zeit und U Energiekapazität. Damit sind alle Prozeßgrößen zeitabhängig und als Integralwerte über ein Zeitintervall darzustellen. Die Berechnung erfolgt durch Lösung eines Systems von Differentialgleichungen. Ein Anwendungsbeispiel ist die Bestimmung des Verschmutzungsgrades von Abgasturboladern für Schiffsdieselmotoren während eines Übergangsprozesses [8.36]. Über Inhalt und Charakterisierung der verwendeten Energiespeicher informiert Tafel 8.2. Die zeitabhängigen Prozeßgrö-

Tafel 8.2. Energiespeicher eines Abgasturboladers (nach [8.35])

	Energiekapazität U	Energiemenge E	Energiespeicher Z
Kinetische Energie	Trägheitsmoment J des Rotors	Drehmoment M_d	Winkelgeschwindigkeit ω
Potentielle Energie	Volumen V der Speicher	Massenstrom $\dot{m}$	Dichte ϱ des Stoffes
Wärmeenergie	Spez. Wärmekapazität c der Fluide	Spez. Wärmestrom q	Temperatur T der Fluide

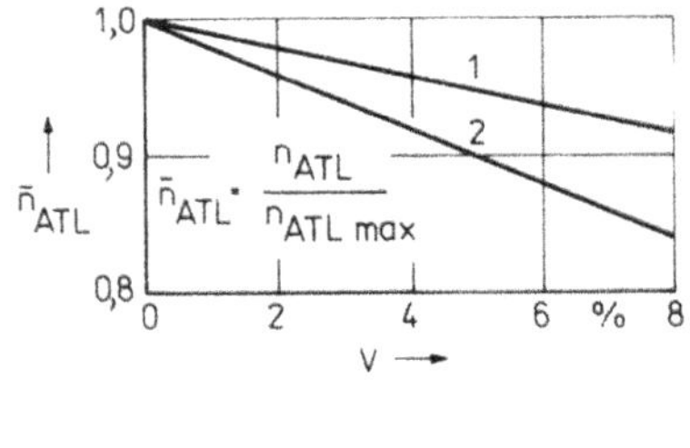

Bild 8.19. Diagnosekennlinie für den Motor 6 Tsche N 15/18 als Funktion der relativen Drehzahldifferenz zum Verschmutzungsgrad des Abgasturboladers bei Fahrstufenänderung (1) Beschleunigung und (2) Verzögerung (nach [8.36])

$n_{ATL\,max}$ Höchstdrehzahl des sauberen Abgasturboladers in der gleichen Fahrstufe; n_{ATL} Drehzahl des Abgasturboladers bei Verschmutzung; V Verschmutzungsgrad ßenverläufe sind ohne Rückkopplungen zwischen Abgasturbolader und Dieselmotor. Als Diagnoseparameter wird die Drehzahländerung des Abgasturboladers bei Fahrstufenänderungen genutzt (Bild 8.19). Die Diagnosekennlinie ist für jeden Dieselmotor zu bestimmen.

8.5. Verbrauchsparameter als Diagnosemerkmale

Mit der aufgenommenen Leistung stehen die Verbrauchsparameter von Maschinen direkt im Zusammenhang zum technischen Zustand der betreffenden Baugruppen. Für Verbrennungsmotoren sind z. B. der *Öl- und Kraftstoffverbrauch* Diagnosemerkmale für eine Gesamtzustandsbeurteilung. Da der Ölverbrauch eines Motors stark von der Belastung abhängt, wird er im Verhältnis zur Menge des in der gleichen Zeit verbrauchten Kraftstoffs ermittelt und bewertet. Bild 8.20 zeigt den Einfluß des Verschleißes der Zylindergleitbuchsen, Kolben und Kolbenringe auf den relativen Ölverbrauch eines Viertaktmotors. Der Einfluß einer verkokten Kraftstoffdüse auf den

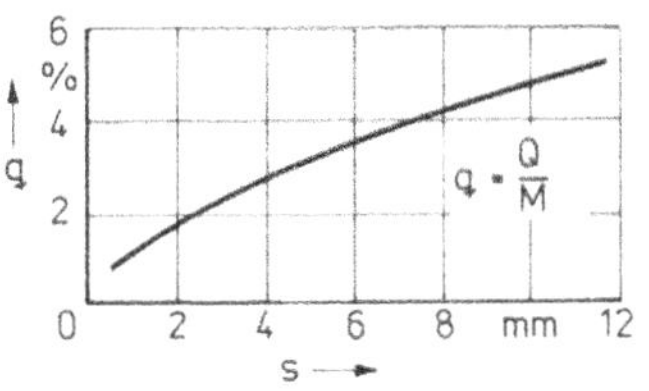

Bild 8.20. Erhöhung des relativen Ölverbrauchs eines Viertaktmotors mit zunehmendem Verschleiß der Zylindergleitbuchsen, Kolben und Kolbenringe [8.37]

q relativer Ölverbrauch; *Q* Ölverbrauch zwischen zwei Ölwechseln; *M* Kraftstoffverbrauch zwischen zwei Ölwechseln; *s* Stoßspiel des ersten Kolbenringes im oberen Totpunkt

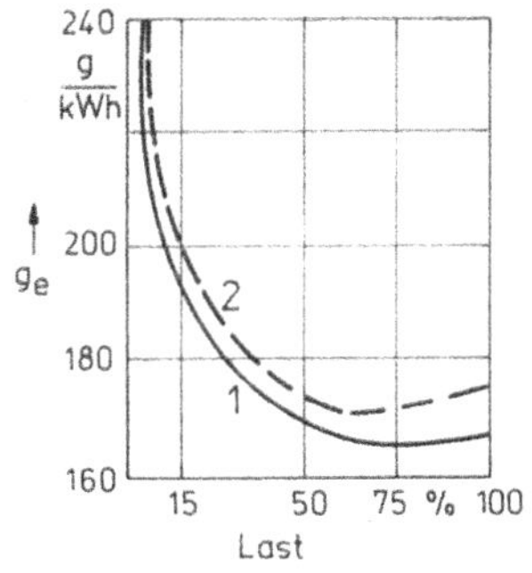

Bild 8.21. Einfluß einer verkokten Kraftstoffdüse auf den spezifischen Kraftstoffverbrauch eines Dieselmotors (nach [8.32])

1 Normalzustand; *2* verkokte Kraftstoffdüse g_e spezifischer Kraftstoffverbrauch

spezifischen Kraftstoffverbrauch eines Dieselmotors ist in Bild 8.21 dargestellt. Ein erhöhter Öl- und Kraftstoffverbrauch kann aber auch auf andere Ursachen zurückzuführen sein. Für eine eindeutige Lokalisation von Schädigungen sind deshalb Verbrauchsparameter allein nicht geeignet. *Zusätzliche Prozeßparameter* werden dafür benötigt. Die Kombination von Änderungen dieser Parameter kann den Schädigungszustand einer Baugruppe charakterisieren. Eine Verfahrensweise der Einbeziehung zusätzlicher Prozeßparameter zur Ableitung eindeutiger Zusam-

Tafel 8.3. Beschreibung des Zustandes des Arbeitsprozesses im Arbeitszylinder eines Verbrennungsmotors (nach [8.37])

δ Einstellwerte der entsprechenden Diagnoseparameter

Diagnose-parameter	Bedeutung	Wert des Parameters
K_1	Abweichung des Kompressionsdruckes Δp_c	$K_1 = 0$ falls $\Delta p_c \geqq -\delta_c$ $K_1 = 1$ falls $\Delta p_c < -\delta_c$
K_2	Abweichung des maximalen Verbrennungsdruckes Δp_z	$K_2 = 0$ falls $\Delta p_z \geqq -\delta_z$ $K_2 = 1$ falls $\Delta p_z < -\delta_z$
K_3	Abweichung des mittleren indizierten Druckes Δp_i	$K_3 = 0$ falls $\Delta p_i \geqq -\delta_i$ $K_3 = 1$ falls $\Delta p_i < -\delta_i$
K_4	Abweichung der Abgastemperatur Δt	$K_4 = 1$ falls $\Delta t > \delta_t$ $K_4 = 0$ falls $-\delta_t \leqq \Delta t \leqq \delta_t$ $K_4 = -1$ falls $\Delta t < -\delta_t$

menhänge zwischen den gemessenen Verbrauchsparametern und unterschiedlichen Schädigungszuständen veranschaulicht das folgende Beispiel.

Der Zustand des Arbeitsprozesses im Arbeitszylinder eines Verbrennungsmotors kann durch vier Diagnoseparameter $K_1 \ldots K_4$ beschrieben werden (Tafel 8.3), die sich in 24 sich nicht wiederholenden Kombinationen darstellen lassen [8.38]:

$$
\begin{array}{cccc} K_1 & K_2 & K_3 & K_4 \end{array}
$$

$$
K = \left\| \begin{array}{cccr}
0 & 0 & 0 & 0 \\
0 & 0 & 0 & -1 \\
0 & 0 & 0 & 1 \\
0 & 0 & 1 & 0 \\
0 & 1 & 0 & 0 \\
1 & 0 & 0 & 0 \\
0 & 0 & 1 & 1 \\
0 & 0 & 1 & -1 \\
0 & 1 & 0 & 1 \\
1 & 0 & 0 & 1 \\
1 & 0 & 1 & 0 \\
1 & 1 & 0 & 0 \\
0 & 1 & 1 & 0 \\
0 & 1 & 0 & -1 \\
1 & 0 & 0 & -1 \\
0 & 1 & 1 & 1 \\
0 & 1 & 1 & -1 \\
1 & 0 & 1 & 1 \\
1 & 0 & 1 & -1 \\
1 & 1 & 0 & 1 \\
1 & 1 & 0 & -1 \\
1 & 1 & 1 & 0 \\
1 & 1 & 1 & 1 \\
1 & 1 & 1 & -1
\end{array} \right\|
$$

Die erste Matrixzeile beschreibt den Normalzustand, jede andere Kombination der Prozeßparameter eine Abweichung vom Normalzustand. Zur diagnostischen Bewertung dieser Abweichungen ist jede Kombination der Prozeßparameter einer möglichen Störungsursache bzw. Schädi-

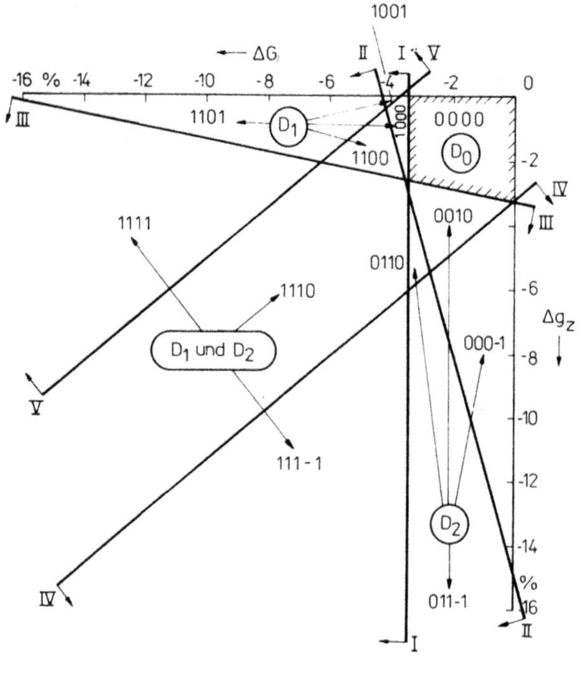

Bild 8.22. Zuordnung von Änderungen der Verbrauchsparameter zu Störungen des Arbeitsprozesses von Motoren [8.38]

D_0 normaler Arbeitsprozeß; D_1 Dichtheitsverlust eines Zylinders; D_2 verminderte Kraftstoffzufuhr; ΔG Leckverlust der Zylindergase; Δg_z Änderung der Kraftstoffzufuhr gung zuzuordnen. Mit einem mathematischen Modell des Arbeitsprozesses in den Zylindern werden Korrelationsbeziehungen zwischen den verwendeten Prozeßparametern und Verbrauchsparametern abgeleitet:

$$\text{I} \quad \Delta p_c = 0{,}436 \cdot \Delta G \tag{8.22}$$

$$\text{II} \quad \Delta p_z = 0{,}1 \cdot \Delta g_z + 0{,}356 \cdot \Delta G \tag{8.23}$$

$$\text{III} \quad \Delta p_i = 0{,}654 \cdot \Delta g_z + 0{,}0125 \cdot \Delta G \tag{8.24}$$

$$\text{IV, V} \quad \pm \Delta t = 3{,}3 \cdot \Delta g_z - 2{,}7 \cdot \Delta G, \tag{8.25}$$

mit ΔG Leckverlust der Zylindergase und Δg_z Änderung der Kraftstoffzufuhr. Ersetzt man die Prozeßparameter durch ihre Soll- bzw. Einstellwerte ($\delta_c = 1{,}5$; $\delta_z = 1{,}5$; $\delta_i = 0{,}2$; $\delta_t = -10$ bzw. $+10$), erhält man ein System von Ungleichungen, das einen Bereich der Verbrauchsparameter ΔG und Δg_z beschreibt, für den die Diagnoseparameter $K_1 = K_2 = K_3 = 1$ und $K_4 = \pm 1$ sind. Durch eine grafische Analyse findet man die gesuchte Zuordnung von Änderungen der Verbrauchsparameter zu Störungen bzw. Schädigungen (Bild 8.22). Das Diagnoseverfahren beschränkt sich damit auf die Messung der Verbrauchsparameter Leckverlust ΔG und Kraftstoffverbrauch Δg_z und eine Zuordnung der Meßwerte zu Zustandsklassen. Neben der grafischen Analyse sind numerische Lösungsmethoden anwendbar, die sich besser für eine rechnergestützte Überwachung eignen.

8.6. Wirkungsgradüberwachung

Der Wirkungsgrad von Maschinen und Anlagen gibt das Verhältnis zwischen abgegebener und aufgenommener Leistung an:

$$\eta = P_{ab}/P_{\text{auf}} \,. \tag{8.26}$$

Für die Diagnose von Schädigungsprozessen findet der Wirkungsgrad nur geringe Beachtung, da es Diagnosemerkmale gibt, die wesentlich empfindlicher auf Schädigungen reagieren. Der Wirkungsgrad kann aber schädigungsbedingte Veränderungen *technologischer Prozeßparameter* nachweisen. Solche Veränderungen sind mit vergrößerter Energieaufnahme oder verminderter Nutzenergieabgabe verbunden und können auch mit einer erhöhten Umweltbelastung, z. B. durch Wärmefreisetzung oder Rauchgasemission in Verbindung stehen (vgl. Abschn. 9. 1.).

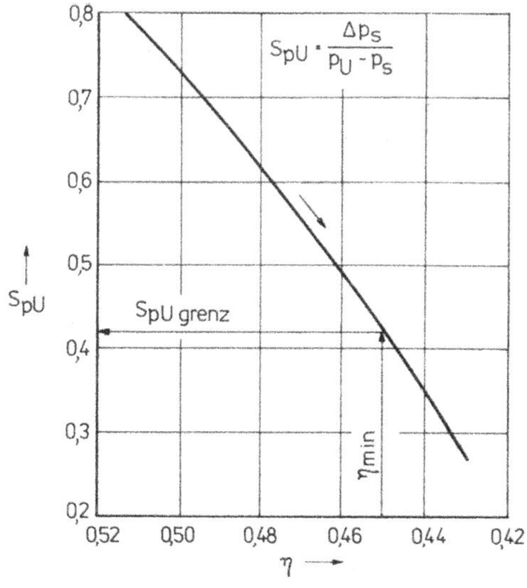

Bild 8.23. Bestimmung des Diagnosegrenzwertes aus der funktionalen Abhängigkeit zwischen Druckquotient und Wirkungsgrad [8.31]

S_{pU} Druckquotient; η Stufenwirkungsgrad

Eine Methode, den Wirkungsgrad in die technologische Bewertung von Schädigungen einzubeziehen, ist deren Nutzung als Diagnosekennzahl. Solche Kennzahlen können auch modifizierte Wirkungsgradabschätzungen sein, wie am Beispiel der Diagnose von Lokomotivkompressoren gezeigt wurde (vgl. Abschn. 2.4.2.) [8.39].

Aussagekräftig sind auch empirisch ermittelte Zusammenhänge zwischen Diagnoseparameter und Wirkungsgrad. Bild 8.23 vermittelt eine funktionale Beziehung zwischen dem Druckquotienten zur Diagnose des Abnutzungszustandes der Laufraddichtung und dem Stufenwirkungsgrad einer mehrstufigen radialen Kreiselpumpe. Für einen vorgegebenen maximal zulässigen Wirkungsgradabfall kann der Diagnosegrenzwert aus dieser Abhängigkeit ermittelt werden. Der Vorteil gegenüber der direkten Wirkungsgradbestimmung liegt in einer höheren Diagnosegenauigkeit bei geringerem Meßaufwand.

Bestrebungen, den notwendigen Meßaufwand für die Wirkungsgradüberwachung zu reduzieren, führen zu weiteren Diagnosemethoden. Durch Anwendung thermodynamischer Grundgesetze werden Verluste an nutzbarer Energie direkt gemessen. Bei Verdichtern ist die *thermodynamische Wirkungsgradmessung* seit langem eine sichere und oft angewendete Diagnosemethode [8.40]. Auch bei Hydraulikölpumpen bestimmt man den Wirkungsgrad näherungsweise aus der Temperaturerhöhung in der Pumpe [8.41]:

$$\eta_{ges} = p/(p + \Delta T \cdot \varrho_0 \cdot c_{p0}) \qquad (8.27)$$

mit c_{p0} spezifische Wärme des Öls bei Normaldruck, p Öldruck und ϱ_0 Dichte des Öls bei 0 °C und Normaldruck. Die Möglichkeit der Bewertung des Schädigungszustandes einer Zahnradpumpe zeigt Bild 8.24. Die Grenzkurve ist die maximal zulässige Temperaturdifferenz ΔT_g, die einem vorgegebenen zulässigen Förderstromabfall bei Erreichen der Aussonderungsgrenze entspricht.

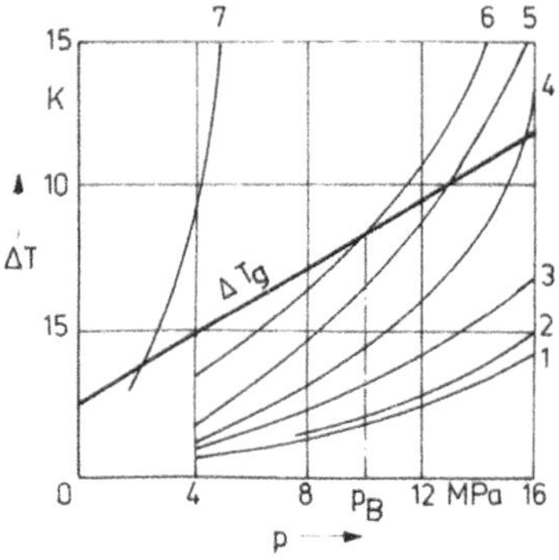

Bild 8.24. Diagnose des Schädigungszustandes von Zahnradpumpen durch Temperaturdifferenz-Druck-Messung (nach [8.41])

1 ... 7 unterschiedlich abgenutzte Zahnradpumpen; p Druck; p_B Betriebsdruck; ΔT Temperaturdifferenz zwischen Ein- und Austritt der Pumpe; ΔT_g maximal zulässige Temperaturdifferenz

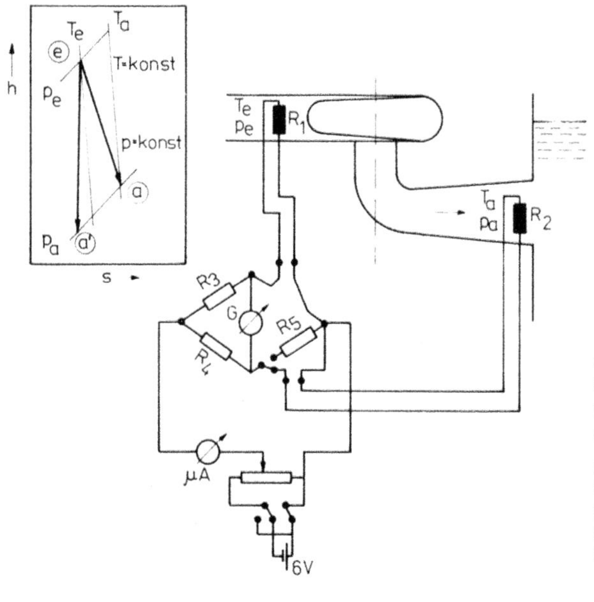

Bild 8.25. Meßschema für das Differenzenverfahren zur Wirkungsgradbestimmung an hydraulischen Strömungsmaschinen [8.40]

p Druck; T Temperatur mit Index a für Austritt und e für Eintritt; h spezifische Enthalpie; s spezifische Entropie; $R_{1,2}$ Halbleiterwiderstände; R_3 Dekadenwiderstand; $R_{4,5}$ Manganinwiderstände

Die Temperaturerhöhung durch Reibungseffekte bei Wasserförderung ist dagegen sehr viel kleiner und beträgt bei Kaltwasser weniger als 0,1 K. Erste Erfolge wurden zunächst an Wasserturbinen und später auch an Pumpen mit Druckhöhen über 100 m erzielt [8.42]. Das Meßschema für ein auf dieser Grundlage entwickeltes Differenzenverfahren [8.43] zeigt Bild 8.25. Für die Wirkungsgradbestimmung genügt die Messung des Eintrittsdrucks p_e, des Austrittsdrucks p_a, der Eintrittstemperatur T_e und der Temperaturdifferenz $T_a - T_e$. Damit sind im *h, s*-Diagramm die Zustandspunkte *e*, *a* und *a'* mit den Enthalpien bekannt (vgl. Bild 8.25). Der innere Wirkungsgrad ist für eine Wasserturbine

$$\eta_{iT} = \frac{H_T - c_p \cdot (T_a - T_e) - T_e \cdot \left(\frac{\partial v}{\partial T}\right)_p \cdot (p_e - p_a)}{H_T} \tag{8.28}$$

und für eine Pumpe

$$\eta_{iP} = \frac{H_P}{H_P + c_p \cdot (T_a - T_e) - T_e \cdot \left(\frac{\partial v}{\partial T}\right)_p \cdot (p_a - p_e)}, \tag{8.29}$$

mit c_p spezifischer Wärme bei konstantem Druck, H_T, H_P Turbinengefälle bzw. Pumpenförderhöhe und $(\frac{\partial v}{\partial T})_p$ Volumenausdehnungskoeffizient [8.43]. Speisepumpen für Kraftwerke werden ebenfalls mit dieser Methode überwacht [8.44].

Nicht immer gelingt eine ausreichend genaue Bestimmung des Wirkungsgrades bei laufendem Betriebsprozeß. Für mobile Antriebs- und Übertragungseinrichtungen, z. B. Elektromotoren, Getriebe, Hydraulikbaugruppen, werden spezielle Prüfeinrichtungen [8.45] zur Wirkungsgradmessung verwendet, die vor und nach Instandsetzungsmaßnahmen eine komplexe Beurteilung des technischen Zustandes gewährleisten.

Bei Dampfturbinen wird die Qualität der Expansion zur Beurteilung des Gesamtzustandes der Beschaufelung und der Labyrinthdichtungen mit dem inneren Wirkungsgrad

$$\eta_i = \frac{h_1 - h_2}{h_1 - h_{2is}} \tag{8.30}$$

zwischen den Anzapfungen beurteilt, wobei h_1 und h_2 die Enthalpien am Ein- und Austritt des betreffenden Turbinenabschnitts sind. Der Index is bezeichnet die isentrope Expansion. Meßtechnisch einfacher läßt sich die gleiche Aussage mit dem Polytropenexponenten *n* erzielen, der aus den gemessenen Temperaturen T_1, T_2 und Drücken p_1, p_2 berechnet wird:

$$\frac{n-1}{n} = \frac{\log T_1/T_2}{\log p_1/p_2}. \tag{8.31}$$

In Verbindung mit Schwingungs- und Geräuschmessungen können solche wärmetechnischen Prozeßparameter zur Verbesserung der Zustandsdiagnose beitragen [8.46].

9. Partikel- und Betriebsmediendiagnostik

9.1. Abnutzungsvorgänge mit Partikelabgabe oder Veränderung der Betriebsmedien

Beim Betrieb von Maschinen und Anlagen kommt es zu Wechselwirkungen zwischen Medien und Konstruktionswerkstoffen. Schädigungsprozesse (Verschleiß, Korrosion, Ermüdung und Alterung), Rückstände der Fertigung und Montage sowie Verunreinigungen aus der Umgebung führen zu einer Anreicherung mit Partikeln bzw. zur Veränderung der chemischen Zusammensetzung der Betriebsmedien und -absonderungen in geschlossenen und offenen Prozeßkreisläufen (Tafel 9.1). Diese Vorgänge haben Einfluß auf den Betriebsprozeß oder die Umwelt, können aber gleichzeitig für die Schadensfrüherkennung genutzt werden. Nachweisverfahren nutzen die Bestimmung von Partikelparametern bzw. von Konzentrationsänderungen (Tafel 9.2). Nachteil dieser Verfahren ist, daß die Analyseergebnisse immer nur einen scheinbaren Mittelwert der Abnutzung ausweisen und von Art, Ort und Qualität der Probeentnahme abhängen. Die Tendenz von Abnutzungsvorgängen kann verfolgt werden, und eine Restfunktionsdauerprognose ist ein-

Tafel 9.1. Herkunft, Zusammensetzung und Ursachen für Veränderungen der Betriebsmedien und Anreicherung mit Partikeln

Herkunft	Bezeichnung/Zusammensetzung	Ursachen
Fertigung und Montage	Bearbeitungsspäne, Schleifstaub, Kernsand, Läppmittel, Farb- und Lackteilchen	unzureichende Reinigung nach der Fertigung oder Instandsetzung
	Beizmittel	unzureichende Nachspülung
Betrieb	Verbrennungsrückstände	unvollständige Verbrennung
	Verschleiß- und Korrosionsprodukte	Verschleiß und Korrosion
	Alterungsschlamm	Alterung der Schmierstoffe
	Gasanreicherung im Isolieröl	Elektr. Entladungsvorgänge
Umgebung	Silikatische Stäube, Feuchtigkeit	unzureichende Abdichtung oder Filterung

Tafel 9.2. Grundprinzipe der Partikel- und Betriebsmediendiagnostik

Prinzip	Nachweis	Anwendungshinweise
Spektroskopie	Art und Menge von Spurenelementen	Analyse von Schmierölen in Motoren, Getrieben u. ä.
Ferrographie	Anzahl und Größe von Partikeln	Analyse von Schmierölen in Motoren, Getrieben u. ä.
Radiographie	Menge des Abriebs	Verschleiß- und Korrosionsüberwachung, Leckdetektion
Gaschromatographie	Art und Konzentration von Gasen	Analyse von Isolierölen in Transformatoren
Infrarotspektralfotometrie	Art und Konzentration von Gasen	Analyse von Abgasen

geschränkt möglich. Die Grundprinzipe (vgl. Tafel 9.2) der üblichen Verfahren demonstrieren Arbeitsweise und Leistungsfähigkeit der Partikel- und Betriebsmediendiagnostik, ohne die physikalisch-chemischen Zusammenhänge vollständig zu beschreiben.

9.2. Verfahren der Partikeldiagnostik

Die Partikeldiagnostik nutzt die Korrelation zwischen Zunahme der Partikelmenge oder Größe dieser Teilchen und Verschleißintensität [9.1] (Bild 9.1). Maschinen im Normalbetrieb sondern eine gleichmäßige geringe Menge kleiner flacher Abnutzungspartikel ab. Der Anstieg der Anzahl der Partikel und das Verhältnis zwischen großen und kleinen Teilchen, weist auf eine zunehmende Abnutzungsgeschwindigkeit hin. Große schwere Teilchen informieren über einen bevorstehenden Schaden. Bei Abrasivverschleiß können Partikel in Form von Spiralen und gebogenen Drähten gebildet werden. Größe und Form der Partikel geben oft Hinweise über ihre Herkunft [9.1] [9.2] (Tafel 9.3).

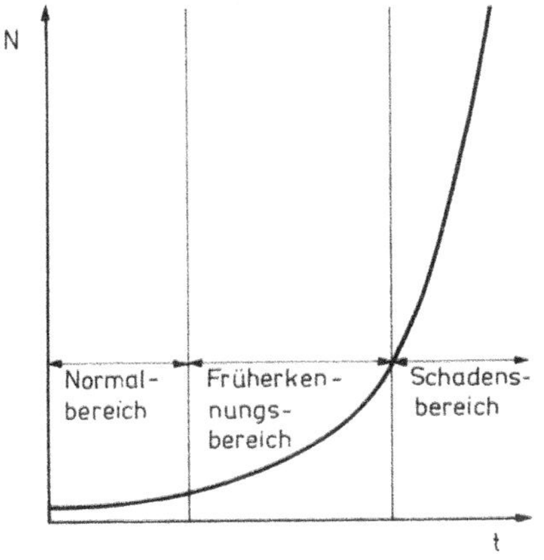

Bild 9.1. Verlauf von Abnutzungsvorgängen mit Partikelabgabe
N Anzahl der Partikel; *t* Betriebszeit

Tafel 9.3. Charakterisierung von Abnutzungspartikeln (nach [9.2])

Abnutzungsteil	Charakterisierung der Abnutzungspartikel
Kugellager	abgerundete, rosenblättrige, strahlenförmige Splittergestalt; hochpolierte Oberflächentextur mit undeutlichen Kreuz- und Querlinien; fein gekörnt, hellgrau, funkelnd
Rollenlager	allgemein gekräuselt und rechteckig; hochpolierte Oberflächentextur; fein gekörnt, hellgrau, funkelnd; einseitig parallele Linien
Weißmetallager	flache, sphärische Gestalt; glatte Oberflächentextur; ähnlich dem Lötmetall oder Silber
Getriebe	unregelmäßige Form; polierte Oberflächentextur mit Kerben; rauhe Erscheinung, matt grau mit breiten Flecken

Die visuelle Einschätzung des Abriebverhaltens erlaubt keine quantitative Beurteilung. Sie ist auf größere Verschleißschäden beschränkt, da das Auflösungsvermögen des Auges auf 0,8 bis 1,0 mm begrenzt ist [9.3].

Eine quantitative Bestimmung von Abnutzungspartikeln kann mit speziellen Analysemethoden erfolgen. Im Vergleich zur Wägemethode und chemischen Verfahren, z. B. des Lösens, Ausfällens, Filterns und Verglühens haben ferrographische, spektroskopische und radiometrische Methoden praktische Bedeutung für die Schadensfrühdiagnostik erlangt.

9.2.1. Magnetdetektion

Die Magnetdetektion durch Abscheidung ferromagnetischer Abnutzungspartikel aus dem Schmiermittel ist eine einfache und wirkungsvolle Methode zur Überwachung von Verschleiß- und Ermüdungserscheinungen an Bewegungselementen [9.2]. Magnetdetektoren können als Diagnosesonden, Ölablaßschrauben oder Ölfilter ausgeführt sein, die zyklisch, meist bei Ölwechsel, gereinigt werden. Die abgeschiedene Menge, die Größe und Form der Teilchen geben Hinweise über die Art und Geschwindigkeit der Abnutzung. Durch mikroskopische Untersuchung der abgeschiedenen Partikel kann eine genaue Einschätzung vorgenommen werden. Zur Lokalisierung von Abnutzungsvorgängen werden Magnetdetektoren an verschleißexponierten Bauteilen positioniert. Für einen Lagerölkreislauf zeigt Bild 9.2 die Detektorpositionen. Die Abriebteilchen werden durch Magnete dem Ölstrom entnommen. Die Zentrifugalkraft kann die Abscheidung der Teilchen unterstützen, wenn der Magnetdetektor an der Außenkrümmung der Ölleitung angebracht wird. Bei geraden Ölführungen sorgt eine Erweiterungsstrecke für die Verlangsamung des Ölstroms, um die Abscheidewirkung zu verbessern. Eine Schadensbeobachtung erfordert die Festlegung periodischer Probenahmen. Für Flugzeugtriebwerke haben sich Überwachungszyklen von weniger als 100 h, bei auftretenden Störungen von 10 h, als zweckmäßig erwiesen [9.2]. Die Maschinenüberwachung hat wesentlich größere Zyklen.

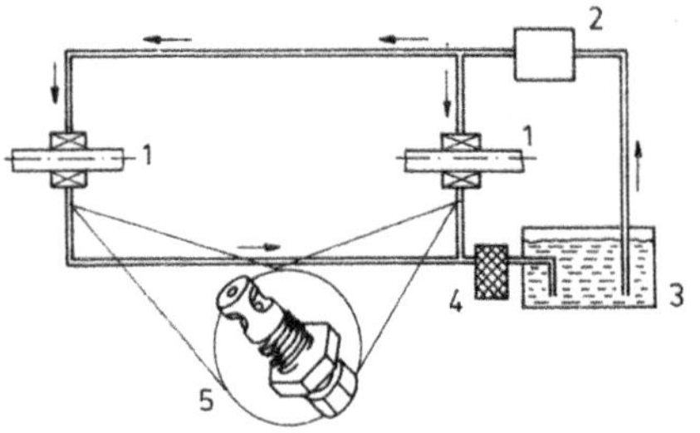

Bild 9.2. Positionierung von Magnetdetektoren im Schmierölkreislauf (nach [9.2])

1 Lager; *2* Ölpumpe; *3* Ölsumpf; *4* Ölfilter; *5* Magnetdetektor

9.2.2. Ferrographie

Die Ferrographie nutzt die nach der Größe geordnete Ausscheidung ferromagnetischer oder paramagnetischer Teilchen aus fluiden Medien durch ein magnetisches Feld. Zur Analyse der im Schmieröl enthaltenen Abnutzungspartikel wird eine Ölprobe mit konstantem Volumenstrom ($\dot{V}$ = 0,25 cm^3 · min^{-1}) dem Hauptstrom entnommen und auf einen schrägen Glas-Schichtträger geleitet, der zwischen den Polen eines Permanentmagneten befestigt ist (Bild 9.3). Die Sortierung der Partikel erfolgt durch die Wirkung der viskosen und magnetischen Kräfte, die zur Ausbildung von stufenförmigen Ablagerungen führen. Senkrecht zur Flußrichtung des Öls ordnen sich die Ablagerungen je nach Partikelgröße (Bild 9.4). Große Partikel (>5 µm) sammeln sich im Eintrittsbereich, die kleinsten Teilchen (<1 µm) lagern sich am Ende der Kontrollstrecke

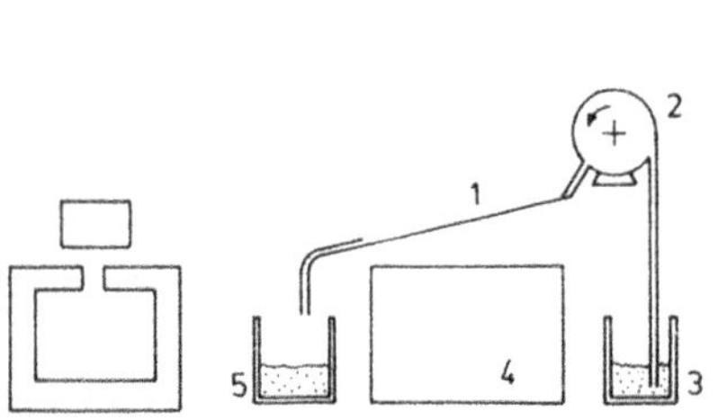

Bild 9.3. Arbeitsweise eines analytischen Ferrographen (nach [9.2])

1 Glas-Schichtträger; *2* Pumpe; *3* Ölprobe; *4* Magnet; *5* Sammelbehälter

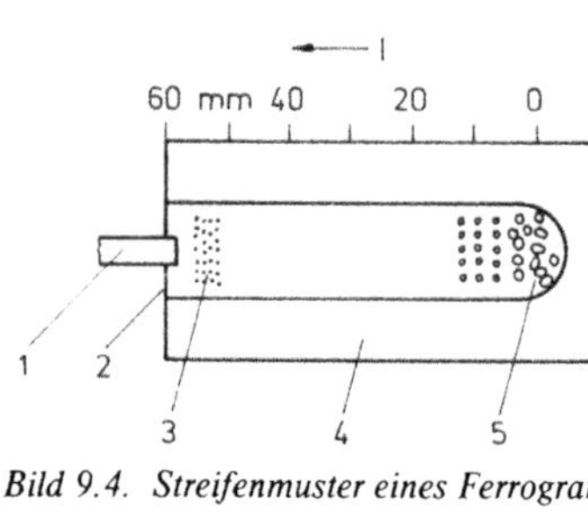

Bild 9.4. Streifenmuster eines Ferrogramms

l Abstand vom Eintritt der Probe; *1* Abflußrohr; *2* Ölaustritt; *3* kleine Partikel am Probenaustritt; *4* Glas-Schichtträger; *5* große Partikel am Probeneintritt an. Partikel von Nichteisenmetallen (Aluminium, Bronze, Weißmetall u. a.) setzen sich trotz ihrer schwachen Magnetisierbarkeit ebenfalls ab, jedoch mit geringerer Größenselektivität. Die Auswertung des Ferrogramms erfolgt manuell (analytischer Ferrograph) oder elektronisch (direkt anzeigender oder On-line-Ferrograph) [9.4].

Der *analytische Ferrograph* ermöglicht eine mikroskopische Auswertung des Ferrogramms. Nach der Ablagerung der Partikel wird der Glas-Schichtträger von Öl gesäubert. Dazu verwendet man eine Fixiermittellösung. Der getrocknete Objektträger wird mit einem Mikroskop ausgewertet, das rotes reflektierendes und grünes durchscheinendes Licht verwendet. Diese sog. bichromatische Ausleuchtung zeigt Metalle als rote und Nichtmetalle als grüne Teilchen. Freie Metallpartikel blockieren grünes Licht und reflektieren rotes Licht. Dünne nichtmetallische Teilchen werden von grünem Licht durchstrahlt. Ein Mikroskop ist dafür mit entsprechendem Kamerazubehör und einer Ablesevorrichtung für das Ferrogramm auszustatten.

Der *direkt anzeigende Ferrograph* arbeitet zur Partikelabscheidung nach dem gleichen Prinzip wie der analytische Ferrograph. Der flache Glas-Schichtträger wird durch ein Glasröhrchen ersetzt (Bild 9.5). Faseroptiken leiten Licht durch das Glasröhrchen an Stellen mit großen und kleinen Partikeln. Die Verringerung der Lichtintensität im Vergleich zu sauberem Öl entspricht der Anzahl der abgesetzten Teilchen im Glasröhrchen und wird elektronisch ausgewertet.

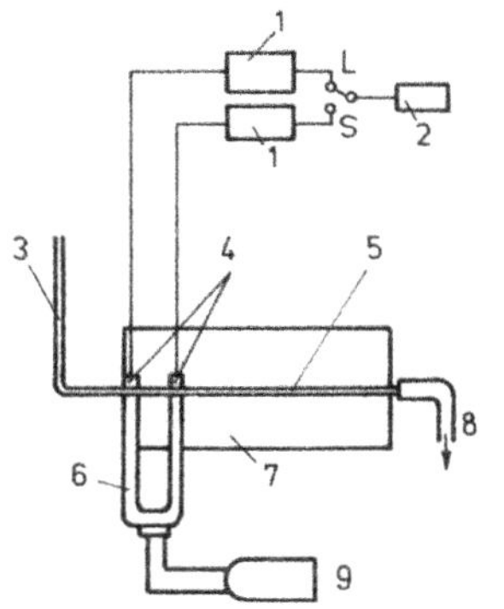

Bild 9.5. Aufbau eines direkt anzeigenden Ferrographen (nach [9.4])

1 Signalkonditionierung; *2* Ergebnisausgabe; *3* Kapillarrohr; *4* Photodetektoren; *5* Niederschlagsrohr; *6* Fiberoptik; *7* Magnet; *8* überschüssige Probensubstanz; *9* Beleuchtung

Der *On-line-Ferrograph* ist in ein Schmier- oder Hydrauliksystem integriert. Die Abnutzungspartikel werden durch ein Magnetfeld aus dem Schmiermittel abgetrennt. Die quantitative Auswertung erfolgt durch einen kapazitiven Oberflächenmeßfühler. Da die Abtrennung der Teilchen auch eine Partikelgrößenverteilung sichert, erhält man zwei quantitative Meßergebnisse, die Gesamtkonzentration an Partikeln und den Anteil großer Teilchen (>5 μm). Die Bestimmung der Konzentration an Abnutzungspartikeln wird aus der abgeschiedenen Menge und dem

Tafel 9.4. Identifizierung von Partikeln durch Wärmebehandlung des Ferrogramms (nach [9.5])

Material	Wärmebehandlung 330 °C	440 °C	480 °C	540 °C
Gußeisen mit 3,5 % C	stroh- bis bronzefarben	tiefbronzefarben, blau gesprenkelt		
Hochprozentig Ni-legiert	keine Änd.	keine Änd.	bronzefarben mit deutlicher Bläuung	blau oder blaugrau
Hochlegierter Stahl	keine Änd.	keine Änd.	stroh- bis bronzefarben mit leichter Bläuung	stroh- bis bronzefarben, blaue Sprenkelung
Al, Cr, Ag, Mg	keine Änd.	keine Änd.	keine Änd.	keine Änd.
Titanlegierung	keine Änd.	keine Änd.	keine Änd.	leicht gefärbt
Pb/Sn-Legierungen	Teilchen schmelzen			
Organische Stoffe	Verkokung, Schrumpfung, Verdampfung (je nach Material)			

zur Abscheidung gelangten Ölvolumen vorgenommen. Ferrographen sind vollautomatisiert [9.4].

Die Zusammensetzung der Partikel eines Ferrogramms kann Hinweise auf ihre Herkunft geben (vgl. Tafeln 9.1, 9.3). Der Ort der Ablagerung auf dem Ferrogramm, das Reflexionsverhalten und die Farbe der Teilchen tragen zur Identifikation bei. Durch *Wärmebehandlung des Ferrogramms* können weitere Informationen über die Zusammensetzung der Partikel gewonnen werden. Beim Erhitzen in Luftatmosphäre bildet sich eine Oxidschicht auf den Metallteilchen. In Abhängigkeit von der Oxidschichtdichte führen destruktive Interferenzen zu Farberscheinungen, sog. Anlaßfarben. Teilchen von Eisenlegierungen können durch diese Anlaßfarben identifiziert werden (Tafel 9.4). Bei eisenhaltigen Legierungen wird die Wachstumsgeschwindigkeit der Oxidschicht durch die Legierungselemente verzögert. Stahl mit relativ wenig Legierungsanteil zeigt die höchste Wachstumsgeschwindigkeit, während Gußeisen mit höherem Kohlenstoffgehalt durch eine langsame Oxidschichtbildung gekennzeichnet ist. Bei hochlegierten Stählen mit Anteilen von Ni, Cr und anderen Elementen kommt es zu einer nur geringen Ausbildung von Oxidschichten. Die Erwärmung des Ferrogramms bis auf 330 °C läßt eine Unterscheidung der eisenhaltigen Partikel in drei große Legierungsklassen zu, niedriglegierte Stähle mit Blaufärbung, Stähle mit mittlerem Legierungsanteil sowie Gußeisen mit Strohfärbung und hochlegierte Stähle ohne Farbänderung. Durch Wärmebehandlung ist auch eine Unterscheidung zwischen organischen und anorganischen Verbindungen möglich. Bei polarisiertem Licht erscheinen beide Materialien ähnlich; organische Partikel verändern sich unter Wärmewirkung physikalisch.

Mit direkt anzeigenden und On-line-Ferrographen erhält man quantitative Aussagen zur Konzentration und Größenverteilung der Partikel. Das sich einstellende dynamische Gleichgewicht zwischen Bildung, Absetzen, Filterung, weiterer Zerkleinerung und chemischer Auflösung von Partikeln erfordert eine *Probeentnahme vor dem Ölfilter.*

Die Ferrographie wird erfolgreich angewendet bei Düsentriebwerken [9.6], Dieselmotoren [9.7], Getrieben [9.8], Gleitlagern [9.9] und Hydrauliksystemen [9.10]. Anfangsschäden können erkannt, Überholungsperioden verlängert und Ausfälle verhindert werden. In vielen Fällen erweist sich die Ferrographie als wirksamste Ölanalysemethode zur Schadensanzeige. Besonders beanspruchte Maschinenteile können identifiziert werden. Die Ferrographie wird auch zur Bestätigung spektroskopischer Prüfergebnisse (vgl. Abschn. 9.2.3.) und zur Optimierung von Betriebsparametern mit dem Ziel der Verschleißminderung herangezogen [9.4].

9.2.3. Spektroskopie

Mit spektroskopischen Verfahren kann die Elementeverteilung im Abrieb *qualitativ* und *quantitativ* ermittelt werden. Alle Elemente sind unabhängig von ihrer Bindungsart mit hoher Empfindlichkeit nachweisbar. Rückschlüsse auf die vorliegende Verbindung ermöglicht die spezielle Molekülspektroskopie.

Die Änderung des Energiezustandes von Atomen ist mit dem Übergang ihrer Außenelektronen auf benachbarte Umlaufbahnen und mit der Emission oder Absorption elektromagnetischer Strahlung im Wellenlängenbereich von 0,2 bis 0,8 µm verbunden. Jedes Element besitzt eine

Tafel 9.5. Spektrale Wellenlängen von Metallen

Element	Chem. Symbol	Wellenlänge µm	Element	Chem. Symbol	Wellenlänge µm
Kupfer	Cu	0,3247	Natrium	Na	0,5890
Eisen	Fe	0,3270	Aluminium	Al	0,3092
Chrom	Cr	0,3579	Silicium	Si	0,2516
Nickel	Ni	0,3415	Magnesium	Mg	0,2852
Blei	Pb	0,2833	Silber	Ag	0,3281
Zinn	Sn	0,2354			

charakteristische Anzahl an Elektronen und damit eine bestimmte spektrale Wellenlänge der emittierten oder absorbierten Strahlung (Tafel 9.5). Mit spektroskopischen Verfahren kann die Wellenlänge dieser Strahlung gemessen und das Element bestimmt werden. Für die Analyse von Metallabrieb im Schmieröl von Maschinen werden in der Praxis zwei spektroskopische Verfahren angewendet [9.2], die Emissionsspektroskopie und die Atomabsorptionsspektroskopie.

Bei der *Emissionsspektroskopie* wird die zu untersuchende Ölprobe in einem Lichtbogen oder in einer Flamme verdampft. Dabei entstehen freie Atome, die durch ihre Anregung elektromagnetische Strahlung aussenden. Diese Strahlung wird in das Spektrometer geleitet und durch ein Gitter oder Prisma in ihre diskreten Wellenlängen zerlegt. Ein photoelektrisches System registriert die Strahlungsanteile. In Verbindung mit einem Rechner werden die einzelnen Metallbestandteile nach Art und Menge ermittelt. Den Aufbau eines Emissionsspektrometers zeigt Bild 9.6. Zur Anregung der freien Atome dient eine rotierende Scheibenelektrode und eine Hochspannungsquelle ($U \approx 15\,000$ V).

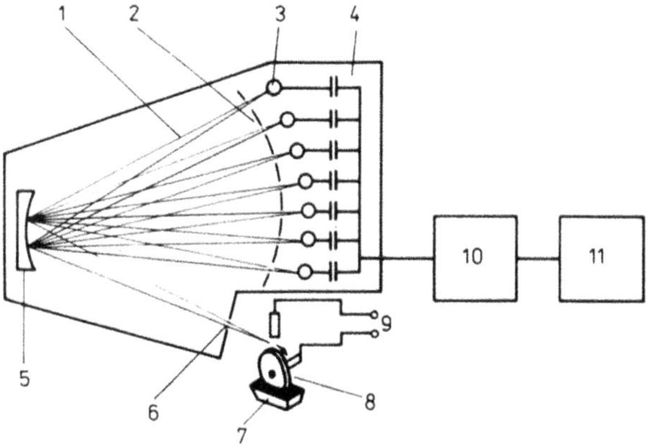

Bild 9.6. Aufbau eines Emissionsspektrometers (nach [9.2])

1 charakteristisches Spektrum; *2* Austrittsspalte; *3* Photodetektor; *4* Signalintegrator; *5* Wellenlängenselektor; *6* Eintrittsspalt; *7* Ölprobe; *8* rotierende Graphitelektrode; *9* Hochspannungsquelle; *10* Prozessor; *11* Ergebnisausgabe

Die *Atomabsorptionsspektroskopie* unterscheidet sich von der Emissionsspektroskopie dadurch, daß außer der Atomisierung keine zusätzliche Anregung notwendig ist. Die Ölprobe wird zunächst zerstäubt und in einem Sauerstoff-Azetylen-Gemisch zur Entzündung gebracht. Durch die Flamme hindurch wird das Licht einer Hohlkatoden-Entladungslampe geleitet. Die Lichtabsorption kann ähnlich wie bei der Emissionsspektroskopie gemessen werden. Das Arbeitsprinzip des Verfahrens zeigt Bild 9.7.

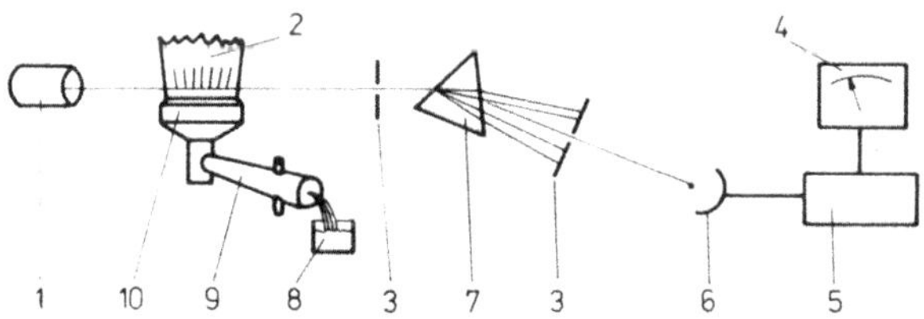

Bild 9.7. Aufbau eines Atomabsorptionsspektrometers (nach [9.2])

1 modulierte Lichtquelle; *2* Flamme; *3* Spalt; *4* Anzeige; *5* Verstärker; *6* Photodetektor; *7* Wellenlängenselektor; *8* Ölprobe; *9* Zerstäuber; *10* Brenner

Spektroskopische Analyseverfahren zeichnen sich durch ihre *Schnelligkeit* und *Empfindlichkeit* aus. Bis zu 40 Proben können in einer Stunde nach 20 verschiedenen Elementen analysiert werden. Nachweisbar sind Metallkonzentrationen in ppm-Einheiten (1 ppm = 1 mg/kg), Tafel 9.6. Schmieröle können Kupfer und Eisen mit Konzentrationen von 500 ppm enthalten, die übrigen Elemente erreichen kaum 100 ppm [9.2].

Durch *periodische Ölanalysen* lassen sich Rückschlüsse auf Größe und Geschwindigkeit von Abnutzungsvorgängen ziehen. Am Beispiel der Ölanalyse eines Getriebes zeigt Bild 9.8 den Verlauf des Eisengehaltes während der Betriebszeit [9.11]. Indikator für den bevorstehenden Ausfall ist demnach nicht die absolute Konzentration, sondern die Änderungsrate der Metallkonzentration im Öl. Mit Vorwarnzeiten von etwa 100 h erweist sich die Spektroskopie als wirksames Verfahren der Schadensfrühdiagnostik.

Tafel 9.6. Nachweisgrenzen in ppm bzw. mg/kg von Elementen im Öl [9.12]
ES Emissionsspektroskopie; AAS Atomabsorptionsspektroskopie (Klammern bedeuten, daß sich das Verfahren für das betreffende Element nicht eignet)

Element	Verfahren ES	AAS	Element	Verfahren ES	AAS	Element	Verfahren ES	AAS
Ag	0,1	0,1	Fe	0,3	0,2	Si	0,6	3
Al	0,5	3	Mg	0,3	0,008	Sn	1,0	5
Co	0,4	0,2	Mn	0,6	0,1	Ti	0,6	(0,4)
Cr	0,2	0,2	Ni	0,4	0,2	W	0,6	(1)
Cu	0,1	0,2	Pb	0,5	0,8	Zn	0,2	0,01

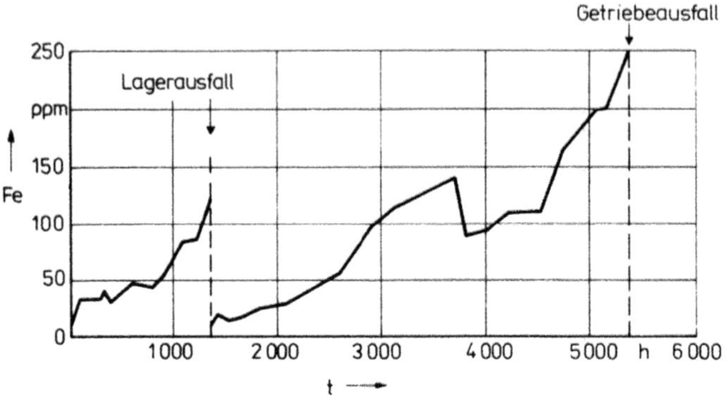

Bild 9.8. Verlauf der Eisenkonzentration im Schmieröl eines Großgetriebes (nach [9.11])
Fe Eisenkonzentration; *t* Betriebszeit

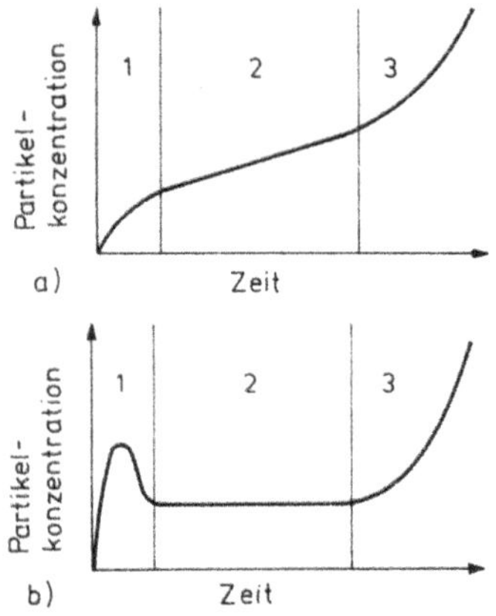

Bild 9.9. Verallgemeinerter Vergleich der spektroskopischen und ferrographischen Ölanalyse (nach [9.4])
a) Spektroskopie; b) Ferrographie
1 Einlaufverschleiß; *2* normaler Verschleiß; *3* abnormaler Verschleiß

Zwischen spektroskopischer und ferrographischer Analyse gibt es einen grundsätzlichen Unterschied (Bild 9.9). Ferrographische Messungen erfassen die Abnutzungsgeschwindigkeit, spektroskopische Untersuchungen dagegen den Gesamtbetrag der Abnutzung. Dieser Unterschied ist bei der Auswahl der Analysemethoden zu beachten. Spektroskopische Verfahren haben für die Schadensfrüherkennung eine breite Anwendung gefunden. Sie werden für Flugzeugtriebwerke, Großdieselmotoren und Großgetriebe für Straßen- und Schienenfahrzeuge, aber auch für stationäre Anlagen mit extremen Umgebungsbedingungen und hohen Belastungen, z. B. Bergbau, Metallurgie, Schiffe, mit Erfolg eingesetzt. Für den mobilen Einsatz werden Emissionsspektrometer angeboten [9.13].

9.2.4. Radioaktive Spurenanalyse

Verfahren der radioaktiven Spurenanalyse beruhen auf dem Nachweis radioaktiver Strahlung, deren Aktivität A der vorhandenen Masse radioaktiver Substanz proportional ist [9.14]:

$$A = \lambda \cdot N, \tag{9.1}$$

mit N Anzahl von Atomen und λ Zerfallskonstante.
Die Anzahl der Atome einer Meßprobe ist

$$N = \frac{m}{M} \cdot N_L, \tag{9.2}$$

mit m Masse, M Molekulargewicht und N_L Loschmidt-Konstante. Damit ist

$$A = \lambda \cdot \frac{m}{M} \cdot N_L. \tag{9.3}$$

Wird die Meßgröße Aktivität bzw. Zählrate in *Abhängigkeit von der Zeit* aufgenommen, kann man Bewegungsvorgänge (z. B. Abtrag von Verschleißpartikeln) verfolgen, Strömungs- und Reaktionsgeschwindigkeiten ermitteln oder mittlere Verweilzeiten bestimmen. Dazu reicht eine *nichtisotope Markierung* der Meßprobe, d. h., einem Stoff, einem Stoffgemisch oder einer Phase wird eine solche artfremde radioaktiv markierte Substanz zugesetzt, die sich bezüglich des Bewegungsvorganges so verhält, wie der Stoff oder das Stoffgemisch. Die radioaktive Substanz (Radiotracer) darf während der Messung nicht in eine andere Phase übergehen, ausgefällt oder absorbiert werden. Für die nichtisotope Markierung gasförmiger, flüssiger oder fester anorganischer oder organischer Stoffe stehen eine Vielzahl von Radiotracern mit günstigen Halbwertzeiten, Strahlungsarten und -energien in unterschiedlicher chemischer Bindung zur Verfügung.

Wird die Meßgröße Aktivität bzw. Zählrate in *örtlicher Abhängigkeit* aufgenommen, können Stoffaustauschvorgänge oder chemische Reaktionen untersucht werden. Hierzu ist *isotop* zu markieren, d. h., es ist das gleiche chemische Element, die gleiche chemische Verbindung in radioaktiv markierter Form zuzusetzen. Radionuklide verhalten sich in ihren physikalischen und chemischen Eigenschaften bis auf geringe Unterschiede (Isotopie-Effekte) wie ihre inaktiven Isotope. Dadurch können chemische Verhaltensweisen, z. B. Korrosionsvorgänge, beobachtet werden.

Viele Radionuklide emittieren eine durchdringende Strahlung, die ohne Eingriffe in das Meßobjekt von außen erfaßbar ist. Durch die *hohe Nachweisempfindlichkeit* ionisierender Strahlen sind einzelne Atomzerfälle registrierbar. Die Zerfallswahrscheinlichkeit technisch relevanter Radionuklide liegt im Bereich von 10^{-4} bis $10^{-13}\,s^{-1}$, so daß mit Meßzeiten von 10^3 bis 10^5 s Kleinstmengen von 10^{-7} bis 10^{-16} g detektierbar sind [9.15]. Dadurch können geringste Mengen angelagerter oder abgetragener Substanzen (Verschleiß- oder Korrosionspartikel) oder extreme Verdünnungen (Lecks) aufgespürt werden (vgl. Abschn. 9.3.).

Tafel 9.7. Radioaktive Markierungsverfahren für Abriebmessungen [9.15]

Nr.	Markierungsverfahren
1.	Neutronenaktivierung des Druckbehälters und seiner Einbauten im Kernreaktor
2.	Neutronenaktivierung von Einsätzen (wie Stifte, Ringe u. ä. sowohl aus dem gleichen, meist aber aus weicheren Werkstoffen)
3.	Oberflächenaktivierung durch geladene Teilchen (p, d u. a.)
4.	Oberflächenbeschuß mit radioaktiven Edelgasen (Gasentladung in einer Atmosphäre von radioaktiven Gasen)
5.	Einführen der radioaktiven Isotope beim Schmelzen und Gießen der Werkstücke
6.	Auftragen von markierten Oberflächenschichten durch
	6.1. galvanische Auftragung
	6.2. elektrolytische Fällung
	6.3. Diffusion
	6.4. Imprägnierung
7.	Markierung der Schmierstoffe in flüssiger, gasförmiger oder fester Phase durch
	7.1. Vermischung } von radioaktiver und nichtradioaktiver Substanz
	7.2. echte Lösung } von radioaktiver und nichtradioaktiver Substanz
	7.3. chemische Bindung } von radioaktiver und nichtradioaktiver Substanz

Für *Verschleißmessungen* sind unterschiedliche Markierungsverfahren entwickelt worden. Tafel 9.7 gibt einen Überblick. Soll der Verschleiß mehrerer Teile in einer Baugruppe überwacht werden, ist eine Mehrfachmarkierung [9.16] notwendig. Radionuklide unterscheiden sich durch die Energie der von ihnen emittierten γ-Quanten. Mit Hilfe der γ-Spektrometrie wird die Kernstrahlung in vorgewählten Energiebereichen detektiert und den einzelnen Verschleißteilchen zugeordnet.

Die Messungen können kontinuierlich oder diskontinuierlich erfolgen. Den kontinuierlichen Verfahren wird man wegen ihres größeren Informationspotentials i. allg. den Vorzug geben. Aus technischen Gründen sind aber kontinuierliche Verfahren nicht immer einsetzbar. Es besteht die Möglichkeit, eine repräsentative Probe zu entnehmen und zu vermessen.

Anwendungsgebiete der radioaktiven Verschleißmessung sind:

- Grundlagenuntersuchungen (Aufklärung von Verschleißmechanismen, Schmiermitteleigenschaften, Wirkung von Additiven, Verhalten von Schutzfilmen)
- Verschleißüberwachung von Motoren, Getrieben, Lagern u. ä.

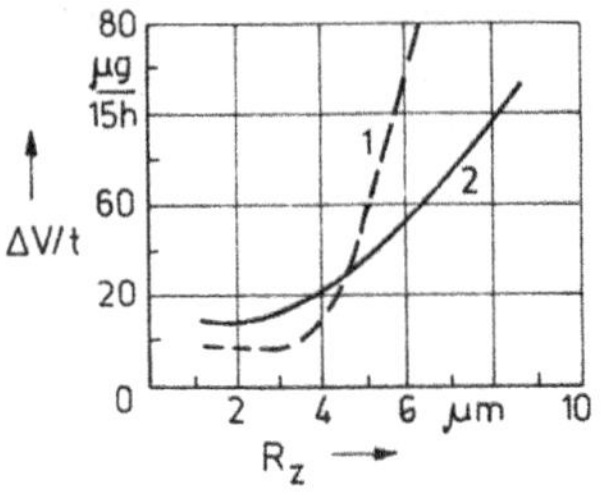

Bild 9.10. Einfluß der Rauheit auf das Verschleißverhalten eines Gleitlagers [9.16]

1 Lagergehäusebohrung; 2 Gleithülse; R_z Rauheit; $\Delta V/t$ Verschleißgeschwindigkeit

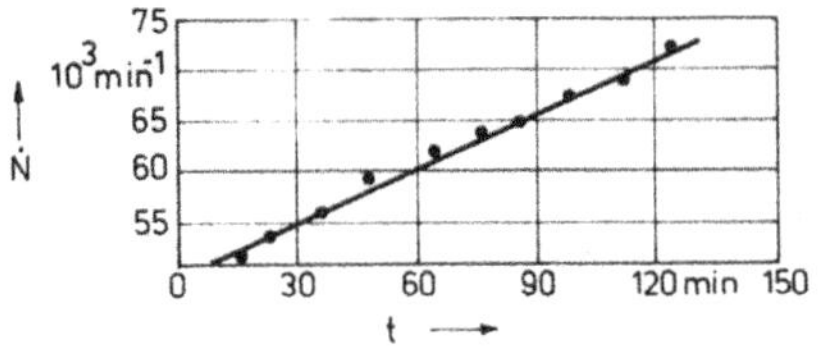

Bild 9.11. Kolbenringverschleiß in Abhängigkeit von der Betriebszeit [9.17]

t Betriebszeit; $\dot{N}$ Impulsrate

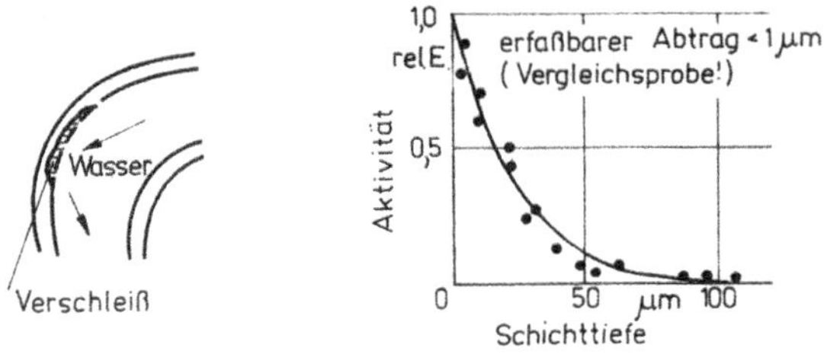

Bild 9.12. Verschleißüberwachung in Rohrkrümmern [9.15]

Als ein Beispiel für Grundlagenuntersuchungen zeigt Bild 9.10 den Einfluß der Rauheit auf das Abriebverhalten eines Gleitlagers. Aufgrund dieser Untersuchungen konnten die geforderten Rauheitswerte der Gleitlager von Kleinkältekompressoren von ursprünglich 0,6 μm auf 1,5 bis 2 μm erhöht und dadurch die Fertigungsgenauigkeit herabgesetzt werden [9.16]. Beispiele für die Verschleißüberwachung bei laufendem Betrieb zeigen Bild 9.11 für die Überwachung des Kolbenringverschleißes eines Verbrennungsmotors und Bild 9.12 für die Erfassung von Erosionsschäden an Rohrkrümmern. Aus der Messung der Restaktivität wird auf die Abtragungsrate geschlossen. Die Halbwertszeiten der verwendeten radioaktiven Isotope (Co-Isotope) liegen bei 70 Tagen und die γ-Energien bei 1 MeV.

Radioaktive Markierungen sind außer für Verschleißuntersuchungen auch zum *Korrosionsnachweis* anwendbar. Dafür werden radioaktive Isotope in

- korrodierende Grundmaterialien
- Korrosionsschutzmittel
- Korrosionsinhibitoren
- Korrosionsschutzüberzüge

eingebracht.

Das von der Korrosion betroffene Grundmaterial läßt sich markieren durch Beimischen der Radionuklide bei der Herstellung, durch Neutronen- oder geladene Teilchen-Aktivierung, durch Aufbringen radioaktiver Oberflächenschichten und durch Einbringen radioaktiver Edelgase.

Tracertechnische Experimente an Schutzüberzügen lassen sich so durchführen, daß man die Überzüge vor dem Aufbringen markiert, die aufgebrachten Überzüge durch Neutronen oder geladene Teilchen aktiviert, zur Feststellung von Poren oder Rissen solche radioaktiv markierten Gase einwirken läßt, die das Grundmaterial, nicht aber den Überzug angreifen. Dann werden korrodierte Teile der Überzüge nachträglich aktiviert und die Untersuchungsobjekte in radioaktiv markierte Lösungen getaucht, wo an Poren, Rissen oder Arbeitsfugen bevorzugt radioaktive Ionen absorbiert werden.

Hauptanwendungsgebiete sind [9.14]:

- Aufklärung von Mechanismen, die zur Korrosion führen
- Untersuchung der Wirkungsweise von Korrosionsinhibitoren
- Korrosionstestung und -überwachung
- Prüfung von Korrosionsschutzschichten.

Ein für die Weiterentwicklung der Kerntechnik wichtiges Anwendungsgebiet ist die Untersuchung des Einflusses ionisierender Strahlung auf Korrosionsprozesse, vor allem von Metallen [9.18].

Die Verfahren der radioaktiven Spurenanalyse sind so weit entwickelt, daß sie für ein- oder mehrmalige Test- oder Diagnoseuntersuchungen routinemäßig eingesetzt werden können. Dabei ist ein hoher Automatisierungsgrad erreichbar. Bei guter Vorbereitung ist ein Aufwand-Nutzen-Verhältnis von 1 : 8 bis 1 : 100 erzielbar [9.14]. Die Bedeutung ihrer Anwendung liegt vor allem dort, wo konventionelle Meßverfahren nicht zum Ziel führen. Ihre *Anwendungsgrenzen* sind [9.15]:

- Radionuklidtechniken sind extrem empfindlich, aber nur mäßig genau, weil die Genauigkeit der Kernstrahlungsmessung bei technischen Anwendungen in der Größenordnung einiger Prozent liegt.
- Die Anwendung von Radionukliden unterliegt Strahlenschutzbestimmungen. Sie legen die maximal zulässigen Strahlendosen für die Belastung des Menschen oder der Umgebung fest. Damit sind die Grenzen der einsetzbaren Aktivitäten und des Anwendungsbereiches festgelegt.

Entwicklungstendenzen der Radiotracermethoden sind, eine möglichst hohe technische Nachweisempfindlichkeit zu verwirklichen, die Markierungsmöglichkeiten durch Bereitstellung radioaktiv reiner kurzlebiger Radionuklide zu erweitern sowie eine quasikontinuierliche Prozeßkontrolle durchführen zu können.

9.3. Verfahren der Betriebsmediendiagnostik

Veränderungen der chemischen Zusammensetzung von Betriebsmedien und -absonderungen entstehen durch hydrodynamische, mechanische, thermische und elektrische Vorgänge, die über Transportprozesse selektive Wechselwirkungsprodukte in das fluide Arbeitsmedium abgeben und die sich darin auflösen können. Für geschlossene Kreisläufe mit homogener chemischer Zusammensetzung der Komponenten im fluiden Medium läßt sich die zeitliche Veränderung der Komponentenkonzentration aus einer Bilanzbeziehung bestimmen [9.14]:

$$\frac{\mathrm{d}c_i}{\mathrm{d}t} = \frac{1}{V} \cdot [\alpha_a \cdot c_{ai} + Q_i - (\alpha \cdot c_i + V_i)]\,; \tag{9.4}$$

c_i Konzentration der Komponente i im geschlossenen System in g/l.
c_{ai} Konzentration der Komponente i in einem angrenzenden Medium in g/l.
Q_i spezifische Quellrate der Komponente i in g/s.
V_i spezifische Verlustrate der Komponente i in g/s
V Systemvolumen des Mediums in l.
α Leckrate des Systemmediums in l/s.
α_a Leckrate des angrenzenden Mediums in l/s.

Der Quellterm $\alpha_a \cdot c_{ai}$; erfaßt Komponenteneinspeisungen infolge eines Lecks und Q_i Komponentenanreicherungen durch Verschleiß, Korrosion oder Alterung. Selektive Konzentrationsmessungen ermöglichen daher die Bestimmung von Abtragungsraten durch Verschleiß- und Korrosionsvorgänge, aber auch das Alterungsverhalten von Schmier- und Isolationsmedien sowie die chemische Zusammensetzung von Emissionen und die Bestimmung von Leckraten.

9.3.1. Überwachung von Korrosionsvorgängen

Die Korrosion ist eine Hauptursache der Oberflächenzerstörung von Konstruktionswerkstoffen. Der chemische Reaktionsvorgang zwischen Wasser und Stahl

$$3\,Fe + 4\,H_2O \rightleftharpoons Fe_3O_4 + 4\,H_2 \tag{9.5}$$

verläuft unter Freisetzung von Wasserstoff. Deshalb kann zur Bewertung des Korrosionsverhaltens die *effektive Wasserstoffzahl* genutzt werden [9.19]:

$$W_{\text{eff}} = \frac{q_{H_2} \cdot \dot{m}}{A} \tag{9.6}$$

mit A wirksame Werkstoffoberfläche, $\dot{m}$ Durchflußmenge des Wassers und q_{H_2} Wasserstoffgehalt. Sie ist gut geeignet, Aussagen über das Verhalten von Schutzschichten in Wärmeübertragern bei instationären Vorgängen zu treffen. Kurzzeitige große Laständerungen sind mit stark steigender Wasserstoffkonzentration verbunden, während langsame und gleichmäßige Laständerungen keine oder nur unwesentliche Änderungen der Wasserstoffkonzentration bewirken [9.19]. Die Bewertung des Korrosionsverhaltens beruht auf dem Vergleich der aktuellen Werte mit dem Ausgangswert im Neuzustand. Eine Unterscheidung zwischen lokaler und flächenhafter Korrosion ist nicht möglich. Erfahrungen liegen vor für Hochdruckvorwärmer und Dampferzeuger von Kraftwerken.

Die *Atomabsorptionsspektroskopie* (vgl. Abschn. 9.2.3.) ist ebenfalls geeignet, die Konzentration von Korrosionsprodukten in Betriebsmedien zu bestimmen, um auf Abtragungs- bzw. Ablagerungsraten zu schließen [9.14] [9.19]. Bei der Probennahme ist darauf zu achten, daß die suspendierten Korrosionsproduktanteile, die den Gesamtgehalt repräsentieren, erfaßt werden. Dazu eignen sich Membranfiltrationen, die bei Durchsätzen von 5 bis 50 l/min zuverlässige Durchschnittsgehalte des suspendierten Anteils ergeben, der mit einer Mineralsäure aufgelöst und analysiert wird [9.14] [9.20].

9.3.2. Isolationsüberwachung von Transformatoren

Thermische Überbeanspruchungen der Zellulose-Öl-Isolierung von Transformatoren führen zum Abbau von Isolierstoffmolekülen. Es entstehen Gase, deren Konzentrationen, Konzentrationsänderungen und Konzentrationsquotienten ein Maß für die Art, Intensität und Dauer einer Schädigung sind. Jede Schädigungsart hat durch ihre typischen Energieumwandlungsprozesse charakteristische Gasentwicklungen zur Folge (Tafel 9.8). So bilden z. B. stromschwache Teilentladungen geringer Energiedichte viel Wasserstoff, wenig gesättigte und ungesättigte Kohlenwasserstoffe. Bei stromschwachen Teilentladungen hoher Energiedichte treten zusätzlich Äthen und Äthin in geringen Konzentrationen auf. Thermische Überhitzungen mit Temperaturen bis 1 000 K, die durch Überlastungen, hohe Kontaktübergangswiderstände und örtliche Überhitzungen von Bauteilen verursacht werden, führen zur Bildung von Kohlenwasserstoffen. Mit steigender Temperatur wächst der Anteil von Äthin. Der Anteil von Äthen ist stets größer als der von Äthin. Stromstarke elektrische Entladungen hoher Energiedichte infolge fehlerhafter Kontakte, Funkenentladungen oder elektrischen Durchschlägen sind mit der Entstehung von Wasserstoff verbunden. Hierbei ist der Anteil von Äthin größer als der von Äthen [9.21] [9.22].

Durch *Messung der Gasarten- und -konzentrationen* läßt sich auf die Schädigungsart schließen. Dazu sind repräsentative Isolierölproben dem Transformator unter normalen Betriebsbedingungen zu entnehmen. Die Probengefäße (Ganzglasspritzen, Metallkolbenspritzen) dürfen einen nur geringen Gasaustausch mit der Atmosphäre zulassen. Probenentnahme, Transport und Aufbewahrung sind unter Beachtung von Anwenderrichtlinien [9.22] vorzunehmen. Zur Extraktion

Tafel 9.8. Schädigungen in Transformatoren, entstehende Gase und mögliche Ursachen (nach [9.21])

Schädigungsart	entstehende Gase	mögliche Ursachen
Stromschwache Teilentladungen niedriger Energiedichte	hauptsächlich Wasserstoff; wenig gesättigte (z. B. CH_4, C_2H_6, C_3H_8) und keine ungesättigten (z. B. C_2H_4, C_2H_2, C_3H_6) Kohlenwasserstoffe	Lufteinschlüsse; schlechte Imprägnierung der Feststoffisolation
hoher Energiedichte	Auftreten von C_2H_4 und C_2H_2	
Thermische Zersetzung ($\vartheta < 1\,000$ K)	hauptsächlich Kohlenwasserstoffe; mit steigender Temperatur wächst C_2H_4; bei hohen Temperaturen steigender Anteil an C_2H_2; stets $C_2H_4 > C_2H_2$	Überlastung; hohe Übergangswiderstände an Kontakten; örtliche Überhitzung von Bauteilen
Stromstarke Entladungen hoher Energiedichte; Grenzfall thermischer Zersetzung ($\vartheta > 1\,000$ K)	typisch viel Wasserstoff; stets $C_2H_2 > C_2H_4$	fehlende Kontakte; Funkenentladungen; elektrische Durchschläge

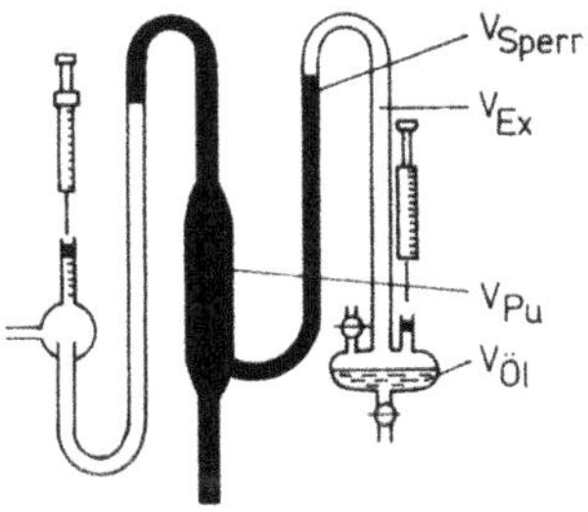

Bild 9.13. Schema einer Einzylinder-Extraktionsapparatur (nach [9.22])
V_{Pu} Volumen der Einzylinder-Toeplerpumpe; V_{Ex} Volumen des Extraktionstraktes; $V_{Öl}$ Volumen des eingespritzten Isolieröls; V_{Sperr} Volumen der Sperrsäule

des Gases aus dem Isolieröl wird eine Extraktionsapparatur (Bild. 9.13) benutzt, die unter einen Innendruck von etwa 10 Pa gesetzt wird. Das Isolieröl wird über eine Kanüle aus der Probeentnahmespritze eingegeben. Das abgepumpte Gas sammelt sich in einer Meßbürette und kann mit gasdichten Spritzen entnommen werden. Mit dieser Anordnung ist ein Gesamtextraktionsgrad $\mu_{Ex} = 0{,}97$ erreichbar. Höhere Anforderungen sind mit einer Doppelzylinder-Extraktionsapparatur zu erfüllen [9.22].

Zum Nachweis der Gaskomponenten eignen sich *Gaschromatographen*, die mit Wärmeleit- oder Flammenionisationsdetektoren betrieben werden (Bild 9.14). Die zu analysierende Ölprobe wird über ein Einlaßsystem auf eine Kapillarsäule injiziert, während ein Trägergas (Argon, Stickstoff und Luft) kontinuierlich durch die Säule strömt. Die verschiedenen Komponenten des Gemisches durchlaufen die Säule verschieden schnell und werden am Säulenausgang mit einem geeigneten Detektor (z. B. Flammenionisationsdetektor) sequentiell nachgewiesen und als Gaschromatogramm (Bild 9.15) ausgegeben. Die aus dem Chromatogramm ablesbare Retentationszeit (Zeit vom Einspritzen bis zur maximalen Konzentration) ist ein Maß für die Gasart

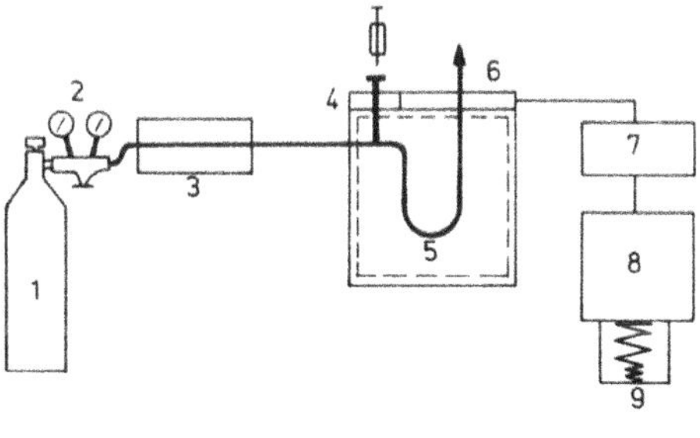

Bild 9.14. Hauptbaugruppen eines Gaschromatographen [9.21]
1 Druckflasche mit Trägergas; *2* Druckminderventil; *3* Gasregeleinheit; *4* Probeneinlaß; *5* Säulenofen; *6* Detektor; *7* Verstärker; *8* Schreiber; *9* Chromatogramm

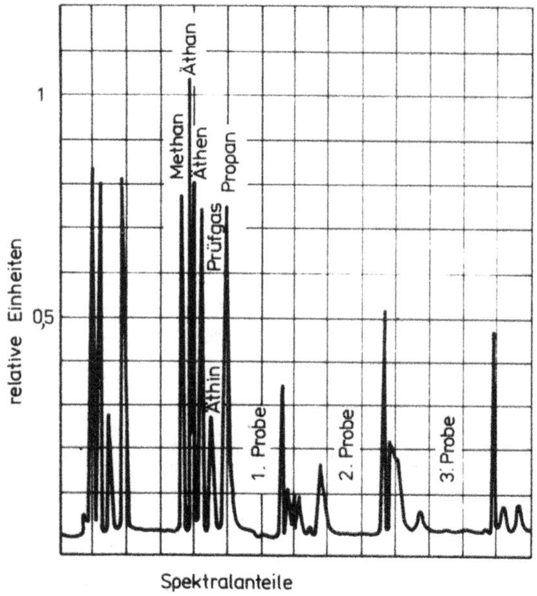

Bild 9.15. Gaschromatogramm [9.14]

und die Peakhöhe ein Maß für die Konzentration der betreffenden Gaskomponente. Mit den Ergebnissen des Gaschromatogramms und den Parametern der Probe und Meßapparaturen können die Gaskonzentrationen nach folgender Beziehung berechnet werden [9.22]:

$$X_i = \frac{V_{Gg} \cdot c_{Ei} \cdot H_{Pi} \cdot E_{Pi} \cdot V_E}{V_{Ö} \cdot H_{Ei} \cdot E_{Ei} \cdot V_P} \cdot K_i ; \tag{9.7}$$

X_i = Fehlergaskomponente i in ppm (Gasvolumen je Ölvolumen)
V_{Gg} = Gesamtvolumen des extrahierten Gases in cm^3
$V_{Ö}$ = eingespritztes Ölvolumen in cm^3
c_{Ei} = Prüfgaskomponente i in ppm
H_{Ei} = Peakhöhe der Prüfgaskomponente i in mm
E_{Ei} = Meßempfindlichkeit der Prüfgaskomponente i
H_{Pi} = Peakhöhe der Probengaskomponente i in mm
E_{Pi} = Meßempfindlichkeit der Probengaskomponente i
V_E = Spritzenvolumen des Prüfgases in μl
V_P = Spritzenvolumen des Probengases in μl
K_i = Korrekturfaktor (beinhaltet Einfluß der Temperatur, des Druckes, apparative Besonderheiten usw.).

Nachweisbar sind Gaskonzentrationen von 10^{-4} bis 10^{-5} Vol-%.

Die Beurteilung des technischen Zustandes von Transformatoren kann nach statischen oder Intensitätskriterien, z. B.

- Richtwertkriterium
- Differenzenkriterium
- Quotientenkriterium
- Oxidations-Pyrolyse-Kriterium,

erfolgen.

Tafel 9.9. Richtwertkriterien zur Transformatorenüberwachung [9.22]

Schädigungsart	Konzentrationswerte in ppm H_2	CH_4	CO	CO_2
Elektr. Schädigung	100	–	–	–
Elektr. Schädigung mit Beteiligung der festen Isolation	100	–	1 000	–
Therm. Schädigung	–	100	–	–
Therm. Schädigung mit Beteiligung der festen Isolation	–	100	1 000	10 000

Das *Richtwertkriterium* gibt bei Überschreitung von Richtkonzentrationen schädigungscharakteristischer Gase im Isolieröl Hinweise auf Schädigungen (Tafel 9.9). Es ist zur Grobdiagnose geeignet.

Das *Differenzenkriterium* dient zur Erfassung von Gaskonzentrationsanstiegen je Zeiteinheit (Bild 9.16). Plötzliche Konzentrationsanstiege können gefährliche Schädigungen signalisieren:

H_2	Entladungsschädigung
CO und CO_2	Schädigung mit Beteiligung der Feststoffisolierung
$\sum C_n H_m$	Übererwärmungsschädigung.

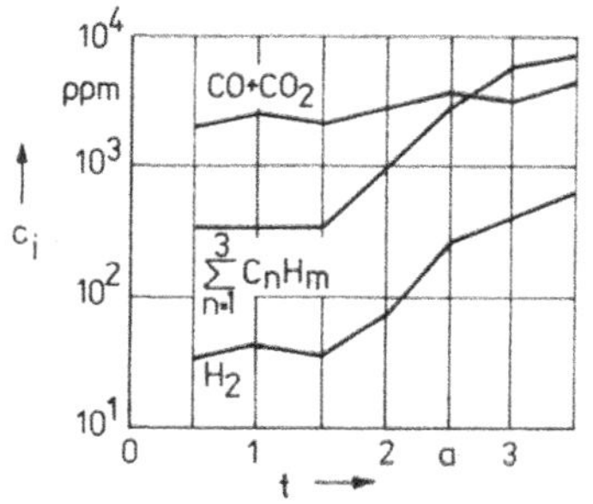

Bild 9.16. Differenzenkriterium zur Transformatorenüberwachung (nach [9.23])
c_i Gaskonzentration; *t* Betriebszeit

Tafel 9.10. Quotientenkriterien zur Transformatorenüberwachung (nach [9.22])

Schädigungsart	Bemerkung	Konzentrationsquotienten H_2/CH_4	CO_2/CO
Thermische Schädigung	Heißstelle	< 1	–
Thermische Schädigung mit Feststoffisolationsbeteiligung			> 10
Elektrische Schädigung	Entladungsschädigung	> 1	–
Elektrische Schädigung mit Feststoffisolationsbeteiligung			< 1
Elektrische Schädigung	Teilentladungsschädigung	> 10	–
Elektrische Schädigung mit Feststoffisolationsbeteiligung			3 ... 10

Das *Quotientenkriterium* kann Schädigungsarten separieren (Tafel 9.10). Eine Beurteilung der Schädigungsintensität ist nicht möglich.

Das *Oxidations-Pyrolyse-Kriterium* stützt sich auf die chemischen Reaktionsabläufe, besonders der Reaktionsgeschwindigkeiten bei der

- Abspaltung (Pyrolyse) niedermolekularer radikalischer Spaltprodukte
- Rekombination zu gasförmigen Kohlenwasserstoffen
- Oxidation zu Wasser und Kohlendioxid [9.22].

Werden mit den periodischen Isolieröluntersuchungen an den Transformatoren die gelösten Gase analysiert, sind Schäden im Entwicklungsstadium erkennbar. Mit einer ambulanten Überwachungstechnologie [9.22] können Ausfälle und Folgeschäden weitestgehend vermieden werden. Eine eindeutige Schadensortung ist nur in Zusammenhang mit Teilentladungsmessungen, Kontaktwiderstandsmessungen oder der Schallemissionsanalyse möglich.

9.3.3. Emissionsüberwachung

Die Überwachung der Abgase aus Verbrennungsmotoren und Industrieanlagen ist zur Reduzierung der Umweltbelastung notwendig und kann gleichzeitig zur Einschätzung des technischen Zustandes der Maschinen und Anlagen dienen. Als Beispiel zeigt Bild 9.17 die Schadstoffemission eines Dieselmotors in Abhängigkeit vom Zustand der Kraftstoffdüse. Die im Abgas enthaltene Rußmenge wird durch *Rauchgasdichtemessung* nach dem Filtrationsverfahren oder dem Lichtabsorptionsverfahren ermittelt und als Indikator für den Zustand der Einspritzdüsen und des Luftfilters [9.25] verwendet. Weitere Informationen über den technischen Zustand (Vergaser- und Zündeinstellung, Ventilsteuerzeiten u. ä.) können durch eine *Abgasanalyse* gewonnen werden. So erfolgt z. B. die Vergasereinstellung eines Ottomotors nach dem CO-Gehalt im Abgas. Gasanalysatoren arbeiten auf der Grundlage unterschiedlicher physikalisch-chemischer Effekte, z. B. der Absorptions-Fotometrie [9.26]. Die nachzuweisenden Gasmoleküle, z. B. CO, CO_2, werden in Wechselwirkung mit elektromagnetischer Strahlung im Ultrarotbereich (Wellenlänge $\lambda = 2 \ldots 15\ \mu m$) gebracht. Die absorbierte Energie dient der Anregung innermolekularer Schwingungen. Absorptions-Fotometer sind mit zwei Strahlengängen ausgerüstet (Bild 9.18).

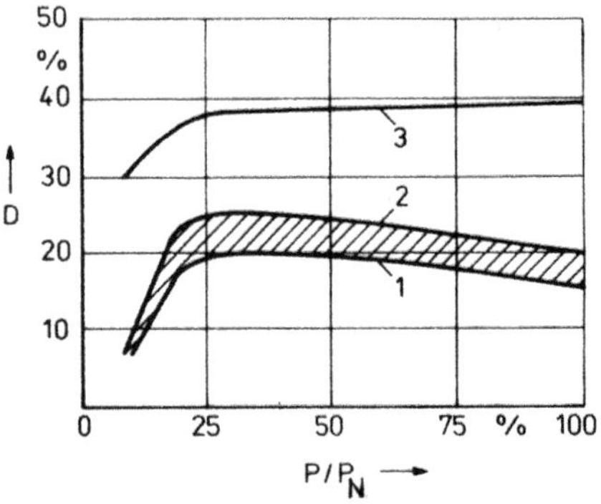

Bild 9.17. Rauchgasdichte eines Dieselmotors in Abhängigkeit vom Zustand der Kraftstoffdüsen (nach [9.24])

1 Normalbetrieb; *2* Düse tropft nach; *3* Düse verkokt; *D* Rauchgasdichte; *P* Leistung; P_N Nutzleistung

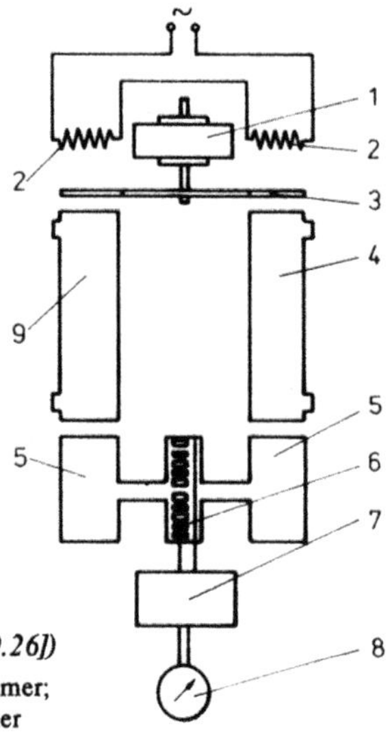

Bild 9.18. Schematischer Aufbau eines Absorptions-Fotometers (nach [9.26])

1 Synchronmotor; *2* Strahler; *3* Blendenrad; *4* Analysenkammer; *5* Meßkammer; *6* Membrankondensator; *7* Verstärker; *8* Meßinstrument; *9* Vergleichskammer

Die von zwei elektrisch hintereinander geschalteten Glühstrahlern ausgehende Infrarotstrahlung wird durch ein umlaufendes Blendenrad gleichphasig in beiden Strahlengängen moduliert und tritt nach Durchläufen einer mit dem Meßgas gefüllten Analysekammer und einer mit Referenzgas, z. B. Stickstoff, gefüllten Vergleichskammer in zwei Meßkammern ein, die mit infrarotdurchlässigen Fenstern versehen sind [9.26]. Beide Meßkammern sind mit der zu messenden Gaskomponente gefüllt und durch eine gespannte Metallmembran voneinander getrennt. Die einfallende Strahlung wird im Empfängergas selektiv absorbiert. Die durch Molekülzusammenstöße in Wärmeenergie umgewandelte absorbierte Energie der Strahlung führt zu einer Temperatur- und Druckdifferenz der beiden Meßkammern und wird durch den Membrankondensator in eine Wechselspannung umgesetzt und nach Verstärkung und Gleichrichtung zur Anzeige gebracht.

Nach dem gleichen Prinzip, aber mit Ultraviolettstrahlung (Wellenlänge $\lambda = 200 \ldots 400$ nm), gegenphasigem Wechsellicht und einer UV-empfindlichen Fotozelle können die Rauchgasschadstoffe NO_2 und SO_2 von Kraftwerken gemessen werden [9.27]. Weitere Verfahren und Geräte zur laufenden Emissionsüberwachung sind in [9.26] [9.28] [9.29] und [9.30] beschrieben.

9.4. Leckdetektion

Die Dichtheit von Kreislaufsystemen (Pumpen, Rohrleitungen, Behälter und Armaturen) kann für die Betriebssicherheit, die zuverlässige Funktionsweise einer Anlage oder aus wirtschaftlichen Gründen von Bedeutung sein. Besonders hohe Forderungen an die Dichtheit ergeben sich durch radioaktive Medien in Kernkraftwerken oder giftige Medien in Chemieanlagen. Eine absolute Dichtheit ist technisch nicht realisierbar, *Poren- und Diffusionslecks* [9.31] bewirken einen begrenzten Gasaustausch zwischen Kreislauf und Umgebung. Eine Anlage oder Baugruppe gilt als technisch dicht, wenn die nachgewiesene Undichtheit unter einem zulässigen Grenzwert liegt. Die Leckrate ist ein quantitatives Maß für eine Undichtheit und wird für die verschiedenen Anwendungsbereiche unterschiedlich definiert (Tafel 9.11). Dichtheitsprüfverfahren arbeiten nach dem Überdruck- oder Vakuumprinzip. Eine Auswahl der in der Praxis häufig angewendeten Verfahren mit Angaben über die erreichbare Nachweisempfindlichkeit und die Lokalisierbarkeit eines Lecks ist in Tafel 9.12 zusammengestellt.

Tafel 9.11. Definitionen und Einheiten der Leckrate in verschiedenen Anwendungsbereichen

Anwendungsbereich	Definition	Einheit	Literatur
Vakuumtechnik	$\frac{\text{Verlust an Kältemittelmasse}}{\text{Zeiteinheit}}$	$\frac{\text{g}}{\text{a}}$	[9.31]
Kältetechnik	$\frac{\text{Druckänderung} \cdot \text{Volumen}}{\text{Zeiteinheit}}$	$\frac{\text{Pa} \cdot \text{l}}{\text{s}}$	[9.32]
Kernkraftwerkstechnik	$\frac{\text{Relativer Gasmasseverlust}}{\text{Zeiteinheit}}$	$\frac{\text{Vol-\%}}{\text{s}}$	[9.33]

Tafel 9.12. Übersicht der wichtigsten Dichtheitsprüfverfahren [9.34]
R 12 Freon-Kältemittel

Verfahren	kleinste nachweisbare Leckrate	Bemerkung
Überdruck		
Druckabfallmethode	10^{-1} Pa · l · s^{-1} ≈ 3 · 10^5 g/a (R 12)	keine Lokalisierung möglich
Ultraschall-Lecksuchverfahren	1,3 · 10^{-1} Pa · l · s^{-1}	Lokalisierung möglich
Fluoreszenztest	10^{-2} Pa · l · s^{-1}	Lokalisierung möglich
Prüfung mit blasenbildenden Chemikalien	10^{-2} Pa · l · s^{-1} ≈ 3 · 10^2 g/a (R 12)	Lokalisierung möglich, Anwendung begrenzt
Blasentest unter Prüfflüssigkeit	4 · 10^{-2} Pa · l · s^{-1} ≈ 5 g/a (R 12)	Lokalisierung möglich, nur für kleine Prüflinge geeignet
Halogen-Lecksuchverfahren	1,3 · 10^{-4} Pa · l · s^{-1} ≈ 1 g/a (R 12)	Lokalisierung möglich
Lecksuche mit dem Helium-Massenspektrometer	10^{-6} Pa · l · s^{-1} ≈ 7 · 10^{-5} g/a (R 12)	Lokalisierung möglich für Elektronikbauelemente
Vakuum		
Druckanstiegmethode	10^{-4} Pa · l · s^{-1}	keine Lokalisierung
Halogen-Lecksuchverfahren	10^{-4} Pa · l · s^{-1}	Lokalisierung möglich
Lecksuche mit dem Helium-Massenspektrometer	10^{-10} Pa · l · s^{-1}	Lokalisierung möglich

Der *Blasentest* mittels schäumender Prüfflüssigkeit ist das einfachste, aber auch unempfindlichste Verfahren zur Leckkontrolle. Vorprüfungen potentieller Leckstellen, z. B. Montageschweißnähte, sind mit Prüfflüssigkeiten in kurzer Frist durchführbar. Bevor das Prüfobjekt mit Flüssigkeit in Berührung kommt, muß der Innendruck hergestellt sein. Die Flüssigkeit kann sonst Porenlecks verschließen.

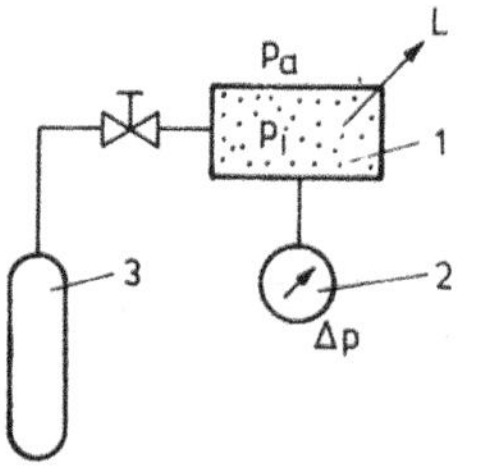

Bild 9.19. Prinzip der Druckabfallmessung

1 Prüfkörper; *2* Druckmeßgerät; *3* Testgasbehälter; *L* Leckrate; p_a Außendruck; p_i Innendruck

Druckabfallmessungen eignen sich zur Erfassung der Gesamtleckrate großvolumiger Prüfobjekte und werden für Sicherheitseinschlußsysteme von Kernkraftwerken (z. B. Schleusenkammern, Luken, Absperrvorrichtungen der Lüftungsanlagen) mit Erfolg angewendet. Das Prinzip des Verfahrens zeigt Bild 9.19. Mit Hilfe einer Druckgasquelle (Luft oder Stickstoff) wird das Prüfobjekt auf den notwendigen Innendruck gebracht. Die Leckrate kann durch gleichzeitige Druck- und Zeitmessung bestimmt werden:

$$L = V \cdot \frac{\Delta p}{\Delta t}, \tag{9.8}$$

mit Δp Druckabfall, Δt Zeitdifferenz und V Volumen des Prüfobjekts.

Helium-Lecksuchverfahren erreichen die höchste Nachweisempfindlichkeit, eignen sich zur Leckdetektion und werden deshalb bevorzugt angewendet. Die Eigenschaften des Testgases Helium (chloridfrei, unbrennbar, ungiftig, massenspektrometrisch gut nachweisbar) sind weitere Gründe für den vielseitigen Einsatz der Helium-Lecksuchverfahren nach dem Überdruck- und Vakuumprinzip (Bild 9.20). Bei der Überdruckmethode wird ein Testgasüberdruck im Prüfobjekt erzeugt. Durch systematisches Abtasten mit einer Sonde (Schnüffler) gelangt bei auftretenden Lecks ausströmendes Testgas zum Leckdetektor. Zur Anwendung der Vakuummethode wird das Prüfobjekt evakuiert, bis der für den Leckdetektor notwendige Prüfdruck vorhanden ist. An potentiellen Leckstellen der Prüfobjektoberfläche wird durch Dosierung mit einem Heliumstrahl eindringendes Testgas von einer Vakuumpumpe abgesaugt und im Leckdetektor nachgewiesen. Helium-Lecksuchgeräte zeichnen sich durch große Langzeitstabilität und einfache Anwendung aus. Sie werden ambulant oder stationär für die Dichtheitsprüfung und Leckortung eingesetzt und verfügen über Mittel zur Selbstdiagnose und Selbstkalibrierung [9.35]. Anwendungsgebiete

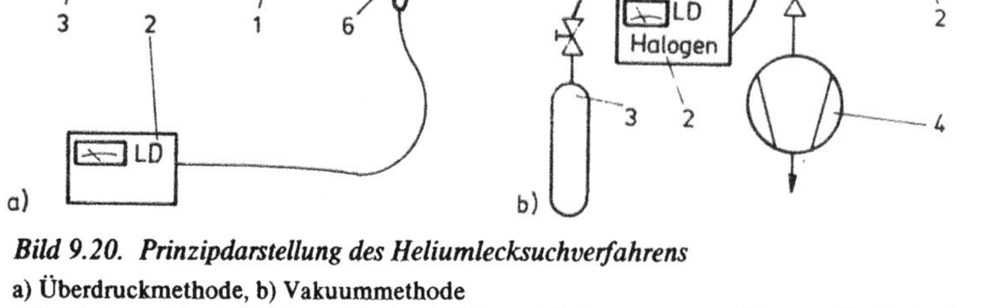

Bild 9.20. Prinzipdarstellung des Heliumlecksuchverfahrens

a) Überdruckmethode, b) Vakuummethode

1 Prüfkörper; *2* Leckdetektor; *3* Testgasbehälter; *4* Vakuumpumpe; *5* Testgas-Sprühpistole; *6* Schnüffler sind vorrangig Schweißnähte in hermetischen Rohrversatzteilen und Kabeldurchführungen, Teile von Dampferzeugern und Hauptumwälzpumpen [9.36] sowie Kondensatoren.

Halogen-Lecksuchverfahren arbeiten nach den gleichen Prüfanordnungen wie Helium-Lecksuchverfahren. Als Testgase kommen Halogenverbindungen, vorzugsweise Halogenkohlenwasserstoffe (Dichlordifluormethan und ähnliche in der Kältetechnik bekannte Gase), zur Anwendung [9.31]. Das Prinzip des Halogen-Leckdetektors beruht auf dem sog. Rice-Effekt, bei dem sich die Alkali-Ionenemission einer Glühanode spontan erhöht, wenn diese mit halogenhaltigen Molekülen in Berührung kommt. Das Verfahren wird zur Ortung von Lecks am Generator-Kühlsystem [9.34] und am Vakuumsystem großer Kondensationsturbinen [9.37] genutzt.

Radionuklide (vgl. Abschn. 9.2.4.) werden ebenfalls erfolgreich zur Leckkontrolle und Leckortung eingesetzt. Ein radioaktiv markierter Stoff wird als Lösung oder gasförmig in das Prüfobjekt eingeführt. Mit der Leckströmung austretende Radionuklide können mit Strahlungdetektoren nachgewiesen werden. Als Gastracer werden z. B. ^{85}Kr, ^{133}Xe und ^{41}Ar verwendet. Der Vorteil der Radionuklidtechnik gegenüber konventionellen Lecksuchverfahren besteht in der hohen Automatisierbarkeit. Bevorzugte Anwendungsgebiete sind unterirdisch verlegte Gas- und Flüssigkeitsleitungen, Behälter und Wärmeübertrager der Chemieindustrie und anderer Bereiche [9.14]. In Kernkraftwerken erfolgt eine kontinuierliche Überwachung der Raumluft zum Nachweis radioaktiver Edelgase, die durch Undichtheiten der Brennelementhüllen in den Primärkreislauf und über Undichtheiten der primären Umschließung in die umgebenden Räume eindringen können. Gegenüber anderen Verfahren ist der Nachweis radioaktiver Edelgase ein sehr empfindliches Verfahren.

10. Diagnosesysteme

10.1. Gestaltung von Diagnosesystemen

10.1.1. Nutzung von Diagnoseergebnissen

Diagnoseergebnisse sind die Grundlage für eine zuverlässige Betriebsführung und eine zustandsbezogene Instandhaltung (vgl. Abschn. 2.). Moderne Verfahren und rechnergestützte Geräte der Prüftechnik und Anlagendiagnostik (vgl. Abschnitte 3. bis 9.) ermöglichen vielfältige Organisationsformen der Nutzung von Diagnoseergebnissen. Dem Betriebspersonal und dem vorbereitenden Personal der Instandhaltung sind geeignete Organisationsstrukturen zur Verfü-

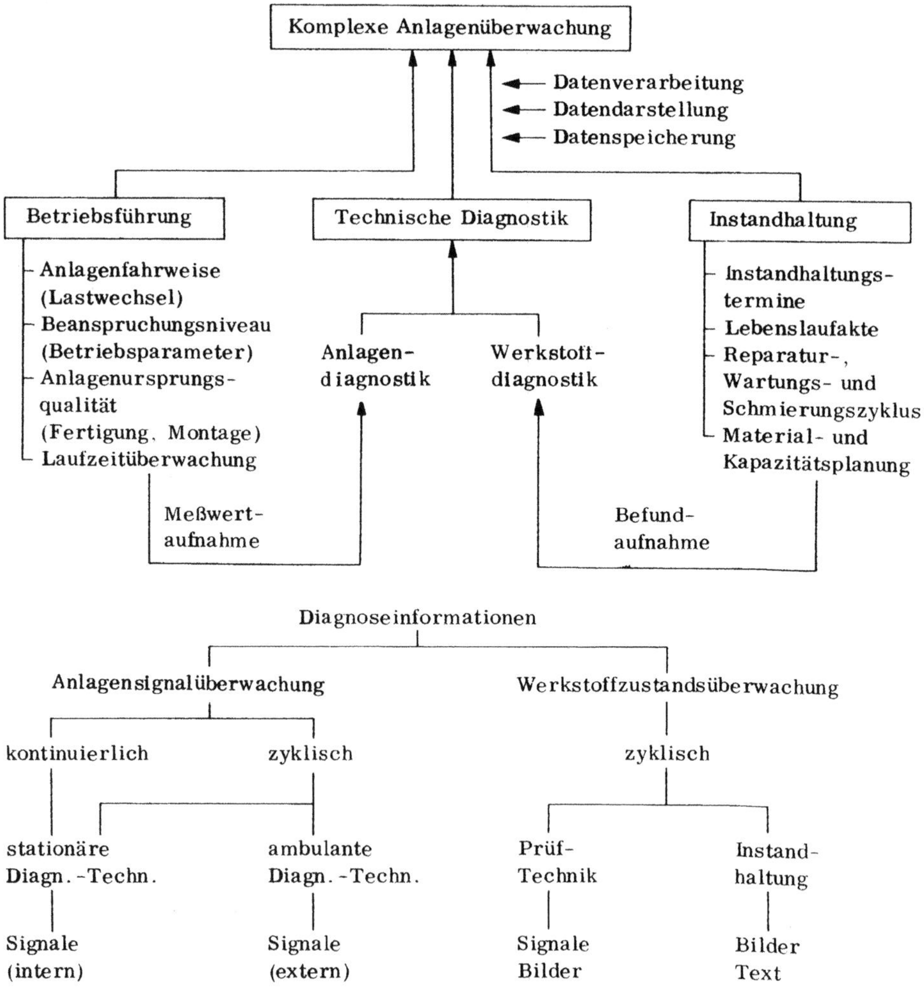

Bild 10.1. Hauptbestandteile einer komplexen Anlagenüberwachung
oben: Informationsfluß; unten: Diagnoseinformationen

gung zu stellen, um die Nutzung der Diagnoseergebnisse effektiv, ohne Übertragungsfehler und in der erforderlichen Zeit zuverlässig zu gewährleisten.

Die Nutzung von Diagnosedaten reicht gegenwärtig von Datenlisten für einfache Maschinen und Anlagen [10.1] bis zu komplexen Diagnosesystemen z. B. [10.2] bis [10.6]. Besonders für komplexe Produktionsanlagen sowie Anlagen und Maschinen mit hohen Gefahrenpotentialen werden komplexe Diagnosesysteme auf der Basis der Nutzung von Rechnern oder Rechnersystemen angestrebt.

10.1.2. Einordnung von Diagnosesystemen in die komplexe Maschinen- und Anlagenüberwachung

Im Abschnitt 2. konnte gezeigt werden, daß die Technische Diagnostik eng mit der gesamten Maschinen- und Anlagenüberwachung verbunden ist, daß sowohl Daten der Diagnostik für die Anlagenfahrweise genutzt werden als auch Prozeßparameter Informationen über Schädigungsprozesse liefern können. Ein integrales Anlagenüberwachungssystem hat deshalb eine Vielzahl von Daten unterschiedlicher Qualität und Menge aus der Betriebsführung, der Instandhaltung und speziellen Diagnoseeinrichtungen zu verarbeiten. Die Vielzahl dieser unterschiedlichen Daten erfordert effektive Formen der Datenübermittlung, -verarbeitung, -darstellung und -speicherung.

Die *Hauptbestandteile* einer solchen komplexen Anlagenüberwachung sind im Bild 10.1 dargestellt. Die Teilsysteme sind gegenwärtig unterschiedlich weit entwickelt und stellen Informationen unterschiedlichster Art für die Schädigungsdiagnostik zur Verfügung.

Die *Betriebsführung* verfügt über einen hohen Entwicklungsstand automatisierter Systeme (z. B. TDC 3000, Honeywell; Teleperm M, Siemens AG; Procontrol, Brown Bovery; audatec, VEB Kombinat Automatisierungsanlagenbau). Ihre Aufgabe ist vorrangig auf die Regelung, Steuerung und Dokumentation des Prozeßablaufes mit Hilfe gebildeter Effektivwerte von Prozeßparametern orientiert. Für die Technische Diagnostik können diese Systeme von Interesse sein zur

- Nutzung von Prozeßparametern als Diagnosemerkmale
- Bereitstellung von Prozeßparametern zur Beurteilung und Normierung von prozeßzustandsabhängigen Diagnosemerkmalen
- Trendregistrierung von Prozeßparametern zur Lebensdauerabschätzung.

Die *Instandhaltung* wird immer umfassender mit rechnergestützten Organisationsformen vorbereitet. Die Ableitung von Instandhaltungsumfängen, -zeiten, zyklen, -ressourcen sowie die Organisation des Instandhaltungsablaufes bei hoher Intensität und Qualität sind Hauptaufgaben der Instandhaltungsvorbereitung. Für die Technische Diagnostik können aber auch aus der Instandhaltungsdurchführung eine Vielzahl von Informationen zur Beurteilung des technischen Zustandes bereitgestellt werden. Für die Anlagenüberwachung sind das vorrangig:

- Befunde über den Bauteil- und Baugruppenzustand durch Auswertung visueller Inspektionen während der Instandhaltung
- Einschätzungen des Beanspruchungsniveaus
- Instandhaltungs- und Wartungszyklen
- Informationen über neu eingesetzte Bauteile.

Die *Technische Diagnostik* mit ihren differenzierten Verfahren liefert gezielt Informationen zum technischen Zustand der Maschinen oder Anlagen. Diese Daten können sowohl während der Inspektionen durch Verfahren der Prüftechnik als auch während des Betriebes durch Verfahren der Anlagendiagnostik gewonnen werden. Je nach Wichtigkeit der zu überwachenden Anlagen können diese Daten in folgenden Formen anfallen:

- kontinuierliche oder diskontinuierliche Echtzeit-Daten als Ergebnis stationärer Diagnosetechnik
- periodisch anfallende Daten im Ergebnis der Diagnose mit ambulanter Technik während des laufenden Betriebes

- periodisch anfallende Daten im Ergebnis der Prüfung mit Prüfverfahren während der Stillstände der Anlage mit Demontagen.

10.1.3. Anforderungen an Diagnosesysteme

Zentralisierte Diagnosesysteme haben, wie gezeigt wurde, Daten unterschiedlicher Qualität, unterschiedlicher Menge und mit unterschiedlichem zeitlichen Anfall zu verarbeiten. Die *Prozeßanforderungen* an ein Diagnosesystem in bezug auf die zu verarbeitenden Daten sind:

- Verarbeitung von Diagnosesignalen stationärer Meßeinrichtungen an Maschinen oder Anlagen im Echtzeitbetrieb
- Verarbeitung von Diagnosedaten zyklisch zu gewinnender Diagnoseinformationen ambulanter Prüf- und Diagnosetechnik
- Befundverarbeitung verbaler oder numerischer Informationen aus dem Instandhaltungs- bzw. Betriebsgeschehen.

Diese Daten können sowohl in analoger als auch digitaler Form von den Primärgeräten geliefert werden und sind so zu erfassen, zu verarbeiten und zu speichern, daß folgende *Aufgaben* erfüllt werden können:

- Erfassung der Diagnosesignale und -daten sowie Bildung der zu Schädigungsvorgängen korrelierenden Diagnosemerkmale
- Ermittlung und Darstellung der betriebszeit-, ggf. beanspruchungsabhängigen Trendverläufe der Diagnosemerkmale
- Bewertung der Diagnosemerkmale zur Ableitung für Betriebs- und Instandhaltungsmaßnahmen (z. B. erforderliche Außerbetriebnahme, Sicherheitsabschaltungen, Instandhaltungszeitpunkte)
- Speicherung der Daten in geeigneter Form mit der Möglichkeit des gezielten Wiederabrufs.

Diese Aufgaben sind unter der Voraussetzung zu erfüllen, daß sich die Erkenntnisse zur Korrelation zwischen Schädigungsablauf und Diagnosemerkmalen ständig verbessern (Lernfähigkeit) sowie neue Diagnoseverfahren eingeführt werden, die in das Diagnosesystem zu integrieren sind.

Weitere *allgemeine Anforderungen* an ein Diagnosesystem sind:

- möglichst einfache Bedienung und Nutzung des Systems mit minimalem Personalbedarf
- anschauliche Darstellung der Diagnoseergebnisse
- hohe Verfügbarkeit der einzusetzenden Technik
- Möglichkeit der Kommunikation mit den weiteren rechnergestützten Betriebssystemen (z. B. Prozeßleitsystem, Instandhaltungssystem)
- Vorgabe von Handhabungsalternativen bei fortgeschrittenen Systemen.

10.1.4. Systemstruktur

Prozeßleitsysteme und Diagnosesysteme werden zukünftig immer mehr integraler Bestandteil eines rechnergestützten Gesamtsystems sein. Gegenwärtig werden zu den bestehenden Prozeßleitsystemen zusätzlich Diagnosesysteme aufgebaut, die für das Betriebssystem beratende Funktion ausüben und für das Instandhaltungssystem Informationen zum Instandhaltungsumfang und Instandhaltungszeitpunkt liefern. Ein direkter Eingriff des Diagnosesystems in das Prozeßleitsystem ist die Ausnahme und beschränkt sich gegenwärtig auf Sicherheitsabschaltungen [10.2] [10.5]. Die Bewertung der Diagnoseresultate erfolgt im allgemeinen von speziell orientierten und ausgebildeten Diagnostikern. Der *Diagnostikerarbeitsplatz* (Zentrale des Diagnosesystems) stellt damit eine Schnittstelle der Mensch-Maschine-Kommunikation dar, bei der alle diagnostisch interessierenden Daten zentral erfaßt, ausgewertet, dargestellt und gespeichert werden.

In komplexen Anlagen kann außerdem vorausgesetzt werden, daß einzelne Maschinen, Anlagen bzw. Anlagengruppen eine separate Vorverarbeitung der Diagnosedaten erhalten (Meßstellenrechner). Die Trennung des Prozeßsystems vom Diagnosesystem, die Abforderung von Diagnosedaten sowohl in der Prozeßleitwarte als auch an einem Diagnostikerarbeitsplatz ergibt *Anforderungen* an die Technik des Diagnosesystems (Hardware):

- Geeignete Meßstellen werden in einem Meßstellenrechner (MR) in Anlagennähe zusammengefaßt. Jeder dieser Meßstellenrechner speist in das Diagnosesystem.
- Prozeßleitwarte und Diagnostikerarbeitsplatz sind örtlich und wegen der unterschiedlichen Aufgaben inhaltlich getrennt und erhalten jeweils einen geeigneten Anschluß an das Diagnosesystem.
- Prozeßparameter, die für die Diagnostik erforderlich sind, werden über geeignete Koppeleinheiten dem Prozeßleitsystem entnommen.
- Diagnoseinformationen, die dem Prozeßleitsystem zugeführt werden sollen, sind über geeignete Anpaßeinheiten anzuschließen.
- Zyklische Diagnoseinformationen aus ambulanter Diagnosetechnik sowie Diagnoseergebnisse aus Inspektionen und Instandhaltungen werden am Diagnostikerarbeitsplatz eingegeben.

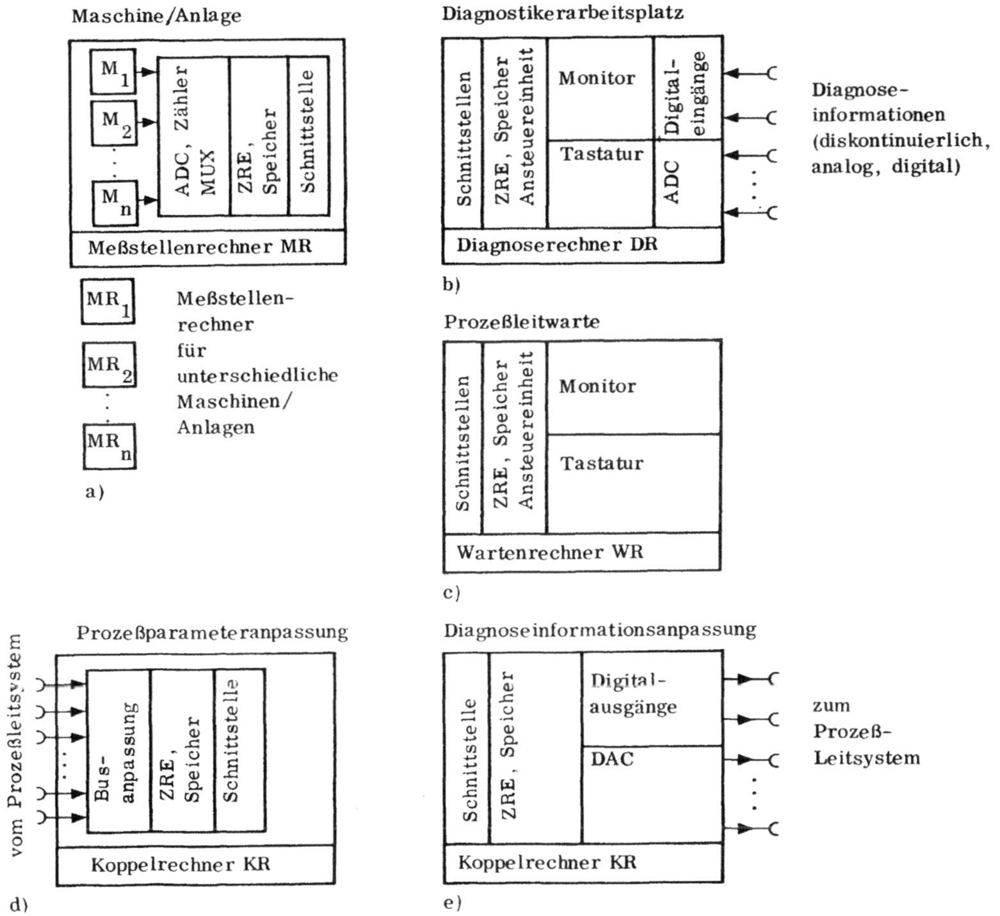

Bild 10.2. ***Hardware der Teilsysteme eines komplexen Diagnosesystems***

a) Meßstellenrechner für Diagnosemeßstellen (MR_1, MR_2 ... MR_n); b) Diagnoserechner am Diagnostikerarbeitsplatz (DR); c) Wartenrechner für Diagnoseinformationen auf der Prozeßleitwarte (WR); d) Koppelrechner für die Nutzung von Prozeßparametern für die Diagnostik (KR); e) Koppelrechner zur Übergabe von Diagnoseinformationen zum Prozeßleitsystem (KR)
$M_{1,2,n}$ Diagnosemeßstellen; ADC Analog-Digital-Wandler; MUX Meßstellenumschalter; ZRE Zentrale Recheneinheit

Jede der genannten Anforderungen kann durch eine elektronische Einrichtung auf Rechnerbasis realisiert werden. Bild 10.2 zeigt die erforderlichen *Bestandteile* eines solchen Systems (Teilsysteme) sowie die Baugruppen der Teilsysteme [10.7]. Die Diagnoseinformationen werden durch Messung der Diagnosemeßgrößen M_1, M_2 ... M_n gewonnen und durch einen *Meßstellenrechner* (MR) für die nachfolgende Verarbeitung aufbereitet (Bild 10.2a). Der Diagnostikerarbeitsplatz wird mit einem *Diagnoserechner* (DR) ausgestattet, der gleichzeitig Eingänge für zyklische und diskontinuierliche Informationen erhält (Bild 10.2b). Das Prozeßleitwartenpersonal erhält einen *Wartenrechner* (WR), der die für die kontinuierliche Betriebsführung erforderlichen Diagnosedaten bereitstellt (Bild 10.2c). Die Prozeßdaten, die für die Diagnostik benötigt werden, gelangen über einen *Koppelrechner* (KR) in das Diagnosesystem (Bild 10.2d), erforderliche Informationen für die Prozeßführung werden ebenfalls über einen Koppelrechner (KR) zum Prozeßleitsystem übertragen (Bild 10.2e).

Die Teilsysteme des Diagnosesystems sind zweckmäßig miteinander zu verbinden. Dabei sind Datenmenge, Rechnergeschwindigkeit, günstige Koppelstellen u. a. zu berücksichtigen. Folgende *Verbindungsmöglichkeiten* sind sinnvoll (Bild 10.3):

- Diagnoserechner mit Zentralstellung
- Wartenrechner mit Zentralstellung
- Rechnerstruktur mit Koppelbus.

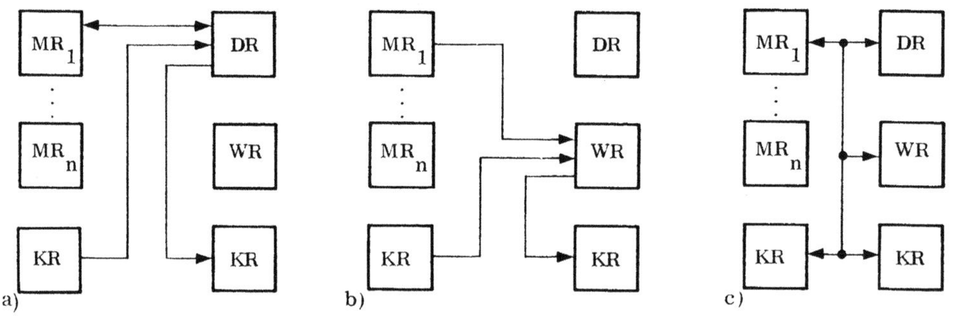

Bild 10.3. Kopplungsvarianten von Diagnoseleitsystemen

a) Diagnoserechner (DR) in Zentralstellung; b) Wartenrechner (WR) in Zentralstellung; c) Rechnerstruktur mit Koppelbus
MR Meßstellenrechner; KR Koppelrechner

Wegen der Forderung nach Echtzeitverarbeitung von Diagnosemeßdaten und Prozeßmeßdaten für die Diagnostik sind folgende *Aufgabenverteilungen* möglich (vgl. auch Abschn. 6.2.5.):

- Echtzeitverarbeitung am Diagnoserechner
- Entlastung des Diagnoserechners von der Echtzeitverarbeitung durch Überführung von Teilaufgaben zu einem Meßstellenrechner (Vorverarbeitungsrechner haben die Aufgabe, rechentechnische Aufgaben vorzunehmen, um Rechenzeit- und Speicherplatzminimierung am Nachfolgerechner zu erreichen)
- höchstmögliche Entlastung des Diagnoserechners (DR) durch Überführung der Aufbereitung und Analyse zum Meßstellenrechner (Dem Diagnoserechner werden Diagnoseenddaten der Maschinen bzw. Teilanlagen zur weiteren Verarbeitung zur Verfügung gestellt.).

Die Echtzeitverarbeitung stellt die kritische Anforderung in bezug auf Datenmenge, Rechnergeschwindigkeit und Speicherkapazität dar und beeinflußt die Variantenauswahl maßgeblich. Es kann gezeigt werden, daß zukünftig komplexe Diagnosesysteme eine Rechnerstruktur mit Koppelbus sowie weitestgehender Datenverarbeitung in Anlagennähe (Meßstellenrechner) als günstigste Variante nutzen werden [10.7]. Die Rechnerkopplung mit Koppelbus ermöglicht auch am günstigsten den Aufbau von Diagnosesystemen in Ausbaustufen.

Bild 10.4 zeigt Varianten von ausbaufähigen Diagnosesystemen, die eine diskontinuierliche (Bild 10.4a) oder eine kontinuierliche Meßdatenverarbeitung (Bild 10.4b) ermöglichen. Die Zusammenschaltung zu komplexen Diagnosesystemen mit kontinuierlicher und diskontinuierli-

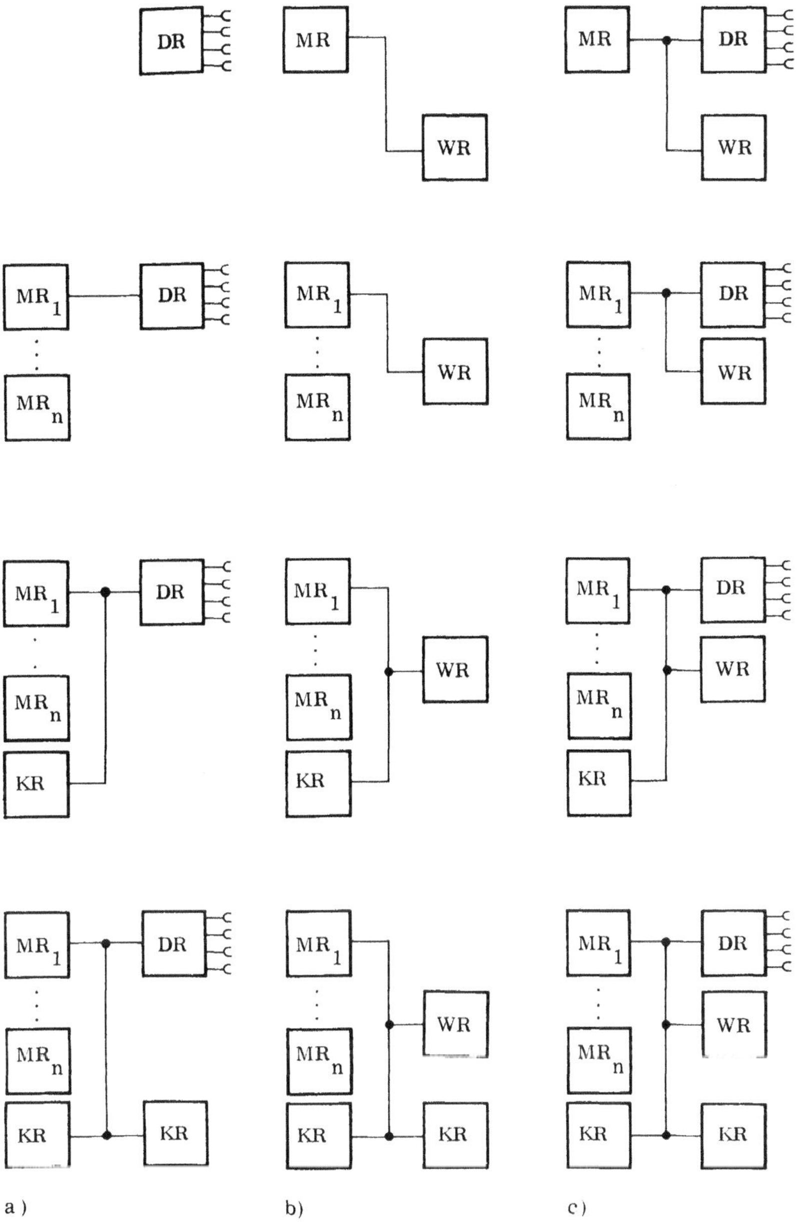

Bild 10.4. Diagnosesysteme für kontinuierliche und zyklische Meßdatenverarbeitung mit unterschiedlichen Ausbaustufen (von oben nach unten)

a) Diagnosesysteme für diskontinuierliche Meßdatenverarbeitung mit stationärer und ambulanter Diagnosemeßtechnik; b) Diagnosesysteme für kontinuierliche Meßdatenverarbeitung mit stationärer Diagnosetechnik; c) komplexe Diagnosesysteme mit kontinuierlicher und diskontinuierlicher Meßdatenverarbeitung
DR Diagnoserechner; WR Wartenrechner; MR Meßstellenrechner; KR Koppelrechner

cher Meßdatenverarbeitung ist möglich (Bild 10.4c). Alle Varianten lassen je nach Notwendigkeit der Diagnose und je nach Möglichkeit der Bereitstellung von Diagnosedaten eine Erweiterung in Teilschritten zu (Bild 10.4a, b, c von oben nach unten).

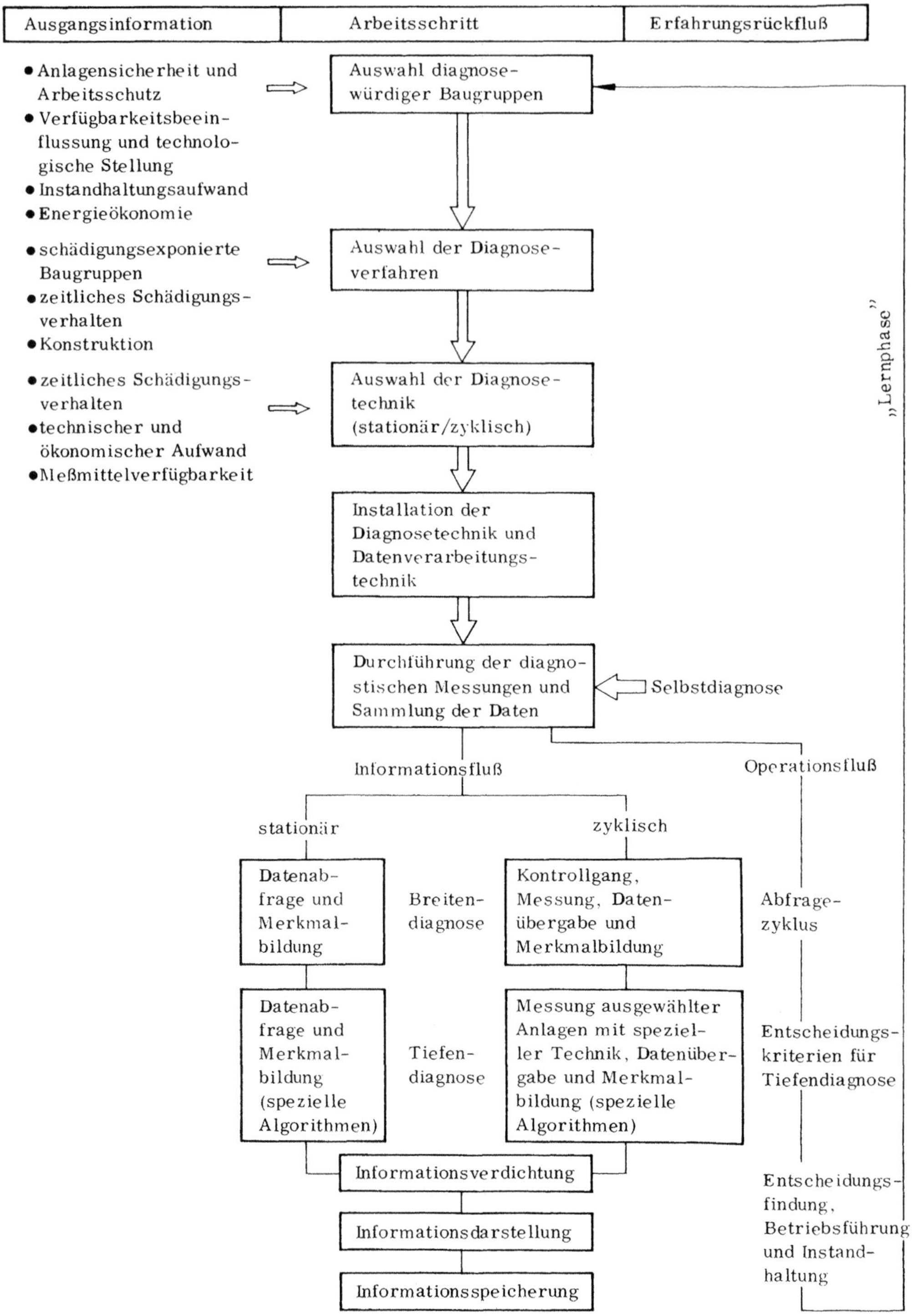

Bild 10.5. Methodische Arbeitsschritte zur Einführung von Diagnosesystemen

10.1.5. Einführung komplexer Diagnosesysteme

Der Übergang zur zustandsbezogenen Instandhaltung mit der Nutzung eines komplexen Diagnosesystems wird allgemein immer über die *schrittweise Einführung* einzelner Diagnoseverfahren erfolgen. Die Vielzahl industriell angebotener Diagnoseverfahren ermöglicht die Komplexdiagnose in fast allen Industrieanlagen (vgl. Abschnitte 3. bis 9.). Die Erfassung der Mehrzahl der Baugruppen und der unterschiedlichen Schädigungsarten erfordert aber nach wie vor die gemeinsame Anwendung von Prüfverfahren und Diagnoseverfahren während des laufenden Betriebes. Probleme bei der Einführung komplexer Diagnosesysteme erwachsen vorrangig aus *organisatorischen* und *ökonomischen* Gründen [10.3]:

- Ein komplexes Diagnosesystem erfordert eine zentralisierte Anlagenüberwachung mit hoher Produktionskultur und lückenloser Betriebsdokumentation (vgl. Abschn. 10.1.2.).
- Diagnosegeräte und -mittel sind aus ökonomischen, mitunter aus Beschaffungsgründen multivalent zu nutzen.
- Ein komplexes Diagnosesystem erfordert die Erarbeitung einer sehr umfangreichen Software.
- Eine diagnosegestützte Instandhaltung bedingt gut qualifiziertes und verantwortungsbewußtes Personal.
- Die Ökonomie der Einführung eines komplexen Diagnosesystems ist in jedem Fall nachzuweisen.

Zur Einführung komplexer Diagnosesysteme können auf der Grundlage der im Abschnitt 2.8. für Diagnoseverfahren abgeleiteten Bewertungsalgorithmen die notwendigen *Arbeitsschritte* und deren zeitliche Reihenfolge festgestellt werden (Bild 10.5). Diese Aktivitäten reichen von einer gründlichen Objektanalyse über die Auswahl der zu diagnostizierenden Komponenten, über die Gestaltung des Hardware- und Softwaresystems bis zu einer Umstellung des Betriebs- und Instandhaltungsregimes [10.3] [10.8] [10.9].

Nicht unbeachtet sollte bleiben, daß neben der Einführung einer zustandsbezogenen Instandhaltung durch eine komplexe Diagnostik solche *Begleitergebnisse*, wie

- Verbesserung der Produktionskultur
- zwingende Untersuchung aller Schädigungsvorgänge und Bekämpfung von deren Ursachen
- Vertiefung des Einblicks in die inneren Zusammenhänge des Prozesses

erreicht werden.

10.2. Beispiele für komplexe Diagnosesysteme

10.2.1. Diagnosesysteme für Kernkraftwerke

Die Gewährleistung der nuklearen Sicherheit von Kernkraftwerken führte frühzeitig zu Überlegungen, Diagnosesysteme zu entwickeln, die während des laufenden Betriebes eine Betriebsüberwachung gewährleisten. Die ersten komplexen Diagnosesysteme wurden zur Überwachung des Primärkühlsystems von Kernkraftwerken entwickelt [10.10] bis [10.12]. Diese Systeme werden auch als *Rauschanalysesysteme* bezeichnet [10.5].

Komplexe Diagnosesysteme für Kernkraftwerke sind als Informationssysteme konzipiert, ihre Signale bewirken keinen automatischen Eingriff in die Sicherheitssysteme, eine Außerbetriebnahme der Anlagen kann nach Analyse der Daten durch das Betriebspersonal erfolgen. Die erforderlichen Daten sind zu erfassen, zu verarbeiten, zu speichern und zu dokumentieren, um eine schnelle und sichere Analyse zu gewährleisten.

Minimale Voraussetzungen an die Gerätetechnik und an die *Software* eines Rauschanalysesystems für ein Kernkraftwerk zeigt Bild 10.6. Es realisiert die im Abschn. 6.2. (Bild 6.23) gezeigte Meß- und Auswertekette mit einer Vielzahl unterschiedlicher Meßkanäle. Die Auswertung untergliedert sich in Lösung operativer Probleme, eine allgemeine Rauschsignalüberwachung und

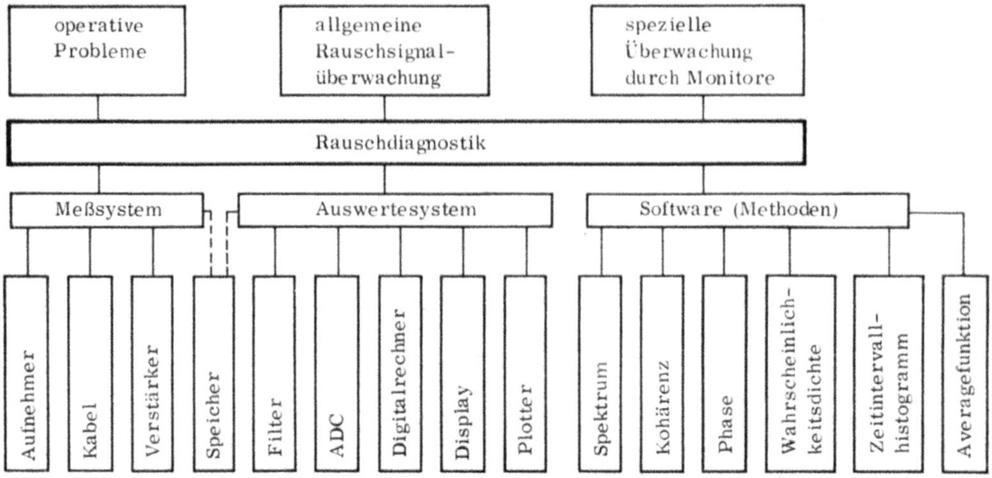

Bild 10.6. Rauschanalysesystem (nach [10.13])

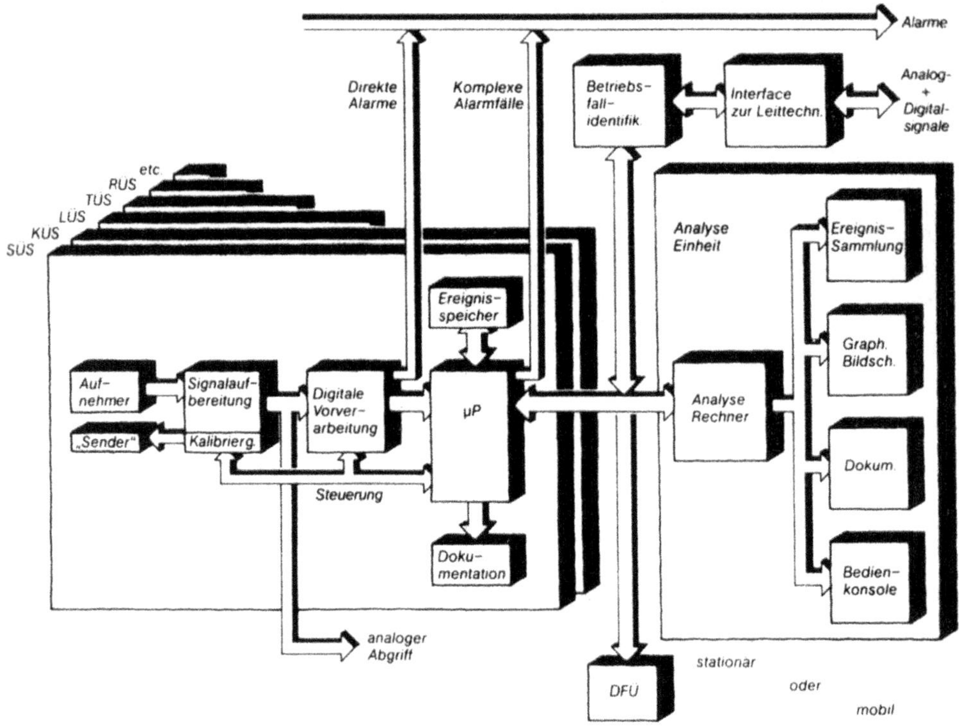

Bild 10.7. Modularer Aufbau eines Teilsystems eines Kernkraftwerk-Diagnosesystems [10.16]

eine spezielle Überwachung durch sog. *Monitore* (z. B. Lose-Teile-Detektor, Steuerstabüberwachung [10.13] [10.14] [10.15].

Komfortable Diagnosesysteme für Kernkraftwerke bestehen aus Teilsystemen mit spezialisierten Überwachungsaufgaben sowohl für die sofortige Entscheidungsfindung als auch für Langzeitentscheidungen zur Instandhaltung [10.16]. Tafel 10.1 gibt einen Überblick über die Teilsysteme sowie deren Leistungsfähigkeit, Bild 10.7 zeigt den modularen Aufbau eines Teilsystems. Sie werden als autonome, individuell arbeitende und modular aufgebaute Komponenten eingesetzt.

Tafel 10.1. Teilsysteme eines Diagnosesystems für Kernkraftwerke [10.16]

	KÜS Körperschallüberwachungssystem	SÜS Schwingungsüberwachungssystem	FAMOS Ermüdungsüberwachungssystem	LÜS Lecküberwachungssystem a) akustisch b) permeabler Schlauch	RÜS Rißüberwachungssystem
Aufgabenstellung	Detektion und Identifizierung von losen und lockeren Teilen, ungefähre Lokalisierung auf Komponententeile	Erkennung von Veränderungen der mechanischen Integrität, z. B. Lockerung von Schrauben, Bruch von Federn	Erfassung transienter thermischer Spannungen	Detektion, Lokalisierung und ungefähre Ratenabschätzung von Leckagen an druckführenden Systemen	Detektion und Lokalisierung von Rissen in begrenzten Bereichen, z. B. Stutzen
Primäre dynamische Meßgrößen	Körperschall-Burstsignale	● mechanische Schwingungen ● Druckfluktuationen ● Neutronenflußrauschen	a) Temperaturen an der Außenoberfläche der Komponente b) Daten der Betriebsinstrumentierung	a) hochfrequentes Leckgeräusch in der Struktur b) Feuchtepegel im Bereich der Komponentenaußenwand	Schallemissionssignale durch Rißentstehung bzw. -wachstum
Frequenz	1 ... 10 kHz	0,1 ... 200 Hz	< 0,25 Hz	a) 100 ... 600 Hz b) –	100 ... 1 000 kHz
Auswerteparameter	● Parameter der Burstsignale, wie Anstiegszeit, Amplitude, Δt's, Signaldauer ● Zeit- und Amplitudenstatistik ● Mustererkennung	● Frequenzspektrum ● Kohärenzfunktion	a) lokale Temperaturverteilung an der Außenoberfläche, vorberechnete Spannungsfelder b) globale Verfolgung der Betriebsbedingungen, spezif. Spannungscharakteristiken	a) RMS-Wert als Funktion der Zeit und des Aufnehmerortes b) Feuchteprofil im Meßschlauch	● Parameter des Burstsignals (wie bei KÜS) ● Modenidentifikation (Tiefenortung) ● Verteilungsfunktion von Amplituden, Signallängen ● Korrelation mit Belastungsparametern
Entwicklungsstand	Mikroprozessorsystem	Mikroprozessorsystem	Mikroprozessorsystem	a) Prototyp b) Prototyp	Studie, Vorversuche

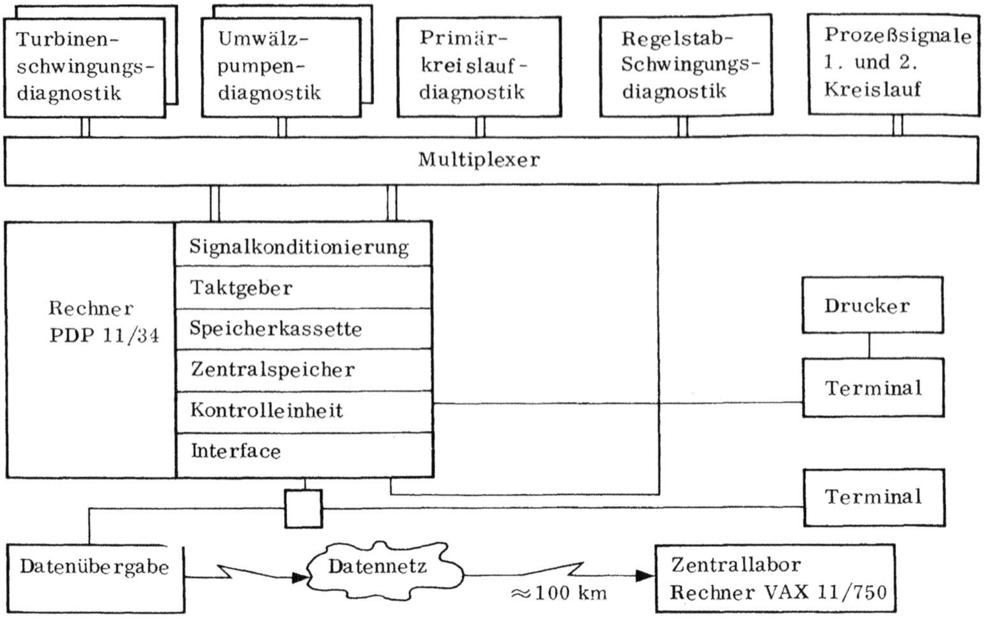

Bild 10.8. Rechnergestütztes Diagnosesystem des Kernkraftwerkes Loviisa [10.17]

Weiterentwicklungen von Diagnosesystemen integrieren in die Überwachung der Primärsysteme die Turbinendiagnostik des Sekundärkreislaufs [10.17] [10.18]. Außerdem werden Rechneranschlüsse in zentrale Laboratorien mit Datenfernübertragung zur Tiefendiagnose mittels Hochleistungsrechnern organisiert (Bild 10.8).

10.2.2. Diagnosesysteme für Schiffsmaschinen

Diagnoseverfahren für Schiffsmaschinen [10.19] [10.20], die in einem komplexen Diagnosesystem zusammengefaßt sind, zeigt Tafel 10.2. Die Teilsysteme nutzen bewährte Diagnoseprinzipe (Abschnitte 6., 7. und 8.). Eine originelle Lösung stellt ein Teilsystem der Zustandsbestim-

Tafel 10.2. Diagnoseverfahren für Schiffsmaschinenanlagen

Meßverfahren	Bezeichnung	Meßprinzipien	Literatur
Diagnosesystem mit rechnergestützter Meßwerterfassung und -bewertung	Zylinderdruckanalyse	piezoelektrisch	[10.22]
	Einspritzsystemüberwachung	induktiv	[10.23]
	Einspritzsystemüberwachung	Ultraschallemissionsanalyse	[10.24]
	Kurbelwinkelmeßeinrichtung	optoelektronisch	[10.25]
	Kurbelwinkelmeßeinrichtung	induktiv	[10.26]
	Kolbenringüberwachung	piezoelektr. Druck zwischen d. Ringen	[10.20]
	Kolbenringüberwachung	Ultraschallemissionsanalyse	[10.24]
	Auslaßventilüberwachung	Ultraschallemissionsanalyse	[10.24]
	Drehungleichförmigkeitsmessung	induktiv	[10.20]
	Abgasturboladerüberwachung	Beschleunigungsverhalten	[10.19]

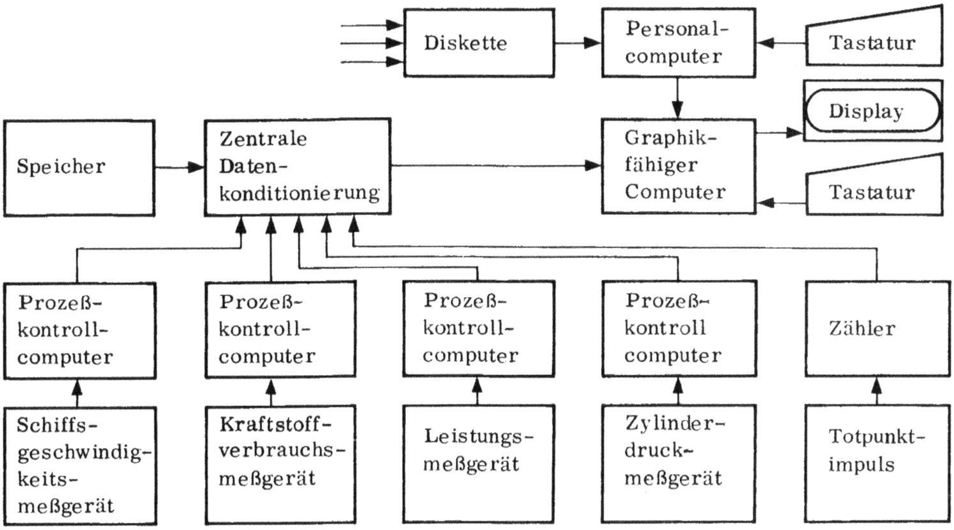

Bild 10.9. Diagnosesystem für Schiffsantriebe (nach [10.21])

mung des Schiffsantriebes durch Messung und Bewertung von Verbrauchs- und Leistungsparametern dar [10.21] (vgl. auch Abschnitte 8.3. und 8.5.). Bild 10.9 zeigt dieses komplexe System auf der Basis der Aufbereitung der Daten durch Teilprozessorsysteme und zentraler Bearbeitung durch einen Hauptrechner. Die Diagnoseinformationen werden gewonnen aus:

- Kraftstoffverbrauch
- Leistung
- Zylinderdruck
- Einspritzsystemzustand

des Schiffsantriebes. Die Diagnoseergebnisse werden für die Betriebsführung und die Planung der vorbeugenden, zustandsbezogenen Instandhaltung genutzt.

10.2.3. Diagnosesysteme für Werkzeugmaschinen

Die moderne Fertigung wird durch automatisierte Bearbeitungszentren, Fertigungszellen u. a. charakterisiert. Nicht mehr die einzelne Werkzeugmaschine, sondern roboterbediente Systeme sind mit hoher Zuverlässigkeit und Verfügbarkeit zu betreiben. Der Ausfall des Einzelaggregates

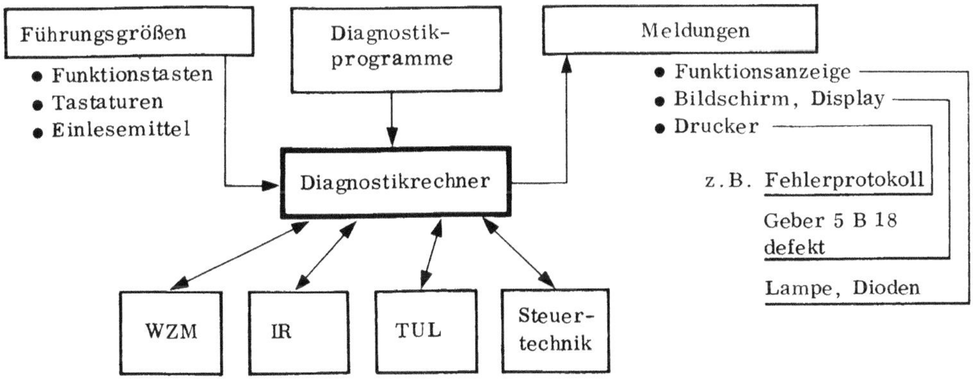

Bild 10.10. Arbeitsweise von Diagnosesystemen für Fertigungssysteme [10.30]
WZM Werkzeugmaschine; IR Industrieroboter; TUL Transport-, Umschlag- und Lagersystem

bestimmt die Verfügbarkeit des Fertigungssystems. Das erfordert auch für Fertigungseinrichtungen und -prozesse die Einführung einer zustandsbezogenen Instandhaltung und einer leistungsfähigen Diagnostik [10.27] bis [10.29]. Verkettete, automatisierte Fertigungseinrichtungen werden deshalb mit Diagnosesystemen ausgestattet [10.30]. Die Arbeitsweise solcher Systeme wird im Bild 10.10 demonstriert. Grundaufbau und Arbeitsweise entsprechen den allgemeinen Konzeptionen für Diagnosesysteme (vgl. Abschn. 10.1.). Die verwendeten Diagnoseverfahren haben höhere Anforderungen an die Genauigkeit zu erfüllen [10.27], da neben der Störungsmeldung und Lebensdauerprognose Aussagen über die Fertigungsgenauigkeit ausgewiesen werden müssen.

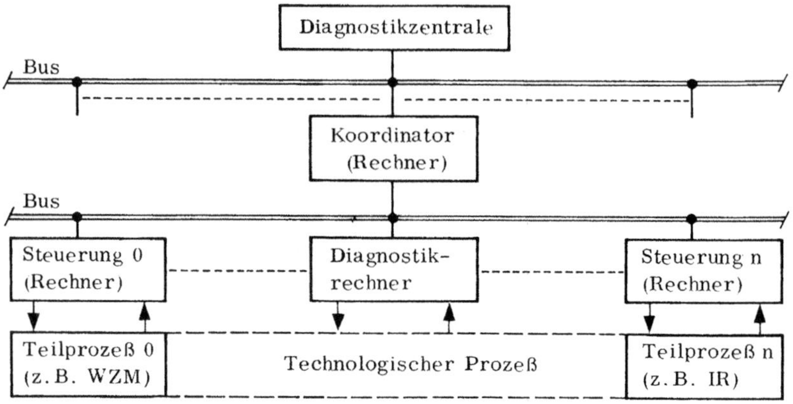

Bild 10.11. Dezentrale Automatisierung und Diagnostik eines Technologischen Prozesses
WZM Werkzeugmaschine; IR Industrieroboter; 0 ... *n* Teilprozesse

Eine weitere Besonderheit derartiger Diagnosesysteme ist die Dezentralisation von Diagnosemaßnahmen auf einzelne Einheiten, bedingt durch das Prozeßautomatisierungskonzept (Bild 10.11). Es ist zu erkennen, daß jeder Teilprozeß (Werkzeugmaschine, Industrieroboter usw.) mit einer Steuerung ausgerüstet und in einer Hierachie von Systemen enthalten ist [10.30]. Diese Steuerung wird durch Mikrorechnersysteme realisiert und kann somit Diagnoseaufgaben mit übernehmen. Ein übergeordneter Diagnoserechner hat die Ergebnisse der Diagnoserechner der Teilsysteme zu verarbeiten sowie die Diagnose von steuerungslosen Einrichtungen vorzunehmen. Dafür haben sich spezielle Techniken und Verfahren herausgebildet, z. B. [10.27] [10.29] [10.31] [10.32].

10.2.4. Diagnosesysteme landtechnischer Ausrüstungen

Für die Diagnostik mobiler landtechnischer Arbeitsmittel (z. B. Traktoren, Erntekombines) sind besondere Bedingungen zu beachten [10.33]:

- Mobile landtechnische Ausrüstungen unterliegen bei ihrer Nutzung erhöhten Arbeits- und Umweltbelastungen (z. B. geologische, klimatische Bedingungen).
- Die Geräte und Maschinen werden in einem Saisonbetrieb genutzt.
- Diagnose und Instandsetzung müssen unter den Bedingungen mitunter einfacher, ländlicher Instandsetzungsstützpunkte bzw. -werkstätten erfolgen.

Diese und weitere Besonderheiten prägen die Nutzung von Diagnoseverfahren. Die Diagnostik in der Landtechnik kann deshalb als Beispiel für ähnlich geartete Volkswirtschaftszweige betrachtet werden.

Komplexe Diagnosesysteme für Aggreate oder Aggregategruppen existieren gegenwärtig nicht. Die Entwicklung und der praktische Einsatz orientieren auf die Diagnose von Funktionsgruppen (z. B. Hydraulik, Dieselmotor, Getriebe) [10.33] bis [10.35]. Eine Auswahl der besonders entwickelten Diagnoseverfahren ist in Tafel 10.3 zusammengestellt. Die Praxis gestaltet

Tafel 10.3. Diagnose an Funktionseinheiten der Landtechnik (Auswahl)

Funktionseinheit	Meßprinzip	Literatur
Dieselmotor	Schallemission	[10.24]
	Betriebsparameter	[10.34] [10.35]
	Schmiermittelparameter	[10.34]
	Schwingungsdiagnostik	[10.36]
Getriebetechnische Baugruppen	Spielmessung	[10.33] [10.35] [10.37]
	Schwingungsdiagnostik	[10.33]
Hydraulische Baugruppen	Öldruck, Ölstrom	[10.34] [10.39]
	Druck- und Temperaturdifferenzmessung	[10.39]

Tafel 10.4. Diagnoseverfahren für getriebetechnische Baugruppen der Landtechnik [nach 10.35]

Diagnoseverfahren	Bauteilpaarungen Baugruppen	Diagnosegeräte
SUBJEKTIVE Verfahren (ohne und mit Hilfsmitteln, wie Endoskope u. ä.)	Lager, Gleitflächen, Gehäuse, Dichtungen, Zugmittelgetriebe, Kurbelgetriebe, Rädergetriebe	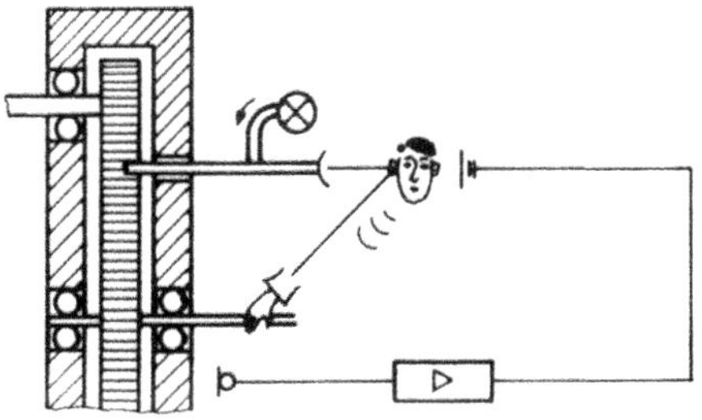
SUMMENFEHLER-Verfahren, Verdrehspiel, Lagerspiele	Lager von Wellen, Welle-Nabe-Verbindungen, Rädergetriebe	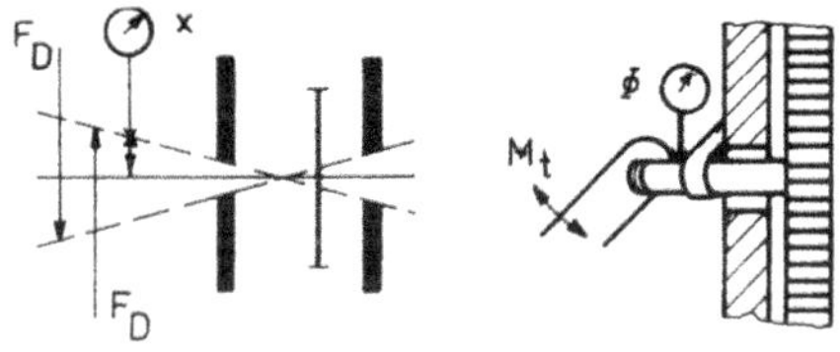
TRAGBILD-Verfahren	Verzahnung	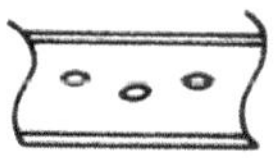
SPANNUNGs-Messung	Verzahnung, Wellen	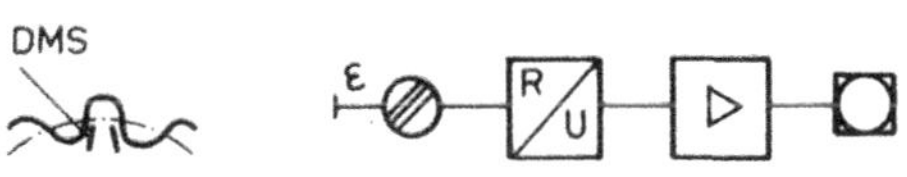
VIBROAKUSTISCHE Verfahren	Wälzlager, Gleitlager, Kurbelgetriebe, Rädergetriebe	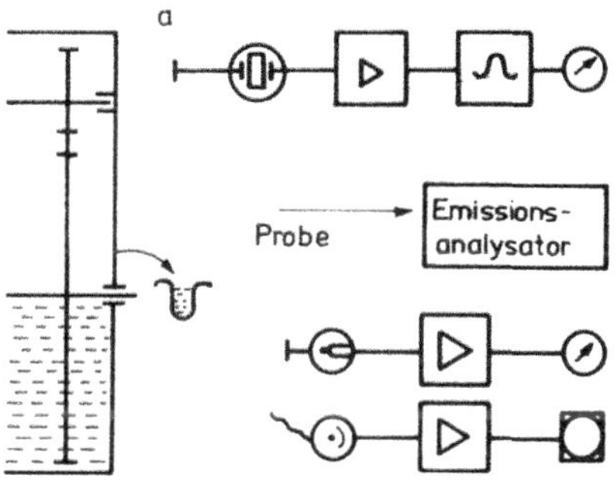
ÖLANALYSE-Verfahren	Kurbelgetriebe, Rädergetriebe	
TEMPERATUR-messung	Lager, Gleitflächen, Kurbelgetriebe, Rädergetriebe	

Tafel 10.5. Diagnoseparameter für das Schubkurbelgetriebe im Verbrennungsmotor (nach [10.35])

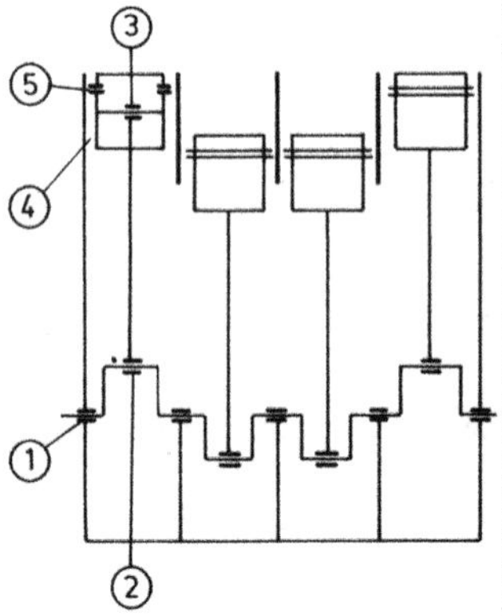

Schema		Diagnoseparameter	Zustandsermittlung für Paarung
(siehe Bild)	1	Kompressionsdruck	④ + ⑤
	2	Durchblasemenge	
	3	Kurbelgehäuse-Überdruck	
	4	rel. Ölverbrauch	
	5	Luftverbrauch	
	6	Druckabfallzeit	
	7	Druckverlust	
	8	Leistung	① + ② + ③ ④ + ⑤
	9	Verschleißbestandteile im Öl	①, ②, ③ ④, ⑤
	10	Öldruck	① + ②
	11	Ölstrom	
	12	Luftschall	①, ②, ③ ④ + ⑤
	13	Körperschall	

sich gegenwärtig als durchdachtes und den Möglichkeiten entsprechendes System unterschiedlicher Diagnoseverfahren. Für getriebetechnische Baugruppen ist eine solche Zusammenstellung von Verfahren und Geräten beispielhaft in Tafel 10.4 dargestellt. Tafel 10.5 zeigt die Möglichkeit auf, unterschiedliche Diagnoseparameter für die komplexe Zustandseinschätzung von Schubkurbelgetrieben für Verbrennungsmotoren zu nutzen. Ein Gerätesystem (DS 1000) ist in der Lage, die wichtigsten Diagnoseparameter zu erfassen und zu analysieren [10.33]. Die rechnergestützte Arbeit wird eingeführt.

10.3. Ausblick

An Hand von Beispielen konnte im Abschnitt 10.2. gezeigt werden, daß der Anspruch an Diagnosesysteme oder auch nur an „systematische" Diagnostik sehr unterschiedlich entwickelt ist. Besonders für Anlagen mit hoher Sicherheitsrelevanz stehen theoretisch gut durchdachte und gerätetechnisch ausgereifte Diagnosesysteme zur Verfügung. Deshalb sind neben der Kernenergetik in der chemischen Industrie und in der Metallurgie Bestrebungen zu erkennen, die Diagnostik komplex zu nutzen und Diagnosesysteme zu entwickeln.

Für die Maschinendiagnostik, speziell für die Schwingungsdiagnostik, werden durch nahezu alle Hersteller rechnergestützte Diagnoseverfahren mit der Möglichkeit der gleichzeitigen Überwachung mehrerer Meßstellen angeboten, die bereits neben einer komfortablen Signalanalyse die Bewertung der Ergebnisse erleichtern und die Speicherung, Dokumentation und Verfolgung der Trendentwicklung ermöglichen. Auch tragbare Einzelgeräte für die ambulante Vor-Ort-Diagnose zeichnen sich durch verbesserte Bewertbarkeit der Ergebnisse, Speicherbarkeit der Resultate und Anschlußmöglichkeiten durch ein Interface an zentrale Rechner aus.

Impulse zur Weiterentwicklung der Technischen Diagnostik für Maschinen und Anlagen sind auch aus der in diesem Buch nicht behandelten Diagnostik für elektronische Baugruppen und Informationssysteme zu erwarten. Auf diesem Gebiet entwickeln sich spezielle Theorien und Techniken [10.40] [10.41].

Literaturverzeichnis

Abschnitt 1.

[1.1] *Sturm, A.;* u. a.: Verfahrenskatalog Technische Diagnostik von Energieanlagen. IH Zittau, ORGREB-IfK Vetschau 1981

[1.2] *Sturm, A.; Förster, R.:* Technische Diagnostik – Anlagenüberwachung zur Erhöhung von Sicherheit und Verfügbarkeit im Kernkraftwerk. Kernenergie **20** (1977) H. 8, S. 233 bis 237

[1.3] *Sturm, A.; Förster, R.:* Technische Diagnostik an Kraftwerksanlagen. Energietechnik **28** (1978) H. 11, S. 421 bis 424

[1.4] *Ackermann, G.:* Betriebsführung von Kernkraftwerken mit Druckwasserreaktoren. Dissertation B, TH Carl Schorlemmer Leuna-Merseburg 1977

[1.5] *Meltzer, G.:* Ziele und Aufgaben der Technischen Diagnostik. Beiträge zur Maschinen- und Anlagendiagnostik, AdW der DDR, Report R-MECH-03/85, S. 1 bis 30

[1.6] *Birger, J. A.:* Techničeskaja Diagnostika. Moskau: Izdatelstvo Mašinostrojenie 1978

[1.7] *Sturm, A.; Förster, R.; Hippmann, N.; Kinsky, D.:* Wälzlagerdiagnostik für Maschinen und Anlagen. Berlin: VEB Verlag Technik 1985

[1.8] *Sturm, A.* et al.: Wälzlagerdiagnose an Maschinen und Anlagen. Köln: Verlag TÜV Rheinland GmbH 1986

[1.9] *Liewers, P.:* Rauschdiagnostik. Berlin: Akademie-Verlag 1985

[1.10] *Heß, K.:* Technische Diagnostik und technische Prophylaxe. Reihe Automatisierungstechnik Nr. 193. Berlin: VEB Verlag Technik 1981

[1.11] *Pau, L. F.:* Failure Diagnosis and Performance Monitoring. New York and Basel: Marcel Deccer Inc. 1981

[1.12] *Cempel, C.:* Diagnostika Wibroakustyczna Maszyn. Poznan: Wydawnictwo Politechnika Poznanskiej 1985

[1.13] *Collacott, R.:* Mechanical Fault Diagnosis. London: Chapmann and Hall 1977

[1.14] *Moeck, E.; Strickert, H.:* Technische Diagnostik an Schiffsmaschinenanlagen. Berlin: VEB Verlag Technik 1982

[1.15] *Wohllebe, H.:* Technische Diagnostik im Maschinenbau. Berlin: VEB Verlag Technik 1978

[1.16] *Förster, R.:* Untersuchung von Diagnoseparametern für die Abnutzung des Dichtungsringes einstufiger Kreiselpumpen. Dissertation A, IH Zittau 1979

[1.17] *Hohmann, H.:* Automatische Überwachung und Fehlerdiagnose an Werkzeugmaschinen. Dissertation A, TH Darmstadt 1977

[1.18] *Troppens, D.:* Beitrag zur systematischen Entwicklung von Verfahren der Technischen Diagnostik und Diagnoseeinrichtungen für die Landtechnik. Dissertation B, WPU Rostock 1976

[1.19] Condition Based Maintenance and Technical Diagnostic of Machines. Zagreb: IMEKO Reprint 1985

[1.20] Proceedings 4th International Symposium on Technical Diagnostics of IMEKO-TC 10. Dubrovnik: 1986

[1.21] *Blumenauer, H.; Hünicke, U. D.; Morgner, W.:* Werkstoffprüftechnik in Wissenschaft und Produktion. Wiss. Zeitschrift der TH Magdeburg **30** (1986) 3, S. 50 bis 59

Abschnitt 2.

[2.1] *Sturm, A.:* Grundlagen der Instandhaltung. Vorlesungsmanuskript, IH Zittau 1986

[2.2] *Beckmann, G.; Marx, D.:* Instandhaltung von Anlagen. Leipzig: VEB Deutscher Verlag für Grundstoffindustrie 1981

[2.3] *Birkhofer, A.:* Grenzen der Sicherheit in der Technik. Der Maschinenschaden 57 (1984) 5, S. 150 bis 158

[2.4] *Eichler, Ch.; Schiroslawski, W.; Mund, H.:* Zu einigen Problemen der Restbetriebsdauerprognose. Schmierungstechnik **15** (1984) 8, S. 228 bis 232

[2.5] *Michlin, V. M.:* Restnutzungsdauerprognose. Berlin: VEB Verlag Technik 1982

[2.6] *Sturm, A.:* Vorbereitung der Instandhaltung von Kraftwerken. Leipzig: VEB Deutscher Verlag für Grundstoffindustrie 1977

[2.7] *Reiche, H.; Schwarze, W.; Walter, U.*: Neues Gerät für die Wälzlagerdiagnose. Elektromaschinenbau der DDR, Techn. Mitt. 1/1986

[2.8] *Bussmann, F.; Mertens, P.*: Operations Research und Datenverarbeitung bei der Instandhaltungsplanung. Stuttgart: C. E. Poeschel Verlag 1968

[2.9] *Beckmann, G.; Große, G.*: Grundlagen und Effekte der zustandsabhängigen Instandhaltung. Energietechnik **36** (1986) H. 5, S. 190 bis 193

[2.10] *Baldin, A.*: The Use of Technical Diagnostics in Progressiv Maintenance. Zagreb: Condition Based Maintenance and Technical Diagnostics of Machines. IMEKO Reprint 1985, S. 15 bis 29

[2.11] *Eichler, Ch.*: Instandhaltungstechnik. Berlin: VEB Verlag Technik 1985

[2.12] *Autorenkollektiv*: Optimale Instandhaltungsmethoden – ein praktischer Leitfaden. Reihe Betriebspraxis. Berlin: VEB Verlag Technik 1983

[2.13] *Feldmann, J.*: Erfahrungen aus Schäden in Kernkraftwerken. Der Maschinenschaden **43** (1970) 5, S. 165 bis 171

[2.14] *Fischer, K.*: Zuverlässigkeits- und Instandhaltungstheorie. Berlin: transpress VEB Verlag für Verkehrswesen, Verkehrssicherungstechnik 1984

[2.15] *Blanchard, B. S.*: Technical Diagnostics as it Relates to Cost/System Effektivness. Dubrovnik: Proceedings 4th International Symposium on Technical Diagnostics of IMECO-TC 10, 1986, S. 2.1 bis 2.7

[2.16] *Sturm, A; Förster, R.*: Technische Diagnostik – Anlagenüberwachung zur Erhöhung von Sicherheit und Verfügbarkeit im Kernkraftwerk. Kernenergie **20** (1977) H. 8, S. 233 bis 237

[2.17] *Ackermann, G.*: Betrieb und Instandhaltung von Kernkraftwerken. Leipzig: VEB Deutscher Verlag für Grundstoffindustrie 1987

[2.18] Instandhaltung des finnischen Kernkraftwerkes Olkiluoto. Zittau: Bericht über IAEA-OSART-Mission 1986

[2.19] *Neel, M. J.; Woodley, B. J.*: Condition Monitoring Methods and Economics, SEECO 75 London, 1975, zitiert nach [2.10]

[2.20] *Neel, M. J.*: Selecting a System which Pays Off. London: National Conference on Condition Monitoring, 1977, zitiert nach [2.10]

[2.21] *Chatfield, C.*: Analyse von Zeitreihen. Leipzig: BSB B. G. Teubner Verlagsgesellschaft 1982

[2.22] *Rosch, D.*: Wälzlagerdiagnose an Elektromotoren. Dissertation A, IH Zittau 1986

[2.23] *Javlenski, K. N.; Javlenski, A. K.*: Vibrodiagnostika i prognozirovanie kačestva mechaničeskich sistem. Leningrad: Mašinostroenie 1983

[2.24] *Festersen, R.*: Restbetriebsdauerprognose – Grundlagen und Anwendungsbereiche. Dissertation A, WPU Rostock 1986

[2.25] *Eichler, Ch.; Schiroslawski, W.*: Einige Probleme der Restnutzungsdauerprognose für Elemente landtechnischer Arbeitsmittel. Wiss. Zeitschr. der WPU Rostock **23** (1974) 6/7, S. 437 bis 442

[2.26] *Fleischer, G.; u. a.*: Verschleiß und Zuverlässigkeit. Berlin: VEB Verlag Technik 1980

[2.27] *Gnilke, W.*: Möglichkeiten und Grenzen der Lebensdauerabschätzung von Maschinenelementen. Maschinenbautechnik **30** (1981) 8, S. 355 bis 357

[2.28] *Moskalevski, A. V.; Gaskarov, D. V.*: Techničeskaja diagnostika. Moskau: Vysšaja Škola 1975

[2.29] *Pieper, V.*: Statistische Auswertung von Verschleißmessungen und ihre Anwendung zur Betriebsdauerprognose. Schmierungstechnik **12** (1981) 8, S. 239 bis 241

[2.30] *Toutenburg, H.*: Vorhersage in linearen Modellen. Berlin: Akademie Verlag 1975

[2.31] *Catraiskij, A. N.*: Prognozirovanii resursa kapital'no otremontirovanych dvigatelej na osnove stendovych izpytaniej; Soveršenstvovanie remonta sel'skochozjajstvennoj techniki. Leningrad 1983

[2.32] *Sturm, A.; Ullrich, G.*: Konzeptionelle Gedanken zum Aufbau eines Instandhaltungssystems für Kernkraftwerke. Kernenergie **15** (1972) 6, S. 177 bis 183

[2.33] *Werner, G.-W.*: Systematische Schadensverhütung und -bekämpfung. Leipzig: VEB Deutscher Verlag für Grundstoffindustrie 1983

[2.34] *Sturm, A.; Hippmann, N.*: Entwicklung der Technischen Diagnostik in der Energiewirtschaft. Energietechnik **30** (1980) 7, S. 261 bis 268

[2.35] *Sturm, A.; Förster, R.; Hippmann, N.; Kinsky, D.*: Wälzlagerdiagnostik für Maschinen und Anlagen. Berlin: VEB Verlag Technik 1985

[2.36] *Kinsky, D.*: Schädigungsdiagnose an Wälzlagern bei besonderer Berücksichtigung wirkender Beanspruchungen. Dissertation A, IH Zittau 1984

[2.37] *Böhm, D.*: Systemtheoretische Aspekte der Technischen Diagnostik. Beiträge zur Maschinen- und Anlagendiagnostik, AdW der DDR, Report R-MECH-03/85, S. 31 bis 59

[2.38] *Meltzer, G.*: Ziele und Verfahren der Technischen Diagnostik. Beiträge zur Maschinen- und Anlagendiagnostik, AdW der DDR, Report R-MECH-03/85, S. 1 bis 30

[2.39] *Slatustow, S.; Kriesel, W.*: Technische Diagnose. Die Technik **32** (1977) 10, S. 562 bis 566

[2.40] *Förster, R.*: Gewinnung von Diagnoseinformationen für die Schadensfrüherkennung durch Bildung von Diagnosekennzahlen. Dissertation B, IH Zittau 1987

[2.41] *Liewers, P.*: Rauschdiagnostik. Berlin: Akademie-Verlag 1985

[2.42] *Bocklisch, F.*: Diagnose mit unscharfer Klassifikation. Beiträge zur Maschinen- und Anlagendiagnostik, AdW der DDR, Report R-MECH-03/85, S. 88 bis 123

[2.43] *Förster, R.*: Modellbildung in der Technischen Diagnostik. Kernenergie **30** (1987) 3, S. 97 bis 101

[2.44] *Isermann, R.*: Experimentelle Analyse der Dynamik von Regelsystemen. Mannheim: Mannheim-Verlag 1971

[2.45] *Wede, J.; Werner, D.*: Echtzeitprozeßmodelle auf der Basis von Parameterschätzverfahren. Reihe Automatisierungstechnik Nr. 214. Berlin: VEB Verlag Technik 1985

[2.46] *Unger, E.*: Vibroakustische Diagnostik. Dissertation B, TH Leipzig 1985

[2.47] *Cempel, C.*: Diagnostika Wibroakustyczna Maszyn. Poznan: Wydawnictwo Politechniki Poznanskiej 1985

[2.48] *Weber, A.*: Über Möglichkeiten und Grenzen des Einsatzes von Modellen auf der Basis von Bilanzgleichungen der Elastomechanik zur Zustandseinschätzung großer Tragkonstruktionen. Beiträge zur Maschinen- und Anlagendiagnostik, AdW der DDR, Report R-MECH-03/85, S. 60 bis 88

[2.49] *Hohmann, H.*: Automatische Überwachung und Fehlerdiagnose an Werkzeugmaschinen. Dissertation A, TH Darmstadt 1977

[2.50] *Stühlen, B.*: Untersuchungen zur Klassifikation normaler und gestörter Betriebszustände laufender Turbomaschinen mit Hilfe angepaßter Mustererkennungsverfahren. Dissertation A, TU Karlsruhe 1980

[2.51] *Wohllebe, H.*: Technische Diagnostik im Maschinenbau. Berlin: VEB Verlag Technik 1978

[2.52] *Nietzold, V.*: Schwingungsmeß- und Analyseverfahren zur demontagelosen Verschleißbestimmung der Kolben-Zylinder-Gruppen von Mehrzylinder-Dieselmotoren. Dissertation A, HfV Dresden 1980

[2.53] *Niemann, H.*: Klassifikation von Mustern. Berlin, Heidelberg, New York: Springer-Verlag 1983

[2.54] *Peipmann, R.*: Grundlagen der technischen Erkennung. Berlin: VEB Verlag Technik 1975

[2.55] *Hippmann, N.*: Technische Diagnostik mit Methoden der Signalanalyse und Mustererkennung am Beispiel einer Kreiselpumpe. Dissertation A, IH Zittau 1982

[2.56] *Sturm, A.; Förster, R.; Hippmann, N.; Kinsky, D.*: Diagnose von Abnutzungserscheinungen an Kreiselpumpen. Karlovy Vary: Proceedings of the Symposium Technical Diagnostics, IMECO-TC 10, 1979, S. 278 bis 293

[2.57] *Förster, R.*: Untersuchung von Diagnoseparametern für die Abnutzung des Dichtungsringes einstufiger Kreiselpumpen. Dissertation A, IH Zittau 1979

[2.58] *Sturm, A.; Kinsky, D.*: A New Method of Stress and Damage Diagnosis. Kernenergie **27** (1984) 11/12, S. 456 bis 461

[2.59] *Sturm, A.; Kinsky, D.*: Diagnostics of Rolling-Element Bearing Condition by Means of Vibration Monitoring under Operating Conditions. Measurement **2** (1984) Nr. 2, S. 58 bis 62

[2.60] *Lansky, M.; Čapek, J.*: Application of the Theorie of Diagnostic Numbers of Similarity in Diagnosing of Vehicles and Mobile Machines. Dubrovnik: Proceedings 4th International Symposium on Technical Diagnostics of IMEKO-TC 10, 1986, S. 3.24 bis 3.26

[2.61] *Hackeschmidt, M.*: Strömungstechnik; Ähnlichkeit – Analogie – Modell. Leipzig: VEB Deutscher Verlag für Grundstoffindustrie 1972

[2.62] *Werner, M.; Jensch, G.*: Ein Verfahren zur Diagnose von Stabschwingungen an den Hydrogeneratoren des PSW Markersbach. Arbeitsbericht RPD-7/86, ZfK Rossendorf 1986

[2.63] *Lansky, M.*: Diagnosticke systemy dopravnich prostredku. Dissertation A, VŠDS Žilina 1986

[2.64] *Kattaneck, S.; Gröger, R.; Bode, C.*: Ähnlichkeitstheorie. Beiträge zur Verfahrenstechnik. Leipzig: VEB Deutscher Verlag für Grundstoffindustrie 1967

[2.65] *Woschni, E.-G.*: Informationstechnik. Berlin: VEB Verlag Technik 1981

[2.66] *Jaglom, A. M.; Jaglom, I. M.*: Wahrscheinlichkeit und Information. Berlin: VEB Deutscher Verlag der Wissenschaften 1984

[2.67] *Guiasu, S.*: Information Theorie with Applications. Mc. Graw Hill Inc. 1977

[2.68] *Lingreen, P.*: Verfahrensanalyse und -entwicklung sowie allgemeine technologische Prozeßgestaltung der Technischen Diagnostik. Dissertation B, WPU Rostock 1982

[2.69] *Fuchs, H.-P.*: Methoden der Lagerkontrolle unter besonderer Berücksichtigung der Zustandsüberprüfung von Wälzlagern und Getrieben. asr-digest für angewandte Antriebstechnik (1979) 1/2, S. 35 bis 40

[2.70] Zustandsbeurteilung von Wälzlagern und Getrieben mit Hilfe der Spike-Energy-Messung. Produktblatt R SK 191184 der Fa. Reutlinger (BRD) 1984

[2.71] *Butkovič, K.; Kralj, Č.; Škrtič, I.:* Condition Monitoring for Pumps. Zagreb: Condition Based Maintenance and Technical Diagnostics of Machines. IMEKO Reprint 1985, S. 147 bis 154

[2.72] *Birger, J. A.:* Techničeskaja Diagnostika. Moskau: Izdatel'stvo Mašinostroenie 1978

[2.73] *Cempel, C.:* Alarm Symptom Value for Machine Condition Monitoring. Dubrovnik: Proceedings 4th International Symposium on Technical Diagnostics of IMEKO-TC 10, 1986, S. 3.50 bis 3.53

[2.74] *Storm, R.:* Wahrscheinlichkeitsrechnung, mathematische Statistik und statistische Qualitätskontrolle. Leipzig: VEB Fachbuchverlag 1972

[2.75] *Pridöhl, E.:* Akustische Detektion von Wasserlecks in natriumbeheizten Dampferzeugern unter Verwendung von Methoden der statistischen Entscheidungstheorie. Diss. A, AdW der DDR 1980

[2.76] *Hart, H.:* Einführung in die Meßtechnik. Berlin: VEB Verlag Technik 1987

[2.77] *Täubert, B.:* Abschätzung der Genauigkeit von Meßergebnissen. Berlin: VEB Verlag Technik 1985

[2.78] *Troppens, D.:* Beitrag zur systematischen Entwicklung von Verfahren der Technischen Diagnostik und Diagnoseeinrichtungen für die Landtechnik. Dissertation B, WPU Rostock 1976

[2.79] *Regel, U.:* Technische Diagnostik an Kupplungen und Bremsen von Umformmaschinen. Dissertation A, TH Karl-Marx-Stadt 1981

[2.80] *Hoffmann, D.:* Theoretical Aspects of Measurement in Technical Diagnostics. London: Collected Papers from 3th Symposium on Technical Diagnostics 1981, S. 65 bis 72

[2.81] *Simon, H.:* Automatische Bildverarbeitung in Medizin und Biologie. Dresden: Verlag Theodor Steinkopf 1975

[2.82] *Moeck, E.; Strickert, H.:* Technische Diagnostik an Schiffsmaschinenanlagen. Berlin: VEB Verlag Technik 1982

[2.83] *Kirchhof, M.:* Technische Diagnostik. Forschungsbericht TH Magdeburg 1979

[2.84] *Große, G.:* Instandhaltung einfacher Systeme unter Einbeziehung von Kontrollen und Instandsetzung nach Befund. Die Technik **33** (1978), H. 6, S. 327 bis 331

[2.85] *Sturm, A.; Meyer, R.; Brauer, D.:* Früherkennung von Fehlern als Möglichkeit zur Rationalisierung der Anlagenerhaltung von Kernkraftwerken. Energietechnik **22** (1972), H. 4, S. 162 bis 168

Abschnitt 3.

[3.1] *Blumenauer, H.:* Werkstoffprüfung. Leipzig: VEB Deutscher Verlag für Grundstoffindustrie 1987

[3.2] *Müller, E. A. W.:* Handbuch der zerstörungsfreien Werkstoffprüfung. München, Wien: R. Oldenbourg Verlag 1975

[3.3] *Heptner, H.; Stroppe, H.:* Magnetische und magnetinduktive Werkstoffprüfung. Leipzig: VEB Deutscher Verlag für Grundstoffindustrie 1972

[3.4] *Gerassimov, V. G.; Kluev, V. V.; Šaternikov, V. E.:* Metodi i pribori elektromagnitnovo kontrolja promyšlennych izdelij. Moskau: Energoatomisdat 1983

[3.5] *Peters, O. H.; Meyna, A.:* Handbuch der Sicherheitstechnik, Bd. 1 und 2. München, Wien: Carl Hanser Verlag 1985

[3.6] *Ackermann, G.:* Betrieb und Instandhaltung von Kernkraftwerken. Leipzig: VEB Deutscher Verlag für Grundstoffindustrie 1987

[3.7] *Gruhn, G.; Krafarov, V. V.:* Zuverlässigkeit von Chemieanlagen. Leipzig: VEB Deutscher Verlag für Grundstoffindustrie 1979

[3.8] *Schott, G.:* Werkstoffermüdung. Leipzig: VEB Deutscher Verlag für Grundstoffindustrie 1977

[3.9] *Albrecht, D.:* Beanspruchungsanalysen und Sicherheitsbewertung als Bestandteil der Wiederholungsprüfungen zur Gewährleistung der nuklearen Sicherheit von Kernkraftwerken. Dissertation B, TH Magdeburg 1980

[3.10] Werkstoffe für Kraftwerksanlagen. Band 1, Werkstoffeinsatz und Werkstoffprüfung. Berlin, Dresden: VEB Bergmann Borsig 1985

[3.11] ASME-Boiler and Pressure Vessel Code, Section XI: Rules for Inservice Inspection of Nuclear Power Plant Components. New York 1974

[3.12] Richtlinie inhaltlich-methodische Regelungen Instandhaltung für die VE-Betriebe und -Kombinate im Bereich des Ministeriums für Kohle und Energie. Leipzig: Inst. f. Energetik 1975

[3.13] *Pastor, D. et al.:* Periodičeskij kontrol konstrukcionych materialov osnovo oborudovanija typa WWER. Leningrad: Seminar kontrol oborudovanija AES pri evo isgotovlenij, montaše i ekspluatacij. Interatomenergo 1980

[3.14] *Sturm, A.:* Vorbereitung der Instandhaltung von Kraftwerken. Leipzig: VEB Deutscher Verlag für Grundstoffindustrie 1977

[3.15] Richtlinie „Wiederholungsprüfungen der Werkstoffe und der Beanspruchungen von Anlagen des Primärkreislaufes von Kernkraftwerken". Mitteilungen des SAAS, Berlin **14** (1977) Nr. 4

[3.16] *Kraus, S.; Goebbels, K.:* Grundlagen der Signalmittelungsverfahren. Ultraschallprüfung grobkörniger Werkstoffe unter besonderer Berücksichtigung von Austeniten. Berlin (West): Fachdiskussion 1980, S. 121 bis 126

[3.17] *Popp, P.:* Aufgaben und Grundkonzeptionen für Reaktordruckgefäßmanipulatoren. Kernenergie **29** (1986) 10, S. 361 bis 365
[3.18] *Köhler, G. W.:* Typenbuch der Manipulatoren. München: Verlag Karl Thiemig 1981
[3.19] *Hoffmann, D.:* Theoretical Aspects of Measurement in Technical Diagnostics. London: Collected Papers from 3th Symposium on Technical Diagnostics 1981, S. 65 bis 72
[3.20] *Blumenauer, H.; Hünicke, U. D.; Morgner, W.:* Werkstoffprüftechnik in Wissenschaft und Produktion. Wiss. Zeitschrift der TH Magdeburg **30** (1986) 3, S. 50 bis 59
[3.21] *Theodorescu, D.:* Digitale Mustererkennung und Bildverarbeitung. messen + prüfen/automatik (1984) 6, S. 304 bis 309
[3.22] *Figlhuber, D.; Fischer, E.:* Experiences with Inservice Inspection of Reactor Pressure Vessels, Pipeline and Steam Generator Heating Tubes/KWU. Florenz: 3. Europäische Konferenz für zerstörungsfreie Werkstoffprüfung 1984
[3.23] *Sturm, A.; u. a.:* Verfahrenskatalog Technische Diagnostik von Energieanlagen. IH Zittau, OR-GREB-IfK Vetschau 1981
[3.24] *Becker, E.:* Grobstrukturprüfung mittels Röntgenstrahlung und Gammastrahlung. Leipzig: VEB Deutscher Verlag für Grundstoffindustrie 1984
[3.25] *Rumjancev, S. V.:* Radiaconaja Defektoskopija. Moskau: Atomizdat 1974
[3.26] Atomenergiegesetz, GBl. I Nr. 34 vom 8. 12. 1983
[3.27] Verordnung über die Gewährleistung von Atomsicherheit und Strahlenschutz. GBl. I Nr. 30 vom 21. 11. 1984
[3.28] *Daum, W.; Rose, P.; Heidt, H.:* Automatische Erkennung von Schweißnahtfehlern in der Durchstrahlungsprüfung. Materialprüfung **28** (1986) 6, S. 177 bis 180
[3.29] *Filbert, D.; Klatte, R.:* Prüfstrategien zur digitalen Bildverarbeitung von industriellen Röntgenaufnahmen. Materialprüfung **28** (1986) 10, S. 325 bis 327
[3.30] *Krause, H.; Mathias, M.:* Einsatzmöglichkeiten der röntgenographischen Eigenspannungsanalyse zur Früherkennung von Kavitationsschäden. Materialprüfung **28** (1986) 6, S. 167 bis 173
[3.31] Materialprüfung in der Praxis. Materialprüfung **28** (1986) 10, S. 332
[3.32] Materialprüfung in der Praxis. Materialprüfung **27** (1985) 10, S. 307 bis 308
[3.33] *Glišovič, D.; u. a.:* TV System Application in Neutron Radiography. Dubrovnik: Proceedings 4th International Symposium on Technical Diagnostics of IMEKO-TC 10, 1986, S. 5.49 bis 5.51
[3.34] *Orlič, M.; u. a.:* Application of ^{252}Cf-Source in Neutron Radiography. Dubrovnik: Proceedings 4th International Symposium on Technical Diagnostics of IMEKO-TC 10, 1986, S. 5.59 bis 5.64
[3.35] *Krautkrämer, J.; Krautkrämer, H.:* Werkstoffprüfung mit Ultraschall. Berlin, Heidelberg, New York: Springer Verlag 1980
[3.36] *Gensel, J.:* Zerstörungsfreie Prüfverfahren. Reihe Automatisierungstechnik Nr. 65. Berlin: VEB Verlag Technik 1968
[3.37] *Corsepius, H. W.:* Ultraschallprüfung an Schmiedestücken. Köln: Fa. Krautkrämer SD 228, 1986
[3.38] *Corsepius, H. W.:* Ultraschallprüfungen an austenitischen Schweißverbindungen. Köln: Fa. Krautkrämer SD 227, 1986
[3.39] Der Ultraschallwanddickenmesser DM 3. Köln: Fa. Krautkrämer, Firmenschrift 1987
[3.40] Kopplungsfreie US-Wanddickenmessung für Rohre und Bleche. Materialprüfung **26** (1984) 10, S. 360
[3.41] *Schmitz, V.; Barbian, O. A.; Gebhardt, W.; Salzburger, H. J.:* Moderne Verfahren der Ultraschallprüfung. Materialprüfung **27** (1985) 3, S. 49 bis 56
[3.42] Handliche Ultraschallprüfeinrichtung. Materialprüfung **27** (1985) 1/2, S. 38
[3.43] *Schmidt, M.; Kessel, W.:* Ein tragbares Ultraschallprüfgerät mit rechnergesteuerter Richtcharakteristik. Materialprüfung **28** (1986) 1/2, S. 25 bis 28
[3.44] *Becher, R.; u. a.:* Ein Mehrfrequenz-Wirbelstromprüfsystem für den Einsatz in Kernreaktorkomponenten. Lindau: 4. Internationale Konferenz „Zerstörungsfreie Prüfung in der Kerntechnik", 1981, S. 365 bis 370
[3.45] *Höller, P.:* Eine neue Generation zerstörungsfreier Prüfverfahren und Geräte? Lindau: 4. Internationale Konferenz „Zerstörungsfreie Prüfverfahren in der Kerntechnik", 1981, S. 37 bis 62
[3.46] *Thomas, H.-M.; Wittig, G.; Maser, D.:* Ein Impuls-Wirbelstromprüfsystem mit rechnergestützter Erfassung und Auswertung der Meßsignale. Materialprüfung **24** (1982) 8, S. 282 bis 287
[3.47] *Crostack, H. A.; Oppermann, W.; Nehring, J.:* Einsatz von Korrelationsimpulsen (CS-Technik) zur Wirbelstromprüfung. Materialprüfung **26** (1984) 1/2, S. 16 bis 20
[3.48] *Graetz; u. a.:* Sammelband Tagung Festkörpermechanik, Festigkeitslehre, Materialverhalten vom 25.–28. 5. 1976, Leipzig
[3.49] *Beckert, M.:* Technische Mechanik, Werkstoffe, Werkstoffprüfung. Leipzig: Fachbuchverlag 1970
[3.50] Wirtschaftspatent DD G01N/207910
[3.51] Tragbares Härteprüfgerät. Geräte und Verfahren. Materialprüfung **28** (1986) 3, S. 82

[3.52] Tragbares Härteprüfgerät mit digitaler Meßwertanzeige. Geräte und Verfahren. Materialprüfung **27** (1985) 10, S. 314

[3.53] *Sturm, A.; Zabelt, K.*: Fortschritte beim Einsatz der Technischen Diagnostik und zerstörungsfreien Werkstoffprüfung. Vortrag zum Tag des Ingenieurs, Kraftwerke „Völkerfreundschaft" Hagenwerder 1981

[3.54] *Zabelt, K.*: Ermittlung von Abnutzungsnormativen an langzeitbeaufschlagten Bauteilen. Energietechnik **30** (1980) 3, S. 100 bis 103

[3.55] *Zabelt, K.*: Investigation into the Turlure Probability of Elements Made of High Temperature Resistant Materials. Vsetin: V. Symposium über warmfeste metallische Werkstoffe 1976, Bd. II, S. 549 bis 560

[3.56] *Willmann, W.*: Untersuchungen zur meßtechnischen Auswertung des magnetischen Barkhausen-Effektes. Dissertation A, Bergakademie Freiberg 1968

[3.57] *Wollmann, G.*: Beitrag zur Gewinnung von Informationen aus dem Barkhausen-Rauschen. Dissertation A, Bergakademie Freiberg 1984

[3.58] *Kurze, Th.*: Experimentelle Untersuchungen zur Wirkung ausgewählter Einflüsse, insbesondere der niederzyklischen Ermüdung auf dem Barkhausen-Effekt. Dissertation A, IH Zittau 1985

[3.59] *Preuß, H.*: Probability Analysis of the Azimuthal Distribution of Glide Traces on the Surface of Plastically Deformed Polycrystalline Metals. Crystal Research and Technology **21** (1987) 2, S. 241 bis 250

Abschnitt 4.

[4.1] *Stein, G.*: Automatische Erkennung von Oberflächenfehlern mit Methoden der Bildverarbeitung. Technisches Messen **52** (1985) H. 2, S. 67 bis 73

[4.2] *Daum, W.; Rose, P.; Heidt, H.*: Automatische Erkennung von Schweißnahtfehlern in der Durchstrahlungsprüfung. Materialprüfung **28** (1986) 6, S. 177 bis 180

[4.3] *Geiser, G.; Frädrich, J.*: Mensch-Maschine-Kommunikation in Leitständen. Karlsruhe: Gesellschaft für Kernforschung mbH, PDV-Bericht KFK-PDV 131, Nov. 1977

[4.4] *Stadthaus, M.*: Einfluß der Beleuchtungs- und UV-Bestrahlungsstärke auf die Anzeigenerkennbarkeit bei dem Magnetpulver- und dem Eindringverfahren. Materialprüfung **21** (1979) 9, S. 313 bis 316

[4.5] *Michalski, F.; Stadthaus, M.*: Das menschliche Auge, ein Instrument der zerstörungsfreien Prüfung. Qualität und Zuverlässigkeit **22** (1977) 6, S. 129 bis 131

[4.6] *Griebel, H.*: Qualitätssteigerung von Produkten durch bildverarbeitende Rechnersysteme. Zeitschr. f. wirtschaftl. Fertigung **76** (1981) 7, S. 305 bis 308

[4.7] *Seger, G.; Scheiding, U.; Schmalfuß, H.*: Qualitätskontrolle durch automatisierte Sichtprüfung. messen + prüfen/automatik (1984) 6, S. 312 bis 316

[4.8] *Fritzsch, K.*: Visuelle Sensoren. Berlin: Akademie-Verlag 1987

[4.9] *Doemens, G.*: Automatisierung von Sichtprüfungen. Feinwerktechnik und Meßtechnik **89** (1981) 2, S. 61 bis 65

[4.10] *Bretschi, J.*: Intelligente Meßsysteme zur Automatisierung technischer Prozesse. München, Wien: R. Oldenbourg Verlag 1979

[4.11] *Melchior, K.; Pavel, G.*: Automatisieren von Sichtprüfungen mit bildverarbeitenden Sensoren, Teil I und II. Technisches Messen **50** (1983) 5, S. 185 bis 190 und 6, S. 225 bis 231

[4.12] *Breitmeier, U.*: Optoelektronische Verfahren zum Messen und Prüfen. VDI-Z. **123** (1981) 11, S. 477 bis 482

[4.13] *Wachutka, H.*: Zerstörungsfreie Material- und Bauteilprüfung mit Hilfe der holographischen Interferometrie. Der Maschinenschaden **48** (1975) 4, S. 105 bis 110

[4.14] *Heyer, R.; Hofmann, Ch.; Nordwig, W.*: Grenzen einer objektgetreuen optischen Abbildung. Feingerätetechnik **33** (1984) 7, S. 318 bis 322

[4.15] *Weise, H.*: Anwendung optoelektronischer Meßverfahren in der Koordinatenmeßtechnik. Feingerätetechnik **35** (1986) 8, S. 351 bis 353

[4.16] *Bermbach, R.; Scharfenberg, H.*: Zeilensensor überwacht bewegte Objekte. Elektronik (1986) 11, S. 99 bis 102

[4.17] *Paul, D.; Schief, A.*: Sensorische Aufgaben bei der Sichtprüfung. Qualität und Zuverlässigkeit **22** (1977) 3, S. 49 bis 55

[4.18] *Pau, L. F.*: Visual Inspektion Techniques. Zagreb: Condition Based Maintenance and Technical Diagnostics of Machines. IMEKO Reprint 1985, S. 91 bis 110

[4.19] *Teodorescu, D.*: Digitale Mustererkennung und Bildverarbeitung. messen + prüfen/automatik (1984) 6, S. 304 bis 309

[4.20] *Giebel, H.*: Bildverarbeitung in der industriellen Produktion. Elektronik (1983) 22, S. 146 bis 150

[4.21] Werkstoffe für Kraftwerksanlagen. Band 1, Werkstoffeinsatz und Werkstoffprüfung. Berlin, Dresden: VEB Bergmann Borsig 1985
[4.22] *Blumenauer, H.*: Werkstoffprüfung. Leipzig: VEB Deutscher Verlag für Grundstoffindustrie 1987
[4.23] *Müller, E. A. W.*: Handbuch der zerstörungsfreien Werkstoffprüfung. München: Verlag R. Oldenbourg 1971
[4.24] *Heptner, H.; Stroppe, H.*: Magnetische und magnetinduktive Werkstoffprüfung. Leipzig: VEB Deutscher Verlag für Grundstoffindustrie 1972
[4.25] *Gerassimov, V. G.; Kluev, V. V.; Šaternikov, V. E.*: Metodi i pribory elektromagnitnovo kontrolja promyšlennych izdelij. Moskau: Energoatomisdat 1983
[4.26] *Stadthaus, M.*: Nachweis einer ausreichenden Sehfähigkeit des Prüfpersonals für zerstörungsfreie Prüfungen. Materialprüfung **25** (1983) 10, S. 341 bis 342
[4.27] *Huppmann, H.; Löbert, P.*: Möglichkeiten und Grenzen der Endoskopie bei Großrevisionen. VGB Kraftwerkstechnik **57** (1977) 9, S. 580 bis 590
[4.28] *Horch, S.; Bareinz, H.; Reiter, H.; Fritsch, B.*: Aspekte des Einsatzes von Endoskopen im Rahmen der Technischen Diagnostik in Braunkohlekraftwerken. Energietechnik **35** (1985) 1, S. 8 bis 11
[4.29] Prüfmöglichkeiten durch den Einsatz von Endoskopen. Materialprüfung **23** (1981) 7, S. 241 bis 245
[4.30] *Kullmann, J.; Hartig, H.*: Videosignalabhängige Beleuchtungsstärkeregelung für endoskopische Fernsehaufnahmen. Radio Fernsehen Elektronik **32** (1983) 2, S. 73 bis 75
[4.31] *Döbbrick, R.*: Endoskopinspektion von Wärmetauscherrohren. Der Maschinenschaden **56** (1983) 4, S. 152 bis 154
[4.32] *Elfinger, F. X.*: Rißprüfung mit einer endoskopgeführten Wirbelstromsonde. Der Maschinenschaden **55** (1982) 2, S. 128 bis 131
[4.33] Elektronische Bilderfassung und -auswertung über Endoskope. Materialprüfung **26** (1984) 11, S. 404 bis 406
[4.34] *Herrmann, B.; Hofmann, R.*: Rißprüfung mit Endoskop und Wirbelstromsonde. Materialprüfung **24** (1982) 12, S. 445 bis 446
[4.35] *Jokinen, T.*: Endoskope Inspection System for Steam Turbines. VGB-Kongreß „Kraftwerke 1985", S. 290 bis 295
[4.36] *Loos, F.; Schmidt, H.*: Industrielles Fernsehen. Leipzig: Fachbuchverlag 1970
[4.37] *Feldmann, J.*: Möglichkeiten der visuellen Inspektion innerhalb des biologischen Schildes eines Reaktors mit einer Fernsehkamera. München: Allianzberichte für Betriebstechnik und Schadensverhütung (1971) 15, S. 12 bis 20
[4.38] *Burcel, R.; u. a.*: Sledovanie usadenin na vnútorných povrchoch primárneho okruhn V-1 počas 1. odstavky na vymenu paliva. Jaderná energia **28** (1982) 3, S. 98 bis 101
[4.39] *Ackermann, G.*: Betrieb und Instandhaltung von Kernkraftwerken. Leipzig: VEB Deutscher Verlag für Grundstoffindustrie 1982
[4.40] *Fichtler, K.; Weser, L.*: Rohrleitungskontrolle mit technischen Fernsehanlagen. Bauplanung – Bautechnik **33** (1979) 9, S. 396 bis 397
[4.41] Neues Rohr-Inspektionsfahrzeug. KWU-Service-Report (1985) 2, S. 26 bis 27
[4.42] Produkt-Katalog Zerstörungsfreie Werkstoffprüfung, Gruppe 12: Eindringverfahren. Hamburg: Helling KG
[4.43] *Sebulke, J.; Feil, F.*: Optoelektronisches Rißdetektionssystem für die automatische Oberflächen-Rißprüfung nach dem Magnetpulver- oder Penetrierverfahren im Industrieeinsatz. Materialprüfung **28** (1986) 12, S. 381 bis 386
[4.44] *Deutsch, V.; Cost, H.; Schug, W.*: Magnetpulver-Rißprüfung im internationalen Vergleich. Materialprüfung **26** (1984) 9, S. 304 bis 310
[4.45] *Stadthaus, M.; Haeger, H.*: Über die Magnetisierung bei der Magnetpulverprüfung. Materialprüfung **28** (1986) 9, S. 274 bis 280
[4.46] *Jaschke, D. H.*: Einfluß der Rißform auf das Prüfergebnis bei der Oberflächenfehlerprüfung. Materialprüfung **25** (1983) 1/2, S. 36 bis 39
[4.47] *Linke, D.; Schellenberg, B.*: Quantitativer Nachweis von Oberflächenungänzen bei der Magnetpulverprüfung. Maschinenbautechnik **30** (1981) 4, S. 177 bis 180
[4.48] *Riedl, R.*: Die Rißtiefenmessung mit Hilfe des Potentialsondenverfahrens. Materialprüfung **21** (1979) 3, S. 78 bis 81
[4.49] *Zeller, R.*: Rißtiefenmessung nach dem Potentialsondenverfahren mit Wechselstrom. Materialprüfung **23** (1981) 3, S. 85 bis 86
[4.50] TGL RGW 638 Oberflächenrauheit, Hauptkenngrößen und Zahlenwerte
[4.51] *Schlötterer, H.*: Über die Grenzen der Anwendung von Tastschnittgeräten. Metalloberfläche **19** (1965) 1, S. 8 bis 12

[4.52] *Ahlers, R.-J.:* Optisches Verfahren zur Bestimmung der Oberflächenrauheit. Technisches Messen **50** (1983) 6, S. 233 bis 236

[4.53] *Hänsel, E.:* Beitrag zur Technologie des Drehprozesses im Hinblick auf Adaptive Control. Dissertation A, TH Aachen 1974

[4.54] *Takeyama, H.; u. a.:* In-Process Detection of Surface Roughness in Machining. Annals of the CIRP Vol. **25/1** (1976), S. 467 bis 471

[4.55] *Thurn, G.; Gast, Th.:* Rauheitsmessung mittels Lichtstreuung. Technisches Messen **52** (1985) 2, S. 74 bis 78

[4.56] *Fuji, H.; Asakura, T.:* Development of Laser Speckle an its Application to Surface Inspections. Applied Optics **16** (1977) 1, S. 180 bis 183

[4.57] *Hillmann, W.:* Forschung und Entwicklung auf dem Gebiet der Rauheitsmessung. Technisches Messen **47** (1980) 5, S. 169 bis 174

[4.58] *Kohler, H.:* Holographisch-interferometrische Meßtechnik, Teil 1–3. Technisches Messen **47** (1980) 2, S. 59 bis 69; 3, S. 83 bis 92; 4, S. 147 bis 153

[4.59] *Mayinger, F.; May, W.:* Zerstörungsfreie Materialprüfung mit Hilfe der optischen Holographie. VGB Kraftwerkstechnik **56** (1976) 5, S. 334 bis 340

[4.60] *Acinger, K.:* Selected Optical Methods. Zagreb: Condition Based Maintenance and Technical Diagnostics of Machines. IMEKO Reprint 1985, S. 111 bis 121

[4.61] *Fischer, W. R.;* u. a. Nachweis von Materialfehlern mit der Schwingungsholographie. Materialprüfung **22** (1980) 12, S. 465 bis 470

[4.62] *Crostack, H.-A.; Fischer, W. R.:* Untersuchungen zur Steigerung der Empfindlichkeit der optischen Holographie zur Abbildung von Ultraschallfeldern. Materialprüfung **23** (1981) 11, S. 384 bis 387

[4.63] *Kutzner, J.; Siegen, A.; Erhard, H.:* Mehrfrequente Kreisholographie in der Ultraschallprüfung. Materialprüfung **28** (1986) 7/8, S. 211 bis 213

[4.64] *Cavalar, K.-O.; Seeger, P.:* Vergleich der Nachweismöglichkeiten von Zeitstandschäden mit Gefügeabdruck-, Ultraschall- und Eindringverfahren. Materialprüfung **26** (1986) 1/2, S. 16 bis 19

[4.65] *Kringer, G.; u. a.:* Transportable Metallographie an Schweißverbindungen von montierten Kraftwerksausrüstungen. Schweißtechnik **33** (1983) 1, S. 35 bis 38

[4.66] Werkstofftechnische Wiederholungsprüfungen der nuklearen Anlagen in KKW mit DWR vom Typ WWER-440 und WWER-2, Werkstandard ES 38-0901 vom 1.1. 1980

[4.67] *Förster, F.:* Zerstörungsfreie Prüfung als interdisziplinäre Aufgabe. Materialprüfung **28** (1986) 9, S. 260 bis 261

Abschnitt 5.

[5.1] *Linz, W.:* Maschinendiagnostik. Bild der Wissenschaft **10** (1973) 4, S. 385 bis 391

[5.2] *Hofmann, D.:* Dynamische Temperaturmessung. Berlin: VEB Verlag Technik 1976

[5.3] *Lieneweg, F.:* Handbuch der technischen Temperaturmessung. Braunschweig: Friedr. Vieweg & Sohn Verlagsgesellschaft mbH 1976

[5.4] *Neumann, H.; Stecker, K.:* Temperaturmessung. Berlin: Akademie-Verlag 1983

[5.5] *Hofmann, D.:* Temperaturmessungen und Temperaturregelungen mit Berührungsthermometern. Berlin: VEB Verlag Technik 1977

[5.6] *Walther, L.; Gerber, D.:* Infrarotmeßtechnik. Berlin: VEB Verlag Technik 1983

[5.7] *Acinger, K.:* Condition Monitoring by Thermography. Zagreb: Condition Based Maintenance and Technical Diagnostics of Machines. IMEKO-Reprint 1985, S. 77 bis 88

[5.8] *Mester, U.:* Industrielle Strahlungspyrometrie – Ausführungsformen und Einsatzmöglichkeiten. VDI-Berichte (1973) 198, S. 59 bis 80

[5.9] *Pease, R.A.:* Temperatursensoren – Technik und Anwendungsbereiche. Elektronik (1986) 14, S. 98 bis 101

[5.10] *Hofmann, D.:* Handbuch der Meßtechnik und Qualitätssicherung. Berlin: VEB Verlag Technik 1986

[5.11] *Bendfeld, H.:* Temperaturmessung an Weißmetall-Lagern. Energie **16** (1964), S. 135

[5.12] *Herrmann, D.:* Einsatz eines nichtpunktförmigen Temperaturfühlers zur technischen Diagnostik an Gleitlagern. Kernenergie **22** (1979) 2, S. 55 bis 56

[5.13] *Herrmann, D.:* Ausnutzung der vorhandenen Paarung Eisen – Weißmetall in Gleitlagern als Thermoelement zur technischen Diagnostik. Kernenergie **22** (1979) 10, S. 363 bis 364

[5.14] *Herrmann, D.:* Die Temperatur als Kenngröße zur technischen Diagnostik an Gleitlagern. Informationen ORGREB-Institut für Kraftwerke, Vetschau (1980) 103, S. 49 bis 57

[5.15] *Herrmann, D.:* Ortsbestimmung eines Gleitlagerschadens zur Technischen Diagnostik. Informationen ORGREB-Institut für Kraftwerke, Vetschau (1986) 128, S. 53 bis 56

[5.16] *Sturm, A.; Förster, R.; Hippmann, N.; Kinsky, D.:* Wälzlagerdiagnostik für Maschinen und Anlagen. Berlin: VEB Verlag Technik 1985

[5.17] *Pittroff, H.; Wede, H.*: Wälzlagerfunktion kontrollieren mittels Temperaturüberwachung. Maschinenmarkt **84** (1978) 82, S. 1598 bis 1600

[5.18] *Menz, P.; Richter, H.*: Verschleißmessung an spanenden Werkzeugen durch rechnerbewertete Temperaturmessung. Wiss. Zeitschrift der TH Magdeburg **28** (1984) 5, S. 85 bis 88

[5.19] Thermopoint 80 – Das Strahlungsthermometer der neuen Generation in C-Mos. AGEMA Infrarot Systems AB, Publ. NO. 556 556 675, 1985

[5.20] Thermovision 782. AGEMA Infrarot Systems AB, Publ. No. 556 556 763, 1985

[5.21] *Horch, St.; Friedrich, H.*: Grundlagen, Meßverfahren und Erfahrungen bei der Infrarotdiagnostik in Braunkohlekraftwerken. Informationen ORGREB-Institut für Kraftwerke, Vetschau (1982) 116, S. 26 bis 33

[5.22] *Peter, E.*: Die Thermographie, ein Diagnoseverfahren zur Fehlerfrüherkennung an Anlagen der VVB Energieversorgung. Energietechnik **30** (1980) 3, S. 107 bis 109

[5.23] *Müller, R.*: Die Infrarot-Thermographie – ein effektives Meßverfahren der energetischen Diagnostik. Energieanwendung **30** (1981) 6, S. 211 bis 213

[5.24] *Bobik, M.*: Möglichkeiten instationärer thermischer Methoden zur zerstörungsfreien Werkstoffprüfung. Materialprüfung **23** (1981) 5, S. 173 bis 174

[5.25] *Dreier, H.; Jäger, J.; Kunz, H.*: Infrarot-Aufzeichnung von Temperaturfeldern. VDI-Berichte (1973) 198, S. 71 bis 80

[5.26] *Schneider, E.; Valenta, P.*: Thermographische Temperaturmessungen an elektrischen Baugruppen. Elektronik (1985) 11, S. 51 bis 55

[5.27] *Werner, B. M.*: Thermographie in der Elektronik. Elektronik (1985) 6, S. 117 bis 120

[5.28] *Beck, F.*: Flüssigkristall-Thermographie lokalisiert Fehler am Chip. Elektronik (1986) 6, S. 82 bis 92

Abschnitt 6.

[6.1] *Lingener, A.*: Informationen durch Messungen – mehr Aussagen durch weniger, aber qualitativ bessere Informationen. Maschinenbautechnik **26** (1977) 9, S. 394 bis 397

[6.2] *Sturm, A.; Förster, R.; Hippmann, N.; Kinsky, D.*: Wälzlagerdiagnostik für Maschinen und Anlagen. Berlin: VEB Verlag Technik 1985

[6.3] *Liewers, P.*: Rauschdiagnostik. Berlin: Akademie-Verlag 1985

[6.4] *Bendat, S.; Piersol, G.*: Random Data – Analysis and Measurement Procedures. New York, London, Sidney, Toronto: Wiley Interscience 1971

[6.5] *Chatfield, C.*: Analyse von Zeitreihen. Leipzig: BSB B. G. Teubner Verlagsgesellschaft 1982

[6.6] *Woschni, E. G.*: Informationstechnik. Berlin: VEB Verlag Technik 1981

[6.7] *Broch, J. T.*: Mechanical Vibration and Shock Measurements. Nearum: Brüel & Kjaer 1980

[6.8] *Großmann, E.; Waller, H.*: Rechnergestützte Schwingungsanalyse mit Hilfe der Fourier-Transformation. VDI-Zeitschrift **122** (1980) 11, S. 431 bis 437 und 12, S. 477 bis 481

[6.9] *Cooley, I. W.; Tuckey, I. W.*: An Algorithm for the Machine Computation of Complex Fourier Series. Math. of Comp. **19** (1965), S. 297

[6.10] *Fischer, U.; Stephan, W.*: Mechanische Schwingungen. Leipzig: VEB Fachbuchverlag 1984

[6.11] *Rush, A. A.*: Kurtosis – a Christal Ball for Maintenance Engineers. Iron und Steel International (1979) 2, S. 23 bis 27

[6.12] *Bretschi, J.*: Intelligente Meßsysteme zur Automatisierung technischer Prozesse. München, Wien: R. Oldenbourg Verlag 1979

[6.13] *Randall, B. H.; Hee, J.*: Cepstrum-Analysis. Nearum: Technical Review Brüel & Kjaer **3** (1981), S. 161 bis 190

[6.14] *Holzweißig, F.; Meltzer, G.*: Meßtechnik der Maschinendynamik. Leipzig: VEB Fachbuchverlag 1978

[6.15] *Hart, H.*: Einführung in die Meßtechnik. Berlin: VEB Verlag Technik 1986

[6.16] *Engelage, D.*: Lichtwellenleiter in Energie- und Automatisierungsanlagen. Berlin: VEB Verlag Technik 1986

[6.17] *Woschni, E.-G.*: Probleme der digitalen Meßwerterfassung und Verarbeitung. Messen – Steuern – Regeln **26** (1983) 11, S. 602 bis 606

[6.18] *Dreßler, Th.*: Fehlerdiagnose mit einem Multiprozessorsystem. Düsseldorf: VDI-Verlag, Fortschrittsberichte, Reihe 8: Meß-, Steuerungs- und Regelungstechnik Nr. 117

[6.19] *Moeck, E.; Strickert, H.*: Technische Diagnostik an Schiffsmaschinenanlagen. Berlin: VEB Verlag Technik 1982

[6.20] *Schwarz, W.; Meyer, G.; Eckhardt, D.*: Mikrorechner – Wirkungsweise, Programmierung, Application. Berlin: VEB Verlag Technik 1980

[6.21] *Butkovitč, M.*: Vibration Monitoring and Analysis. Zagreb: Condition Based Maintenance and Technical Diagnostics of Machines. IMEKO Reprint 1985, S. 61 bis 76

[6.22] *Filippov, A. P.*: Kolebanija mechaničeskich sistem. Kiew: Izdatel'stvo Naukova dumka 1965

[6.23] *Collacott, R. A.*: Mechanical Fault Diagnosis. London: Chapman and Hall 1977

[6.24] *Chanin, G. A.*: O modelirovanii kolebanii regulirujuščich klapanov. Teploenergetika (1975) 12, S. 52 bis 55

[6.25] *Förster, R.; Dittrich, B.*: Zustandsdiagnose von Hochdruckregelventilen großer Dampfturbinen. Energietechnik **35** (1985) 7, S. 250 bis 256

[6.26] *Hippmann, N.*: Technische Diagnostik mit Methoden der Signalanalyse und Mustererkennung am Beispiel einer Kreiselpumpe. Dissertation A, IH Zittau 1982

[6.27] *Kinsky, D.*: Schädigungsdiagnose an Wälzlagern bei besonderer Berücksichtigung wirkender Beanspruchungen. Dissertation A, IH Zittau 1984

[6.28] *Bolotin, V. V.*: Dinamičeskaja ustojčivost' raspredelenych sistem. Moskau: Izdatel'stvo Mašinostroenie 1978

[6.29] *Halm, G.*: Resonanzfrequenzen bei der Untersuchung von Lagerschwingungen. Maschinenbautechnik **22** (1973) 1, S. 27 bis 32

[6.30] *Lubenow, H.*: Signalanalyse im Rahmen der Technischen Diagnostik. Dissertation A, EMA Universität Greifswald 1984

[6.31] *Villanen, A.*: Vibration Monitoring of Rotating Machines in Finnish Power Plants. Wiss. Bericht der IHZ, Nr. 774 (1987), S. 35 bis 40

[6.32] *Crawley, F. K.; Erskine, J. B.*: Monitoring of Rolling Bearings. I. Chem. Eng. Symposium, Series Nr. 66, S. 137 bis 145

[6.33] Maschinendiagnose und Anlagenüberwachung mit dem Schwingungsdiagnosegerät M 1302. Firmenschrift ROBOTRON-Meßelektronik Dresden 1986

[6.34] *Nojack, K.*: Lagerschaden-Früherkennung mit der Kurtosis-Methode. Elektronik **17** (1981), S. 55 bis 58

[6.35] *Wehling, H.-J.; Jax, P.; Streicher, V.*: Diagnose- und Überwachungssysteme im Kernkraftwerk. Wiss. Bericht der IHZ, Nr. 800 (1987), S. 42 bis 48

[6.36] *Wehling, H.-J.; Schütz, W.; Wiemerslage, D.*: Experimental Modal Analysis – an auxiliary Means in Reactor Vibration Monitoring. London: CSNI-Specialists' Meeting on Continuous Monitoring Techniques for Assuring Coolant Circuit Integrity 1985

[6.37] *Wehling, H.-J.; Klinger, K.; Stölben, H.*: Operational Experiences with KWU Vibration Monitoring Systems. Prag: 18th Informal Meeting on Reactor Noise 1985

[6.38] *Wehling, H.-J.; Klinger, K.; Stölben, H.*: The Influence of Thermohydraulic Parameters on the Dynamic Behaviour of KWU-PWR's. Dijon: SMORN IV 1984

[6.39] *Wang, J.-H.*: Phasenwinkelmessungen zur Überwachung der Unwuchtänderung in Turbomaschinen. VGB Kraftwerkstechnik **64** (1984) 5, S. 428 bis 435

[6.40] *Weigel, M.*: Schwingungen der Turbomaschinen, Teil I und II. ORGREB-Institut für Kraftwerke Vetschau, Institut für Energieversorgung Dresden 1979

[6.41] *Federn, K.*: Auswuchttechnik. Berlin, Heidelberg, New York: Springer-Verlag 1977

[6.42] *Bauernfeind, V.*: Bewegungs- und Drucksignale als Informationsquelle. Garching: LRA-Seminar 1975

[6.43] *Grabner, A.; Liewers, P.; Schumann, P.*: Methode der Rauschanalyse zur Schadensfrühdiagnostik am Druckwasserreaktor. ZfK-Arbeitsbericht RPP-17/75

[6.44] *Grabner, A.; Liewers, P.; Schumann, P.*: Einige aktuelle Probleme der Signalanalyse bei der Anwendung der Rauschdiagnostik zur Schadensfrüherkennung. Kernenergie **19** (1976) 12, S. 362 bis 366

[6.45] *Grabner, A.; u. a.*: Decomposition of Noise Signals Composed of many Similar Components. Gatlinburg: Smorn II – Specialist Meeting on Reactor Noise 1977

[6.46] *Buttler, E.; u. a.*: Ein Rauschanalysesystem zur Schadensfrüherkennung an Kernkraftwerken mit Druckwasserreaktoren. Kernenergie **20** (1977) 12, S. 389 bis 395

[6.47] *Grabner, A.; Liewers, P.; Schumann, P.*: Rauschdiagnostik zur Schadensfrüherkennung. Die Technik **34** (1979) 6, S. 323 bis 325

[6.48] *Stühlen, B.*: Untersuchungen zur Klassifikation normaler und gestörter Betriebszustände laufender Turbomaschinen mit Hilfe angepaßter Mustererkennungsverfahren. Dissertation A, TU Karlsruhe 1980

[6.49] *Barschdorf, D.; Korthauer, R.*: Aspects of Failure Diagnosis on Rotating Parts of Turbomachines using Computer Simulation and Pattern Recognition Methods. Brighton: Int. Conf. Condition Monitoring 1986, S. 279 bis 294

[6.50] *Barthel, R.*: Zur Theorie und Analyse des durch Regelelementeschwingungen erzeugten Neutronenrauschens. Dissertation B, TU Dresden 1987

[6.51] *Kunze, U.; Meyer, K.*: In-core Reactor Noise. Measurements at PWR's of WWER-Type and their Interpretation. Progress in Nuclear Energy (1985) 11, 351 bis 361

[6.52] *Kunze, U.; Meyer, K.*: Transfer of Fuel Assembly Vibrations Fluctuations of Thermal Neutron Flux. Kernenergie **28** (1985) 1, S. 9 bis 13

Abschnitt 7.

[7.1] *Eisenblätter, J.*: Schallemissionsanalyse. Ingenieur Digest **11** (1972) 10, S. 62 bis 67

[7.2] *Leistner, M.*: Schallemission. Die Technik **34** (1979) 6, S. 328 bis 330

[7.3] *Kolerus, J.*: Schallemissionsanalyse. Technisches Messen **47** (1980) 11, S. 389 bis 394 und 12, S. 427 bis 434

[7.4] *Schmitt-Thomas, Kh. G.; u. a.*: Erscheinungsformen der Schallemission. Köln: Kolloquium des TÜV Rheinland 1978, S. 38 bis 63

[7.5] *Sturm, A.; Rosch, D.; Uhlemann, S.*: Ein Impulsbewertungsverfahren zur Diagnose an Maschinenelementen. Maschinenbautechnik **35** (1986) 3, S. 125 bis 127

[7.6] *Rosch, D.*: Wälzlagerdiagnose an Elektromotoren. Dissertation A, IH Zittau 1986

[7.7] *Sturm, A.; Rosch, D.*: Pulse Analysis as a Method for Damage Diagnostics. Dubrovnik: Proceedings 4th International Symposium on Technical Diagnostics of IMEKO-TC 10, 1986, S. 5.21 bis 5.24

[7.8] *Lingener, A.*: Informationen durch Messungen – mehr Aussagen durch weniger, aber qualitativ bessere Informationen. Maschinenbautechnik **26** (1977) 9, S. 394 bis 397

[7.9] *Uhlmann, G.; Pridöhl, E.; Findeisen, A.; Hirsch, W.*: Ein Schallemissionssensor für hohe Temperaturen – Konstruktion und Parameter. Wiss. Bericht der IHZ, Nr. 682 (1986), S. 22 bis 24

[7.10] *Uhlemann, St.*: Diagnose von Reibungszustandsänderungen in ölgeschmierten Gleitpaarungen. Dissertation A, IH Zittau 1986

[7.11] *Mauersberger, G.; Schade, M.*: Schallemissionsortungsanlage auf Basis eines 8-Bit-Mikrorechners. Dissertation A, IH Zittau 1981

[7.12] *Kühnicke, H.*: Beitrag zur quantitativen Analyse und Ortung von Schallemissionsburstsignalen. Dissertation B, TU Magdeburg 1987

[7.13] *Morgner, W.*: Schallemissionsanalyse. Leipzig: VEB Deutscher Verlag für Grundstoffindustrie 1988

[7.14] *Förster, H.*: Leckdetektion durch Schallemissionsanalyse. Dissertation A, IH Zittau 1983

[7.15] *Eisenblätter, J.; Jax, P.*: Fehlerortung und Leckageprüfung an Großkesseln und Rohrleitungen mit Hilfe der Schallemissionsanalyse. VGB Kraftwerkstechnik **56** (1976) 7, S. 452 bis 456

[7.16] *Anisimov, V. K.*: O „mgnovennom" opredelenii dvuch koordinat istočnikov signalov akustičeskoij emissii. Defektoskopija **16** (1980) 8, S. 66 bis 70

[7.17] *Bell, R. L.*: Technical Report DE-74-1. San Inau Capistrano 1974

[7.18] *Vasiljev, A. M.; Maslow, B. L.*: O priblišennom metode vyclenija koordinat istočnikov akustičeskoij emissii. Defektoskopija **16** (1980) 10, S. 47 bis 106

[7.19] *Kühnicke, H.*: Aufbau eines Schallemissionssystems mit Hilfe eines Kleinrechners. Wiss. Bericht der IHZ, IHZ-Ph-78-146, S. 31 bis 36

[7.20] *Kühnicke, H.; u. a.*: Einkanaliges Schallemissionsortungsverfahren. Kernenergie **22** (1979) 8, S. 271 bis 273

[7.21] *Kühnicke, H.; u. a.*: Erfahrungen beim Einsatz des Schallemissionsortungssystems IHZ-LS-4 in der Industrie und die Bewertung der damit erreichten Ergebnisse. Kernenergie **28** (1985) 6, S. 260 bis 262

[7.22] *Leistner, M.*: Schallemissionsanalyse zur Werkstoff- und Anlagenüberwachung. Energietechnik **36** (1986) 5, S. 193 bis 194

[7.23] *Leistner, M.*: Zur Interpretation von Schallquellen. Wiss. Bericht der IHZ, Nr. 675 (1986), S. 1 bis 5

[7.24] *Kaiser, J.*: Untersuchungen über das Auftreten von Geräuschen beim Zugversuch. Dissertation A, TH München 1950

[7.25] *Leistner, M.; Kirbach, H.-U.*: Schallemission beim Rißwachstum. Wiss. Bericht der IHZ, Nr. 687 (1986), S. 52 bis 54

[7.26] *Rathjen, D.; Fischer, St.*: Schallemissionsmessung bei der Belastung von Stählen mit verschiedenen Eindringkörpern. Wiss. Bericht der IHZ, Nr. 678 (1986), S. 11 bis 13

[7.27] *Blahnšek, J.*: Schallemissionsmessung bei der Spannungsrißkorrosion. Wiss. Bericht der IHZ, Nr. 677 (1986), S. 9 bis 11

[7.28] *Röder, E.; Crostack, H.-A.*: Unterscheidung von Rissen und Crazes durch Schallemissionsanalyse. Kunststoffe **67** (1977) 8, S. 454 bis 456

[7.29] *Mosle, H. G.*: Schallemissionsanalyse in der Werkstoffuntersuchung. Der Maschinenschaden **54** (1981) 5, S. 168 bis 170

[7.30] *Tietz, H. D.; Dietz, M.; Pfeiffer, L.*: Schallemission maschinenbaukeramischer Werkstoffe. Wiss. Bericht der IHZ, Nr. 697 (1986), S. 63 bis 64

[7.31] *Kirchhoff, G.*: Vergleichende Schallemissionsuntersuchungen an unterschiedlich beschichteten Hartmetallen. Wiss. Bericht der IHZ, Nr. 689 (1986), S. 41 bis 44

[7.32] *Pridöhl, E.*: Akustische Detektion von Wasserlecks in natriumbeheizten Dampferzeugern unter Verwendung von Methoden der statistischen Entscheidungstheorie. Dissertation A, AdW der DDR 1980

[7.33] *Küper, G.; Werker, E.*: Elektroakustische Meßeinrichtung zur Früherkennung von Rohrschäden im beheizten Teil fossil befeuerter Dampferzeuger. VGB Kraftwerkstechnik **61** (1981) 9, S. 719 bis 724

[7.34] *Sonntag, G.*: Schallemissionsanalyse an durchströmten Armaturen. Dissertation A, IH Köthen 1986

[7.35] *Liewers, P.*: Rauschdiagnostik. Berlin: Akademie-Verlag 1985

[7.36] *Koppe, W.; Maul, K.; Knischke, A.*: Leckdetektion von Sammlern an Dampferzeugern. Wiss. Bericht der IHZ, Nr. 685 (1986), S. 28 bis 30

[7.37] *Sturm, A.; Förster, R.; Hippmann, N.; Kinsky, D.*: Wälzlagerdiagnostik für Maschinen und Anlagen. Berlin: VEB Verlag Technik 1985

[7.38] *Sturm, A.; Uhlemann, St.*: Diagnosis of Plain Bearings by Acoustic Emission Analysis. Measurement **3** (1985) 4, S. 185 bis 191

[7.39] *Sturm, A.; Uhlemann, St.*: Diagnostik an Gleitpaarungen durch Schallemissionsanalyse. Maschinenbautechnik **34** (1985) 3, S. 129 bis 132

[7.40] *Uhlemann, St.*: Zur Diagnose von Reibungszustandsänderungen in Radial-Gleitlagern mittels SEA. Wiss. Bericht der IHZ, Nr. 664 (1986), S. 12 bis 15

[7.41] *Villbrandt, R.; Heß, S.*: Einsatz der Schallemissionsanalyse bei Überwachungsaufgaben am Dieselmotor. Wiss. Bericht der IHZ, Nr. 688 (1986), S. 39 bis 41

[7.42] *Hyanova, B.*: Diagnostic Monitoring in the Maintenance of Vehicles with Diesel Engines. Zagreb: Condition Based Maintenance and Technical Diagnostics of Machines. IMEKO Reprint 1985, S. 155 bis 170

[7.43] Zustandsbeurteilung von Wälzlagern und Getrieben mit Hilfe der „Spike Enérgy"-Messung. Produktblatt R SK 191184 der Fa. Reutlinger (BRD) 1984

[7.44] IRD-Mechanalysis – Firmenschrift und Produktionsinformationen der Fa. Classen & Co. Hamburg 1985

Abschnitt 8.

[8.1] *Sturm, A.; Förster, R.*: Technische Diagnostik an Kraftwerksanlagen. Energietechnik **28** (1978) 11, S. 421 bis 424

[8.2] *Sturm, A.; Schwadtke, D.; Teichmann, W.; Werner, G.*: Anforderungen an die Instandhaltung durch Anlagenautomatisierung. Dresden: Vortrag zur Jahrestagung der WGMA 1980

[8.3] *Hofmann, D.*: Handbuch der Meßtechnik und Qualitätssicherung. Berlin: VEB Verlag Technik 1986

[8.4] *Profos, P.*: Handbuch der industriellen Meßtechnik. Essen: Vulkan-Verlag 1978

[8.5] *Tölle, H.*: Meßverfahren für wärme- und maschinentechnische Untersuchungen. Leipzig: VEB Deutscher Verlag für Grundstoffindustrie 1968

[8.6] *Orlicek, A. F.*: Zur Technik der Mengen- und Durchflußmessung von Flüssigkeiten. München, Wien: R. Oldenbourg Verlag 1971

[8.7] *Edelmann, Ch.*: Druckmessung und Druckerzeugung. Berlin: Akademie-Verlag 1982

[8.8] *Theilig, H.*: Festigkeitsprobleme beim Betreiben von Hauptdampfleitungen in Kraftwerken. Dissertation B, IH Zittau 1985

[8.9] *Schott, G.*: Werkstoffermüdung. Leipzig: VEB Deutscher Verlag für Grundstoffindustrie 1985

[8.10] *Coffin, L. F.*: A Study of the Effect of Cyclie Thermal Stresses on a Ductile Metal. Trans ASME **76** (1954), S. 931

[8.11] *Manson, S. S.*: Interfaces between Fatigue, Creep and Fracture. Sendai: Proc. Intern. Conf. Fracture 1965

[8.12] *Palmgreen, A.*: Die Lebensdauer von Kugellagern. VDI-Zeitschrift **58** (1924) 14, S. 339 bis 441

[8.13] *Miner, N. A.*: Cumulative Damage in Fatigue. J. of Appl. Mechan. Trans. ASME **12** (1945), S. 159 bis 164

[8.14] *Schütz, W.; Zenner, H.*: Schadensakkumulationshypothesen zur Lebensdauervorhersage bei schwingender Beanspruchung, Teil 1. Z. für Werkstofftechnik **4** (1973) 1, S. 23 bis 33

[8.15] *Schütz, W.*: Lebensdauerberechnung bei Beanspruchung mit beliebigen Last-Zeit-Funktionen. VDI-Berichte Nr. 268 (1976), S. 113 bis 126

[8.16] *Schott, G.*: Zu einigen Schadensakkumulationsformeln für Mehrstufenversuche. Maschinenbautechnik **14** (1965) 1, S. 3 bis 9

[8.17] *Schütz, W.*: Lebensdauervorhersage schwingend beanspruchter Bauteile. Der Maschinenschaden **56** (1983) 6, S. 221 bis 230

[8.18] *Autorenkollektiv:* Zeitstandverhalten warmfester Werkstoffe. Berlin: Montanwiss. Gesellschaft der DDR in der KDT 1980

[8.19] *Robinson, E. L.*: Effect of Temperature Variation on the Long-Time Tupture Strength of Steels. Trans. ASME **74** (1952), S. 777 bis 781

[8.20] *Chaboche, J.-L.*: Continous Damage Mechanics – a Tool to Describe Phenomena Before Crack Initiation. Nuclear Engineering and Design **64** (1981), S. 233 bis 247

[8.21] *Kačanov, L. M.*: Osnovy mechaniki razrušenija. Moskau: Izdatelstvo „Nauka" 1974

[8.22] *Gnilke, W.; Kallenberg, J.*: Entwicklung empirischer Schadensgleichungen. Maschinenbautechnik **36** (1978) 2, S. 72 bis 74

[8.23] *Schijve, J.*: The Analysis of Random Load-Time Histories with Relation of Fatigue Tests and Life Calculations. Paris: Proceedings of the Symposium „Fatigue of Aircraft Structures" 1961

[8.24] *Erismann, T. H.*: Ein Verfahren zur Abschätzung der Lebensdauer von Materialien bei unregelmäßigen Belastungsfolgen. Schweizer Archiv **36** (1970) 3, S. 57 ff.

[8.25] *Loreck, R.*: Das DZ-Gerät – eine Möglichkeit zur Langzeitüberwachung von Dampfturbinen. VGB Kraftwerkstechnik 57 (1977) 3, S. 151 bis 155

[8.26] *Brockel, D.; Speitkamp, L.*: Ein Modell zur Berechnung des Erschöpfungsgrades von kriech- und wechselbeanspruchten Dampferzeuger-Bauteilen. Technische Überwachung **24** (1983) 4, S. 138 bis 142

[8.27] *Schlenzka, T.*: Ein Verfahren zur indirekten Ermittlung von Lastkollektiven in Antriebssträngen. VDI-Fortschrittsberichte, Reihe 11, Nr. 84 (1986)

[8.28] *Gnilke, W.*: Lebensdauerberechnung der Maschinenelemente. Berlin: VEB Verlag Technik 1980

[8.29] *Hlubek, W.; Jäger, G.*: Betriebswirtschaftliche Aspekte der Lebensdauerverfolgung. VGB Kraftwerkstechnik **65** (1985) 5, S. 473 bis 479

[8.30] *Tröger, M.*: Indirekte Nachweismethode von Kavitation in Pumpen. Information Pumpen und Verdichter (1982) 2, S. 12 bis 15

[8.31] *Förster R.*: Gewinnung von Diagnoseinformationen für die Schadensfrüherkennung durch Bildung von Diagnosekennzahlen. Dissertation B, IH Zittau 1987

[8.32] *Moeck, E.; Strickert, H.*: Technische Diagnostik an Schiffsmaschinenanlagen. Berlin: VEB Verlag Technik 1982

[8.33] *Troppens, D.; Biereichel, H.*: Aufzeichnung der Drehmomenten-Drehzahl-Kennlinie beim Beschleunigungsvorgang von Arbeitsmaschinen. Maschinenbautechnik **26** (1977) 6, S. 271 bis 274

[8.34] *Maack, H.-H.; Litzel, R.; Straube, K.*: Ermittlung von Kennlinien und Grenzwerten für die Technische Diagnostik. agrartechnik **32** (1982) 9, S. 397 bis 399

[8.35] *Weigel, M.*: Schwingungen der Turbomaschinen, Teil I und II. Vetschau: ORGREB-Institut für Kraftwerke, Institut für Energieversorgung Dresden 1979

[8.36] *Jung, U.*: Bestimmung des Verschmutzungsgrades radialer Abgasturbinen von aufgeladenen Schiffsdieselmotoren. Dissertation A, IH für Seefahrt Warnemünde/Wustrow 1983

[8.37] *Wohllebe, H.*: Technische Diagnostik im Maschinenbau. Berlin: VEB Verlag Technik 1978

[8.38] *Voznickij, I. V.; Punda, A. S.; Bedaj, A. S.*: Aufstellung eines Diagnosealgorithmus des Arbeitsprozesses des Schiffsdieselmotors. Wiss. Beiträge, IH für Seefahrt (1981) 3, S. 74 bis 78

[8.39] *Lansky, M.; Capek, J.*: Application of the Theory of Diagnostic Numbers of Similarity in Diagnosing of Vehicles and Mobile Machines. Dubrovnik: Proceedings 4th International Symposium on Technical Diagnostics of IMEKO-TC 10, 1986, S. 3.24 bis 3.26

[8.40] *Myslaev, V. M.; Makarov, M. A.; Samohvalov, N. A.*: Metodika diagnostiki turbokompressorov pri ispytanijach na bezmotorom stende. Sb. nauč. tr. Čelabinsk. politechn. Inst. (1979) 233, S. 60 bis 66

[8.41] *Hlawitschka, E.*: Hydraulik für die Landtechnik. Berlin: VEB Verlag Technik 1983

[8.42] *Brand, F.*: Die Messung des Wirkungsgrades von hydraulischen Maschinen nach dem thermodynamischen Verfahren, Voith Forschung und Konstruktion (1961) 7

[8.43] *Baade, K.-H.; Schrader, H.*: Thermodynamische Wirkungsgradmessungen an Speisepumpen und Wasserturbinen mit Halbleiter-Widerstandsthermometern. IfE-Mitteilungen (1966) 89, S. 539 bis 546

[8.44] *Šeludko, L. P.; Čirkin, V. L.; Obmoin, V. V.*: Usoveršenstvovanie ispolzovanija termodinamičeskovo metoda ocenki techničeskovo sostojanija pitatelnych nasosov. Elektr. Stancii, Moskva (1977) 4, S. 27 bis 29

[8.45] *Kautsch, R.*: Elektrische Meßtechnik zur Messung nichtlektrischer Größen. Berlin: VEB Verlag Technik 1967

[8.46] *Czinkoczky, B.:* Diagnostik von Dampfturbinen ohne Aufdecken der Gehäuse durch Messung wärmetechnischer Daten. Energietechnik **34** (1984) 4, S. 138 bis 141

Abschnitt 9.

[9.1] *Jantzen, E.:* Schadensfrüherkennung an Bewegungselementen durch Partikelanalytik. Der Maschinenschaden **56** (1983) 5, S. 193 bis 196

[9.2] *Collacott, R. A.:* Mechanical Fault Diagnosis. London: Chapman and Hall 1977

[9.3] *Hornung, E.:* Methoden zur praktischen Abriebermittlung. Schmierungstechnik **12** (1981) 2, S. 39 bis 44

[9.4] *Anderson, D. P.:* Ferrographic Analysis. London: Papers of Symposium Technical Diagnostics 1981, S. 79 bis 88

[9.5] *Barwell, F. T.; Bowen, E. R.; Bowen, J. P.:* The Use of Temper Colors in Ferrography. Wear 44 (1977), S. 163 bis 171

[9.6] *Scott, D.; Mc Cullagh, P. J.; Campbell, G. W.:* Condition Monitoring of Gas Turbines – An Exploratory Investigation of Ferrography Trend Analysis. Wear 49 (1978), S. 373 bis 389

[9.7] *Hofmann, M. F.; Johnson, J. H.:* The Development of Ferrography as a Laboratory Wear Measurement Method for the Study of Engine Operating Conditions on Diesel Engine Wear. Wear 44 (1977), S. 183 bis 199

[9.8] *Pocock, G.; Courtney, S. J.:* Ferrography as a Health Monitor and a Design Aid for the Development of Helicopter Gearboxes. Anaheim: ASLE Preprint No. 80-LC-68-4, presented at the Annual Meeting 1980

[9.9] *Jones, W. R.; Loewenthal, S. H.:* Analysis of Wear Debris from Fullscale Bearing Fatigue Tests Using the Ferrograph. Anaheim: NASA Technical Memorandum 81403, prepared for the Annual Meeting of the ASLE 1980

[9.10] *Schoenthal, S. O. E.; Henriques, F. F.:* Ferrography Application in the Royal Dutch Navy. Pensacola: presented at the Ferrography Workshop 1980

[9.11] *Yardley, E. D.:* The Use of Ferrography and Spectography Oil Analysis to Monitor the Condition of Mining Gearboxes. London: Papers from a Symposium on Technical Diagnostics 1981, S. 101 bis 112

[9.12] *Kaegler, H. S.:* Die Bestimmung von Abriebgehalten in Schmierstoffen mit Hilfe spektroskopischer Verfahren. Schmiertechnik und Tribologie **25** (1978) 2, S. 46 bis 51 und 3, S. 84 bis 88

[9.13] *Thum, F.:* Mobiles Emissionsspektrometer für die Metallanalyse. Technisches Messen **54** (1987) 2, S. 43 bis 49

[9.14] *Sturm, A.; u. a.:* Verfahrenskatalog Technische Diagnostik von Energieanlagen. IH Zittau, ORGREB-IfK Vetschau 1981

[9.15] *Hartmann, G.:* Technische Diagnostik mit Radionukliden an Industrieanlagen. Neue Bergbautechnik **14** (1984) 2, S. 62 bis 66

[9.16] *Wagner, K.; u. a.:* Zum Einsatz der radioaktiven Markierungsanalyse für die Untersuchung von Schichten auf Reibkörpern und von Verschleißvorgängen. Schmierungstechnik **12** (1981) 3, S. 74 bis 86

[9.17] *Bentele, W.:* Einsatz von Radionukliden zu Kavitations-, Verschleiß- und Ölverbrauchsmessungen im Motorenbau. Kerntechnik **14** (1972) 12, S. 584 bis 590

[9.18] *Bjalobzeskii, A. V.:* Korrosion durch radioaktive Strahlung. Berlin: Akademie-Verlag 1971

[9.19] *Schröter, E.; Lemke, S.:* Erfahrungen mit der H_2-Messung zur Erkennung von Korrosionsvorgängen im Wasser-Dampf-Kreislauf. Informationen ORGREB-Institut für Kraftwerke, Vetschau (1976) 94, S. 39 bis 43

[9.20] *Günnel, G.:* Der Einsatz der AAS zur chemischen Überwachung der Wasserinhaltsstoffe von Haupt- und Nebenkreisläufen in Kernkraftwerken. Informationen ORGREB-Institut für Kraftwerke, Vetschau (1974) 81, S. 46 bis 50

[9.21] *Koeppen, H.:* Erfahrungen bei der Anwendung der Gaschromatographie zur Überwachung von Transformatoren. Informationen ORGREB-Institut für Kraftwerke, Vetschau (1980) 103, S. 30 bis 39

[9.22] *Koeppen, H.:* Gasanalytische Untersuchungen an Transformatoren zur Früherkennung von Schädigungsprozessen. Dissertation A, H Zittau 1988

[9.23] *Bräsel, E.:* Beiträge zur gasanalytischen Diagnostik von Öltransformatoren mit Luftabschlußsystem. Dissertation A, EMA-Universität Greifswald 1981

[9.24] *Moeck, E.:* Moderne Verfahren der Technischen Diagnostik für Schiffsmaschinenanlagen. Wiss. Beiträge der IH für Seefahrt Warnemünde/Wustrow (1979) 1, S. 113 bis 119

[9.25] *Wohllebe, H.:* Technische Diagnostik im Maschinenbau. Berlin: VEB Verlag Technik 1978

[9.26] *Schäfer, W.; Zöckbauer, M.:* Spektroskopische Gas- und Flüssigkeits-Prozeßmeßtechnik. Technisches Messen **52** (1985) 6, S. 233 bis 241

[9.27] *Winkler, R.*: Chemie in Kraftwerken. Leipzig: VEB Deutscher Verlag für Grundstoffindustrie 1984

[9.28] *Kirchner, H. H.; Weber, G.*: Messungen von festen und gasförmigen Emissionen – Forderungen und Erfahrungen. Technische Mitteilungen **71** (1978) 10, S. 510 bis 515

[9.29] *Hauck, R.*: Eignungsgeprüfte Emissionsmeßeinrichtungen gemäß der Großfeuerungsanlagenverordnung. Siemens-Energietechnik **6** (1984) 3, S. 156 bis 161

[9.30] *Jänicke, D.*: Neuere Verfahren in der meßtechnischen Überwachung von Verbrennungsprozessen. Technisches Messen **52** (1985) 4, S. 160 bis 162

[9.31] *Edelmann, Ch.*: Wissensspeicher Vakuumtechnik. Leipzig: VEB Fachbuchverlag 1985

[9.32] *Birndt, R.*: Wissensspeicher Quantitative Leckratenermittlung. Dresden: Institut für Luft- und Kältetechnik 1975

[9.33] DIN-Taschenbuch 180, Kerntechnik Normen. Berlin (West): Beuth-Verlag GmbH 1983

[9.34] *Bareinz, H.*: Verfahren zur Ortung von Lecks an Generatorkühlsystemen. Informationen ORGREB-Institut für Kraftwerke Vetschau (1980) 103, S. 20 bis 29

[9.35] *Heinen, R.*: Neue Generation von Helium-Lecksuchern mit erweiterter Diagnosefähigkeit. Technisches Messen **54** (1987) 3, S. 96 bis 99

[9.36] Werkstoffe für Kraftwerksanlagen. Band 1, Werkstoffeinsatz und Werkstoffprüfung. Berlin, Dresden: VEB Bergmann Borsig 1985

[9.37] *Bareinz, H.*: Verfahren der Halogen-Lecksuche am Vakuumsystem des 500 MW Turbosatzes. Informationen ORGREB-Institut für Kraftwerke, Vetschau (1983) 118, S. 22 bis 27

Abschnitt 10.

[10.1] *Sturm, A.*: Vorbereitung der Instandhaltung von Kraftwerken. Leipzig: VEB Deutscher Verlag für Grundstoffindustrie 1977

[10.2] *Hippmann, N.*: Diagnosesysteme für Kraftwerke. Dissertation B, IH Zittau 1988

[10.3] *Hippmann, N.; Sanchez, F.*: Komplexe Diagnosesysteme an Kraftwerksanlagen. Wiss. Bericht der IHZ, Nr. 662 (1986), S. 6 bis 10

[10.4] *Dressler, Th.*: Fehlerdiagnose mit einem Multiprozessorsystem. Dissertation A, Universität Gesamthochschule Paderborn 1986

[10.5] *Liewers, P.*: Rauschdiagnostik. Berlin: Akademie-Verlag 1985

[10.6] *Wehling, H.-J.; Klinger, K.; Stölben, H.*: Operational Experience with KWU Vibration Monitoring Systems. Prag: 18th Informal Meeting on Reactor Noise 1985

[10.7] *Sturm, A.; Bittner, H.; Hippmann, N.; Kühn, H. J.; Sanchez, F.*: Verfahren und Anordnung zur Betriebsdiagnose. Wirtschaftspatent WP G06F/302 544 4, Anmeldetag 8. 5. 1987

[10.8] *Vukasojević, R.; u. a.*: Development and Application of Technical Diagnostics in Aluminium Plant. Dubrovnik: Proceedings 4th International Symposium on Technical Diagnostics of IMEKO-TC 10, 1986, S. 1.15 bis 1.17

[10.9] *Collacott, R.*: Mechanical Fault Diagnostics. London: Chapmann and Hall 1977

[10.10] *Dio, W. H.; Stoelben, H.; Bastl, W.; Wach, D.; Raible, R.*: On-line Surveillance of LWR Primary System. Progress in Nuclear Energy **1** (1977), S. 759

[10.11] *Buttler, E.; Giera, H.-D.; Grabner, A.; Liewers, P.; Otto, H.; Schumann, P.; Weiß, F.-P.*: Ein Rauschanalysesystem zur Schadensfrüherkennung an Kernkraftwerken mit Druckwasserreaktoren. Kernenergie **20** (1977), S. 389 bis 395

[10.12] *Grabner, A.; Liewers, P.; Schumann, P.*: Rauschdiagnostik zur Schadensfrüherkennung. Die Technik **34** (1979) 6, S. 323 bis 325

[10.13] *Kunze, U.; Streich, M.*: Erfahrungen beim Einsatz von Diagnosesytemen am WWER-440. Kernenergie (in Vorb.)

[10.14] *Liewers, P.*: Experiences with Noise Diagnostics. Dubrovnik: Proceedings 4th International Symposium on Technical Diagnostics of IMEKO-TC 10, 1986, S. 5.31 bis 5.35

[10.15] *Olma, B. J.*: Source Location and Mass Estimation in Loose Parts Monitoring of LWR's. Dijon: Specialists Meeting on Reactor Noise SMORN IV 1984

[10.16] *Wehling, H.-J.; Jax, P.; Streicher, V.*: Diagnose- und Überwachungssysteme in Kernkraftwerken. Wiss. Bericht der IHZ, Nr. 800 (1987), S. 42 bis 48

[10.17] *Villanen, A.*: Vibration Monitoring of Rotating Machines in Finnish Power Plants. Wiss. Bericht der IHZ, Nr. 774 (1987), S. 35 bis 40

[10.18] *Vuorenmaa, A.; Kuismanen, S.; Toivonen, S.; Villanen, A.*: On-line Surveillance System of Nuclear Power Station Loviisa. Imatran Voima OY Report 1983

[10.19] *Moeck, E.; Strickert, H.*: Technische Diagnostik an Schiffsmaschinenanlagen. Berlin: VEB Verlag Technik 1982

[10.20] Weiterentwicklung Motordiagnose. IH für Seefahrt Warnemünde/Wustrow (unveröffentlichter Bericht)

[10.21] *Moeck, E.; Lingreen, P.:* Technical Diagnosis Condition-Dependent Operational Optimization of Marine Engine Plants. Dubrovnik: Proceedings 4th International Symposium on Technical Diagnostics of IMEKO-TC 10, 1986, S. 3.35 bis 3.38

[10.22] *Böhm, E.:* Mikrorechnergestützte Zylinderdruckanalyse langsam- und mittelschnellaufender Schiffsdieselmotoren unter besonderer Berücksichtigung des indizierten Mitteldruckes. Wiss. Beiträge der IH für Seefahrt **12** (1985) 4, S. 14 bis 15

[10.23] *Menenga, H.:* Ein Verfahren und Geräte zur Überwachung des Einspritzsystems von Dieselmotoren. Seewirtschaft **13** (1981) 10, S. 491ff.

[10.24] *Vilbrandt, R.; Heß, S.:* Einsatz der Schallemissionsanalyse bei Überwachungsaufgaben an Dieselmotoren. Wiss. Bericht der IHZ, Nr. 688 (1986), S. 39 bis 41

[10.25] *Körner, G.; Martin, J.:* Optoelektronischer Winkelaufnehmer. Patentschrift DD G01B 11/26 Nr. 231633

[10.26] *Mennenga, H.:* Anordnung zur Erfassung der Winkellage von Ereignissen bei rotierenden Maschinen. Patentschrift DD G01P 3/48 Nr. 207432

[10.27] *Wolf, A.; Weber, W.; Rehnisch, A.:* Automatisierte Überwachung und Diagnostik an Werkzeugmaschinen. Fertigungstechnik und Betrieb **36** (1986) 11, S. 662 bis 666

[10.28] *Peschel, E.:* Verkettete Fertigungseinrichtungen und ihre Zuverlässigkeit. VDI-Zeitschrift **124** (1982) 5, S. 157 bis 164

[10.29] *Weber, W.; Wolf, A.:* Automatic Acceptance Testing of Machine Tool Subassemblies by Using Condition Monitoring. Jena: Proceedings 5th International IMEKO-Symposium „Intelligent Measurement“ 1986, S. 162 bis 165

[10.30] *Heß, K.; Weber, W.:* Fehlerbehandlung in der bedienerarmen Produktion. Wiss. Zeitschrift der TH Karl-Marx-Stadt **24** (1982) 5, S. 653 bis 658

[10.31] *Hermann, G.:* Cutting Tool Diagnosis in Unmanued Manufacturing. Dubrovnik: Proceedings 4th International Symposium on Technical Diagnostics of IMEKO-TC 10, 1986, S. 3.5 bis 3.8

[10.32] *Goch, G.:* Complete HOB Measurement with a Coordinate Measuring Instrument. Dubrovnik: 4th International Symposium on Technical Diagnostics of IMEKO-TC 10, 1986, S. 3.31 bis 3.34

[10.33] *Troppens, D.:* Beitrag zur systematischen Entwicklung von Verfahren der Technischen Diagnostik und Diagnoseeinrichtungen für die Landtechnik. Dissertation B, WPU Rostock 1976

[10.34] *Maack, H.-H.; Troppens, D.:* Verfahrens- und gerätetechnische Aspekte der Technischen Diagnostik. Maschinenbautechnik **30** (1981) 8, S. 367 bis 369

[10.35] *Müller, J.; Troppens, D.:* Zur Diagnose von Antriebsbaugruppen. Wiss. Z. der WPU Rostock, Naturw. Reihe **33** (1984) 10, S. 83 bis 88

[10.36] *Neumann, G.:* Zur vibroakustischen Diagnose der Kolben-Gleitbuchsenpaarung des Dieselmotors. Dissertation A, WPU Rostock 1984

[10.37] *Nobis, G.:* Untersuchungen von Möglichkeiten zur demontagelosen Überprüfung des Wechselgetriebes W 50L. Dissertation A, TU Dresden 1979

[10.38] *Müller, J.; Troppens, D.:* Möglichkeiten und Grenzen für die Diagnose von einstufigen Zahnradgetrieben mit Hilfe der Spielmessung. Agrartechnik **34** (1984) 9, S. 419 bis 422

[10.39] *Troppens, D.:* Diagnoseverfahren und -einrichtungen für hydraulische Baugruppen. Agrartechnik **28** (1978) 12, S. 536 bis 539

[10.40] Xth IMEKO WORLD CONGRESS. Prag: 1985, Reprint Vol. 1, 2, 8

[10.41] International Symposium on Technical Diagnostics of IMEKO-TC 10. Dubrovnik: 1986, Proceedings Section 5

Sachwörterverzeichnis

GPSR Compliance

The European Union's (EU) General Product Safety Regulation (GPSR) is a set of rules that requires consumer products to be safe and our obligations to ensure this.

If you have any concerns about our products, you can contact us on ProductSafety@springernature.com

In case Publisher is established outside the EU, the EU authorized representative is:

Springer Nature Customer Service Center GmbH
Europaplatz 3
69115 Heidelberg, Germany

Batch number: 08567184

Printed by Printforce, the Netherlands